디지털 공학 2판

논리회로의 설계 원리

한빛아카데미
Hanbit Academy, Inc.

지은이 **김대정** kimdj@kookmin.ac.kr

서울대학교 전자공학과에서 학사, 석사 및 박사 학위를 받았다. LG 반도체 책임연구원으로 근무하였으며, 미국 오리건주립대학교에서 객원교수를 역임하였다. 현재 국민대학교 전자공학부 교수로 재직 중이다. 저서로는 『아날로그/혼성모드 신호 설계 가이드라인』(홍릉과학출판사, 2005)가 있으며, 역서로는 『아날로그 CMOS 집적회로 설계』(한빛아카데미, 2009), 『디지털 집적회로 해석 및 설계(3판)』(한빛아카데미, 2010), 『Razavi의 아날로그 CMOS 집적회로 설계(2판)』(한국맥그로힐, 2017), 『회로이론(12판)』(퍼스트북, 2023)이 있다.

지은이 **모현선** tyche@kookmin.ac.kr

국민대학교 전자공학과를 졸업하였으며, 동대학원에서 석사, 박사 학위를 받았다. 삼성전자 반도체 사업부에서 IC 설계를 하였으며, 미국 ON Semiconductor 사에서 수석연구원으로 근무하였다. 현재 국민대학교 전자공학부 교수로 재직 중이다. 저서로는 『기초 전기전자 에센스』(한빛아카데미, 2017)가 있다.

디지털 공학 : 논리회로의 설계 원리 **2판**

초판발행 2024년 8월 5일

지은이 김대정, 모현선 / **펴낸이** 전태호
펴낸곳 한빛아카데미(주) / **주소** 서울시 서대문구 연희로2길 62 한빛아카데미(주) 2층
전화 02-336-7112 / **팩스** 02-336-7199
등록 2013년 1월 14일 제 2017-000063호 / **ISBN** 979-11-5664-030-1 93560

총괄 박현진 / **책임편집** 김평화 / **기획** 김은정 / **편집** 임여울 / **교정** 송지은
디자인 윤혜원 / **전산편집** 임희남 / **제작** 박성우, 김정우
영업 김태진, 김성삼, 이정훈, 임현기, 이성훈, 김주성 / **마케팅** 김호철, 심지연

이 책에 대한 의견이나 오탈자 및 잘못된 내용은 출판사 홈페이지나 아래 이메일로 알려주십시오.
파본은 구매처에서 교환하실 수 있습니다. 책값은 뒤표지에 표시되어 있습니다.

홈페이지 www.hanbit.co.kr / 이메일 question@hanbit.co.kr

Published by HANBIT Academy, Inc. Printed in Korea

디지털 공학

논리회로의 설계 원리

2판

Digital Engineering

한빛아카데미
Hanbit Academy, Inc.

디지털 논리와 회로의 동작이 보인다!

범용화된 AI와 디지털 혁신은 이제 피할 수 없는 대세가 되고 있다. 디지털 세상에서 정보를 분류하고 기호화한다는 것은 정보를 빠르고 간편하게 처리할 수 있다는 것을 의미하며, 빠르고 간편한 것은 곧 높은 경제적 가치로 이어진다.

휴먼 인터페이스의 일부를 제외한 대부분의 연산 과정이 디지털화되고 있다. 디지털화는 신호의 코드화를 의미하는데, 이는 기호의 수립과 연산을 동반한다. 특히 대부분의 디지털 신호는 가장 간단한 수 체계인 2진수를 사용하여 디지털화의 이점을 극대화한다. 그렇다면 디지털 신호는 왜 2진수를 사용하는가? 과연 이에 따르는 문제점은 없는가? 이러한 근본적인 질문에 대한 답은 전체 신호 처리의 맥락에서 디지털 회로 및 시스템의 동작과 역할을 이해해야만 얻을 수 있다.

흔히 디지털 공학은 0, 1로 나타내는 기호 체계를 이해하고, 이들 간의 연산과 축약을 포함하는 해석 및 합성 과정에서의 논리식과, 이에 대응하는 논리회로 장치의 단순한 기계적인 과정으로 인식하고 훈련하는 경우가 많다. 그렇지만 때로는 디지털 논리회로 자체를 기호의 연산으로만 바라보기보다는, 데이터와 제어신호 및 클록이 연결되어 움직이는 유기적인 회로의 일환으로 보고 분석할 수 있는 시각을 기르는 것이 매우 중요하다. 특히 복잡한 디지털 논리회로의 동작을 이해하거나 동작속도와 같은 타이밍 특성을 해석하는 경우에 있어서는 더욱 그러하다. 이를 위해서는 회로에서 데이터와 제어신호의 경로를 구분하고 신호가 흐르는 길을 볼 수 있어야 한다.

■ 이 책에서 다루는 내용

대부분의 논리회로는 실리콘 반도체상에서 CMOS 공정으로 구현된다. 만약 p형과 n형 반도체의 기본적인 성질을 바탕으로 NMOS와 PMOS 트랜지스터로 구현되는 기본 논리회로의 설계 원리를 이해한다면, 디지털 회로에 적용되는 설계 기법과 한계점에 대해 많은 부분을 이해할 수 있게 될 것이다. 이 책에서는 반도체에 대한 기본 내용을 다루고 있으므로, 능동적인 독자라면 이를 이해하여 더 깊은 디지털 논리회로의 세계를 들여다볼 수 있기를 바란다.

디지털 논리회로 설계 방식에는 트랜지스터 레벨에서부터 게이트 레벨 및 단위 블록을 거쳐 시스템으로 점점 확대해가는 보텀-업[bottom-up] 설계와, 시스템 단위의 동작을 VHDL이나 Verilog와 같은 하드웨어 서술 언어로 프로그래밍한 후 논리회로의 합성 툴을 사용하여 합성하는 톱-다운[top-down] 설계가 있다. 이 책은 그 중 회로의 관점에서 접근하는 보텀-업 방식의 회로 설계를 중심으로 서술하고 있다. 이 책을 학습하면 트랜지스터의 기본 동작에 대한 이해를 바탕으로, 게이트 수준의 회로를 해석하거나 합성하는 데 필요한 체계와 방법을 익힐 수 있다.

이 책은 표준 IC[Integrated Circuit]를 엮어서 사용하는 단순한 조합이 아니라 게이트 수준의 회로를 합성하는 수준에 이를 수 있도록 하는 데에 목적을 두고 있다. 따라서 공학적인 설계 툴로 각광받고 있는 MATLAB의 Simulink를 이용하여 논리회로를 제작하고 시뮬레이션할 수 있도록 하였다. 이러한 시뮬레이션을 통해 자신이 설계한 디지털 논리회로의 동작을 확인하고 더 완벽하게 튜닝할 수 있다. 대부분의 학교에서는 MATLAB을 교육용 공통 툴로 구비하고 있으므로 Simulink 시뮬레이션을 수행하는 것이 어렵지는 않을 것이다. 실습 파트에서 제공하는 시뮬레이션 예제를 열심히 수행하면 본문의 이론적인 내용을 더 잘 이해할 수 있을 것이며, 여러 가지 형태로 설계된 디지털 회로 및 시스템의 논리 동작을 검증하는 데에 크게 부족하지 않을 것으로 기대한다.

■ 2판에서 달라진 점

2판에서는 앞서 이야기한 보텀-업 방식을 유지하면서, 논리회로 내용을 보강하고 학습 내용을 보다 짜임새 있게 구성하기 위해 노력했다. 반도체, 감산기, 패리티의 원리 등의 심화 주제는 본문에 QR 코드로 확인할 수 있도록 나타냈으며, 심화학습이 가능한 학생들은 학습 환경에 맞게 선별학습하기 바란다.

이번 2판에서 가장 크게 달라진 점은 연습문제이다. 주요 개념을 바탕으로 연습문제를 보강했으며, 영상 아이콘(▶)이 표시되어 있는 문제는 별도의 풀이 동영상을 제공한다. 이를 적극 활용한다면 학습한 이론을 점검하고 응용력을 높이는 데 도움이 될 것이다. 마지막으로 실습 파트는 Simulink 버전을 10.5 기준으로 업데이트했으며, 개정된 본문 내용에 맞게 시뮬레이션 예제도 보완했다.

■ 집필을 마치며

초판을 저술한 후 세상에 많은 변화가 있었다. 특히 코로나를 거치며 디지털 전환 및 혁신이 가속화되고, 대학의 교육현장에서도 온라인 및 블렌디드 러닝이 활성화되었다. 또한 초거대 AI, 생성형 AI 등 인공지능 기술의 놀라운 발전은 사회의 변화를 초래하고 있다. 이러한 분야에서 주도적인 역할을 하려면 필연적으로 디지털 논리 및 디지털 공학을 이해해야 한다. 이 책을 통해 디지털 회로에 입문하는 후학들이 디지털 공학을 이해하고 재미를 느낀다면, 저자들은 그것으로 더 없는 기쁨이다.

이 책은 저자들만의 힘으로 완성된 것이 아니다. 기호로 표현되는, 수학적 관점으로 박제된 디지털 공학을 벗어나서, 역동적인 회로 동작의 관점에서 해석하는 디지털 회로 해석의 새로운 방향을 제시하는 데에는 한빛아카데미의 기획과 편집 과정이 크게 기여하였음을 밝힌다.

지은이 일동

미리보기

【미리보기】

이 장에서는 디지털 조합논리회로를 구성하는 기능 블록의 원리와 설계 방법에 대해 학습한다. 인코더 및 디코더, 멀티플렉서 및 디멀티플렉서, 가산기, 비교기 등 주요 기능 블록에 대해 설명한다. 그런 다음, 패리티 비트를 만들어 오류를 검출하는 방법에 대해 살펴볼 것이다.

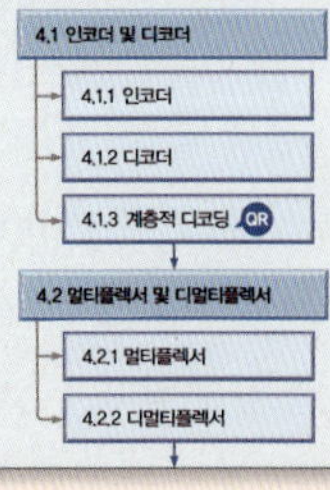

미리보기

해당 장에서 학습해야 할 내용의 흐름과
각 절의 연계성을 한눈에 보여줍니다.

들어가기 전에

해당 장의 내용을 왜 배우는지,
무엇을 배우는지 설명합니다.

들어가기 전에

복잡한 동작을 수행하는 디지털 시스템을 분석해보면, 여러 개의 기능 블록들의 조합으로 이루어져 있음을 발견할 수 있다. 즉, 시스템을 설계하는 일은 마치 레고 블록처럼 몇 가지 자주 쓰이고 재사용 가능한 기능 블록들을 조립하는 일이라 할 수 있다.

기능 블록 functional block이란 어떤 표준화된 기능을 수행하는 단위 회로를 말하며, 3장에서 학습한 조합논리회로나 5장부터 학습할 순차논리회로로 구성한다. [그림 4-1]은 컴퓨터의 두뇌에 해당하는 중앙처리장치CPU의 연산을 담당하는 산술논리 연산장치ALU : Arithmetic and Logic Unit의 블록도를 나타낸다. 이 블록도를 보면 ALU가 여러 개의 기능 블록의 조합으로 구성되어 있음을 알 수 있다.

SECTION 5.1

상태 저장

'상태state'란 저장되는 값value을 의미한다. "안정적으로 저장한다"는 것은 "그 상태값을 계속 유지할 수 있다"는 것을 뜻한다. 이때 상태변수는 값이 기억되는 변수를 말하며, 2진 시스템의 상태는 0과 1이므로 상태변수는 0 또는 1의 값을 가진다. 상태 저장회로는 상태변수들로 구성되는 상태방정식을 구현한다. 2진 상태를 저장하는 회로는 안정적으로 저장할 수 있는 상태 수에 따라 다음과 같이 세 종류로 분류할 수 있다.

저장 상태의 수에 따른 분류
- 단안정 회로
- 비안정 회로(혹은 무안정 회로)
- 쌍안정 회로

개념박스

본문 내용 중 핵심이 되는 개념을 보여줍니다.

비안정 회로astable circuit는 안정된 상태가 존재하지 않는 회로이다. 개념적으로는 'H'와 'L'이 정착되지 못하고 계속 교대로 반복해서 출력되는 상태로, 일종의 클록 발진기처럼 동작한다. 홀수 개의 인버터를 체인으로 연결하면 간단하게 비안정 회로를 구현할 수 있다. [그림 5-3(a)]와 같이 세 개의 인버터를 연결한 체인을 살펴보자.

[그림 5-3(a)]의 회로도를 기준으로, 세 인버터의 어느 노드이든 관계없이 한 노드의 전압의 변화를 보면 [그림 5-3(b)]와 같은 타이밍도를 얻게 된다. 이는 *A* 노드의 초기 상태를 'H'라 가정하여

1 글리치는 짧은 시간 동안 발생하는 전기적 잡음을 의미한다. 그러나 때로는 이를 신호로 이용하여 원 샷(one shot) 클록처럼 사용하기도 한다.

각주

본문에 대한 보충 설명이나
추가적인 내용을 페이지 하단에 제시합니다.

5.7.2 클록 게이팅 QR

5.7.1절에서는 동기식 경로보다 우선하는 비동기식 경로에 대해 학습하였다. 이번에는 동기식 동작에서 클록을 무력화시키는 방안에 대해 생각해보자. 클록 게이팅에 대한 설명은 다음의 QR 코드를 통해 확인할 수 있다.

- **심화 주제 : 클록 게이팅**
  이 파일에서는 클록을 무력화시키는 방법인 클록의 직접 게이팅과 데이터 게이팅(간접 게이팅)에 대해 자세히 살펴본다.

심화학습 파일

QR 코드를 통해 심화 주제 내용을 바로 확인할 수 있습니다.

예제/풀이

본문에서 다룬 개념을 적용한 문제와 그에 대한 상세한 풀이를 제시합니다.

예제 5-3 NOR 래치를 적용한 클록형 D 래치

[그림 5-9]의 NOR형 래치를 사용하여 클록형 D 래치를 설계하라.

풀이

입력 D가 'H'일 때는 출력 Q가 셋되고, 'L'일 때는 리셋되어야 한다. 따라서 NOR형 SR 래치에서의 S는 입력 D와 연결되고, R은 입력 D와 반대로 연결된다. [그림 5-17]과 같이 입력 D를 반전하기 위한 인버터와 클록을 수용하기 위해 1번 및 2번 버퍼를 사용하여 S와 R에 연결한다. 버퍼는 클록 CK를 수용하기 위해 AND2로 설계하였다.

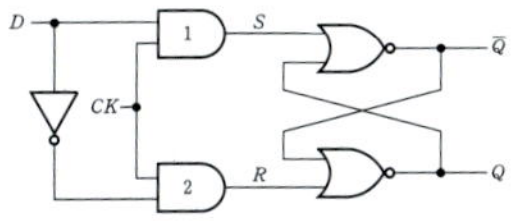

[그림 5-17]

클록 CK가 'L'인 구간에서는 입력 D가 차단되고, NOR형 래치는 변화 없이 그 전 상태를 유지한다. CK가 'H'인 구간에서는 입력신호가 버퍼를 통과한다.

클록 CK가 'H'인 구간에서 $D=1$이면 $S=1$, $R=0$이 되어 SR 래치는 셋된다($Q=1$). $D=0$이면 $S=0$, $R=1$이 되어 SR 래치는 리셋된다($Q=0$).

CHAPTER 03_연습문제

1. NOT, AND, OR, NAND, NOR, XOR, XNOR 게이트를 기본 게이트로 사용한다.
2. 모든 게이트에는 지연이 없다고 가정한다.

3.1 다음의 논리 게이트를 한 개의 기본 게이트로 표현하라.

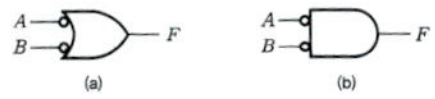

[그림 3-100]

3.2 다음에 보인 논리도에 대한 진리표를 구하라.

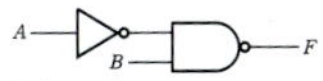

[그림 3-101]

연습문제

학습한 내용을 점검할 수 있도록 양질의 연습문제를 제공합니다.

3.8 다음과 같은 카르노 맵으로 표현되는 출력 F에 대해 답하라. ▶

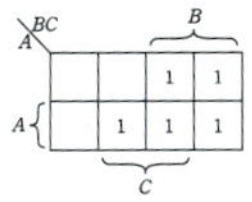

[그림 3-106]

(a) 최대항의 곱으로 표현하고 OR-AND 구조의 논리회로로 구현하라.
(b) (a)의 결과를 POS로 축약하여 OR-AND 구조로 구현하라.

연습문제 풀이 동영상

▶ 표시가 되어 있는 문제는 풀이 과정을 동영상으로 제공합니다.

■ 강의 보조 자료

한빛아카데미 홈페이지에서 '교수회원'으로 가입하신 분은 인증 후 교수용 강의 보조 자료를 제공받을 수 있습니다. 한빛아카데미 홈페이지 상단의 〈교수전용공간〉 메뉴를 클릭하세요.

http://www.hanbit.co.kr/academy

■ 연습문제 풀이 동영상

이 책은 대학 강의용 교재로 개발되었으므로 연습문제 해답을 제공하지 않습니다. 단, 영상 아이콘(▶)이 표시된 문제는 유튜브에서 풀이 동영상을 제공합니다. 다음 링크에 접속 또는 유튜브 검색창에 '한빛아카데미'를 검색하세요.

http://www.youtube.com/한빛아카데미TV

■ 이 책의 구성

이 책은 디지털 공학 또는 디지털 시스템 설계를 배우는 학생들을 위한 입문서입니다. 디지털 회로의 해석 및 합성의 전체 개념을 설명하면서, 필요에 따라 회로 이해를 돕기 위해 깊이 있는 내용까지 포함하고 있어 현장의 회로 설계 엔지니어에게도 도움이 됩니다.

이 책은 크게 1장에서 8장에 이르는 이론 부분과 실습 부분(MATLAB Simulink를 이용한 시뮬레이션)으로 구성되어 있습니다. 따라서 이론과 실습을 균형감 있게 학습함으로써, 실제 디지털 회로의 해석과 합성을 무리 없이 수행할 수 있도록 돕습니다.

❶ 디지털의 기초(1~2장)

1~2장에서는 디지털화의 이점과 원리 및 그에 대한 수학적 접근 방법을 다룹니다.

❷ 조합논리회로(3~4장)

3장에서는 수학적 접근 방법을 실제 논리회로로 구현하는 원리를 설명하고, 4장에서는 여러 가지 기본적인 조합논리회로를 학습합니다.

❸ 회로 기법(5장)

상태를 저장하는 원리와 대표적인 상태 저장회로인 플립플롭을 이해하는 데 집중합니다.

❹ 순차논리회로(6~7장)

6장에서는 상태머신의 체계적인 해석과 합성 방법을 다루며, 그 대표적인 예인 카운터를 7장에서 광범위하게 다룹니다.

❺ 시스템 응용(8장)

8장에서는 시스템 레벨의 기초가 되는 레지스터와 디지털 회로를 구현하는 또 다른 방안인 메모리 평면을 다룹니다.

❻ MATLAB 실습

MATLAB Simulink의 사용법과 장별 시뮬레이션 예제를 다룹니다.

■ 한 학기용

주	해당 장	주제
1	1장	디지털 정보
2	1장	수의 표현 및 연산체계, 2진 코드 체계
3	2장	부울대수의 기본 원리, 부울대수의 기초
4	2장	부울함수의 논리식 표현
5	3장	논리 게이트의 이해
6	3장	논리식과 논리회로의 변환, 게이트의 제어 동작
7	4장	인코더 및 디코더, 멀티플렉서 및 디멀티플렉서, 비교기
8	중간고사	
9	4장	패리티 발생기와 검출기
10	5장	상태 저장, 래치
11	5장	플립플롭의 원리, D 플립플롭, JK 플립플롭, T 플립플롭
12	6장	순차논리회로의 소개, 상태머신, 순차논리회로의 표현
13	7장	순차논리회로의 해석
14	7장	순차논리회로의 합성, 카운터
15	8장	레지스터
16	기말고사	

■ 두 학기용

주	1학기		2학기	
	해당 장	주제	해당 장	주제
1	1장	디지털 정보(1)	5장	상태 저장
2	1장	디지털 정보(2)	5장	래치
3	1장	수의 표현 및 연산체계	5장	플립플롭의 원리
4	1장	2진 코드 체계	5장	D 플립플롭, JK 플립플롭, T 플립플롭
5	2장	부울대수의 기본 원리, 부울대수의 기초	5장	비동기 입력
6	2장	부울함수의 논리식 표현, 카르노 맵	6장	순차논리회로의 소개, 상태머신(1)
7	2장/실습	퀸-맥클러스키 방법, MATLAB 실습	6장	상태머신(2)
8	중간고사			
9	3장	논리 게이트의 이해	6장	순차논리회로의 표현(1)
10	3장	논리식과 논리회로의 변환, 스위치 레벨의 논리회로	6장	순차논리회로의 표현(2), 상태 할당
11	3장	게이트의 제어 동작, 타이밍 해석	7장	순차논리회로의 해석
12	4장	인코더 및 디코더	7장	순차논리회로의 합성
13	4장	멀티플렉서 및 디멀티플렉서	7장	카운터, 주파수 분주기
14	4장	가산기 및 감산기, 비교기	8장	레지스터
15	4장	패리티 발생기와 검출기	8장	로직 어레이를 이용한 조합논리회로, 메모리 소자를 이용한 조합논리회로
16	기말고사			

목차

CHAPTER 01 2진 논리체계

CHAPTER 02

부울함수

CHAPTER 03 조합논리회로의 기초

CHAPTER 04 조합논리회로의 응용

CHAPTER 05 상태 저장회로

CHAPTER 06 순차논리회로의 이해

CHAPTER 07 순차논리회로의 해석 및 합성

CHAPTER 08 레지스터 및 프로그래머블 어레이

실습 MATLAB Simulink를 이용한 시뮬레이션

CHAPTER

01

2진 논리체계

Binary Logic System

학습목표

- 디지털 신호체계가 2진수인 이유를 설명할 수 있다.
- 잡음 여유의 개념을 설명할 수 있다.
- 회로적 관점에서 2의 보수를 사용하는 이유를 이해한다.
- 2의 보수를 이용하여 뺄셈 연산을 수행할 수 있다.
- 여러 가지 2진 코드의 특징을 이해하고 사용법을 익힌다.

【미리보기】

이 장에서는 디지털 공학을 학습하기 위한 기초를 다지게 된다. 먼저 디지털 정보에 대한 전반적인 내용에 대해 간단히 살펴본다. 다음으로 수의 표현 및 연산체계, 그리고 2진 코드 체계에 대한 기초 지식을 익힌다.

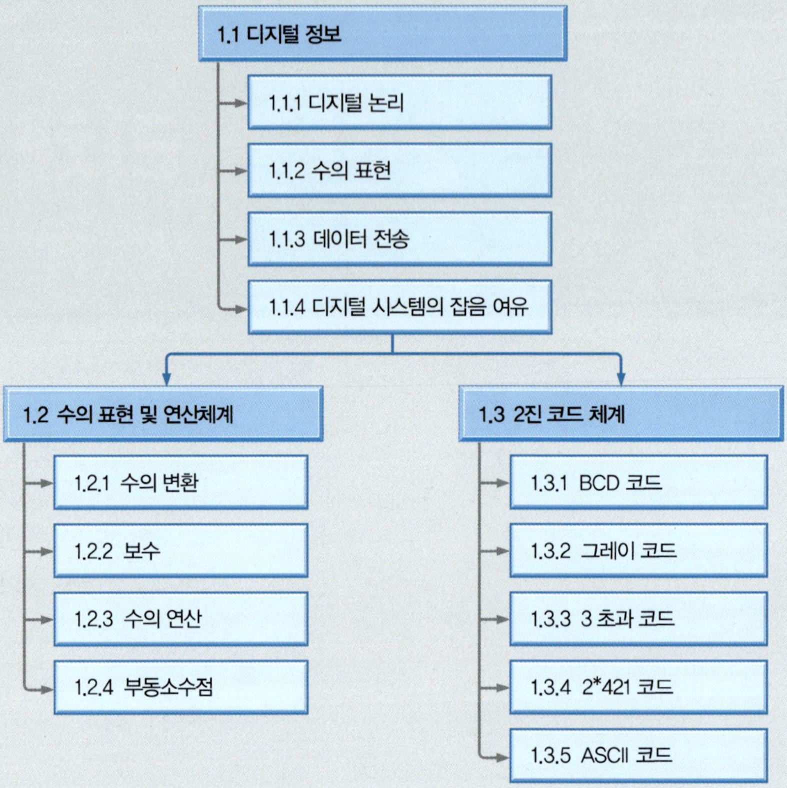

들어가기 전에

현실 세계에서 신호를 다룰 때는 아날로그 신호(입력) → 디지털 신호(변환) → 아날로그 신호(복원)의 순서로 진행된다. 아날로그 신호를 디지털 신호로 변환하면 에너지 소모를 줄일 수 있다. 또한 디지털 신호는 표기와 연산이 용이하기 때문에 회로를 효과적으로 설계할 수 있다. 특히 디지털 신호를 2진수로 표현하면, 잡음 여유가 크고 설계가 쉬워지므로 회로 구현에 유리하다. 이때 음수의 2진수는 2의 보수로 표현하는 것이 회로적으로 가장 유리하다. 한편 10진수 체계를 2진수 체계로 변환하는 다양한 디지털 코드가 있으며, 응용에 맞게 코드를 선택할 수 있다.

노트북이나 스마트폰 내부를 본 적이 있는가? 놀랍게도 [그림 1-1]과 같이 그 내부는 단지 몇 개의 **반도체 칩** IC chip 으로 구성되어 있을 뿐이다. 그러나 그 반도체 칩에는 논리 동작의 스위치 역할을 수행하는 수억에서 수십억 개의 **트랜지스터**가 **집적** integration 되어 있다. 스마트폰이라는 우아하고 멋진 기기의 내부에서는 수많은 트랜지스터들이 정신없이 바쁘게 작동하고 있었던 것이다.

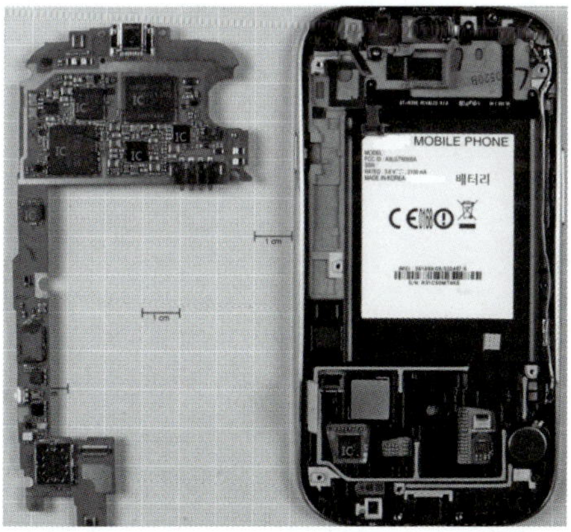

[그림 1-1] 스마트폰의 내부

[그림 1-1]의 스마트폰 내부를 살펴보면, 에너지원인 배터리와 회로기판, 기판 위의 칩들로 이루어져 있다. 이 중 가장 큰 면적을 차지하고 있는 부품은 에너지를 공급하는 배터리이다. **배터리**에 저장된 에너지는 유한하므로 칩 내부의 회로들은 에너지를 효율적으로 사용해야 한다. 칩들은 **인쇄회로기판** PCB : Printed Circuit Board 위에 놓여 있으며, **전송선** transmission line 을 통해 데이터를 주고받는다. 이러한

과정에는 필연적으로 전기적인 잡음이 끼어들고, 고속의 동작일수록 이러한 잡음이 데이터를 더 많이 망가뜨리므로 오류 없이 데이터를 송수신할 수 있는 방안을 마련해야 한다. 따라서 신호를 처리하는 회로적 관점에서 에너지 소모를 줄이고 잡음의 영향을 덜 받는 시스템 및 **수 체계**를 확립하는 게 중요하다.

우리가 일상적으로 인지하는 온도, 습도, 소리, 빛 등은 연속적인 시간의 흐름 속에서 연속적인 값을 가지는 신호로, 아날로그 신호라고 한다. **아날로그** analog의 사전적인 뜻은 "있는 그대로를 모방한다"로, 현실 세계에서의 연속적인 값은 자연스럽게 아날로그 신호로 나타난다.

그러면 우리가 매일 애용하는 컴퓨터나 스마트폰을 생각해보자. 이러한 기기들은 아날로그 신호를 받아들이고 인간이 감지할 수 있도록 아날로그 신호를 출력한다. 그럼에도 불구하고 우리는 이들을 디지털 기기라고 부른다. 사전적으로 **디지털** digital이란 '손가락'이란 뜻으로, 라틴어 디지트 digit에서 따온 말이다. 우리가 손가락으로 1, 2, 3을 세듯이 디지털 신호는 불연속적인 값을 가지는 코드이다. 특히 디지털 회로에서는 0과 1을 이용한 2진수 방식을 사용한다. 그렇다면 디지털 시스템에서는 왜 2진수를 선택했을까? 그리고 우리는 왜 IT 장치들을 디지털 기기라고 부르며, 그 속에서는 어떤 동작이 일어나고 있을까?

이 장에서는 디지털 정보를 이해하기 위해 현실의 아날로그 신호를 디지털 코드로 전환하여 처리하는 원리를 알아본다. 그리고 디지털 회로의 구현을 위한 수 체계에 대해 살펴보고, 이를 바탕으로 디지털 코드의 다양한 형태와 특징을 알아보도록 한다.

SECTION 1.1

디지털 정보

우리는 수학에서 정수와 실수 개념을 확립하였다. 디지털 digital 신호는 그중에서 1, 2, 3, … 등의 불연속적인 정숫값을 나타낸다. 반면에 아날로그 analog는 현실의 자연스러운 연속적인 값을 그대로 신호로 가져오므로 수학적으로 실수에 해당한다. 이처럼 신호를 분류하고 기호화하여 수학적으로 표현해야 회로를 더 쉽고 간편하게 설계할 수 있다.

이 절에서는 먼저 우리에게 가장 익숙한 10진수와 더불어 2진수 binary, 8진수 octal 그리고, 16진수 hexadecimal에 대해 학습한다. 그 다음으로는 신호의 속성에 대해 알아볼 것이다. 대부분의 아날로그 신호는 디지털 신호로 변환되어 디지털 영역에서 처리되는데, 그 이유는 무엇일까? 과연 아날로그 신호를 디지털 신호로 변환해도 신호는 손상되지 않을까? 또 모든 디지털 회로는 2진수를 사용하는데, 왜 하필 2진수일까? 이 모든 의문점에 대한 답을 이 절에서 구해보기 바란다.

1.1.1 디지털 논리

디지털 신호체계를 알아보기에 앞서, 디지털 공학을 이해하는 데 기반이 되는 기본 개념을 먼저 살펴보도록 하자.

디지털 공학에서 논리 logic란 무엇일까? 논리란 추론을 타당한 방법으로 검증하는 것이다. 일기 예보에서 "내일은 비가 올 것이다"라고 하면 '내일 우산을 준비해야겠군'이라고 생각하는 것이 추론이다. 그러나 추론이라고 해서 모두 타당한 것은 아니다. 비록 외양은 추론 형식을 갖추었지만 타당하지 못한 추론도 얼마든지 있다. 어떤 사람이 내일 비가 올 거라 예측하고 "내일 우산을 준비해야겠군"이라고 해서 "내일은 꼭 비가 올 것이다"라고 결론짓는 것은 타당하지 않은 추론이다. 디지털 공학에서는 추론의 타당성을 검증하기 위해 기호와 규칙을 사용하여 정확하고 엄밀한 증명 과정을 거친다.

참/거짓을 판단할 수 있는 명제들을 논리변수로 하여, 이들 간의 논리적인 조합을 연산기호로 나타낸 것을 논리식 logical expression이라고 한다. 이러한 논리식은 디지털 입력변수와 출력변수 사이의 동작을 완벽하게 표현한다. 특히 가장 기본적으로 활용되는 논리식을 정리 theorem라고 하며, 여기에 적용된 추론 규칙의 순서를 증명 proving이라고 한다. 논리식을 증명하는 방법에는 진리표, 부울대수, 집합체계 등을 이용하는 방법이 있다.

논리회로 logic circuit는 논리 게이트들을 조합하여 논리식을 표현한 것이다. 여기서 논리 게이트 logic gate는 수학적으로 기호화된 논리 동작을 심볼 symbol로 표현한 것으로, 입력변수와 출력변수 간의 특정 논리 동작을 약속한다. 논리 게이트에는 AND 게이트, OR 게이트 등이 있다. 논리회로는 구현해야 할 논리식을 완벽하게 표현할 수 있어야 하며, 이를 바탕으로 실제의 디지털 회로를 만들게 된다.

1.1.2 수의 표현

수를 표현하는 기본 기수법으로 진법(進法)을 들 수 있다. 진법은 사용되는 숫자의 개수를 말한다. 보통 기수가 r인 r진법에서의 수 $(A_nA_{n-1}A_{n-2}\cdots\ A_2A_1A_0A_{-1}A_{-2}\cdots\ A_{-(m-1)}A_{-m})_r$의 값은 식 (1.1)과 같이 계산된다.

$$\begin{aligned}&A_n\cdot r^n+A_{n-1}\cdot r^{n-1}+A_{n-2}\cdot r^{n-2}+\ \cdots\ +A_2\cdot r^2+A_1\cdot r^1+A_0\cdot r^0\\&\quad+A_{-1}\cdot r^{-1}+A_{-2}\cdot r^{-2}+\cdots+A_{-(m-1)}\cdot r^{-(m-1)}+A_{-m}\cdot r^{-m}\end{aligned}\tag{1.1}$$

A_n을 최상위 디지트(수)[1] MSD Most Significant Digit, A_{-m}을 최하위 디지트 LSD Least Significant Digit라고 한다. 최상위 디지트의 비중이 가장 크고, 최하위 디지트로 내려갈수록 자릿수의 비중이 작아진다. 특별히 $r=2$인 2진법에서는 디지트를 '2진수 디지트'라는 의미의 비트 bit[2]라고 부른다. 식 (1.1)이 2진법 전개식이라면, A_n을 최상위 비트 MSB Most Significant Bit, A_{-m}을 최하위 비트 LSB Least Significant Bit라고 한다.

10진법과 2진법

10진법은 0, 1, 2, 3, 4, 5, 6, 7, 8, 9와 같이 열 개의 숫자를 사용하며, 2진법은 0과 1의 두 개의 숫자를 사용한다. 우리에게 익숙한 10진수 표시법을 생각해보자. 예를 들어 256은 $2\times10^2+5\times10^1+6\times10^0$으로 나타낼 수 있고, 21.25는 $2\times10^1+1\times10^0+2\times10^{-1}+5\times10^{-2}$으로 나타낼 수 있다. 따라서 각 자릿수는 각각의 가중치를 가진다. 여기서 가중치의 밑이 되는 10을 기수(基數) radix라고 한다. 한편 여러 진법이 혼용되는 경우에는 기수를 아래 첨자로 표기한다. 예를 들면, 10진수 21.25는 $(21.25)_{10}$와 같이 표현할 수 있다. 같은 방식으로 2진수 1101.101은 $(1101.101)_2=1\times2^3+1\times2^2+0\times2^1+1\times2^0+1\times2^{-1}+0\times2^{-2}+1\times2^{-3}$으로 전개되며, 이를 10진수로 나타내면 $(13.625)_{10}$가 된다. 결국 우리가 표현하는 수는 각 자리의 계수 coefficient를 나열한 것이다.

1 원래는 '손가락'이나 아라비아 숫자를 말하지만, 여기서는 '한 자릿수'라는 의미로 쓰인다.
2 bit는 binary digit의 준말이다.

16진법과 8진법

8진수는 0, 1, 2, 3, 4, 5, 6, 7의 여덟 개의 디지트를 사용하며, 16진수는 열여섯 개의 디지트를 사용한다. 16진법에서 0, 1, 2, 3, 4, 5, 6, 7, 8, 9는 한 개의 디지트로 표현되지만, 10, 11, 12, 13, 14, 15는 10진수 두 개의 디지트에 해당하므로 각각 A, B, C, D, E, F로 대체하여 한 개의 디지트로 나타낸다. 예를 들어 8진법에서 기수는 8이므로 식 (1.1)의 표현으로부터 $(324)_8 = 3 \times 8^2 + 2 \times 8^1 + 4 \times 8^0 = (212)_{10}$로 나타내고, 16진법에서 기수는 16이므로 $(\mathrm{F2D})_{16} = 15 \times 16^2 + 2 \times 16^1 + 13 \times 16^0 = (3885)_{10}$로 표현할 수 있다.

첫 16의 수에 대한 10진수, 2진수, 8진수, 16진수의 값을 [표 1-1]에 정리하였다. 여기서 16의 수를 나타내는 데 2진수는 네 개의 비트가, 8진수는 두 개의 디지트가 필요함을 알 수 있다. 그리고 앞서 설명한 바와 같이 16진수는 문자를 사용하여 한 개의 디지트로 표현한다.

[표 1-1] 첫 16의 수 표현

10진수	2진수	8진수	16진수
0	0000	0	0
1	0001	1	1
2	0010	2	2
3	0011	3	3
4	0100	4	4
5	0101	5	5
6	0110	6	6
7	0111	7	7
8	1000	10	8
9	1001	11	9
10	1010	12	A
11	1011	13	B
12	1100	14	C
13	1101	15	D
14	1110	16	E
15	1111	17	F

인간에게 가장 익숙한 표현 방식은 10진수이다. 이는 아마도 인간의 손가락 개수가 열 개이기 때문일 것이다. 그럼에도 불구하고 모든 디지털 회로는 2진수로 동작하기 때문에 회로 구현에 있어서는 2진수가 가장 중요하다. 그 이유와 원리를 이제부터 알아볼 것이다. 8진수와 16진수는 회로 동작과는 상관없이, 2진수로 표현되는 데이터의 길이가 너무 길어서 가독성이 떨어질 경우에 사용하는 효과적인 보조 표현 방법이라고 이해하면 된다.

가중치 접두어

전자공학을 공부하다 보면, 매우 크거나 매우 작은 값을 표현할 때 간단한 문자를 접두어로 사용하여 간략하게 표현하는 경우가 많다. 따라서 [그림 1-2]와 같은 표준 SI[3] 가중치 접두어 prefix를 알아둘 필요가 있다.

심볼	a	f	p	n	μ	m		k	M	G	T
접두어	atto	femto	pico	nano	micro	milli		kilo	mega	giga	tera
가중치	$\times 10^{-18}$	$\times 10^{-15}$	$\times 10^{-12}$	$\times 10^{-9}$	$\times 10^{-6}$	$\times 10^{-3}$	$\times 1$	$\times 10^{3}$	$\times 10^{6}$	$\times 10^{9}$	$\times 10^{12}$

[그림 1-2] 표준 SI 가중치 접두어

예를 들어 1나노초(ns)는 1×10^{-9}초이고, 6MΩ은 6×10^{6}Ω을 의미한다. 여기서 단위는 각각 초 second[4]와 옴(Ω)이고, 접두어는 단위가 아닌 기수 10의 가중치를 나타내는 문자 표현이다.[5] 접두어에서 mega, giga, tera는 milli 등의 다른 접두어와 혼동을 피하기 위해 대문자 기호를 사용한다는 점에 유념하기 바란다.

1.1.3 데이터 전송

[그림 1-3]과 같이 A지점에서 B지점으로 전송선을 통해 최소 단위의 정보량인 데이터 x를 전송하는 경우를 살펴보자.

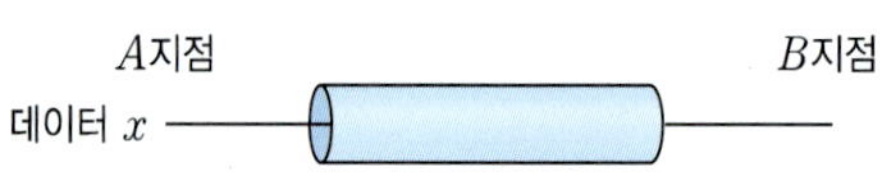

[그림 1-3] 단위 데이터의 전송 모형

최소 단위의 정보량인 데이터 x를 2진수로 전송할 때 "디지털 데이터를 얼마나 빠른 속도로 전송할 수 있는가?"라는 개념, 즉 전송 속도는 1초 동안에 전송되는 비트 수(단위 시간당 비트 수)로 나타낼 수 있다.

$$\text{전송 속도} = \frac{\text{비트 수 [bit]}}{\text{단위 시간 [sec]}} \quad (1.2)$$

따라서 디지털 데이터 전송 속도의 단위는 bps bit per second이다. 1초에 1비트가 전송된다면 전송 속도는 1bps이다. 이는 1Hz의 주파수로 데이터를 전송한다는 말과 같다.

---

3 SI(국제 단위계)는 International System of Units의 불어 표현 Systeme International d'Unites로부터 따온 말이다.
4 sec 또는 s로 나타내기도 한다.
5 메모리에서는 2진수 단위로 셀 평면을 구성하기 때문에 kilo, mega, giga는 각각 2^{10}, 2^{20}, 2^{30}이다.

2진수 전송 시스템에서 어떻게 하면 단위 시간당 더 많은 정보를 보낼 수 있을까? 여기에 대해 두 가지 해법을 생각해볼 수 있다. 고속도로 같은 빠른 길을 만들거나, 아니면 여러 대의 차량이 동시에 지나갈 수 있는 넓은 대로를 만드는 것이다. 이는 다음과 같은 방식으로 생각할 수 있다.

- 고속의 전송회로 및 전송선 사용
- 다중 비트 전송

고속 데이터 전송을 위해서는 일단 신호의 크기(스윙swing)를 작게 함으로써 신호가 움직이는 양을 줄인다. 이 경우 잡음에 취약해지므로, 전송선에서의 잡음을 최소화하기 위한 대책이 필요하다. 한편 다중 비트 전송은 여러 개의 비트를 병렬로 나란히 보내는 방식이다(1.1.4절의 [그림 1-4(c)] 참고).

예제 1-1 **데이터 전송 속도**

2진 데이터 101110101011001을 0.1초 동안에 전송한다면, 데이터 전송 속도는 몇 bps인가? 또한 이 데이터는 몇 Hz의 주파수로 전송되는가?

풀이

전송되는 2진 데이터는 15비트이므로 전송 속도는 15비트/0.1초이고, 이는 150비트/초의 속도와 같다. 따라서 전송 속도는 150bps이다. 또한 이 데이터는 150Hz의 주파수로 전송된다.

예제 1-2 **표본화 데이터 전송 속도**

표본화 데이터 전송에서 표본화 주기는 $T = 1\text{ms}$이다. (a) 3비트 데이터 001, 010, 011, 110, 111, 100, 011, 010, 001을 전송할 때, 데이터 전송 속도는 몇 bps인가? 그리고 (b) 표본화 동작을 2배로 빨리하고 4비트로 양자화한다면 데이터 전송 속도는 얼마인가?

풀이

(a) 데이터는 3비트, 주기는 10^{-3}초이므로 전송 속도는 3비트/10^{-3}초, 즉 3kbps이다.

(b) 표본화 동작속도를 2배 늘리면 표본화 주기는 $T = 0.5\text{ms}$가 된다. 이때 4비트로 양자화되므로 데이터 전송 속도는 4비트/(0.5×10^{-3})초, 즉 8kbps이다.

정보 표현 단위

정보를 처리하는 표현 단위에는 비트를 포함하여 니블, 바이트, 워드, 필드, 레코드, 파일, 데이터베이스가 있다. 그중에서 디지털 회로 수준의 단위를 설명하면 다음과 같다.

■ 바이트

컴퓨터에서 정보의 최소 단위는 2진법의 한 자릿수로 표현되는 비트 bit이다. 그러나 비트 하나로는 0 또는 1만 표현할 수 있으므로, 일정한 단위로 묶어서 정보를 표현하는 기본 단위로 삼는다. 이 기본 단위를 바이트 byte라고 한다. 일반적으로 여덟 개 혹은 아홉 개의 비트를 묶어서 정보를 표현하는데, 1바이트는 256가지의 정보를 나타내어 숫자, 영문자, 특수문자 등을 모두 표현할 수 있다. 특히 영어권에서는 1바이트로 1개의 문자 character를 표현할 수 있기 때문에 1캐릭터 character라고도 부른다. 한편 한글과 같은 동양권 문자를 표기하기 위해서는 1문자당 2바이트를 사용한다.

■ 워드

워드 word는 컴퓨터 내부에서 취급되는 정보 단위로, 보통 하나의 명령 또는 하나의 수치가 1워드에 해당한다. 1워드의 크기는 컴퓨터에 따라 8비트, 16비트, 32비트 등 여러 길이로 정해진다. 워드는 컴퓨터 설계 시 정해지는 메모리의 기본 단위를 의미하기도 한다. 예를 들어 8비트 컴퓨터에서는 1바이트가 1워드이고, 16비트 컴퓨터에서는 2바이트가 1워드이며, 펜티엄급 PC에서는 32비트, 즉 4바이트가 1워드가 된다. 더 강력한 기종에서는 64비트 또는 그 이상의 비트가 1워드가 되기도 한다.

■ 니블

니블 nibble은 1바이트의 절반인 4비트를 하나의 단위로 묶은 것으로, 1바이트는 상위 니블(상위 4비트)과 하위 니블(하위 4비트)로 구분할 수 있다. 4비트로 이루어진 단어는 일반적인 8비트 단어와는 구별된다.

1.1.4 디지털 시스템의 잡음 여유

디지털 코드는 식 (1.1)과 같이 임의의 진법을 활용할 수 있는데, 왜 하필이면 효율이 가장 떨어지는 2진수를 사용하는 것일까?

[그림 1-3]과 같이 A지점에서 B지점으로 전송선을 통해 최소 단위의 정보량인 데이터 x를 전송할 때, 2진수나 3진수, 또는 4진수, ⋯, 10진수 중에 어떤 수 체계로 보내는 것이 좋을까? 어떤 수 체계를 사용하여 데이터를 전송하는 것이 가장 효율적인지 살펴보기 위해 10진수, 2진수, 3진수의 전송선 구조를 비교해보자. 예를 들어 데이터 9를 10진수로 보낸다면, [그림 1-4(a)]와 같이 1개의 전송선으로 가능하다. 데이터 9를 3진수로 보낼 경우에는 세 개의 디지트 $(100)_3$을 보내야 하므로 [그림 1-4(b)]와 같이 세 개의 전송선이 필요하다. 데이터 9를 2진수로 보낼 때에는 네 개의 디지트 $(1001)_2$을 보내야 하므로 [그림 1-4(c)]와 같이 네 개의 전송선이 필요하다.

따라서 하드웨어적 관점에서는 보내는 정보량의 최소 단위의 진수가 낮을수록 불리하며 정보의 전송 효율도 떨어진다. 그럼에도 2진수를 사용하는 까닭은 다음에 설명할 잡음 여유 때문이다.

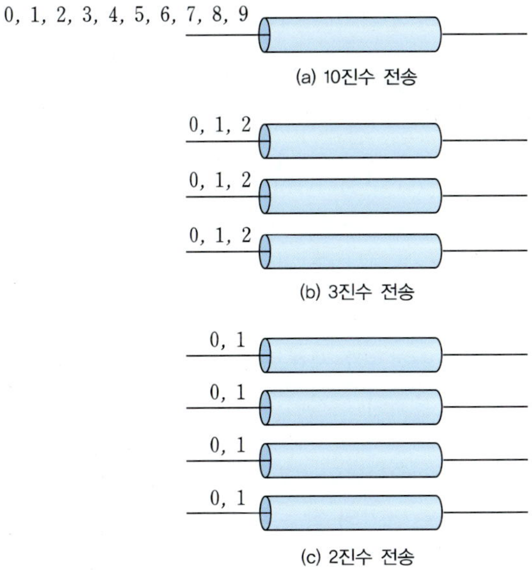

[그림 1-4] 0~9의 데이터 전송을 위한 전송선의 구조

[그림 1-5]와 같이 두 개의 칩[IC] 사이에 전송선이 존재하는 경우를 살펴보자. 칩 #1에서 출력되는 디지털 데이터가 전송선을 거쳐 칩 #2로 수신된다. 출력전압은 0V, 5V로 각각 논리값 0과 1로 할당된다. 수신칩의 입력단 회로가 논리값 1로 인식할 수 있는 가장 낮은 전압을 3V라 하고, 논리값 0으로 인식할 수 있는 가장 높은 전압을 2V라고 하자. 즉, 전송선을 통과하여 신호가 수신칩에 전달

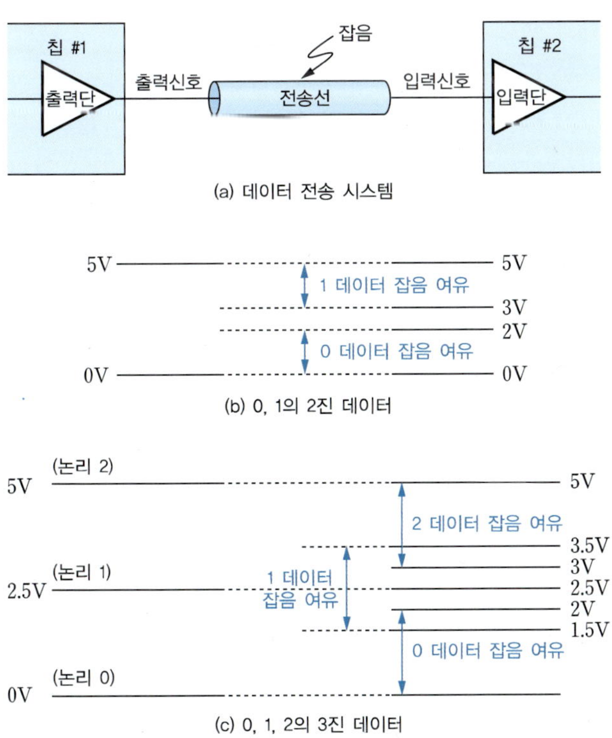

[그림 1-5] 디지털 데이터 전송을 위한 입·출력 시스템

될 때 신호의 전압이 3V 보다 높으면 수신칩은 논리값 1의 입력이 들어왔다고 인식하고, 2V 보다 낮으면 논리값 0의 입력이 들어왔다고 인식한다.

이때 일반적으로 데이터 전송 과정에서 신호 전송선에 전기적인 잡음이 끼어든다. [그림 1-5(b)]를 살펴보면 2진수 시스템에서 논리값 1의 경우, 5V 출력에 잡음이 끼어들어 3V 까지 떨어져도 수신단에서는 이를 논리값 1로 인식하여 다시 5V 로 재생시킨다. 즉, 5 − 3 = 2V 의 잡음 여유^noise margin^가 존재하는 것이다. 논리값 0의 경우에는 0V 출력에 잡음이 끼어들어 2V 까지 올라가도 수신단에서 이를 논리값 0으로 인식하여 다시 0V 로 쉽게 재생시킬 수 있기 때문에 2 − 0 = 2V 의 잡음 여유가 존재한다. 즉, 잡음 여유 범위 내에서는 잡음이 제거되어 **신호가 제대로 재생**된다는 것을 의미하며, 이 점이 디지털 신호가 아날로그 신호보다 우월한 근본적인 특성이 된다.

이제 [그림 1-5(c)]의 3진수 시스템을 살펴보자. 칩 #1의 출력단이 0V, 2.5V, 5V를 출력하여 각각 0, 1, 2의 논리값으로 할당한다. 2진수의 예와 같은 크기의 잡음 여유 2.0V를 확보하려면 논리값 2를 인식할 수 있는 가장 낮은 전압은 3V, 논리값 0을 인식할 수 있는 가장 높은 전압은 2V, 논리값 1을 인식할 수 있는 가장 높은 전압 및 가장 낮은 전압은 각각 3.5V, 1.5V가 되어야 한다. 그렇게 되면 [그림 1-5(c)]에서 보듯이 3~3.5V 구간 및 1.5~2V 구간에서는 두 개의 논리값이 겹치게 된다. 겹치는 구간에서는 회로가 논리값을 인식하지 못하므로 잡음 여유를 2V 보다 더 작은 값으로 설정해야 한다. 즉 3진수 전송 시스템에서는 잡음 여유가 더 줄어든다. 만약 데이터 x의 진수를 더 높여서 더 많은 정보량을 포함하면 전송 효율은 증가하나, 진수를 높일수록 0에서 5V를 더 잘게 쪼개야 하므로 잡음 여유는 그만큼 더 줄어들 것이다. 극단적으로 아날로그 신호라면 잡음 여유가 0이므로, 잡음 그 자체가 신호를 왜곡하며 재생이 되지 않는다.

회로 시스템 및 전송 시스템에서는 언제나 잡음이 존재하기 때문에 충분한 잡음 여유를 설정해야 한다.[6] 이러한 관점에서 회로 및 데이터 전송 시스템은 충분한 잡음 여유를 확보할 수 있는 2진수를 기본으로 한다. 모든 논리회로에서는 트랜지스터를 ON(논리값 1)/OFF(논리값 0)의 개념으로 2진수에 맞추어 설계한다.

6 잡음 여유는 불필요한 잡음은 제거하고 필요한 신호만을 가려낼 수 있는 능력을 말한다.

SECTION

1.2 수의 표현 및 연산체계

1.1절에서 디지털 회로가 2진수 체계로 구현된다는 사실을 알았다. 이 절에서는 2진수 회로 구현을 염두에 두고 2진수 연산에 대해 학습한다. 특히 덧셈과 뺄셈 연산에 초점을 맞추며, 곱셈과 나눗셈 연산도 다룰 것이다. 2진수 연산을 쉽게 이해하기 위해 우리에게 가장 익숙한 진법인 10진수를 이용한다. 8진수 및 16진수는 복잡한 2진수 데이터의 가독성을 높이기 위해 사용되며, 회로 동작과는 상관없다.

1.2.1 수의 변환

2진수, 8진수, 16진수 ➡ 10진수 변환

r진법의 수는 다음과 같은 단계를 거쳐 10진수로 변환된다.

❶ 주어진 r진수를 식 (1.1)과 같은 형식으로 표현한다.

❷ 단계 ❶의 식을 계산하여 그 값을 10진수로 표현한다.

앞에서 본 식 (1.1)을 다시 상기해보자.

$$A_n \cdot r^n + A_{n-1} \cdot r^{n-1} + A_{n-2} \cdot r^{n-2} + \cdots + A_2 \cdot r^2 + A_1 \cdot r^1 + A_0 \cdot r^0$$
$$+ A_{-1} \cdot r^{-1} + A_{-2} \cdot r^{-2} + \cdots + A_{-(m-1)} \cdot r^{-(m-1)} + A_{-m} \cdot r^{-m}$$

예제 1-3 10진수 변환

각 문항을 읽고 질문에 답하라.

(a) $(110.01)_2$을 10진수로 변환하라.

(b) $(17.31)_8$을 10진수로 변환하라.

(c) $(A7B.CD)_{16}$를 10진수로 변환하라.

풀이

(a) 단계 ❶로부터 $(110.01)_2 = 1 \times 2^2 + 1 \times 2^1 + 0 \times 2^0 + 0 \times 2^{-1} + 1 \times 2^{-2}$이다.

단계 ❷로부터 다음과 같다.

$$1\times 2^2+1\times 2^1+0\times 2^0+0\times 2^{-1}+1\times 2^{-2}$$
$$=1\times 4+1\times 2+0\times 1+0\times 0.5+1\times 0.25$$
$$=(6.25)_{10}$$

(b) 단계 ❶로부터 $(17.31)_8=1\times 8^1+7\times 8^0+3\times 8^{-1}+1\times 8^{-2}$이다.

단계 ❷로부터 다음과 같다.

$$1\times 8^1+7\times 8^0+3\times 8^{-1}+1\times 8^{-2}$$
$$=1\times 8+7\times 1+3\times 0.125+1\times 0.015625$$
$$=(15.390625)_{10}$$

(c) 단계 ❶로부터 $(\text{A7B.CD})_{16}=\text{A}\times 16^2+7\times 16^1+\text{B}\times 16^0+\text{C}\times 16^{-1}+\text{D}\times 16^{-2}$이다.

단계 ❷로부터 다음과 같다.

$$\text{A}\times 16^2+7\times 16^1+\text{B}\times 16^0+\text{C}\times 16^{-1}+\text{D}\times 16^{-2}$$
$$=10\times 256+7\times 16+11\times 1+12\times 0.0625+13\times 0.00390625$$
$$=(2683.80078125)_{10}$$

[예제 1-3]을 살펴보면, 각 진법에서 동일한 위치의 소수점 자리 숫자라 하더라도 기수가 커질수록 더 정교한 값을 나타냄을 알 수 있다. 소수점 아래 첫 번째 수는 2진수의 경우 0 혹은 0.5를 나타내지만, 16진수의 경우에는 0, 0.0625, 2×0.0625, 3×0.0625, …, 15×0.0625를 나타낸다.

2진수 ➡ 8진수/16진수 변환

8진수 및 16진수는 2진수의 가독성을 높이기 위해 사용한다. 따라서 2진수를 8진수로 변환할 때는 3자리씩 끊어서 표현하고, 16진수로 변환할 때는 4자리씩 끊어서 표현한다. 자릿수가 모자라면 0으로 채운다. 예를 들어 $(10110.1011)_2$을 8진수로 변환하려면, 소수점을 기준으로 왼쪽 및 오른쪽으로 3자리씩 끊어서 각각의 세 자리 2진수를 각각 8진수로 변환한다. 자릿수가 모자라는 곳은 0으로 채우면 $(010)_2=(2)_8$, $(110)_2=(6)_8$, $(101)_2=(5)_8$, $(100)_2=(4)_8$이므로 $(010\ 110.101\ 100)_2=(26.54)_8$이다. 마찬가지로 $(10110.1011)_2$을 16진수로 변환하려면, 소수점을 기준으로 4자리씩 끊어서 각각의 네 자리 2진수를 16진수로 변환한다. 자릿수가 모자라는 곳은 0으로 채운다. 따라서 $(0001\ 0110.1011)_2=(16.\text{B})_{16}$이다. 이러한 변환으로 디지트의 개수가 줄어들면서 가독성이 훨씬 좋아진다. 이와 반대로 8진수 혹은 16진수로 표현된 데이터를 2진수로 바꿀 때는 역과정을 거친다. 즉, 8진수는 세 자리 2진수로 끊어서 표현하고, 16진수는 네 자리 2진수로 끊어서 표현한다.

예제 1-4 16진수의 2진수 변환

$(A7B.CD)_{16}$을 2진수로 변환하라.

풀이

주어진 수 $(A7B.CD)_{16}$의 각 디지트를 순서대로 4비트의 2진수로 표현한다.

[표 1-1]로부터 1010 0111 1011 1100 1101이므로 $(A7B.CD)_{16} = (101001111011.11001101)_2$이다.

10진수 ➡ 2진수/8진수/16진수 변환

10진수를 r진법의 수로 변환할 수 있다. 다음과 같이 r로 연속적인 나눗셈을 진행하여 나머지를 모아 r진수로 변환한다.

❶ **정수 부분을 r진수로 변환**

주어진 10진수를 r로 계속 나누며, 이를 몫이 0이 될 때까지 반복한다. 이때 첫 번째 나눗셈의 나머지가 최하위 디지트 LSD가 되며, 마지막 나눗셈의 나머지가 최상위 디지트 MSD가 된다.

❷ **소수 부분을 r진수로 변환**

주어진 소수 형태의 10진수에 r을 계속 곱하여 소수 부분이 0이 될 때까지 반복한다. 이때 첫 번째 곱셈의 정수 부분이 최상위 디지트 MSD가 되며, 마지막 곱셈의 정수 부분이 최하위 디지트 LSD가 된다.

❸ **정수 부분과 소수 부분이 함께 있는 수를 r진수로 변환**

정수 부분과 소수 부분이 모두 있는 수의 경우에는 단계 ❶에서의 변환 결과와 단계 ❷에서의 변환 결과를 단순히 합한다.

한 예로 $(45.125)_{10}$를 2진수로 변환해보자. 먼저 단계 ❶을 적용하여 $(45)_{10}$를 2진수로 변환하면 다음과 같이 나타낼 수 있다.

45/2	=	몫 22	+	나머지	1 (LSB)
22/2	=	몫 11	+	나머지	0
11/2	=	몫 5	+	나머지	1
5/2	=	몫 2	+	나머지	1
2/2	=	몫 1	+	나머지	0
1/2	=	몫 0	+	나머지	1 (MSB)

그러므로 $(45)_{10} = (101101)_2$이다.

단계 ❷를 적용하여 $(0.125)_{10}$를 2진수로 변환하면 다음과 같다.

$$
\begin{array}{llllll}
0.125\times 2 = 0.25 = \text{정수 } 0 & \text{(MSB)} & + \text{ 소수 } 0.25 \\
0.25\times 2 = 0.5 = \text{정수 } 0 & & + \text{ 소수 } 0.5 \\
0.5\times 2 = 1.0 = \text{정수 } 1 & \text{(LSB)} & + \text{ 소수 } 0.0
\end{array}
$$

소수 부분이 0이 되었으므로 변환 과정이 종료되고 $(0.125)_{10} = (0.001)_2$이다. 이 예의 경우는 $0.125 = 2^{-3}$으로서 2의 (−) 승수로 딱 떨어지므로 유한한 개수의 2진수 값으로 변환되었다. 만약 2의 (−) 승수로 딱 떨어지지 않으면 무한히 많은 소수점 아래의 값이 발생한다.

단계 ❸을 적용하여 $(45.125)_{10}$를 2진수로 변환하면 다음과 같이 전개된다.

$$(45.125)_{10} = (45)_{10} + (0.125)_{10} = (101101)_2 + (0.001)_2 = (101101.001)_2$$

예제 1-5 10진수의 2진수 변환

$(12.13)_{10}$을 2진수로 변환하라.

풀이

단계 ❶로부터 다음과 같이 변환한다.

$$
\begin{array}{lll}
12/2 = 6 + 0 & \text{(LSB)} \\
6/2 = 3 + 0 & \\
3/2 = 1 + 1 & \\
1/2 = 0 + 1 & \text{(MSB)}
\end{array}
\qquad (12)_{10} = (1100)_2
$$

단계 ❷로부터 다음과 같이 변환한다.

$$
\begin{array}{llll}
0.13\times 2 = 0.26 = 0 & \text{(MSB)} & + 0.26 \\
0.26\times 2 = 0.52 = 0 & & + 0.52 \\
0.52\times 2 = 1.04 = 1 & & + 0.04 \\
0.04\times 2 = 0.08 = 0 & & + 0.08 \\
0.08\times 2 = 0.16 = 0 & & + 0.16 \\
\vdots \quad\quad \vdots & & \vdots
\end{array}
\qquad (0.13)_{10} = (0.00100\cdots)_2
$$

소수 부분이 2의 (−) 승수로 딱 떨어지지 않을 때는 끝나지 않고 무한히 계속된다.

단계 ❸으로부터 $(12.13)_{10} = (1100.00100\cdots)_2$이다.

1.2.2 보수

디지털 연산에서는 보수(補數) complement의 개념을 이해해야 한다. 보수는 말 그대로 보충을 해주는 수를 의미한다. 이를테면 3에 대한 10이 보수는 7이며, 3에 대한 16의 보수는 13이다.

이러한 개념은 특히 뺄셈 연산을 수행할 때 매우 유용하다. 또 보수를 이용하면 뺄셈을 덧셈으로 수행할 수 있다. 기수가 r인 시스템에서 다음의 두 가지 형태의 보수가 가장 유용하게 활용된다.

- r의 보수
- $(r-1)$의 보수

따라서 10진수에서는 10과 9의 보수, 2진수에서는 2와 보수 1의 보수, 8진수에서는 8과 7의 보수, 16진수에서는 16과 15의 보수가 주로 사용된다.

10과 9의 보수

어떤 두 10진수에서, 각 디지트 간의 합이 그 전 자릿수에서 올라오는 올림수(캐리 carry)까지 합해서 10이 되면, 이 두 수는 10의 보수 관계에 있다고 한다. 예를 들어, 435와 565의 LSD의 합은 $5+5=10$, (LSD+1)의 자릿수의 합은 $3+6+1$(캐리)$=10$, MSD의 합은 $4+5+1$(캐리)$=10$이므로 두 수는 10의 보수 관계에 있다. 따라서 어떤 두 수에서 LSD의 합이 10이고 LSD가 아닌 디지트의 합은 9가 되도록 수를 구성하면, 두 수는 서로 10의 보수가 된다.

10의 보수를 구하는 알고리즘은 다음과 같다.

❶ 0이 아닌 LSD를 10에서 뺀다.
❷ LSD 상위의 디지트를 9에서 뺀다.
❸ 0이 아닌 LSD 이하의 디지트는 모두 0이다.

어떤 두 10진수에서, 각 디지트 간의 합이 모두 9가 되면 두 수는 9의 보수 관계에 있다고 한다. 예를 들어 435와 564의 LSD의 합은 $5+4=9$, (LSD+1)의 자릿수의 합은 $3+6=9$, MSD의 합은 $4+5=9$이므로 두 수는 9의 보수 관계에 있다. 따라서 어떤 수가 주어질 때, 모든 디지트의 합이 9가 되도록 수를 구성하면, 두 수는 서로 9의 보수가 된다. 즉, 9의 보수는 모든 디지트를 9에서 뺌으로써 구한다.

예제 1-6 10의 보수

$(1230)_{10}$의 10의 보수를 구하라.

풀이

10의 보수를 구하는 알고리즘대로 구해본다.

❶ 0이 아닌 LSD 3을 10에서 빼면 7이 된다.
❷ LSD 상위 디지트 2, 1을 각각 9에서 빼면 7, 8이다.
❸ 3 이하의 디지트는 모두 0으로 처리하면 10의 보수는 $(8770)_{10}$이다.

10의 보수 관계에 있는 두 수 $(1230)_{10}$과 $(8770)_{10}$을 합하면 $(10000)_{10}$이 된다. 캐리 1을 제외하고는 모두 0이 됨을 확인할 수 있다.

예제 1-7 **소수점이 있는 10의 보수**

$(12.37)_{10}$의 10의 보수를 구하라.

풀이

❶ 0이 아닌 LSD 7을 10에서 빼면 3이 된다.

❷ LSD 상위 디지트 3, 2, 1을 각각 9에서 빼면 6, 7, 8이다.

❸ 따라서 10의 보수는 $(87.63)_{10}$이다.

$(12.37)_{10}+(87.63)_{10}=(100.00)_{10}$임을 확인할 수 있다.

예제 1-8 **9의 보수**

$(1230)_{10}$의 9의 보수를 구하라.

풀이

모든 디지트를 9에서 빼면 $(8769)_{10}$가 된다.

9의 보수 관계에 있는 두 수 $(1230)_{10}$과 $(8769)_{10}$를 합하면 $(9999)_{10}$가 된다. 따라서 모든 자릿수가 9가 됨을 확인할 수 있다.

예제 1-9 **소수점이 있는 9의 보수**

$(12.37)_{10}$의 9의 보수를 구하라.

풀이

모든 디지트를 9에서 빼면 $(87.62)_{10}$가 된다. $(12.37)_{10}+(87.62)_{10}=(99.99)_{10}$임을 확인한다.

[예제 1-7]과 [예제 1-9]의 결과로부터 9의 보수의 LSD에 1을 더하면 10의 보수가 됨을 알 수 있다.

2의 보수와 1의 보수

어떤 두 2진수에서, 각 비트 간의 합이 그 전 자릿수에서 올라오는 캐리까지 합해서 모두 2가 되면, 두 수는 **2의 보수** 관계에 있다고 한다. 예를 들어 101과 011의 LSB의 합은 $1+1=2$, (LSB+1)의 자릿수의 합은 $0+1+1$(캐리)$=2$, MSB의 합은 $1+0+1$(캐리)$=2$이므로 두 수는 2의 보수 관계에 있다. 따라서 어떤 두 수에서 LSB의 합이 2이고 LSB가 아닌 디지트의 합은 1이 되도록 수를 구성하면, 두 수는 서로 2의 보수가 된다.

2의 보수를 구하는 알고리즘

❶ 최하위 자릿수 1을 찾아서 그대로 둔다.
❷ 최하위 자릿수 1 이하의 0들은 그대로 둔다.
❸ 최하위 자릿수 1보다 상위 자리의 비트는 모두 뒤집는다. 즉 1은 0으로, 0은 1로 바꾼다.

어떤 두 2진수에서, 각 비트 간의 합이 모두 1이 되면 두 수는 **1의 보수** 관계에 있다고 한다. 예를 들어 101과 010의 LSB의 합은 $1+0=1$, (LSB+1)의 자릿수 합은 $0+1=1$, MSB의 합은 $1+0=1$이므로, 두 수는 1의 보수 관계에 있다. 따라서 어떤 수가 주어질 때 모든 비트의 합이 1이 되도록 수를 구성하면, 두 수는 서로 1의 보수가 된다.

1의 보수는 모든 비트를 1에서 뺌으로써 구한다. 혹은 1의 보수는 모든 비트를 뒤집어서 만들 수도 있다.

예제 1-10 2의 보수

$(10110)_2$의 2의 보수를 구하라.

풀이

2의 보수를 구하는 알고리즘대로 구해본다.

❶ 최하위 1과 그 이하의 0을 그대로 둔다(10 → 10).
❷ 최하위 1보다 상위의 비트는 모두 뒤집는다(101 → 010).

따라서 2의 보수는 $(01010)_2$이다.

2의 보수 관계에 있는 두 수 $(10110)_2$과 $(01010)_2$을 합하면 $(100000)_2$이 된다. 즉, 캐리 1을 제외하고는 모두 0이 된다.

예제 1-11 소수점이 있는 2의 보수

$(110.101)_2$의 2의 보수를 구하라.

풀이

❶ 최하위 1을 그대로 둔다(1 → 1).
❷ 최하위 1보다 상위의 비트는 모두 뒤집는다(11010 → 00101).

따라서 2의 보수는 $(001.011)_2$, 즉 $(1.011)_2$이다.

$(110.101)_2+(1.011)_2=(1000.000)_2$임을 확인한다.

예제 1-12 **1의 보수**

$(10010)_2$의 1의 보수를 구하라.

풀이

모든 디지트를 뒤집으면 $(01101)_2$이 된다. 1의 보수 관계에 있는 두 수 $(10010)_2$과 $(01101)_2$을 합하면 $(11111)_2$이 된다. 즉, 모든 자릿수가 1이 됨을 확인한다.

예제 1-13 **소수점이 있는 1의 보수**

$(101.011)_2$의 1의 보수를 구하라.

풀이

모든 디지트를 뒤집으면 $(010.100)_2$이 된다. $(101.011)_2+(010.100)_2=(111.111)_2$임을 확인한다.

[예제 1-10]과 [예제 1-12]의 결과로부터 1의 보수의 LSB에 1을 더하면 2의 보수가 됨을 알 수 있다.

1.2.3 수의 연산

4장에서 학습하겠지만, 2진수 연산은 디지털 가산기(덧셈기)를 기반으로 한다. 따라서 뺄셈조차도 앞에서 학습한 보수 개념을 도입하여 덧셈을 기반으로 수행한다. 여기서 학습할 연산 과정은 실제 회로로 구현하기 위한 회로 알고리즘으로 생각하면 된다. 예를 들어 $255-432$의 10진수 연산을 생각해보자. 우리는 당연하게 다음과 같은 순서로 진행한다.

❶ 255와 432의 크기를 비교한다.
❷ 큰 수 432에서 작은 수 255를 뺀 값 177을 구한다.
❸ 뺄셈의 순서가 바뀐 경우, 앞에 (−) 부호를 붙여서 −177의 최종 결과를 얻는다.

이러한 계산 방식은 인간에게는 쉬운 일이지만, 반도체 트랜지스터로 이루어진 2진 연산회로에게는 매우 어려운 일이다. 사실 트랜지스터 회로는 논리합, 논리곱 등의 단순한 연산밖에 할 수 없다. 다만 엄청나게 빠른 속도로 동작하기 때문에 겉보기에 매우 복잡한 연산을 오류 없이 스마트하게 수행하는 것처럼 보일 뿐이다. 4장에서도 언급하겠지만, 조합논리회로를 이용하여 원활하게 수행할 수 있는 계산 수준은 2진 덧셈 정도이며, 비트 뒤집기는 NOT 게이트나 XOR 게이트를 사용하여 쉽게 수행할 수 있다.

지금부터는 10진수와 2진수의 뺄셈에 대한 알고리즘을 학습하고자 한다. 당연히 초점은 2진수 연산이며, 우리에게 익숙한 10진수의 연산을 참고로 한다면 더 쉽게 이해할 수 있을 것이다. 2진수 연산은 기본적으로 덧셈 연산에 바탕을 두기 때문에, 앞서 학습한 보수를 이용한다. 2진수의 경우, 보수는 비트를 그대로 두거나 뒤집는 동작이므로 용이하게 회로로 구현될 수 있다.

10의 보수와 2의 보수를 이용한 뺄셈 연산

뺄셈 연산에서 피감수(빼지는 수) minuend와 감수(빼는 수) subtrahend는 모두 양수로 가정한다. 10진수에서 10의 보수를 이용한 뺄셈과 2진수에서 2의 보수를 이용한 뺄셈은 다음의 과정을 거친다.

❶ 피감수는 그대로 두고, 감수의 10의 보수 혹은 2의 보수를 피감수에 더한다.

❷ 결과를 체크한다. 만약 캐리 end carry가 발생하면 이를 무시하고 ❶의 결과를 취한다. 만약 캐리가 발생하지 않으면, ❶의 결과의 10의 보수 혹은 2의 보수를 취하고 앞에 (−) 부호를 붙인다.

예제 1-14 10의 보수를 이용한 뺄셈 : 캐리가 발생하는 경우

10의 보수를 이용하여 $(435-122)_{10}$를 계산하라.

풀이

피감수를 그대로 두고, 감수의 10의 보수를 피감수에 더하면 캐리가 발생한다.

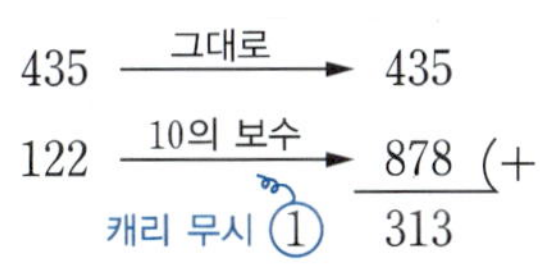

캐리를 무시한 나머지 313이 최종 뺄셈 결과가 된다.

예제 1-15 10의 보수를 이용한 뺄셈 : 캐리가 발생하지 않는 경우

10의 보수를 이용하여 $(122-435)_{10}$를 계산하라.

풀이

피감수를 그대로 두고, 감수의 10의 보수를 피감수에 더하면 캐리가 발생하지 않는다.

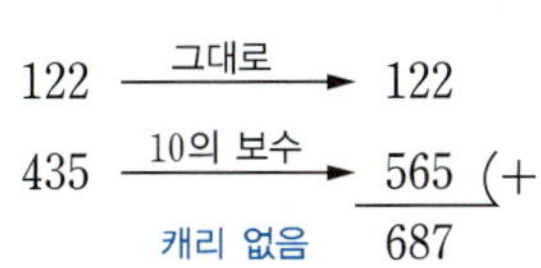

687의 10의 보수인 313에 (−)를 붙인 −313이 최종 뺄셈 결과가 된다.

예제 1-16 2의 보수를 이용한 뺄셈 : 캐리가 발생하는 경우

2의 보수를 이용하여 $(1011-0101)_2$을 계산하라.

풀이

피감수를 그대로 두고, 감수의 2의 보수를 더하면 캐리가 발생한다.

```
1011 ──그대로──→  1011
0101 ──2의 보수─→  1011 (+
        캐리 무시 ①  0110
```

캐리를 무시한 나머지 0110이 최종 뺄셈 결과가 된다.

예제 1-17 2의 보수를 이용한 뺄셈 : 캐리가 발생하지 않는 경우

2의 보수를 이용하여 $(0101-1011)_2$을 계산하라.

풀이

피감수를 그대로 두고, 감수의 2의 보수를 더하면 캐리가 발생하지 않는다.

```
0101 ──그대로──→  0101
1011 ──2의 보수─→  0101 (+
        캐리 없음    1010
```

1010의 2의 보수인 0110에 (−)를 붙인 −0110이 최종 뺄셈 결과가 된다.

9의 보수와 1의 보수를 이용한 뺄셈 연산

뺄셈 연산에서의 피감수와 감수는 모두 양수로 가정한다. 10진수에서 9의 보수를 이용한 뺄셈과 2진수에서 1의 보수를 이용한 뺄셈은 다음의 과정을 거친다.

❶ 피감수는 그대로 두고, 감수의 9의 보수 혹은 1의 보수를 피감수에 더한다.

❷ 결과를 체크한다. 만약 캐리가 발생하면, ❶의 결과값의 LSD에 순환자리올림 end-around carry 1을 더한다. 순환자리올림이란 자리 캐리를 최상위 위치에서 최하위 위치로 보내는 동작을 말한다. 만약 캐리가 발생하지 않으면, ❶의 결과의 9의 보수 혹은 1의 보수를 취하고 앞에 (−) 부호를 붙인다.

예제 1-18 9의 보수를 이용한 뺄셈 : 캐리가 발생하는 경우

9의 보수를 이용하여 $(435-122)_{10}$를 계산하라.

풀이

피감수를 그대로 두고, 감수의 9의 보수를 피감수에 더하면 캐리가 발생한다.

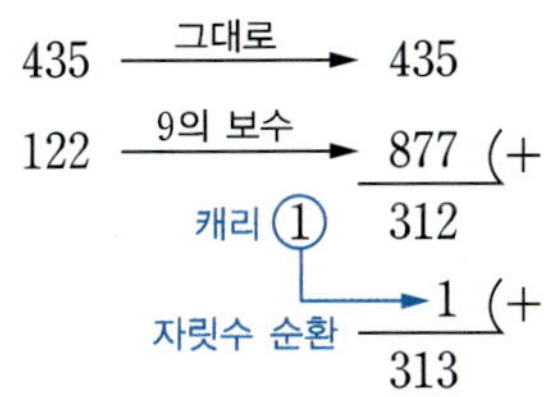

캐리를 LSD의 위치로 자릿수 이동하여 중간 결과인 312에 더하면 최종 뺄셈 결과를 얻는다.

예제 1-19 9의 보수를 이용한 뺄셈 : 캐리가 발생하지 않는 경우

9의 보수를 이용하여 $(122-435)_{10}$를 계산하라.

풀이

피감수를 그대로 두고, 감수의 9의 보수를 피감수에 더하면 캐리가 발생하지 않는다.

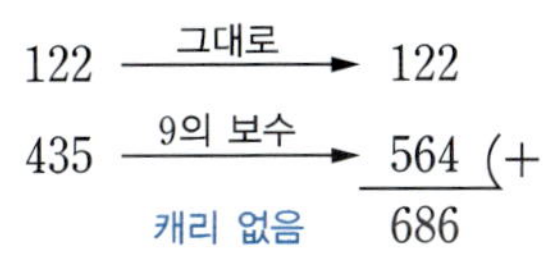

686의 9의 보수인 313에 (−)를 붙인 −313이 최종 뺄셈 결과가 된다.

예제 1-20 1의 보수를 이용한 뺄셈 : 캐리가 발생하는 경우

1의 보수를 이용하여 $(1011-0101)_2$을 계산하라.

풀이

피감수를 그대로 두고, 감수의 1의 보수를 피감수에 더하면 캐리가 발생한다.

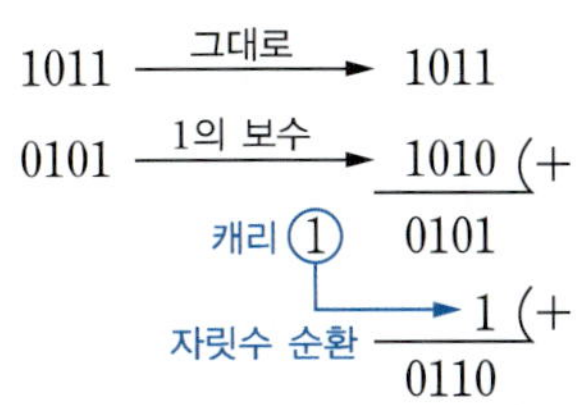

캐리를 LSD의 위치로 자릿수 이동하여 중간 결과인 0101에 더하면 최종 뺄셈 결과를 얻는다.

예제 1-21 **1의 보수를 이용한 뺄셈 : 캐리가 발생하지 않는 경우**

1의 보수를 이용하여 $(0101-1011)_2$을 계산하라.

풀이

피감수를 그대로 두고, 감수의 1의 보수를 피감수에 더하면 캐리가 발생하지 않는다.

$$
\begin{array}{lcr}
0101 & \xrightarrow{\text{그대로}} & 0101 \\
1011 & \xrightarrow{\text{1의 보수}} & \underline{0100}\ (+ \\
 & & 1001
\end{array}
$$

1001의 1의 보수인 0110에 (−)를 붙인 −0110이 최종 뺄셈 결과가 된다.

[예제 1-16] 및 [예제 1-20]을 비교해보면, 자릿수 순환이 필요한 1의 보수를 이용한 뺄셈보다는 2의 보수를 이용한 뺄셈이 더 간단한 알고리즘임을 알 수 있다. 대부분 2의 보수를 이용한 뺄셈을 활용하며, 다음 절에서 학습할 음수의 표현에서도 2의 보수를 기본으로 한다.

음수 2진수의 표현

연산 논리회로에서 덧셈 동작보다는 뺄셈 동작이 훨씬 어렵기 때문에 뺄셈을 덧셈으로 처리하는 방안을 생각해야 한다. 예를 들어 $5-3=2$는 뺄셈이지만, $5+(-3)=2$는 음수로 표현된 감수와의 덧셈이다.

이제 임의의 양수 혹은 음수를 2진수로 표현하는 방법에 대해 학습해보자. 컴퓨터를 포함한 각종 논리회로에서 2진 음수를 표현하는 방법은 세 가지가 있다.

이 방식을 각각 살펴보면서 장·단점을 비교해보자.

- **부호 절댓값** sign-magnitude **방식** : 가장 쉽게 생각할 수 있는 방식으로, MSB를 부호 비트 sign bit로 사용한다. 부호 비트가 0이면 양수, 1이면 음수로 사용하며, 나머지는 절댓값을 나타낸다. 4비트로 표현할 수 있는 2진수의 예에서 MSB는 부호가 되므로, 값을 나타내는 것은 하위 3비트이다. 따라서 [표 1-2]와 같이 −7에서 +7까지 표현할 수 있다.
- **1의 보수** 1's complement **방식** : 음수를 1의 보수로 나타내는 것이다. 예를 들어 $+7=(0111)_2$이므로 −7은 $(0111)_2$의 1의 보수인 $(1000)_2$으로 표현한다. 같은 방법으로 $+1=(0001)_2$이므로 $-1=(1110)_2$이 된다. $+0=(0000)_2$이고 $-0=(1111)_2$이다. 즉, 음수를 표현할 때는 각각의 비트를 뒤집으면 된다. [표 1-2]에서 발견할 수 있는 재미있는 성질은 부호 절댓값 방식과 마찬가지로 MSB가 0이면 양수, 1이면 음수라는 성질이 그대로 유지된다는 점이다.

- **2의 보수** 2's complement **방식** : 음수를 2의 보수로 나타내는 것이다. 예를 들어 $+7=(0111)_2$이므로 -7은 $(0111)_2$의 2의 보수인 $(1001)_2$로 표현한다. 같은 방법으로 $+1=(0001)_2$이므로 $-1=(1111)_2$이 된다. $+0=(0000)_2$이고 $-0=(0000)_2$이다. 부호 절댓값이나 1의 보수와는 달리 $+0$과 -0은 구별할 필요 없이 $(0000)_2$으로 해결된다. 남는 코드 하나는 $-8=(1000)_2$으로 표현할 수 있다. 한편 이 경우에도 MSB가 0이면 양수, 1이면 음수라는 성질은 그대로 유지된다. 따라서 2의 보수 방식은 표현할 수 있는 숫자가 하나 늘어 -8에서 $+7$까지 나타낼 수 있다.

[표 1-2] 4비트 정수의 2진수 표현법

10진수	부호 절댓값	1의 보수	2의 보수
+7	0111	0111	0111
+6	0110	0110	0110
+5	0101	0101	0101
+4	0100	0100	0100
+3	0011	0011	0011
+2	0010	0010	0010
+1	0001	0001	0001
+0	0000	0000	0000
−0	1000	1111	0000
−1	1001	1110	1111
−2	1010	1101	1110
−3	1011	1100	1101
−4	1100	1011	1100
−5	1101	1010	1011
−6	1110	1001	1010
−7	1111	1000	1001
−8	–	–	1000

앞서 설명한 세 가지 음수 표현 방법 중 어느 것이 회로 구현 관점에서 가장 유리할까? 다음의 네 가지 연산을 위의 세 가지 방법으로 수행해보자.

예시

- $2+5=7$ (양수 간의 합)
- $-2+(-5)=-7$ (음수 간의 합)
- $5+(-3)=2$ (절댓값이 큰 양수와 절댓값이 작은 음수의 합)
- $3+(-5)=-2$ (절댓값이 작은 양수와 절댓값이 큰 음수의 합)

■ 부호 절댓값을 이용한 연산

예시로 든 네 가지 연산을 부호 절댓값을 이용하여 계산하면 다음과 같다.

0010 + 0101 = 0111 (덧셈 연산)
1010 + 1101 = 1111 (덧셈 연산, 부호 처리)
0101 + 1011 = 0010 (뺄셈 연산, 부호 처리)
0011 + 1101 = 1010 (순서 교환, 뺄셈 연산)

세 번째 연산에서 부호를 제외한 나머지 3비트의 뺄셈 연산 101 − 011 = 010이 수행되었다. 그다음으로 첫 번째 비트인 부호를 0으로 유지하는 부호 처리 과정이 들어갔다. 네 번째 연산의 경우, 부호를 제외한 나머지 3비트는 순서를 바꿔 101 − 011 = 010을 수행하므로 회로 구현이 어려운 순서 교환 및 뺄셈 연산의 알고리즘이 들어간다. 이러한 고찰로부터 부호 절댓값을 이용한 연산은 2진 회로에 적절하지 않음을 알 수 있다.

■ 1의 보수를 이용한 연산

예시로 든 네 가지 연산을 1의 보수를 이용하여 계산하면 다음과 같다.

0010 + 0101 = 0111	(덧셈 연산)
1101 + 1010 = 0111 + 1(순환자리올림) = 1000	(덧셈 연산, 순환자리올림)
0101 + 1100 = 0001 + 1(순환자리올림) = 0010	(덧셈 연산, 순환자리올림)
0011 + 1010 = 1101	(덧셈 연산)

첫 번째와 네 번째 연산은 단순히 덧셈 연산만으로 최종 결과를 얻을 수 있다. 두 번째와 세 번째 연산은 다음과 같이 덧셈 연산을 수행한 후, 캐리에 대해 순환자리올림 동작을 수행해야 원하는 결과를 얻을 수 있다.

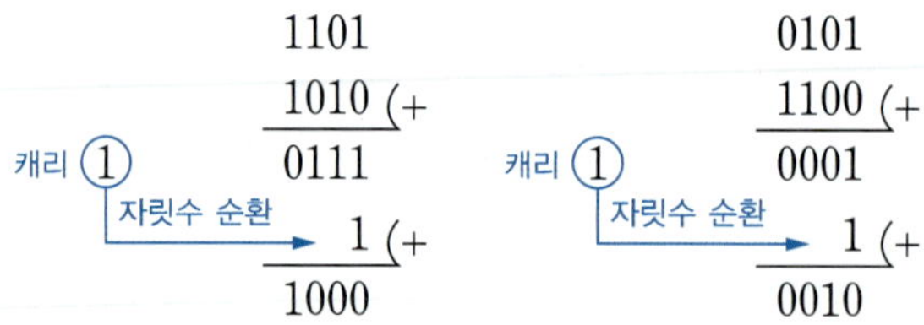

■ 2의 보수를 이용한 연산

예시로 든 네 가지 연산을 2의 보수를 이용하여 계산하면 다음과 같다.

0010 + 0101 = 0111	(덧셈 연산)
1110 + 1011 = 1 1001 = 1001	(덧셈 연산, 캐리 무시)
0101 + 1101 = 1 0010 = 0010	(덧셈 연산, 캐리 무시)
0011 + 1011 = 1110	(덧셈 연산)

첫 번째와 네 번째 연산은 단순히 덧셈 연산만으로 최종 결과를 얻을 수 있다. 두 번째와 세 번째 연산은 다음과 같이 덧셈 연산을 수행한 후, 최종 캐리를 무시하면 된다. 어차피 4비트 연산이므로, 최종 캐리는 4비트 영역에 포함되지 않는다.

```
     1110          0101
     1011 (+       1101 (+
  (1)1001       (1)0010
```

이상의 고찰로부터 음수가 포함된 연산에서 회로적으로 가장 간단한 알고리즘은 2의 보수를 이용한 방식임을 알 수 있다. 그래서 실제로 널리 사용되는 것은 회로 구현의 관점에서 유리한 2의 보수 방식이다. 2의 보수 방식의 장점을 요약하면 다음과 같다.

- MSB가 0이면 양수, 1이면 음수라는 성질이 유지된다.
- 덧셈 연산만으로 가능하다.
- 0이 두 개 존재하는 모순이 없다.[7]
- 캐리(올림수) 처리를 따로 하지 않아도 된다.

이와 같이 가장 효율적인 2의 보수를 사용한 표현법을 2진 부호 형태binary sign form라고 부른다.

비트 확장

$(+10)_{10}$을 4비트의 2의 보수로 나타내면 $(1010)_2$이다. 이 경우 MSB가 1이므로 음수로 판단한다. 그렇지만 실제로는 음수가 아닌 양수이다. 왜 이런 일이 일어났을까? $+10$이 4비트로 표현할 수 있는 범위(-8에서 $+7$)를 벗어났기 때문이다. 이 경우에는 비트 수를 더 확장해야 한다. 일반적으로 4비트, 8비트, 16비트, 32비트, 64비트 등 2의 승수 비트로 확장해서 표현한다. [표 1-3]은 8비트 및 16비트로 확장한 예를 보인 것이다. $(-10)_{10}$은 $(+10)_{10}$의 2진수 표현에 대한 2의 보수를 취하면 된다.

[표 1-3] 비트 확장

구분	$(+10)_{10}$의 표현	$(-10)_{10}$의 표현
4비트	불가	불가
8비트	0000 1010	1111 0110
16비트	0000 0000 0000 1010	1111 1111 1111 0110

일반적으로 n비트의 2진 부호 형태에 대한 10진수의 표현 범위는 식 (1.3)과 같다. 이 식의 범위를 벗어나는 10진수라면 비트 확장을 해야 한다.

$$(-2^{n-1}) \sim (+2^{n-1}-1) \qquad (1.3)$$

7 [표 1-3]을 보면 0의 보수가 존재하는데, 인간의 수학 체계에서 +0 혹은 −0이란 없다. 그러나 2 외의 다른 수의 보수 방식을 이용할 때 0을 디지털화하면 보수가 존재하는 모순을 보인다.

예제 1-22 2진 부호 형태

$(+32749)_{10}$ 및 $(-32749)_{10}$를 2진 부호 형태로 나타내라.

풀이

먼저 식 (1.3)에 $n=4$, 8, 16, …을 대입하여 32749를 범위 내에 포함할 수 있는 최소 n값 $n=16$을 구한다. 따라서 16자리의 2진수를 적용한다.

10진수의 2진수 변환을 사용하면 $(+32749)_{10}=(0111\ 1111\ 1110\ 1101)_2$이다.

이 결과를 2의 보수로 변환하면 $(-32749)_{10}=(1000\ 0000\ 0001\ 0011)_2$이다.

오버플로 / 언더플로

[표 1-3]의 4비트 2진 부호 형태에서는 $-8 \sim +7$의 값을 표현할 수 있다. 만약 상한값 $+7$을 넘어서면 오버플로 overflow, 하한값 -8을 넘어서면 언더플로 underflow라고 하며, 이는 비트를 확장하여 살펴봐야 한다.

네 가지 경우의 2진 부호 형태의 연산에서 가장 윗단에 캐리를 표현하였다. 정상 혹은 오버플로/언더플로의 여부를 판단하기 위해서는 캐리 시퀀스의 4번째 및 3번째 비트를 점검해야 한다.

```
❶ 캐리 [0 0]0 0                ❷ 캐리 [1 1]1 0
        0010     +2                    1110     −2
        0101     +5                    1011     −5
      ------   ----                ---------   ----
        0111     +7                (1) 1001     −7

❸ 캐리 [1 0]0 0                ❹ 캐리 [0 1]1 0
        1100     −4                    0110     +6
        1011     −5                    0011     +3
      ------   ----                ---------   ----
      1 0111     −9                  0 1001     +9
```

❶ '00인 경우' 정상 범주 내에 있으며 합의 4번째 비트가 부호 비트이고 0이므로 양수이다. 따라서 덧셈 결과는 +7이다.

❷ '11인 경우' 정상 범주 내에 있으며 합의 4번째 비트가 부호 비트이고 1이므로 음수이다. 덧셈 결과의 캐리는 무시하며, 덧셈 결과는 −7이다.

❸ '10인 경우' 언더플로가 발생하며, 합의 5번째 비트가 부호 비트이고 1이므로 음수이다. 나머지 4비트의 2의 보수는 1001이므로 덧셈 결과는 −9이다.

❹ '01인 경우' 오버플로가 발생하며, 합의 5번째 비트가 부호 비트이고 0이므로 양수이다. 나머지 4비트는 1001이므로 덧셈 결과는 +9이다.

캐리 단의 4번째 및 3번째 비트가 같으면 정상 연산이며, 다르면 오버플로/언더플로가 발생하므로 5번째 비트까지 확장하여 살펴야 한다.[8]

곱셈 연산

2진수 $(1001)_2 \times (1011)_2$을 다음과 같이 연산해보자.

```
피승수  1001          9
  승수  1011 (×      11 (×
       ─────────    ─────
          1001        9
         1001        9
        0000        ─────
       1001          99
       ─────────
       1100011
```

인간이 연산하는 알고리즘에 맞추어 하드웨어적으로 구현하기 위해서는 누적 accumulation 및 오른쪽 시프트 SR : shift right 동작을 반복 수행해야 한다. 이를 위해서는 누적되는 값을 저장할 수 있는 장치(누산기 accumulator)[9]가 필요하다.

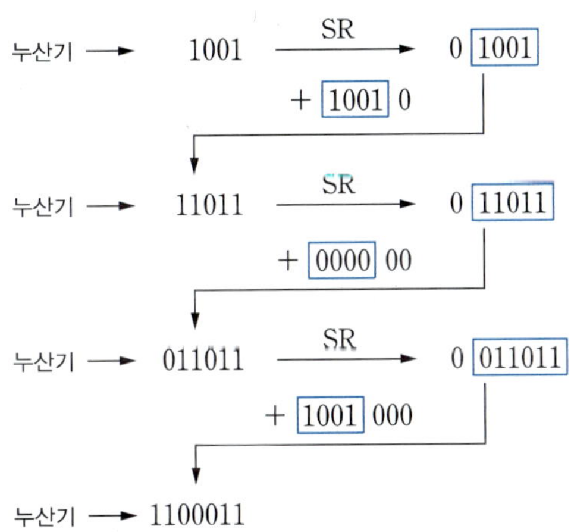

승수의 LSB 1을 곱하면 피승수 1001이 그대로 누산기에 들어간다. (만약 승수의 LSB가 0이라면 0000이 누산기에 들어간다.) 오른쪽으로 1비트 시프트[10]하면 누산기의 왼쪽에 0이 채워진다. 승수의 LSB 다음 비트 1을 피승수에 곱하고 왼쪽으로 1비트 시프트한 (오른쪽에 0을 채운) 10010을 더하면 11011이 누산기에 들어간다. 다시 오른쪽으로 1비트 시프트하면 011011이 되고 승수의 다음 비트 0을 피승수에 곱하고 왼쪽으로 2비트 시프트한 (오른쪽 2비트를 0으로 채운) 000000을 더하면 011011이 누산기에 저장된다. 오른쪽으로 1비트 시프트하면 0011011이 되고 승수의 다음

8 두 비트가 같은지의 유무는 XOR 논리 연산을 수행하여 확인할 수 있다.
9 8.1.3절에서 상세히 다룬다.
10 2진수에서 오른쪽으로 1비트 시프트하는 것은 2^{-1}을 곱하는 효과이고, 왼쪽으로 1비트 시프트하는 것은 2^1을 곱하는 효과이다.

비트 1을 곱하고 왼쪽으로 3비트 시프트한 (오른쪽 3비트를 0으로 채운) 1001000을 더하면 누산기의 값은 1100011이 되어 최종 결과값이 된다.

예제 1-23 곱셈 연산

누산기를 이용하여 2진수 $(1100)_2 \times (0110)_2$을 연산하라.

풀이

❶ 승수의 LSB 0을 곱하면 0000이 누산기에 들어간다. 오른쪽으로 1비트 시프트하면 누산기의 왼쪽에 0이 채워진다.

❷ 승수의 LSB 다음 비트 1을 곱하고 11000을 더하면 11000이 누산기에 들어간다. 다시 오른쪽으로 1비트 시프트하면 011000이 된다.

❸ 승수의 다음 비트 1을 곱한 110000을 더하면 1001000이 누산기에 저장된다. 오른쪽으로 1비트 시프트하면 01001000이 된다.

❹ 승수의 다음 비트 0을 곱한 00000000을 더하면 누산기의 값은 01001000이 되어 최종 결과값이 된다.

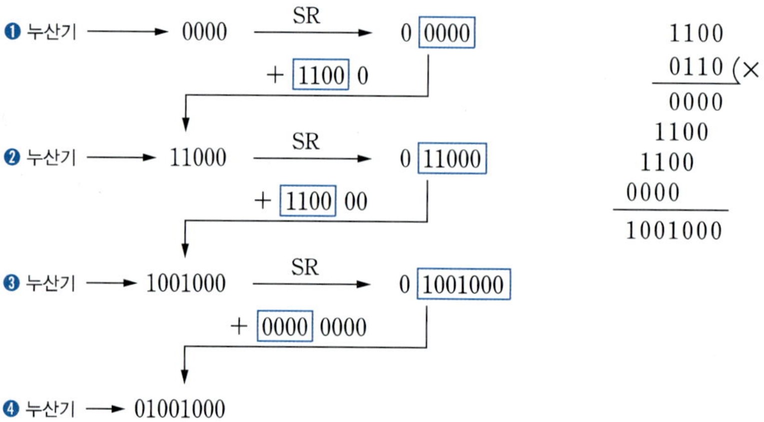

나눗셈 연산

13÷3을 2진수 $(1101)_2 \div (0011)_2$로 연산해보자. 인간의 나눗셈 알고리즘을 적용하여 논리회로의 구조에 맞춘 동작은 크기 비교, 왼쪽 시프트 및 뺄셈 동작으로 이루어진다. 나눗셈 연산을 하려면 몫을 저장하는 레지스터[11] Q, 나머지를 저장하는 레지스터 R, 제수를 저장하는 레지스터 D를 확보해야 한다. R과 Q는 R을 상위 비트로 하는 R+Q의 8비트 레지스터처럼 동작시킨다. 각 단계마다 R−D를 판별하면 다음과 같다.

11 레지스터(register)는 2진 비트를 저장하는 장치이다. 본 예에서는 각각 4비트 레지스터가 된다.

- R<D : Q의 LSB에 0을 밀어 넣고 전체적으로 왼쪽 시프트[12]한다.
- R>=D : R에는 R−D 값으로 대체하고 Q의 LSB=1로 설정한다.

왼쪽 시프트는 비트 수에 해당하는 횟수만큼을 수행한다. 예를 들어 $(1101)_2 \div (0011)_2$을 수행하면 다음과 같다.

❶ R, Q를 각각 초기값 0000 및 피제수 1101로 초기화한다.
❷ R=0000 < D=0011이므로 Q의 LSB에 0을 밀어 넣고 전체적으로 왼쪽 시프트한다.
❸ R=0001 < D=0011이므로 Q의 LSB에 0을 밀어 넣고 전체적으로 왼쪽 시프트한다.
❹ R=0011 >= D=0011이므로 R에는 R−D 값으로 대체하고 Q의 LSB=1로 설정한다.
❺ R=0000 < D=0011이므로 Q의 LSB에 0을 밀어 넣고 전체적으로 왼쪽 시프트한다.
❻ R=0000 < D=0011이므로 Q의 LSB에 0을 밀어 넣고 전체적으로 왼쪽 시프트한다.
❼ 총 4번의 시프트를 진행했고 R=0001 < D=0011이므로 여기서 종료된다.

최종 값 R=0001이 나머지이며 Q=0100이 몫이 된다. 그림에서 ❷, ❸, ❺, ❻은 총 4번의 왼쪽 시프트 동작을 표현한 것이다.

	R	Q	
단계 1	0000	1101	❷ R<D
단계 2	0001	1010	❸ R<D
단계 3	0011	0100	R=R−D Q의 LSB=1
단계 4	0000	0101	❺ R>=D
단계 5	0000	1010	❻ R<D
단계 6	0001	0100	

예제 1-24 나눗셈 연산

$(1100)_2 \div (0100)_2$을 수행하라.

풀이

❶ R 및 Q를 각각 초기값 0000, 피제수 1100으로 초기화한다.
❷ R=0000 < D=0100이므로 Q의 LSB에 0을 밀어 넣고 전체적으로 왼쪽 시프트한다.
❷ R=0001 < D=0100이므로 Q의 LSB에 0을 밀어 넣고 전체적으로 왼쪽 시프트한다.
❸ R=0011 < D=0100이므로 Q의 LSB에 0을 밀어 넣고 전체적으로 왼쪽 시프트한다.
❹ R=0110 >= D=0100이므로 R에는 R−D 값으로 대체하고 Q의 LSB=1로 설정한다.
❺ R=0010 < D=0100이므로 Q의 LSB에 0을 밀어 넣고 전체적으로 왼쪽 시프트한다.
❻ R=0100 >= D=0100이므로 R에는 R−D 값으로 대체하고 Q의 LSB=1로 설정한다.
❼ 총 4번의 시프트를 모두 진행했지만, R=0100 >= D=0100이므로 R에는 R−D 값으로 대체하고 Q의 LSB=1로 설정한다.

12 2를 곱한 효과이다.

❽ R = 0000 < D = 0100이므로 여기서 종료된다. 최종값 R = 0000이 나머지이며, Q = 0011이 몫이 된다.

	R	Q		
단계 1	0000	1100		R<D
단계 2	0001	1000	❶	R<D
단계 3	0011	0000	❷	R<D
단계 4	0110	0000	❸	R>D
단계 5	0010	0001		
단계 6	0100	0010	❹	R>D
단계 7	0000	0011		

1.2.4 부동소수점

과학에서는 매우 큰 수나 작은 수를 표현할 수 있어야 하므로 다음과 같은 부동소수점 floating point 표현을 사용한다.

$$123000 = 1.23 \times 10^5$$

여기서 유효숫자 부분인 1.23을 가수 mantissa, 10을 기수 base, 5를 지수 exponent라고 한다. 부동소수점을 표현할 때 가수의 범위가 식 (1.4)를 만족하도록 하는 것을 정규화 normalization라고 한다.

$$\frac{1}{(\text{기수})} \leq (\text{가수}) < 1 \tag{1.4}$$

위의 예를 정규화하면 $\frac{1}{10} \leq (\text{가수}) < 1$이므로 $123000 = 0.123 \times 10^6$이 된다.

이제 2진수 데이터의 부동소수점 표현을 위한 IEEE[13] 표준에 대해 알아보자.

13 미국전기전자학회로, Institute of Electrical and Electronics Engineers의 약어이다. 2012년 현재 진 세계 160개국, 37만 5,000여 명이 회원으로 활동하고 있는 비영리 단체로, 아이트리플이(Eye-triple-E)로 불리기도 한다.

■ **IEEE 단정도 부동소수점 표현**

IEEE 단정도 single precision 부동소수점 표현은 [그림 1-6]과 같이 32비트를 워드로 사용하며, 부호 비트 S, 8비트의 지수부 $E_0 \sim E_7$, 23비트의 가수부 $F_0 \sim F_{22}$로 구성된다.

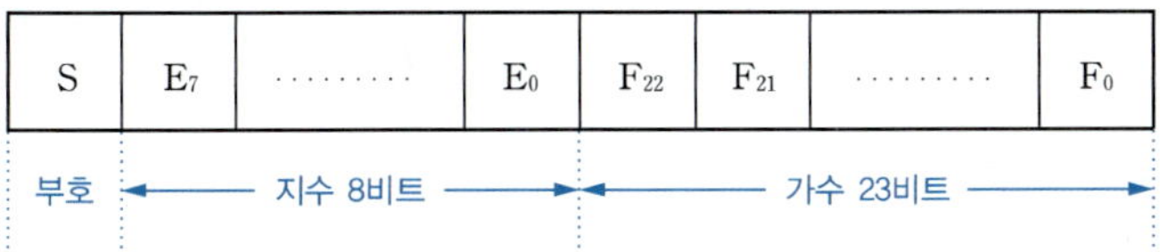

[그림 1-6] IEEE 단정도 부동소수점 워드

$0 < E < 255$이면, [그림 1-6]의 워드는 식 (1.5)와 같이 계산된다.

$$(10\text{진수 값}) = (-1)^{S} \cdot 2^{(E-127)} \cdot (1.F) \tag{1.5}$$

여기서 E는 지수 8비트의 10진수 값을 의미하고, F는 가수 23비트의 2진수 값이다. 예를 들어 0 10000011 10100000000000000000000이면, 식 (1.5)에서 $E = 131$, $F = (0.101)_2$이므로 10진수 값은 $(-1)^0 \cdot 2^{(131-127)} \cdot (1 + 1 \times 0.5 + 1 \times 0.125) = +26$이다.

■ **IEEE 배정도 부동소수점 표현**

IEEE 배정도 double precision 부동소수점 표현은 [그림 1-7]과 같이 64비트를 워드로 사용하며, 부호 비트 S, 11비트의 지수부 $E_0 \sim E_{10}$, 52비트의 가수부 $F_0 \sim F_{51}$로 구성된다.

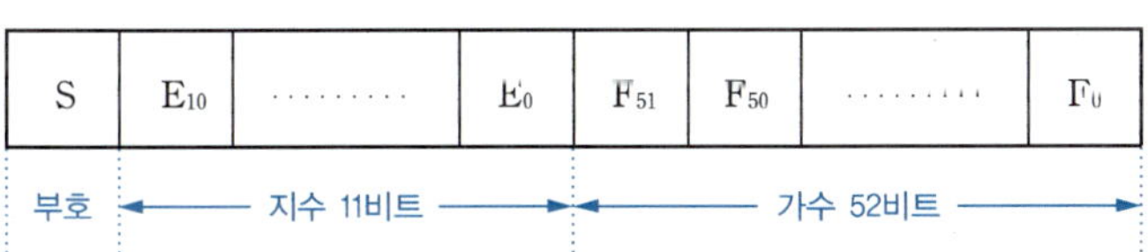

[그림 1-7] IEEE 배정도 부동소수점 워드

$0 < E < 2047$이면, [그림 1-7]의 워드는 식 (1.6)과 같이 계산된다.

$$(10\text{진수 값}) = (-1)^{S} \cdot 2^{(E-1022)} \cdot (1.F) \tag{1.6}$$

여기서 E는 지수 11비트의 10진수 값이고, F는 가수 52비트의 2진수 값이다. 예를 들어 0 10000011000 1010⋯0이면 식 (1.6)에서 $E = 1048$, $F = (0.101)_2$이므로, 10진수 값은 $(-1)^0 \cdot 2^{(1048-1022)} \cdot (1 + 1 \times 0.5 + 1 \times 0.125) = +109051904$이다.

SECTION 1.3

2진 코드 체계

인코딩 encoding은 코드 내에 어떤 메시지를 넣는 것이다. 여기서는 10진수 계산 체계를 2진수(0 또는 1)로 표현하는 과정을 학습한다. 한 자릿수의 10진수를 4비트의 2진수로 어떻게 표현할 것인가?

10진수를 4비트의 2진수로 코드화하는 방법은 무수히 많다. 그중에서 응용에 따라 적합한 코드를 골라 쓰면 회로 구현을 쉽게 할 수 있다. 10진수의 2진 코드는 크게 다음과 같이 세 가지 종류로 나눌 수 있다.

10진수의 2진 코드

- **가중 코드** weighted code : 코드 자체가 값으로서의 의미를 갖고 상호 2진수 연산이 가능하다.
- **비가중 코드** non-weighted code : 코드는 심볼로서의 의미만 가지며 상호 연산이 불가능하다.
- **보수 코드** complementing code : 9의 보수인 두 10진수에 대한 2진 코드가 서로 1의 보수가 되도록 한 것이다.

이후 학습할 여러 가지 코드는 저마다의 장점이 있으며, 위의 세 가지 분류에 포함된다.

1.3.1 BCD 코드

BCD Binary Coded Decimal 코드는 10진수 0에서 9를 4비트의 2진수로 표현하는 체계이다. 예를 들어 $(8)_{10} = 1 \cdot 2^3 + 0 \cdot 2^2 + 0 \cdot 2^1 + 0 \cdot 2^0 = (1000)_2$이므로, $(8)_{10} = (1000)_{BCD}$으로 나타낸다. 각 4비트는 자릿수의 가중치를 가지므로, BCD 코드는 가중 코드 weighted code이다. 이런 방법으로 $(4)_{10} = (0100)_{BCD}$, $(2)_{10} = (0010)_{BCD}$, $(1)_{10} = (0001)_{BCD}$로 표현할 수 있다. BCD 코드의 각 자릿수는 10진수로 8, 4, 2, 1이므로 BCD 코드를 '8421 코드'라고도 한다. 4비트로 표현 가능한 나머지 여섯 개의 코드 1010, 1011, 1100, 1101, 1110, 1111은 사용되지 않는다. BCD 코드는 자릿수의 가중치가 살아있는 가중 코드이므로, 그 자체로서 연산 가능하다. 예를 들어 $(0100 + 0101 = 1001)_{BCD}$이 성립한다.

[표 1-4] BCD 코드

10진수	BCD 코드	10진수	BCD 코드
0	0000	5	0101
1	0001	6	0110
2	0010	7	0111
3	0011	8	1000
4	0100	9	1001

10에서 99까지의 두 자리 10진수는 각 자릿수에 해당하는 4비트 BCD 코드를 그대로 나열하여 8비트의 형태로 표현한다. 예를 들어 $(10)_{10}$에서 10의 자릿수 1은 $(0001)_{BCD}$이고 1의 자릿수 0은 $(0000)_{BCD}$이므로, 두 코드를 나열하여 $(10)_{10} = (0001\ \ 0000)_{BCD}$으로 나타낸다. 0001과 0000은 8비트 2진 가중값이 아니므로, 연결하지 않고 한 칸을 띄어서 표시한다. 마찬가지 방법으로 100에서 999까지의 세 자리 10진수는 12비트로 표현 가능하다.

예제 1-25 BCD 코드

$(123)_{10}$ 및 $(4321)_{10}$을 BCD 코드로 나타내라.

풀이

각각의 자릿수를 [표 1-4]의 BCD 코드로 변환하여 나열한다.

$$(123)_{10} = (0001\ \ 0010\ \ 0011)_{BCD}$$
$$(4321)_{10} = (0100\ \ 0011\ \ 0010\ \ 0001)_{BCD}$$

1.3.2 그레이 코드

그레이 코드 Gray code는 10진수 0에서 9를 4비트의 2진수로 표현하는 체계이다. 그레이 코드는 [표 1-5]와 같이 10진수 값이 1씩 증가할 때마다 4비트 2진 코드가 1비트씩만 차이가 나도록 만들었다. 0000에서 시작하여 10진수가 1씩 증가할 때마다 하위 비트부터 뒤집는다. $(1)_{10}$은 LSB(최하위 비트)를 뒤집어서 $(0001)_{그레이}$을 만든다. $(2)_{10}$는 다음 상위 비트를 뒤집어서 $(0011)_{그레이}$이다. $(3)_{10}$은 다시 LSB를 뒤집어서 $(0010)_{그레이}$이다. $(4)_{10}$는 더 이상 하위 비트를 뒤집을 것이 없으므로 다음 상위 비트를 뒤집어서 $(0110)_{그레이}$을 만든다. 5, 6, 7은 다시 LSB부터 상위 비트 쪽으로 한 비트씩 뒤집는다. 8은 다시 LSB를 뒤집고, 9는 LSB로 내려와서 반전시킨다.

[표 1-5] 그레이 코드

10진수	그레이 코드	10진수	그레이 코드
0	0000	5	0111
1	0001	6	0101
2	0011	7	0100
3	0010	8	1100
4	0110	9	1101

그레이 코드의 자릿값은 아무런 의미가 없다. 즉, 상위 비트와 하위 비트의 가중치가 존재하지 않는 비가중 코드 non-weighted code이다. [표 1-5]를 보면, $(0010)_{그레이}$을 $(0011)_{그레이}$보다 더 큰 값임을 알 수 있다. 따라서 그레이 코드 간의 2진 연산은 성립되지 않는다. 예를 들어 $(0100+0101 \neq 1001)_{그레이}$이다.

그레이 코드의 효과는 수학적 의미보다는 회로 설계나 데이터 전송 등에서의 전자공학적인 의미에서 드러난다. 디지털 데이터를 비트별로 전송하는 경우나 디지털-아날로그 변환기 등의 회로에서는 1비트의 오류가 나는 경우가 종종 발생한다. 만약 오류가 난 비트가 MSB라면 가중치가 크므로 심각하게 데이터가 훼손되지만, 비가중 코드인 그레이 코드에서 1비트 차이는 항상 LSB 값만큼일 뿐이다. 따라서 그레이 코드는 1비트 오류에 대한 데이터 훼손이 작으므로, 오류 가능성이 큰 경우에 효과적이다.

예제 1-26 그레이 코드

1비트씩 전송하는 어떤 디지털 전송 시스템에서 '0110'을 전송하다가, 세 번째 비트에 오류가 발생하여 수신 측에서 '0010'을 받았다. BCD 코드의 경우와 그레이 코드의 경우에서 오차를 계산하라.

풀이

BCD 코드는 가중 코드이므로 3번째 비트의 오류는 4의 오차이다. 이에 반해 그레이 코드 체계에서 연속되는 코드 간에는 항상 1만큼의 값 차이가 있으므로 오류는 1이다.

$$(0110-0010)_{BCD}=(0100)_{BCD}=4$$
$$(0110)_{그레이}-(0010)_{그레이}=1$$

1.3.3 3 초과 코드

3 초과 코드 excess-3 code는 10진수 0에서 9를 4비트의 2진수로 표현하는 체계이다. 3 초과 코드는 [표 1-6]에 보인 것처럼 10진수에 대해 BCD 코드보다 3씩 큰 값이 되도록 설정한 것이다. 0011에서 시작하여 10진수가 1씩 증가할 때마다 2진수는 1씩 증가한다.

[표 1-6] 3 초과 코드

10진수	3 초과 코드	10진수	3 초과 코드
0	0011	5	1000
1	0100	6	0001
2	0101	7	1010
3	0110	8	1011
4	0111	9	1100

3 초과 코드는 자기보수 코드 self-complementary code 이다. 자기보수 코드란 1의 보수 관계에 있는 임의의 두 코드가 스스로 10진수의 9의 보수가 되는 코드 체계를 말한다. 예를 들어 1의 보수 관계에 있는 두 코드 $(0100)_{3\text{ 초과}}$, $(1011)_{3\text{ 초과}}$을 10진수로 변환하면, 변환된 두 수는 9의 보수 관계를 보인다.

$$(0100)_{3\text{ 초과}} = (1)_{10}$$
$$(1011)_{3\text{ 초과}} = (8)_{10}$$

또 다른 9의 보수인 $(2)_{10}$와 $(7)_{10}$의 경우, 3 초과 코드는 1의 보수 관계에 있다.

$$(2)_{10} = (0101)_{3\text{ 초과}}$$
$$(7)_{10} = (1010)_{3\text{ 초과}}$$

우변의 3 초과 코드는 역시 서로 1의 보수 관계에 있다. 이러한 자기보수 코드는 9의 보수를 이용한 뺄셈 연산에 활용될 수 있다.

3 초과 코드는 2진 연산이 성립되지 않는 비가중 코드이다. 예를 들어 $(0100 + 0101 \neq 1001)_{3\text{ 초과}}$이다.

1.3.4 2*421 코드

2*421 코드는 10진수 0에서 9를 4비트의 2진수로 표현하는 체계로서, 2, 4, 2, 1은 각 자릿수의 가중치를 나타낸다. 즉, MSB부터 2^1, 2^2, 2^1, 2^0의 가중치를 갖는다. 예를 들어 $(8)_{10} = 1\cdot2^1 + 1\cdot2^2 + 1\cdot2^1 + 0\cdot2^0 = (1110)_{2*421}$이다. 각 4비트는 자릿수의 가중치를 가지므로 2*421 코드는 가중 코드이다. 이런 방법으로 $(4)_{10} = (0100)_{2*421}$, $(5)_{10} = (1011)_{2*421}$, $(9)_{10} = (1111)_{2*421}$로 표현할 수 있다. [표 1-7]은 0~9의 10진수를 2*421 코드로 표현한 것이다. MSB의 가중치가 8이 아닌 2이므로 MSB=0인 0~4는 BCD 코드와 같으나, MSB=1인 5~9의 나머지 비트는 2를 뺀 값에 대한 BCD 코드를 적용하면 된다. 예를 들어 7의 경우, 2를 뺀 5의 2진수 값 101을 갖다 붙인다.

[표 1-7] 2*421 코드

10진수	2*421 코드	10진수	2*421 코드
0	0000	5	1011
1	0001	6	1100
2	0010	7	1101
3	0011	8	1110
4	0100	9	1111

2*421 코드는 3 초과 코드와 같은 자기보수 코드이다. 예를 들어 1의 보수 관계에 있는 두 코드 $(0100)_{2*421}$, $(1011)_{2*421}$을 10진수로 변환하면, 서로 9의 보수 관계가 된다.

$$(0100)_{2*421} = (4)_{10}$$
$$(1011)_{2*421} = (5)_{10}$$

또 다른 9의 보수인 $(2)_{10}$와 $(7)_{10}$의 경우, 2*421 코드는 다음과 같다.

$$(2)_{10} = (0010)_{2*421}$$
$$(7)_{10} = (1101)_{2*421}$$

역시 우변의 2*421 코드가 서로 1의 보수 관계에 있음을 확인할 수 있다. 이러한 자기보수 코드는 9의 보수를 이용한 뺄셈 연산에 활용할 수 있다. 한편 2*421 코드는 2진 연산이 성립하는 가중 코드이다. 예를 들어 $(0010 + 1101 = 1111)_{2*421}$이다.

1.3.5 ASCII 코드

ASCII 코드(아스키 코드) American Standard Code for Information Interchange Code는 미국에서 표준화가 추진된 정보교환용 7비트 부호로, 숫자, 문자, 특수문자에 번호를 부여한 것이다. 1963년 미국표준협회 ANSI에 의해 결정되어 미국의 표준부호가 되었다. 이 코드는 미니컴퓨터나 개인용 컴퓨터 PC와 같은 소형 컴퓨터를 중심으로 보급되어 현재 국제적으로 널리 사용되고 있다.

[표 1-8]에 보인 ASCII 코드는 $b_7b_6b_5b_4b_3b_2b_1$의 7비트 부호로, $2^7 = 128$(개)의 문자조합을 제공하는 체계이다. 상위 코드 $b_7b_6b_5$는 여덟 개의 열을 구성하고, 하위 코드 $b_4b_3b_2b_1$은 열여섯 개의 행을 구성한다. 상위 코드가 000 및 001인 처음 32개의 부호는 인쇄와 전송 제어용으로 사용된다. 보통 기억장치는 8비트(1바이트, 256조합)인데, ASCII는 단지 128개의 문자만 사용하기 때문에 나머지 비트는 패리티 parity 비트[14]나 특정 문자로 사용된다.

14 전송 에러를 검출하기 위해 데이터에 포함되는 논리 '1'의 수를 세어서 그 합이 짝수인지 홀수인지에 따라 에러 검출 비트인 패리티 비트의 값을 결정하는 방법이다(4.1절 참조).

[표 1-8] ASCII 코드

			상위 코드값							
		16진	0	1	2	3	4	5	6	7
	16진	2진	000	001	010	011	100	101	110	111
하위 코드값	0	0000			(공백)	0	@	P	`	p
	1	0001		DC1	!	1	A	Q	a	q
	2	0010		DC2	"	2	B	R	b	r
	3	0011		DC3	#	3	C	S	c	s
	4	0100		DC4	$	4	D	T	d	t
	5	0101			%	5	E	U	e	u
	6	0110			&	6	F	V	f	v
	7	0111	BEL		'	7	G	W	g	w
	8	1000	BS	CAN	(	8	H	X	h	x
	9	1001	HT	EM	)	9	I	Y	i	y
	A	1010	LF		*	:	J	Z	j	z
	B	1011	VT	ESC	+	;	K	[	k	{
	C	1100	FF	FS	,	<	L	\	l	|
	D	1101	CR		−	=	M	]	m	}
	E	1110	SO		.	>	N	^	n	~
	F	1111	SI		/	?	O	_	o	△

지금까지 살펴본 내용을 정리해보자.

결론적으로, 연속시간 신호보다 이산시간 신호를 사용하는 이유는 에너지 사용의 효율성을 높이기 위해서이다. 또한 아날로그 이산시간 신호보다 디지털 이산시간 신호를 선호하는 이유는 잡음 여유가 더 크기 때문이다. 잡음 여유가 있다는 것은, 잡음 여유 범위 내에 잡음이 끼어들어도 이를 제거해 신호를 재생시킬 능력이 있다는 것을 의미한다. 아날로그 신호의 경우에는 잡음이 끼어들면 바로 신호가 훼손되기 때문에 잡음 여유가 0이라고 할 수 있다. 디지털 시스템에서는 2진수를 사용할 때, 잡음 여유가 가장 크다.

2진 디지털 시스템의 기본 개념을 정리하면 다음과 같다.

2진수 디지털 시스템의 기본 개념

- 2진수는 신호 처리 및 전송 과정에서 발생하는 전기적 잡음에 대한 잡음 여유가 가장 크다. 따라서 대부분의 신호 처리(계산)는 2진수 영역인 디지털 영역에서 수행한다.
- 나타내고자 하는 기호의 체계가 간단할수록 작은 에너지가 소모되며 잡음 여유가 커진다.
- 2의 보수를 활용하면, 덧셈 동작만으로 덧셈과 뺄셈 연산을 쉽게 수행할 수 있다.
- 회로 구현의 관점에서 2의 보수를 사용한 2진 부호 형태의 연산이 많이 활용된다.
- 다양한 종류의 2진 코드를 응용 회로 및 시스템에 맞게 선택하여 활용할 수 있다.

CHAPTER 01_ 연습문제

1.1 $(0.6875)_{10}$를 2진수로 변환하라.

1.2 $(0101110.1111011)_2$을 16진수로 변환하라.

1.3 부호화된 2의 보수 방식으로 저장된 음수 $(1001.1011)_2$의 10진수 값을 구하라.

1.4 음수 $(-119)_{10}$를 8비트의 부호화된 2의 보수 방식으로 표현하라.

1.5 B 비트의 2진수 시스템에서 1의 보수 관계인 두 수의 합은 2^B-1이 된다. 예를 들어 3비트 2진수에서 1의 보수 관계인 101과 010의 합은 $(111)_2=(2^3-1)_{10}=(7)_{10}$이다.

(a) 2진수 N의 1의 보수를 구하라.

(b) 2진수 N의 2의 보수를 구하라.

1.6 $(0001\ 0011)_{BCD}+(0010\ 1000)_{BCD}$의 결과를 BCD 코드로 나타내라.

1.7 [표 1-2]를 참고하여, n비트를 사용하여 1의 보수로 표현할 수 있는 정수의 범위를 구하라.

1.8 10의 보수를 이용하여 $(122-435)_{10}$를 계산하라.

1.9 2의 보수를 이용하여 $(0101-1011)_2$을 계산하라.

1.10 9의 보수를 이용하여 $(122-435)_{10}$를 계산하라.

1.11 1의 보수를 이용하여 $(0101-1011)_2$을 계산하라.

1.12 $(0001\ 0011)_{BCD}+(0010\ 1000)_{BCD}$의 결과를 BCD 코드로 나타내라.

1.13 듀티 사이클이 10%인 어떤 클록의 'H' 구간이 10ns이다. 이 클록의 주파수를 구하라.

1.14 [표 1-2]와 같은 4비트 2진 부호 형태의 식을 덧셈으로 연산하라. 단, 오버플로 및 언더플로를 고려한다.

(a) $(0101)_2 - (0010)_2$

(b) $(0110)_2 + (0111)_2$

(c) $(1111)_2 - (0100)_2$

(d) $(0100)_2 + (0011)_2$

(e) $(1100)_2 + (1011)_2$

1.15 다음과 같이 누산기를 이용하여 2진수 $(1111)_2 \times (1000)_2$을 연산할 때, 각 연산 단계에서 누산기의 값을 구하라.

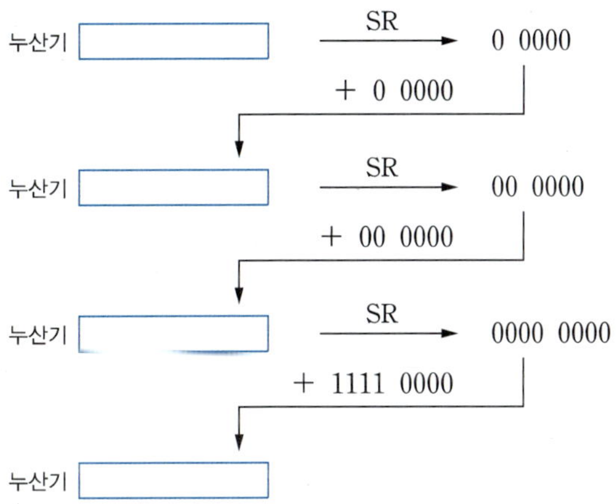

1.16 다음과 같이 크기 비교, 왼쪽 시프트 및 뺄셈 동작으로 2진수 $(1001)_2 \div (0100)_2$을 연산할 때, R+Q 레지스터에 저장되는 값을 구하라. 단, Q는 몫을 저장하는 레지스터, R은 나머지를 저장하는 레지스터이다.

R	Q	
0000	1001	R<D
0001	0010	R<D
		R<D
0100	1000	R>=D
		R<D
0001	0010	

1.17 15비트를 1ms에 전송하는 시스템이 있다. 이 시스템에서 15비트의 온도계 코드를 4비트의 2진 코드로 변환하여 전송한다면, 얼마의 시간이 걸리는가?

1.18 IEEE 단정도 부동소수점 표현을 이용하여 10진수로 +3을 표현하라.

1.19 부호 절댓값 방식으로 저장된 음수 10010001을 부호화된 2의 보수로 변환하라.

1.20 어떤 2진 시스템에서 1LSB에 해당하는 전압이 10mV이다. 부호화된 2의 보수로 표현된 음수 $(11010001)_2$의 전압은 얼마인가?

1.21 2진수 1바이트로 표현되는 정보를 3진수로 전송한다면, 최소 몇 개의 디지트가 필요한가?

1.22 2진 코드 $(b_3 b_2 b_1 b_0)_2$를 그레이 코드 $(g_3 g_2 g_1 g_0)_{\text{그레이}}$로 변환하는 회로를 구현할 때, 그레이 코드의 각 비트는 해당하는 2진수 비트와 그다음 상위 비트를 비교하여, 같은 값이면 0이 되고 다른 값이면 1이 된다. 여기서 그레이 코드의 최상위 비트는 최상위 2진 비트와 같다.

예를 들어 $(0100)_2$을 그레이 코드로 변환하면 최상위 비트는 $g_3 = b_3 = 0$, 또 $b_3 \neq b_2$이므로 $g_2 = 1$, $b_2 \neq b_1$이므로 $g_1 = 1$, $b_1 = b_0$이므로 $g_0 = 0$이 되어 $(0110)_{\text{그레이}}$이다. 이러한 원리로 $(1111)_2$을 그레이 코드로 변환하라.

CHAPTER

02

부울함수

Boolean Function

학습목표

- 논리 연산의 공리와 정리를 이해하고 활용할 수 있다.
- 부울대수 연산을 이용하여 논리식을 간략화할 수 있다.
- 진리표와 논리식 및 논리회로와의 관계를 이해한다.
- 논리식을 표준형 및 축약형으로 다양하게 변환할 수 있다.
- 카르노 맵의 원리와 효용성을 이해하고, 논리식을 간략화할 수 있다.
- 퀸-맥클러스키 알고리즘을 이해하고, 이를 이용해 논리식을 간략화할 수 있다.

【미리보기】

이 장에서는 디지털 논리체계 및 진리표로부터 논리회로 설계에 이르는 전 과정을 다룬다. 먼저 2진 논리체계의 기본 개념인 부울대수를 이용하여 논리식을 간략화하고, 나아가 카르노 맵 혹은 퀸-맥클러스키 방법을 이용하여 회로 설계자의 관점에서 더 효율적으로 최적의 논리 간략화를 수행하는 기법을 학습한다.

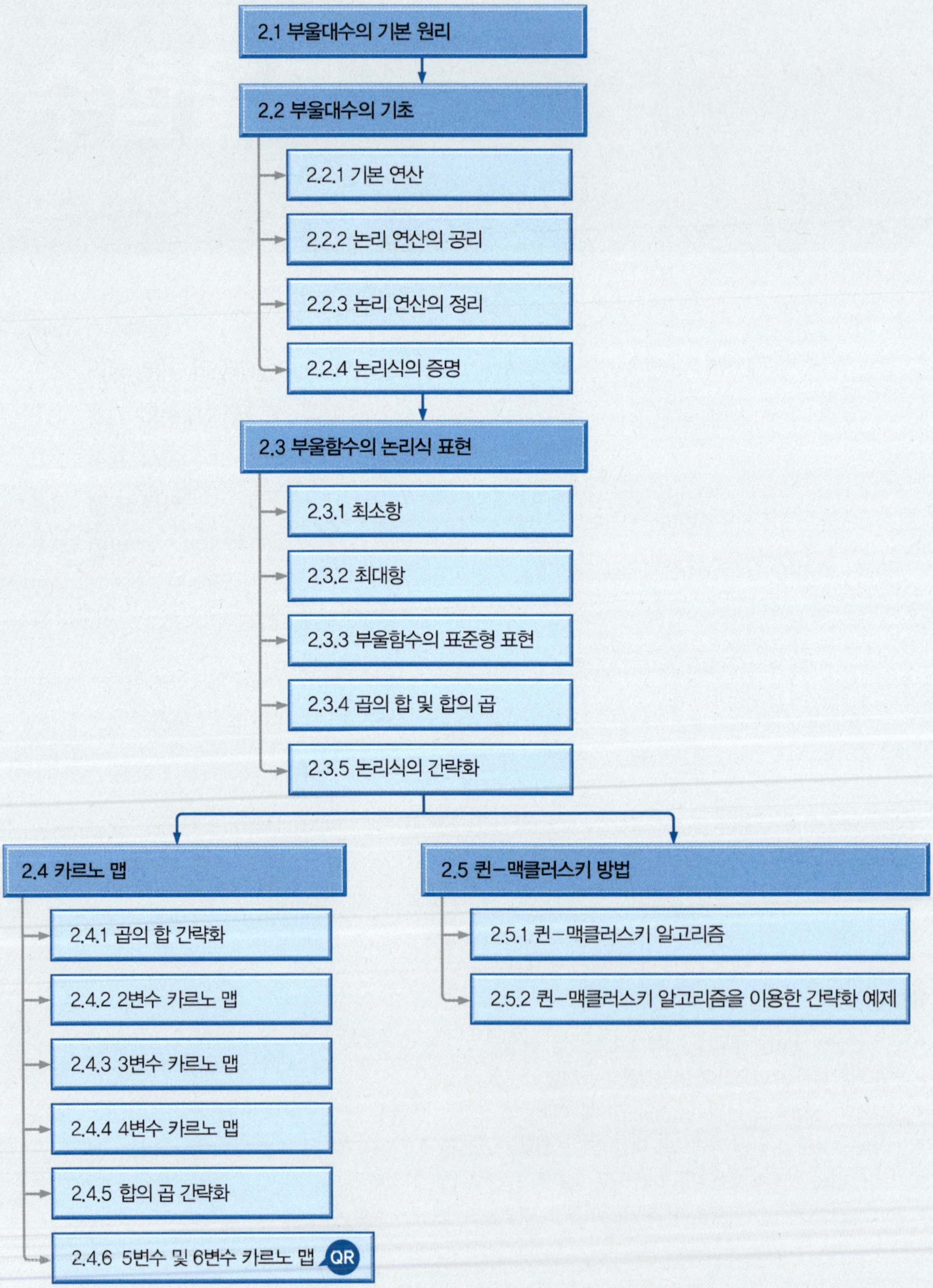

들어가기 전에

디지털 논리회로를 설계할 때는 입·출력 동작을 정의하는 진리표로부터 논리식을 작성하여 회로를 구현한다. 효율적으로 회로를 설계하려면 이 논리식을 간략화하는 것이 중요하다. 논리식은 부울대수를 이용하여 간략화할 수 있는데, 부울대수는 수학적인 공리와 정리를 바탕으로 논리변수들 간의 연산을 수행한다. 동작이 복잡해지면 더 효율적인 간략화 방법인 카르노 맵이나 퀸-맥클러스키 알고리즘을 이용하여 최소 축약식을 얻는다.

논리회로를 구현하기 위해서는 먼저 입력신호와 출력신호의 관계를 명확하게 정의해야 한다. 이를 위해 입력신호의 모든 조합에 대한 출력신호와의 관계를 표로 정리한 진리표를 작성한다.

그러나 아쉽게도 일반적으로 진리표로부터 바로 회로를 유도해낼 수는 없다. 그래서 중간 과정으로 진리표를 입력변수들 간의 논리적 관계인 논리식으로 표현하는데, 이 논리식은 제시된 디지털 논리회로의 동작을 진리표와 동일하게 표현할 수 있어야 한다. 2진 논리회로에 사용되는 논리식은 수학에서 '참', '거짓'을 따지는 2진 논리 명제와 집합의 개념으로 설명되는 **부울대수식** 혹은 **부울식**으로 표현된다.

성공적으로 유도된 논리식은 디지털 논리회로로 바로 변환할 수 있으나, 회로의 크기를 최소화하기 위해 **논리식을 간략화**한다. 이러한 간략화 과정에서 **부울대수**라고 하는 2진 논리 연산이 활용된다.

입력변수가 많아지면 부울대수를 이용하여 부울식을 최적화하는 작업이 어려워진다. 이 경우에는 진리표를 도식화한 그림인 **카르노 맵**으로 변환하여, 시각적으로 최소 축약식을 얻고 최적화 도달 여부를 확인한다. 이러한 방법은 매우 효과적이어서 널리 사용되지만, 아쉽게도 처리할 수 있는 변수는 4~5개까지로 한정된다. 그러므로 더 많은 변수를 체계적으로 처리하기 위해 표를 이용한 **퀸-맥클러스키 알고리즘** Quine-McCluskey algorithm, QM algorithm 방식을 사용한다. 표를 이용하면 시각적인 카르노 맵보다 처리 과정이 복잡하여 다소 불편하지만, 단계적으로 체계화되어 있어서 프로그램을 위한 알고리즘을 짜기가 용이하다. 일단 프로그램화되면 변수의 개수가 더 많아져도 대응이 가능하다. 부울대수, 카르노 맵, 퀸-맥클러스키 방법은 모두 진리표로부터 최소 축약식을 얻기 위한 과정이며, 축약(간략화) 원리는 모두 같다.

이번 장에서는 진리표로부터 논리회로 설계에 이르는 다음의 전 과정을 이해해야 한다.

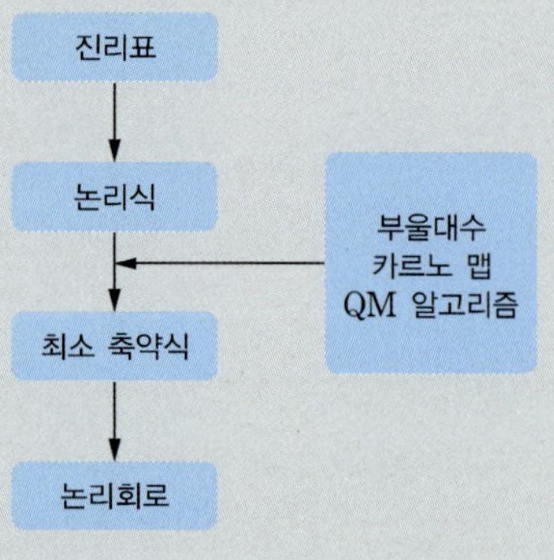

[그림 2-1] 논리회로의 설계 과정

먼저 진리표로부터 최종 논리회로를 설계할 때 가장 중요한 역할을 하는 논리식인 부울식의 표현과 원리를 이해해야 한다. 또한 부울대수를 이용한 논리 연산을 통해 부울식을 간략화하는 기본 원리와 과정을 이해하고 이에 익숙해져야 한다. 특히 카르노 맵을 활용하여 최적의 논리 간략화를 자연스럽게 수행할 수 있는 수준까지 도달해야 한다.

SECTION

2.1 부울대수의 기본 원리

부울대수Boolean Algebra는 영국의 수학자인 조지 부울George Boole이 19세기 중반에 개척한 분야로, 2진 변수의 논리 동작을 취급하는 논리 연산이다. 부울대수는 **논리를 집합 개념으로 풀어**, 하나의 명제가 참인지 거짓인지를 판단하는 데 이용되는 수학적인 방법이다. 부울대수를 이용하면 공리를 바탕으로 하여 논리를 기호 체계로 전개하고 연산할 수 있으며, 기호에 값을 대입하여 출력 논리값을 구할 수 있다.

예를 들어 인간의 언어로는 "입력 A, B가 $A=1$ 또는 $B=0$이면, 출력 $F=1$이다."라고 표현할 수 있다. 여기서 $F=A+\overline{B}$와 같은 기호 체계로 표현한 것을 부울식Boolean expression 또는 부울대수식이라 한다. 이는 논리적으로 보면, "참인 명제 A와 거짓인 명제 B 중 어느 하나라도 성립하면 F 명제는 참이다."로 해석할 수 있다. 집합적으로는 "F의 영역은 A 영역(A에 대해 참인 영역)과 B가 아닌 영역(B에 대해 거짓인 영역)의 합이다."로 해석할 수 있으며, $F=A\cup B^C$로 표현한다. 이 책에서 사용하는 논리식은 대부분 부울식을 의미한다.

"입력 A, B가 $A=1$ 또는 $B=0$이면, 출력 F는 1이다."

⬇

"참인 명제 A와 거짓인 명제 B 중 어느 하나라도 성립하면 명제 F는 참이다." 논리

$$F=A\cup B^C$$ 집합

$$F=A+\overline{B}$$ 부울식

대수algebra는 일반적으로 사칙연산 $+$, $-$, $\times$, $\div$를 기본으로 사용하는 수식이다. 부울대수는 논리 기호들 간의 논리곱(·), 논리합(+), 부정(−) 연산을 사용하는 부울식에서의 논리 연산을 의미한다. 추후 학습할 공리와 정리를 적용하면 부울식을 더 간단한 형태로 간략화할 수도 있다.

부울식은 논리회로를 표현하는 중요한 수단이다. 입·출력신호만 표시된 [그림 2-2]의 논리회로 동작을 완벽하게 표현할 수 있는 방법을 생각해보자.

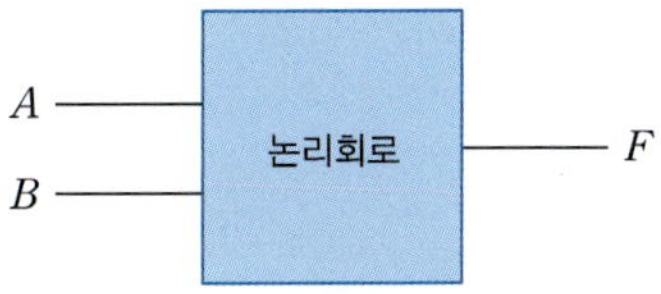

[그림 2-2] 논리회로의 입·출력신호

진리표 작성

진리표 truth table는 논리 연산에 대한 연산표로, 입력의 가능한 모든 논리 조합에 대해 논리함수의 출력값을 기술한 표를 가리킨다. [표 2-1]은 00, 01, 10, 11의 네 가지 가능한 입력 조합에 대한 어떤 출력값의 예를 표로 정리한 것으로, 이 논리회로의 가능한 모든 입·출력 동작을 설명한다.

[표 2-1] 논리회로의 동작 표현

입력		출력
A	B	
0	0	1
0	1	1
1	0	0
1	1	1

집합 및 부울식 표현

[표 2-1]은 논리 명제의 관점에서 집합 영역으로 표현할 수 있다. 입·출력 변수값을 '참' 또는 '거짓'인 명제로 생각하면, 논리 집합에서 1은 '참'인 영역, 0은 '거짓'인 영역에 대응한다. [표 2-1]의 출력 F에 대해 '참'인 영역은 [그림 2-3]과 같이 벤 다이어그램상에 표시된 세 가지 영역으로, 집합 연산자 set operator로 나타내면 $(A^C \cap B^C) \cup (A^C \cap B) \cup (A \cap B)$이다.

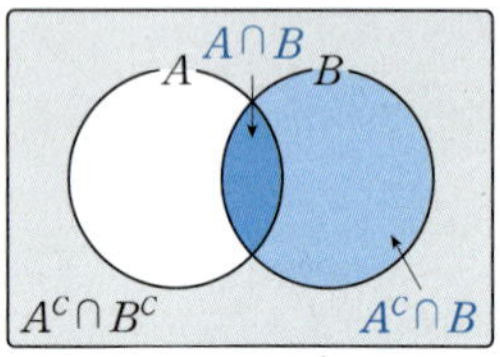

[그림 2-3] 논리 집합의 영역

그러면 집합 연산자 대신 논리 연산자를 사용하여 [표 2-1]의 진리표를 부울식으로 어떻게 나타낼까? 부울식은 매우 직관적으로 구할 수 있다. 진리표에서 $F=1$인 경우는 ($A=0$이고 $B=0$) 혹은 ($A=0$이고 $B=1$) 혹은 ($A=1$이고 $B=1$)일 때이다. 여기서 1의 값은 정논리 신호로, 0의 값은 부논리 신호로 표현한다. 여기서 '이고'는 연산기호 AND로, '혹은'은 연산기호 OR로 대체하면 다음과 같이 부울식으로 표현할 수 있다.

$$F = \overline{A} \cdot \overline{B} + \overline{A} \cdot B + A \cdot B \tag{2.1}$$

부울식의 논리회로 적용

이번에는 [그림 2-2]의 논리회로를 구현할 때 논리식을 어떻게 활용할 수 있는지 알아보자. 주어진 논리 동작을 수행하는 논리도를 구하려면, 먼저 출력함수 F를 식 (2.1)과 같은 부울식으로 나타내야 한다.

세 곱의 항은 그대로 세 개의 AND 게이트로 나타내고 항들의 논리합을 OR 게이트로 구현하면, [그림 2-4(a)]와 같이 두 개의 NOT 게이트와 세 개의 AND 게이트, 그리고 한 개의 3-입력 OR 게이트가 필요하다.

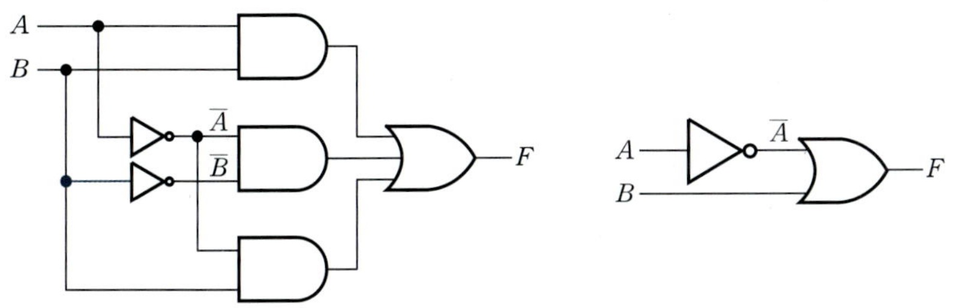

(a) 간략화되지 않은 형태 (b) 간략화된 형태

[그림 2-4] [표 2-1]의 논리도

2.2절에서 학습할 부울대수를 미리 식 (2.1)에 적용해보면, 식 (2.2)와 같이 간략화할 수 있다.

$$
\begin{aligned}
F &= \overline{A}\,\overline{B} + \overline{A}B + AB \\
&= \overline{A}\,\overline{B} + \underbrace{\overline{A}B + \overline{A}B}_{\text{등가법칙}} + AB \\
&= \underbrace{\overline{A}\cdot(\overline{B}+B)}_{\text{분배법칙}} + \underbrace{(\overline{A}+A)B}_{\text{분배법칙}} \\
&= \underbrace{\overline{A}\cdot 1}_{\text{보간법칙}} + \underbrace{B\cdot 1}_{\text{보간법칙}} = \underbrace{\overline{A}}_{\text{항등법칙}} + \underbrace{B}_{\text{항등법칙}}
\end{aligned}
\qquad (2.2)
$$

간략화된 식 (2.2)의 논리식을 논리회로로 나타내면 [그림 2-4(b)]와 같이 간략화된다. 여섯 개의 게이트가 두 개로 줄어들면서 회로의 복잡도와 구현 비용이 크게 감소한다.

이와 같이 부울대수는 논리회로를 효율적으로 설계하는 데 매우 효과적이다. 독자는 2.2절의 학습을 통해 부울대수의 원리를 이해하고, 최적의 논리식을 얻을 수 있도록 부울대수에 익숙해져야 한다. 그러나 논리식이 복잡한 경우에는 부울대수를 이용하는 게 더 번거로울 수 있고, 최종적으로 **최적의 간략화가 이루어졌는지의 여부를 판단하기가 매우 어렵다**는 단점도 있다.

사실 논리식을 부울대수로 간략화하는 것보다 더 쉽고 효율적일 뿐만 아니라, 최적의 간략화가 이루어졌는지의 여부도 체계적으로 판단할 수 있는 방법이 있다. 그 방법은 카르노 맵 혹은 퀸-맥클러스키 알고리즘을 이용하는 것으로, 각각 2.4절과 2.5절에서 다루기로 한다.

SECTION 2.2

부울대수의 기초

부울식은 진리표에 해당하는 복잡한 입·출력 사이의 관계를 간단한 대수 형식으로 표현한 것이다. 부울식은 진리표뿐만 아니라 논리회로의 입·출력 관계도 표현하므로, 부울식으로부터 논리도를 유도하거나 반대로 논리도로부터 부울식을 추출할 수도 있다. 그러므로 진리표로부터 부울식을 유도한 후, 체계적인 절차를 거쳐 최소화하면 회로를 간략화할 수 있다.

2.2.1 기본 연산

디지털 컴퓨터가 수행하는 가장 기본적인 2진수 논리 연산에는 곱의 연산, 합의 연산, 부정 연산이 있으며, 이 세 가지 기본 연산은 [표 2-2]의 논리 집합에서 각각 교집합(∩), 합집합(∪), 여집합(^{C})으로 대응할 수 있다.

[표 2-2] 논리 연산의 종류

논리 연산	논리 집합		부울식
곱의 연산 (AND)	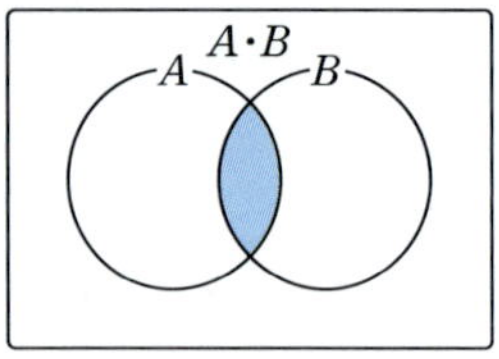	$A \cap B$	$A \cdot B$
합의 연산 (OR)	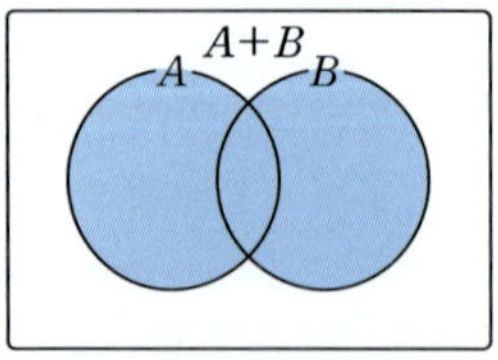	$A \cup B$	$A + B$
부정 연산 (NOT)	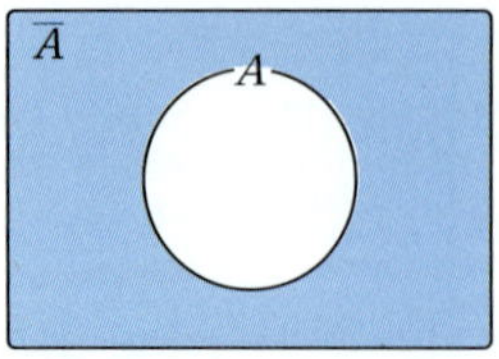	A^C	$\overline{A}$

■ 곱 product의 연산

AND 연산이라고 하며, 논리 집합에서 교집합에 해당한다. 표기는 변수 사이에 점 연산자(·)dot를 넣거나 생략할 수도 있다. 예를 들어 $A \cdot B$, AB, $a \cdot b$, ab로 나타낸다. 곱의 연산을 표현하는 회로 심볼symbol은 [그림 2-5]와 같은 논리 게이트로 나타낸다.

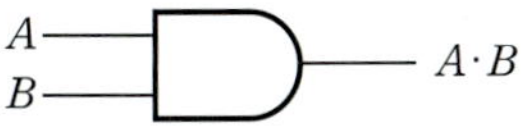

[그림 2-5] 논리곱을 표현하는 AND 게이트

■ 합 sum의 연산

OR 연산이라고 하며, 논리 집합에서 합집합에 해당한다. 표기는 변수 사이에 + 연산기호를 넣는다. 예를 들어 $A+B$ 또는 $a+b$로 나타낸다. 합의 연산을 표현하는 회로 심볼은 [그림 2-6]과 같은 논리 게이트로 나타낸다.

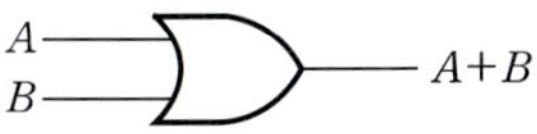

[그림 2-6] 논리합을 표현하는 OR 게이트

■ 부정 negation, inversion 연산

NOT 연산, 혹은 반전inversion이라고 하며, 논리 집합에서 여집합에 해당한다. 표기는 변수 위에 바(¯) bar를 붙인다. 예를 들어 $\overline{A}$ 또는 $\overline{a}$로 나타낸다. 반전된 신호 $\overline{A}$는 A의 상보신호complement signal라고 한다. 부정 연산을 표현하는 회로 심볼은 [그림 2-7]과 같은 논리 게이트로 나타낸다.

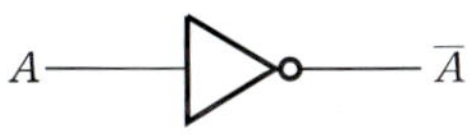

[그림 2-7] 논리부정을 표현하는 NOT 게이트

이러한 연산의 우선순위를 나타내면 다음과 같다.

부정 연산(NOT) → 곱의 연산(AND) → 합의 연산(OR)

예를 들어 $A+\overline{A} \cdot B$의 논리식은 $\overline{A}$(NOT 연산), $\overline{A} \cdot B$(AND 연산), $A+\overline{A} \cdot B$(OR 연산)의 순서로 진행된다.

2.2.2 논리 연산의 공리

공리axiom, postulate란 증명할 수는 없지만, 당연한 사실로 받아들여야 하는 수학적 가정을 말한다. "두 지점 사이에서 가장 가까운 거리는 두 점을 잇는 직선의 길이이다."를 공리의 한 예로 들 수 있다.

부울대수를 전개하기 위해서는 다음의 일곱 가지 공리를 받아들여야 한다.

부울대수의 공리

❶ 어떤 논리변수 X는 2진수 0 또는 1의 논리값을 가진다. 만약 $X = 0$이면 $\overline{X} = 1$이다. 반대로 $X = 1$이면 $\overline{X} = 0$이다.

❷ $0 \cdot 0 = 0$

❸ $0 \cdot 1 = 1 \cdot 0 = 0$

❹ $1 \cdot 1 = 1$

❺ $0 + 0 = 0$

❻ $0 + 1 = 1 + 0 = 1$

❼ $1 + 1 = 1$

수학적인 연산으로만 생각한다면 '$1 + 1 = 1$'의 연산을 언뜻 이해하기 어렵다. 그러나 논리값 1은 '참true', 0은 '거짓false'인 명제이며, + 연산은 합의 논리인 '혹은or'에 해당한다는 것을 기억하자. 따라서 $1 + 1$은 참인 두 명제의 논리합이 되므로, 그 결과 또한 '참'이 된다. 즉, 출력 논리값은 1이다.

2.2.3 논리 연산의 정리

정리theorem란 공리를 바탕으로 증명할 수 있는 기본 법칙을 말한다. 다음의 열한 가지 정리는 본문 전체에서 두루 사용되므로 잘 알아두어야 한다.

■ **교환법칙** commutative law

연산자 · 및 +에 대해 다음과 같이 교환법칙이 성립한다.

$$A \cdot B = B \cdot A$$
$$A + B = B + A$$

■ **결합법칙** associative law

연산자 · 및 +에 대해 다음과 같이 결합법칙이 성립한다.

$$(A \cdot B) \cdot C = A \cdot (B \cdot C)$$
$$(A + B) + C = A + (B + C)$$

■ **분배법칙** distributive law

$$A \cdot (B + C) = A \cdot B + A \cdot C \quad \text{AND 연산}$$
$$A + (B \cdot C) = (A + B) \cdot (A + C) \quad \text{OR 연산}$$

첫 번째 식인 AND 연산은 우리에게 이미 익숙한 연산이므로 분배법칙이 성립한다는 사실은 잘 알고 있을 것이다. 하지만 부울대수에서는 OR 연산도 분배법칙이 성립한다는 점에 주목하자. AND 연산의 분배법칙은 전개로 볼 수 있고, OR 연산의 분배법칙은 두 인수의 곱으로 표현되므로 일종의 인수분해로 볼 수 있다.

■ **제2분배법칙** 2nd distributive law

$$A \cdot B + \overline{A} \cdot C = (A + C)(\overline{A} + B)$$

정논리 변수 A와 부논리 변수 $\overline{A}$가 포함되는 두 개 항의 OR 연산은 짝을 이루는 변수 B와 C의 위치를 바꾸고 연산자를 모두 교환한 것과 같다. 연산자 교환이란 AND가 OR로, OR이 AND로 바뀌는 것을 말한다.

■ **동일법칙** identity law

$$A \cdot A = A \quad \text{AND 연산}$$
$$A + A = A \quad \text{OR 연산}$$

자기 변수와의 AND 혹은 OR 연산은 자기 자신이 된다.

■ **반전법칙** negation law

$$\overline{(A)} = \overline{A} \qquad \overline{(\overline{A})} = \overline{\overline{A}} = A$$

정 positive의 논리를 반전하면 부 negative의 논리가 된다. 두 번의 반전은 정의 논리로 되돌아온다.

■ **흡수법칙** absorptive law

$$A \cdot (A + B) = A$$
$$A + (A \cdot B) = A$$

어떤 변수보다 더 큰 영역의 논리 명제와의 AND는 그 변수 자신이고, 더 작은 영역의 논리 명제와의 OR도 그 변수 자신이다. [표 2-2]의 벤 다이어그램에서 교집합 혹은 합집합의 영역과 A와의 집합 연산을 살펴보면 쉽게 이해할 수 있다.

■ **드 모르강의 법칙** law of De Morgan

$$\overline{A \cdot B} = \overline{A} + \overline{B}$$
$$\overline{A + B} = \overline{A} \cdot \overline{B}$$

논리식을 전체 반전시키면 변수의 반전뿐만 아니라 연산자의 교환도 함께 일어난다. 드 모르강의 법칙은 논리회로를 효율적으로 설계할 때 광범위하게 적용되므로 잘 알아두어야 한다.

■ 항등법칙

$$0 \cdot A = 0 \qquad 0 + A = A$$
$$1 \cdot A = A \qquad 1 + A = 1$$

논리 0과의 곱은 0이고, 논리 1과의 곱은 변수 자신이다. 논리 1과의 합은 1이고, 논리 0과의 합은 변수 자신이다.

■ 보간법칙

$$A \cdot \overline{A} = 0 \qquad \text{AND 연산}$$
$$A + \overline{A} = 1 \qquad \text{OR 연산}$$

어떤 변수와 그 반전값과의 AND는 0이고, OR은 1이다. [표 2-2]의 벤 다이어그램을 보면, A와 $\overline{A}$의 교집합 영역은 존재하지 않으며, 합집합 영역은 전체 영역임을 쉽게 이해할 수 있다. 혹은 공리에서 논리 연산 $0 \cdot 1 = 0$, $1 + 0 = 1$을 활용해도 된다. 보간법칙은 변수의 수가 많아져도 모든 정/부의 조합이 다 포함되어 있으면 확대하여 적용할 수 있다. 예를 들어 2변수 및 3변수의 전체 영역에 대해서는 다음과 같이 표현된다.

$$AB + A\overline{B} + \overline{A}B + \overline{A}\,\overline{B} = 1 \qquad \text{2변수}$$
$$\overline{A}\,\overline{B}\,\overline{C} + \overline{A}\,\overline{B}C + \overline{A}B\overline{C} + A\overline{B}\,\overline{C} + \overline{A}BC + A\overline{B}C + AB\overline{C} + ABC = 1 \qquad \text{3변수}$$

■ 합의(合意)의 정리 consensus theorem

$$AB + \overline{A}C + BC = AB + \overline{A}C$$
$$(A+B)(\overline{A}+C)(B+C) = (A+B)(\overline{A}+C)$$

정논리 A에 B가 곱해지고 부논리 $\overline{A}$에 C가 곱해지면, 곱해진 변수의 곱 BC는 쓸모없는 항이 되어 사라지는 법칙이다.[1] 같은 원리로 곱의 연산에서 정논리 A에 B가 더해지고 부논리 $\overline{A}$에 C가 더해지면, 더해진 변수의 합 $(B+C)$는 쓸모없는 인수가 되어 사라진다. 언뜻 와 닿지는 않지만, 이에 익숙해지면 논리식을 간략화하는 데 매우 유용하다.

2.2.4 논리식의 증명

같은 논리 동작을 표현하는 논리식(부울식, 부울대수식)은 여러 가지 형태가 될 수 있으므로 이들의 등가 여부를 증명할 필요가 있다. 논리식은 다음과 같은 세 가지 방법으로 증명할 수 있다.

1 2.2.4절에서와 같이 진리표, 집합 및 부울대수를 이용하여 증명할 수 있으며, 2.4절의 카르노 맵을 이용하면 이 과정을 명백하게 이해할 수 있다.

논리식 증명 방법

- 진리표 이용
- 논리 집합에서 벤 다이어그램 이용
- 부울대수 이용

진리표를 이용한 증명

논리식으로부터 논리 동작을 완벽하게 표현하는 방법 중 하나인 진리표를 작성해보자. 예를 들어, 논리식 $F = A \cdot B$의 두 입력변수 A, B의 가능한 모든 조합은 00, 01, 10, 11의 네 가지이다. 각 경우에 대해 공리를 적용하여 [표 2-3]과 같이 출력의 논리값을 작성할 수 있다.

[표 2-3] 공리를 이용한 진리표 작성

입력		출력	증명에 필요한 공리
A	B	$A \cdot B$	
0	0	0	공리 ❷
0	1	0	공리 ❸
1	0	0	공리 ❸
1	1	1	공리 ❹

논리식의 등가 여부를 증명하는 가장 기본적인 방법은 각 논리식에 대한 진리표를 작성하여 논리값의 일치 여부를 살피는 것이다. 만약 진리표상에서 모든 논리값이 일치한다면 같은 논리식임이 증명된다. [표 2-4]의 진리표상에서 공리를 사용하여 흡수법칙 $A+(A \cdot B)=A$를 증명해보자. 입력변수의 모든 경우의 수가 포함되도록 기계적으로 00 → 01 → 10 → 11의 2진수 순서를 지킨다. 공리를 적용하여 단계적으로 $A \cdot B$와 $A+(A \cdot B)$의 열을 채운다.

[표 2-4] $A+(A \cdot B)$의 진리표 작성

A	B	$A \cdot B$	$A+(A \cdot B)$	증명에 필요한 공리
0	0	0	0	공리 ❷, ❺
0	1	0	0	공리 ❸, ❺
1	0	0	1	공리 ❸, ❻
1	1	1	1	공리 ❹, ❼

[표 2-4]의 진리표상에서 A와 $A+(A \cdot B)$의 값이 서로 완벽하게 일치하므로 $A+(A \cdot B)=A$임이 증명된다.

집합을 이용한 증명

논리 연산은 논리 집합에서의 부분집합 연산에 대응하므로 벤 다이어그램을 이용하여 논리식을 증명할 수 있다. 예를 들어 드 모르강의 법칙 $\overline{A \cdot B} = \overline{A} + \overline{B}$를 증명하기 위해 $\overline{A \cdot B}$와 $\overline{A} + \overline{B}$를 각각 [그림 2-8]의 (a) ~ (b)와 같이 집합 영역으로 표시해보면, 두 영역이 서로 일치함을 확인할 수 있다. 같은 방법으로 드 모르강의 법칙 $\overline{A + B} = \overline{A} \cdot \overline{B}$도 [그림 2-8]의 (c) ~ (d)와 같이 증명할 수 있다.

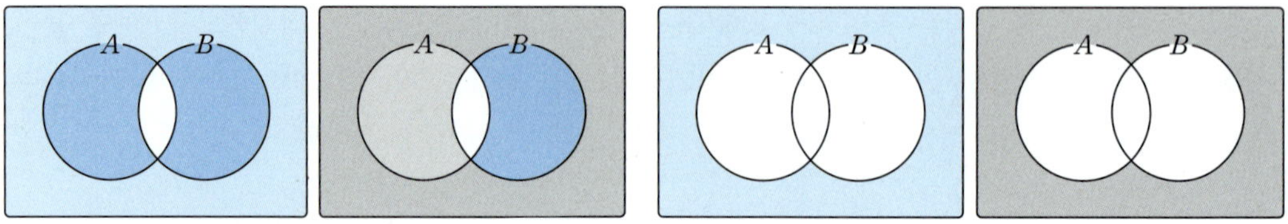

(a) $\overline{A \cdot B}$ = (b) $\overline{A} + \overline{B}$ (c) $\overline{A + B}$ = (d) $\overline{A} \cdot \overline{B}$

[그림 2-8] 드 모르강의 법칙 $\overline{A \cdot B} = \overline{A} + \overline{B}$ 및 $\overline{A + B} = \overline{A} \cdot \overline{B}$의 증명

부울대수를 이용한 증명

부울대수를 이용해 논리식을 증명할 수도 있다. 이때는 공리나 논리 연산의 정리를 적절히 활용하여 논리식을 변형하거나 간략화하는 과정을 거친다. 부울대수를 이용하여 다음 식 (2.3)의 관계를 증명해보자.

$$A \cdot (\overline{A} + B) = A \cdot B$$
$$A + (\overline{A} \cdot B) = A + B \tag{2.3}$$

먼저 식 (2.3)을 논리 연산의 분배법칙을 적용하여 전개한다. 그리고 보간법칙을 이용해 식을 간략화하면 식 (2.4)와 같이 증명할 수 있다.

$$A \cdot (\overline{A} + B) = \underbrace{A \cdot \overline{A} + A \cdot B}_{\text{분배법칙}} = \underbrace{0 + A \cdot B}_{\text{보간법칙}} = A \cdot B$$
$$A + (\overline{A} \cdot B) = \underbrace{(A + \overline{A}) \cdot (A + B)}_{\text{분배법칙}} = \underbrace{1 \cdot (A + B)}_{\text{보간법칙}} = A + B \tag{2.4}$$

제2분배법칙을 증명해보자.

$$A \cdot B + \overline{A} \cdot C = (A + C)(\overline{A} + B)$$
$$(A + C)(\overline{A} + B) = A \cdot B + \overline{A} \cdot C \tag{2.5}$$

먼저 식 (2.5)를 논리 연산의 분배법칙을 적용하여 전개한다. 그리고 합의의 정리를 이용해 식을 간략화하면 식 (2.6)과 같이 증명할 수 있다.

$$A\cdot B+\overline{A}\cdot C=\underbrace{(AB+\overline{A})}_{\text{분배법칙}}\cdot\underbrace{(AB+C)}_{\text{분배법칙}}=[(A+\overline{A})\cdot(B+\overline{A})]\cdot[(A+C)\cdot(B+C)]$$

$$=[\underbrace{1\cdot(\overline{A}+B)}_{\text{보간법칙}}]\cdot[(A+C)\cdot(B+C)]=(\overline{A}+B)\underbrace{(A+C)(B+C)}_{\text{합의의 정리}} \tag{2.6}$$

$$=(\overline{A}+B)(A+C)$$

$$(A+C)(\overline{A}+B)=\underbrace{A\overline{A}+AB+\overline{A}C+BC}_{\text{분배법칙}}=\underbrace{AB+\overline{A}C+BC}_{\text{합의의 정리}}=AB+\overline{A}C$$

예제 2-1 부울대수를 이용한 합의의 정리 증명

부울대수를 이용하여 다음 합의의 정리를 증명하라.

$$AB+BC+\overline{A}C=AB+\overline{A}C$$
$$(A+B)(B+C)(\overline{A}+C)=(A+B)(\overline{A}+C)$$

풀이

논리 연산의 정리를 이용하여 다음과 같이 증명한다.

$$AB+BC+\overline{A}C=AB+\underbrace{(A+\overline{A})}_{\text{보간법칙}}BC+\overline{A}C=AB+\underbrace{ABC+\overline{A}BC}_{\text{분배법칙}}+\overline{A}C$$

$$=\underbrace{AB(1+C)}_{\text{분배법칙}}+\underbrace{\overline{A}C(B+1)}_{\text{분배법칙}}=\underbrace{AB}_{\text{항등법칙}}+\underbrace{\overline{A}C}_{\text{항등법칙}}\ \cdots\cdots\ ①$$

$$(A+B)(B+C)(\overline{A}+C)=(A+B)(\overline{A}+C)(B+C)=\underbrace{(A\overline{A}+AC+\overline{A}B+BC)}_{\text{분배법칙}}(B+C)$$

$$=(AC+\overline{A}B+BC)(B+C)=\underbrace{(AC+\overline{A}B)}_{\text{①의 결과 활용}}(B+C)=\underbrace{ABC+\overline{A}BC+AC+\overline{A}B}_{\text{분배법칙}}$$

$$=\underbrace{(A+\overline{A})BC}_{\text{분배법칙}}+AC+\underbrace{A\overline{A}}_{\text{보간법칙}}+\overline{A}B=\underbrace{BC}_{\text{보간법칙}}+AC+A\overline{A}+\overline{A}B$$

$$=\underbrace{(A+B)C}_{\text{분배법칙}}+\underbrace{(A+B)\overline{A}}_{\text{분배법칙}}=\underbrace{(A+B)(\overline{A}+C)}_{\text{분배법칙}}$$

또 다른 방법으로는 다음과 같이 나타낼 수 있다.

$$(A+B)(B+C)(\overline{A}+C)=(A+B)(\overline{A}+C)(B+C)=(A\overline{A}+AC+\overline{A}B+BC)(B+C)$$

$$=(AC+\overline{A}B+BC)(B+C)=\underbrace{(AC+\overline{A}B)}_{\text{①의 결과 활용}}(B+C)=\underbrace{ABC+\overline{A}BC+AC+\overline{A}B}_{\text{분배법칙}}$$

$$=\underbrace{ABC+AC}_{\text{흡수법칙}}+\underbrace{\overline{A}BC+\overline{A}B}_{\text{흡수법칙}}=\underbrace{AC+\overline{A}B}_{\text{제2분배법칙}}=(\overline{A}+C)(A+B)$$

SECTION 2.3

부울함수의 논리식 표현

출력변수를 입력변수의 논리 연산의 조합으로 표현한 논리식을 부울함수(혹은 논리함수)라고 한다. 이 절에서는 부울함수를 표현하는 두 가지 표준적인 방법을 학습한다. 이들 최소항과 최대항의 관계를 이해하고, 이를 바탕으로 논리 간략화와 상호변환에 대해 학습해보자.

임의의 부울함수를 표현하는 방법
- 입력변수들의 곱으로 구성되는 최소항 minterm 들의 합으로 표현
- 입력변수들의 합으로 구성되는 최대항 maxterm 들의 곱으로 표현

[표 2-5]의 간단한 진리표를 논리식으로 어떻게 표현할 수 있을까? 입·출력의 함수관계를 구하는 데 있어 출력변수 F의 값 1을 기준으로 하는 방법과 0을 기준으로 하는 두 가지 방법을 생각해볼 수 있다.

[표 2-5] 2변수 논리함수의 예

A	B	F
0	0	0
0	1	1
1	0	0
1	1	1

다음의 두 가지 경우를 살펴보자.

❶ $F=\overline{A}B+AB$

❷ $F=(A+B)(\overline{A}+B)$

진리표에서 $F=1$인 경우는 ($A=0$이고 $B=1$) 혹은 ($A=1$이고 $B=1$)인 경우이므로 ❶ $F=\overline{A}B+AB$로 표현할 수 있다. 즉, **논리값이 1이 되는 '입력변수의 곱'인 항들의 합**으로 표현된다. 이 식이 진리표를 나타내고 있음은 AB의 모든 조합 00, 01, 10, 11을 대입해보면 쉽게 이해할 수 있다. 예를 들어 00의 경우 $F=1\cdot 0+0\cdot 0=0$이 된다. 같은 방법으로 01, 11의 경우에 $F=1$이고, 00, 10의 경우에 $F=0$이 되므로 진리표와 일치함을 확인할 수 있다.

한편 진리표에서 $F=0$인 경우는 ($A=0$이고 $B=0$) 혹은 ($A=1$이고 $B=0$)일 때이다. 인수들의 곱으로 표현된 인수분해 형태에서 어느 하나의 인수만 0이어도 $F=0$이 되므로, ❷ $F=(A+B)(\overline{A}+B)$로 표현될 수 있다. 즉, **논리값이 0이 되는 '입력변수의 합'인 인수들의 곱**으로 표현된다. 다만 식 ❷의 형태에서는 식 ❶의 형태와는 반대로 **입력 논리값이 0인 경우는 정논리 변수를 사용하고, 입력 논리값이 1인 경우는 부논리 변수를 사용한다**는 점에 유의하자. 이는 AB의 모든 조합 00, 01, 10, 11을 두 인수에 대입해보면 쉽게 이해할 수 있다. 예를 들어 00의 경우 $F=(0+0)\cdot(1+0)=0$이 된다. 같은 방법으로 01, 11의 경우에는 두 인수가 모두 1이 되어 $F=1$이고, 00, 10의 경우에는 하나의 인수가 0이 되어 $F=0$이 되므로, 진리표와 일치함을 확인할 수 있다.

2.3.1 최소항

두 논리변수 A, B에 대해 곱의 항은 $\overline{A}\,\overline{B}$, $\overline{A}B$, $A\overline{B}$, AB의 네 가지 조합이 가능하다. 이를 논리 집합의 벤 다이어그램으로 [그림 2-9]와 같이 표현할 수 있다. 이 네 개의 항으로 전체 집합을 구성할 수 있으므로, 여기에 모든 경우의 수가 담겨 있다. [그림 2-9]에 보인 각각의 항들을 최소항 minterm 혹은 표준곱 standard product 이라고 한다.

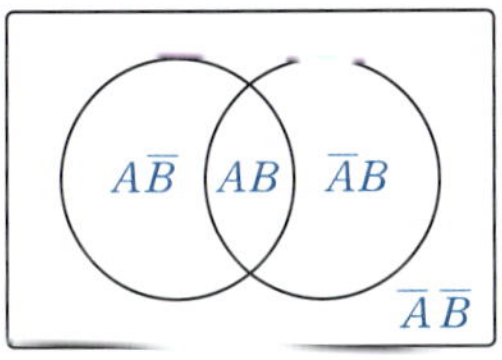

[그림 2-9] 논리 집합에서 A, B에 대한 네 가지 최소항의 표현

최소항은 논리변수 혹은 이들의 상보신호 complement signal 들과의 곱(ANDing)으로 이루어지며, 반드시 모든 입력변수를 포함한다. 2진수의 조합을 생각하면 일반적으로 n개의 논리변수에 대해서 2^n개의 최소항이 가능하다. 일반적으로 최소항의 조합은 기계적인 순서에 따라 표의 형태로 체계적으로 나타내는 경우가 많다.

3변수 A, B, C의 최소항은 [표 2-6]과 같이 나타낼 수 있다. 세 자리 2진수 ABC를 10진수로 환산하면 $A\cdot 2^2+B\cdot 2^1+C\cdot 2^0$으로 계산된다. 최소항 표의 조합 순서는 10진수로 환산한 값을 기준으로 0, 1, 2, 3, 4, 5, 6, 7의 순서로 기재한다. 즉, 000에서 시작하여 2진수로 1씩 증가시켜 111로 끝난다.

[표 2-6] 최소항의 정의

A	B	C	최소항	표기
0	0	0	$\overline{A}\,\overline{B}\,\overline{C}$	m_0
0	0	1	$\overline{A}\,\overline{B}C$	m_1
0	1	0	$\overline{A}B\overline{C}$	m_2
0	1	1	$\overline{A}BC$	m_3
1	0	0	$A\overline{B}\,\overline{C}$	m_4
1	0	1	$A\overline{B}C$	m_5
1	1	0	$AB\overline{C}$	m_6
1	1	1	ABC	m_7

최소항은 각 자릿수의 값이 1이면 정논리 변수를 그대로 표시하고, 0이면 bar를 붙인 부논리 변수로 표현한다. 각 최소항의 표기는 'minterm'의 첫 글자를 따서 m으로 시작하고 10진수 값을 첨자로 붙인다. 예를 들어 101은 $A\overline{B}C$를 의미하고 m_5로 표기한다.

2.3.2 최대항

최소항에 대비되는 최대항도 생각해보자. 두 논리변수 A, B에 대해 합의 항은 $\overline{A}+\overline{B}$, $\overline{A}+B$, $A+\overline{B}$, $A+B$의 조합이 가능하다. 이러한 네 개의 조합을 최대항 maxterm 혹은 표준합 standard sum이라고 한다. 최대항은 입력변수와 이들의 상보신호들과의 합(ORing)으로 이루어지며, 반드시 모든 변수를 포함한다. 최소항과 마찬가지로 2진수의 조합을 생각하면 일반적으로 n개의 논리변수에 대해서 2^n개의 최대항이 가능하며, 최대항의 조합을 체계적인 표의 형태로 나타내는 경우가 많다.

3변수 A, B, C의 최대항을 최소항과 같은 순서로 [표 2-7]에 나타내보자.

[표 2-7] 최대항의 정의

A	B	C	최대항	표기
0	0	0	$A+B+C$	M_0
0	0	1	$A+B+\overline{C}$	M_1
0	1	0	$A+\overline{B}+C$	M_2
0	1	1	$A+\overline{B}+\overline{C}$	M_3
1	0	0	$\overline{A}+B+C$	M_4
1	0	1	$\overline{A}+B+\overline{C}$	M_5
1	1	0	$\overline{A}+\overline{B}+C$	M_6
1	1	1	$\overline{A}+\overline{B}+\overline{C}$	M_7

최대항의 논리식은 최소항과는 반대로 각 자릿수의 값이 0이면 정논리 변수로 표시하고, 1이면 bar를 붙인 부논리 변수로 표현한다. 최대항의 표기는 'Maxterm'의 첫 글자를 따서 M으로 시작하고 10진수 값을 첨자로 붙인다. 예를 들어, 101은 $\overline{A}+B+\overline{C}$를 의미하고 M_5로 표기한다.

[표 2-6]과 [표 2-7]을 비교하면 같은 행의 최소항과 최대항은 서로 보수complementary 관계[2]임을 알 수 있다. 예를 들어 드 모르강의 법칙을 적용하면 $\overline{m_1}=\overline{\overline{A}\,\overline{B}C}=A+B+\overline{C}=M_1$이다. 물론 그 역도 성립하여 $\overline{M_1}=m_1$이다.

예제 2-2 최소항과 최대항의 변환

3변수 진리표에서 $\overline{M_2}=m_2$임을 증명하라.

풀이

드 모르강의 법칙을 적용하면 다음과 같이 나타낼 수 있다.

$$\begin{aligned}\overline{M_2}&=\overline{A+\overline{B}+C}\\&=\overline{A}B\overline{C}\\&=m_2\end{aligned}$$

2.3.3 부울함수의 표준형 표현

부울함수는 최소항 및 최대항을 진리표로부터 유도하여 다음과 같이 두 가지 방법으로 구할 수 있다.

- 임의의 부울함수를 최소항의 합으로 표현한다.
- 임의의 부울함수를 최대항의 곱으로 표현한다.

다음 진리표의 출력 F를 부울함수로 표현해보자.

[표 2-8] 3변수 진리표의 예

입력			출력	입력			출력
A	B	C	F	A	B	C	F
0	0	0	0	1	0	0	1
0	0	1	1	1	0	1	0
0	1	0	1	1	1	0	0
0	1	1	0	1	1	1	1

2 보수 관계에서 두 항은 서로 배타적이며, 둘을 합치면 전체가 된다.

최소항의 합으로 표현하기

먼저 출력이 1이 되는 최소항들을 찾아서 이들의 논리합을 구해보자. [표 2-8]에서 출력이 1이 되는 최소항은 $\overline{A}\,\overline{B}C$, $\overline{A}B\overline{C}$, $A\overline{B}\,\overline{C}$, ABC의 네 개 항이다. 출력을 최소항의 합으로 표현하면 식 (2.7)과 같다.[3]

$$
\begin{aligned}
F &= \overline{A}\,\overline{B}C + \overline{A}B\overline{C} + A\overline{B}\,\overline{C} + ABC \\
&= m_1 + m_2 + m_4 + m_7 \\
&= \Sigma m(1,\ 2,\ 4,\ 7) \\
&= \Sigma\,(1,\ 2,\ 4,\ 7)
\end{aligned} \tag{2.7}
$$

식 (2.7)을 논리도로 나타내보자. 각 최소항은 3-입력 AND 게이트로 구현하고, 네 개의 최소항의 논리합을 출력하기 위한 한 개의 4-입력 OR 게이트를 사용하면, [그림 2-10(a)]와 같은 논리도가 된다.

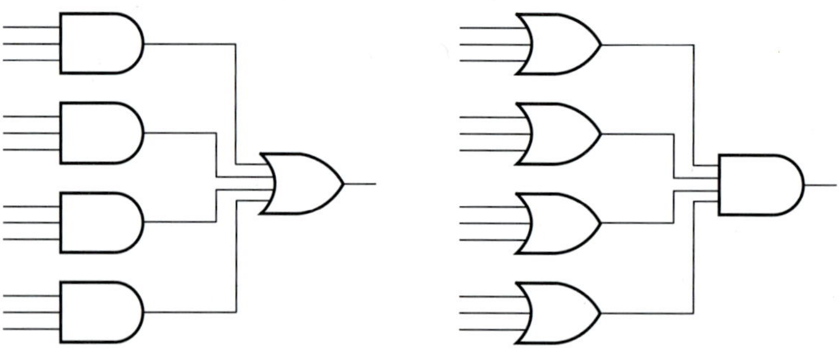

(a) 최소항의 합 (b) 최대항의 곱

[그림 2-10] [표 2-8] 진리표의 논리도 표현

만약 식 (2.7)에서 입력이 100이라면, 4번 항 100은 $A\overline{B}\,\overline{C}=1$이 되고 나머지 세 개 항은 0이 되어 $F=1$이 된다. 입력이 110이라면, 네 개 항이 모두 0이 되어 $F=0$이 된다. 1이 되는 조합이 하나라도 있으면 출력은 1이 되고, 하나도 없을 때는 출력이 0이 되는 것이다. 이 식은 다른 모든 입력의 조합에 대해서도 진리표를 완벽하게 표현한다. 즉, 부울함수를 최소항의 합으로 표현하는 방식은 진리표를 완벽하게 표현할 수 있는 표준적인 방법이다.

3 식 (2.7)에서 시그마(Σ) 기호는 'Sum(합)'의 첫 글자인 대문자 S에 해당하는 그리스 문자로, 수열의 합을 의미한다. 간략하게 표현하기 위해 변수 m을 생략하고 최소항 번호만 나타내기도 한다.

최대항의 곱으로 표현하기

이번에는 출력이 0이 되는 최대항들을 찾아서 이들의 논리곱을 구해보자. $A+B+C$, $A+\overline{B}+\overline{C}$, $\overline{A}+B+\overline{C}$, $\overline{A}+\overline{B}+C$의 네 개 항이 이에 해당한다. 출력을 최대항의 곱으로 표현하면 식 (2.8)과 같다.[4]

$$\begin{aligned} F &= (A+B+C)(A+\overline{B}+\overline{C})(\overline{A}+B+\overline{C})(\overline{A}+\overline{B}+C) \\ &= M_0 \cdot M_3 \cdot M_5 \cdot M_6 \\ &= \Pi M(0, 3, 5, 6) \\ &= \Pi (0, 3, 5, 6) \end{aligned} \tag{2.8}$$

각 최대항은 3-입력 OR 게이트로 구현하고, 최대항 네 개의 논리곱을 출력하기 위한 한 개의 4-입력 AND 게이트를 사용하면 [그림 2-10(b)]와 같은 논리도가 된다.

ABC의 0, 3, 5, 6번 최대항 조합에서는 출력이 0이 되고, 나머지 1, 2, 4, 7번 최대항 조합에서는 출력이 1이 된다. 식 (2.8)에서 입력이 101인 경우를 가정해보자. 5번 인수 '101'은 $\overline{A}+B+\overline{C}=0$이 되고, 나머지 세 개 인수는 1이 되어 $F=0$이 된다. 반면에 입력이 111이면 네 개 인수가 모두 1이 되어 $F=1$이 된다. 0이 되는 인수가 하나라도 있으면 출력은 0인 것이다. 식 (2.8)은 다른 모든 입력의 조합에 대해서도 진리표를 완벽하게 표현한다. 즉, 부울함수를 최대항의 곱으로 표현하는 것은 진리표를 완벽하게 표현할 수 있는 또 다른 표준적인 방법이 된다.

앞선 예에서 보인 최소항의 합과 최대항의 곱에 대한 두 가지 표현을 잘 살펴보면, 최소항 1, 2, 4, 7과 최대항 0, 3, 5, 6은 서로 보수 관계임을 알 수 있다. 즉, **같은 함수의 최소항 및 최대항은 서로 보수 관계이다.**

정리해보면, 부울함수는 최소항의 합 혹은 최대항의 곱으로 표현될 수 있으며, 여기에는 모든 변수가 포함되어 부울함수에서 어떤 역할을 하는지 파악할 수 있으므로 표준형canonical form**이라 한다.**

실제 트랜지스터로 최종 회로를 구현하는 경우 AND가 OR보다 회로 면적에서 유리하므로,[5] 대부분의 경우 AND를 기본으로 하는 **최소항의 합을 사용**한다. 또한 인간 특유의 논리 방식인지 모르겠지만, 1이 되는 항을 기준으로 생각하는 것이 0을 기준으로 생각하는 것보다는 좀 더 편하다.

4 식 (2.8)에서 'Product(곱)'의 첫 글자인 대문자 P에 해당하는 그리스 문자 파이(Π) 기호는 곱을 의미한다. 변수 M을 생략하고 간략하게 최대항 번호만 나타내기도 한다.

5 3.3.4절의 'CMOS 게이트'에서 상세히 학습한다.

예제 2-3 부울함수의 표준형

다음 진리표의 출력함수 F를 두 가지 표준형으로 나타내라.

[표 2-9]

입력			출력
A	B	C	F
0	0	0	0
0	0	1	0
0	1	0	0
0	1	1	0
1	0	0	1
1	0	1	0
1	1	0	0
1	1	1	0

풀이

출력이 1인 경우를 최소항의 합으로 표현하면 다음과 같다.

$$F = \sum m(4)$$

출력이 0인 경우를 최대항의 곱으로 표현하면 다음과 같다.

$$F = \prod M(0,\ 1,\ 2,\ 3,\ 5,\ 6,\ 7)$$

게이트로 구현하면, 최소항의 합은 [그림 2-11(a)]와 같이 한 개의 AND 게이트가 필요하고, 최대항의 합은 [그림 2-11(b)]와 같이 일곱 개의 OR 게이트와 한 개의 AND 게이트가 필요하다. 이 경우에는 최소항의 합이 훨씬 더 간단하게 구현됨을 알 수 있다.

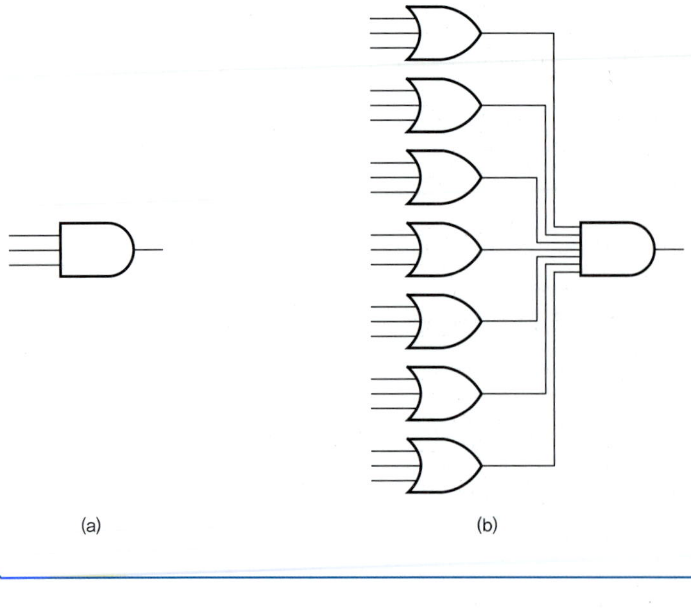

[그림 2-11]

예제 2-4 **최대항/최소항 변환 증명**

다음 2변수 조합에서 $\Pi(0,\ 3) = \Sigma(1,\ 2)$임을 논리함수의 정리를 이용하여 증명하라.

풀이

최대항의 곱을 전개하여 최소항의 합으로 유도해본다.

$$\begin{aligned}\Pi(0,\ 3) &= (A+B)\cdot(\overline{A}+\overline{B}) \\ &= A\overline{A} + A\overline{B} + \overline{A}B + B\overline{B} \\ &= A\overline{B} + \overline{A}B \\ &= \Sigma(1,\ 2)\end{aligned}$$

2.3.4 곱의 합 및 합의 곱

최소항 및 최대항은 모든 변수를 다 포함하고 있다. 여기에 부울대수를 이용하여 논리식을 간략화하면, 항이나 인수의 변수를 일부 제거할 수 있다. 이렇게 일부 변수가 사라진 형태의 논리식을 살펴보자.

곱의 합(SOP : sum of products)

곱의 합(이하 SOP)을 알아보기 위해 다음 최소항의 합으로 표현된 부울함수를 간략화해보자.

$$F = \Sigma(0,\ 3,\ 6,\ 7) = \overline{A}\,\overline{B}\,\overline{C} + \overline{A}BC + AB\overline{C} + ABC \tag{2.9}$$

부울대수를 이용하여 간략화하면 다음과 같다.

$$\begin{aligned}F &= \overline{A}\,\overline{B}\,\overline{C} + \overline{A}BC + AB\overline{C} + ABC = \overline{A}\,\overline{B}\,\overline{C} + \overline{A}BC + AB\overline{C} + ABC + ABC \\ &= \overline{A}\,\overline{B}\,\overline{C} + AB(\overline{C} + C) + BC(\overline{A} + A) = \overline{A}\,\overline{B}\,\overline{C} + AB + BC\end{aligned} \tag{2.10}$$

간략화된 함수에서 AB, BC 항은 변수가 하나씩 빠져 있기 때문에 더 이상 최소항이 아니다. 이와 같이 반드시 최소항이 아닐지라도 '변수들의 논리곱으로 이루어지는 항'들의 합으로 표현되는 부울함수를 곱의 합이라고 한다.

SOP는 다음의 순서로 최소항의 합으로 역변환할 수 있다.

SOP를 최소항의 합으로 변환하는 과정

❶ 보간법칙 $A+\overline{A}=1$을 이용하여, 변수가 빠진 항에 해당 변수에 대한 보간법칙 식을 곱한다.
❷ 분배법칙 $A\cdot(B+C) = A\cdot B + A\cdot C$를 이용하여 전개한다.
❸ 공리 $A+A=A$를 이용하여 중복항을 제거한다.

한 예로 $F=\overline{A}\,\overline{B}\,\overline{C}+AB+BC$를 최소항의 합으로 변환해보자. 최소항에는 변수 A, B, C가 모두 존재해야 하므로, C가 빠진 AB에 $(C+\overline{C})$를 곱하고, A가 빠진 BC에는 $(A+\overline{A})$를 곱하여 전개한다. 그리고 중복된 ABC 항을 하나로 합하면 다음과 같이 최소항의 합으로 변환할 수 있다.

$$\begin{aligned} F &= \overline{A}\,\overline{B}\,\overline{C}+AB(C+\overline{C})+(A+\overline{A})BC \\ &= \overline{A}\,\overline{B}\,\overline{C}+ABC+AB\overline{C}+ABC+\overline{A}BC \\ &= \overline{A}\,\overline{B}\,\overline{C}+\overline{A}BC+AB\overline{C}+ABC \\ &= \Sigma(0,\ 3,\ 6,\ 7) \end{aligned} \tag{2.11}$$

합의 곱(POS : product of sums)

합의 곱(이하 POS)을 알아보기 위해 다음 최대항의 곱으로 표현된 부울함수를 간략화해보자.

$$F=\Pi(0,\ 2,\ 4,\ 5)=(A+B+C)(A+\overline{B}+C)(\overline{A}+B+C)(\overline{A}+B+\overline{C}) \tag{2.12}$$

동일법칙 $A\cdot A=A$을 이용하여 $(A+B+C)$ 및 $(\overline{A}+B+C)$를 추가하면 식 (2.13)과 같이 여섯 개의 인수로 늘어난다.

$$\begin{aligned} F &= (A+B+C)(A+\overline{B}+C)(\overline{A}+B+C)(\overline{A}+B+\overline{C}) \\ &= (A+B+C)(A+\overline{B}+C)(A+B+C)(\overline{A}+B+C)(\overline{A}+B+C)(\overline{A}+B+\overline{C}) \end{aligned} \tag{2.13}$$

분배법칙 $A+(B\cdot C)=(A+B)\cdot(A+C)$의 역을 이용하여 인수를 줄이고 간략화한다.

$$\begin{aligned} (A+B+C)(A+\overline{B}+C) &= (A+C+B\overline{B})=A+C \\ (A+B+C)(\overline{A}+B+C) &= (B+C+A\overline{A})=B+C \\ (\overline{A}+B+C)(\overline{A}+B+\overline{C}) &= (\overline{A}+B+C\overline{C})=\overline{A}+B \end{aligned} \tag{2.14}$$

식 (2.14)의 각 결과값을 곱하면 최종적으로 다음과 같이 간략화된 함수를 얻을 수 있다.

$$F=(A+C)(B+C)(\overline{A}+B) \tag{2.15}$$

간략화된 논리함수 식 (2.15)의 각 인수에는 변수가 하나씩 빠져 있기 때문에 최대항이 아니다. 이와 같이 최대항은 아닐지라도 '변수들의 논리합으로 이루어지는 인수'들의 곱으로 표현되는 부울함수를 합의 곱이라고 한다.

POS는 다음의 순서로 최대항의 곱으로 역변환할 수 있다.

> **POS를 최대항의 곱으로 변환하는 과정**
> ❶ 보간법칙 $A \cdot \overline{A} = 0$을 이용하여 변수가 빠진 항에 해당 변수에 대한 식을 더한다.
> ❷ 분배법칙 $A + (B \cdot C) = (A+B) \cdot (A+C)$를 이용하여 인수분해한다.
> ❸ 공리 $A \cdot A = A$를 이용하여 중복인수를 제거한다.

한 예로 $F = (A+C)(B+C)(\overline{A}+B)$를 최대항의 곱으로 변환해보자. $(A+C)$ 인수에는 B 변수가 빠져 있으므로 $B\overline{B}$를 더하고 분배법칙을 적용하여 인수분해한다.

$$A + C = A + C + B\overline{B} = (A+B+C)(A+\overline{B}+C) \tag{2.16}$$

나머지 항에도 같은 방법을 적용하면 다음과 같다.

$$\begin{aligned} B + C &= B + C + A\overline{A} = (A+B+C)(\overline{A}+B+C) \\ \overline{A} + B &= \overline{A} + B + C\overline{C} = (\overline{A}+B+C)(\overline{A}+B+\overline{C}) \end{aligned} \tag{2.17}$$

출력함수를 구성하고 $A \cdot A = A$를 이용해 중복항을 제거하면, 식 (2.16)과 같이 전개되며, 그 결과는 식 (2.18)과 같다.

$$\begin{aligned} F &= (A+B+C)(A+\overline{B}+C)(A+B+C)(\overline{A}+B+C)(\overline{A}+B+C)(\overline{A}+B+\overline{C}) \\ &= (A+B+C)(A+\overline{B}+C)(\overline{A}+B+C)(\overline{A}+B+\overline{C}) \\ &= \Pi(0,\ 2,\ 4,\ 5) \end{aligned} \tag{2.18}$$

논리식의 변환

부울함수를 논리회로로 구현할 때 일반적으로 SOP 또는 POS 중 하나를 사용한다. [예제 2-3]의 예에서 보듯이 상황에 따라 둘 중에서 더 유리한 형태가 존재할 수 있기 때문에 서로 변환해볼 필요가 있다. 특히 최소항의 합과 최대항의 곱이 서로 보수 관계임을 활용하는 것이 효율적이다.

■ SOP에서 POS로 변환

SOP로 표현된 부울함수 $F = AB + \overline{A}C$를 POS로 변환해보자.

❶ '곱의 항'이 사라질 때까지 분배법칙 $A + (B \cdot C) = (A+B) \cdot (A+C)$를 계속 적용하여 인수분해한다.

$$AB + \overline{A}C = (AB+\overline{A})(AB+C) = (A+\overline{A})(B+\overline{A})(A+C)(B+C) \tag{2.19}$$

❷ 보간법칙 $A+\overline{A}=1$ 및 합의의 정리를 이용하여 간략화한다.

$$(A+\overline{A})(B+\overline{A})(A+C)(B+C)=(\overline{A}+B)(A+C)(B+C)$$
$$=(A+C)(\overline{A}+B) \quad (2.20)$$

이 밖에도 제2분배법칙을 사용하여 인수분해하면 그 결과는 동일하다. 따라서 사전에 제2분배법칙을 사용하여 실제 인수분해를 할 수 있는 항이 있는지 살펴보는 것이 좋다.

$$AB+\overline{A}C=(A+C)(\overline{A}+B)$$

■ POS에서 SOP로 변환

POS로 표현된 부울함수 $F=(B+\overline{A})(A+C)$를 SOP로 변환해보자.

❶ '합의 인수'가 사라질 때까지 분배법칙 $A\cdot(B+C)=A\cdot B+A\cdot C$를 계속 적용하여 전개한다. 이때 제2분배법칙을 사용하여 쉽게 전개할 수 있는 항이 있나 살펴본다.

❷ 보간법칙 $A\cdot\overline{A}=0$, 동일법칙 $A\cdot A=A$, 합의의 정리를 적용하여 간략화한다.

$$(B+\overline{A})(A+C)=AB+BC+A\overline{A}+\overline{A}C=AB+BC+\overline{A}C=AB+\overline{A}C \quad (2.21)$$

또는 제2분배법칙을 사용하여 다음과 같이 전개할 수 있다.

$$(\overline{A}+B)(A+C)=AB+\overline{A}C$$

예제 2-5 여러 가지 변환

부울함수 $F=(\overline{A}+B)(\overline{B}+C)$가 있다.

(a) 주어진 부울함수를 최대항의 곱으로 나타내라.
(b) 주어진 부울함수를 최소항의 합으로 나타내라.

풀이

(a) 최대항의 곱 변환 절차에 따라 다음과 같이 변환한다.

$$F=(\overline{A}+B)(\overline{B}+C)=(\overline{A}+B+C\overline{C})(A\overline{A}+\overline{B}+C) \quad \text{보간법칙}$$
$$=(\overline{A}+B+C)(\overline{A}+B+\overline{C})(A+\overline{B}+C)(\overline{A}+\overline{B}+C) \quad \text{분배법칙}$$
$$=\Pi(2,\ 4,\ 5,\ 6)$$

(b) 최대항과 최소항의 보수 관계를 이용하여 구한다.

$$F=\Sigma(0,\ 1,\ 3,\ 7)=\overline{A}\,\overline{B}\,\overline{C}+\overline{A}\,\overline{B}C+\overline{A}BC+ABC$$

2.3.5 논리식의 간략화

회로를 효율적으로 설계하기 위해서는 표준형의 논리식을 간략화하는 것이 중요하다. 다음과 같이 다섯 개의 최소항의 합으로 표현된 부울함수를 살펴보자.

$$F = A\overline{B}\,\overline{C} + AB\overline{C} + \overline{A}B\overline{C} + \overline{A}BC + \overline{A}\,\overline{B}C \tag{2.22}$$

첫 번째와 두 번째 항을 묶고, 네 번째와 다섯 번째 항을 묶으면 다음과 같이 세 개의 항으로 간략화된다.

$$\begin{aligned} F &= A\overline{B}\,\overline{C} + AB\overline{C} + \overline{A}B\overline{C} + \overline{A}BC + \overline{A}\,\overline{B}C \\ &= A\overline{C}(B + \overline{B}) + \overline{A}B\overline{C} + \overline{A}C(B + \overline{B}) \\ &= A\overline{C} + \overline{A}C + \overline{A}B\overline{C} \end{aligned} \tag{2.23}$$

또는 첫 번째와 두 번째 항을 묶고, 세 번째와 네 번째 항을 묶으면 다음과 같이 세 개의 항으로 간략화된다.

$$\begin{aligned} F &= A\overline{B}\,\overline{C} + AB\overline{C} + \overline{A}B\overline{C} + \overline{A}BC + \overline{A}\,\overline{B}C \\ &= A\overline{C}(B + \overline{B}) + \overline{A}B(C + \overline{C}) + \overline{A}\,\overline{B}C \\ &= A\overline{C} + \overline{A}B + \overline{A}\,\overline{B}C \end{aligned} \tag{2.24}$$

이번에는 최소항의 합을 간략화하는 방법에 동일법칙 $A + A = A$를 적용한다. 이처럼 논리값에 변화를 주지 않는 추가항을 더미[dummy]항이라고 한다. 세 번째, 네 번째, 다섯 번째 항에 더미항을 추가해서 묶으면, 다음과 같이 네 개의 2변수 항의 합으로 간략화된다.

$$\begin{aligned} F &= A\overline{B}\,\overline{C} + AB\overline{C} + \overline{A}B\overline{C} + AB\overline{C} + \overline{A}BC + \overline{A}B\overline{C} + \overline{A}\,\overline{B}C + \overline{A}BC \\ &= A\overline{C}(B + \overline{B}) + B\overline{C}(A + \overline{A}) + \overline{A}B(C + \overline{C}) + \overline{A}C(B + \overline{B}) \\ &= A\overline{C} + B\overline{C} + \overline{A}B + \overline{A}C \end{aligned} \tag{2.25}$$

이번에는 더미항 $\overline{A}BC$만을 추가하여 간략화하면, 다음과 같은 세 개의 2변수 항의 합으로 간략화된다.

$$\begin{aligned} F &= A\overline{B}\,\overline{C} + AB\overline{C} + \overline{A}BC + \overline{A}B\overline{C} + \overline{A}\,\overline{B}C + \overline{A}BC \\ &= A\overline{C}(B + \overline{B}) + \overline{A}B(C + \overline{C}) + \overline{A}C(B + \overline{B}) \\ &= A\overline{C} + \overline{A}B + \overline{A}C \end{aligned} \tag{2.26}$$

마찬가지로 더미항 $AB\overline{C}$만을 추가하여 간략화하면 다음과 같은 세 개의 2변수 항의 합으로 간략화된다.

$$\begin{aligned} F &= A\overline{B}\,\overline{C} + AB\overline{C} + \overline{A}B\overline{C} + AB\overline{C} + \overline{A}BC + \overline{A}\,\overline{B}C \\ &= A\overline{C}(B + \overline{B}) + B\overline{C}(A + \overline{A}) + \overline{A}C(B + \overline{B}) \\ &= A\overline{C} + B\overline{C} + \overline{A}C \end{aligned} \tag{2.27}$$

앞서 언급한 모든 식은 같은 부울함수를 표현하며 같은 진리표를 구현한다. 그러나 항과 변수의 개수를 고려할 때, 식 (2.26)과 식 (2.27)은 최적화된 '최소 축약식'이라고 할 수 있다. 이 두 식을 살펴보면, 서로 전혀 다른 항이 포함되어 있음을 알 수 있다. 이처럼 최소 축약식은 일반적으로 유일하지 않다.

예제 2-6 최소 축약

3변수 최소항의 합으로 표현된 부울함수 $F=\overline{A}B\overline{C}+AB\overline{C}+\overline{A}BC$를 최소 축약하라.

풀이

부울대수를 이용해 최소 축약하는 체계적인 방법은 없다. 동일법칙을 이용하여 더미항 $\overline{A}B\overline{C}$를 추가하면 다음과 같이 간략화할 수 있다.

$$
\begin{aligned}
F &= \overline{A}B\overline{C}+AB\overline{C}+\overline{A}B\overline{C}+\overline{A}BC \\
&= (\overline{A}+A)B\overline{C}+\overline{A}B(\overline{C}+C)=\overline{A}B+B\overline{C}
\end{aligned}
$$

SECTION

2.4 카르노 맵

논리함수를 논리도로 구현할 때, 변수의 개수와 항 및 인수의 개수는 하드웨어의 크기를 결정하므로, 주어진 논리식에 대한 최소 축약식을 얻는 것이 중요하다. 2.3.5절에서 살펴보았듯이 부울대수를 이용해 논리식를 간략화하는 과정은 다소 복잡하고 체계적이지 않으며 상당한 숙련을 요구할 뿐만 아니라 최소 축약식은 유일하지 않으므로 최적화 도달 여부를 알아내는 것 또한 쉽지 않다.

이제 우리는 보다 알아보기 쉽고 체계적인 간략화 방법을 학습하고자 한다. 미국의 물리학자 모리스 카르노[Maurice Karnaugh]가 1954년 벨 연구소에서 개발한 카르노 맵[Karnaugh map]은 사용하기 편리하고 최소 축약 여부를 비교적 쉽게 판단할 수 있어, 오늘날 디지털 설계 과정에서 널리 쓰인다. 카르노 맵은 진리표를 도식화하여 논리식의 간략화 과정을 시각적으로 진행할 수 있게 해준다. 일반적으로 4변수 카르노 맵까지가 시각적으로 편안한 수준이며, 5변수나 6변수를 카르노 맵에 그대로 적용하기에는 너무 복잡하여 4변수 카르노 맵을 부울대수의 개념으로 확장하여 사용한다.

부울함수는 최소항의 합이나 최대항의 곱으로 표현할 수 있지만, 앞 절에서도 언급한 바와 같이 하드웨어 구현이 용이한 최소항의 합(혹은 SOP)을 기준으로 학습한다.

2.4.1 곱의 합 간략화

부울대수 간략화 원리

SOP 표현에서 가장 근본적인 간략화 원리는 보간법칙을 적용한 $F = AB + A\overline{B} = A(B + \overline{B}) = A$ 이다. 예를 들어 2변수 최소항의 합 $F = \overline{A}\,\overline{B} + \overline{A}B$는 부울대수 연산으로 다음과 같이 간략화된다.

$$F = \overline{A}\,\overline{B} + \overline{A}B = \overline{A}(\overline{B} + B) = \overline{A} \tag{2.28}$$

잘 살펴보면, 간략화되는 두 최소항이 1변수(비트)만 다름을 알 수 있다. 결과적으로 공통적인 $\overline{A}$는 살아남고, 정[true]과 부[bar]로 엇갈리는 B는 간략화되어 사라진다. 반면, 두 비트가 다른 두 최소항 $F = \overline{A}B + A\overline{B}$는 더 이상 간략화할 수 없다.

또 다른 예로, 식 (2.29)의 3변수 최소항의 합에서 간략화되는 두 최소항은 1변수(비트) C만 다르다.

$$F = \overline{A}\,\overline{B}C + \overline{A}\,\overline{B}\,\overline{C} = \overline{A}\,\overline{B}(C + \overline{C}) = \overline{A}\,\overline{B} \tag{2.29}$$

두 항에 공통적인 $\overline{A}\,\overline{B}$는 살아남고, 정과 부로 엇갈리는 C는 간략화되어 사라진다.

요컨대 두 항에 걸쳐 어떤 변수(들)의 정/부 조합이 모두 존재하면, 그 변수(들)는 간략화가 가능하다. 예를 들어, 3변수 최소항의 합 $F = ABC + A\overline{B}C + \overline{A}BC + \overline{A}\,\overline{B}C$를 부울대수 연산으로 간략화하면 다음과 같다.

$$F = ABC + A\overline{B}C + \overline{A}BC + \overline{A}\,\overline{B}C = (AB + A\overline{B} + \overline{A}B + \overline{A}\,\overline{B})C = C \qquad (2.30)$$

식 (2.30)에서 보듯이 두 변수 A, B의 네 가지 정/부 조합이 모두 포함되면 보간법칙에 의해 1이 되므로 간략화가 가능하다. 마찬가지로 식 (2.29)와 같이 논리식에 세 변수 A, B, C의 여덟 가지 정/부 조합이 모두 포함되면 보간법칙에 의해 1이 되므로 변수 세 개가 간략화된다.

$$\begin{aligned} F &= ABCD + AB\overline{C}D + A\overline{B}CD + A\overline{B}\,\overline{C}D + \overline{A}BCD + \overline{A}B\overline{C}D + \overline{A}\,\overline{B}CD + \overline{A}\,\overline{B}\,\overline{C}D \\ &= (ABC + AB\overline{C} + A\overline{B}C + A\overline{B}\,\overline{C} + \overline{A}BC + \overline{A}B\overline{C} + \overline{A}\,\overline{B}C + \overline{A}\,\overline{B}\,\overline{C})D = D \qquad (2.31) \end{aligned}$$

카르노 맵의 기초 원리

부울대수를 이용하여 간략화 및 최적화 도달 여부를 평가하는 과정은 지루하고 불편하다. 그러므로 딱딱한 수학식으로 표현하는 부울대수보다는, 시각적인 맵map 형태의 그래픽 틀 속에 최소항을 배치하는 방법을 시도해보자. 그래픽을 이용한 시각적인 간략화 방법은 부울연산에 기반을 둔 정해진 원칙에 따라 진행된다. 카르노 맵은 보간법칙으로 변수를 간략화하던 과정을 그대로 사각형 틀에 옮긴 것으로, 여기에는 시각적으로 인근 셀에 배치된 변수들을 묶는 방법이 적용된다.

지금부터 학습할 카르노 맵(K 맵, 카르노도)Karnaugh map은 최소항을 나타내는 사각형 셀cell들의 매트릭스matrix 구조로 구성된다.

카르노 맵의 셀 구성 원칙은 다음과 같다.

카르노 맵의 셀 구성 원칙

- 구성요소인 정사각형 셀은 하나의 최소항을 표현한다.
- 한 비트만 다른 최소항을 인접하게 배치한다.[6]
- 변수가 증가하면 셀을 가로 혹은 세로로 늘려간다.

부울대수 연산 과정과 카르노 맵 간략화 과정을 비교하면서 학습해보자.

카르노 맵의 셀들을 [그림 2-12(a)], [그림 2-12(b)]와 같이 한 개의 비트만 다른 최소항끼리 인접하게 배치하면 시각적으로 쉽게 묶을 수 있다. 두 비트가 다른 $\overline{A}B + A\overline{B}$인 경우는 [그림 2-12(c)]와 같이 인접하지 않게 배치하여 시각적으로 묶을 수 없게 한다. 이러한 배치 원칙을 적용하여 카르노 맵의 셀 어디든지 인접항이 서로 한 비트만 차이 나도록 한다.

6 한 비트가 다른 경우, "해밍 거리(Hamming distance)가 1이다."라고 한다.

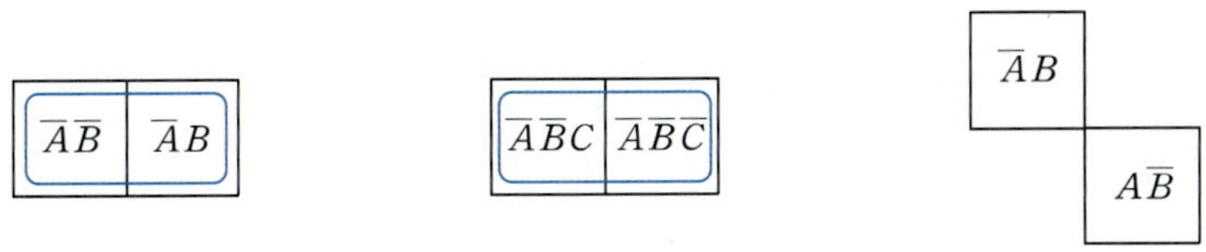

(a) 2변수 곱의 한 비트 간략화 (b) 3변수 곱의 한 비트 간략화 (c) 간략화가 안 되는 경우

[그림 2-12] 최소항 배치의 예

[그림 2-12(a)]에서 부울함수 $F = \overline{A}\,\overline{B} + \overline{A}B$를 부울대수를 이용하여 간략화하면 다음과 같다.

$$F = \overline{A}\,\overline{B} + \overline{A}B = \overline{A}(\overline{B} + B) = \overline{A} \tag{2.32}$$

카르노 맵에서 시각적으로 인접한 두 셀을 묶으면, 보간법칙에 따라 $B + \overline{B} = 1$이므로 변수 B가 생략되고 두 셀의 공통인수 $\overline{A}$만 남는다. 즉, $F = \overline{A}$로 간략화된다.

[그림 2-12(b)]에서 부울함수 $F = \overline{A}\,\overline{B}C + \overline{A}\,\overline{B}\,\overline{C}$를 부울대수를 이용하여 간략화하면 다음과 같다.

$$F = \overline{A}\,\overline{B}C + \overline{A}\,\overline{B}\,\overline{C} = \overline{A}\,\overline{B}\,(C + \overline{C}) = \overline{A}\,\overline{B} \tag{2.33}$$

카르노 맵에서 시각적으로 인접한 두 셀을 묶으면, 보간법칙에 따라 $C + \overline{C} = 1$이므로 변수 C가 생략되고 두 셀의 공통인수 $\overline{A}\,\overline{B}$만 남는다. 즉, $F = \overline{A}\,\overline{B}$로 간략화된다.

[그림 2-12(c)]에서 $F = \overline{A}B + A\overline{B}$는 두 비트가 다르므로 대각선 방향으로 인접하지 않게 배치하여 시각적으로 묶을 수 없으며, 물론 간략화도 할 수 없다.

카르노 맵의 간략화 과정은 결국 부울대수의 보간법칙 적용 과정을 보기 편하게 매핑한 것이다. 카르노 맵을 구성하는 각 셀이 최소항을 나타내므로 최소항 개수만큼의 정사각형이 필요하다. 즉, n개의 변수로 구성되는 부울식이나 진리표는 2^n개의 셀 평면으로 표현할 수 있다. 이제 변수의 개수에 따른 카르노 맵 작성법을 하나씩 살펴보자.

2.4.2 2변수 카르노 맵

셀의 변수 할당

A, B의 2변수 입력에 대한 카르노 맵의 구성 원리를 학습해보자. 먼저 [표 2-10]과 같이 AB의 네 가지 조합에 대한 논리값과 최소항 번호를 정의한다.

[표 2-10] 2변수 최소항의 조합

최소항	논리값	최소항 번호
$\overline{A}\overline{B}$	00	0
$\overline{A}B$	01	1
$A\overline{B}$	10	2
AB	11	3

입력변수의 수는 $n = 2$이므로, 카르노 맵을 그리기 위해 [그림 2-13]과 같이 $2^2 = 4$(개)의 셀을 그린다. 그림에서는 2변수 카르노 맵을 네 가지 방법으로 나타낸다. 맵 왼쪽 상단의 변수 분리 대각선 양쪽에 해당 변수를 쓰고, 각 행과 열에 변수의 정/부 조합을 할당한다. SOP에서 진리표의 시작이 부논리이므로 항상 부논리 변수를 정논리 변수보다 먼저 배치한다.

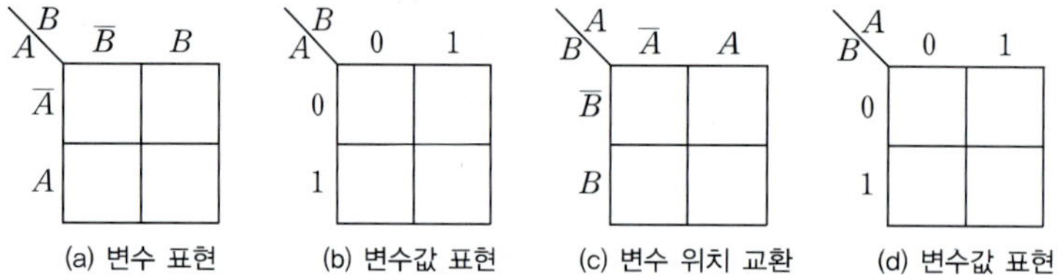

[그림 2-13] 2변수 카르노 맵의 표현

[그림 2-13(a)]에서 1행에는 $\overline{A}$를, 2행에는 A를 할당하였다. 이는 1행의 모든 셀에는 $\overline{A}$가 할당되며, 2행의 모든 셀에는 A가 할당됨을 의미한다. 따라서 1행의 두 셀의 논리값은 $A = 0$이며, 2행의 두 셀은 $A = 1$이다. 그리고 1열에는 $\overline{B}$를, 2열에는 B를 할당하였다. 이는 1열의 모든 셀에는 $\overline{B}$가 할당되며, 2열의 모든 셀에는 B가 할당됨을 의미한다. 따라서 1열의 두 셀의 논리값은 $B = 0$이며, 2열의 두 셀은 $B = 1$이다.

[그림 2-13(b)]는 행과 열을 나타내는 변수 $\overline{A}$, A, $\overline{B}$, B 대신 0 혹은 1의 값으로 표현한 것이다. 즉, 0은 부논리 변수를, 1은 정논리 변수를 의미한다. 변수 할당 시 [그림 2-13(c)]와 [그림 2-13(d)]처럼 A 및 B의 위치를 서로 바꾸어도 상관없지만, 이 경우 최소항의 위치도 바뀐다는 점에 유의한다.

[그림 2-14]는 2변수 카르노 맵 셀의 의미를 네 가지 방법으로 표현한 것이다. 각 셀은 두 변수의 최소항을 나타내며, 각각 변수의 조합, 논리값, 최소항 번호, 최소항 기호가 나타나 있다. 가장 간단한 형태의 [그림 2-14(c)]에서 셀 0은 $\overline{A}\overline{B}$, 셀 1은 $\overline{A}B$, 셀 2는 $A\overline{B}$, 셀 3는 AB를 나타낸다.

A \ B	0	1
0	$\overline{A}\,\overline{B}$	$\overline{A}B$
1	$A\overline{B}$	AB

(a) 변수 조합

A \ B	0	1
0	00	01
1	10	11

(b) 논리값

A \ B	0	1
0	0	1
1	2	3

(c) 최소항 번호

A \ B	0	1
0	m_0	m_1
1	m_2	m_3

(d) 최소항 기호

[그림 2-14] 2변수 카르노 맵 셀의 의미

셀 값의 입력

카르노 맵의 각각의 셀에 해당 최소항의 논리값을 입력한다. [그림 2-15]는 부울함수 $F=\overline{A}B+A\overline{B}=\sum m(1,\ 2)$의 예를 나타낸 것이다. 카르노 맵의 셀에 $F=1$이 되는 최소항인 $A\overline{B}$ 및 $\overline{A}B$ 위치에 1을 입력한다. [그림 2-15(a)]에서는 셀에 1만 입력하고 나머지는 비워두었다. 이때 비워진 부분은 0을 의미한다. [그림 2-15(b)]는 (a)의 빈 부분에 0을 입력한 것이다. 일반적으로는 [그림 2-15(a)]처럼 0을 비워두는 것을 더 선호한다. 때로는 출력변수를 표현하기 위해 [그림 2-15(c)]와 같이 출력변수 F를 대각선 위에 표현하기도 한다.

A \ B	0	1
0		1
1	1	

(a) 1만 입력

A \ B	0	1
0	0	1
1	1	0

(b) 1과 0 입력

F: A \ B	0	1
0		1
1	1	

(c) 출력변수 표현

[그림 2-15] 2변수 카르노 맵에서의 셀 값 입력

예제 2-7 최소항 위치

다음 카르노 맵의 출력 F에 대한 최소항의 식을 구하라.

F: A \ B	0	1
0		
1	1	1

[그림 2-16]

풀이

논리값이 1인 두 셀은 각각 $A\overline{B}$, AB이고, 출력은 최소항의 합으로부터 $F=A\overline{B}+AB$이다. 따라서 $F=\sum m(2,\ 3)$이다.

무관(無關) 조건

부울함수에서 때때로 특정 입력의 조합이 절대로 일어나지 않는 경우가 있다. 예를 들어 어떤 설계에서 A와 B가 절대로 동시에 1이 되는 경우는 없다고 가정해보자. 이 경우에는 출력 F에 최소항 AB가 나타나는 일은 절대로 발생하지 않는다. 이러한 최소항을 무관항^don't care condition^이라고 하고, 셀에는 문자 X로 입력한다. [그림 2-17]은 무관항 AB를 X로 표기한 예를 보인 것이다. 무관항을 기호로 표현할 때는 'don't care'의 첫 글자 d를 따고 최소항 번호를 첨자로 붙인다. 이 예의 경우 무관항 기호는 d_3가 된다. 무관항은 출력에 영향을 주지 않으므로 0 또는 1 중 어떤 값으로 처리해도 상관없지만, 많은 경우 무관항을 1로 처리하는 것이 간략화의 확률을 높인다.

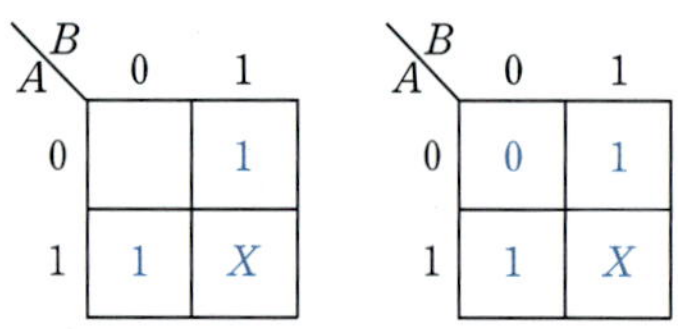

(a) 0 비표기 (b) 0 표기

[그림 2-17] 무관항의 표현

논리식 간략화

카르노 맵상에서 인접 셀끼리 묶어 공통인수만 표현함으로써 논리식을 간략화할 수 있다. 이 과정은 다음과 같은 원칙을 따른다.

부울대수의 공리

❶ 출력이 1인 셀은 최종 조합에서 반드시 한 번 이상 사용되어야 한다. 때로는 두 번 이상 중복 사용될 수도 있다.

❷ 2^0, 2^1, 2^2, 2^3, 2^4 등 2^n의 단위로 그룹을 지어 묶는다.

❸ 정사각형 혹은 직사각형의 형태로 묶는다.

❹ 바로 이웃한 항끼리 묶는다. 두 개가 묶이면 한 개의 변수가 사라지고, 네 개가 묶이면 두 개의 변수가 사라지며, 여덟 개가 묶이면 세 개의 변수가 사라진다. 또한 열여섯 개가 묶이면 네 개의 변수가 사라진다. 따라서 가능한 한 큰 사각형으로 묶는다.

❺ 각각의 묶음들은 독립적인 항이 되므로 묶음의 수가 최소가 되도록 한다.

[그림 2-18]의 2변수 카르노 맵에서 두 개 혹은 네 개의 인접 셀을 묶을 수 있다. 한 비트만 다를 때 논리 간략화가 되므로, 카르노 맵의 셀은 가로, 세로 어느 방향으로든 묶을 수 있다. [그림 2-18(c)]와 같이 중복하여 묶을 수도 있다.

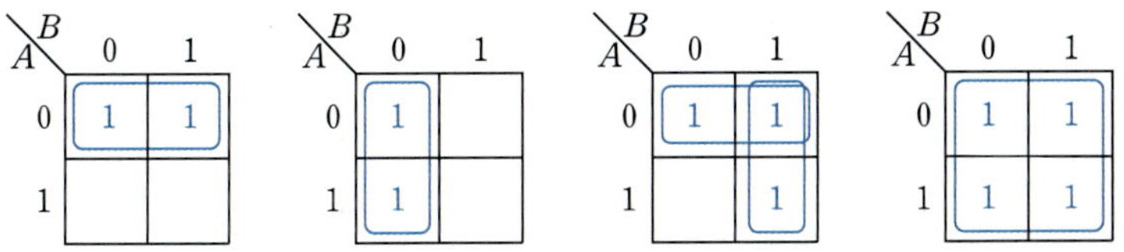

(a) 가로 묶기 (b) 세로 묶기 (c) 중복 묶기 (d) 정사각형 묶기

[그림 2-18] 2변수 카르노 맵에서의 논리 간략화

[그림 2-18(a)]에서 부울함수 $F = \overline{A}\,\overline{B} + \overline{A}B$를 부울대수를 이용하여 간략화하면 다음과 같다.

$$F = \overline{A}\,\overline{B} + \overline{A}B = \overline{A}(\overline{B} + B) = \overline{A} \tag{2.34}$$

이 과정을 카르노 맵에 적용해보자. 인접한 0번, 1번 셀을 묶으면 두 셀의 공통인수는 $\overline{A}$이다. 즉, $F = \overline{A}$로 간략화된다.

[그림 2-18(b)]에서 0번, 1번 셀을 묶으면 공통인수는 $B = 0$이다. 즉, $F = \overline{B}$로 간략화된다.

[그림 2-18(c)]에서 부울함수 $F = \overline{A}\,\overline{B} + \overline{A}B + AB$에 동일법칙을 적용하여 항을 추가하면 다음과 같이 간략화된다.

$$F = \overline{A}\,\overline{B} + \overline{A}B + \overline{A}B + AB = \overline{A}(\overline{B} + B) + B(\overline{A} + A) = \overline{A} + B \tag{2.35}$$

이 과정을 카르노 맵에 적용하면, 앞의 두 항은 인접한 0번과 1번 셀을 묶어서 $\overline{A}$로 간략화되었으며, 뒤의 두 항은 인접한 1번과 3번 셀을 묶어서 B로 간략화되었다. 따라서 간략화된 $\overline{A}$ 및 B를 합하면 $F = \overline{A} + B$이다.

[그림 2-18(d)]에서 부울함수 $F = \overline{A}\,\overline{B} + \overline{A}B + A\overline{B} + AB$를 부울대수로 간략화하면 다음과 같다.

$$F = \overline{A}\,\overline{B} + \overline{A}B + A\overline{B} + AB = \overline{A}(\overline{B} + B) + A(\overline{B} + B) = \overline{A} + A = 1 \tag{2.36}$$

즉, 카르노 맵에서 인접한 네 개의 셀을 묶으면 모든 셀이 포함되므로 $F = 1$로 간략화된다.

예제 2-8 무관항의 처리

$F = \sum m(1,\ 2) + \sum d(3)$에서 무관항 X를 0으로 처리하는 경우와 1로 처리하는 경우의 논리 간략화 결과 및 논리도를 비교하라.

풀이

[그림 2-19(a)]는 무관항 X를 0으로 처리한 것으로 무관항이 인접항과 묶일 수 없지만, [그림 2-19(b)]처럼 1로 처리하는 경우는 무관항이 인접항과 묶일 수 있어 간략화에 도움이 된다. 결국 [그림 2-19(b)]가 더 간단한 회로로 귀결되는 것을 확인할 수 있다.

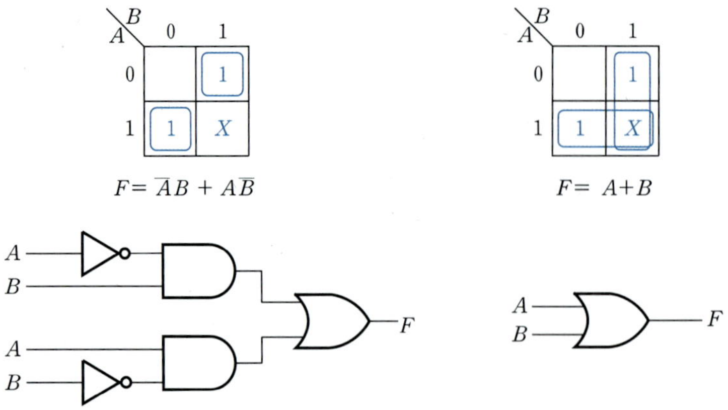

(a) 무관항 X의 0 처리　　(b) 무관항 X의 1 처리

[그림 2-19]

2.4.3 3변수 카르노 맵

셀의 변수 할당

입력이 A, B, C인 3변수 카르노 맵을 구성해보자. 먼저 [표 2-11]과 같이 ABC의 여덟 가지 조합에 대한 논리값과 최소항 번호를 정의한다.

[표 2-11] 3변수 최소항의 조합

최소항	논리값	최소항 번호
$\overline{A}\overline{B}\overline{C}$	000	0
$\overline{A}\overline{B}C$	001	1
$\overline{A}B\overline{C}$	010	2
$\overline{A}BC$	011	3
$A\overline{B}\overline{C}$	100	4
$A\overline{B}C$	101	5
$AB\overline{C}$	110	6
ABC	111	7

입력변수의 수는 $n=3$이므로 $2^3=8$(개)의 셀이 그려진다. [그림 2-20]은 앞서 학습한 셀 배치 원칙을 적용하여 세 가지 방법으로 나타낸 것이다. 먼저, 각 행과 열에 변수를 할당한다. [그림 2-20(a)]는 행에 변수 A를, 열에 2변수 곱 BC를 배치하는 방법으로, 우선 변수인 A를 행부터 할당하고, 그다음 B, C의 순서로 열에 할당하는 행 우선 배치이다. [그림 2-20(b)]는 행에 C를, 열에 AB를 배치하였다. 따라서 이는 2변수 열 할당, 열 우선 배치이다. [그림 2-20(c)]는 행에 AB를, 열에 C를 배치하므로 2변수 행 할당, 행 우선 배치이다.

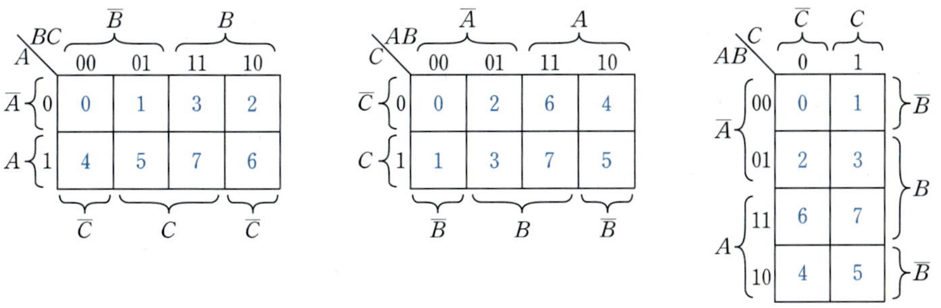

(a) 2변수 열 할당, 행 우선　　(b) 2변수 열 할당, 열 우선　　(c) 2변수 행 할당, 행 우선

[그림 2-20] 3변수 카르노 맵의 최소항 배치

이제 각 행과 열에 변수의 논리값을 할당하는 방법을 살펴보자. [그림 2-20(a)]는 첫 번째 행에 0을, 두 번째 행에 1을 할당한다. 열에서는 네 가지 논리값이 가능한데, 작은 값부터 배치한다면 00, 01, 10, 11 순으로 배치해야 한다. 그러나 01과 10은 두 비트가 달라 인접항이 아니므로 인접항 배치 원칙에 위배된다. 따라서 00, 01, 11, 10 순으로 배치하면 모든 항이 인접항끼리 배치됨을 알 수 있다. 특히 왼쪽 끝의 00과 오른쪽 끝의 10마저도 인접항이 된다. 따라서 카르노 맵에서 두 변수에 대한 논리값의 할당은 언제나 00, 01, 11, 10의 순서가 된다. 즉, BC의 경우 $\overline{B}\,\overline{C}$, $\overline{B}C$, BC, $B\overline{C}$의 순이다. 이러한 원리를 같은 방법으로 적용하면 [그림 2-20]의 (a) ~ (c)와 같이 만들 수 있다.

논리식 간략화

이제 논리식 간략화 원칙을 적용하여 인접한 셀끼리 묶는 방법을 알아보자. 먼저 두 개의 셀을 묶는 방법을 살펴보겠다. [그림 2-21]과 같이 가로, 세로 혹은 바깥쪽 셀끼리 인접항을 묶을 수 있다. [그림 2-21(a)]에서 두 개의 셀은 $\overline{A}\,\overline{B}\,\overline{C}$와 $\overline{A}\,\overline{B}C$이므로 두 셀의 공통인수인 $\overline{A}\,\overline{B}$로 간략화된다. 그리고 [그림 2-21(b)]와 [그림 2-21(c)]에서는 두 셀의 공통인수인 BC와 $A\overline{C}$로 각각 간략화된다.

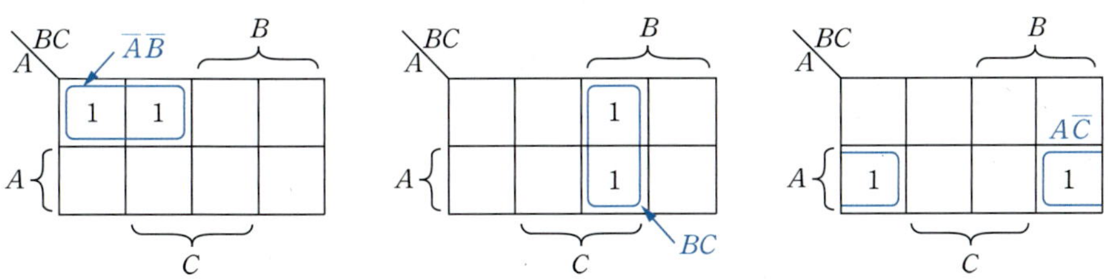

(a) 가로 묶기　　(b) 세로 묶기　　(c) 양끝 묶기

[그림 2-21] 2셀 묶음

실제 응용에서는 [그림 2-21]의 세 가지 묶는 방법을 혼용하여 논리값 1인 모든 셀이 포함되도록 한다. [그림 2-22]는 이 과정에서 발생하는 몇 가지의 예를 보인 것이다.

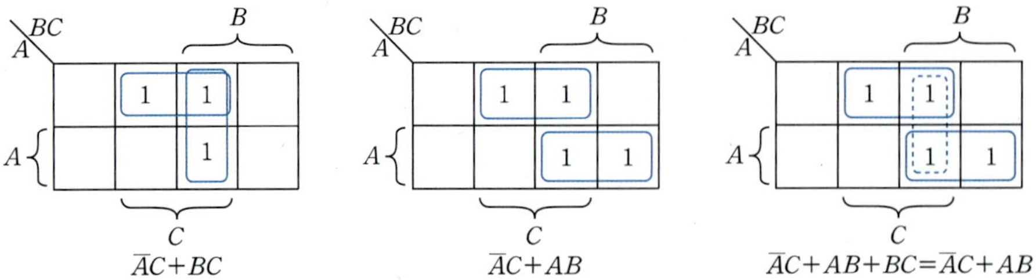

(a) 셀 중복 (b) 비중복 (c) 불필요한 묶음 중복

[그림 2-22] 2셀을 묶는 여러 가지 경우

[그림 2-22(a)]는 가로 및 세로 묶기를 적용하는 과정에서 $\overline{A}BC$ 셀이 중복 선택되었고, [그림 2-22(b)]는 두 번의 가로 묶기를 적용하였다. [그림 2-22(c)]는 점선과 같이 추가로 묶을 수 있으나, 이미 모든 1이 가로 묶음에 포함되었으므로 굳이 논리식을 겹쳐서 항 BC를 추가할 필요는 없다. 이러한 추가 묶음은 논리식에 더미항 BC를 추가하여 하드웨어의 부담을 늘린다. 이 예에서는 부울 대수의 합의의 정리 consensus theorem가 적용됨을 확인할 수 있다.

이번에는 [그림 2-23]과 같이 네 개의 셀을 묶는 경우를 살펴보자. [그림 2-23(a)]는 가로와 세로에 걸쳐 네 개의 셀을 정사각형으로 묶는 것으로, 각 셀의 공통인수 C로 간략화된다. [그림 2-23(b)]는 양 끝으로 분리된 정사각형 셀들을 묶은 것으로, 공통인수 $\overline{C}$로 간략화된다. [그림 2-23(c)]는 한 행 전체를 직사각형으로 묶은 것으로, 공통인수 $\overline{A}$로 간략화된다. 4셀을 묶으면 결국 한 개의 공통변수만 남고, 나머지 두 개의 변수가 제거된다. 즉, 2셀 묶기보다 더 간략화됨을 알 수 있다.

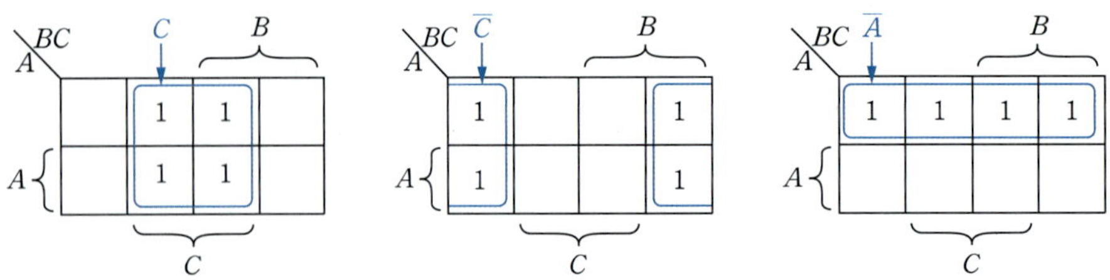

(a) 정사각형 묶기 (b) 양끝 정사각형 (c) 직사각형 묶기

[그림 2-23] 4셀 묶음

[그림 2-24]는 여섯 개의 셀을 묶는 두 가지 방법을 나타낸 것이다. [그림 2-24(a)]는 네 개의 셀씩 가능한 한 큰 단위로 묶은 것이고, [그림 2-24(b)]는 네 개의 셀과 두 개의 셀을 묶은 것이다.

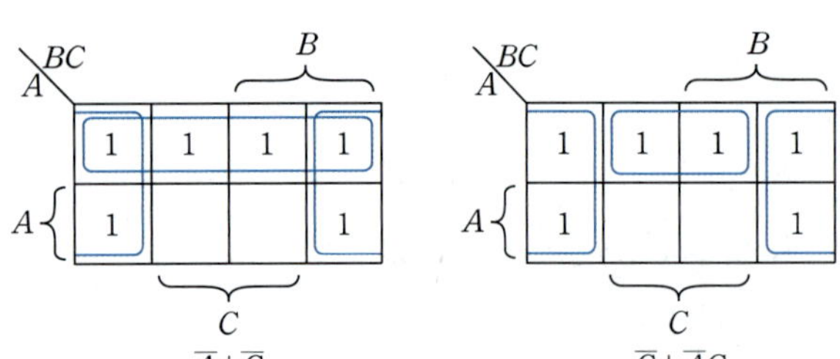

(a) 4셀씩 묶기 (b) 4셀 및 2셀 묶기

[그림 2-24] 6셀 묶음

두 그림을 비교해보면 명백하게 [그림 2-24(a)]의 경우가 최소 축약임을 알 수 있다. 즉, 가능한 한 큰 블록으로 묶어야 가장 간단한 논리식을 얻을 수 있다.

지금까지의 논의로부터, 카르노 맵에서의 최소 축약 원칙은 다음과 같다.

카르노 맵의 최소 축약 원칙

- 1을 모두 커버한 후의 불필요한 중복 묶기는 피한다.
- 2^n 단위의 가장 큰 사각형으로 묶는다.

예제 2-9 진리표로 표현된 3변수 논리 간략화

[표 2-12]의 진리표에서 출력 F를 카르노 맵을 이용하여 간략화하라.

[표 2-12]

최소항	F
$\overline{A}\overline{B}\overline{C}$	0
$\overline{A}\overline{B}C$	0
$\overline{A}B\overline{C}$	1
$\overline{A}BC$	1
$A\overline{B}\overline{C}$	0
$A\overline{B}C$	1
$AB\overline{C}$	1
ABC	1

풀이

$F=1$에 해당하는 다섯 가지 최소항을 [그림 2-25]와 같이 카르노 맵에 표시한다. 최소 축약 원칙에 따라 1이 표기된 셀들을 최대한 크게 묶으면 B(4셀 묶음)와 AC(2셀 묶음)로 이루어지므로 $F=AC+B$이다.

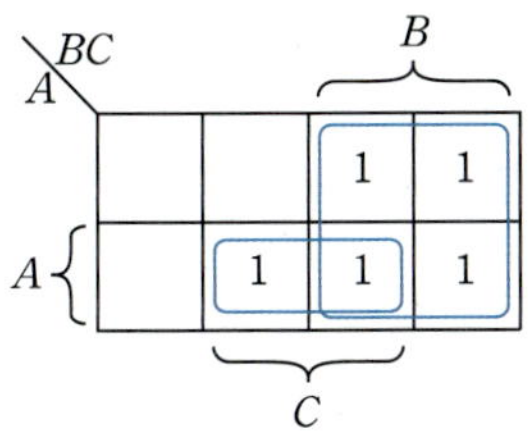

[그림 2-25]

예제 2-10 카르노 맵 간략화의 효과

다음의 함수를 카르노 맵을 이용하여 간략화하라.

$$F = \overline{A}\,\overline{B}\,\overline{C} + \overline{A}\,\overline{B}C + A\overline{B}C + ABC + AB\overline{C}$$

풀이

[그림 2-26]의 세 가지 경우에 각각 대응하는 간략화 과정을 살펴본다.

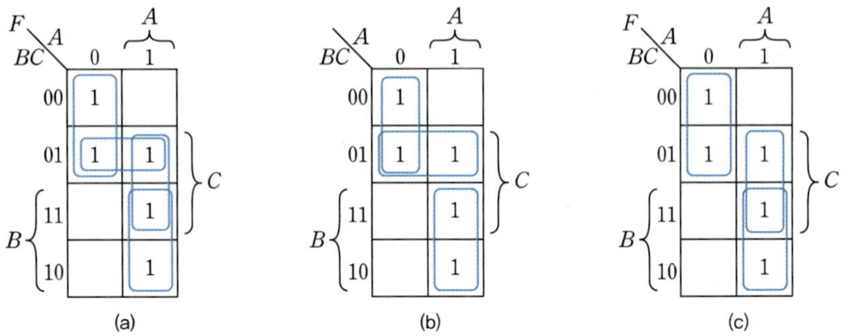

[그림 2-26]

[그림 2-26(a)]와 같이 네 번을 묶으면 다음 식으로 나타낼 수 있다. 이 결과의 항은 네 개로, 셀들이 불필요하게 중첩되어 있어 최소 축약이라고 할 수 없다.

$$\begin{aligned} F &= \overline{A}\,\overline{B}\,\overline{C} + \overline{A}\,\overline{B}C + A\overline{B}C + ABC + AB\overline{C} \\ &= \overline{A}\,\overline{B} + \overline{B}C + AC + AB \end{aligned}$$

[그림 2-26(b)]와 같이 두 항씩 세 번 묶으면 다음 식으로 나타낼 수 있다. 이 결과의 항은 세 개로, 그림상에서 두 셀씩 묶어서 모든 1을 커버할 수 있는 최소 축약이다.

$$\begin{aligned} F &= \overline{A}\,\overline{B}\,\overline{C} + \overline{A}\,\overline{B}C + A\overline{B}C + ABC + AB\overline{C} \\ &= \overline{A}\,\overline{B} + \overline{B}C + AB \end{aligned}$$

[그림 2-26(c)]와 같이 두 항씩 세 번 묶으면 다음 식으로 나타낼 수 있다. 이 결과도 그림상에서 두 셀씩 묶어서 모든 1을 커버할 수 있는 최소 축약이다.

$$\begin{aligned} F &= \overline{A}\,\overline{B}\,\overline{C} + \overline{A}\,\overline{B}C + A\overline{B}C + ABC + AB\overline{C} \\ &= \overline{A}\,\overline{B} + AC + AB \end{aligned}$$

[그림 2-26(a)]는 항의 개수가 많으므로 명백하게 최적화된 것이 아니다. [그림 2-26(b)]와 [그림 2-26(c)]는 항의 개수와 변수의 개수 측면에서 동일하며, 결과는 서로 다르지만 모두 최소 축약된 형태들이다. 이 예에서 부울대수를 이용하는 것보다 카르노 맵을 이용하는 시각적인 방법이 더 정확하고 체계적임을 알 수 있다. 무엇보다 **시각적으로 최소 축약 여부를 판단할 수 있다**는 것은 카르노 맵을 이용한 간략화 방법이 제공하는 큰 장점이다.

2.4.4 4변수 카르노 맵

셀의 변수 할당

입력이 A, B, C, D인 4변수 카르노 맵의 원리를 이해해보자. 입력변수의 수는 $n=4$이므로 $2^4=16$(개)의 셀이 그려진다. 먼저 [표 2-13]과 같이 $ABCD$의 열여섯 가지 조합에 대한 논리값과 최소항 번호를 정의한다.

[표 2-13] 4변수 최소항의 조합

최소항	논리값	최소항 번호	최소항	논리값	최소항 번호
$\overline{A}\overline{B}\overline{C}\overline{D}$	0000	0	$A\overline{B}\overline{C}\overline{D}$	1000	8
$\overline{A}\overline{B}\overline{C}D$	0001	1	$A\overline{B}\overline{C}D$	1001	9
$\overline{A}\overline{B}C\overline{D}$	0010	2	$A\overline{B}C\overline{D}$	1010	10
$\overline{A}\overline{B}CD$	0011	3	$A\overline{B}CD$	1011	11
$\overline{A}B\overline{C}\overline{D}$	0100	4	$AB\overline{C}\overline{D}$	1100	12
$\overline{A}B\overline{C}D$	0101	5	$AB\overline{C}D$	1101	13
$\overline{A}BC\overline{D}$	0110	6	$ABC\overline{D}$	1110	14
$\overline{A}BCD$	0111	7	$ABCD$	1111	15

[그림 2-27]은 4변수 카르노 맵을 두 가지 방법으로 나타낸 것이다. 먼저 각 행과 열에 변수를 할당한다. [그림 2-27(a)]는 행에 우선 변수 AB를, 열에 CD를 배치한 것으로서 행 우선 변수 배치이고, [그림 2-27(b)]는 열에 우선 변수 AB를, 행에 CD를 배치한 열 우선 변수 배치이다.

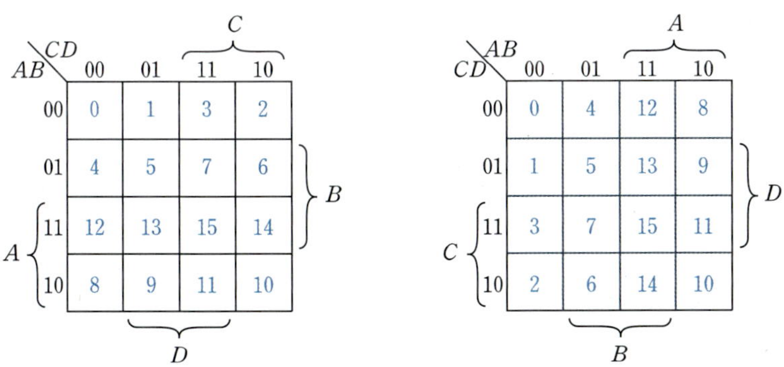

(a) 행 우선 변수 배치 (b) 열 우선 변수 배치

[그림 2-27] 4변수 카르노 맵의 표현

이제 각 행 및 열에 변수를 할당하는 방법을 알아보자. 행 및 열에 두 개의 입력변수가 있으므로 각각 네 가지 논리값이 가능하다. 앞서 논의한 바와 같이 인접항끼리는 간략화할 수 있도록 00, 01, 11, 10의 순서로 배치한다. 즉 AB의 경우 $\overline{A}\overline{B}$, $\overline{A}B$, AB, $A\overline{B}$의 순이고, CD의 경우 $\overline{C}\overline{D}$, $\overline{C}D$, CD, $C\overline{D}$의 순이다. 가장 왼쪽의 00과 가장 오른쪽의 10도 인접항이 됨에 주목한다. 또한 가장 위의 00과 가장 아래의 10도 인접항이다. 이러한 원리를 적용하여 최소항을 셀에 배치하면 [그림 2-27(a)] 혹은 [그림 2-27(b)]와 같은 배치가 된다. 각 셀의 번호는 [표 2-13]의 최소항 번호이다.

논리식 간략화

[그림 2-28]은 논리식 간략화 원칙을 적용하여 인접한 셀끼리 묶는 방법을 보인 것이다. 앞서 학습한 3변수 카르노 맵에서와 마찬가지로 가로, 세로 혹은 바깥쪽 셀끼리 인접항들을 2^1, 2^2, 2^3 단위로 묶으면 2의 지수에 해당하는 1, 2, 3개의 변수가 간략화된다. 인접한 셀들을 묶을 때 셀들의 공통인수를 표기하고 각 묶음의 공통인수를 더하면 간략화된 논리식을 얻을 수 있다.

[그림 2-28(a)]는 2셀 묶기를 하여 $AB\overline{D} + B\overline{C}D + \overline{B}C\overline{D}$로 표현된다. [그림 2-28(b)]에서는 2셀씩 중복 묶기로 가능한 한 크게 묶으면 $A\overline{B}C + \overline{A}\,\overline{B}C$이다. [그림 2-28(c)]는 두 번의 4셀 묶기를 하여 $B\overline{D} + \overline{C}D$로 간략화하고, [그림 2-28(d)]는 중앙 4셀 묶기와 귀퉁이 4셀 묶기를 하여 $BD + \overline{B}\,\overline{D}$로 간략화한 것이다. [그림 2-28(e)]는 위아래로 분리된 8셀 묶기로 $\overline{B}$를 나타내고, [그림 2-28(f)]는 중앙 8셀 묶기를 하여 D로 간략화된다.

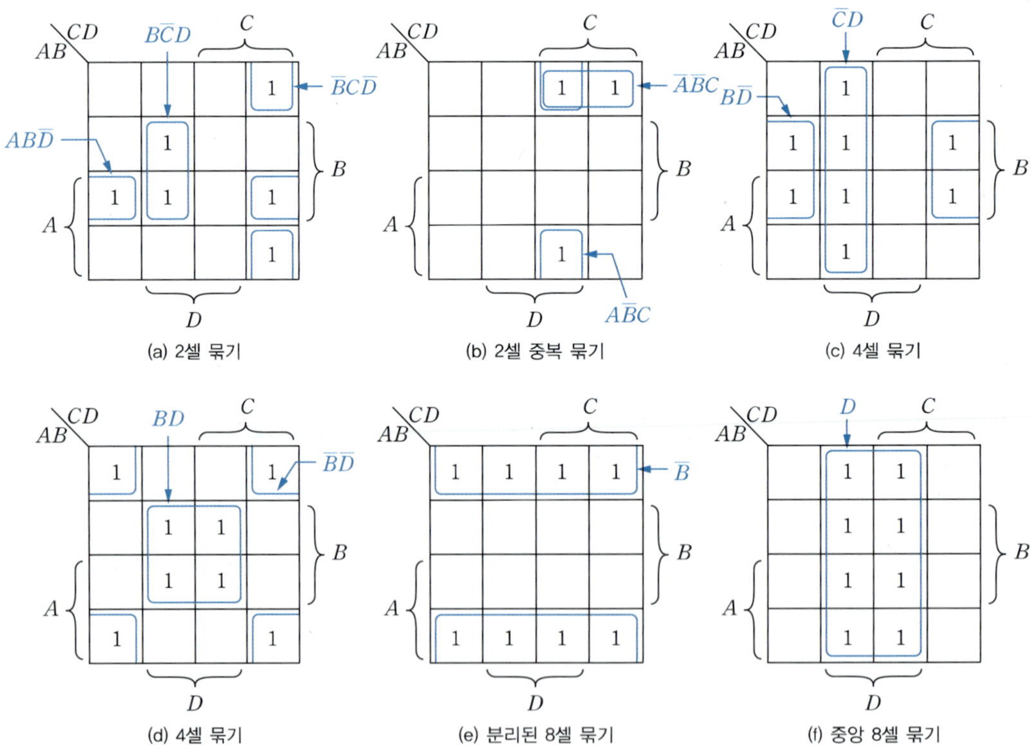

(a) 2셀 묶기 (b) 2셀 중복 묶기 (c) 4셀 묶기

(d) 4셀 묶기 (e) 분리된 8셀 묶기 (f) 중앙 8셀 묶기

[그림 2-28] 4변수 카르노 맵의 간략화

예제 2-11 **무관항이 포함된 4변수 카르노 맵**

$f(A, B, C, D)$로 표현되는 부울식을 [그림 2-29]와 같은 카르노 맵으로 나타내었다. 출력 F에 대한 최소 축약식을 구하라.

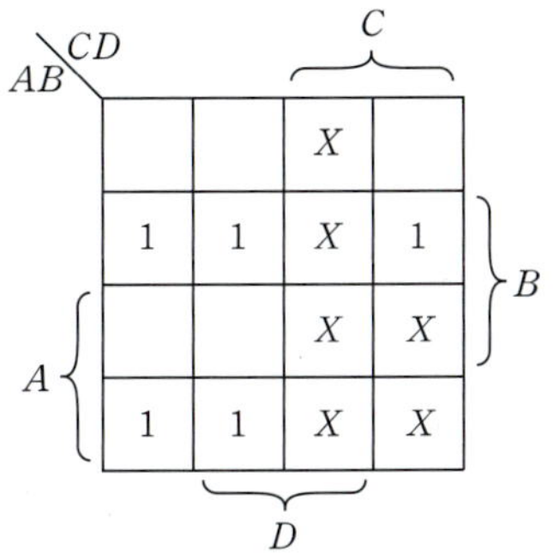

[그림 2-29]

풀이

무관항을 1로 처리하여 [그림 2-30]과 같이 묶으면 모든 1이 포함된다. 포함되지 않은 나머지 무관항들은 0으로 처리하여 묶지 않고 버린다. 더 이상 무관항을 묶더라도 항을 줄이거나 인수의 개수를 줄이지 못하므로 아무런 이득이 되지 않지 않기 때문이다.

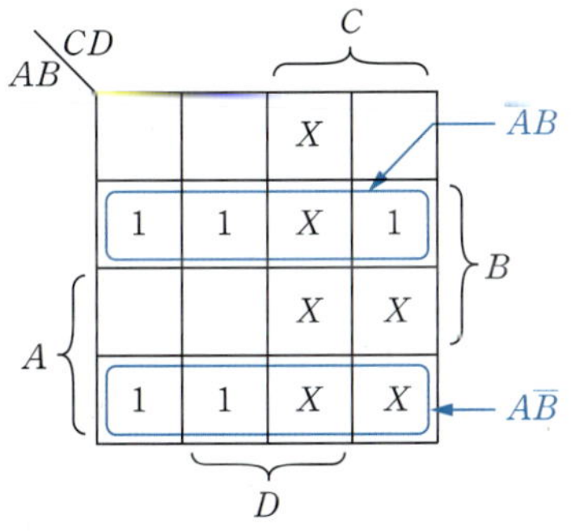

[그림 2-30]

위 묶음의 공통인수는 $\overline{A}B$와 $A\overline{B}$이므로 이 식은 $F = \overline{A}B + A\overline{B}$로 간략화된다.

2.4.5 합의 곱 간략화

지금까지의 카르노 맵 학습에서는 출력 F를 SOP 형태로 간략화하였다. 이는 [그림 2-10]과 같이 SOP인 AND-OR 기반 회로가 POS인 OR-AND 기반보다 회로 면적 측면에서 유리한 경우가 많아 훨씬 더 자주 사용되기 때문이다. 그렇지만 최소항이 매우 많거나 최대항이 적은 특별한 경우에는 POS를 사용할 수도 있다. 그렇다면 지금부터 카르노 맵을 이용해서 함수 F를 최소 POS 형태로 간략화하는 개념을 학습해보자.

카르노 맵은 출력 F 값이 1이 되는 항들로 표현하거나 혹은 0이 되는 항들로 표현할 수 있다. [그림 2-31(a)]와 같이 $F=1$이 되는 최소항들을 묶으면 최소 SOP를 구할 수 있다. [그림 2-31(b)]와 같이 $F=0$이 되는 항들로 표시한 경우는 묶어서 최소 POS로 축약할 수 있다.

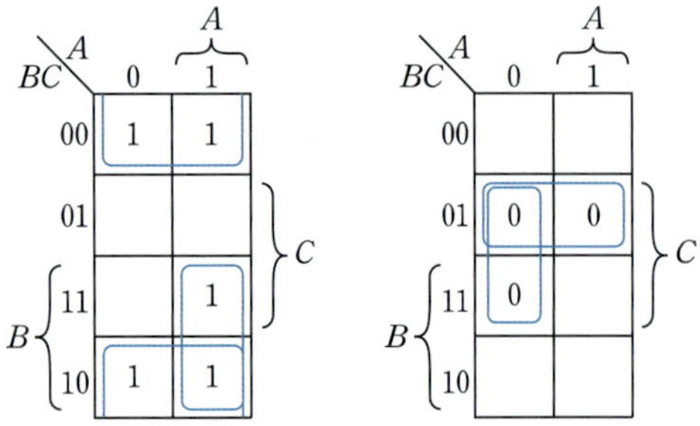

(a) 1 입력　　(b) 0 입력

[그림 2-31] 카르노 맵의 두 가지 데이터 표현

[그림 2-31(b)]에서 0항들을 묶으면 $\overline{F}$ 값을 구할 수 있다. 이를 수식으로 나타내면 다음과 같다.

$$\overline{F}=\overline{A}C+\overline{B}C \tag{2.37}$$

식 (2.37)에 드 모르강의 법칙을 적용하면 다음과 같이 최소 축약된 POS를 얻을 수 있다.

$$F=\overline{\overline{A}C+\overline{B}C}=(A+\overline{C})(B+\overline{C}) \tag{2.38}$$

이 밖에도 F를 최대항의 곱으로 표시하고 축약하는 방법이 있다. 카르노 맵에서 $\overline{A}\,\overline{B}C=0$항은 드 모르강의 법칙에 의해 $A+B+\overline{C}=1$의 인수로 생각할 수 있다. 마찬가지로 $A\overline{B}C=0$항은 $\overline{A}+B+\overline{C}=1$로 $\overline{A}BC=0$항은 $A+\overline{B}+\overline{C}=1$로 표현되므로 F를 0으로 만드는 최대항은 $(A+B+\overline{C})$, $(\overline{A}+B+\overline{C})$, $(A+\overline{B}+\overline{C})$로 세 가지이다. 따라서 최대항의 곱은 $F=(A+B+\overline{C})(\overline{A}+B+\overline{C})(A+\overline{B}+\overline{C})$이다. 같은 원리로 루프로 묶인 $\overline{A}C$항은 $A+\overline{C}$ 인수가 되고, $\overline{B}C$항은 $B+\overline{C}$인수가 된다. 따라서 최소 축약된 POS는 $F=(A+\overline{C})(B+\overline{C})$이다.

예제 2-12 최소 POS 축약

$F=f(A, B, C, D)$로 표현되는 어떤 부울식을 [그림 2-32]와 같은 카르노 맵으로 나타내었다. 이 카르노 맵을 이용하여 최소 축약된 POS 부울식을 구하라.

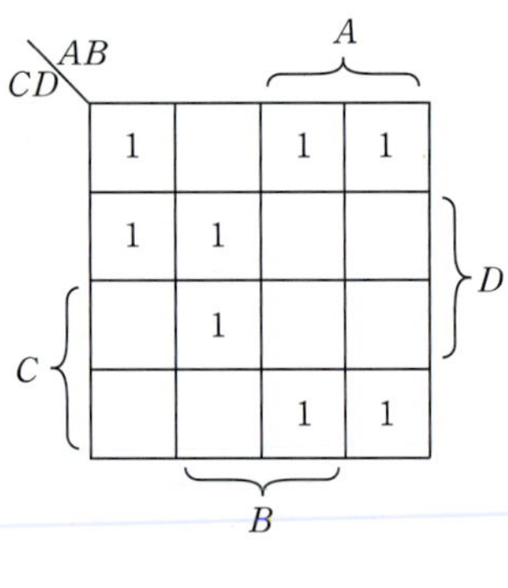

[그림 2-32]

풀이

빈 셀에 0을 입력하여 [그림 2-33]과 같이 반전된 카르노 맵을 그린다.

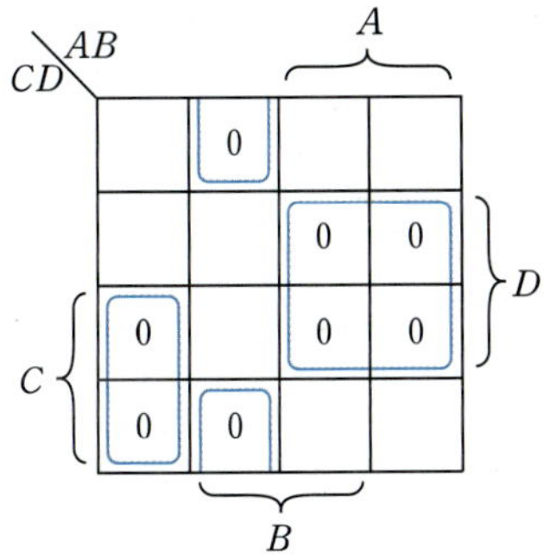

[그림 2-33]

간략화한 카르노 맵을 식으로 표현하면 다음과 같다.

$$\overline{F} = \overline{A}\,\overline{B}C + \overline{A}B\overline{D} + AD$$

이 식에 드 모르강의 법칙을 적용하여 다음과 같이 최소 축약된 POS를 구한다.

$$F = (A + B + \overline{C})(A + \overline{B} + D)(\overline{A} + \overline{D})$$

2.4.6 5변수 및 6변수 카르노 맵

시각적으로 편안한 카르노 맵은 4변수까지이다. 5변수 이상이 되면, 한 개의 맵에 이리저리 묶인 셀들이 너무 복잡해 보인다. 5변수 및 6변수 카르노 맵에 대한 설명은 다음의 QR 코드를 통해 확인할 수 있다.

• 심화 주제 : 5변수 및 6변수 카르노 맵

이 파일에서는 4변수 카르노 맵을 복수로 사용하여 5변수 및 6변수까지 확장하는 개념을 학습한다.

SECTION 2.5 퀸-맥클러스키 방법

카르노 맵 방식은 논리식 간략화에 매우 효과적이지만, 변수의 개수가 다섯 개 혹은 여섯 개를 넘어서면 인접 셀의 패턴을 찾는 것이 쉽지 않다. 이 절에서 학습할 표 방식의 간략화는 카르노 맵과 원리는 동일하지만, 좀 더 체계적이므로 변수가 많은 경우에도 쉽게 적용할 수 있다. 이 새로운 방식은 표를 사용하기 때문에 알고리즘화하여 컴퓨터 프로그래밍하기에도 용이하다. 이 경우에도 카르노 맵과 마찬가지로 최소 축약의 도달 여부를 알 수 있다. 이 표 방식은 미국의 학자 퀸[Willard Van Orman Quine]이 최초로 개발하였으며, 이후 맥클러스키[Edward J. McCluskey]에 의해 개선되어 퀸-맥클러스키[QM : Quine-McCluskey] 알고리즘(이하 QM 알고리즘)이라고 불린다.

2.5.1 퀸-맥클러스키 알고리즘

퀸-맥클러스키(QM) 알고리즘을 이용한 간략화도 카르노 맵과 같이 **보간법칙을 이용**한다.

2진수 간략화

QM 알고리즘에서는 각 항을 2진수로 표현하여 $11+10=1(1+0)=1$-로 간략화하며, 제거된 비트 B의 자리는 대시(-)[dash] 처리된다. 3변수 예를 들어보면, $F(A, B, C)=ABC+\overline{A}BC+\overline{A}B\overline{C}=(A+\overline{A})BC+\overline{A}B\overline{C}=BC+\overline{A}B\overline{C}$이다. 이를 2진수로 표현하면 $F=111+011+010=-11+010$으로 나타낼 수 있다. 즉, $F=11+010$이 된다. 여기서 **더 이상 간단히 되지 않는 항** 11, 010을 **주항**[PI : Prime Implicant]이라고 한다.

또 다른 예로 $F(A, B, C)=ABC+\overline{A}BC+\overline{A}B\overline{C}=ABC+\overline{A}B(C+\overline{C})=ABC+\overline{A}B$를 2진수로 표현하면 $F=111+011+010=111+01\text{-}=111+01$이 된다. 여기서 111, 01은 주항이다.

예제 2-13 2진수 비트의 간략화

다음 4비트 식을 대시(-)를 사용하여 간략화하라.

(a) 0000+0001

(b) 1110+1100

(c) 1100+1010

풀이

한 비트만 다른 경우에 간략화가 가능하다. (a)는 네 번째 비트가 다르므로 간략화하여 - 처리를 한다. (b)는 세 번째 비트가 간략화되어 - 처리를 한다. (c)는 2비트의 차이가 나므로 간략화를 할 수 없다.

(a) 0000+0001=000-

(b) 1110+1100=11-0

(c) 1100+1010 : 간략화 불가(2비트 차이)

이러한 2진수 표현을 이용하여 QM 알고리즘을 살펴보도록 하자.

인덱스 분류

인덱스index는 2진수 항에 포함된 1의 개수를 말한다. [표 2-14]는 4변수 조합을 인덱스에 따라 분류한 것이다. 1의 개수는 최대 네 개까지 생각할 수 있으므로 인덱스는 0에서 4까지로 분류할 수 있다.

[표 2-14] 인덱스 분류

인덱스	10진수	2진수
0	(0)	0000
1	(1) (2) (4) (8)	0001 0010 0100 1000
2	(3) (5) (6) (9) (10) (12)	0011 0101 0110 0101 1010 1100
3	(7) (11) (13) (14)	0111 1011 1101 1110
4	(15)	1111

예를 들어, 2진수 1101은 1의 개수가 세 개이므로 인덱스 3에 속한다. 가능한 열여섯 개의 조합에 대한 10진수 표현과 2진수 표현을 각 열에 기입하고, 2진수의 1의 개수에 따라 해당하는 인덱스에 분류한다.

퀸-맥클러스키 알고리즘

QM 알고리즘은 다음의 두 단계로 구성된다.

QM 알고리즘 단계

[1단계] **주항**PI **결정**

인덱스와 간략화의 원리를 사용하여 주어진 함수의 주항을 모두 구한다.

[2단계] **최소화 과정**

주항들을 합쳐 놓는다고 해서 최소 축약식이 되는 것은 아니다. 먼저, 표를 추가하여 주항들이 중복되지 않도록 필수주항EPI : Essential Prime Implicant을 찾고, 논리식의 모든 최소항들이 포함될 수 있도록 꼭 필요한 주항을 더한다.

부울함수 $F(a, b, c, d) = \sum m(0, 1, 2, 8, 10, 11, 14, 15)$의 간략화 과정을 통해 QM 알고리즘을 학습해보자.

■ [1단계] 주항 결정

우선 논리식의 모든 최소항을 [표 2-15]와 같이 인덱스에 따라 분류한다. 10진수 형식의 0, 1, 2, 8, 10, 11, 14, 15를 두 번째 열에 써넣고, 이들의 2진수 표현을 세 번째 열에 써넣는다. 그리고 첫 번째 열에는 분류된 인덱스를 기입한다.

[표 2-15] 인덱스 분류

칼럼1		
인덱스	10진수	2진수
0	(0)	0000
1	(1) (2) (8)	0001 0010 1000
2	(10)	1010
3	(11) (14)	1011 1110
4	(15)	1111

(i) 1차 간략화 과정

❶ 인덱스 0 그룹부터 다른 그룹의 항을 비교하며 간략화할 수 있는 항을 찾아 체크한다.

인덱스 0부터 간략화할 수 있는 항이 있는지 차례로 살펴본다. 1비트만 다른 경우에 간략화가 가능하므로 인덱스 0의 항과 간략화할 수 있는 것은 인덱스 1의 항들뿐이다. [표 2-15]에서 인덱스 0 그룹의 0000은 인덱스 1 그룹의 0001, 0010, 1000과 간략화할 수 있다. 예를 들어, 0000과 0001을 간략화하는 경우 000-가 된다. 간략화에 사용된 최소항 0000 및 0001에 ✓ 표시를 하여 사용되었음을 체크한다([표 2-16]).

❷ 간략화된 결과를 10진수와 2진수로 다시 분류한다.

간략화된 결과를 [표 2-16]과 같이 칼럼2에 적는다. 먼저, 간략화된 0000과 0001의 각 10진수 형식인 0과 1을 괄호 안에 (0, 1)로 쓰고, 2진수 간략화 형태인 000-를 표기한다. 간략화된 2진수에서 1의 개수는 0개이므로 칼럼2의 인덱스 0 그룹에 포함된다. 다음으로, 0000과 0010은 00-0으로 간략화되므로 칼럼2의 10진수란에는 (0, 2)를, 2진수란에는 00-0을 표기한다. 역시 1의 개수가 0이므로 인덱스 0에 포함된다. 간략화에 사용된 0010은 ✓ 표시를 한다.

[표 2-16] 1차 간략화 인덱스 분류표

<table>
<tr><th colspan="4">칼럼1</th><th colspan="3">칼럼2</th></tr>
<tr><th>인덱스</th><th>10진수</th><th>2진수</th><th></th><th>인덱스</th><th>10진수</th><th>2진수</th></tr>
<tr><td>0</td><td>(0)</td><td>0000</td><td>✓</td><td rowspan="2">0</td><td rowspan="2">(0, 1)
(0, 2)
(0, 8)</td><td rowspan="2">000-
00 0
-000</td></tr>
<tr><td>1</td><td>(1)
(2)
(8)</td><td>0001
0010
1000</td><td>✓
✓
✓</td></tr>
<tr><td>2</td><td>(10)</td><td>1010</td><td>✓</td><td>1</td><td>(2, 10)
(8, 10)</td><td>-010
10-0</td></tr>
<tr><td>3</td><td>(11)
(14)</td><td>1011
1110</td><td>✓
✓</td><td>2</td><td>(10, 11)
(10, 14)</td><td>101-
1-10</td></tr>
<tr><td>4</td><td>(15)</td><td>1111</td><td>✓</td><td>3</td><td>(11, 15)
(14, 15)</td><td>1-11
111-</td></tr>
</table>

같은 방법으로 순서에 따라 진행하면 마지막 축약 최소항인 (14, 15)는 111-로 간략화된다. 따라서 칼럼2에 각각 (14, 15), 111-를 표기하고, 1의 개수에 해당하는 인덱스 3에 포함시킨다.

이 예제에서는 결과적으로 칼럼1의 최소항들이 모두 간략화에 사용되어 체크되었으나, 일반적으로 항상 그렇지는 않다.

(ii) 2차 간략화 과정

1차 간략화와 마찬가지 방법으로 이번에는 칼럼2의 항들을 차례로 살피면서 순차적으로 간략화하여 칼럼3을 작성한다.

❶ **인덱스 0 그룹부터 다른 그룹의 항을 비교하며 간략화할 수 있는 항을 찾아 체크한다.**

칼럼2에서 10진수 (0, 1)(또는 2진수 000-)과 간략화할 수 있는 인덱스 1 그룹을 살펴보면, 서로 1비트만 다른 항은 존재하지 않는다. 이때 대시(-)도 0 또는 1과 다른 변수처럼 생각한다. 예를 들어 000-와 -010은 3비트가 다르다. 한편 칼럼2의 (0, 2)항은 (8, 10)항과 비교했을 때, 한 비트만 다르며 차이가 난 비트를 대시 처리하면 -0-0이 된다. 간략화되는 10진수 최소항인 (0, 2, 8, 10)을 [표 2-17]의 칼럼3의 10진수란에 표기하고, 2진수 표현인 -0-0을 2진수란에 표기한다.

❷ **간략화된 결과를 10진수와 2진수로 다시 분류한다.**

간략화된 -0-0은 1의 개수가 0이므로 칼럼3의 새로운 인덱스 0 그룹에 포함된다. 같은 방법으로 (0, 8, 2, 10), (10, 11, 14, 15), (10, 14, 11, 15)를 간략화하면 [표 2-17]을 완성할 수 있다.

[표 2-17] 2차 간략화 인덱스 분류표

칼럼1				칼럼2				칼럼3			
인덱스	10진수	2진수		인덱스	10진수	2진수		인덱스	10진수	2진수	
0	(0)	0000	✓	0	(0, 1) (0, 2) (0, 8)	000- 00-0 -000	 ✓ ✓	0	(0, 2, 8, 10) (0, 8, 2, 10)	-0-0 -0-0	
1	(1) (2) (8)	0001 0010 1000	✓ ✓ ✓								
2	(10)	1010	✓	1	(2, 10) (8, 10)	-010 10-0	✓ ✓	2	(10, 11, 14, 15) (10, 14, 11, 15)	1-1- 1-1-	
3	(11) (14)	1011 1110	✓ ✓	2	(10, 11) (10, 14)	101- 1-10	✓ ✓				
4	(15)	1111	✓	3	(11, 15) (14, 15)	1-11 111-	✓ ✓				

칼럼3을 살펴보면 더 이상 1비트 차이만 나는 간략화가 가능한 항들이 없음을 알 수 있다. 즉, 여기에서 1단계 과정은 끝이 난다.

[표 2-17]에서 칼럼1, 칼럼2, 칼럼3의 ✓ 표시되지 않은 000-, -0-0, 1-1-가 주항[PI]이 된다. 주항은 ✓ 표시된 항들을 모두 포함해야 한다. 즉 주항 -0-0은 입력 최소항 0000, 0010, 1000, 1010을 포함하고, 주항 1-1-는 최소항 1010, 1011, 1110, 1111을 포함하고, 주항 000-는 최소항 0000, 0001을 포함한다. 이 세 개의 주항이 여덟 개의 최소항을 모두 포함하고 있음을 알 수 있다. 2진수 주항을 문자로 표현하면 다음과 같다.

$$\begin{aligned} 000\text{-} &= a'b'c' \\ \text{-}0\text{-}0 &= b'd' \\ 1\text{-}1\text{-} &= ac \end{aligned} \tag{2.39}$$

이제 출력 F는 주항 $a'b'c'$, $b'd'$, ac들의 합으로 모든 여덟 개의 최소항들을 표현할 수 있다. 따라서 $F = a'b'c' + b'd' + ac$이다.

■ [2단계] 최소화 과정

1단계의 결과가 반드시 최소 축약식이라는 보장은 없다. 최소화된 식을 얻기 위해서는 [표 2-18]과 같은 2단계 표를 이용하여 최소화 과정을 밟는다.

[표 2-18] QM 2단계 표 : 주항 체크 단계

주항	10진수	2진수	0	1	2	8	10	11	14	15
$a'b'c'$	(0, 1)	000-	×	×						
$b'd'$	(0, 2, 8, 10)	-0-0	×		×	×	×			
ac	(10, 11, 14, 15)	1-1-					×	×	×	×

첫 번째 행에는 문제에서 제시한 부울함수의 최소항 0, 1, 2, 8, 10, 11, 14, 15를 나열한다. 첫 번째 열에는 1단계에서 구한 주항 $a'b'c'$, $b'd'$, ac를 표기하고, 각 경우에 대한 10진수와 2진수를 두 번째, 세 번째 열에 각각 나타낸다. $a'b'c'$은 000-이므로 0000 및 0001을 포함한다. 이에 해당하는 최소항 0과 1 밑에 × 표시를 한다. 같은 방법으로 $b'd'$ 행에는 -0-0이 포함하는 최소항 0, 2, 8, 10 밑에 × 표시를 한다. ac 행에는 1-1-가 포함하는 최소항 10, 11, 14, 15 밑에 × 표시를 한다.

이제 × 표시가 한 번만 포함된 열 밑에 ✓ 표시를 하면 [표 2-19]가 된다. ✓ 표시가 된 최소항 1은 $a'b'c'$에만 포함되고, 최소항 2와 8은 $b'd'$에만 포함된다. 최소항 11, 14, 15는 ac에만 포함된다. 이처럼 × 표시가 한 번만 표기된 최소항을 포함하기 위해 없어서는 안 될 필수적인 항을 필수주항 EPI : Essential Prime Implicant이라고 한다. 필수주항은 최소항을 포함하기 위해 필수적으로 쓰이는 주항이라는 의미를 가진다. 본 예제에서는 모든 주항 $a'b'c'$, $b'd'$, ac가 필수주항이 된다.

[표 2-19] QM 2단계 표 : 필수주항 단계

주항	10진수	2진수	0	1	2	8	10	11	14	15
$a'b'c'$	(0, 1)	000-	×	×						
$b'd'$	(0, 2, 8, 10)	-0-0	×		×	×	×			
ac	(10, 11, 14, 15)	1-1-					×	×	×	×
				✓	✓	✓		✓	✓	✓

다음으로는 이러한 필수주항으로 포함되지 않는 최소항이 있는지 살펴본다. 체크되지 않는 최소항 0은 $a'b'c'$ 혹은 $b'd'$에 의해 이미 포함되고 있으므로 [표 2-20]에 ✓ 표시를 할 수 있다. 나머지 최소항 10도 $b'd'$ 및 ac에 의해 이미 포함되고 있으므로 ✓ 표시를 한다.

[표 2-20] QM 2단계 표 : 완성 단계

주항	10진수	2진수	0	1	2	8	10	11	14	15
$a'b'c'$	(0, 1)	000-	×	×						
$b'd'$	(0, 2, 8, 10)	-0-0	×		×	×	×			
ac	(10, 11, 14, 15)	1-1-					×	×	×	×
			✓	✓	✓	✓	✓	✓	✓	✓

결과적으로 본 예제에서는 모든 최소항들이 필수주항만으로 포함될 수 있었다. 따라서 $F = a'b'c' + b'd' + ac$가 가장 최소화된 식이라고 할 수 있다. 그러나 항상 필수주항만으로 입력 최소항을 모두 포함하는 것은 아니며, 이 경우에는 추가 주항이 포함되어야 한다. 이와 관련해서는 [예제 2-14]에서 살펴보도록 하겠다.

2.5.2 퀸-맥클러스키 알고리즘을 이용한 간략화 예제

예제를 통해 QM 알고리즘을 사용하여 논리식의 최소 축약식을 구하는 과정을 학습해보자.

예제 2-14 QM 알고리즘을 이용한 간략화

다음 부울함수를 QM 알고리즘을 사용하여 간략화하라.

$$F(a, b, c, d) = \Sigma m(1, 4, 6, 7, 8, 9, 10, 11, 15)$$

풀이

- **[1단계] 주항 결정**

[표 2-21]

칼럼1				칼럼2				칼럼3			
인덱스	10진수	2진수		인덱스	10진수	2진수		인덱스	10진수	2진수	
1	(1)	0001	✓	1	(1, 9)	-001		1	(8, 9, 10, 11)	10--	
	(4)	0100	✓		(4, 6)	01-0			(8, 10, 9, 11)	10--	
	(8)	1000	✓		(8, 9)	100-	✓				
2	(6)	0110	✓		(8, 10)	10-0	✓				
	(9)	1001	✓	2	(6, 7)	011-					
	(10)	1010	✓		(9, 11)	10-1	✓				
3	(7)	0111	✓		(10, 11)	101-	✓				
	(11)	1011	✓	3	(7, 15)	-111					
4	(15)	1111	✓		(11, 15)	1-11					

우선 입력 최소항 1, 4, 6, 7, 8, 9, 10, 11, 15를 인덱스에 따라 분류한다. 그 후 칼럼1의 인덱스 1에서부터 차례로 간략화하여 칼럼2에 기입한다. 칼럼1의 인덱스 1과 2 그룹에서는 (1, 9), (4, 6),

(8, 9), (8, 10)이 칼럼2의 인덱스 1 그룹 내에 간략화된다. 간략화에 포함되는 항들은 모두 ✓ 표시를 한다. 이러한 방법으로 칼럼3까지 진행하면 더 이상 간략화할 수 없는 시점에 도달한다. 여기서 ✓ 표시되지 않은 항인 -001, 01-0, 011-, -111, 1-11, 10--가 주항이 된다. 즉, 주항은 $b'c'd$, $a'bd'$, $a'bc$, bcd, acd, ab'의 여섯 개 항이다.

■ **[2단계] 최소화 과정**

1단계에서 구한 여섯 개의 주항을 [표 2-22]와 같이 정리한다.

[표 2-22]

주항	10진수	2진수	1	4	6	7	8	9	10	11	15
$b'c'd$	(1, 9)	-001	×					×			
$a'bd'$	(4, 6)	01-0		×	×						
$a'bc$	(6, 7)	011-			×	×					
bcd	(7, 15)	-111				×					×
acd	(11, 15)	1-11								×	×
ab'	(8, 9, 10, 11)	10--					×	×	×	×	
			✓	✓			✓		✓		

❶ 각 주항이 포함하는 최소항 밑에 × 표시를 하고, 아홉 개의 최소항 중에서 하나만 × 처리된 항을 체크한다(✓ 표시). 최소항 1을 포함하는 $b'c'd$, 4를 포함하는 $a'bd'$, 8과 10을 포함하는 ab'의 세 개 항이 필수주항이 된다.

❷ 필수주항 $b'c'd$, $a'bd'$, ab'이 포함하는 다른 최소항도 [표 2-23]와 같이 체크한다. $b'c'd$는 최소항 1과 9를 포함하므로 비어 있는 9열을 체크한다. $a'bd'$은 4와 6을 포함하므로 비어 있는 6열을 체크한다. ab'은 8, 9, 10, 11을 포함하므로 비어 있는 11열을 체크한다.

[표 2-23]

주항		10진수	2진수	1	4	6	7	8	9	10	11	15
✓	$b'c'd$	(1, 9)	-001	×					×			
✓	$a'bd'$	(4, 6)	01-0		×	×						
	$a'bc$	(6, 7)	011-			×	×					
	bcd	(7, 15)	-111				×					×
	acd	(11, 15)	1-11								×	×
✓	ab'	(8, 9, 10, 11)	10--					×	×	×	×	
				✓	✓	✓		✓	✓	✓	✓	

❸ 이제 체크되지 않은 항은 7과 15인데 이들은 필수주항만으로는 포함되지 않는다. 필수주항이 아닌 나머지 세 개의 주항 중에서 bcd 항이 이 둘을 모두 포함하고 있다. 따라서 필수주항 이외에 bcd 항을 추가하면 모든 최소항들을 포함할 수 있다.

따라서 원하는 최소 축약식은 다음과 같다.

$$F = b'c'd + a'bd' + ab' + bcd$$

1단계에서 주항이 여섯 개였음을 돌이켜보면, 2단계 최소화 과정을 통해 두 개의 항이 간략화되었음을 확인할 수 있다.

예제 2-15 복수의 최소 축약

다음 부울함수를 QM 알고리즘을 사용하여 간략화하라.

$$F(a, b, c, d) = \sum m(0, 1, 2, 3, 6, 7, 8, 9, 14, 15)$$

풀이

■ [1단계] 주항 결정

[표 2-24]

칼럼1				칼럼2				칼럼3			
인덱스	10진수	2진수		인덱스	10진수	2진수		인덱스	10진수	2진수	
0	(0)	0000	✓	0	(0, 1) (0, 2) (0, 8)	000- 00-0 -000	✓ ✓ ✓	0	(0, 1, 2, 3) (0, 1, 8, 9)	00-- -00-	
1	(1) (2) (8)	0001 0010 1000	✓ ✓ ✓	1	(1, 3) (1, 9) (2, 3) (2, 6) (8, 9)	00-1 -001 001- 0-10 100-	✓ ✓ ✓ ✓ ✓	1	(2, 3, 6, 7)	0-1-	
2	(3) (6) (9)	0011 0110 1001	✓ ✓ ✓					2	(6, 7, 14, 15)	-11-	
3	(7) (14)	0111 1110	✓ ✓	2	(3, 7) (6, 7) (6, 14)	0-11 011- -110	✓ ✓ ✓				
4	(15)	1111	✓	3	(7, 15) (14, 15)	-111 111-	✓ ✓				

먼저 최소항 0, 1, 2, 3, 6, 7, 8, 9, 14, 15를 인덱스에 따라 분류하여 [표 2-24]의 칼럼1에 표기한다. 칼럼1의 인덱스 0에서부터 차례로 간략화하여 칼럼2에 기입한다. 예를 들어, 칼럼1의 인덱스 0과 1 그룹에서는 (0), (1)과 (0), (2) 그리고 (0), (8)이 간략화되어 칼럼2의 인덱스 0 그룹 내에 (0, 1), (0, 2), (0, 8)로 분류된다. 간략화에 포함되는 칼럼1의 항들은 모두 ✓ 표시를 한다.

칼럼2의 인덱스 0과 1에서는 (0, 1) 및 (2, 3)이 간략화되어 칼럼3의 인덱스 0 그룹 내 (0, 1, 2, 3)으로 분류된다. 간략화에 포함된 칼럼2의 항들은 모두 ✓ 표시를 한다. 이러한 방법으로 칼럼3까지 진행하면 더 이상 간략화할 수 없는 시점에 도달한다.

여기서 ✓ 표시되지 않은 항인 00--, -00-, 0-1-, -11-가 주항이 된다. 즉, 주항은 $a'b'$, $b'c'$, $a'c$, bc의 네 개 항이다.

■ [2단계] 최소화 과정

1단계에서 구한 주항들을 [표 2-25]와 같이 정리한다.

[표 2-25]

주항	10진수	2진수	0	1	2	3	6	7	8	9	14	15
$a'b'$	(0, 1, 2, 3)	00--	×	×	×	×						
$b'c'$	(0, 1, 8, 9)	-00-	×	×					×	×		
$a'c$	(2, 3, 6, 7)	0-1-			×	×	×	×				
bc	(6, 7, 14, 15)	-11-					×	×			×	×
									✓	✓	✓	✓

❶ 각 주항이 포함하는 최소항에 × 표시를 하고, 열 개의 최소항 중에서 하나만 × 처리된 항을 체크한다(✓ 표시). 최소항 8과 9를 포함하기 위한 $b'c'$, 14와 15를 포함하기 위한 bc의 두 개 항이 필수주항이 된다.

❷ 필수주항 $b'c'$, bc가 포함하는 다른 최소항을 체크한다. $b'c'$은 최소항 0, 1, 8, 9를 포함하므로 [표 2-26]과 같이 0과 1을 추가로 체크한다. bc는 6, 7, 14, 15를 포함하므로 6, 7을 추가로 체크한다.

[표 2-26]

주항		10진수	2진수	0	1	2	3	6	7	8	9	14	15
	$a'b'$	(0, 1, 2, 3)	00--	×	×	×	×						
✓	$b'c'$	(0, 1, 8, 9)	-00-	×	×					×	×		
	$a'c$	(2, 3, 6, 7)	0-1-			×	×	×	×				
✓	bc	(6, 7, 14, 15)	-11-					×	×			×	×
				✓	✓			✓	✓	✓	✓	✓	✓

❸ 이제 체크되지 않은 항에서 최소항은 2와 3인데, 필수주항이 아닌 주항 $a'b'$과 $a'c$가 이 둘을 모두 포함하고 있다. 따라서 필수주항 외에 $a'b'$ 혹은 $a'c$항을 추가하면 모든 최소항을 포함할 수 있다.

따라서 원하는 최소 축약식은 다음과 같다.

$$F=b'c'+bc+a'b' \quad \text{혹은} \quad F=b'c'+bc+a'c$$

이 예제는 최소 축약식이 유일하지 않고 복수로 존재할 수 있음을 보여준다.

예제 2-16 카르노 맵 간략화의 비교

[예제 2-15]에서의 논리함수 $F(a, b, c, d) = \sum m(0, 1, 2, 3, 6, 7, 8, 9, 14, 15)$를 카르노 맵으로 간략화하고, 필수주항과 주항을 확인하라.

풀이

최소항을 $abcd$ 4변수 카르노 맵에 [그림 2-34]와 같이 기입한다. 최대 크기인 네 개의 셀로 겹치지 않고 묶을 때, 최소항 8, 9 및 14, 15는 [그림 2-34(a)]처럼 묶을 수 있다. 이처럼 다른 방법으로는 묶을 수 없는 최소항을 포함하고 있는 항 $b'c'$ 및 bc가 필수주항이 된다. 반면 [그림 2-34(b)]처럼 묶으면 $a'c$ 묶음 속의 최소항 2, 3은 최소항 0, 1과 인접하여 [그림 2-35(a)]처럼 묶일 수 있으며, 최소항 6, 7은 [그림 2-35(b)]처럼 최소항 14, 15와 묶일 수 있는 여지가 있다. 따라서 $a'c$ 묶음은 필수주항이 될 수 없다.

즉, 시각적으로 겹치지 않고 최대 크기로 묶은 항이 다른 항에 포함될 수 없는 최소항들을 포함할 때 필수주항이 될 수 있다. 그러나 필수주항들의 합인 $b'c' + bc$만으로는 최소항 2, 3을 포함하지 못하므로 최소 축약식이 될 수 없다.

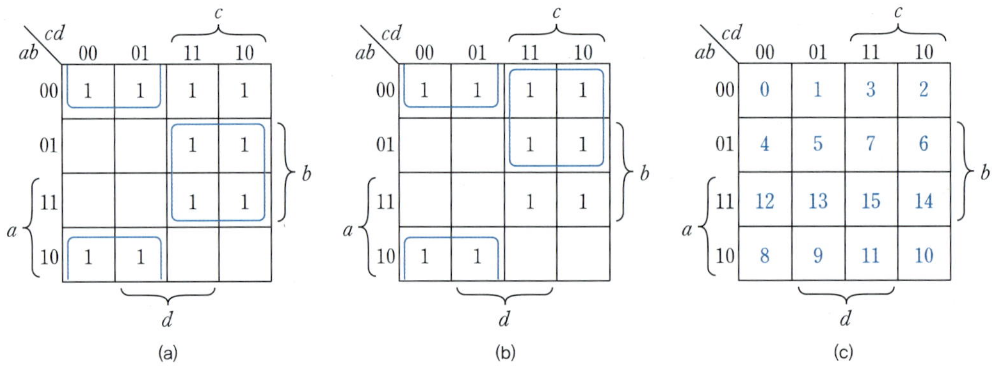

(a) (b) (c)

[그림 2-34]

이제 [그림 2-34(a)]에서 묶이지 않은 나머지 두 최소항에 대해 최대 크기로 묶을 수 있는 방법을 생각해보면 [그림 2-35(a)]와 [그림 2-35(b)]에서의 $a'b'$ 및 $a'c$의 두 가지 경우가 있다. 물론 이 두 항은 다른 묶음과 겹치므로 필수주항이 될 수 없다.

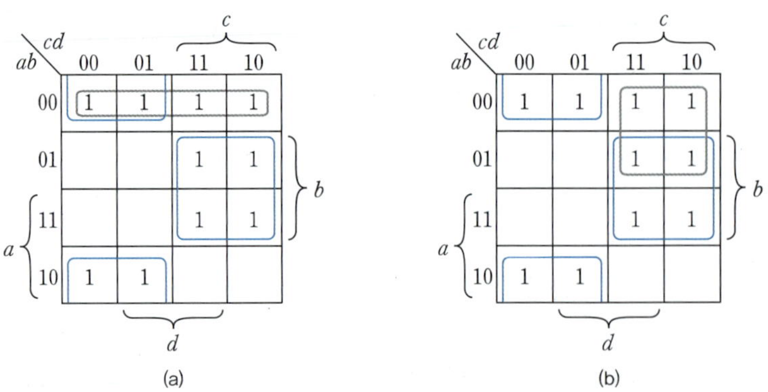

(a) (b)

[그림 2-35]

[그림 2-35(a)]의 항 $a'b'$ 과 [그림 2-35(b)]의 항 $a'c$는 최소항을 모두 포함하기 위해 꼭 필요한 주항으로, 둘 중 하나는 최소 축약식에 포함되어야 한다. 따라서 최소 축약식은 [그림 2-35(a)]의 경우에는 $F=b'c'+bc+a'b'$ 이고, [그림 2-35(b)]의 경우에는 $F=b'c'+bc+a'c$이다.

결국 카르노 맵과 퀸-맥클러스키 방법의 간략화 원리는 같으며, 단지 그래픽 처리와 표 처리에 따른 알고리즘의 차이만 있을 뿐이다. 따라서 어느 방법으로든 논리식의 간략화가 가능하다.

QM 알고리즘의 실제 실행시간은 입력변수의 개수가 증가할수록 지수함수적으로 증가한다. n개의 변수가 있을 때, 주항 개수는 최대 $\frac{3^n}{n}$(개)임을 증명할 수 있다. $n=32$이면 6.1×10^{14}, 즉, 617조 개의 주항이 존재한다. 변수의 개수가 많아지면 막대한 계산 시간이 소모되므로, 명확한 절차를 따르지 않고 간소화된 기준을 도입하여 차례로 풀어가는 발견적 방법heuristic method을 적용하기도 한다.

2.1 다음의 진리표를 벤 다이어그램으로 표현하라.

[표 2-27]

A	B	C	F
0	0	0	0
0	0	1	0
0	1	0	0
0	1	1	1
1	0	0	1
1	0	1	1
1	1	0	1
1	1	1	1

2.2 다음의 부울함수를 최대항의 곱과 최소항의 합으로 각각 나타내라.

(a) $F = (A+B)(\overline{A}+C)$

(b) $F = (\overline{A}+B)(\overline{B}+\overline{C})$

(c) $F = \overline{A}+BC+\overline{B}\,\overline{C}$

2.3 다음 진리표의 출력 D와 F를 최대항의 곱과 최소항의 합으로 나타내라. 그리고 최소 축약된 SOP로 나타내라.

[표 2-28]

입력		출력	
A	B	D	F
0	0	0	0
0	1	1	0
1	0	1	0
1	1	1	1

2.4 다음의 부울함수를 간략화하라.

(a) $F = (A+\overline{B}C+D+E)(A+\overline{B}C+\overline{D+E})$

(b) $F = (A+BC)(\overline{B}D+E)+\overline{A+BC}$

(c) $F = (A+B+C)(B+C+D)(\overline{A}+C+D)$

2.5 부울함수 $F = ABC + \overline{B}CD + B\overline{D} + AB$에 합의의 정리를 적용한 더미항을 추가한 후 간략화하라.

2.6 다음의 부울함수를 최소 POS로 나타내라.

(a) $F = A\overline{B} + AC + \overline{D}E$

(b) $F = AB + \overline{A}C + ABC + \overline{A}BD$

2.7 다음의 부울함수를 최소 SOP로 나타내라.

(a) $F = (A + BCD)(A + D + E)$

(b) $F = \overline{(A + \overline{B})C + D}$

(c) $F = \overline{AB + \overline{A}\,\overline{B}}$

(d) $F = (A + B + C)(A + B + \overline{D})(A + B)(\overline{A} + E)$

2.8 명제 "알람 스위치가 온이고 오전 8시이거나, 혹은 알람 스위치가 오프이고 일요일 오전 8시이면 알람이 울린다."를 논리도로 나타내라.

- 알람이 울린다. $F = 1$
- 알람 스위치가 온이다. $A = 1$
- 오전 8시이다. $B = 1$
- 일요일이다. $C = 1$

2.9 나음의 진리표에 대해 물음에 답하라.

[표 2-29]

입력			출력
A	B	C	F
0	0	0	0
0	0	1	1
0	1	0	0
0	1	1	1
1	0	0	1
1	0	1	1
1	1	0	0
1	1	1	1

(a) F를 최소항의 합으로 나타내고 부울대수를 이용하여 최소 SOP로 간략화하라.

(b) F를 최대항의 곱으로 나타내고 부울대수를 이용하여 최소 SOP로 간략화하라.

2.10 [그림 2-36] 카르노 맵의 출력 F의 최소 SOP를 구하라.

AB \ CD	00	01	11	10
00		1		
01		1	1	1
11	1	1	1	
10			1	

[그림 2-36]

2.11 [그림 2-37] 카르노 맵의 출력 F의 최소 축약식을 XOR 게이트로 구하라. 단, XOR의 연산기호는 $\oplus$이며, $A \oplus B = \overline{A}B + A\overline{B}$이다.

A \ BC	00	01	11	10
0			1	
1		1	1	1

[그림 2-37]

2.12 [그림 2-38] 카르노 맵의 출력 $\overline{F}$의 최소 SOP를 구하라.

F: AB \ C	0	1
00		
01	0	
11	0	0
10	0	0

[그림 2-38]

2.13 무관항을 이용하여 [그림 2-39] 카르노 맵의 출력 F의 최소 SOP를 구하라.

AB \ CD				
	1		1	
		1	X	1
	X	X	X	X
		1	X	X

[그림 2-39]

2.14 $F(A, B, C) = \Sigma m(1, 4, 5, 6)$에서 입력 000과 010은 절대 발생하지 않는다. 이 부울함수에 대한 최소 축약된 논리도를 구하라.

2.15 [표 2-30]과 같은 진리표를 최소 축약된 논리도로 나타내라.

[표 2-30]

A	B	F
0	0	0
0	1	1
1	0	1

2.16 비트 단위 bitwise의 논리 연산을 수행하는 어떤 논리회로의 진리표를 시뮬레이션하여 [그림 2-40]과 같은 특정 입력에 대한 출력을 얻었다. 이 논리회로의 진리표를 작성하고, 출력 F의 최소 축약식을 구하라.

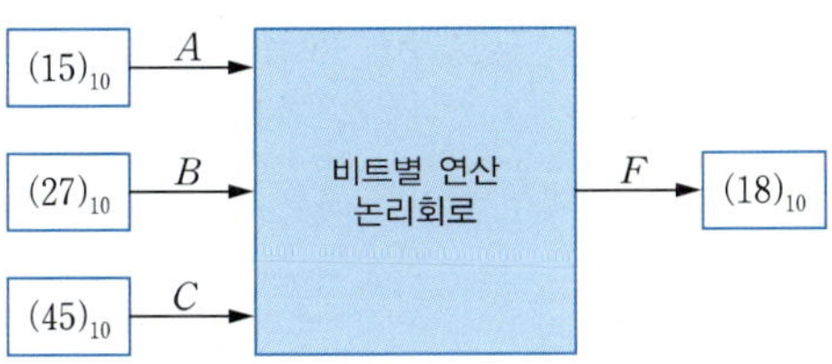

[그림 2-40]

2.17 여러 가지 방법을 동원하여 부울함수 $F = AB + \overline{A}\,\overline{C} + B\overline{C}$가 최소 축약식인지의 여부를 밝혀라. 만약 아니라면, 이 함수의 최소 축약식을 구하라.

2.18 3변수 카르노 맵을 $A=0$인 경우와 $A=1$인 경우로 분리하여 [그림 2-41]과 같이 표현하였다. $F = F_1 + F_2$를 3변수 카르노 맵으로 나타내라.

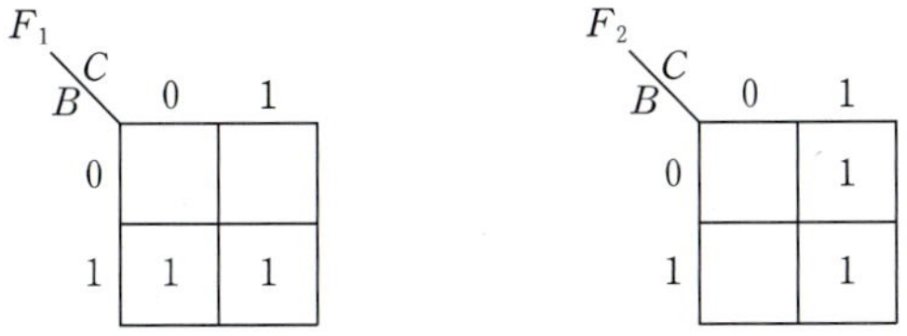

(a) $A=0$인 경우 (b) $A=1$인 경우

[그림 2-41]

2.19 [그림 2-42]에서 X지점과 Y지점이 연결되면 출력을 $F=1$로 설정하고, 분리되면 $F=0$으로 설정한다. 예를 들어 스위치 A, B가 모두 닫혀서 $A=1$, $B=1$이면 두 지점이 연결되므로 $F=1$이다. 스위치 A, B의 개폐 여부에 따른 네 가지 조합 중에서 A가 열리고 B가 닫히는 일은 절대 발생하지 않는다고 한다.

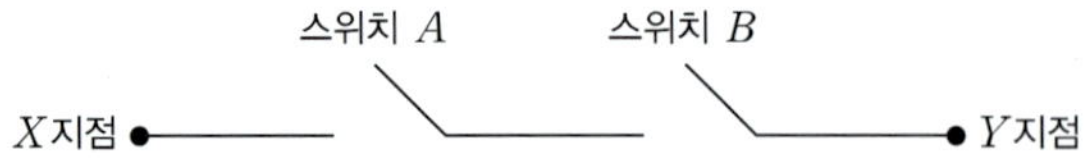

[그림 2-42]

(a) 입력 A, B에 대한 출력 F의 진리표를 그려라.
(b) (a)에서 구한 진리표를 이용하여 출력 F의 최소 SOP를 구하라.

2.20 최대항의 곱으로 표현된 다음의 부울함수를 카르노 맵을 이용하여 최소 POS로 나타내라.

$$F=(\overline{A}+\overline{B}+C)(A+\overline{B}+C)(\overline{A}+B+C)$$

2.21 다음과 같은 진리표가 있다.

[표 2-31]

A	B	C	X	Y
0	0	0	0	0
0	0	1	0	1
0	1	0	0	1
0	1	1	1	0
1	0	0	0	1
1	0	1	1	0
1	1	0	1	0
1	1	1	1	1

(a) X의 반전값을 $\overline{X}=\Sigma(\cdots,\ m_i,\ m_j,\ m_k,\ \cdots)$의 형태로 나타내라.
(b) (a)의 결과에 드 모르강의 법칙을 적용하여, X에 대한 최대항의 곱으로 표현하라.

2.22 벤 다이어그램을 이용하여 합의의 정리 $AB+BC+\overline{A}C=AB+\overline{A}C$를 증명하라.

2.23 3변수 카르노 맵을 [그림 2-43(a)] 및 [그림 2-43(b)]와 같이 두 가지의 서로 다른 배치로 나타내었다. $\Sigma m(2, 3, 6, 7)$을 각각 표시하여, 최소항을 축약하는 데 있어 [그림 2-43(b)]의 경우가 시각적으로 더 불편함을 보여라.

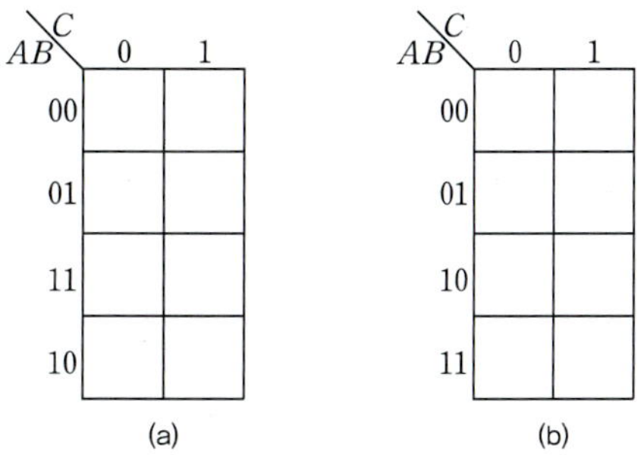

[그림 2-43]

2.24 [그림 2-44]를 최소 축약된 논리도로 변환하라.

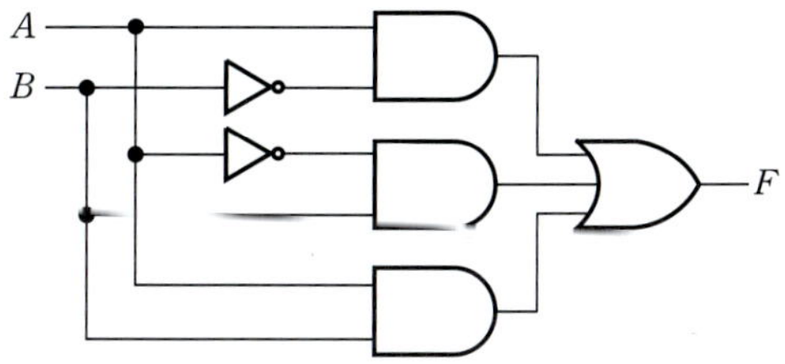

[그림 2-44]

2.25 3변수 A, B, C에 대한 부울함수 $F = \Sigma m(2, 3, 6, 7)$에 대해 QM 알고리즘을 적용하여 간략화하라.

2.26 최대항의 곱으로 표현된 부울함수를 카르노 맵을 이용하여 축약하는 방법에 대해 설명하라.

2.27 카르노 맵 또는 벤 다이어그램을 이용해서 어떤 부울식이 최소 축약식인지의 여부를 판단할 수 있는 방안에 대해 설명하라.

2.28 카르노 맵에서 변수를 축약할 때 적용되는 논리 연산의 정리를 말하라.

CHAPTER

03

조합논리회로의 기초

Basics of Combinational Logic Circuits

학습목표

- 기본 게이트의 종류를 알고 논리 동작을 이해한다.
- 논리식과 논리회로의 관계를 이해하고 상호변환할 수 있다.
- 같은 논리 동작에서 게이트 간의 변환을 수행할 수 있다.
- 게이트를 입력신호의 스위치 동작으로 해석할 수 있다.
- 스위치 레벨의 CMOS 게이트 회로를 설계할 수 있다.
- 팬 인과 팬 아웃 관련한 게이트의 속도 이슈를 이해한다.
- 3상 게이트의 필요성과 동작 원리를 이해한다.
- 타이밍도를 이해하고 회로에 적절하게 적용해본다.

【미리보기】

이 장에서는 NOT, AND, OR, NAND, NOR, XOR, XNOR의 기본 논리 게이트에 대해 살펴보고, 이를 이용하여 논리식을 논리회로(논리도)로 구현하거나, 반대로 논리회로를 논리식으로 표현하는 방법에 대해 학습한다. 그런 다음, 스위치 레벨의 논리회로, 게이트의 제어 동작, 타이밍 해석 등을 살펴볼 것이다.

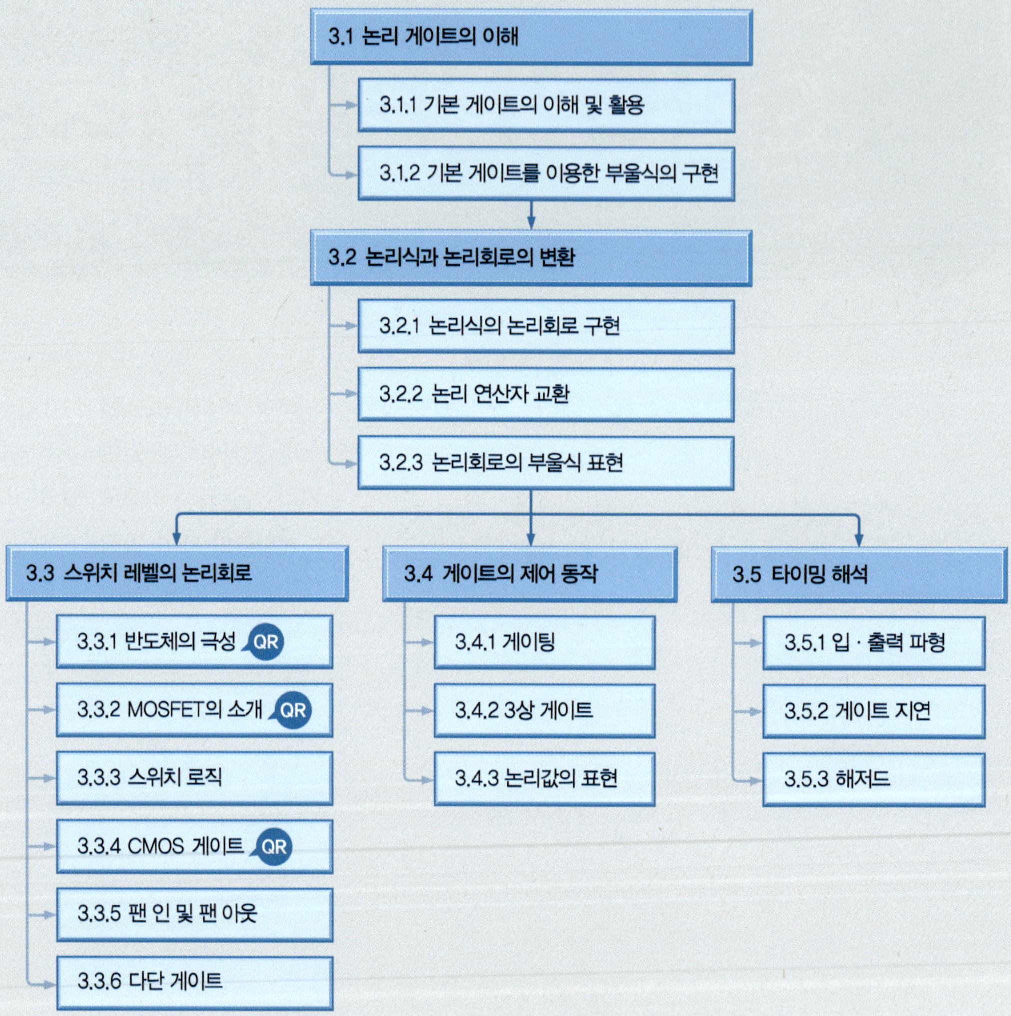

들어가기 전에

기본 논리 연산을 수행하는 단위 게이트로는 NOT, AND, OR, NAND, NOR, XOR, XNOR가 있다. 이를 이용하여 논리식을 논리회로로 변환하는 방법과 반대로 논리회로로부터 논리식을 유도하는 방법을 모두 이해해야 한다. CMOS 논리(로직)를 이해하면 실제로 트랜지스터 레벨의 최적화 구현 및 속도 이슈를 이해할 수 있다. 논리회로 설계 시에는 팬 인 및 팬 아웃에 따라 게이트 지연이 변하므로 다단 게이트 등의 회피 설계를 통해 속도를 개선할 수 있다.

논리회로는 출력을 결정하는 방법에 따라 크게 조합논리회로 combinational logic circuit와 순차논리회로 sequential logic circuit로 나뉜다. 조합논리회로는 출력이 그 시점의 입력에 의해서만 결정되는 회로이고, 순차논리회로는 출력이 그 시점의 입력뿐만 아니라 출력 직전의 상태(상태값)에 의해서도 결정되는 회로이다. 따라서 순차논리회로의 내부에는 데이터를 저장할 수 있는 장치(메모리, 플립플롭, 래치 등)가 포함된다. [그림 3-1]을 보면 그 원리를 쉽게 이해할 수 있다.

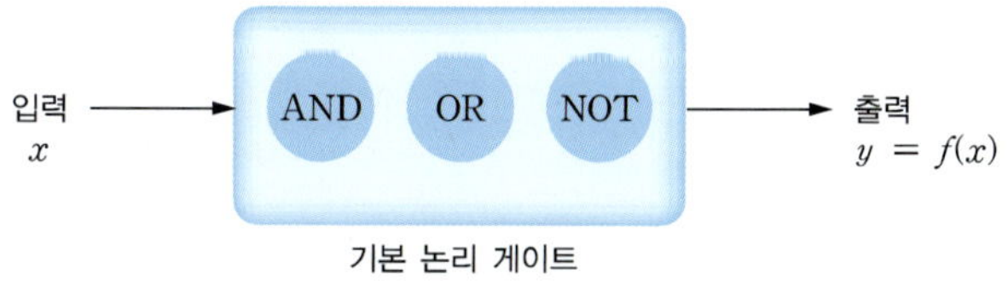

(a) 조합논리회로, (출력값)=[(입력값)의 함수]

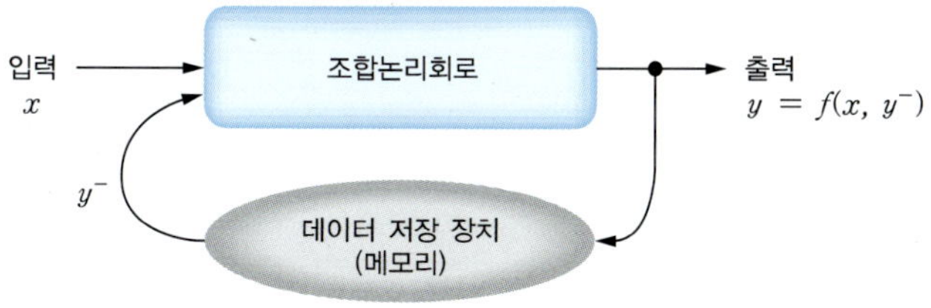

(b) 순차논리회로, (출력값)=[(입력값)+(직전 상태값 y^-)의 함수]

[그림 3-1] 조합논리회로와 순차논리회로의 비교

이 장에서는 2장에서 학습한 논리식을 기반으로 다양한 게이트로 구성되는 **조합논리회로의 기초**를 학습한다. 논리식과 논리회로는 같은 내용을 표현하는 다른 방식이지만, SOP 혹은 POS 형태로 최적화된 논리식을 논리회로로 구현할 때는 회로의 관점에서 고려해야 할 사항들이 존재한다. 게이트 간

의 변환은 드 모르강의 법칙에 기반하여 이루어지며, 시간 지연에 관여하는 팬 인과 팬 아웃 특성에 따른 제한 조건을 이해하고, 게이트 레벨의 회피 설계를 통해 빠른 속도의 논리회로를 구현하는 것이 중요하다. 실제로 논리 게이트는 집적회로의 트랜지스터 레벨인 CMOS 게이트로 구현되므로 CMOS 로직을 이해하는 것이 필요하다.

이 장에서는 게이트의 종류와 동작을 바탕으로 논리식과 논리회로 간의 변환을 자유자재로 수행할 수 있도록 학습한다. 특히 회로 관점에서의 최적화를 위해 게이트의 특성을 깊이 이해하여야 한다. 이를 위해 CMOS 논리회로의 구현 원리를 학습하고 게이트 간의 변환을 수행한다. 또한 타이밍 특성을 좌우하는 팬 인 및 팬 아웃 문제를 이해하고 해결방안을 찾아본다. 게이트에 필연적으로 존재하는 지연시간 delay time 은 일시적인 논리 오류의 원인이 된다. 타이밍도를 그려서 이러한 발생 원인을 이해하고 해결 방안을 모색해본다.

SECTION

3.1 논리 게이트의 이해

이 절에서는 2장에서 학습한 2진 논리식인 부울식을 논리회로로 변환하는 방법을 학습한다. 부울식을 구성하는 '곱항(곱의 항)의 합 SOP' 또는 '합항(합의 항)의 곱 POS'을 논리회로로 변환하면, 논리곱은 AND 게이트로, 논리합은 OR 게이트로 변환된다. 신호의 반전(인버팅 inverting)을 구현하는 NOT 게이트까지 포함하여 AND, OR, NOT이 논리회로를 구성하는 가장 기본적인 게이트라 할 수 있다. 그뿐만 아니라 AND 및 OR의 반전 논리(로직)[1]인 NAND 및 NOR도 기본 게이트로 활용된다.

부울식의 논리회로 구현에서는 2진 데이터가 서로 같은지 다른지의 여부를 판단하는 경우가 종종 발생한다. 이때 데이터의 '같음' 여부를 판단하는 등가 equivalence 게이트와 '다름' 여부를 판단하는 비등가 non-equivalence 게이트를 각각 XNOR exclusive NOR 및 XOR exclusive OR 게이트라고 한다. 이러한 게이트들은 때때로 매우 효과적으로 활용할 수가 있어 기본 게이트로 취급한다.

3.1.1 기본 게이트의 이해 및 활용

조합논리회로는 입력신호들의 0 또는 1의 논리 조합에 의해 출력신호가 결정되는 장치로 이해할 수 있다. 조합논리회로를 구성하는 가장 기본적인 일곱 개의 게이트를 정의하고, 심볼과 논리 동작을 살펴보자.

■ NOT 게이트

NOT은 사건의 반전을 의미한다. NOT 게이트는 게이트 중 유일하게 단일 입력을 가지며, 출력은 입력을 반전시켜 출력 $F=\overline{A}$를 구현한다. 이런 의미에서 인버터 inverter라고도 한다. [그림 3-2]는 NOT 게이트의 심볼과 진리표를 각각 나타낸다.

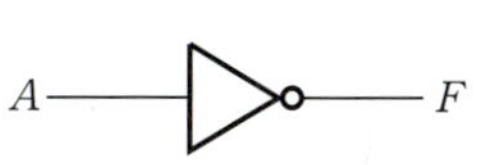

(a) NOT 게이트 심볼

A	F
0	1
1	0

(b) 진리표

[그림 3-2] NOT 게이트의 심볼 및 진리표

1 '논리'는 개념적인 용어이고, '로직(logic)'은 때때로 구체적인 게이트 회로를 지칭한다. 그러나 이 책에서는 일관적으로 '논리'라고 하고, 게이트 회로를 말할 때는 '논리(로직)'로 표기하겠다.

■ AND 게이트

AND는 두 사건의 곱을 의미하며, 논리곱이라고 한다. 따라서 두 입력이 동시에 1로 활성화되는 경우에만 출력이 1로 활성화되는 동작을 수행한다. 이러한 관점에서 $A=B=1$일 때만 출력 $F=1$이 되고, 나머지의 경우에는 $F=0$이 출력된다. 즉, 입력에 하나라도 0이 있으면 출력 $F=0$이 된다. 논리식은 논리적인 곱셈을 적용하여 $F=A \cdot B$ 혹은 $F=AB$로 표현한다.

[그림 3-3]에 AND 게이트의 심볼과 진리표를 나타내었다.

(a) AND 게이트 심볼

A	B	F
0	0	0
0	1	0
1	0	0
1	1	1

(b) 진리표

[그림 3-3] AND 게이트의 심볼 및 진리표

■ OR 게이트

OR은 두 사건의 합을 의미하며, 논리합이라고 한다. 즉, 두 입력 중 하나라도 1로 활성화되는 경우에 출력이 1로 활성화되는 동작을 수행하는 게이트이다. 이러한 관점에서 $A=B=0$일 때만 출력 $F=0$이 되고, 나머지 경우에는 출력 $F=1$이 된다. 입력에 하나라도 1이 있으면 출력 $F=1$이 되는 것이다. 논리식은 논리적인 덧셈을 적용하여 $F=A+B$로 표현한다.

[그림 3-4]에 OR 게이트의 심볼과 진리표를 나타내었다.

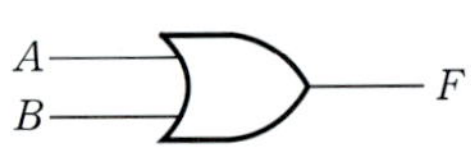

(a) OR 게이트 심볼

A	B	F
0	0	0
0	1	1
1	0	1
1	1	1

(b) 진리표

[그림 3-4] OR 게이트의 심볼 및 진리표

■ NAND 게이트

NAND의 첫 글자 N은 NOT을 의미하는 것으로, NAND는 AND의 반전을 의미하는 게이트이다. AND 출력의 반전을 생각하면, $A=B=1$일 때만 출력 $F=0$이 되고, 나머지 경우에는 출력 $F=1$이 된다. 즉, 입력에 하나라도 0이 있으면 출력 $F=1$이 된다. 따라서 논리식은 $F=\overline{A \cdot B}$ 혹은 $F=\overline{AB}$로 표현한다.

[그림 3-5]에 NAND 게이트의 심볼과 진리표를 각각 나타내었다.

A	B	F
0	0	1
0	1	1
1	0	1
1	1	0

(a) NAND 게이트 심볼 (b) 진리표

[그림 3-5] NAND 게이트의 심볼 및 진리표

■ NOR 게이트

NOR 역시 NAND와 마찬가지로 앞 글자 N은 NOT을 의미하므로, NOR는 OR의 반전을 의미하는 게이트이다. OR 출력의 반전을 생각하면, $A=B=0$일 때만 출력이 $F=1$이 되고, 나머지 경우에는 출력 $F=0$이 된다. 즉, 입력에 하나라도 1이 있으면 $F=0$이 된다. 따라서 논리식은 $F=\overline{A+B}$로 표현한다.

[그림 3-6]은 NOR 게이트의 심볼과 진리표를 나타낸다.

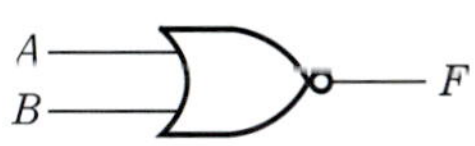

A	B	F
0	0	1
0	1	0
1	0	0
1	1	0

(a) NOR 게이트 심볼 (b) 진리표

[그림 3-6] NOR 게이트의 심볼 및 진리표

■ XOR 게이트(비등가 게이트)

XOR [exclusive OR]는 두 입력이 다를 때는 1을 출력하고, 같을 때는 0을 출력하는 게이트로, 두 입력의 비동일성을 판단하는 비등가 게이트 [non-equivalence gate]라고 할 수 있다. 두 입력이 서로 다른 경우는 하나가 1이고 다른 하나가 0인 경우이므로, $\{(A=1$이고 $B=0)$ 혹은 $(A=0$이고 $B=1)\}$에 해당하는 논리식은 $F=A\cdot\overline{B}+\overline{A}\cdot B$로 표현할 수 있다. 단일 게이트로 표현할 때는 $F=A\oplus B$를 사용한다.

[그림 3-7]에 XOR 게이트의 심볼 및 진리표와 함께, AND-OR-NOT을 이용하여 XOR 게이트를 구성한 논리회로를 나타내었다.

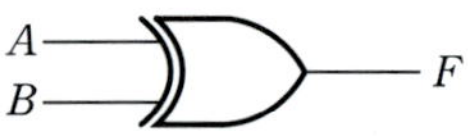

(a) XOR 게이트 심볼

A	B	F
0	0	0
0	1	1
1	0	1
1	1	0

(b) 진리표

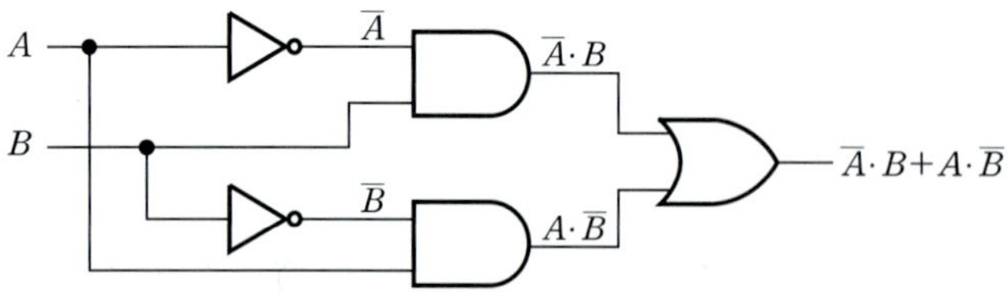

(c) AND-OR-NOT으로 펼친 형태

[그림 3-7] XOR 게이트의 심볼 및 진리표

■ XNOR 게이트(등가 게이트)

XNOR exclusive NOR는 두 입력이 같을 때는 1을 출력하고 다를 때는 0을 출력하므로, 두 입력의 동일성 여부를 판단하는 등가 게이트 equivalence gate라고 할 수 있다. 두 입력이 같은 경우는 모두 1이거나 모두 0인 경우이므로, $\{(A=1$이고 $B=1)$ 혹은 $(A=0$이고 $B=0)\}$에 해당하는 논리식 $F=A\cdot B+\overline{A}\cdot\overline{B}$로 표현할 수 있다. 단일 게이트로 표현할 때는 $F=A\odot B$ 또는 $F=A\equiv B$를 사용한다.

[그림 3-8]에 XNOR 게이트의 심볼 및 진리표와 함께, AND-OR-NOT을 이용하여 XNOR 게이트를 구성한 논리회로를 나타내었다.

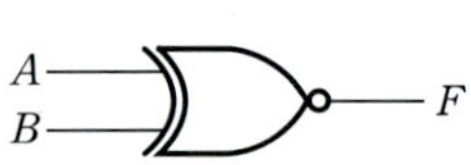

(a) XNOR 게이트 심볼

A	B	F
0	0	1
0	1	0
1	0	0
1	1	1

(b) 진리표

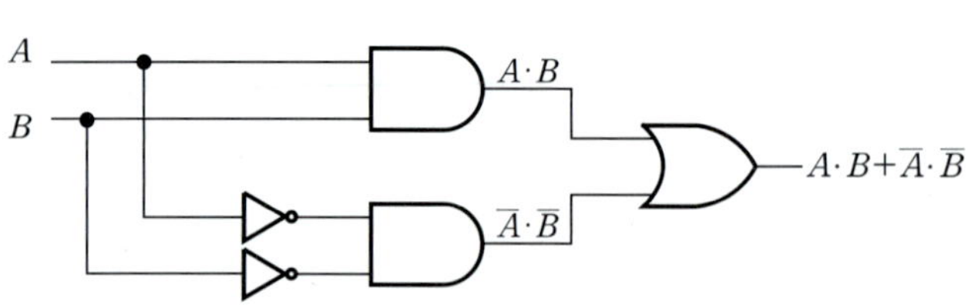

(c) AND-OR-NOT으로 펼친 형태

[그림 3-8] XNOR 게이트의 심볼 및 진리표

또 다른 관점에서 보면, XNOR의 출력은 XOR 출력의 반전이므로 $A\odot B=\overline{A\oplus B}$로 생각할 수도 있다. 그러나 이렇게 되면 출력에 추가 NOT 게이트를 연결해야 하므로 그만큼 입력이 출력되기까지 추가적인 지연시간이 발생한다.

[표 3-1]은 앞서 고찰한 기본 게이트들을 정리한 것이다. 여기서 NOT 게이트만 단일 입력이며, 나머지 게이트들의 입력은 두 개 이상으로 확장할 수 있다.

[표 3-1] 기본 게이트들의 논리식과 심볼, 진리표

게이트 명칭	논리식	회로 심볼	진리표	$F=1$인 경우
NOT	$F=\overline{A}$	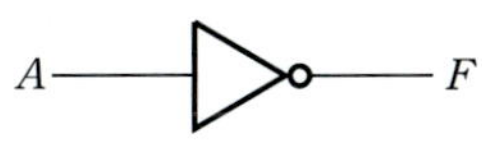	A | F 0 | 1 1 | 0	입력이 0일 때
AND	$F=AB$		A B | F 0 0 | 0 0 1 | 0 1 0 | 0 1 1 | 1	입력이 모두 1일 때
OR	$F=A+B$	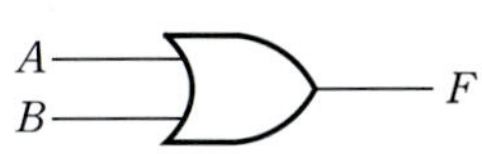	A B | F 0 0 | 0 0 1 | 1 1 0 | 1 1 1 | 1	입력에 하나라도 1이 있을 때
NAND	$F=\overline{AB}$		A B | F 0 0 | 1 0 1 | 1 1 0 | 1 1 1 | 0	입력에 하나라도 0이 있을 때
NOR	$F=\overline{A+B}$	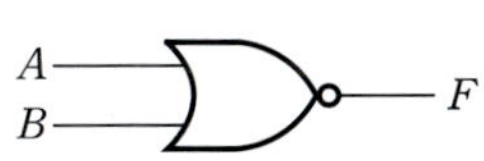	A B | F 0 0 | 1 0 1 | 0 1 0 | 0 1 1 | 0	입력이 모두 0일 때
XOR (비등가 게이트)	$F=A\oplus B$ $=\overline{A}B+A\overline{B}$	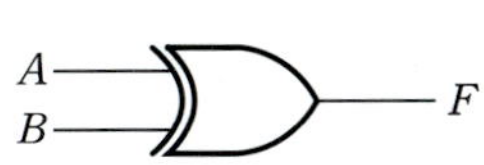	A B | F 0 0 | 0 0 1 | 1 1 0 | 1 1 1 | 0	두 입력이 다를 때
XNOR (등가 게이트)	$F=A\odot B$ $=AB+\overline{A}\,\overline{B}$	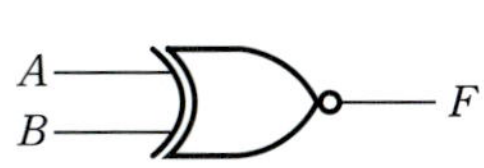	A B | F 0 0 | 1 0 1 | 0 1 0 | 0 1 1 | 1	두 입력이 같을 때

3.1.2 기본 게이트를 이용한 부울식의 구현

‘곱의 합SOP’ 혹은 ‘합의 곱POS’으로 표현되는 부울식은 논리곱(·, AND), 논리합(+, OR), 반전(−, NOT)으로 구성되므로, AND 게이트, OR 게이트, NOT 게이트를 이용하여 논리회로로 구현할 수 있다. 예를 들어 SOP로 표현되는 부울식 $F = A \cdot \overline{B} \cdot C + \overline{A} \cdot B$를 입력 A, B, C에 대해 논리회로로 구현하면, [그림 3-9]와 같이 두 개의 NOT 게이트, 한 개의 3-입력 AND 게이트, 한 개의 2-입력 AND 게이트, 한 개의 2-입력 OR 게이트가 필요하다.

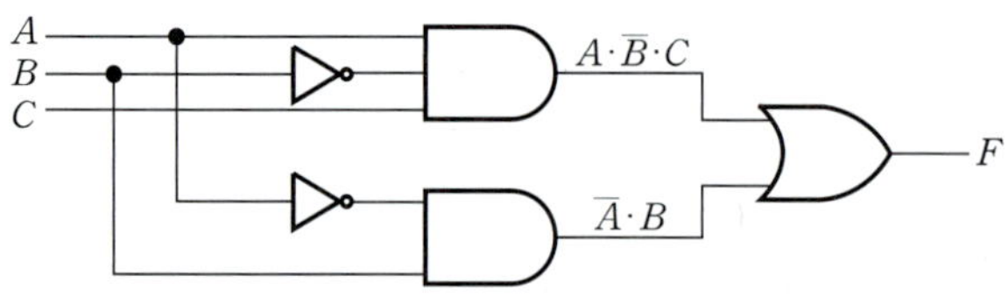

[그림 3-9] AND, OR, NOT을 이용한 SOP

한편 POS로 표현되는 예로 부울식 $F = (A + \overline{B}) \cdot (\overline{A} + C)$를 입력 A, B, C에 대한 논리회로로 구현하면, [그림 3-10]과 같이 두 개의 NOT 게이트와 두 개의 2-입력 OR 게이트, 한 개의 2-입력 AND 게이트가 필요하다.

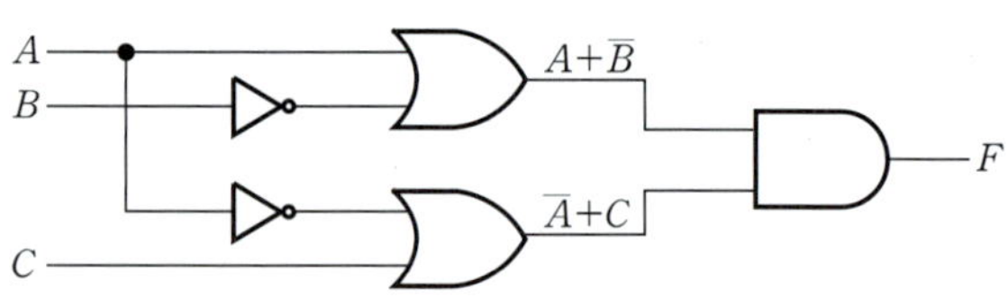

[그림 3-10] AND, OR, NOT을 이용한 POS

집적회로IC로 논리(로직) 게이트를 구현할 때, 가장 기본적인 게이트는 AND, OR, NOT이 아니라 NAND, NOR, NOT이다. NAND는 논리 동작의 순서로 보면 AND + NOT이고 NOR는 OR + NOT이므로 AND 및 OR보다 더 복잡할 것으로 생각되지만, 실제로는 오히려 [그림 3-11]과 같이 AND 게이트는 NAND + NOT으로 구현되고, OR 게이트는 NOR + NOT으로 구현된다. 3.3절에서 CMOS 논리회로 구현을 학습하면 그 원리를 쉽게 이해할 수 있을 것이다.

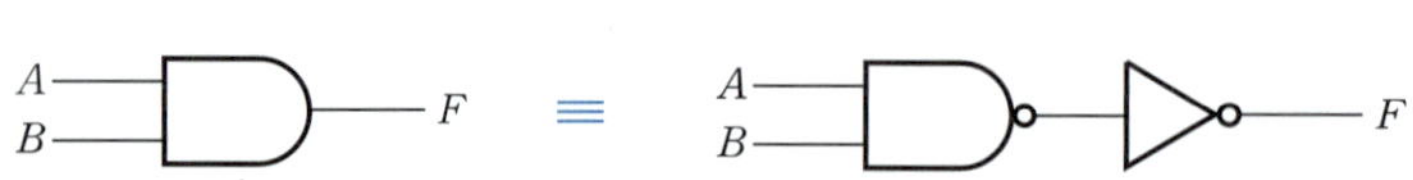

(a) AND의 실제 구성

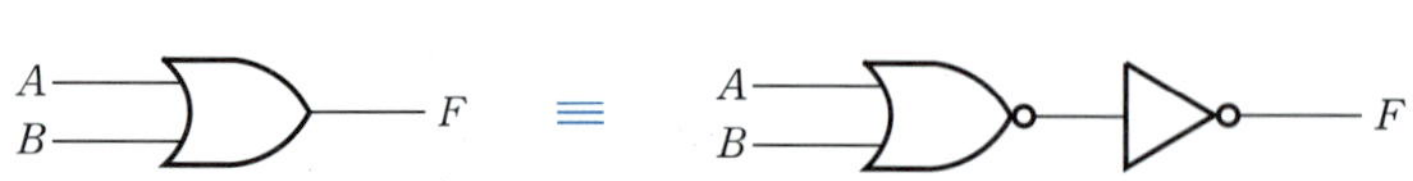

(b) OR의 실제 구성

[그림 3-11] AND/OR의 NAND/NOR 구현

SECTION
3.2 논리식과 논리회로의 변환

이 절에서는 논리식을 논리회로로 구현하는 방법과 반대로 논리회로를 논리식으로 표현하는 방법을 학습한다.

3.2.1 논리식의 논리회로 구현

AND-OR/OR-AND

논리식을 논리회로로 변환할 때, SOP은 AND-OR로 POS은 OR-AND로 구현되는 과정에서 다음의 몇 가지 원칙이 적용된다.

논리회로 구현 원칙

- AND 동작은 OR 동자보다 우선순위에서 앞선다.
- AND 및 OR 동작에는 교환법칙 및 결합법칙이 성립한다.
- 입력단자의 수[2]는 가능한 최대 4로 한다.
- 드 모르강의 법칙을 이용하여 연산자를 교환(곱을 합으로, 합을 곱으로)할 수 있다.

예를 들어, SOP인 $F=A+BC$는 연산 순서에 따라 BC의 AND 동작을 먼저 구현한 후에 A와의 OR 동작을 구현한다. 이를 논리도로 표현하면 [그림 3-12]와 같다.

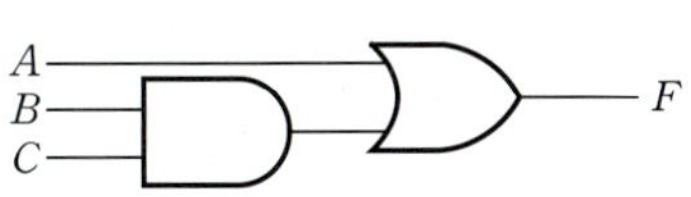

[그림 3-12] 우선순위를 고려한 $F=A+BC$의 논리도 구현

AND 및 OR 연산에서 게이트에 가해지는 입력에 대해 교환법칙[3]과 결합법칙[4]이 성립한다. 먼저 OR 연산을 예로 들면 다음과 같다.

$$A+B=B+A \quad \text{교환법칙}$$

$$(A+B)+C=A+(B+C)=A+B+C \quad \text{결합법칙}$$

2 입력의 수를 팬 인(fan-in)이라고 하며, 3.3.5절에서 상세하게 다룬다.
3 실제의 집적회로(IC) 구현에서는 입력의 순서에 따라 게이트 지연이 미세하게 달라질 수 있다.
4 시간과 관계없는 논리식의 관점에서는 등가이며, 게이트 지연은 달라질 수 있다.

이러한 법칙들을 논리도로 [그림 3-13]과 같이 나타낼 수 있다.

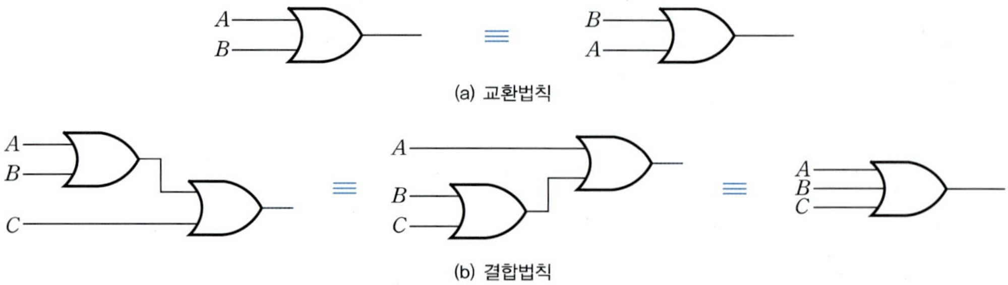

[그림 3-13] OR 게이트의 입력 적용 법칙

즉 교환법칙은 게이트의 입력 순서를 서로 바꾸어도 됨을 의미하고, 결합법칙은 다단계[multi-level] 구현을 의미한다. 이러한 원칙은 AND 게이트에도 비슷하게 적용된다.

AND 연산에서는 다음과 같은 법칙이 성립한다.

$$AB = BA \qquad \text{교환법칙}$$

$$(AB)C = A(BC) = ABC \qquad \text{결합법칙}$$

이를 논리회로로 나타내면 [그림 3-14]와 같다.

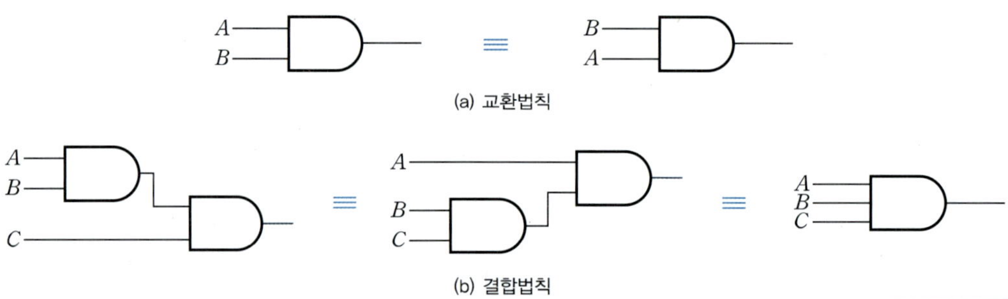

[그림 3-14] AND 게이트의 입력 적용 법칙

이러한 원칙을 적용하여 SOP로 표현되는 논리식 $F = AB + CD$는 [그림 3-15]와 같이 두 개의 1단계 AND 게이트와 한 개의 2단계 OR 게이트의 조합으로 구현할 수 있다. 마찬가지로 POS에 대한 논리회로는 OR-AND 조합으로 구성할 수 있다. 예를 들어, 부울식 $F = (A + B)(C + D)$의 논리회로는 [그림 3-16]과 같이 구현한다.

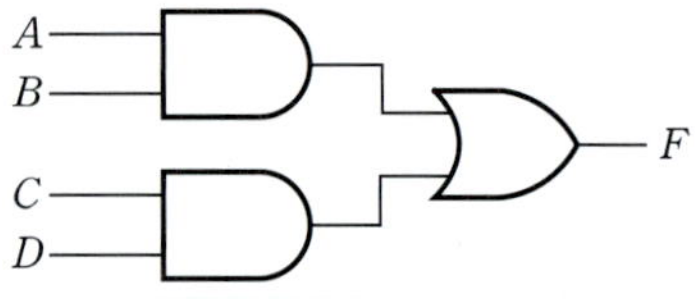

[그림 3-15] SOP에 대한 논리회로 구현

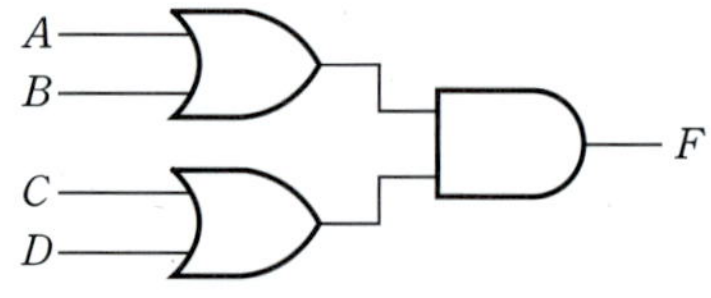

[그림 3-16] POS에 대한 논리회로 구현

'곱의 합'으로 표현되는 논리식에서의 AND-OR 조합과 마찬가지로, POS로 표현되는 논리식에서의 OR-AND 조합도 논리회로의 기본 구성요소가 된다.

예제 3-1 논리 동작의 논리회로 구현

[표 3-2]의 진리표를 최소항의 합 및 SOP, 최대항의 곱 및 POS로 표현하고 해당하는 논리회로를 각각 구현하라.

[표 3-2]

A	B	C	F
0	0	0	0
0	0	1	0
0	1	0	0
0	1	1	1
1	0	0	1
1	0	1	1
1	1	0	0
1	1	1	1

풀이

■ [1단계] **최소항의 합 및 SOP로 표현**

출력 F를 최소항의 합으로 표현하고 AND-OR 회로로 구현하면 [그림 3-17]과 같다. [그림 3-18]은 출력 F를 카르노 맵으로 축약한 것이다.

$$F=\overline{A}BC+A\overline{B}\overline{C}+A\overline{B}C+ABC$$

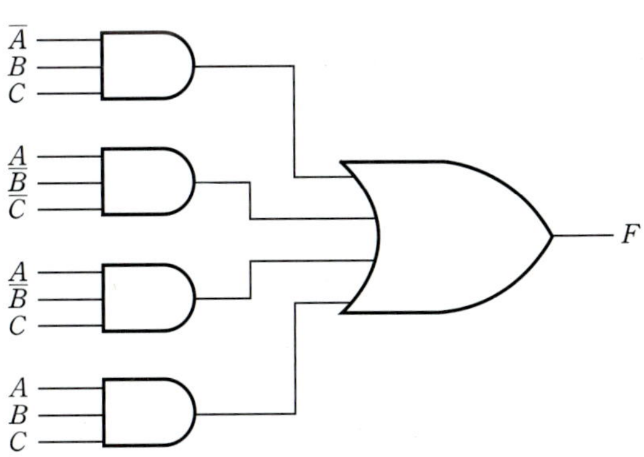

[그림 3-17]

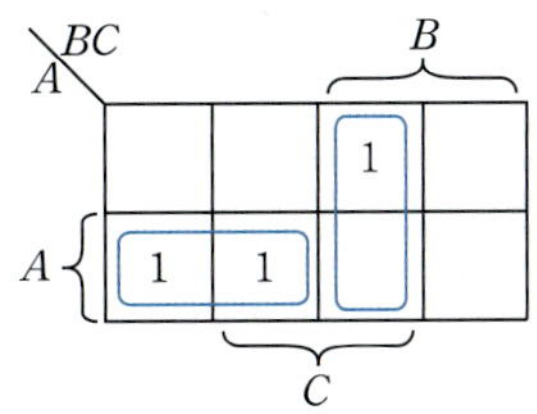

[그림 3-18]

이를 AND-OR 회로로 구현하면 [그림 3-19]와 같다.

$$F=A\overline{B}+BC$$

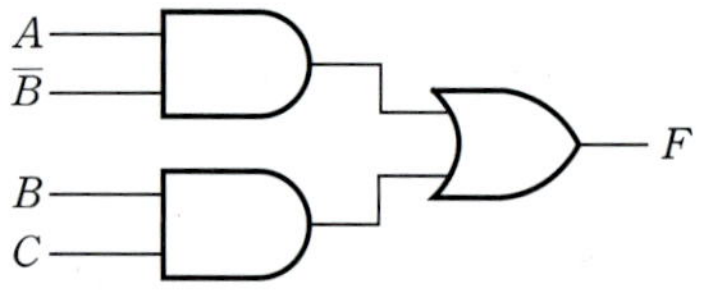

[그림 3-19]

■ [2단계] **최대항의 곱 및 POS로 표현**

출력 F를 최대항의 곱으로 표현하고 OR-AND 회로로 구현하면 [그림 3-20]과 같다. [그림 3-21]은 출력 F를 카르노 맵으로 축약한 것이다.

$$F=(A+B+C)(A+B+\overline{C})(A+\overline{B}+C)(\overline{A}+\overline{B}+C)$$

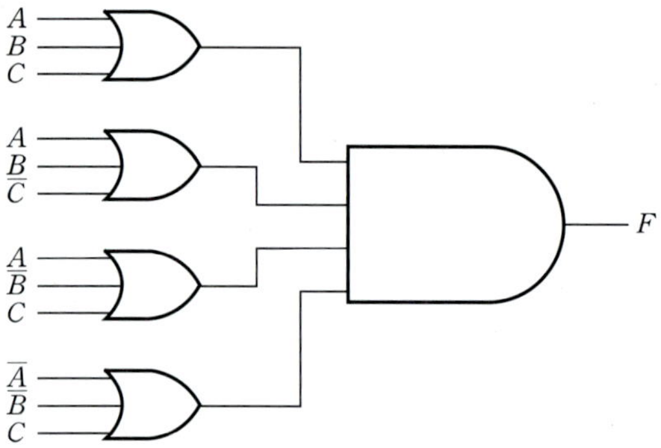

[그림 3-20]

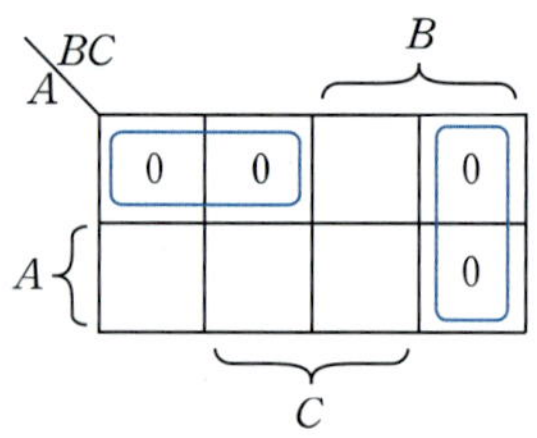

[그림 3-21]

0에 대해 축약하여 $\overline{F}$를 구하면 다음과 같다.

$$\overline{F}=\overline{A}\,\overline{B}+B\overline{C}$$

드 모르강의 법칙을 써서 반전하여 F의 POS 식을 구한다.

$$F=\overline{\overline{A}\,\overline{B}+B\overline{C}}=(A+B)\cdot(\overline{B}+C)$$

이를 OR-AND 회로로 구현하면 [그림 3-22]와 같다.

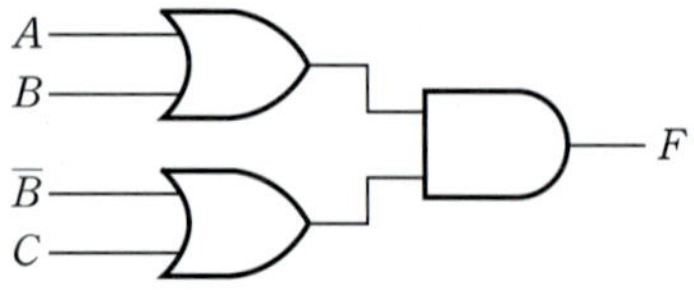

[그림 3-22]

3.2.2 논리 연산자 교환

드 모르강의 법칙을 이용하면, 곱의 연산 및 합의 연산을 교환할 수 있다. 이는 같은 부울식을 AND 기반 혹은 OR 기반으로 구현할 수 있다는 것을 의미한다. 연산자를 교환하여 등가회로를 구현할 때는 다음의 절차에 따라 드 모르강의 법칙을 적용한다.

❶ **입력신호를 반전**한다.
❷ **연산자를 교환**한다.
❸ **연산자에 버블이 있으면 제거**하고, **없으면 추가**한다.

[그림 3-23]은 NAND 및 NOR를 연산자 교환을 통해 OR 및 AND 버전으로 표현한 것이다. 앞 절에서 언급한 바와 마찬가지로 논리도에서 작은 원(버블 bubble)은 반전(인버팅 inverting)을 의미한다.

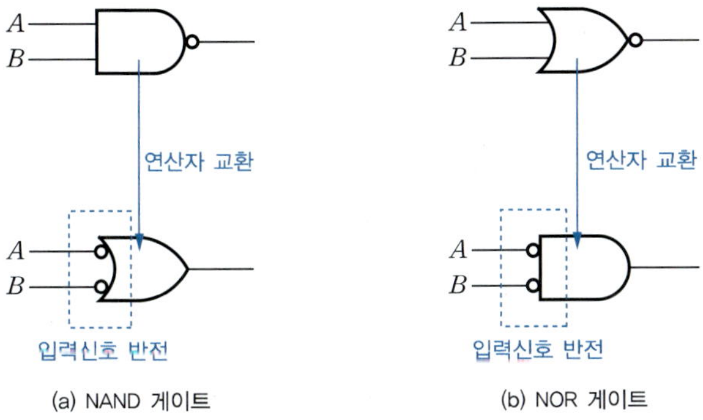

[그림 3-23] 드 모르강의 법칙을 적용한 연산자 교환

[그림 3-24(a)]와 같이 NAND 연산 $\overline{A \cdot B} = \overline{A} + \overline{B}$를 논리 게이트로 표현하는 경우를 살펴보자. NAND는 AND + NOT의 연산이므로 $A \cdot B$를 구현하고 반전(인버팅)하면 된다. 한편 드 모르강의 법칙에 따라 $\overline{A \cdot B} = \overline{A} + \overline{B}$이므로, A와 B를 각각 먼저 반전한 후 OR 연산한다. 즉 NAND는 NOT + OR가 되므로, 입력신호에 하나라도 0이 존재하면 출력은 1이 된다.

[그림 3-24(b)]와 같은 NOR 게이트 $F = \overline{A + B}$의 경우를 살펴보자. 합의 연산 $A + B$를 구현하고 반전하는 것과, 드 모르강의 법칙을 적용한 연산자 교환을 통해 A와 B를 각각 먼저 반전한 후 AND 연산하는 것은 결과가 같다. 즉 NOR는 NOT + AND이므로, 신호에 하나라도 1이 있으면 0을 출력한다.

논리식의 관점에서만 보면 NAND는 AND + NOT이고 NOR는 OR + NOT이므로, NAND 혹은 NOR보다는 AND 및 OR 게이트가 더 기본적인 게이트라고 생각할 수 있으나, 실제 IC 구현에서는 NAND 및 NOR와 같은 반전 게이트가 기본 게이트로 사용되어 AND, OR는 NAND, NOR 게이트로 모두 변환된다. 이는 모든 디지털 회로가 NAND 게이트 혹은 NOR 게이트만으로도 설계가 가능함을 의미한다.

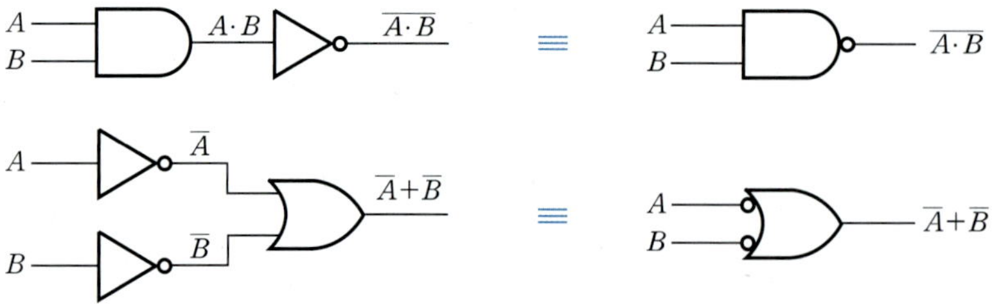

(a) NAND 게이트의 표현

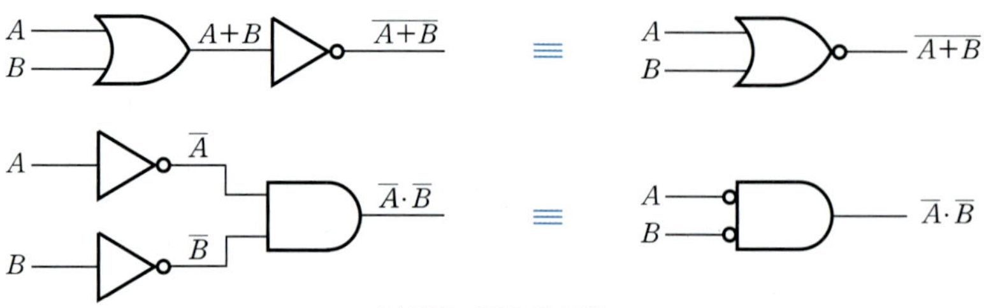

(b) NOR 게이트의 표현

[그림 3-24] 드 모르강의 법칙을 이용한 NAND 및 NOR 동작의 두 가지 구현

NAND/NOR를 이용한 NOT, AND, OR 게이트의 구현

NOT 게이트(인버터)는 [그림 3-25]와 같이 NAND 혹은 NOR 게이트를 이용하여 구현할 수 있다. 그러나 실제 구현에서는 NAND나 NOR를 이용한 인버터가 NOT 게이트보다 더 큰 면적을 차지하므로 특별한 경우가 아니면 사용되지 않는다.

(a) NAND형 인버터　　(b) NOR형 인버터

[그림 3-25] NAND 혹은 NOR를 이용한 NOT 게이트의 구현

AND 게이트는 [그림 3-26] ~ [그림 3-27]과 같이 NAND 혹은 NOR 게이트를 이용하여 구현할 수 있다. NAND로 AND 게이트를 구현할 때는 NAND 다음에 [그림 3-25(a)]의 NAND형 인버터를 연결하면 된다.

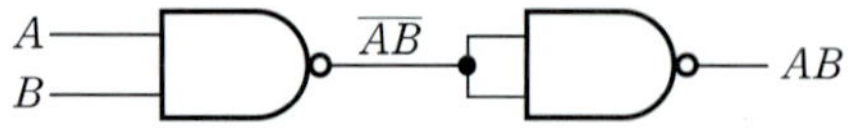

[그림 3-26] NAND를 이용한 AND 게이트의 구현

NOR로 AND 게이트를 구현할 때는 드 모르강의 법칙을 활용한다. 두 **입력신호를 반전하고, 연산자를 교환**(곱은 합으로)한 후에, 전체를 반전하면 $AB = \overline{\overline{A}+\overline{B}}$이다. 따라서 신호 반전을 위한 두 인버터와 한 개의 NOR 게이트가 필요하다.

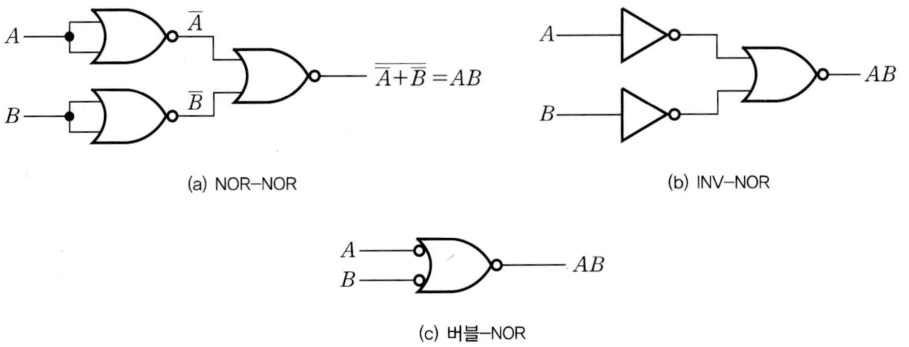

[그림 3-27] NOR를 이용한 AND 게이트의 구현

기본적으로 AND 및 NAND는 곱의 연산이고, OR 및 NOR는 합의 연산이다. 곱의 연산 간 혹은 합의 연산 간의 변환은 인버터만 관여하는 쉬운 작업이 되지만, 곱에서 합으로, 혹은 합에서 곱으로의 변환은 항상 드 모르강의 법칙을 적용하여 연산자를 교환한다.

마찬가지로 OR 게이트는 [그림 3-28] ~ [그림 3-29]와 같이 NAND 혹은 NOR 게이트를 이용하여 구현할 수 있다. 같은 합의 연산자인 NOR 기반의 구현은 출력신호를 반전만 하면 되므로 간단하게 해결되지만, NAND로 구현할 때는 연산자를 교환해야 하므로 드 모르강의 법칙을 활용한다. 두 신호를 반전하고, 연산자를 합에서 곱으로 교환한 후, 전체를 반전하면 $A+B=\overline{\overline{A}\cdot\overline{B}}$ 이다. 즉, 두 입력을 반전한 후 NAND 게이트를 통과시켜야 한다.

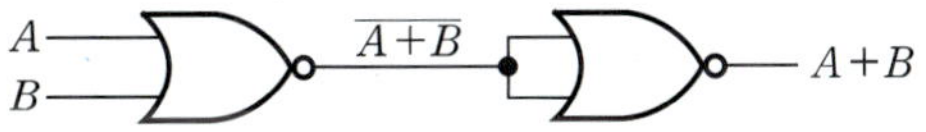

[그림 3-28] NOR를 이용한 OR 게이트의 구현

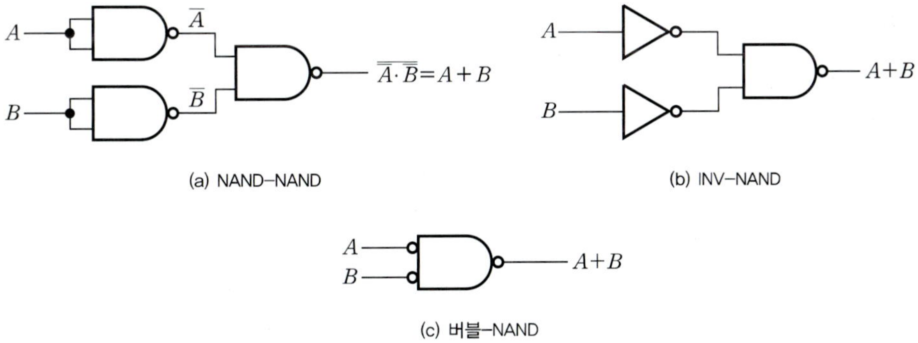

[그림 3-29] NAND를 이용한 OR 게이트의 구현

연산 법칙의 적용

NAND 및 NOR 게이트도 AND 및 OR 게이트처럼 교환법칙과 결합법칙이 성립할까? NAND 연산자를 임의로 ⊖로 표현해보자.

교환법칙을 적용했을 경우

$$A \ominus B = \overline{AB} = \overline{A} + \overline{B}$$
$$B \ominus A = \overline{BA} = \overline{B} + \overline{A} = \overline{A} + \overline{B}$$

$A \ominus B = B \ominus A$ 이므로 교환법칙이 성립한다.

결합법칙을 적용했을 경우

$$(A \ominus B) \ominus C = \overline{\overline{AB} \cdot C} = AB + \overline{C}$$
$$A \ominus (B \ominus C) = \overline{A \cdot \overline{BC}} = \overline{A} + BC$$
$$A \ominus B \ominus C = \overline{ABC} = \overline{A} + \overline{B} + \overline{C}$$

$(A \ominus B) \ominus C \neq A \ominus (B \ominus C) \neq A \ominus B \ominus C$ 이므로 결합법칙은 성립하지 않는다. 이 내용을 게이트로 표현하면 [그림 3-30]과 같다.

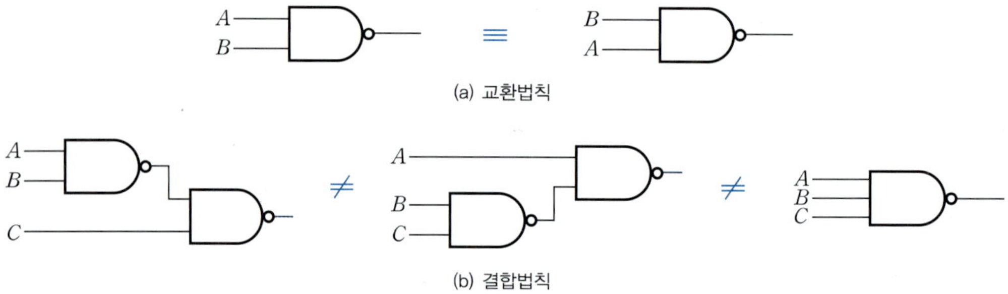

[그림 3-30] NAND 게이트의 교환법칙 및 결합법칙 성립 여부

마찬가지로 NOR 게이트도 교환법칙은 성립하지만 결합법칙은 성립하지 않는다.

논리식의 변환

논리식과 게이트들의 조합인 논리회로는 같은 내용의 다른 표현 방식이다. 논리식을 변경하면 논리회로도 같이 변경된다. 최소항의 합(SOP)은 AND-OR의 게이트 구조를 갖는다. [표 3-3]에서와 같이 드 모르강의 법칙을 연속적으로 적용하면 여러 다른 형태의 게이트 구조로 변환할 수 있다. 가장 기본형인 AND-OR부터 시작하면 이후 NAND-NAND → OR-NAND → NOR-OR → AND-OR로 되돌아온다. 반면, 최대항의 곱(POS)은 OR-AND의 게이트 구조를 갖는다. [표 3-3]에서와 같이 드 모르강의 법칙을 연속적으로 적용하면 여러 다른 형태의 게이트 구조로 변환할 수 있다. 가장 기본형인 OR-AND부터 시작하면 이후 NOR-NOR → AND-NOR → NAND-AND → OR-AND로 되돌아온다.

[표 3-3]은 일반적인 SOP 또는 POS에 대한 변환 방법을 나타낸다.

[표 3-3] 드 모르강의 법칙을 이용한 논리식의 변환

	기본형	변환 과정
SOP	$F = AB + CD$ $= \overline{\overline{AB + CD}}$ AND-OR 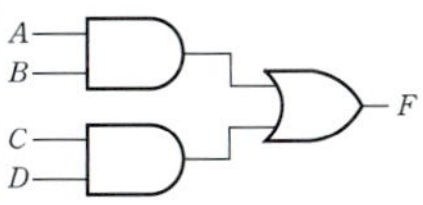	$= \overline{\overline{AB}\cdot\overline{CD}} = \overline{(\overline{A}+\overline{B})\cdot(\overline{C}+\overline{D})} = \overline{\overline{A}+\overline{B}}\cdot\overline{\overline{C}+\overline{D}}$ NAND-NAND 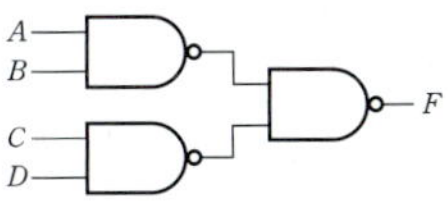 OR-NAND 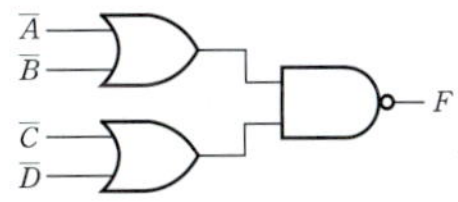 NOR-OR 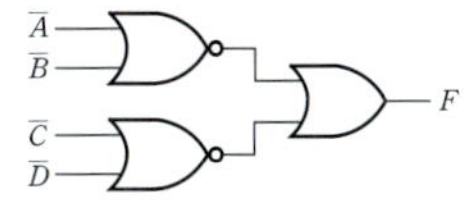
POS	$F = (A+B)\cdot(C+D)$ $= \overline{\overline{(A+B)\cdot(C+D)}}$ OR-AND 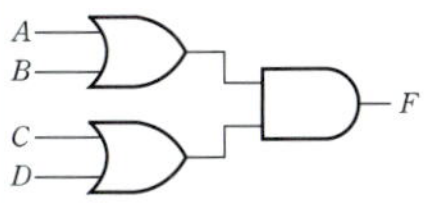	$= \overline{\overline{(A+B)}+\overline{(C+D)}} = \overline{\overline{A}\cdot\overline{B}+\overline{C}\cdot\overline{D}} = \overline{\overline{A}\cdot\overline{B}}\cdot\overline{\overline{C}\cdot\overline{D}}$ NOR-NOR 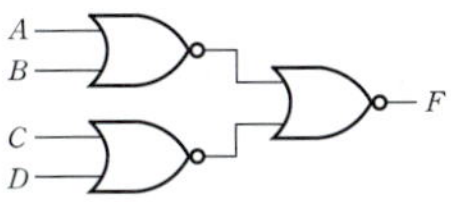 AND-NOR 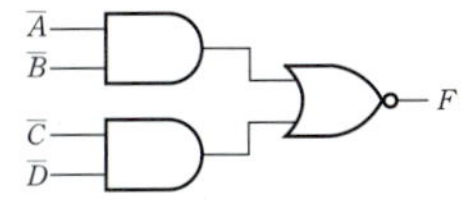 NAND-AND 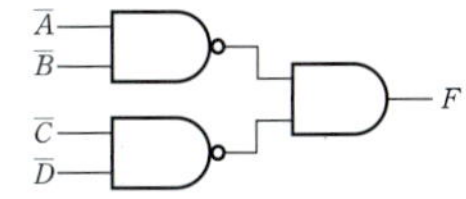

이러한 변환 외에도 회로의 형태와 관계없이 무조건 NAND 혹은 NOR 변환을 해야 할 때가 있다. 이럴 때에 유용하게 사용되는 NAND-NAND 혹은 NOR-NOR 변환 방법에 대해 계속해서 알아보도록 하자.

NAND 기반의 논리 변환

■ AND-OR의 NAND-NAND 변환

논리식의 관점에서는 기본 게이트가 AND, OR, NOT이지만, 실제 IC 구현에서는 NAND, NOR, NOT이 더 기본적인 게이트이다. 이러한 관점에서 SOP을 구현하는 AND-OR 블록을 NAND-NAND 블록으로 변형하는 것을 이해해야 한다.

[그림 3-31]에서 AND-OR의 NAND-NAND 변환 과정을 살펴보자. AND의 출력과 OR의 입력 사이에 연속된 버블(인버터)을 대입하면 논리값은 변하지 않는다. 드 모르강의 법칙에서 마지막 게이트는 NAND이므로, [그림 3-31(c)]와 같이 2단계의 NAND-NAND로 변환된다.

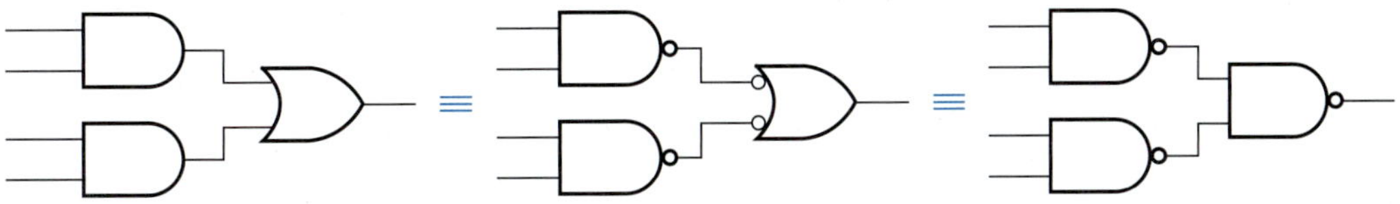

(a) AND-OR (b) 연속 버블 삽입 (c) NAND-NAND

[그림 3-31] AND-OR의 NAND-NAND 변환 과정

■ 기타 게이트의 NAND 변환

이번에는 [그림 3-32]와 같이 AND, OR, NOT 게이트의 조합으로 구성된 XOR 게이트를 NAND만을 이용해서 구현해보려고 한다.

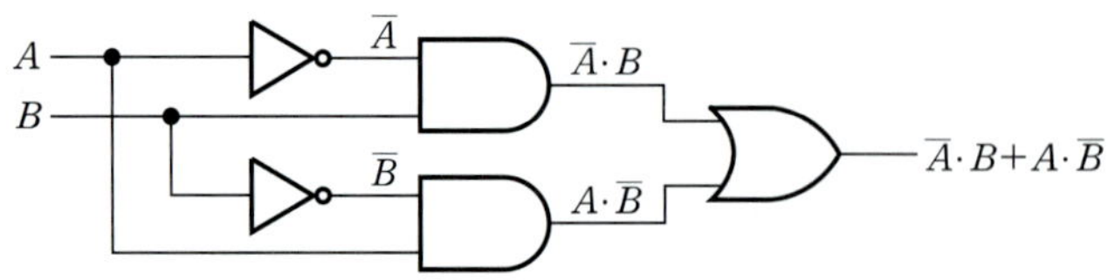

[그림 3-32] AND, OR, NOT 게이트를 이용한 XOR 게이트의 구현

[그림 3-32]의 AND-OR 부분을 [그림 3-31]의 NAND-NAND로 변경하여 대체하면 [그림 3-33]과 같다. 이때 NOT 게이트에는 NAND형 인버터를 사용하였다.

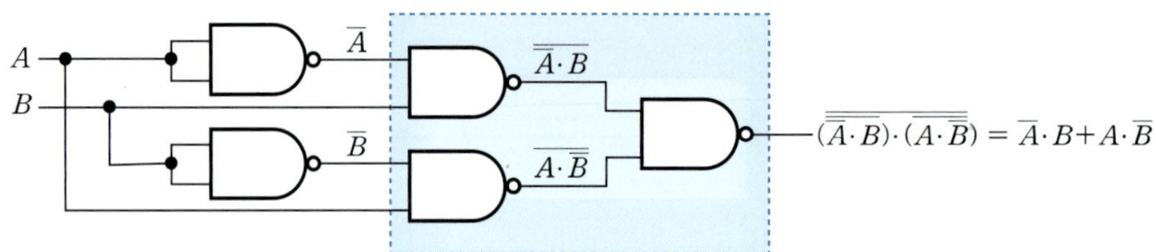

[그림 3-33] 'AND-OR의 NAND-NAND 변환'을 이용한 XOR 게이트의 NAND 게이트 변환

예제 3-2 AND-OR 조합의 NAND 변환

AND, OR 게이트의 조합으로 구성된 [그림 3-34]의 회로를 NAND 회로로 구현하라.

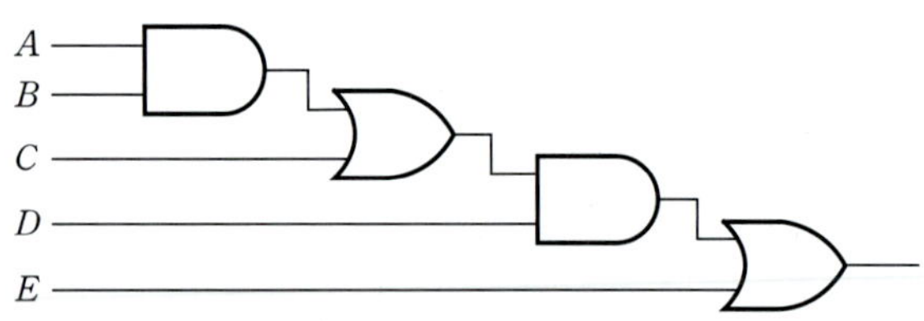

[그림 3-34]

풀이

[그림 3-26]과 [그림 3-29]의 AND 및 OR 게이트의 NAND 게이트 변환을 대입하면 다음과 같다.

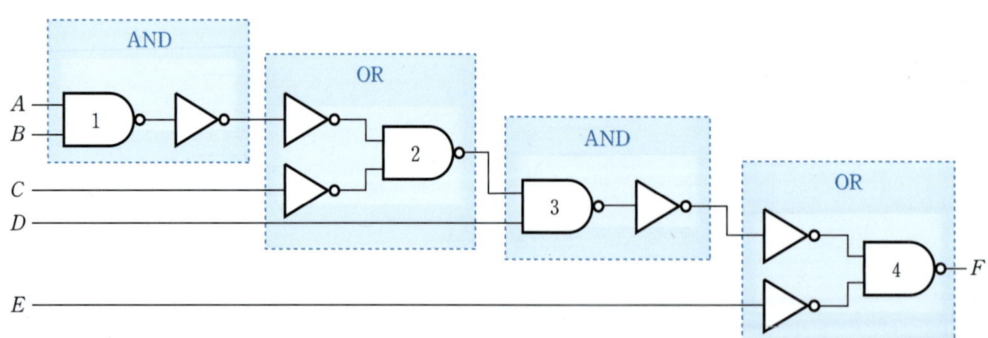

[그림 3-35]

연속된 두 개의 NOT 게이트는 논리적으로 상쇄되므로, 이를 삭제한 최종적인 NAND 게이트 회로는 다음과 같다.

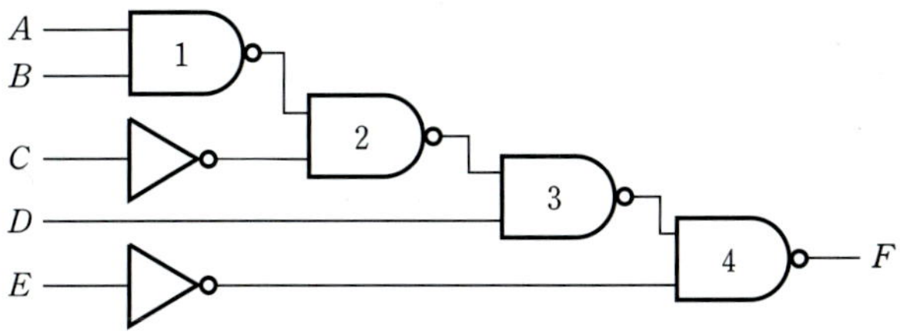

[그림 3-36]

이번에는 반대로 NAND 회로를 AND-OR 회로로 변환하는 방법을 살펴보자. [예제 3-2]에서 다뤘던 다음의 NAND 회로를 [그림 3-31]의 변환을 참고하여 AND-OR로 변환해보자.

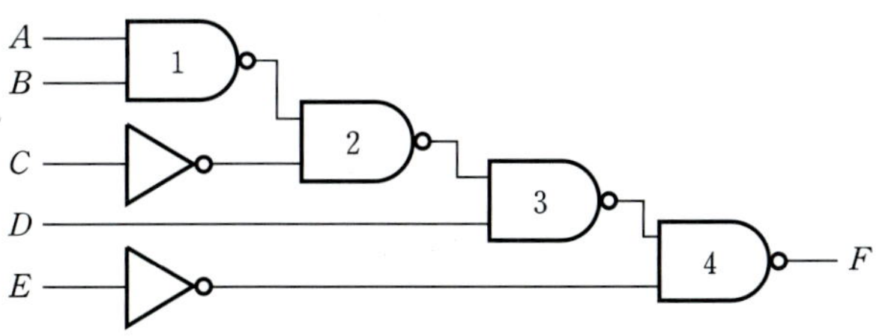

[그림 3-37] $F=(AB+C)D+E$의 NAND 변환 회로

연속하는 NOT 게이트의 상쇄를 이용하기 위해서는 1번과 3번은 그대로 두고 이들 사이에 있는 2번과 4번 NAND의 연산자 교환 버전을 대입한다.

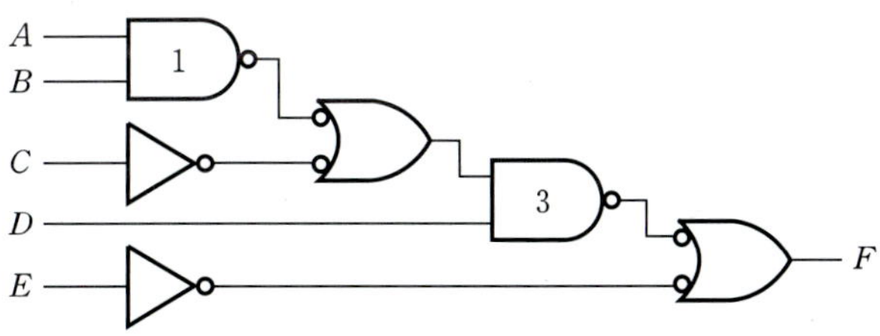

[그림 3-38] NAND 게이트(2번, 4번)의 연산자 교환 버전

연속 반전(NOT 게이트 혹은 버블)을 상쇄하면 [그림 3-39]와 같이 간략화된다.

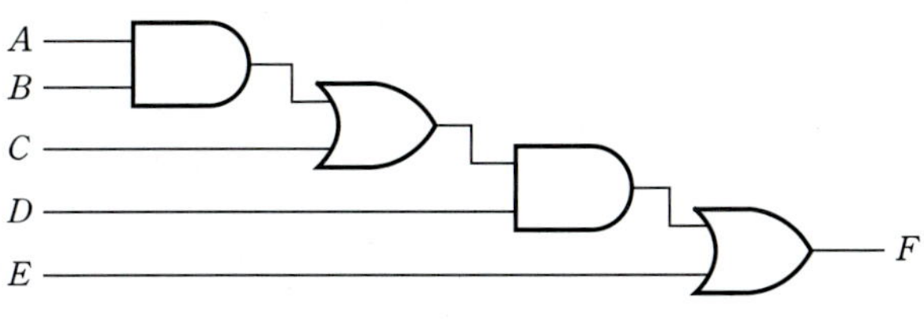

[그림 3-39] $F=(AB+C)D+E$의 AND-OR 버전 완료

정리해보면, NAND–NAND 구조에서 중간에 위치하는 NAND를 연산자 교환 버전으로 대체하면 AND–OR로 변환할 수 있다.

예제 3-3 XNOR의 NAND 기반 회로 변환

다음과 같이 AND, OR 및 INV 게이트의 조합으로 구성된 XNOR 게이트를 NAND 게이트만을 사용하여 구현하라.

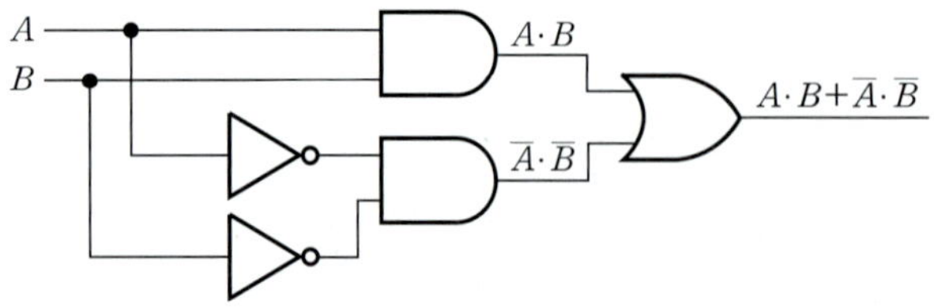

[그림 3-40]

풀이

점선으로 표시한 부분과 같이 'AND–OR의 NAND–NAND 변환'을 적용한다. NOT 게이트는 NAND형 인버터로 대체한다.

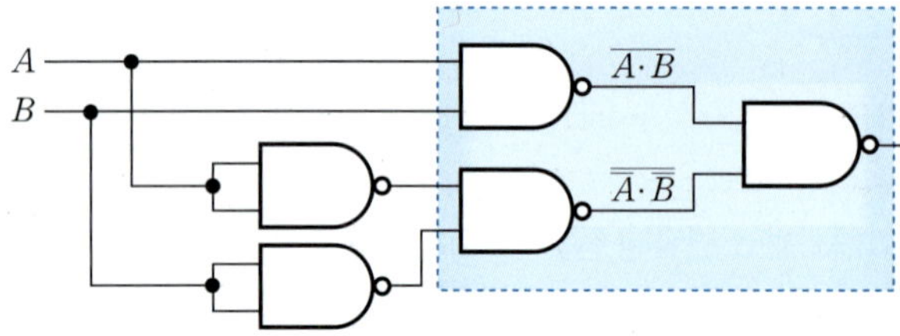

$$\overline{(\overline{A\cdot B})\cdot(\overline{\overline{A}\cdot\overline{B}})}=A\cdot B+\overline{A}\cdot\overline{B}$$

[그림 3-41]

NOR 기반 논리 변환

'AND–OR의 NAND–NAND 변환'과 마찬가지로 'AND–OR의 NOR–NOR 변환'도 가능하다. 연속적인 반전은 논리값을 변형시키지 않는다는 점을 이용하여 [그림 3–42(a), (b)]와 같이 AND 입력에 NOT 게이트 및 버블을 넣고, OR 게이트 출력에도 버블과 NOT을 삽입한다. 가운데 부분이 NOR의 연산자 교환 버전임을 인식하고 NOR로 변경되면, [그림 3–42(c)]와 같은 최종적인 'NOR–NOR' 회로를 얻는다.

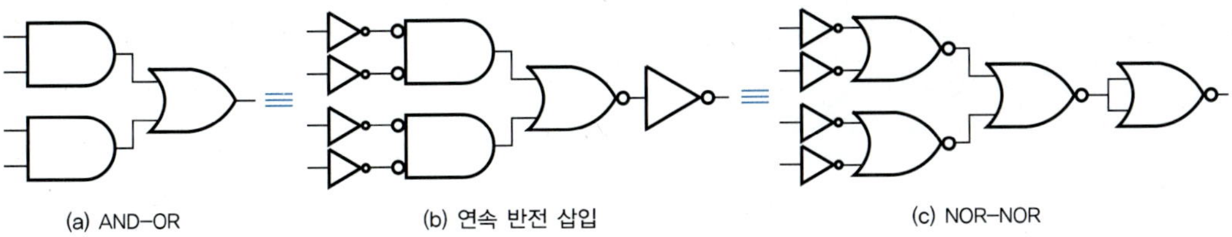

[그림 3–42] AND–OR의 NOR–NOR 변환 과정

예제 3-4 NOR를 이용한 부울식의 회로 구현

다음 논리회로와 같이 구현된 $F = A\overline{B}C + \overline{A}B\overline{C} + AB$를 NOR 회로로 변환하라.

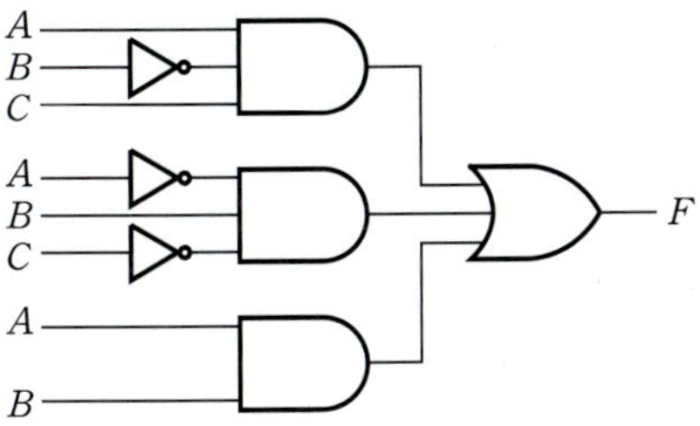

[그림 3–43]

풀이

AND와 OR의 조합 부분을 'AND–OR의 NOR–NOR 변환'을 사용하여 NOR 게이트로 변환한다.

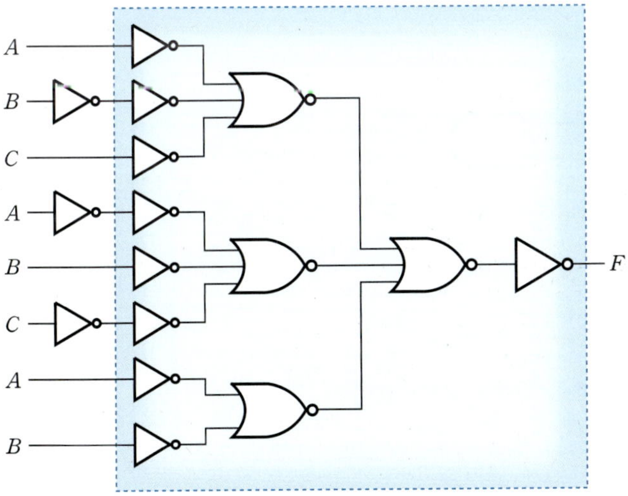

[그림 3–44]

여기서 연속한 두 개의 NOT은 삭제하고, 연속되지 않은 NOT 게이트를 NOR 게이트로 변환하면, 다음과 같은 최종 회로를 얻는다.

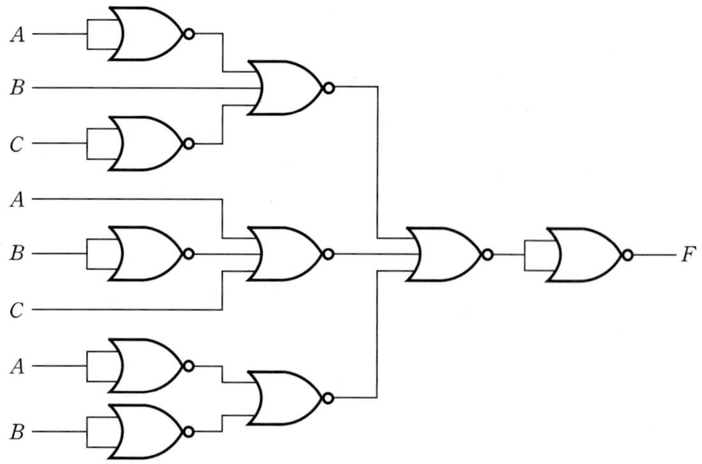

[그림 3-45]

3.2.3 논리회로의 부울식 표현

이 절에서는 논리회로를 부울식으로 표현하는 방법에 대해 학습한다. 주어진 논리회로에서 각 게이트의 출력에 논리신호를 붙여 전개해 나가면 최종 출력단에서 전체 부울식을 얻을 수 있다. 가능하다면 카르노 맵이나 부울대수를 이용하여 최종식을 간략화한다. 한 예로 [그림 3-46]의 논리회로에 대한 부울식을 구해보자.

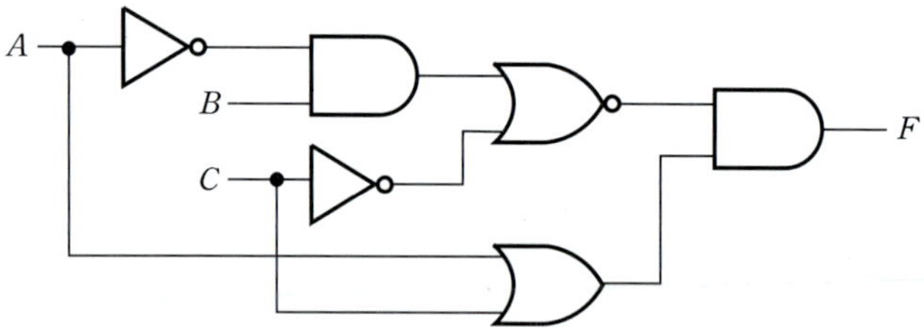

[그림 3-46] 주어진 논리회로

먼저 게이트 각 출력에 해당하는 논리신호를 다음과 같이 표현한다.

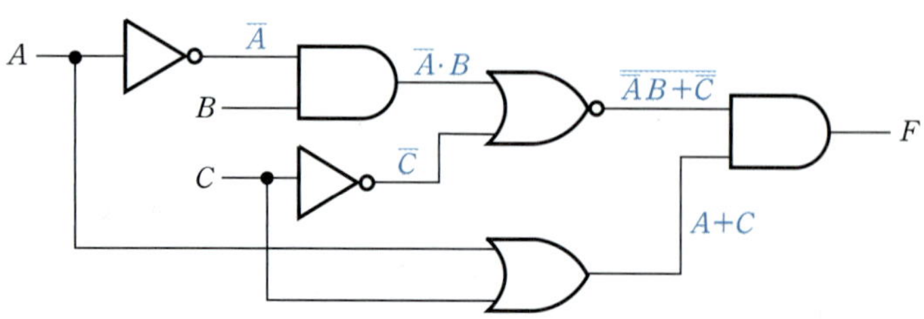

[그림 3-47] 각 게이트 출력의 부울식 전개

출력 F를 A, B, C의 부울식으로 표현하고, 부울대수를 이용하여 간략화한다.

$$\begin{aligned} F &= (\overline{\overline{A}B+\overline{C}})(A+C) = (\overline{\overline{A}B}C)(A+C) = [(A+\overline{B})C](A+C) \\ &= (A+\overline{B})[C(A+C)] = (A+\overline{B})(AC+C) = (A+\overline{B})\cdot C \end{aligned} \quad (3.1)$$

예제 3-5 논리회로의 부울식 표현

다음과 같은 논리회로의 출력 F에 대해 카르노 맵을 이용하여 간략화된 부울식을 구하라.

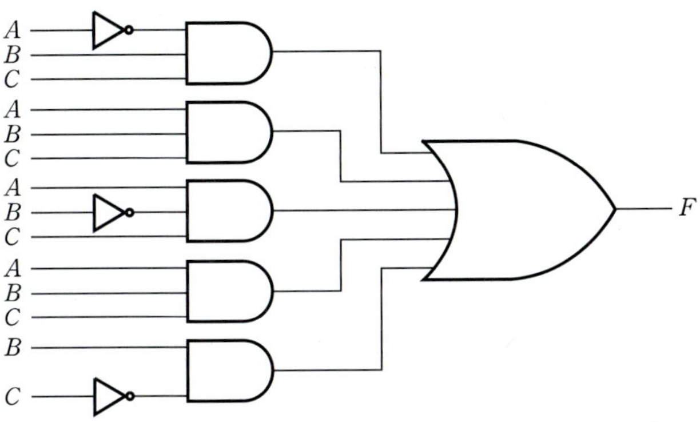

[그림 3-48]

풀이

먼저 각 게이트의 출력 논리신호를 [그림 3-49(a)]처럼 표현한다. 구해진 최종 부울식은 카르노 맵을 이용하여 간략화한다.

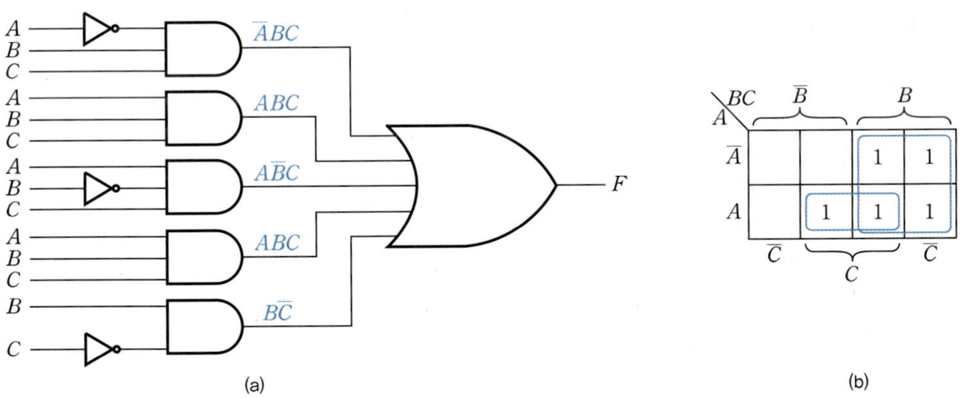

[그림 3-49]

최종 출력 F는 다섯 개 입력의 OR이므로 다음과 같다.

$$F = \overline{A}BC + ABC + A\overline{B}C + ABC + B\overline{C} = B + AC$$

SECTION 3.3 스위치 레벨의 논리회로

논리회로는 AND, OR, NOT 논리 동작에 기반을 두는 게이트들의 조합으로 구성된다. 게이트 회로를 IC로 구현할 때, 게이트의 입·출력신호 'H' 혹은 'L'는 회로상의 공급전압인 V_{DD} 혹은 접지GND로 구현된다. 따라서 논리회로의 내부 동작은 논리신호에 의해 제어되는 스위칭 동작으로서 어떤 전원에 연결되는가 하는 것으로 귀결된다.

제어신호에 의해 온·오프되는 스위치는 실제 반도체상에서 대부분 MOSFET[5]라고 하는 트랜지스터를 이용하는 CMOS 논리(로직)로 구현되므로, 그 원리와 특성을 이해하면 왜 NAND가 AND보다 더 기본 게이트이며, 왜 NAND가 NOR보다 더 유리한지를 이해할 수 있다. MOSFET에는 턴 온 저항과 커패시턴스가 존재하는데 이를 통해 게이트에는 입력과 출력 사이에 지연시간이 있다는 것을 인식할 수 있다. 이러한 트랜지스터 레벨의 동작에 의해 발생하는 게이트의 팬 인 및 팬 아웃 문제는 논리회로의 구성에 큰 영향을 미친다.

이 절에서는 스위치 로직의 개념과 이를 실제로 구현하는 트랜지스터 레벨의 설계를 이해하고, 게이트의 타이밍 특성을 학습한다.

3.3.1 반도체의 극성 QR

반도체semiconductor는 기본적으로 전류가 통하지 않는 부도체에, 도핑doping이라는 불순물 주입 공정을 가하여 전도성을 조절한 물질이다. 이때 도핑농도에 따라 반도체의 전도성이 달라진다. 반도체 극성에 대한 설명은 다음의 QR 코드를 통해 확인할 수 있다.

> **• 심화 주제 : 반도체의 극성**
> 이 파일에서는 트랜지스터를 구성하는 p형 반도체 및 n형 반도체를 제작하는 원리와 반도체에서 전류가 흐르는 원리를 자세히 살펴본다.

5 현재 집적회로에서 가장 많이 쓰이는 트랜지스터의 종류로서 금속-산화막-반도체 전계효과 트랜지스터(Metal-Oxide-Semiconductor Field Effect Transistor)이다.

3.3.2 MOSFET의 소개 QR

대부분의 디지털 논리회로는 트랜지스터들의 집합체인 집적회로IC : Integrated Circuit로 구현되므로, 실제로 논리회로를 만드는 가장 기본적인 단위는 트랜지스터transistor이다. 트랜지스터는 제조 과정과 동작 원리에 따라 MOSFET(MOS 전계효과 트랜지스터)Metal-Oxide-Semiconductor Field Effect Transistor, BJT(바이폴라 접합 트랜지스터)Bipolar Junction Transistor, JFET(접합 전계효과 트랜지스터)Junction Field Effect Transistor 등 다양한 종류가 있으나, 오늘날에는 대부분 MOSFET를 사용하는 CMOSComplementary Metal Oxide Semiconductor 공정을 활용한다. MOSFET에 대한 설명은 다음의 QR 코드를 통해 확인할 수 있다.

- **심화 주제 : MOSFET의 소개**
  이 파일에서는 MOS의 구조에 대해 알아본 후 전계효과를 이용하여 만들어진 트랜지스터인 MOSFET의 동작 원리를 살펴본다.

3.3.3 스위치 로직

트랜지스터 심볼

[그림 3-50]은 MOSFET 구조를 도식적인 심볼로 나타낸 것으로서 게이트(G), 소오스(S), 드레인(D)을 표기한다. MOSFET는 제조상의 반도체의 극성에 따라 NMOS 트랜지스터와 PMOS 트랜지스터로 구분된다. MOSFET을 선형영역[6]에서 동작시키면 채널이 형성되어 저항이 되며, 차단영역에서 동작시키면 채널이 끊어져 전류가 차단된다. [그림 P3-5(b)][7]와 같은 NMOS의 경우 게이트에 'H'를 가하면, 채널이 형성되어 소오스와 드레인이 연결되고(ON 상태), 'L'를 가하면 채널이 형성되지 않아 소오스와 드레인의 연결이 끊어진다(OFF 상태). 이는 마치 게이트의 논리값에 따라 ON/OFF가 제어되는 스위치와 같다.

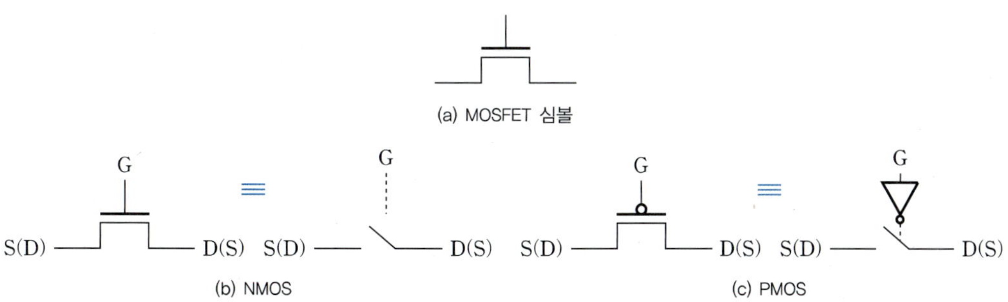

[그림 3-50] MOS 스위치의 심볼

6 MOSFET을 선형영역에서 동작시키면 저항이 되고, 포화영역에서 동작시키면 전류원이 된다.
7 [그림 P3-5]는 3.3.2절의 QR 코드를 통해 확인할 수 있다.

PMOS의 경우는 반대로 게이트에 'L'를 가하면 [그림 P3-5(b)]와 같이 채널이 형성되어 소오스와 드레인이 연결되고, 'H'를 가하면 채널이 형성되지 않아 소오스와 드레인의 연결이 끊어진다. 즉 NMOS 스위치의 경우와는 반대 동작이므로, NMOS 스위치의 게이트(G) 논리값에 NOT 게이트를 통과시키는 것과 같다고 볼 수 있다. 따라서 PMOS는 MOS 스위치에 NOT 게이트를 의미하는 작은 원(버블)을 붙인다. 이는 마치 NMOS 스위치의 게이트에 반전된 제어신호가 입력되는 것과 같다.

스위치 레벨의 논리회로

[그림 3-51]은 NMOS 스위치의 직렬연결, 병렬연결 및 혼성연결을 이용한 논리 구현의 예를 보인 것이다.

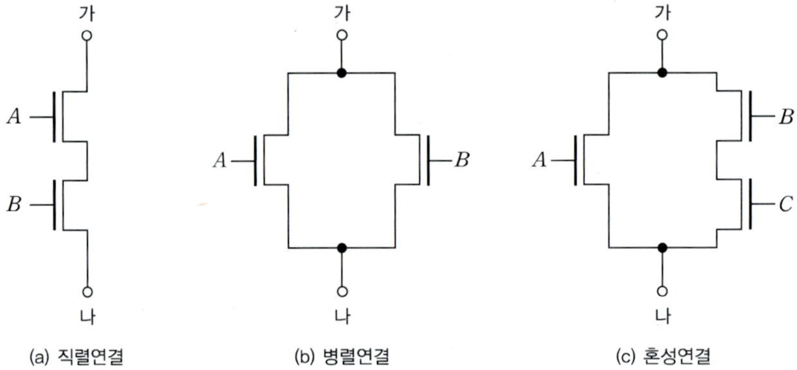

[그림 3-51] NMOS 스위치 논리(로직)

'가' 지점과 '나' 지점이 연결되는 것을 논리값 1로 정의하고, 끊어지는 것을 논리값 0으로 정의한다. [그림 3-51(a)]와 같은 직렬연결의 경우에는 A 및 B 입력이 모두 'H'일 때 두 스위치는 연결되어 논리값이 1이 된다. 만약 두 입력 중에 어느 하나라도 0이 있으면 연결이 끊어지면서 0이 출력된다. 따라서 두 지점의 연결 여부를 출력 F로 나타내면 $F = AB$로 표현할 수 있으므로, 이 연결은 AND 논리(로직)를 구현한다. [그림 3-51(b)]의 병렬연결에서는 두 입력 A, B 모두 'H'일 때는 물론, 둘 중 어느 하나라도 'H'이면 가와 나 지점이 연결되므로, 이 연결은 OR 논리(로직)를 구현한다 ($F = A + B$). [그림 3-51(c)]는 직렬과 병렬이 혼재된 연결이다. 왼쪽 경로의 논리(로직)는 A이고 오른쪽 경로는 BC이므로, 두 지점이 연결되는 경우는 A 스위치가 닫히거나 혹은 B와 C 스위치가 동시에 닫히는 경우이다. 즉, 구현되는 전체 논리식은 $F = A + BC$이다.

PMOS 스위치를 이용하여 논리식을 구현할 수도 있다. [그림 3-52]는 PMOS 스위치의 직렬연결, 병렬연결, 혼성연결을 이용한 논리 구현의 예를 나타낸다.

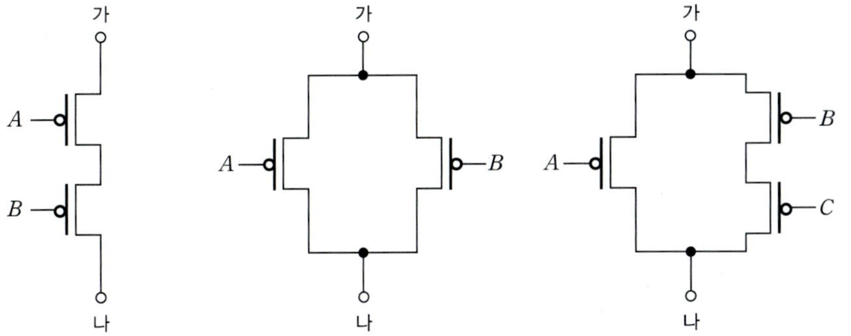

(a) 직렬연결 (b) 병렬연결 (c) 혼성연결

[그림 3-52] PMOS 스위치 논리(로직)

[그림 3-52(a)]와 같이 직렬연결의 경우에는 A 및 B 입력이 모두 'L'일 때 두 스위치는 ON이 되어 연결된다. 만약 두 입력 중에 어느 하나라도 1이 있으면 연결이 끊어지므로 0이 출력된다($B=0$이고 $C=0$일 때 $F=1$). 따라서 두 지점의 연결 여부를 출력 F로 나타내면 $F=\overline{A}\,\overline{B}=\overline{A+B}$이므로, 이 연결은 NOR 논리(로직)를 구현한다. [그림 3-52(b)]의 병렬연결에서는 두 입력 A, B 모두 'L'이거나 둘 중 어느 하나라도 'L'이면 '가'와 '나' 지점이 연결되므로, 이 연결은 NAND 논리(로직)를 구현한다($F=\overline{A}+\overline{B}=\overline{AB}$). 직렬과 병렬이 혼성된 [그림 3-52(c)]에서 두 지점이 연결되는 경우는 A 스위치가 닫히거나, 혹은 B와 C 스위치가 동시에 닫히는 경우이다. 왼쪽 경로가 닫히는 입력 논리는 $\overline{A}$이고($A=0$), 오른쪽 경로가 닫히는 논리는 $\overline{B}\cdot\overline{C}$이므로($B=0$이고 $C=0$), 전체 논리식은 $F=\overline{A}+\overline{B}\,\overline{C}=\overline{A(B+C)}$이다.

3.3.4 CMOS 게이트 QR

앞서 언급한 스위치 논리(로직)를 이용하면 매우 효과적으로 원하는 논리 게이트를 만들 수 있다. CMOS 게이트에 대한 설명은 다음의 QR 코드를 통해 확인할 수 있다.

- **심화 주제 : CMOS 게이트**

이 파일에서는 NMOS 및 PMOS 스위치를 사용하여 CMOS 논리를 구성하는 원리와 다양한 CMOS 게이트를 설계하는 기법을 학습한다.

3.3.5 팬 인 및 팬 아웃

팬 인fan-in은 어떤 게이트 입력단에 접속된 입력의 수를 말하며, 팬 아웃fan-out은 어떤 게이트의 출력에 연결된 자신과 같은 부하loading 게이트의 수를 말한다. 예를 들어 [그림 3-53(a)]의 NAND 게이트는 입력의 수가 4이므로 (팬 인)= 4이다. [그림 3-53(b)]에서 인버터1은 구동 게이트이고 출력에 연결된 세 개의 인버터는 구동 인버터1의 부하load로 작동한다. 부하 인버터의 수가 많아질수록 구동의 부담이 늘어나서 지연시간이 늘어날 것이다. 인버터1은 자기와 똑같은 크기의 인버터 세 개를 구동하고 있으므로, 인버터1의 (팬 아웃)= 3이라고 말한다. 즉, 팬 아웃은 부하회로 크기에 대한 구동회로 크기의 비라고 할 수 있다.

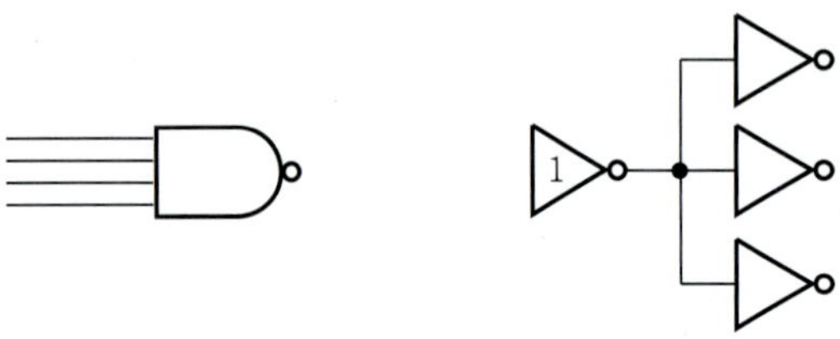

(a) (팬 인) = 4 (b) (팬 아웃) = 3

[그림 3-53] 게이트의 팬 인과 팬 아웃의 예

팬 인

팬 인의 수는 일반적으로 4 이하로 제한되며, 최대 8을 넘어서기 어렵다. 왜 그럴까? 이를 이해하기 위해 CMOS 게이트의 동작을 살펴보자. [그림 3-54(a)]는 n-입력 NAND 게이트의 NMOS 부분을 나타낸다.

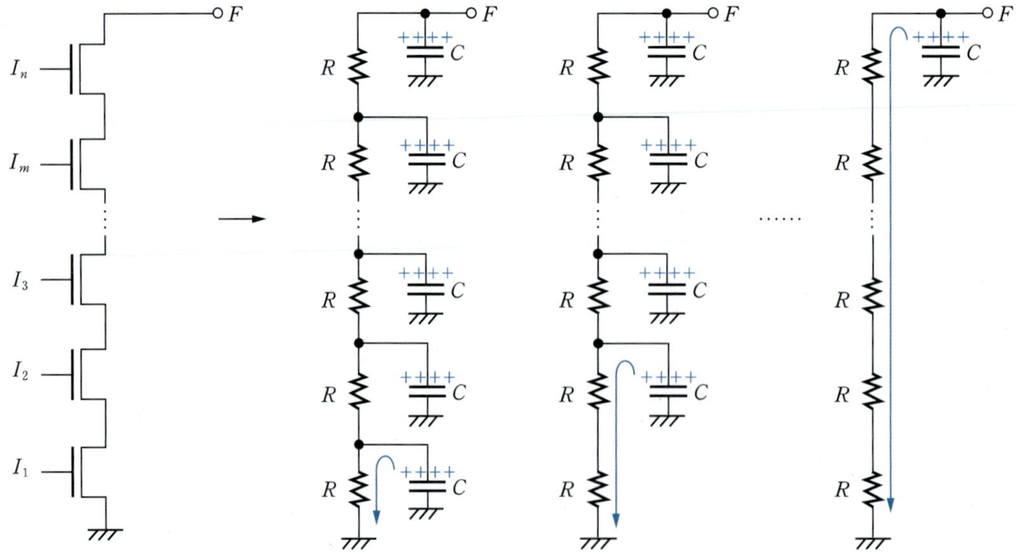

(a) NAND 게이트의 NMOS (b) RC (c) $2RC$ (d) nRC

[그림 3-54] (팬 인) $= n$일 때의 게이트 전송 속도의 해석 모델

초기 상태에서 출력 F는 V_{DD}로 충전되어 있으며, 트랜지스터의 입력에는 아래로부터 I_1에서 I_n까지의 입력이 가해지고 있다고 가정한다. 트랜지스터가 턴 온 turn-on 되면 [그림 3-54(b)]와 같이 저항으로 모델링할 수 있다. 또한 각 트랜지스터의 소오스 및 드레인 접합 부분에는 접합 커패시턴스가 존재한다.

이러한 저항값을 R, 접합 커패시턴스를 C라고 가정하자. 초기 상태에서 각 드레인 노드가 모두 V_{DD}이므로, I_1 트랜지스터를 제외한 모든 트랜지스터는 OFF 상태이다. I_1 트랜지스터가 턴 온되면, 드레인 노드가 RC 시정수 time constant [8] 동안 방전된다. 이제 I_2 트랜지스터의 소오스 전압이 충분히 낮아졌으므로 I_2 트랜지스터가 방전되기 시작하고, 이번에는 [그림 3-54(c)]와 같이 $2RC$의 방전시간이 소요된다. 이러한 방식으로 I_3, I_4, ⋯ 등이 차례로 방전되고, I_n 트랜지스터는 nRC 시간 동안에 방전되어 F를 GND로 끌어내린다. 따라서 최종 출력 F가 방전되는 과정에서 소요되는 총 시간은 식 (3.2)와 같다.

$$\tau = RC + 2RC + 3RC + \cdots + nRC = \frac{n(n+1)}{2}RC = \frac{n^2+n}{2}RC \tag{3.2}$$

여기서 주목해야 할 부분은 팬 인의 수 n^2에 비례하는 항이 생긴다는 점이다. 즉 n 값이 커지면, 제곱에 비례하는 성분에 의해 지연시간이 급격히 증가한다. 따라서 일반적인 디지털 회로의 동작 속도인 수백 MHz 정도에서는 (팬 인)$=4$를 넘어서지 않도록 설계한다.

팬 아웃

하나의 논리 게이트의 출력이 몇 개의 같은 논리 게이트를 구동하는가를 팬 아웃이라고 한다. [그림 3-55(a)]의 NMOS 트랜지스터는 구동 게이트의 출력 트랜지스터를 나타내고, NMOS 트랜지스터의 드레인에 연결된 C는 부하 게이트의 입력단 커패시턴스를 나타낸다. 따라서 n개의 부하 게이트가 연결되어 있다면, 이 회로는 n개의 커패시턴스의 병렬연결로 모델링할 수 있으므로 [그림 3-55(b)]와 같이 한 개의 nC 커패시턴스로 뭉쳐진다.

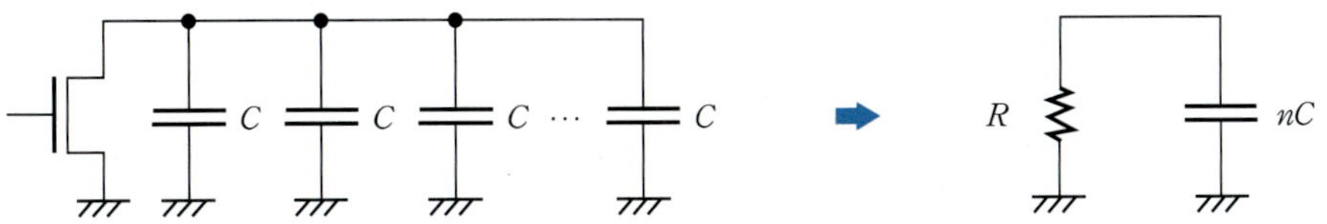

(a) 팬 아웃에 해당하는 부하 커패시턴스 모델 (b) (a)의 등가회로

[그림 3-55] (팬 아웃)$=n$일 때의 게이트 전송 속도의 해석 모델

출력을 V_{DD}에서 GND로 방전하는 경우의 시정수를 보면 식 (3.3)과 같다.

$$\tau = nRC \tag{3.3}$$

8 R과 C의 곱은 시간의 차원이 되며, 약 63%의 전압이 충·방전되는 시간이다.

따라서 지연시간은 팬 아웃 n 값에 비례한다. 이러한 고찰로부터 지연시간의 관점에서 팬 인이 팬 아웃보다 더 심각한 문제를 야기할 수 있음을 알 수 있다.

3.3.6 다단 게이트

입력에서부터 출력까지 직렬연결되는 게이트의 수를 단 수라고 한다.[9] 팬 인이 5 이상이 되면 회로의 속도가 현저히 느려지므로[10] 단 수를 늘려서 다단 multi-stage 게이트 설계를 통해 지연시간을 크게 희생하지 않고도 같은 논리 동작을 수행할 수 있다. 예를 들어 $F=ABCDEF$는 6-입력이므로(팬 인 $=6$) 한 개의 6-입력 AND를 사용하기보다는 [그림 3-56]과 같이 $F=(ABC)\cdot(DEF)$로 변환하여 두 개의 3-입력 AND 및 한 개의 2-입력 AND로 다단계 구현한다. 2단 게이트 설계의 경우, 두 단의 지연을 거치므로 지연시간이 늘어날 것 같지만, 팬 인이 원래의 절반인 3이므로 각 단에서의 지연이 훨씬 작아져서 (팬 인)$=6$인 경우보다 훨씬 더 지연시간을 줄일 수 있다.

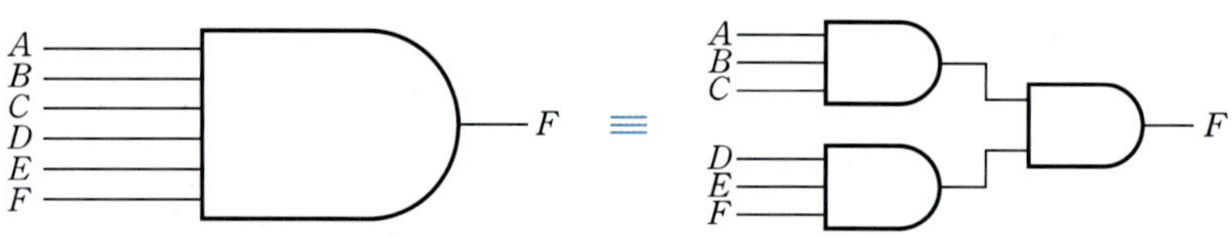

(a) 팬 인 = 6 (b) 팬 인 = 3

[그림 3-56] 팬 인을 고려한 게이트 변환

예제 3-6 다단 게이트 구현

5-입력 OR 연산 $F=A+B+C+D+E$를 한 개의 3-입력 OR, 두 개의 2-입력 OR로 다단계 구현하라.

풀이

$F=(A+B+C)+(D+E)$로 나누어 다음과 같이 구현한다.

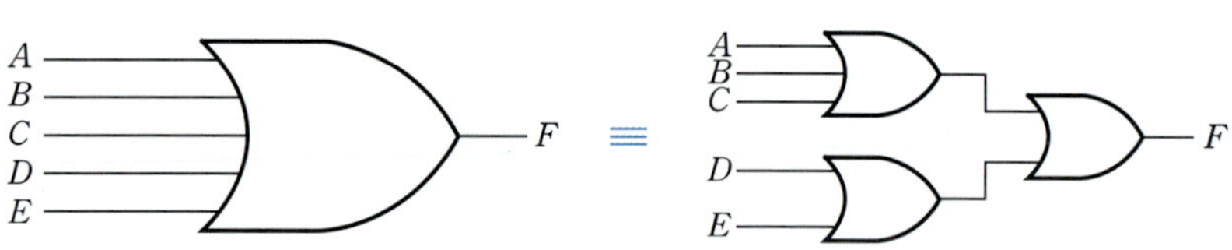

[그림 3-57]

9 부논리 입력은 정논리 입력과 같은 시점에 들어온다고 가정하므로 부논리 입력을 만들기 위한 인버터는 단 수로 세지 않는다.

10 다단 설계는 여러 단을 지나므로 출력까지의 지연이 더 클 것 같지만, 과다한 팬 인을 해소할 수 있으므로 속도가 더 빨라진다.

예제 3-7 다단 반전 게이트 구현

8-입력 AND 게이트를 (팬 인)=4 이하의 반전 논리를 이용하여 다단으로 구현하라.

풀이

네 개씩의 입력신호를 묶어서 다음과 같이 드 모르강의 법칙을 적용한다.

$$(I_1I_2I_3I_4)\cdot(I_5I_6I_7I_8)=\overline{\overline{(I_1I_2I_3I_4)}+\overline{(I_5I_6I_7I_8)}}$$

위의 논리식은 다음과 같은 NAND 및 NOR 기반의 회로로 변환된다.

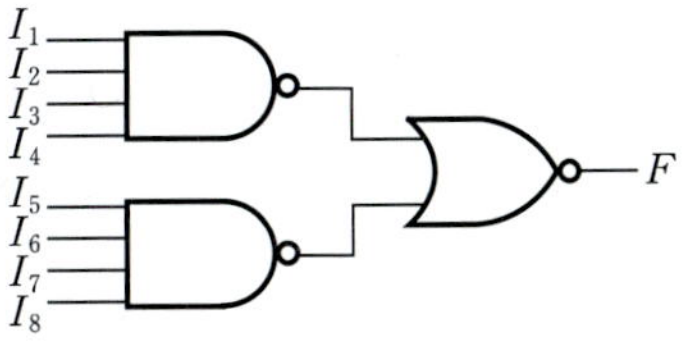

[그림 3-58]

SOP의 다단 설계

최소항의 합으로 표현된 논리식을 축약하여 SOP로 표현하면 AND-OR의 2단 게이트 설계가 된다. 만약 항에 걸쳐 있는 공통인수를 묶어내서 부분적인 인수분해를 한다면 팬 인을 줄이고 단 수를 늘일 수 있다. 예를 들어, 최소항의 합 $F(A,B,C)=\Sigma m(1,3,4,5,6)$을 [그림 3-59]와 같이 카르노 맵으로 축약하면 $F=\overline{A}C+A\overline{B}+A\overline{C}$의 SOP를 얻는다.

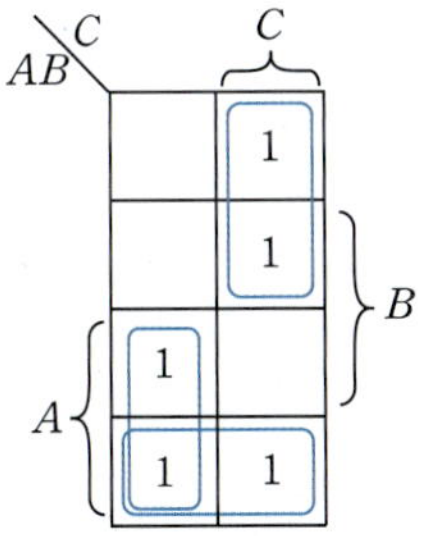

[그림 3-59] 카르노 맵을 이용한 SOP 축약

이는 [그림 3-60]과 같은 AND-OR의 2단 게이트 회로가 된다.

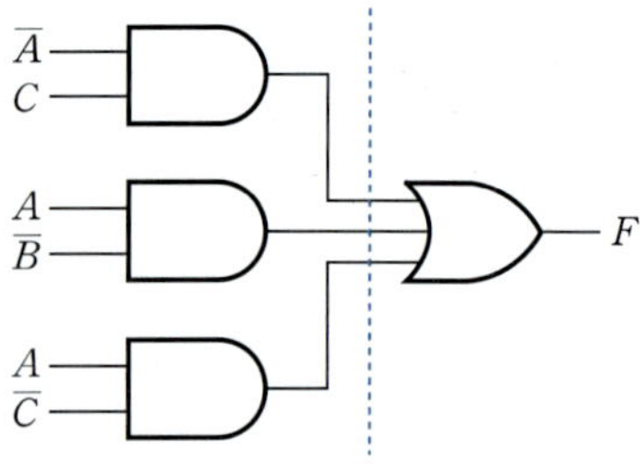

[그림 3-60] SOP의 AND-OR의 2단 게이트 회로

F에서 부분적으로 A를 공통인수로 묶으면 $F = \overline{A}C + A(\overline{B} + \overline{C})$가 되어 [그림 3-61]과 같은 OR-AND-OR의 3단 게이트 회로가 된다.

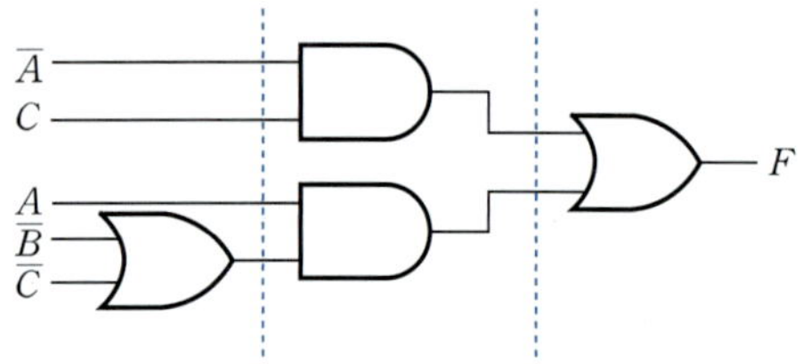

[그림 3-61] OR-AND-OR의 3단 게이트 회로

POS의 다단 설계

POS로 논리회로를 구현하면 OR-AND의 2단 게이트 설계가 된다. 만약 인수들을 부분적으로 전개한다면 팬 인을 줄이고 단 수를 늘릴 수 있다. 예를 들어, 최대항의 곱 $F(A, B, C) = \Pi M(0, 2, 7)$을 [그림 3-62]와 같이 카르노 맵으로 축약하면 다음과 같다.

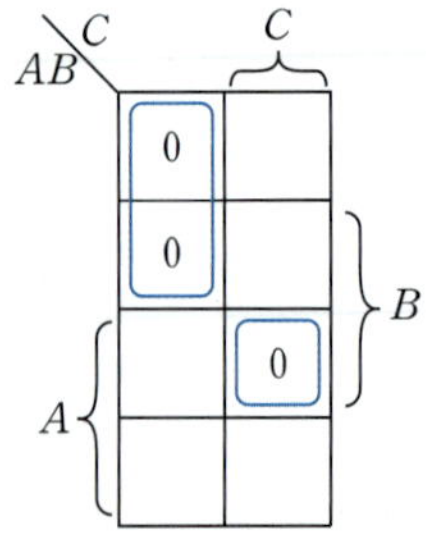

[그림 3-62] 카르노 맵을 이용한 POS 축약

그다음에는 논리를 간략화하여 최소 부울식을 구하고 $\overline{F} = \overline{A}\,\overline{C} + ABC$의 POS를 얻는다. 여기에 드 모르강의 법칙을 적용하여 $F = (A + C)(\overline{A} + \overline{B} + \overline{C})$를 구하면 [그림 3-63]과 같은 AND-OR의 2단 게이트 회로가 된다.

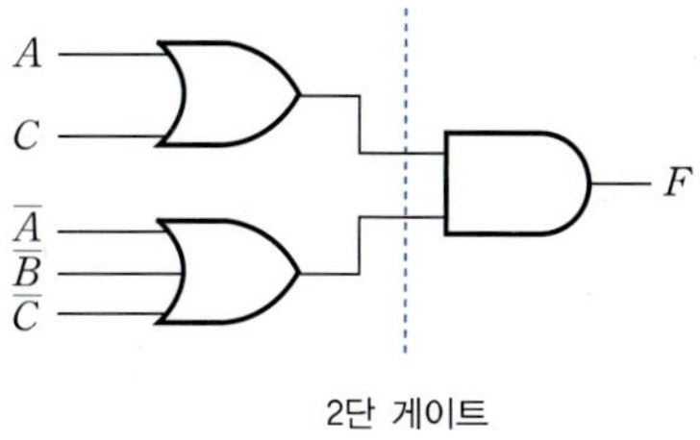

[그림 3-63] POS의 OR-AND의 2단 게이트 회로

F에서 $(A+C)$ 인수를 공통으로 전개하면 $F=(A+C)(\overline{A}+\overline{B})+(A+C)\overline{C}$가 되고, 제2분배법칙을 사용하면 $F=\overline{A}\,C+A\overline{B}+A\overline{C}=\overline{A}\,C+A(\overline{B}+\overline{C})$가 되어 [그림 3-64]와 같은 OR-AND-OR의 3단 게이트 회로가 된다.

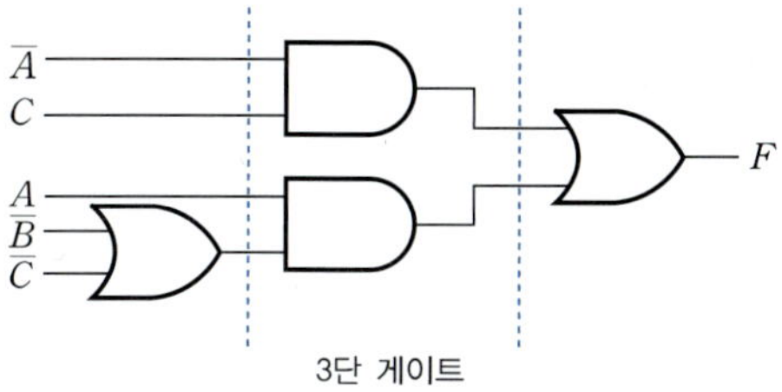

[그림 3-64] OR-AND-OR의 3단 게이트 회로

정리해보면, SOP는 AND-OR의 2단 회로이며 항을 부분적으로 인수분해하면 단 수는 늘어나고 팬인은 줄어든다. 그리고 POS는 OR-AND의 2단 회로이며 인수를 부분적으로 전개하면 단 수는 늘어나고 팬 인은 줄어든다.

SECTION 3.4 게이트의 제어 동작

지금까지 우리는 AND, OR, NAND, NOR 등의 기본적인 게이트를 바라볼 때, 출력신호는 입력신호들의 논리 조합에 의해 결정되는 것으로 생각하였다. 예를 들어 "AND2[11]에서 두 입력이 모두 1이면 출력이 1이 된다."고 이해하였다. 그러나 디지털 회로를 해석하거나 설계할 때, 게이트를 입력신호의 흐름을 제어하는 스위치로 봐야 할 경우가 있다. 이 절에서 학습하는 게이팅^gating^이란 **제어신호에 따른 입력신호의 스위칭(통과 혹은 차단)**을 의미한다. 이러한 시각은 복잡한 조합논리회로에서 신호가 흐르는 경로를 파악하고, 전체 회로의 동작을 직관적으로 이해하는 데 큰 도움이 된다.

3.4.1 게이팅

[그림 3-65]에서 2-입력 게이트인 AND2 및 OR2의 동작을 살펴보자. 여기서 A는 입력신호이며, 제어신호 C에 따라 입력신호가 출력단에 어떻게 전달되는가를 관찰하고자 한다.

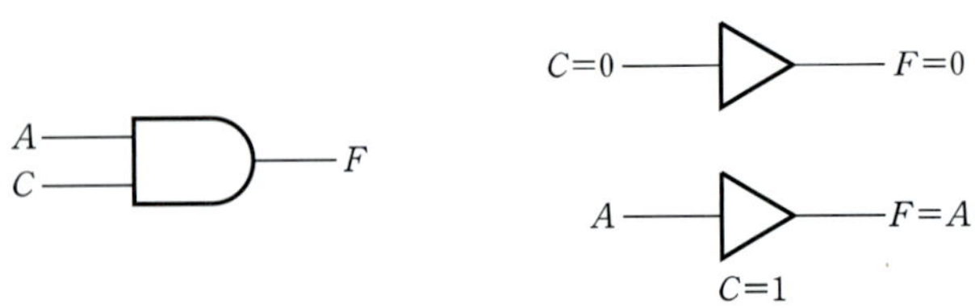

C	F
0	0
1	A

(a) AND 게이트

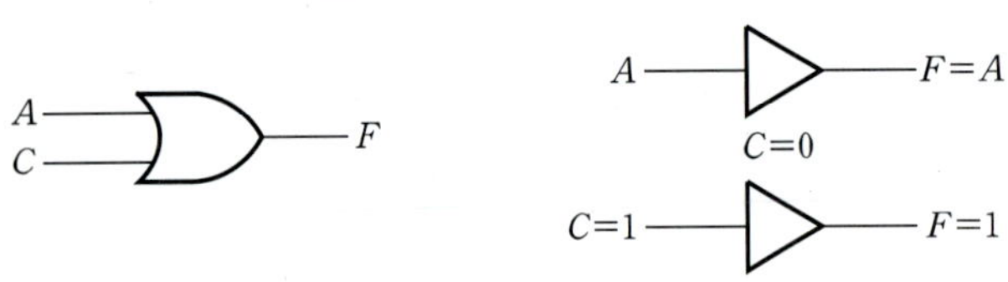

C	F
0	A
1	1

(b) OR 게이트

[그림 3-65] 비반전 게이트를 이용한 입력신호의 게이팅

AND 게이트의 경우, 제어신호가 0이면 게이트는 입력을 차단하고 출력을 무조건 0으로 만든다(즉, 통과시키지 않는다). 제어신호가 1일 때는 입력이 게이트를 통과하여 그대로 출력된다는 것을 알 수 있다. 반면 OR 게이트는 제어신호가 1일 때 입력을 차단하고 출력을 무조건 1로 강제하며, 제어신호

11 2-입력 AND를 AND2로 간략하게 표현한다. 같은 맥락에서 3-입력 OR의 경우는 OR3로 표현한다.

가 0일 때 입력신호를 그대로 통과시킨다. 즉, 입력이 통과될 때는 마치 버퍼(완충) buffer처럼 동작하여 [그림 3-65]의 각 오른쪽과 같은 진리표를 얻을 수 있다.

이제는 NAND 게이트 및 NOR 게이트의 동작을 살펴보자.

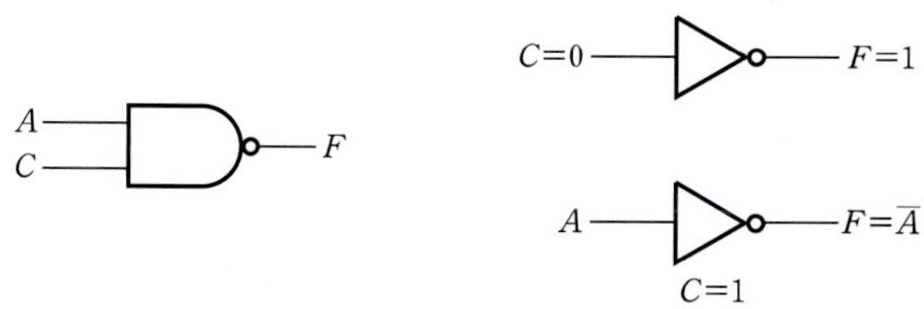

C	F
0	1
1	$\overline{A}$

(a) NAND 게이트

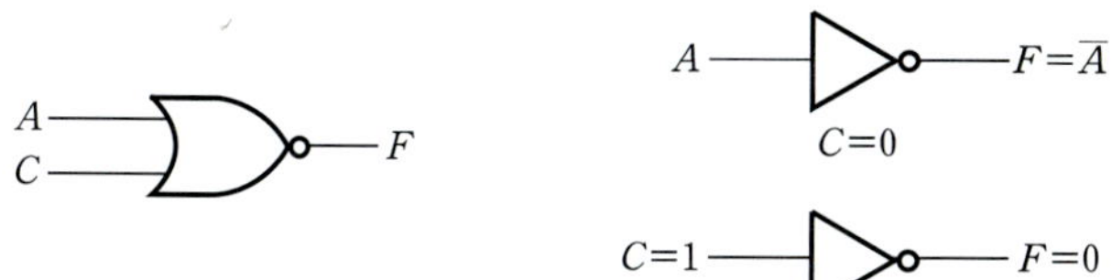

C	F
0	$\overline{A}$
1	0

(b) NOR 게이트

[그림 3-66] 반전 게이트를 이용한 입력신호의 게이팅

NAND 게이트는 제어신호가 0이면 입력을 차단하고 출력을 1로 만든다. 반면, 제어신호가 1인 경우에는 입력을 통과시키고 반전시킨다(버블은 반선을 의미한다). NOR 게이트는 제어신호가 0인 경우, 입력신호를 반전시켜 통과시키고, 1인 경우에는 입력을 차단하고 출력을 0으로 만든다. NAND 및 NOR 게이트는 입력을 통과시킬 때 마치 인버터 inverter처럼 동작하여 [그림 3-66]의 각 오른쪽과 같은 진리표를 얻을 수 있다.

이번에는 [그림 3-67]의 XOR 및 XNOR 게이트를 살펴보자.

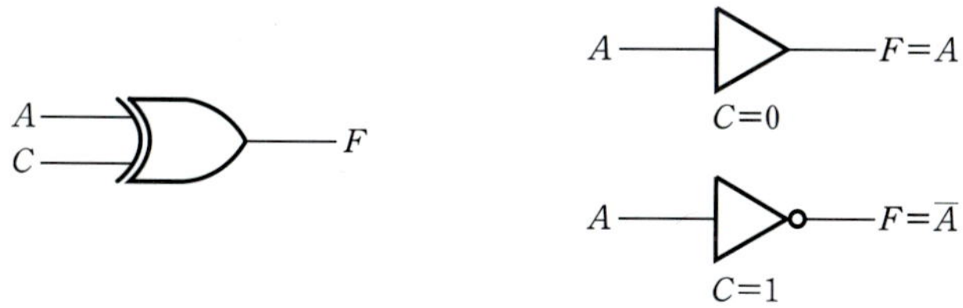

C	F
0	A
1	$\overline{A}$

(a) XOR 게이트

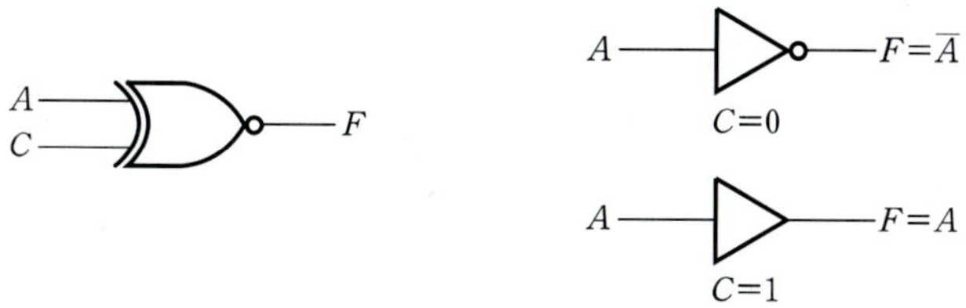

C	F
0	$\overline{A}$
1	A

(b) XNOR 게이트

[그림 3-67] XOR/XNOR 게이트를 이용한 입력신호의 게이팅

XOR 게이트는 제어신호가 0이면 비반전 입력을 통과시키고, 제어신호가 1이면 반전 입력을 통과시킨다. 이와 반대로 XNOR 게이트는 제어신호가 0이면 반전 입력을 통과시키고, 제어신호가 1이면 비반전 입력을 출력한다. 즉, 제어신호에 따라 인버터 혹은 버퍼처럼 동작한다.

예제 3-8 논리도에서의 게이팅 해석

다음과 같은 논리도에서 입력 $I=0$일 때 출력 F의 논리식을 구하라.

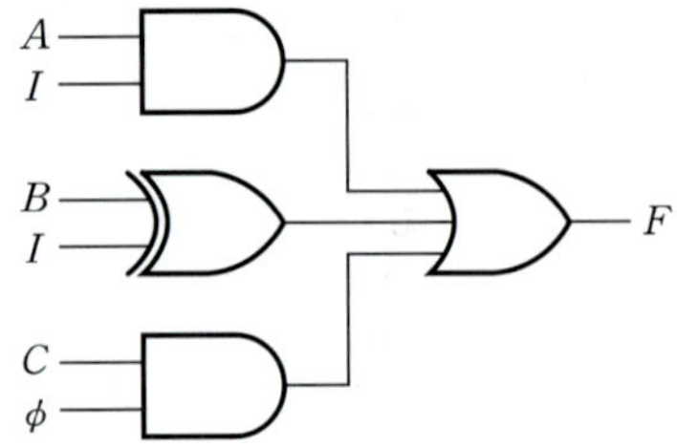

[그림 3-68]

풀이

게이팅을 적용하면 각각의 게이트의 출력은 [그림 3-69]와 같다. OR3의 경우 한 입력이 0이면 다른 두 입력이 OR 결과인 $A+\overline{B}$를 통과시킨다.

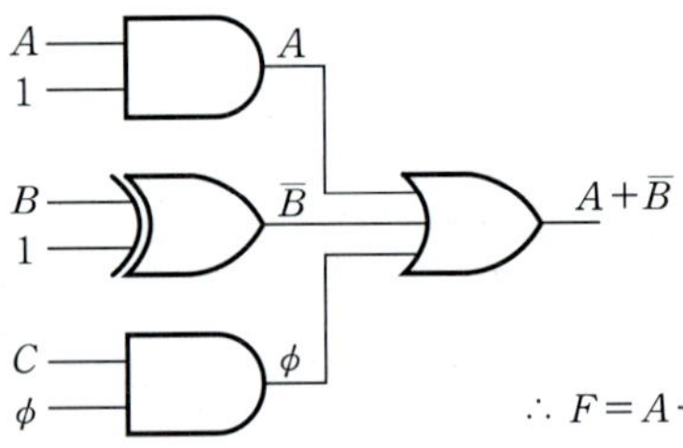

$\therefore\ F=A+\overline{B}$

[그림 3-69]

예제 3-9 CMOS 게이트에서의 게이팅 해석

다음과 같은 CMOS 회로에서 출력 F의 논리식을 구하라.

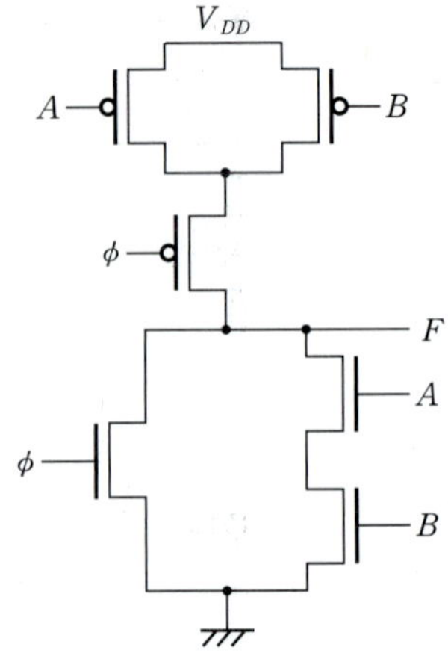

[그림 3-70]

풀이

주어진 복합게이트는 $F=\overline{AB+0}$으로 다음과 같다.

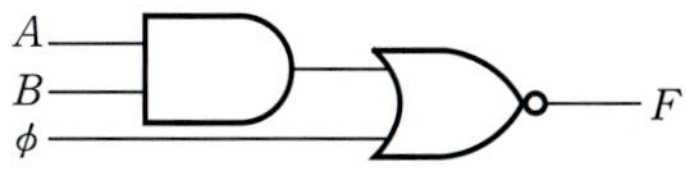

[그림 3-71]

게이팅을 적용하면 NOR의 제어신호가 0으로서 $A \cdot B$를 반전 통과시키므로 $F=\overline{AB}$이다. 또는 0입력이 가해지는 PMOS 트랜지스터는 ON이고 NMOS 트랜지스터는 OFF이므로 $F=\overline{AB}$의 2-입력 NAND 게이트가 된다.

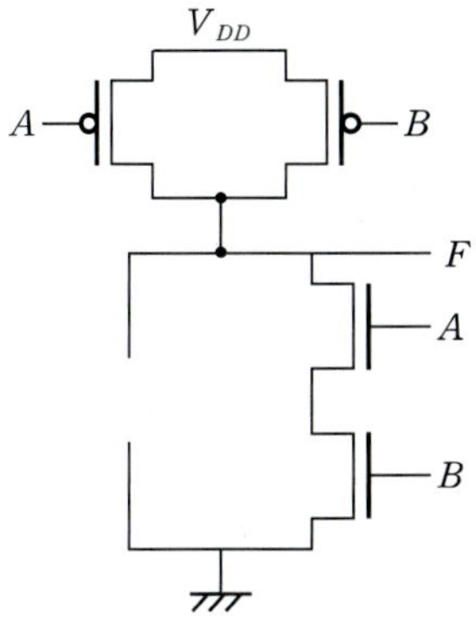

[그림 3-72]

3.4.2 3상 게이트

2진법을 사용하는 디지털 시스템에서 지금까지의 게이트는 모두 '로우 임피던스 low impedance' 출력단을 가정하여 'H' 혹은 'L' 중 하나의 값을 반드시 구동하는 것으로 가정하였다. 그러나 실제 회로에서는 한 가지 상태가 더 추가되는 경우가 있다. [그림 3-73]은 풀업 pull-up과 풀다운 스위치를 따로 제어할 수 있는 버퍼의 세 가지 출력 상태에 따른 동작을 모델링한 것이다.

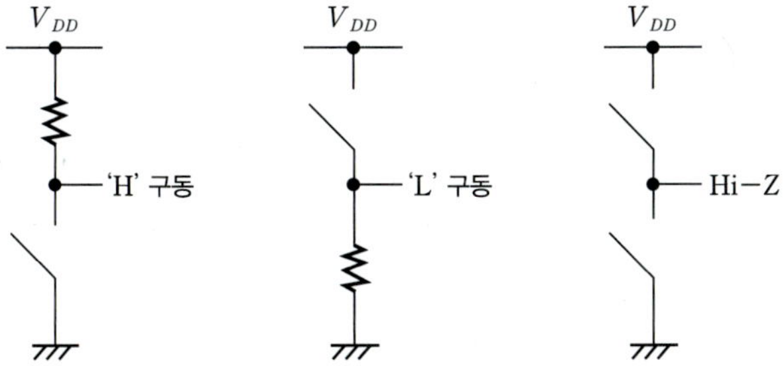

(a) 'H' 출력 (b) 'L' 출력 (c) Hi-Z 출력

[그림 3-73] 게이트의 출력 상태 모델

[그림 3-73(a)]와 같이 출력단이 'H'를 구동할 때는 공급전압 V_{DD}가 저항을 통해 출력단에 연결된다. 이 저항은 풀업 스위치(PMOS 트랜지스터)의 턴 온 저항을 모델링한 것이다. 이때 접지 경로 쪽의 풀다운 스위치(NMOS 트랜지스터)는 오프 상태이다.

[그림 3-73(b)]와 같이 출력단이 'L'를 구동할 때는 접지가 저항을 통해 출력단에 연결된다. 이 저항은 풀다운 스위치(NMOS 트랜지스터)의 턴 온 저항을 모델링한 것이다. 이때 전원 경로 쪽의 스위치(PMOS 트랜지스터)는 오프 상태이다.

[그림 3-73(c)]는 풀업 및 풀다운 트랜지스터가 모두 오프된 상태로, 출력단은 게이트와 분리된다. 게이트는 출력단을 구동하지 않으므로 출력전압은 떠 있게 되어 이 회로만으로는 전압이 결정되지 않는다. 이렇게 게이트가 분리되어 구동하지 않는 상태를 '하이 임피던스 high impedance' 상태라고 하고, Hi-Z로도 표기한다. 두 스위치가 모두 동시에 턴 온되는 경우는 정의되지 않는다.

결론적으로 어떤 2진 게이트가 출력할 수 있는 상태는 다음의 세 가지가 있다.

2진 게이트가 출력할 수 있는 세 가지 상태
- 'H' 상태 : 로우 임피던스
- 'L' 상태 : 로우 임피던스
- 'Hi-Z' 상태 : 하이 임피던스

이러한 세 가지 상태를 모두 구현할 수 있는 게이트를 3상 게이트 tri-state gate라고 한다. 그렇다면 이러한 3상 게이트가 꼭 필요한 경우는 어떤 상황일까?

3상 게이트의 활용

[그림 3-74]는 3상 게이트가 꼭 필요한 대표적인 응용 예를 보인다. PCB 모듈에 한 개의 마스터 칩과 N개의 슬레이브 칩이 한 비트의 데이터 선(버스 bus)을 공유하고 있다고 가정하자.[12] [그림 3-74]에서 각 슬레이브 칩의 출력 버퍼 및 마스터 칩의 입력 버퍼는 인버터로 구성된다. 여기서는 슬레이브 칩 #1의 'H' 데이터를 마스터 칩이 읽어가는 '읽기 read' 동작을 보여주고 있다.

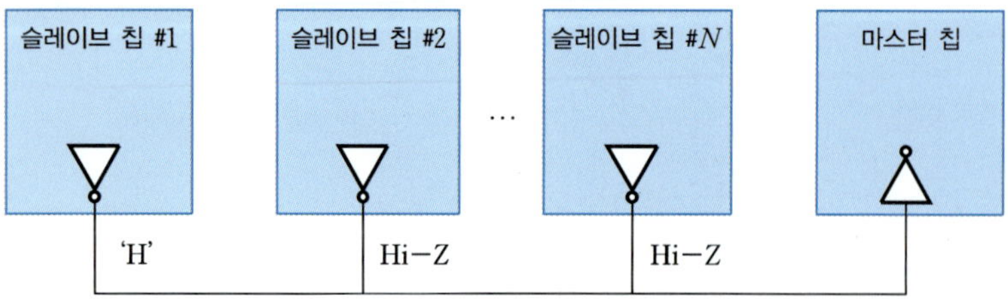

[그림 3-74] 3상 게이트가 필요한 버스 시스템

12 이러한 모델은 메모리 모듈에서 매우 유용하게 적용된다.

N개의 출력 버퍼가 모두 같은 데이터 선을 공유하므로, 이들 데이터가 서로 다르면 데이터 간에 충돌이 일어나 데이터 오류가 발생할 뿐만 아니라, 큰 전류가 흐르면서 출력 버퍼가 망가질 수도 있다. 이러한 현상을 데이터 충돌data contention이라고 한다. 데이터 충돌을 방지하려면 마스터 칩은 한 개의 슬레이브 칩만을 선택해야 한다. 이때 선택된 칩은 'H' 혹은 'L'의 로우 임피던스를 구동하고, 선택되지 않은 나머지 칩들은 Hi-Z를 구현하여 출력 버퍼가 버스로부터 분리되어야 한다.

[그림 3-75]는 많이 사용되는 양방향 입·출력 핀pin [13]의 구조를 보인 것이다. 양방향 데이터 핀은 일반적으로 DQ로 나타낸다. 여기서 D는 입력 데이터를, Q는 출력 데이터를 의미한다.

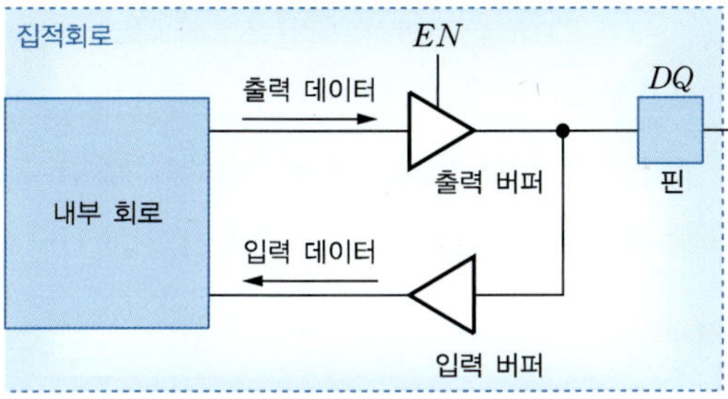

[그림 3-75] 양방향 핀을 구동하는 입·출력 버퍼

해당 슬레이브 칩이 선택되어 인에이블 신호 $EN=1$이 되면, 출력 데이터가 출력 버퍼를 통과하여 DQ 핀을 거쳐 칩 외부의 버스를 'H' 또는 'L'로 구동한다. 이 슬레이브 칩이 선택되지 않았을 때는 $EN=0$이 되어 DQ 핀은 Hi-Z가 되므로 버스로부터 분리된다.

[그림 3-76]은 디지털 칩에서 많이 사용되는 3상 출력 버퍼의 회로도이다. 입력 데이터 D는 제어신호 EN이 인에이블되면 출력 Q까지 두 번의 반전을 거쳐 같은 극성으로 통과하다. 따라서 제어신호 EN은 입력신호의 통과 혹은 Hi-Z를 제어한다. [그림 3-77]은 [그림 3-76]에 보인 3상 버퍼의 세 가지 동작 상태를 설명한 개념도이다.

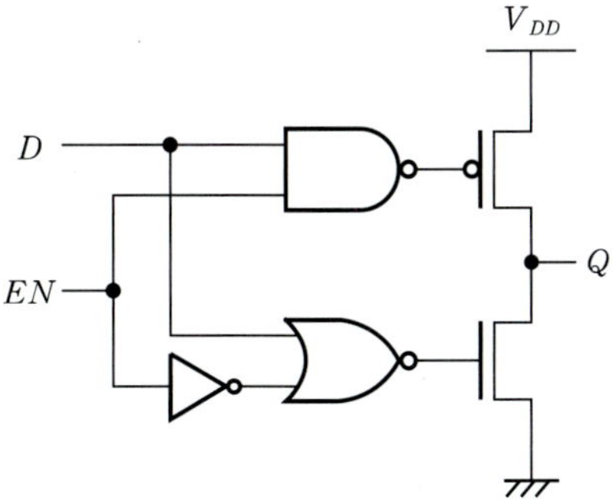

[그림 3-76] 3상 출력 버퍼

13 칩의 가장 바깥 부분으로 외부로부터 데이터를 받거나 외부로 데이터를 내보내는 연결부분

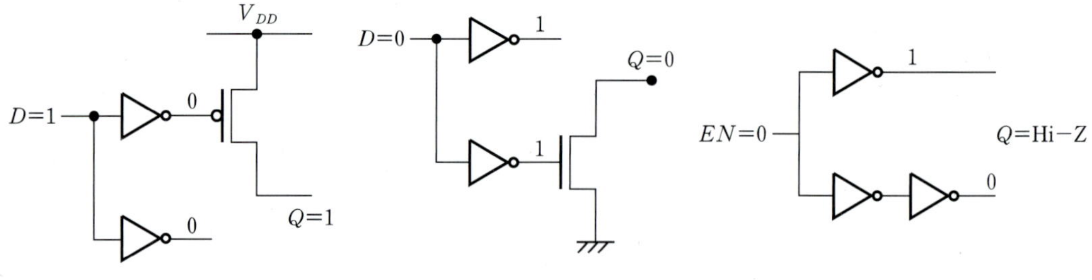

(a) 'H' 출력　　(b) 'L' 출력　　(c) Hi-Z

[그림 3-77] 3상 출력 버퍼의 세 가지 상태의 구동 개념

[그림 3-77(a), (b)]에서 $EN=1$이고, 출력 Q에는 D가 그대로 통과하고 있다. 이 경우 각각 PMOS 트랜지스터와 NMOS 트랜지스터가 턴 온되어 각각 V_{DD}와 접지를 출력에 연결시킨다. [그림 3-77(c)]의 경우는 $EN=0$이고 입력 D를 차단한 동작이다. 이때 PMOS 트랜지스터의 게이트는 'H'이고 NMOS 트랜지스터의 게이트는 'L'가 되므로, 두 출력 트랜지스터는 모두 오프가 되고 Hi-Z가 구현된다.

지금까지 두 개 이상의 게이트 출력끼리 서로 맞물릴 수 있도록 하기 위해서는 Hi-Z 상태가 필요하고, Hi-Z 상태를 구현하기 위해서는 스위치 동작이 필요함을 알 수 있었다. 이제 이러한 논의를 일반적인 게이트에 적용해보자.

3상 게이트의 종류

[그림 3-78]은 3상 게이트의 네 가지 변형에 관한 개념적인 회로 및 심볼, 진리표를 보인 것이다. 출력 F의 반전 여부에 따라 비반전/반전 게이트로 나누고, 제어신호 B의 극성에 따라 정논리/부논리 제어로 나눈다. 개념적인 회로는 게이트에 직렬로 스위치를 추가하여, 스위치가 온 상태일 때는 게이트가 출력 F를 구동하고, 오프 상태일 때는 출력 F가 게이트로부터 분리되어 Hi-Z가 된다.

심볼은 제어신호를 게이트의 상단 부분에 수직선을 더하여 표시하며, 제어극성은 버블의 유무에 따라 다르게 표시한다. 진리표에서는 Hi-Z 상태를 Z로 간략하게 표기하였다.

B	F
0	Z
1	A

(a) 정논리 제어 3상 비반전 게이트

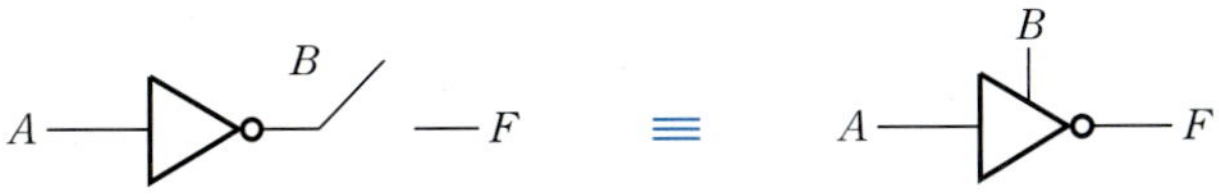

B	F
0	Z
1	$\overline{A}$

(b) 정논리 제어 3상 반전 게이트

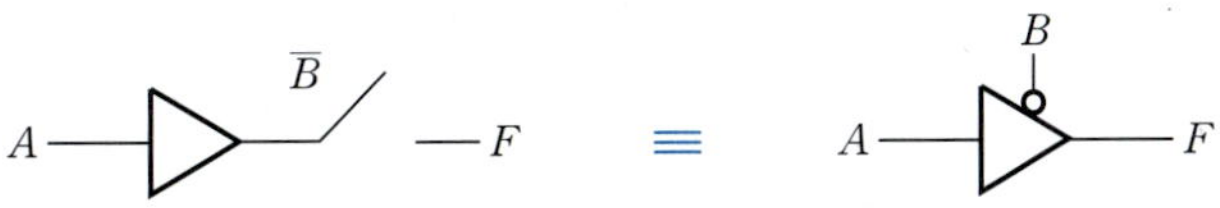

B	F
0	A
1	Z

(c) 부논리 제어 3상 비반전 게이트

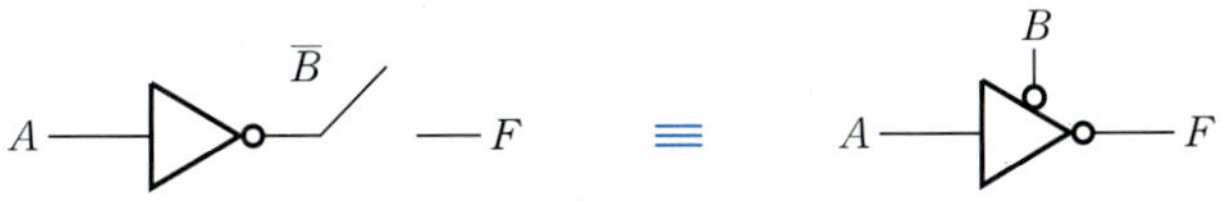

B	F
0	$\overline{A}$
1	Z

(d) 부논리 제어 3상 반전 게이트

[그림 3-78] 전송논리 및 제어극성에 따른 3상 게이트의 구현

복수의 3상 게이트가 연결되었을 때 출력논리가 어떻게 결정되는지를 살펴보자. [그림 3-79]는 두 개의 3상 버퍼를 출력 F에 연결한 회로의 개념도와 동작표를 나타낸다. 동작표의 열과 행은 각각 S_1 및 S_2의 세 가지 가능한 상태를 나타내며, 표의 내부는 출력 F의 값을 나타낸다.

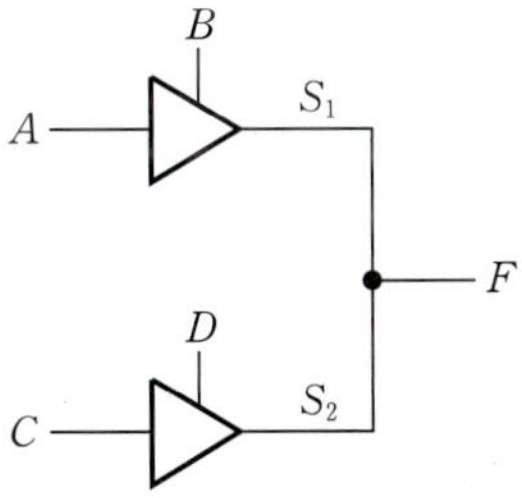

(a) 논리도

S_1 \ S_2	0	1	Z
0	0	×	0
1	×	1	1
Z	0	1	Z

(b) 동작표

[그림 3-79] 두 3상 게이트의 연결

서로 다른 값의 두 로우 임피던스가 충돌하면, 출력값이 어떻게 될지 알 수 없는 상황이 되어 논리 오류가 일어난다. 예를 들어 $S_1 = 0$, $S_2 = 1$일 때는 서로 다른 로우 임피던스 값이 충돌하므로, 출력값이 결정되지 않는다는 의미에서 ×로 표기하였다. 실제 회로에서 이런 상황이 발생했을 때, 구동능력이 큰 게이트라면 전력 소모가 매우 커지고, 심지어 트랜지스터가 훼손될 수 있다. 따라서 이런 상황은 반드시 피해야 한다.

반면에 데이터 값이 같은 두 개의 로우 임피던스가 충돌하면, 아무런 문제 없이 그 값이 출력된다. 그리고 한 게이트의 출력이 Z이고 다른 게이트의 출력은 0 또는 1의 로우 임피던스 값이라면, 출력 F는 구동 능력이 있는 로우 임피던스 값을 따라간다. 두 게이트의 값이 모두 Z이면, 출력 F는 구동되지 않으므로 Z가 된다.

[그림 3-80]은 3상 게이트가 조합논리회로인 2 대 1 MUX에 사용된 예이다. 제어신호 $B=0$이면, 위쪽 게이트가 A를 통과시키고 아래쪽 게이트는 Hi-Z 상태가 되므로 출력은 $F=A$이 된다. 제어신호 $B=1$이면, 아래쪽 게이트는 C를 통과시키고 위쪽 게이트는 Hi-Z 상태가 되므로 출력은 $F=B$가 된다.

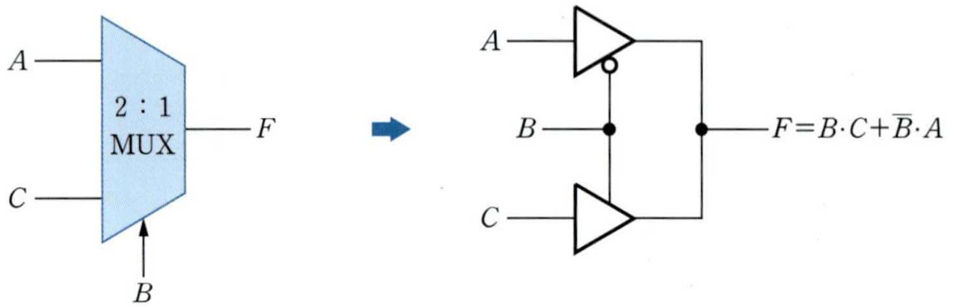

[그림 3-80] 3상 2 대 1 MUX

이때 출력함수의 부울식 $F=B\cdot C+\overline{B}\cdot A$는 "$B=1$이면 $F=C$이고, $B=0$이면 $F=A$이다."를 나타낸다.

3.4.3 논리값의 표현

게이트의 입력단에 가해지는 논리값은 전단의 출력단에 의해 구동되는 것으로, 로우 임피던스로 구동되는 0과 1뿐만 아니라 아무런 구동을 하지 않는 하이 임피던스($\boldsymbol{Z}$)가 있다. 또한 전단의 출력이 불확실한 경우($\boldsymbol{X}$)도 생각하여 논리 게이트의 입·출력을 연산할 필요가 있다.

❶ **로우 임피던스** low impedance **0 혹은 1** : 전 단에 의해 정상적으로 구동되는 신호로서 주변 잡음과 상관없이 "L" 혹은 "H"가 확실하게 보장되는 논리값이다.

❷ **하이 임피던스** high impedance $\boldsymbol{Z}$: 전 단에 연결되지 않고 단자가 개방되어 회로적으로 떠 있는 floating 경우로 Hi-Z라고 한다. 주변 잡음에 의해 바로 영향을 받는다.

❸ **미상** unknown $\boldsymbol{X}$: 전 단에 의해 불확실하게 구동되는 신호로서 0 혹은 1의 값을 결정할 수 없다. [그림 3-81]은 AND 및 OR 게이트의 두 입력 A, B에 네 가지 논리값을 인가하고 출력 F의 논리값을 표의 중간 부분에 나타내었다.

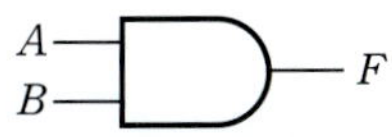

B \ A	0	1	X	Z
0	0	0	0	0
1	0	1	×	×
X	0	×	×	×
Z	0	×	×	×

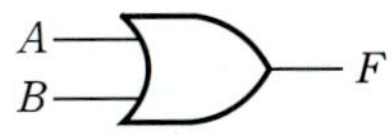

B \ A	0	1	X	Z
0	0	1	×	×
1	1	1	1	1
Y	×	1	×	×
Z	×	1	×	×

[그림 3-81] 네 가지 논리값에 대한 AND 및 OR 게이트의 입·출력 특성

AND 게이트의 한쪽 입력이 0인 경우는 다른 쪽 입력의 논리값과 상관없이 출력 F를 0으로 만든다. 한쪽 입력이 1일 때는 다른 쪽 입력에 대해 게이트를 열어 다른 쪽 입력을 통과시킨다. 이때 다른 쪽 입력이 Z일 때는 출력은 0, 또는 1이 결정되지 않으므로 X가 된다. 출력은 0 혹은 1을 구동하므로 출력 Z는 존재하지 않는다.[14] OR 게이트의 한쪽 입력이 1인 경우는 다른 쪽 입력의 논리값과 상관없이 출력 F를 1로 만든다. 한쪽 입력이 0일 때는 다른 쪽 입력에 대해 게이트를 열어준다. 다른 쪽 입력이 Z일 때는 출력은 결정되지 않으므로 X가 된다. 3상 게이트가 아니라면 출력은 어쨌든 0 아니면 1로 구동되므로 Z는 나타나지 않는다.

예제 3-10 논리도에서의 논리값 해석

다음의 논리도에 0 X 1 Z의 논리값을 인가할 때, 출력 F의 논리값을 구하라.

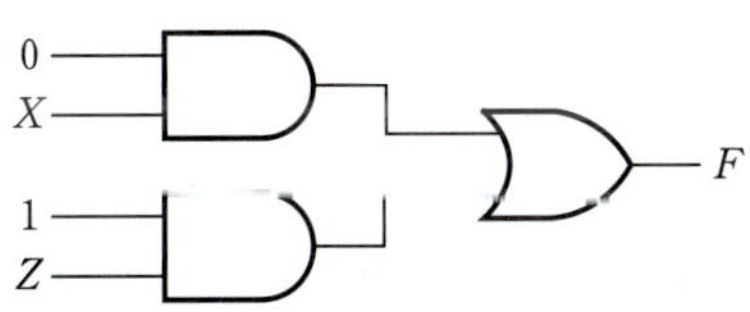

[그림 3-82]

풀이

AND 게이트는 한쪽 입력이 0이면 다른 쪽을 차단하고 0을 출력하며, 한쪽 입력이 1이면 게이트를 열어서 다른 쪽 입력을 통과시킨다. OR 게이트의 한쪽 입력이 0이면 게이트를 열어서 다른 쪽 입력을 그대로 통과시키므로 X가 된다.

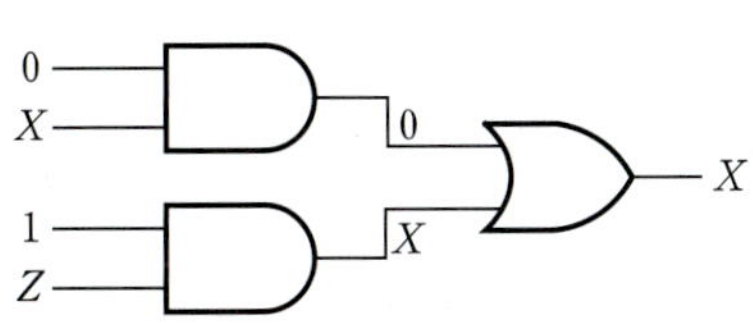

$\therefore F = X$(unknown)

[그림 3-83]

14 3상 게이트라면 출력에 Z가 존재한다.

예제 3-11 3상 게이트를 포함하는 논리도에서의 논리값 해석

다음의 논리도에서 입력 A, B와 출력 F에 대한 진리표를 구하라.

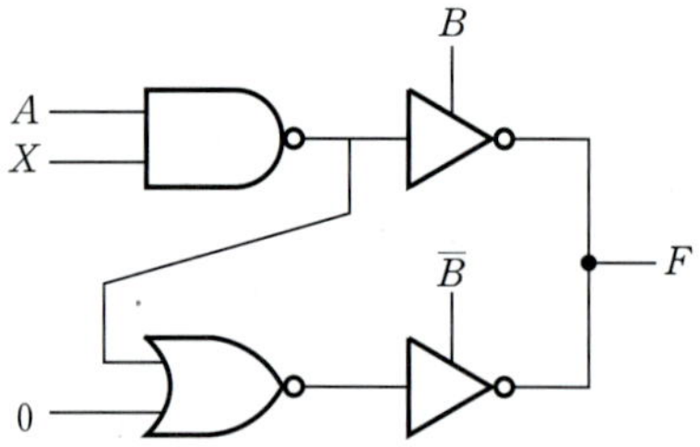

[그림 3-84]

풀이

A, B의 네 가지 조합에 의한 논리도를 각각 그려보면 다음과 같다.

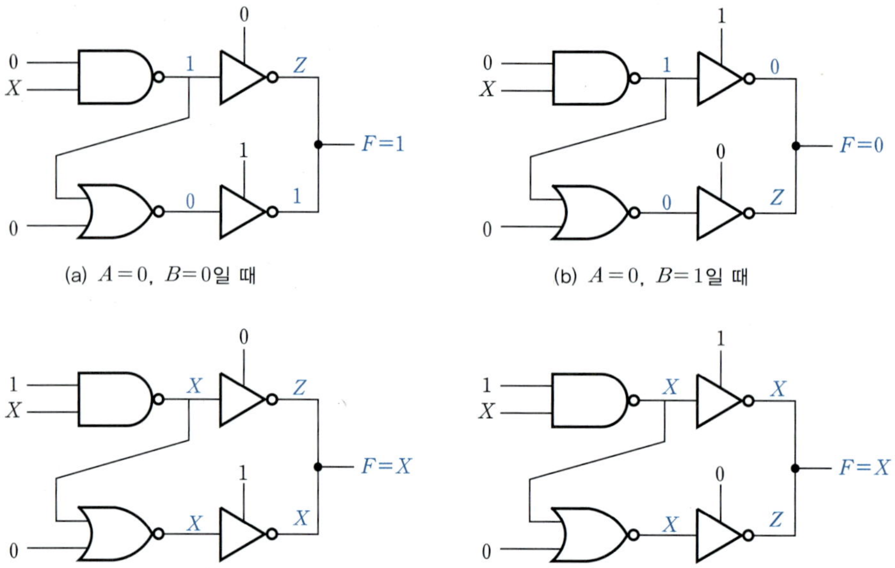

(a) $A=0$, $B=0$일 때　(b) $A=0$, $B=1$일 때

(c) $A=1$, $B=0$일 때　(d) $A=1$, $B=1$일 때

[그림 3-85]

이를 진리표로 나타내면 [표 3-4]와 같다.

[표 3-4]

A	B	F
0	0	1
0	1	0
1	0	X
1	1	X

SECTION
3.5 타이밍 해석

이 절에서는 논리 동작을 표현하는 또 다른 중요한 기법인 타이밍도에 대해 학습한다. 타이밍도는 논리신호가 시간의 흐름에 따라 어떻게 변화되는지를 시각적으로 보여주므로, 진리표, 논리식, 논리회로 등과 같은 그 어떤 표현보다도 인간에게 친화적이다. 게이트에 필연적으로 존재하는 지연시간을 고려하여 타이밍도를 그려보면 때로는 게이트 간 지연의 부정합으로 글리치가 발생하여 일시적인 로직 오류가 발생한다. 이러한 게이트의 지연시간에 의한 로직 오류를 해저드 hazard 라고 하며, 이러한 해저드를 논리적으로 해소할 수 있는 방안을 알아본다.

3.5.1 입·출력 파형

논리회로에서 출력 논리신호의 변화를 시간의 경과에 따라 그림으로 표현하는 방법을 타이밍도 timing diagram 라고 한다. 기본적인 타이밍도는 게이트의 전송지연을 무시하고, 임의의 시각에서 각 게이트 출력의 논리를 표현한다. 더 디테일한 타이밍도에서는 게이트의 지연시간을 포함하여 나타내기도 한다. 타이밍도에는 특정 시점에서의 논리값의 변화, 즉 '사건 event'이 발생할 때의 논리 변화를 표현하는 사건구동 event driven 타이밍도와, 시스템 클록에 동기화된 논리신호를 표현하는 클록 동기식 타이밍도가 있다.

사건구동 타이밍도

[그림 3-86]은 입력 A 및 B 신호가 기본 게이트인 INV, AND, OR, NAND, NOR, XOR, XNOR 게이트를 통과할 때, 그 출력신호에 대한 전형적인 타이밍도를 보인 것이다. 시간의 경과에 따라 A 입력신호는 'L' → 'H' → 'L'로 움직이고, B 입력신호는 'H' → 'L' → 'H'로 움직인다. 출력 논리신호는 각 입력이 변할 때, 즉 사건이 일어날 때 변하는 것을 볼 수 있다. 이를 사건구동 타이밍도라고 한다.

출력신호는 입력이 변하는 시점 t_1, t_2, t_3, t_4에서 변하며, 그 값은 이 사이 구간에서 A, B 논리값의 조합에 의해 결정된다. 게이트의 지연시간을 무시한다면, 각 신호의 변화가 일어나는 지점에서 출력신호가 어떻게 될지를 판단하여 지연시간 없이 그 파형을 그린다. AND 출력인 AB는 A 및 B가 모두 1인 구간 (t_2, t_3)에서 1이 되며, OR 출력인 $A+B$는 A 및 B 중 어느 한 신호라도 1이 되는 구간 (t_1, t_4)에서 1이 된다. NAND 출력 $\overline{AB}$는 AND + NOT이므로 AB 출력을 뒤집는다.

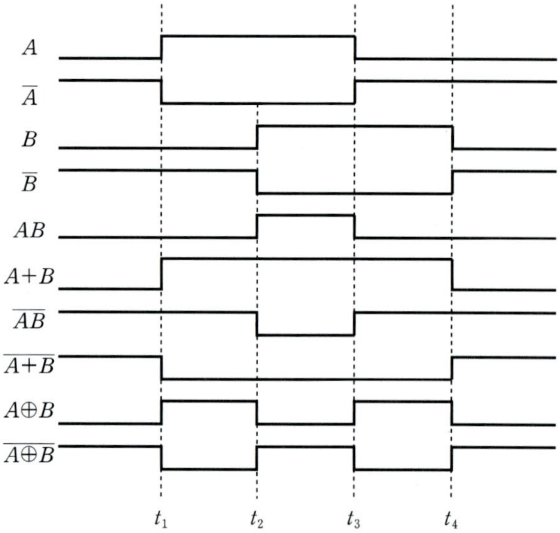

[그림 3-86] 기본 게이트의 동작 타이밍도

NOR 출력 $\overline{A+B}$는 OR+NOT이므로 $A+B$ 출력을 뒤집는다. XOR 출력 $A \oplus B$는 A, B 입력이 서로 다른 구간 (t_1, t_2), (t_3, t_4)에서 1이 된다. XNOR 출력 $A \odot B$는 XOR+NOT이므로 $\overline{A \oplus B}$와 같은 로직이다. 즉 A, B 입력이 서로 같은 구간 $(0, t_1)$, (t_2, t_3), (t_3, ∞)에서 1이 된다.

예제 3-12 타이밍도 그리기(1)

다음 [그림 3-87(a)]의 회로도에 [그림 3-87(b)]와 같은 타이밍의 입력신호가 가해지고 있다. 출력 C의 타이밍도를 그려라.

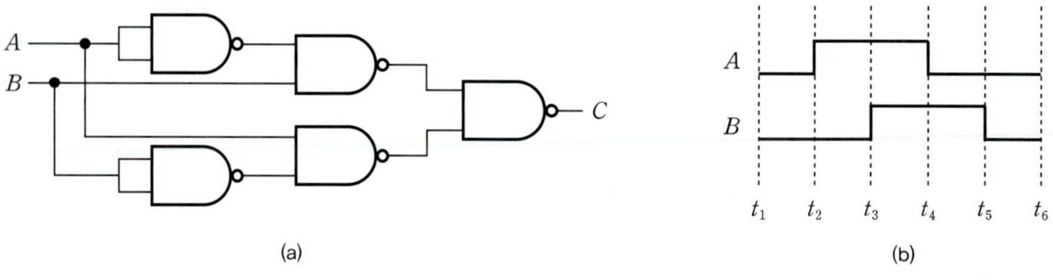

[그림 3-87]

풀이

먼저 논리회로의 부울식 변환을 적용하여 출력 C의 부울식을 구하고 간략화하면 다음과 같다.

$$C = \overline{\overline{\overline{A}B}\;\overline{A\overline{B}}} = \overline{A}B + A\overline{B} = A \oplus B$$

사건구동 타이밍도를 적용하여 입력의 각 변화 시점에 점선을 긋고, 그 사이에 $A \oplus B$를 적용하여 타이밍도를 그리면 [그림 3-88]과 같다.

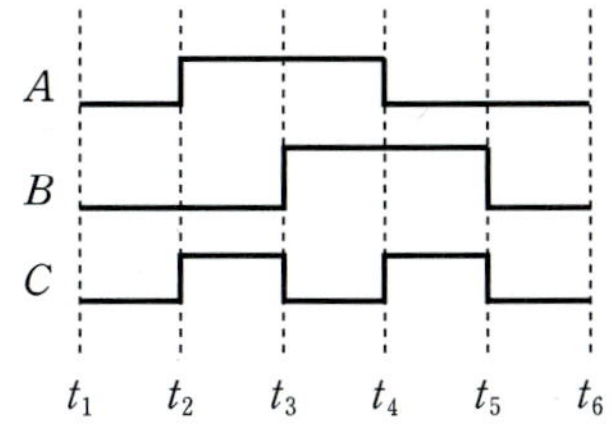

[그림 3-88]

클록 동기식 타이밍도

[그림 3-89]는 입력 A 및 B 신호가 시스템 클록 CK에 동기될 때, 기본 게이트 AND, OR, NAND, NOR, XOR, XNOR를 통과한 출력신호에 대한 타이밍도를 보인 것이다. 이때 모든 논리신호는 클록의 한 주기를 단위로 하여 'H' 또는 'L'의 값을 표현한다. 이 예의 경우에는 모든 신호는 CK가 'L'에서 'H'로 변화는 시점, 즉 상승에지 rising edge에 동기되는 것으로 가정하였다.

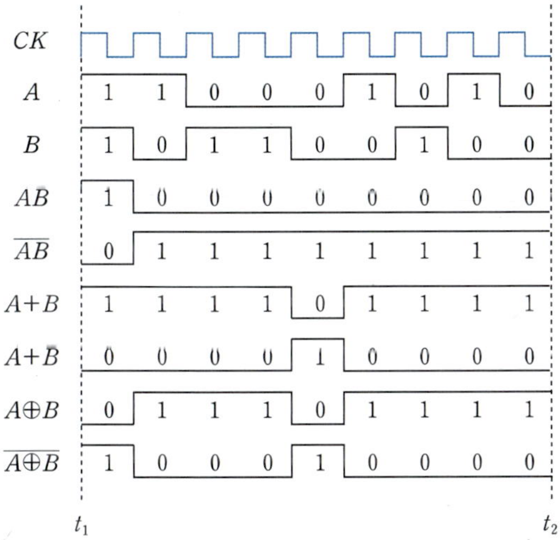

[그림 3-89] 시스템 클록에 동기화된 신호의 동작 타이밍도

출력신호는 매 클록 사이클마다 A, B 논리의 조합으로 결정한다. 시간의 경과에 따라 A 입력신호는 '110001010'으로 움직이고, B 입력신호는 '101100100'으로 움직인다. 입력신호가 모두 클록에 동기되면 결국 출력도 모두 클록에 동기되는 클록 동기식 타이밍도를 얻을 수 있다.

3.5.2 게이트 지연

3.4절 스위치 레벨의 논리회로에서 학습했듯이 게이트는 턴 온 저항이 있는 스위치로서 동작한다. 게이트의 팬 아웃에 의한 커패시턴스 부하가 출력에 연결된다면 신호가 통과하는 데에 필연적으로 RC 지연이 발생한다. [그림 3-90]과 같은 인버터에 A의 신호를 가할 때 $\overline{A}$의 출력 파형에는 이러한 전송지연이 발생한다.

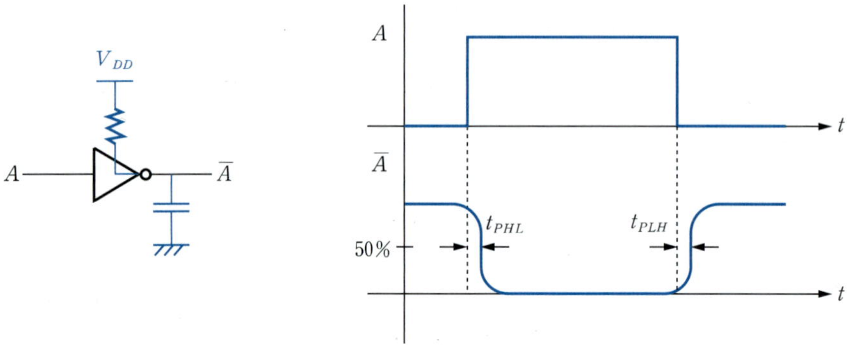

[그림 3-90] 인버터의 전송지연에 의한 타이밍도

출력전압의 50% 지점을 기준으로 하여 출력이 'H'에서 'L'로 천이할 때의 지연을 t_{PHL}이라 하고, 'L'에서 'H'로의 천이할 때의 지연을 t_{PLH}라고 한다.

게이트의 전송지연propagation delay 혹은 게이트 지연gate delay을 정의하면 다음과 같다.

$$t_P = \frac{t_{PHL} + t_{PLH}}{2} \quad (3.4)$$

[그림 3-91]의 회로에서 만약 G_1의 게이트 지연이 20[ns]이고, G_2의 게이트 지연이 10[ns]라면, G_1은 20[ns] 후에 A를 통과시키며 G_2는 10[ns] 후에 G_1을 반전 통과시킨다.

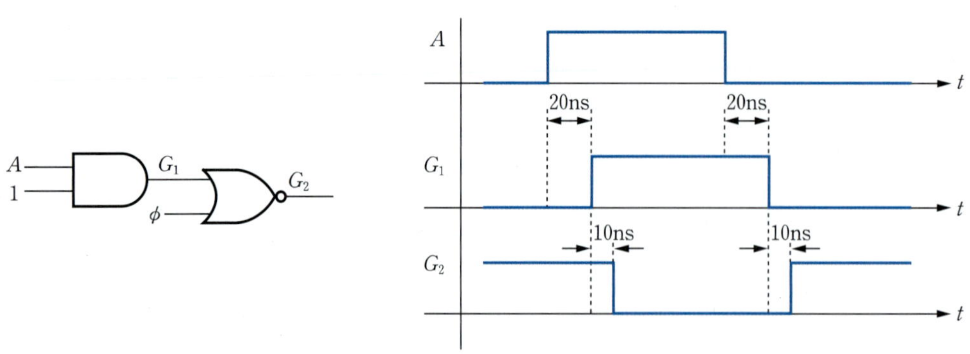

[그림 3-91] 다중 게이트의 전송지연에 의한 타이밍도

예제 3-13 타이밍도 그리기(2)

[그림 3-92]의 회로에서 인버터의 지연시간은 5[ns]이며 AND 게이트는 지연이 없다. 입력신호 X에 10MHz의 클록을 가할 때, 출력 Y의 펄스 폭을 구하라.

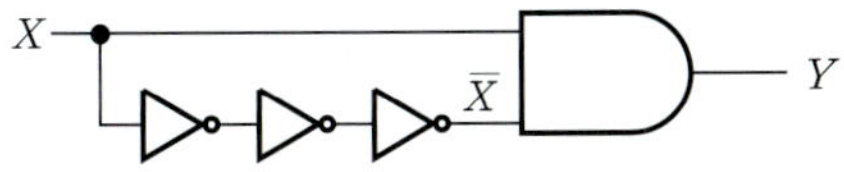

[그림 3-92]

풀이

게이트의 지연시간을 고려하여 타이밍도를 그리면 다음과 같다.

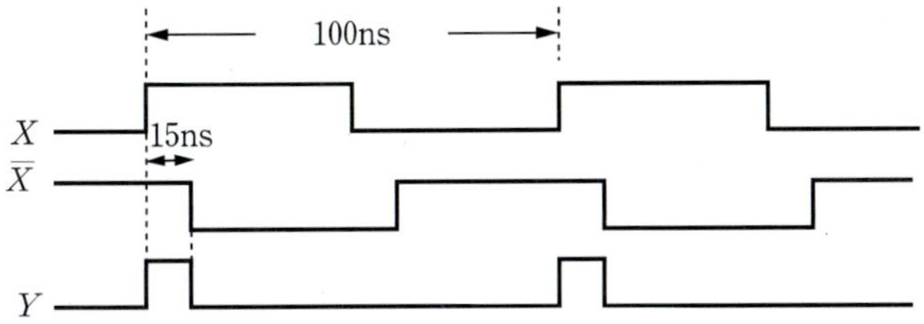

[그림 3-93]

따라서 출력 Y의 펄스 폭은 X에서 $\overline{X}$까지의 세 개의 인버터 지연 15[ns]이다.

3.5.3 해저드

해저드 hazard는 출력의 파형에 원치 않은 글리치 glitch [15]가 발생하여 일시적인 논리 오류가 나타나는 것을 말한다. [그림 3-94(a)]는 정적인 1의 출력에서 원치 않은 글리치인 0 펄스가 순간적으로 발생한 파형으로서 '정적(static) 1-해저드'라고 한다. [그림 3-94(b)]는 정적인 0의 출력에서 원치 않은 글리치인 1 펄스가 순간적으로 발생한 파형으로서 '정적(static) 0-해저드'라고 한다.

(a) 0-글리치에 의한 '정적 1-해저드' (b) 1-글리치에 의한 '정적 0-해저드'

[그림 3-94] 해저드가 발생한 타이밍

15 본래 의도된 값이 아닌 아주 짧은 순간 튀는 잡음을 일컫는다.

해저드는 게이트 지연에 의해 나타나며, 그 회로의 고유한 특성이다. 즉, 해저드가 발생하는 회로와 발생하지 않는 회로가 존재한다.

[그림 3-95]의 회로에서 $A=1$, $C=1$일 때의 논리 동작을 살펴보자. 게이팅을 적용하면 식 (3.5)로 나타낼 수 있다.

$$F = A\overline{B} + BC = B + \overline{B} = 1 \tag{3.5}$$

이 회로에서 모든 게이트의 지연은 1[ns]임을 가정하고, B에 천이가 있을 때의 타이밍을 살펴보자. [그림 3-95(b)]의 파형에서 보듯이 $D=\overline{B}$과 $E=B$ 경로의 지연이 각각 2[ns], 1[ns]이므로 출력 F에는 1[ns]폭의 0-글리치가 발생한다.

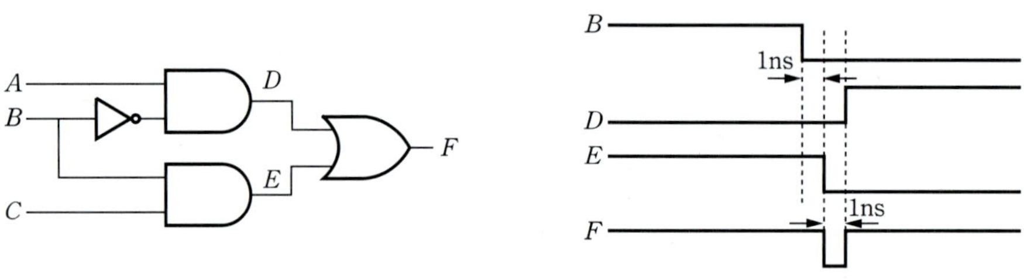

(a) SOP 논리도 (b) 정적 1-해저드가 발생한 파형

[그림 3-95] '정적 1-해저드'가 발생하는 경우의 예

SOP에서의 해저드의 검출 및 제거

해저드는 카르노 맵을 그려서 검출할 수 있다. [그림 3-96(a)]의 출력 $F = A\overline{B} + BC$에 대해 카르노 맵을 그리면 최소항 ABC와 $A\overline{B}C$는 인접하고 있지만 같은 루프에 묶여 있지 않다. 만약 $A=1$, $C=1$로 일정한 경우 $ABC=B$, $A\overline{B}C=\overline{B}$이며, [그림 3-96(b)]와 같이 B와 $\overline{B}$에 지연이 존재하면 순간적으로 둘 다 0이 되는 (0, 0) 구간이 발생하고 $F=B+\overline{B}$에서 0-글리치가 발생한다. 즉, 루프에 묶이지 않은 인접한 두 최소항 ACB 및 $AC\overline{B}$는 $A=C=1$로 일정한 경우 B와 $\overline{B}$에 타이밍 부정합[mismatch]이 있으면 해저드가 발생한다.

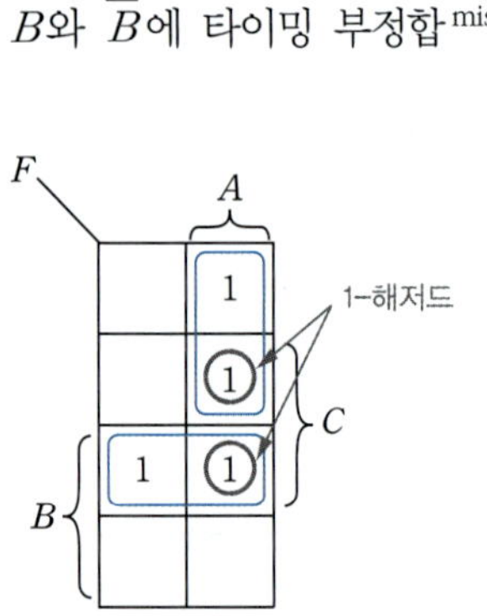

[그림 3-96] SOP에서의 해저드의 검출

이 예에서 해저드를 제거하기 위해서는 [그림 3-97(a)]와 같이 AC 루프를 추가하여 인접한 최소항을 묶어준다. 즉, $F = A\overline{B} + BC + AC$로 구현한다.

앞의 예에서와 같이 $A = C = 1$일 때, $F = \overline{B} + B + 1 = 1$이 되어 $(0, 0)$ 오버랩 구간에서도 $F = 1$이 되는 해저드 프리 hazard free 회로가 된다. 여기서 더미항 AC를 추가하여 해저드를 제거했지만, F가 더 이상 최소 SOP는 아님을 주목하기 바란다.

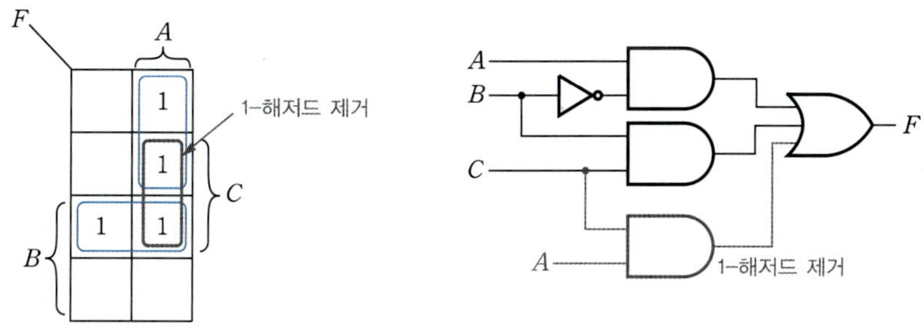

(a) 해저드 제거 루프 추가 (b) 해저드 프리 논리도

[그림 3-97] 더미 루프 추가를 통한 해저드의 제거

POS에서의 해저드의 검출 및 해소

[그림 3-98]은 '정적 0-해저드'가 발생하는 POS 회로의 예로서 $F = (A + \overline{B})(B + C)$를 보인 것이다. 카르노 맵을 그려서 루프로 묶이지 않은 인접한 최대항이 존재하는 경우 0-해저드의 위험이 있다. [그림 3-98(b)]의 인접한 두 최대항 $(A + B + C)$ 및 $(A + \overline{B} + C)$에서 $A = 0$, $C = 0$로 일정한 경우, $F = B\overline{B} = 0$이 되어야 하는데, B, $\overline{B}$ 사이에 지연이 존재하면 둘 다 1이 되는 (1, 1) 오버랩 구간이 존재하여 $F = 1$이 되는 글리치가 발생한다.

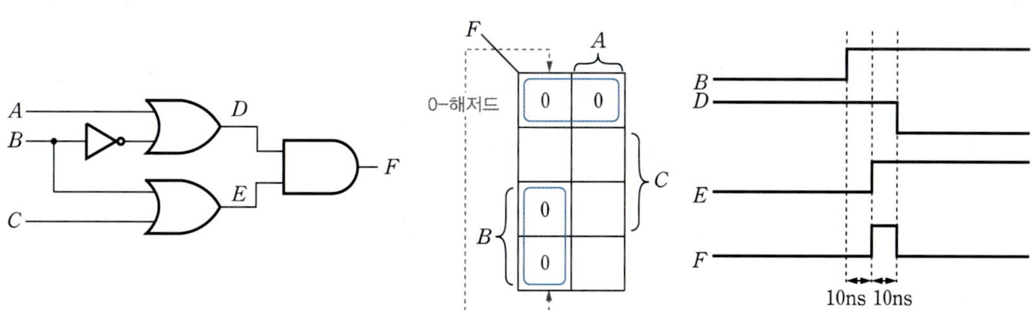

(a) POS 논리도 (b) 해저드 검출 (c) 정적 0-해저드가 발생한 파형

[그림 3-98] POS에서의 해저드 검출

최대항 0이 루프로 묶이지 않고 인접한 경우 해저드의 위험이 있으므로 [그림 3-99(a)]와 같이 두 최대항을 루프로 묶어준다.

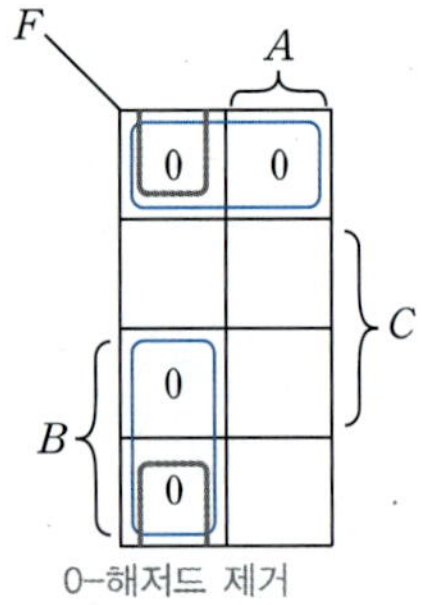

(a) 해저드 제거 루프 추가

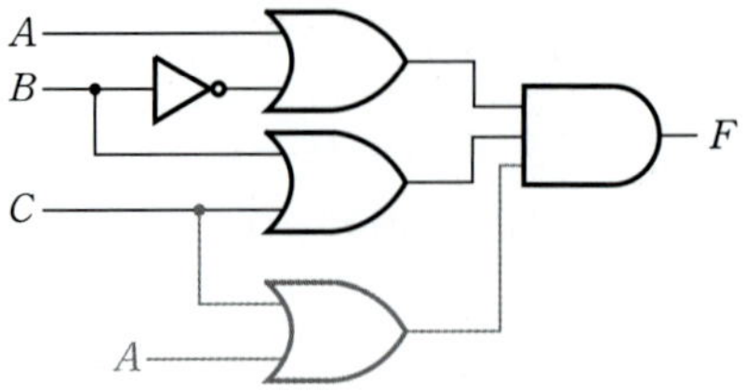

(b) 해저드 프리 논리도

[그림 3-99] POS에서의 0-해저드 제거의 예

해저드를 제거한 POS 식은 $F=(A+\overline{B})(B+C)(A+C)$가 된다. 따라서 $A=0$, $C=0$인 경우, $F=\overline{B}B(0+0)=0$이 되므로 해저드가 제거된다.

CHAPTER 03_연습문제

1. NOT, AND, OR, NAND, NOR, XOR, XNOR 게이트를 기본 게이트로 사용한다.
2. 모든 게이트에는 지연이 없다고 가정한다.

3.1 다음의 논리 게이트를 한 개의 기본 게이트로 표현하라.

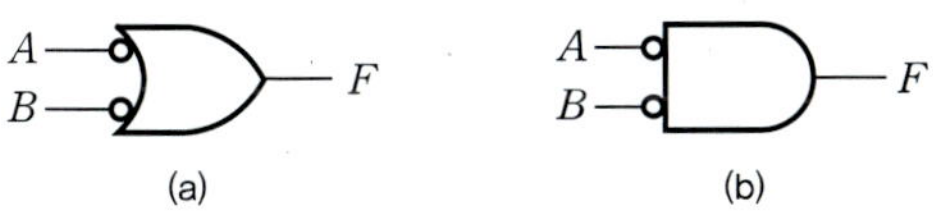

[그림 3-100]

3.2 다음에 보인 논리도에 대한 진리표를 구하라.

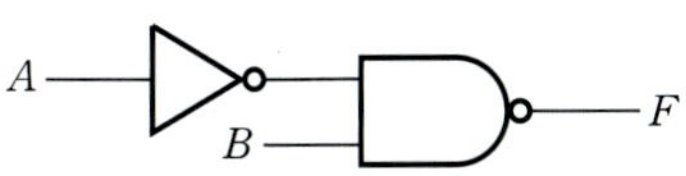

[그림 3-101]

3.3 [그림 3-102]의 카르노 맵으로 표현되는 출력 F를 최소 개수의 기본 게이트로 구현하라.

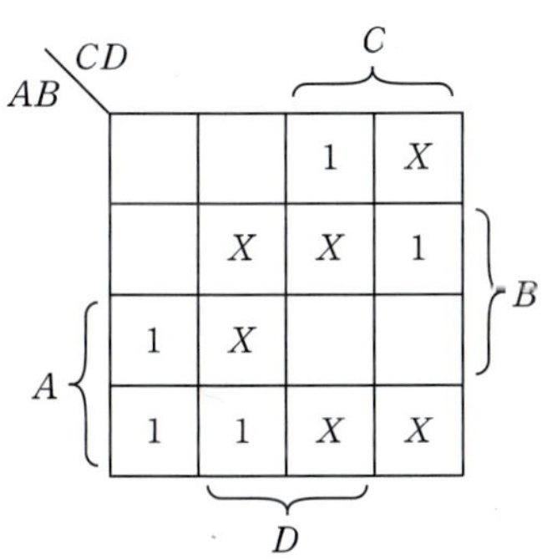

[그림 3-102]

3.4 [그림 3-103]의 카르노 맵을 가장 적은 개수의 게이트로 구현하고자 한다. 이때의 축약식을 구하라.

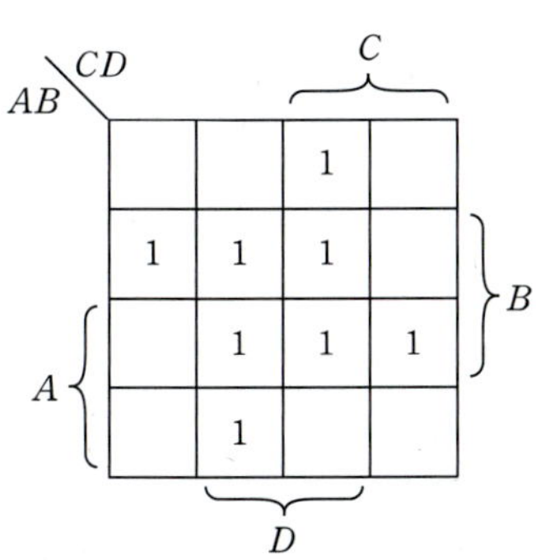

[그림 3-103]

3.5 다음과 같은 논리식으로 표현되는 출력 F를 2-입력 XOR 게이트로 구현하라.

$$F = (\overline{A}\,\overline{B} + AB)C + (\overline{A}B + A\overline{B})\overline{C}$$

3.6 다음은 SOP를 AND-OR 회로로 구현한 논리도이다. 출력 F를 POS로 변환하여 OR-AND 회로로 구현하라.

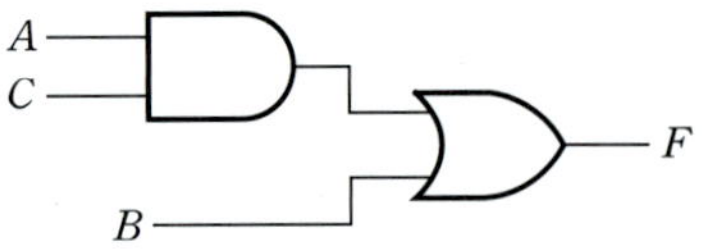

[그림 3-104]

3.7 다음의 논리회로에 대해 답하라.

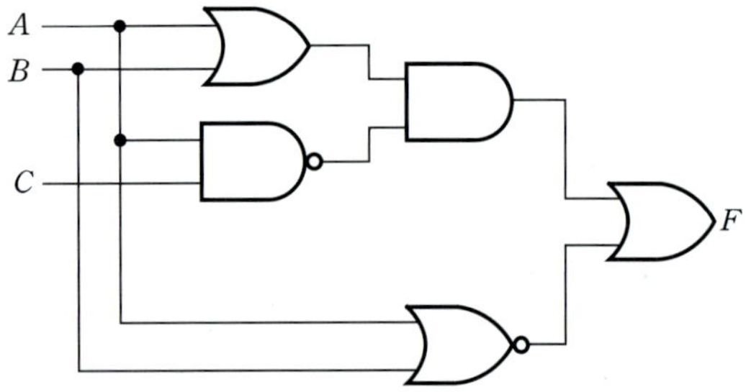

[그림 3-105]

(a) 출력 F의 논리식을 유도하고 축약식을 구하라.
(b) (a)의 결과를 이용하여 간략화된 논리회로를 구하라.

3.8 다음과 같은 카르노 맵으로 표현되는 출력 F에 대해 답하라.

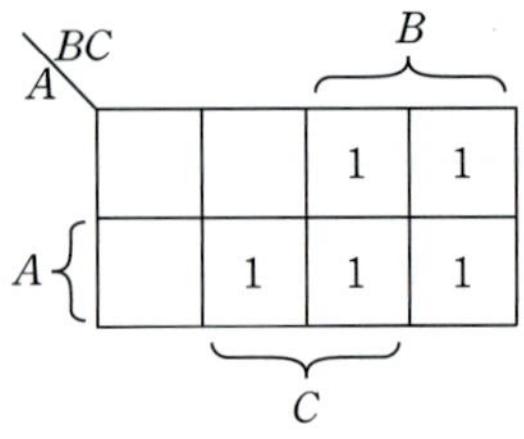

[그림 3-106]

(a) 최대항의 곱으로 표현하고 OR-AND 구조의 논리회로로 구현하라.
(b) (a)의 결과를 POS로 축약하여 OR-AND 구조로 구현하라.

3.9 다음과 같은 4변수 카르노 맵을 축약하고, 축약된 논리회로를 구하라.

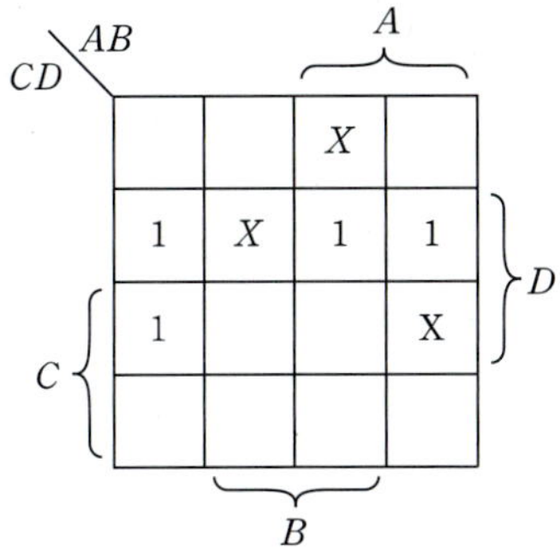

[그림 3-107]

3.10 다음의 논리회로를 카르노 맵을 이용하여 축약하고, 축약된 논리회로를 구하라.

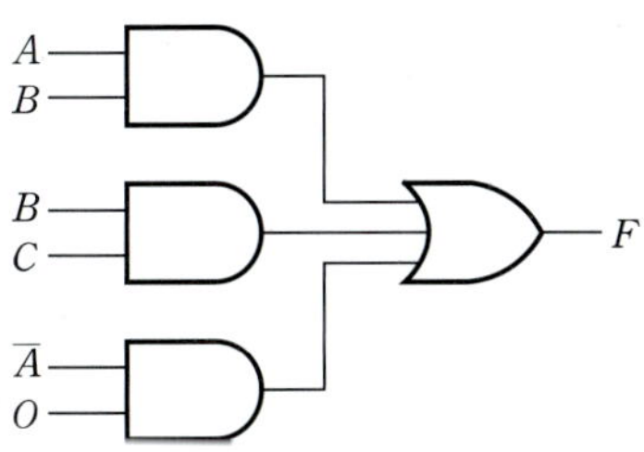

[그림 3-108]

3.11 스위치 A, B, C를 조합하여 LED를 켜는 회로의 논리변수를 다음과 같이 정의한다. 이 회로를 다음과 같은 논리회로로 구현했을 때 물음에 답하라.

- LED가 켜진다($F=1$). LED가 꺼진다($F=0$).
- 스위치 A를 닫는다($A=1$). 스위치 A를 연다($A=0$).
- 스위치 B를 닫는다($B=1$). 스위치 B를 연다($B=0$).
- 스위치 C를 닫는다($C=1$). 스위치 C를 연다($C=0$).

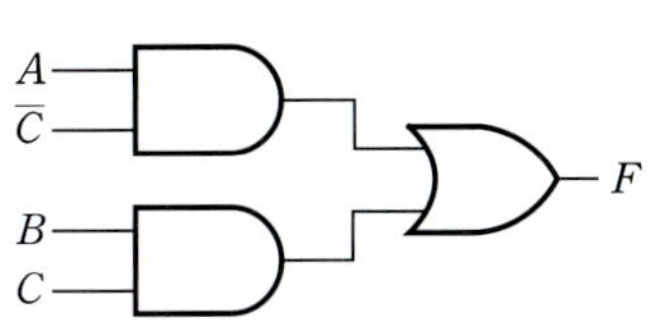

[그림 3-109]

(a) 스위치 A와 B를 동시에 닫으면 LED는 어떻게 되는가?

(b) 스위치 C만 닫으면 LED는 어떻게 되는가?

(c) 스위치 A, B, C를 모두 닫으면 LED는 어떻게 되는가?

3.12 스위치 A, B, C를 조합하여 LED를 켜는 회로에서 논리변수는 [연습문제 3.11]과 같이 정의한다. 다음과 같은 동작을 하도록 논리회로를 구현하라.

- 스위치 A, C를 닫고 B를 열면 LED는 켜진다.
- 스위치 B, C를 닫고 A를 열면 LED는 켜진다.
- 스위치 A, B를 모두 닫는 일은 일어나지 않는다.

3.13 NAND 게이트만을 사용하여 다음을 구현하라.

(a) 3-입력 AND 연산 $X = ABC$

(b) 3-입력 OR 연산 $X = A + B + C$

3.14 NOR 게이트만을 사용하여 다음을 구현하라.

(a) 3-입력 AND 연산 $X = ABC$

(b) 3-입력 OR 연산 $X = A + B + C$

3.15 NAND 게이트만을 사용하여 $F = A(\overline{B} + C) + \overline{A}B$를 구현하고자 한다.

(a) AND, OR, NOT 게이트를 이용하여 논리도를 작성하라.

(b) (a)의 논리도에서 AND, OR, NOT을 NAND로 변환하라.

(c) (b)의 논리도에서 연속되는 반전을 제거하고 회로를 간략화하라.

3.16 NOR 게이트만을 사용하여 $F = A\overline{B}C + \overline{A}B\overline{C} + AB$를 구현하고자 한다.

(a) AND, OR, NOT 게이트를 이용하여 논리도를 작성하라.

(b) (a)의 논리도에서 AND, OR, NOT을 NOR로 변환하라.

(c) (b)의 논리도에서 연속되는 반전을 제거하고 회로를 간략화하라.

3.17 [그림 3-110]의 NAND 기반 논리도를 NOR 기반 논리도로 변환하라.

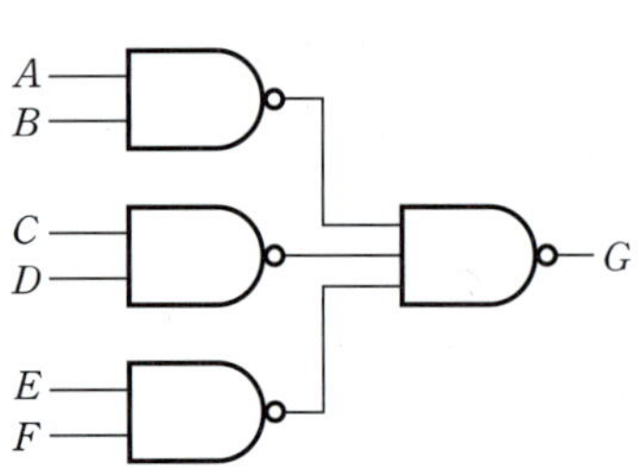

[그림 3-110]

3.18 [그림 3-111]의 논리도를 간략화하라.

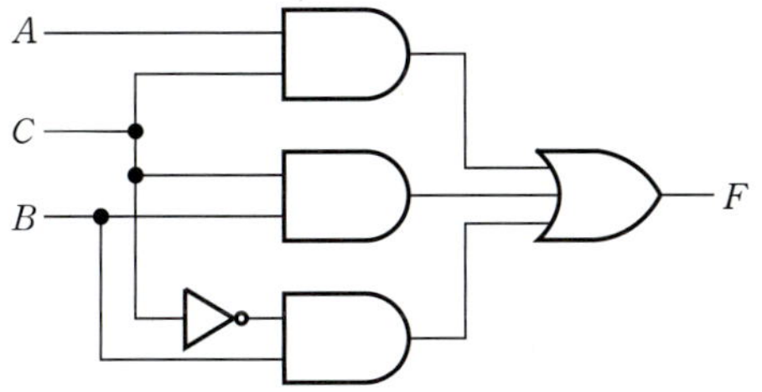

[그림 3-111]

3.19 출력 $F=\overline{A}BC+A\overline{B}C+ABC+B\overline{C}$를 간략화하여 가장 간단한 논리도로 구현하라.

3.20 출력 $F=A\oplus B\oplus C$를 AND-OR 회로로 구현하라.

3.21 다음의 논리회로를 합의의 법칙을 적용하여 간략화하라.

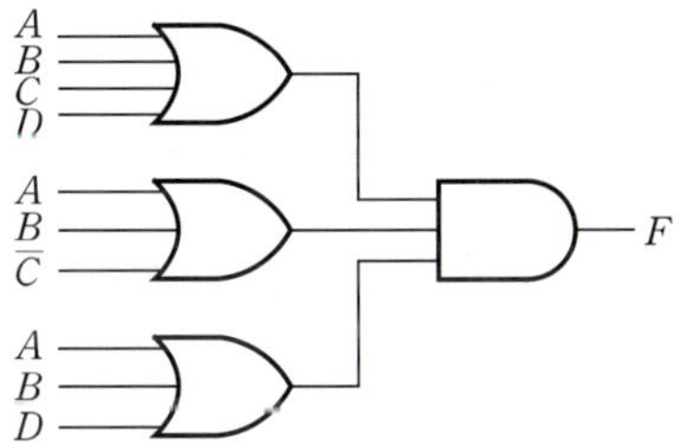

[그림 3-112]

3.22 다음의 논리회로를 NOR 회로로 변환하라.

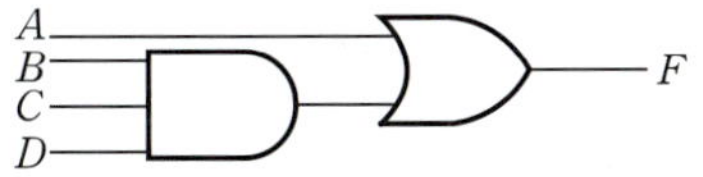

[그림 3-113]

3.23 [그림 3-114]의 SOP 논리회로를 POS 논리회로로 변환하라.

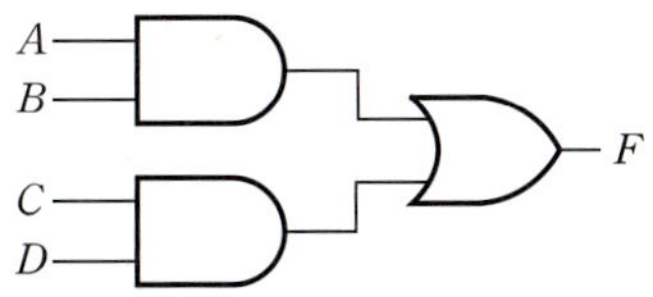

[그림 3-114]

3.24 [그림 3-115]의 POS 논리도를 SOP 논리도로 변환하라.

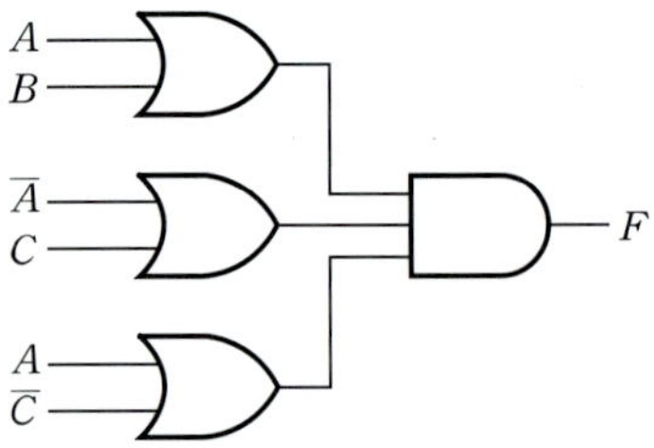

[그림 3-115]

3.25 NAND 게이트가 AND 및 OR 게이트보다 더 기본적인 게이트이다. [그림 3-116]과 같이 최소항의 합을 구현하는 기본 블록인 AND-OR를 NAND-NAND로 변환할 수 있음을 부울식으로 증명하라.

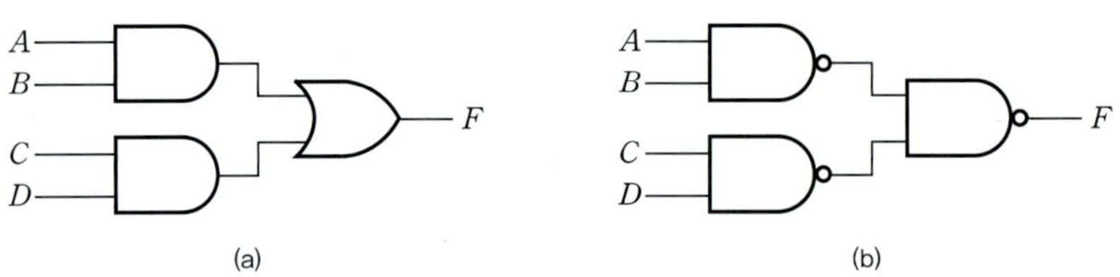

[그림 3-116]

3.26 [그림 3-117]의 NOR 회로의 출력 F를 구하라. 그리고 이를 NAND 회로로 변환하라.

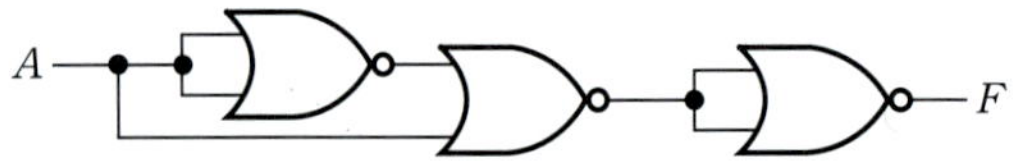

[그림 3-117]

3.27 $F=(\overline{A}+\overline{B})\overline{C}$를 2-입력 NAND 게이트만을 이용하여 구현하라.

3.28 다음의 3-단계 회로를 2-단계 회로로 변환하라.

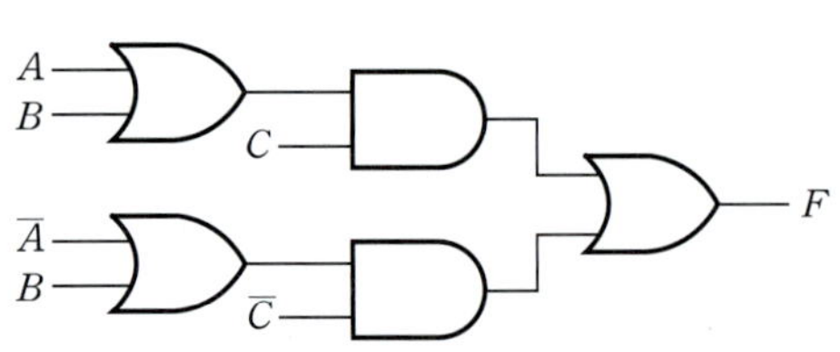

[그림 3-118]

3.29 다음의 3-입력 게이트를 이용한 2-단계 회로를 2-입력 게이트를 이용한 3-단계 회로로 변환하라.

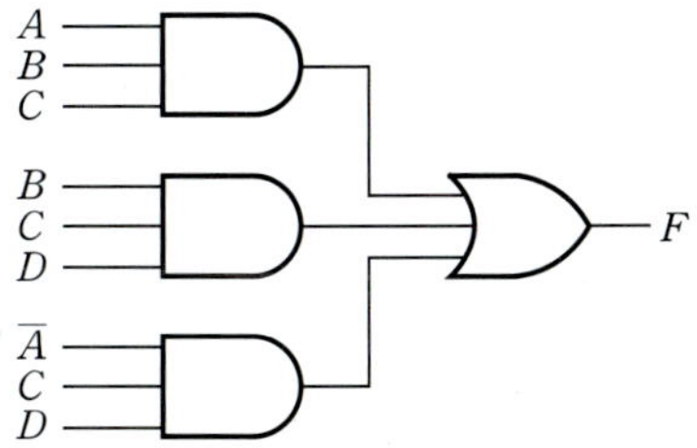

[그림 3-119]

3.30 다음의 AND-OR 회로를 2-입력 NAND 게이트 회로로 변환하라.

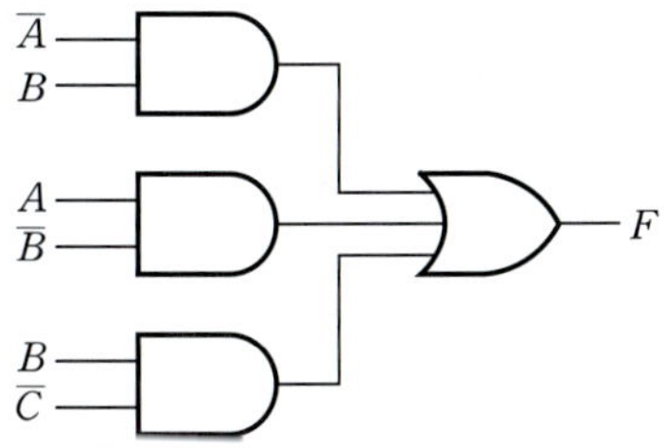

[그림 3-120]

3.31 CMOS 논리를 이용하여 3-입력 NAND 게이트 $F=\overline{ABC}$를 트랜지스터 레벨로 설계하라.

3.32 [그림 3-121]의 회로에서 부울식 $F=ABC+\overline{A}BC+A\overline{B}\overline{C}$를 간략화하지 않고 그대로 구현하고자 한다. CMOS 복합게이트 부분을 트랜지스터 레벨로 설계하라.

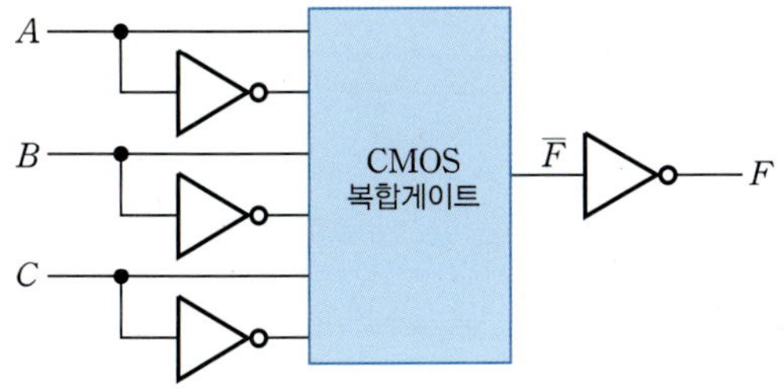

[그림 3-121]

3.33 [그림 3-122]의 CMOS 회로에서 출력 F를 드 모르강의 법칙을 사용하여 A, B, C 및 $\overline{A}$, $\overline{B}$, $\overline{C}$로 나타내라.

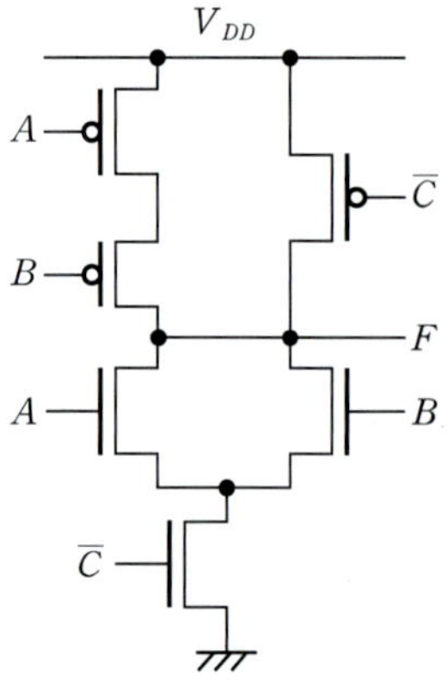

[그림 3-122]

3.34 [그림 3-123]의 CMOS 회로에서 출력 F를 드 모르강의 법칙을 사용하여 A, B, C 및 $\overline{A}$, $\overline{B}$, $\overline{C}$로 나타내라.

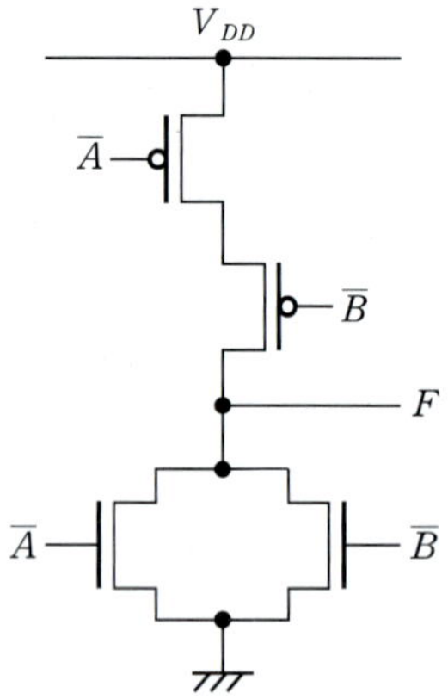

[그림 3-123]

3.35 [그림 3-124]의 CMOS 회로에 대한 부울식을 구하라.

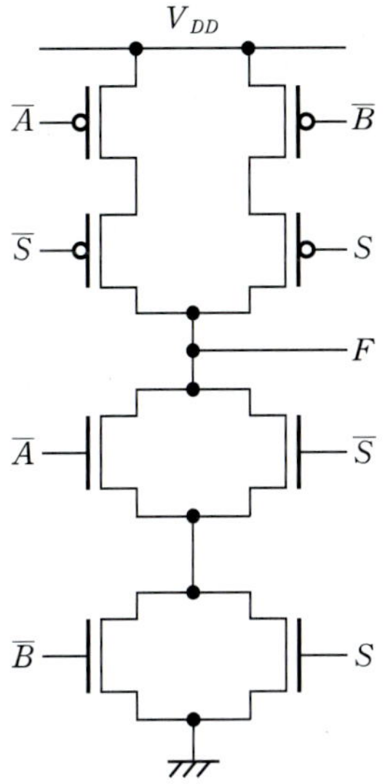

[그림 3-124]

3.36 [그림 3-125]의 CMOS 회로는 실제로는 사용되지 않는다. V_{DD}를 통과시키기 위해서는 PMOS 스위치를 사용하고, GND를 통과시키기 위해서는 NMOS 스위치를 사용하기 때문이다. 그러나 만약 [그림 3-123]과 같은 가상의 CMOS 회로를 만든다면, 출력 F의 논리식은 무엇인가?

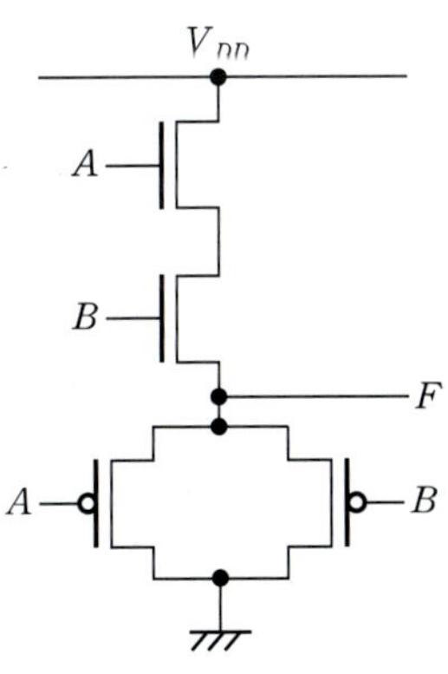

[그림 3-125]

3.37 드 모르강의 법칙은 논리 게이트 간의 변환을 수행하는 데 사용할 수 있는 가장 기본적인 법칙 중의 하나이다. AND-AND 논리의 부울식 $F = AB + CD$를 CMOS 게이트로 구현할 때, 드 모르강의 법칙을 이용하여 NAND-NAND 논리로 변환하면 절약되는 CMOS 게이트의 개수는 몇 개인가?

3.38 NOT, NAND, NOR 게이트를 CMOS로 구현할 때, 면적의 비는 3 : 8 : 10이다. 어떤 게이트의 상대 면적을 NOT 게이트 면적과의 비로서 정의한다면, AND 및 OR 게이트의 상대 면적은 얼마인가(즉, NOT 게이트 면적의 몇 배인가)?

3.39 [연습문제 3.38]의 상대 면적의 개념을 이용하여, [연습문제 3.25]의 AND-OR 및 NAND-NAND의 상대 면적을 각각 구하라.

3.40 [그림 3-126]의 회로에 [그림 3-127]의 파형이 인가되었을 때, 다음 물음에 답하라.

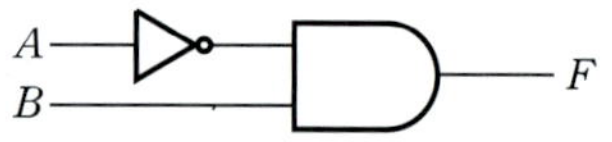

[그림 3-126]

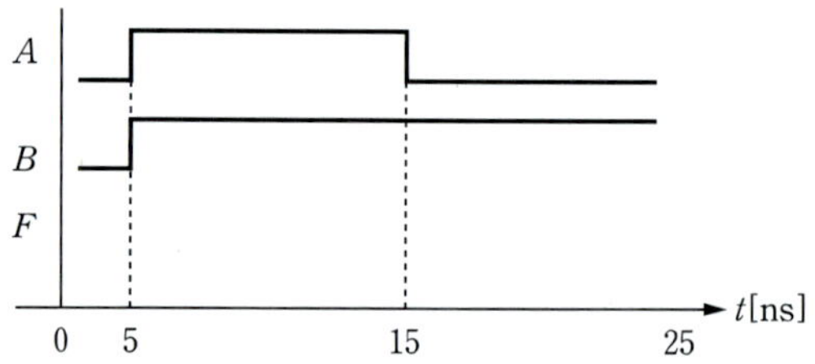

[그림 3-127]

(a) 게이트의 지연시간이 없을 때 출력 F의 파형을 도시하라.

(b) NOT 및 AND 게이트의 지연시간이 각각 1[ns]일 때 출력 F의 파형을 도시하라.

3.41 [그림 3-128]의 회로에 [그림 3-129]의 파형이 인가되었을 때, 다음 물음에 답하라.

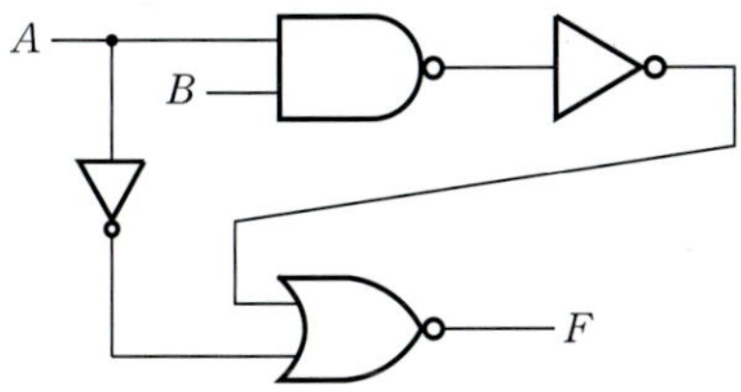

[그림 3-128]

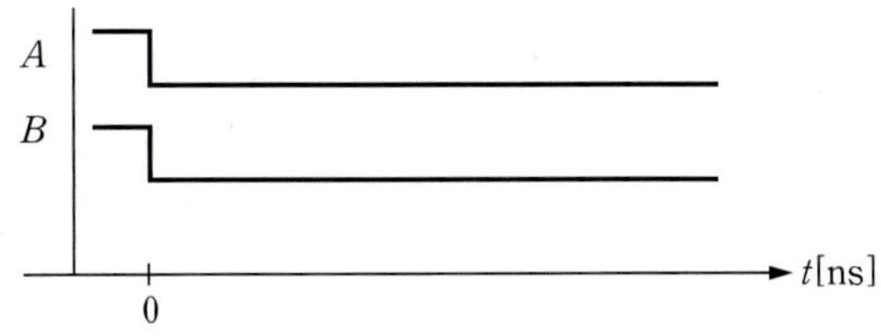

[그림 3-129]

(a) 게이트의 지연시간이 없을 때 출력 F를 구하라.

(b) 모든 게이트의 지연시간이 1[ns]일 때 출력 F의 파형을 도시하라.

3.42 [그림 3-130]의 회로는 1-해저드의 위험이 있다. 해저드 프리 회로로 변경하라.

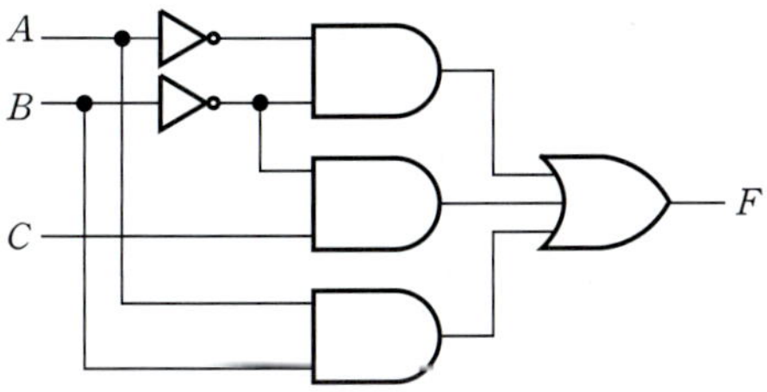

[그림 3-130]

CHAPTER

04

조합논리회로의 응용

Applications of Combinational Logic Circuits

학습목표

- 인코더 및 디코더의 원리를 이해하고 디코딩 시스템을 설계한다.
- 멀티플렉서와 디멀티플렉서를 설계한다.
- 전가산기를 설계하고 다중 비트 고속 가산기의 원리를 이해한다.
- 디지털 비교기의 원리를 이해하고 비트를 확장할 수 있다.
- 패리티 비트의 유용성을 이해하고, 패리티 발생기와 검출기를 설계한다.

【미리보기】

이 장에서는 디지털 조합논리회로를 구성하는 기능 블록의 원리와 설계 방법에 대해 학습한다. 인코더 및 디코더, 멀티플렉서 및 디멀티플렉서, 가산기, 비교기 등 주요 기능 블록에 대해 설명한다. 그런 다음, 패리티 비트를 만들어 오류를 검출하는 방법에 대해 살펴볼 것이다.

- **4.1 인코더 및 디코더**
  - 4.1.1 인코더
  - 4.1.2 디코더
  - 4.1.3 계층적 디코딩 QR
- **4.2 멀티플렉서 및 디멀티플렉서**
  - 4.2.1 멀티플렉서
  - 4.2.2 디멀티플렉서
- **4.3 가산기 및 감산기**
  - 4.3.1 가산기
  - 4.3.2 다중 비트 가산기
  - 4.3.3 고속 가산기
  - 4.3.4 감산기 QR
- **4.4 비교기**
  - 4.4.1 논리식을 이용한 비교기
  - 4.4.2 가산기를 이용한 비교기
- **4.5 패리티 발생기와 검출기**
  - 4.5.1 패리티의 원리 QR
  - 4.5.2 패리티 회로 QR

들어가기 전에

복잡한 동작을 수행하는 디지털 시스템을 분석해보면, 여러 개의 기능 블록들의 조합으로 이루어져 있음을 발견할 수 있다. 즉, 시스템을 설계하는 일은 마치 레고 블록처럼 몇 가지 자주 쓰이고 재사용 가능한 기능 블록들을 조립하는 일이라 할 수 있다.

기능 블록 functional block 이란 어떤 표준화된 기능을 수행하는 단위 회로를 말하며, 3장에서 학습한 조합논리회로나 5장부터 학습할 순차논리회로로 구성한다. [그림 4-1]은 컴퓨터의 두뇌에 해당하는 중앙처리장치 CPU 의 연산을 담당하는 산술논리 연산장치 ALU : Arithmetic and Logic Unit 의 블록도를 나타낸다. 이 블록도를 보면 ALU가 여러 개의 기능 블록의 조합으로 구성되어 있음을 알 수 있다.

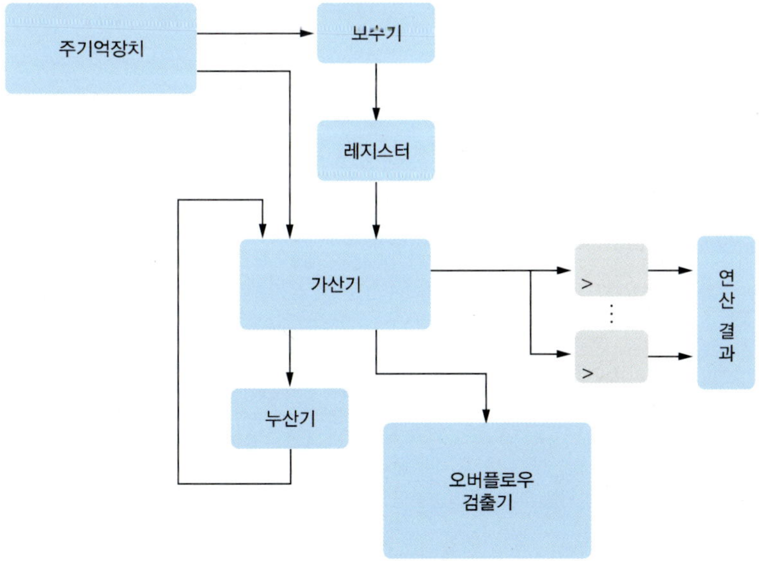

[그림 4-1] 기능 블록들로 구성된 산술논리 연산장치

본 장에서 학습할 조합논리회로의 주요 기능 블록으로는 **인코더 및 디코더**, **멀티플렉서 및 디멀티플렉서**, **디지털 비교기**, **가산기**, **비교기** 등이 있다.

이러한 기능 블록을 설계할 때는 2장과 3장에서 학습했듯이 일반적으로 다음의 순서를 따른다.

❶ 문제를 명확히 정의한다.

❷ 문제에 해당하는 진리표를 만든다.

❸ 카르노 맵을 그리고, 논리를 간략화하여 최소 부울식을 얻는다.

❹ 간략화된 부울식으로부터 논리도를 그린다.

이 장에서는 3장에서 학습한 조합논리회로의 원리를 바탕으로 주요 기능 블록들을 학습한다. 기능 블록의 원리와 설계 방법을 이해함은 물론, 각종 디지털 시스템의 다양한 요구 사양에 맞추어 기능 블록을 변형할 수 있을 정도로 충분히 익숙해질 필요가 있다. 연산장치의 가장 기본이 되는 가산기의 경우, 연산 비트 수의 증가에 따른 처리속도 및 하드웨어 부담을 개선한 고속 가산기의 원리를 이해할 필요가 있다. 또한 계층적 디코딩은 입력 어드레스의 수가 많을 경우에 속도와 하드웨어 부담을 줄일 수 있는 현실적인 방법이다.

SECTION 4.1

인코더 및 디코더

인코더encoder는 말 그대로 코드를 만드는 회로로, 어떤 정보를 포함하고 있는 여러 개의 입력신호 중 단 하나의 활성화된(혹은 선택된) 입력을 표현하기 위해 암호화(부호화)하여 출력하는 장치를 말한다. 만약 활성화되는 입력신호가 바뀌면 암호화되는 출력도 바뀐다. 즉, 인코더는 10진수 등의 정보를 2진수와 같은 코드로 변환하는 '부호기'라고 할 수 있다.

인코더와 짝을 이루는 디코더decoder는 반대로 암호화된 코드를 해독하는 회로로, 인코딩된 입력이 담고 있는 활성화된 신호를 다시 풀어서 출력하는 장치를 말한다. 즉, 디코더는 암호를 푸는 '복호기'라고 할 수 있다. 디코더에 입력되는 암호화된 입력신호의 조합이 바뀌면 활성화되는 출력값도 바뀐다.

[그림 4-2]와 같이 인코더와 디코더를 연결하면 암호화와 복호화의 과정을 거치므로, 활성화된 인코더 입력과 같은 신호의 디코더 출력이 활성화될 것이다. 동그라미를 친 입력은 활성화된 신호를 의미한다. 디지털 인코더의 입력 m개 중에서 활성화된 한 개의 데이터만이 'H' 신호이고, 나머지는 모두 'L'이 된다. 인코더의 출력단자에는 내부 논리 조합에 의해 그에 대응하는 2진수로 부호화된 n비트 코드를 내보낸다. 디코더는 2진수로 인코딩된 n비트를 다시 복호화해서 원래 활성화된 인코더 입력 신호를 찾아낸다. 즉, $Y_k = I_k$이다.

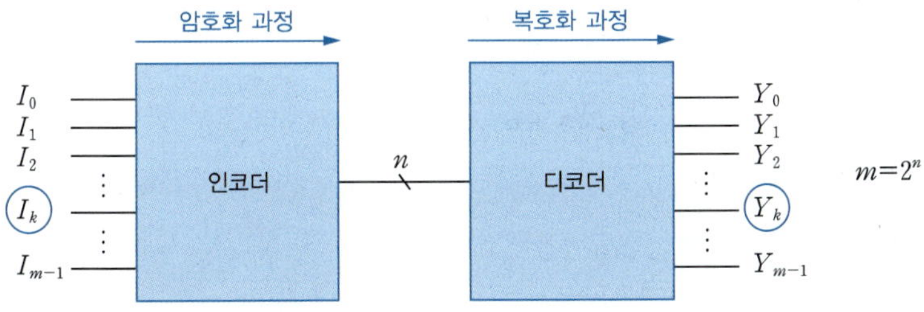

[그림 4-2] m개의 입력을 갖는 인코더와 디코더의 조합

4.1.1 인코더

[그림 4-3]은 16 대 4(16-to-4) 인코더의 블록도를 보인 것으로, 16×4 인코더라고 부르기도 한다. 여기서 앞의 숫자는 입력의 개수이고, 뒤의 숫자는 출력의 개수를 뜻한다. 따라서 이 예에서 입력의 개수는 16이고, 출력의 개수는 4이다($m = 2^n$, $16 = 2^4$).

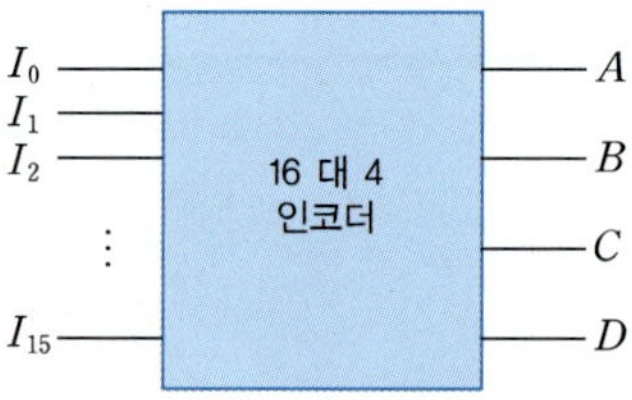

[그림 4-3] 16 대 4 인코더 블록도

인코더 입력 $I_0 \sim I_{15}$ 중에서 한 개만 'H'이고, 나머지는 모두 'L'이다. 16 대 4 인코더는 'H' 입력이 갖고 있는 정보를 2진 부호화 binary encoding하여 4비트의 2진수로 출력한다. 만약 활성화되는 입력이 하나의 10진수를 나타낸다고 하면, 입력신호 I의 첨자에 해당하는 10진수를 표현한다. 예를 들어, I_0 = 'H'이면 10진수 0을 의미하므로 출력 $ABCD = 0000$이다. $I_1 = 1$이면 10진수 1의 입력이므로 출력 $ABCD = 0001$이며, 같은 방법으로 I_{15}가 입력이면 $ABCD = 1111$이 출력된다.

■ 인코더의 설계 예

[그림 4-4]는 8진수 대 2진수 octal-to-binary 인코더를 나타낸 것이다. 이 예를 이용하여 논리도 작성까지의 과정을 살펴보자. [그림 4-4]에서 여덟 개의 입력은 각각 순서대로 8진수 0~7을 의미한다. 즉, 입력신호를 8진수로 표현하면 다음과 같다.

$$I_0 = (0)_8,\ I_1 = (1)_8,\ I_2 = (2)_8,\ I_3 = (3)_8,$$
$$I_4 = (4)_8,\ I_5 = (5)_8,\ I_6 = (6)_8,\ I_7 = (7)_8$$

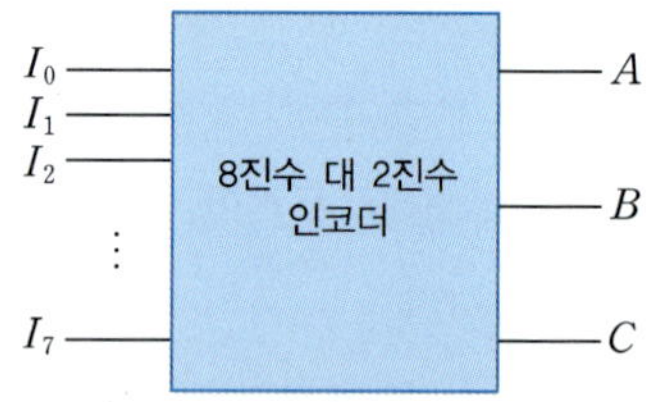

[그림 4-4] 8진수 대 2진수 인코더 블록도

❶ 먼저 8진수 대 2진수 변환을 위한 진리표를 [표 4-1]과 같이 작성한다. 8진수 입력은 0~7이며, 이러한 여덟 가지 입력을 부호화하기 위해서는 3비트의 2진 출력 ABC가 필요하다.

[표 4-1] 8진수 대 2진수 변환 진리표

입력								출력		
I_0	I_1	I_2	I_3	I_4	I_5	I_6	I_7	A	B	C
1	0	0	0	0	0	0	0	0	0	0
0	1	0	0	0	0	0	0	0	0	1
0	0	1	0	0	0	0	0	0	1	0
0	0	0	1	0	0	0	0	0	1	1
0	0	0	0	1	0	0	0	1	0	0
0	0	0	0	0	1	0	0	1	0	1
0	0	0	0	0	0	1	0	1	1	0
0	0	0	0	0	0	0	1	1	1	1

❷ 일반적으로는 카르노 맵을 그려서 A, B, C의 간략화된 논리식을 추출하지만, 때로는 직관적으로 손쉽게 논리식을 만들 수 있다. 진리표를 살펴보면 입력 중에 단 하나만이 1이므로 논리식에 곱항이 발생하지 않는다. 출력 A, B, C를 기준으로 논리식을 바라보면, 출력 A가 1로 출력되는 경우는 입력 I_4, I_5, I_6, I_7에서 어느 하나라도 1이 발생하게 될 때이다. 이 경우에는 반드시 1이 출력되므로 4-입력 OR 게이트를 사용할 수 있다. 또한 B가 1로 출력될 때는 입력 I_2, I_3, I_6, I_7에서 어느 하나라도 1이 될 때이다. 이러한 관점으로 출력 C에는 I_1, I_3, I_5, I_7이 입력된다. 그러므로 $A = I_4 + I_5 + I_6 + I_7$, $B = I_2 + I_3 + I_6 + I_7$, $C = I_1 + I_3 + I_5 + I_7$이다. 이에 해당하는 논리도는 [그림 4-5]와 같다.

❸ 모든 입력신호를 표시하고 공통되는 입력신호를 묶어서 [그림 4-6]의 최종 논리도를 완성한다.

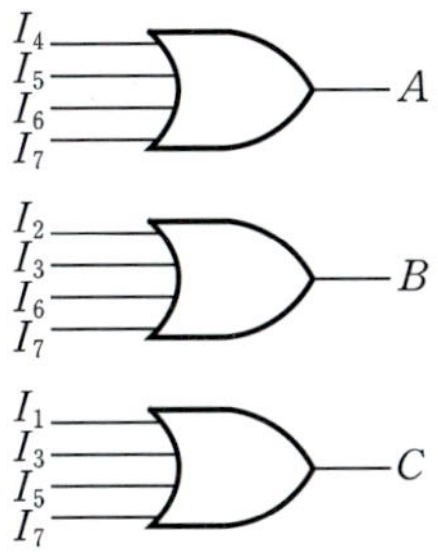

[그림 4-5] 분리된 입력의 논리 게이트 구현

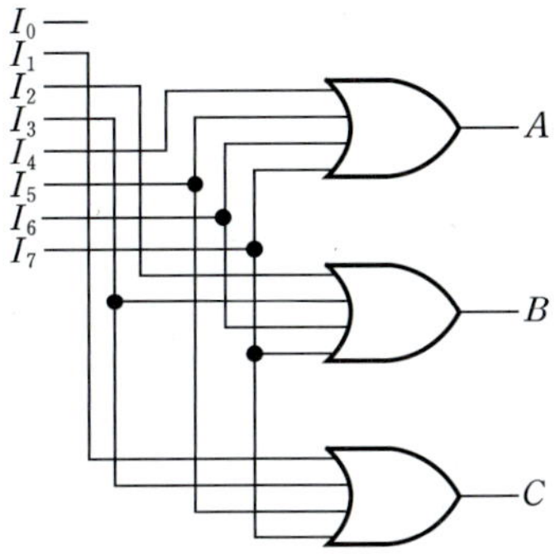

[그림 4-6] 연결된 입력의 논리 게이트 구현

이와 같은 인코더의 입력은 단 하나만이 1이므로, 곱항이 발생하지 않아 OR 게이트만으로 비교적 쉽게 직관적으로 논리회로를 만들 수 있다.

예제 4-1 10진수 대 BCD 인코더

[그림 4-7]과 같은 10진수 대 BCD decimal-to-BCD 인코더의 논리회로를 설계하라. 여기서 열 개의 입력은 각각 10진수 0~9를 의미한다. 인코더의 10비트 입력 중 하나의 입력만 1이며, 이러한 열 가지의 입력을 구별하기 위해서는 A, B, C, D 4비트의 출력이 필요하다.

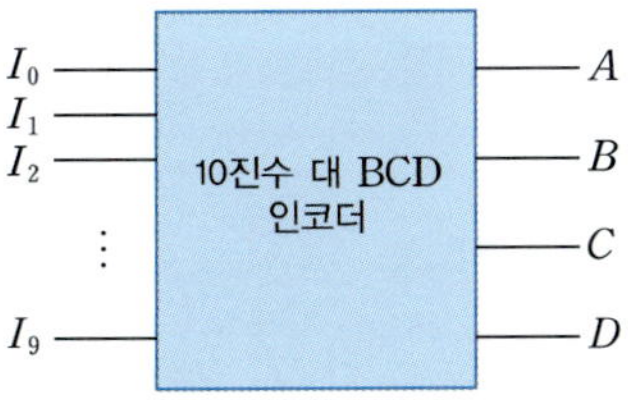

[그림 4-7]

풀이

10진수 대 BCD 변환을 위한 진리표를 작성한다. 10진수 입력은 0~9이며, 이러한 열 가지 입력을 2진 부호화하기 위해서는 4비트의 2진 출력이 필요하다.

[표 4-2]

입력										출력			
I_0	I_1	I_2	I_3	I_4	I_5	I_6	I_7	I_8	I_9	A	B	C	D
1	0	0	0	0	0	0	0	0	0	0	0	0	0
0	1	0	0	0	0	0	0	0	0	0	0	0	1
0	0	1	0	0	0	0	0	0	0	0	0	1	0
0	0	0	1	0	0	0	0	0	0	0	0	1	1
0	0	0	0	1	0	0	0	0	0	0	1	0	0
0	0	0	0	0	1	0	0	0	0	0	1	0	1
0	0	0	0	0	0	1	0	0	0	0	1	1	0
0	0	0	0	0	0	0	1	0	0	0	1	1	1
0	0	0	0	0	0	0	0	1	0	1	0	0	0
0	0	0	0	0	0	0	0	0	1	1	0	0	1

앞의 예와 마찬가지로 직관적으로 논리식을 추출한다. 출력 A는 I_8, I_9 두 가지 입력 중 어느 하나라도 1이면 1이므로, 2-입력 OR 게이트를 사용할 수 있다. 즉, $A = I_8 + I_9$이다.

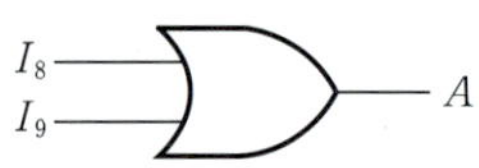

[그림 4-8]

출력 B는 I_4, I_5, I_6, I_7 네 가지 입력 중 어느 하나라도 1이면 1이 되므로, OR 게이트를 사용한다. 이때 4-입력 OR 게이트 하나를 사용하여 $B = I_4 + I_5 + I_6 + I_7$을 구현할 수도 있다. 혹은 결합법칙을 적용하여 $B = ((I_4 + I_5) + I_6) + I_7$을 구현한다면, 2-입력 OR 게이트 세 개를 사용할 수 있다. 물론 이 경우에는 단 수가 많아지므로 게이트 지연이 커지고 속도가 느려질 수 있다.

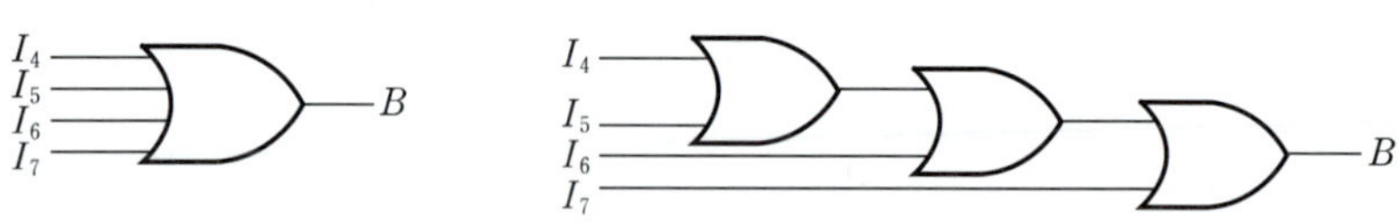

(a) (b)

[그림 4-9]

출력 C는 I_2, I_3, I_6, I_7 네 가지 입력 중 어느 하나라도 1이면 1이므로, 역시 OR 게이트를 사용할 수 있다. 이때 4-입력 OR 게이트 하나를 사용하여 $C = I_2 + I_3 + I_6 + I_7$을 구현하거나, 2-입력 OR 게이트 세 개를 사용하여 $C = ((I_2 + I_3) + I_6) + I_7$을 구현한다.

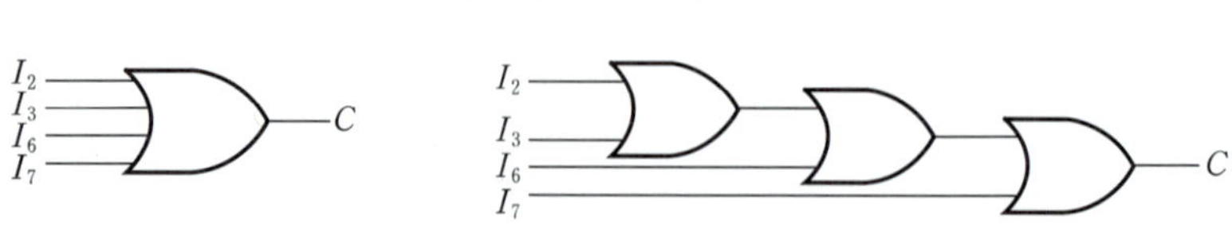

(a) (b)

[그림 4-10]

출력 D는 I_1, I_3, I_5, I_7, I_9 다섯 가지 입력 중 어느 하나라도 1이면 1이므로, 역시 OR 게이트를 사용할 수 있다. 이때 5-입력 OR 게이트 하나를 사용하여 $D=I_1+I_3+I_5+I_7+I_9$를 구현하거나, 혹은 2-입력 OR 게이트 네 개를 사용하여 $D=(((I_1+I_3)+I_5)+I_7)+I_9$를 구현한다.

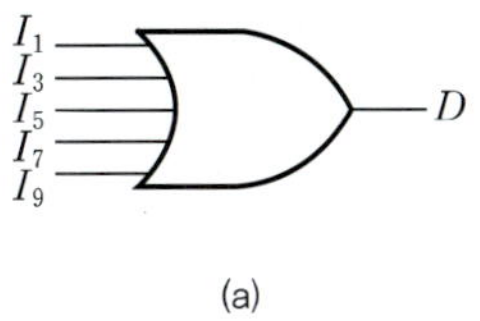

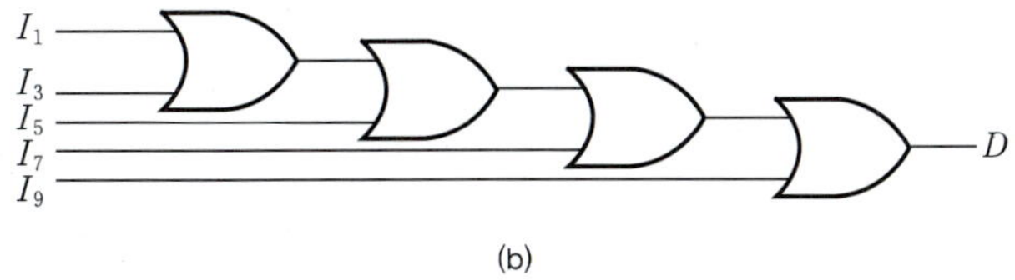

[그림 4-11]

[그림 4-11(b)]와 같이 2-입력 OR 게이트 네 개를 직렬로 연결하면 게이트 지연이 증가하므로 속도 측면에서 매우 불리하다. 또한 [그림 4-11(a)]와 같이 팬 인의 개수를 5로 설정하면 게이트 지연시간이 갑작스럽게 증가한다.

그렇기 때문에 최대 팬 인 개수를 4로 설정하고, [그림 4-12]와 같이 2단계 논리회로로 설계하는 것이 바람직하다.

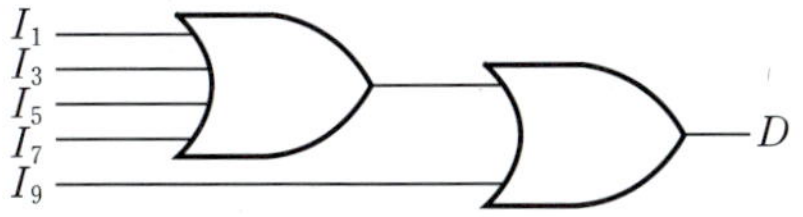

[그림 4-12]

이상의 입력신호를 모두 묶은 최종 논리도는 다음과 같다.

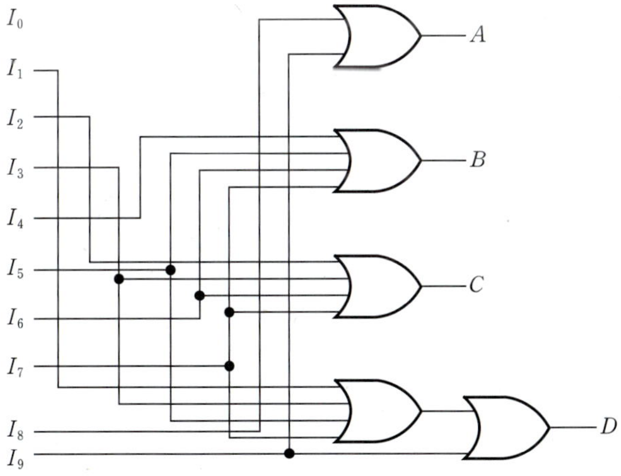

[그림 4-13]

4.1.2 디코더

디코더는 인코딩된 입력 디지털 데이터를 다시 원래의 신호로 복구하는 장치로서 복호기라고 할 수 있다. 이 장치는 4.1절에서 살펴본 논리 조합에 의해 인코딩된 2진 디지털 데이터를 입력하여, 이에 대응하는 복호화된 하나의 활성화된 신호를 출력한다. 따라서 2진 디지털 디코더의 경우 n개의 입력단자와 2^n개의 출력단자를 갖춘다.

■ 디코더의 원리

[그림 4-14]는 3 대 8(3-to-8) 및 4 대 16(4-to-16) 디코더의 블록도를 나타낸 것으로, 각각 3×8 디코더, 4×16 디코더라고 부르기도 한다. 여기서 앞의 숫자는 입력의 개수를, 뒤의 숫자는 출력의 개수를 뜻한다. [그림 4-14(a)]는 3비트 2진 코드를 $2^3 = 8$(개)의 출력으로 변환하는데, 이 중 3비트 2진 코드 입력(000)에 대응하는 하나의 출력(Y_0)만이 활성화된다.

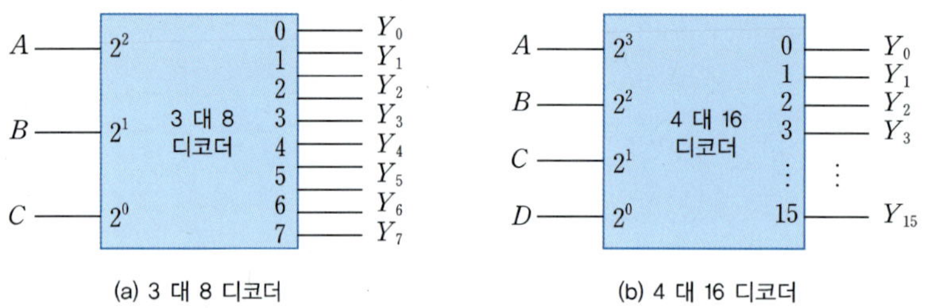

[그림 4-14] 디코더 블록도

[표 4-3] 3 대 8 디코더의 진리표

입력			출력							
A	B	C	Y_0	Y_1	Y_2	Y_3	Y_4	Y_5	Y_6	Y_7
0	0	0	1	0	0	0	0	0	0	0
0	0	1	0	1	0	0	0	0	0	0
0	1	0	0	0	1	0	0	0	0	0
0	1	1	0	0	0	1	0	0	0	0
1	0	0	0	0	0	0	1	0	0	0
1	0	1	0	0	0	0	0	1	0	0
1	1	0	0	0	0	0	0	0	1	0
1	1	1	0	0	0	0	0	0	0	1

3 대 8 디코더의 각 출력 $Y_0 \sim Y_7$은 ABC의 조합으로 형성되는 최소항 $m(0)$에서 $m(7)$까지를 나타낸다. 따라서 디코더를 OR 게이트와 함께 사용하면 최소항의 합으로 표현되는 임의의 조합논리식을 만들 수 있다.

예제 4-2 2진수 대 8진수 디코딩

[그림 4-15]의 블록도와 같은 2진수 대 8진수binary-to-octal 디코더를 논리회로로 설계하라. 세 개의 입력은 인코딩된 2진수로서 A는 MSB Most Significant Bit, C는 LSB Least Significant Bit이다.

$$Y_0=(0)_8,\ \ Y_1=(1)_8$$
$$Y_2=(2)_8,\ \ Y_3=(3)_8$$
$$Y_4=(4)_8,\ \ Y_5=(5)_8$$
$$Y_6=(6)_8,\ \ Y_7=(7)_8$$

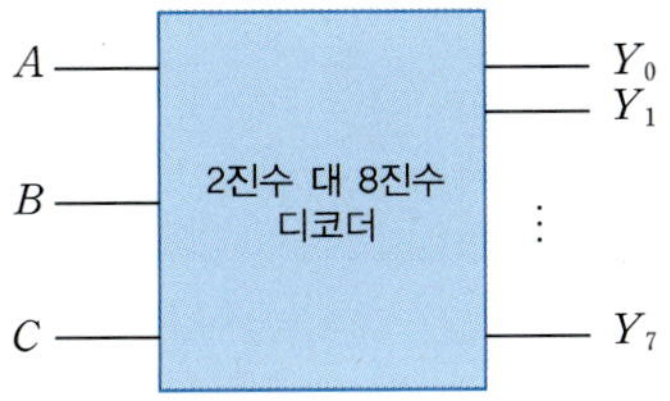

[그림 4-15]

풀이

먼저 인코더의 설계에서와 같이 2진수 대 8진수 변환을 위한 진리표를 작성한다. 2진수 입력은 3비트이며, 8진수 출력은 8진수 0~7의 여덟 가지이다. 이는 3 대 8 디코더의 진리표와 같다.

[표 4-4]

입력			출력							
A	B	C	Y_0	Y_1	Y_2	Y_3	Y_4	Y_5	Y_6	Y_7
0	0	0	1	0	0	0	0	0	0	0
0	0	1	0	1	0	0	0	0	0	0
0	1	0	0	0	1	0	0	0	0	0
0	1	1	0	0	0	1	0	0	0	0
1	0	0	0	0	0	0	1	0	0	0
1	0	1	0	0	0	0	0	1	0	0
1	1	0	0	0	0	0	0	0	1	0
1	1	1	0	0	0	0	0	0	0	1

일반적으로 카르노 맵을 그려서 A, B, C의 축약 논리식을 추출하지만, 인코딩된 3비트 입력에 따라 단 하나의 출력만이 1로 활성화되므로 직관적으로 논리회로를 구현할 수 있다. 출력 Y_0는 A, B, C가 모두 0일 때 1이므로 $Y_0=\overline{A}\,\overline{B}\,\overline{C}$로 표현되며, 3-입력 AND 게이트를 활용할 수 있다. Y_1은 $A=0$, $B=0$, $C=1$일 때 1이므로 $Y_1=\overline{A}\,\overline{B}C$로 표현되며, 역시 3-입력 AND 게이트를 활용할 수 있다.

$$Y_0 = \overline{A}\,\overline{B}\,\overline{C} \qquad Y_2 = \overline{A}B\overline{C}$$

$$Y_1 = \overline{A}\,\overline{B}C \qquad Y_3 = \overline{A}BC$$

$$Y_4 = A\overline{B}\,\overline{C} \qquad Y_6 = AB\overline{C}$$

$$Y_5 = A\overline{B}C \qquad Y_7 = ABC$$

이 부울식을 논리 게이트로 나타내면 [그림 4-16]과 같다.

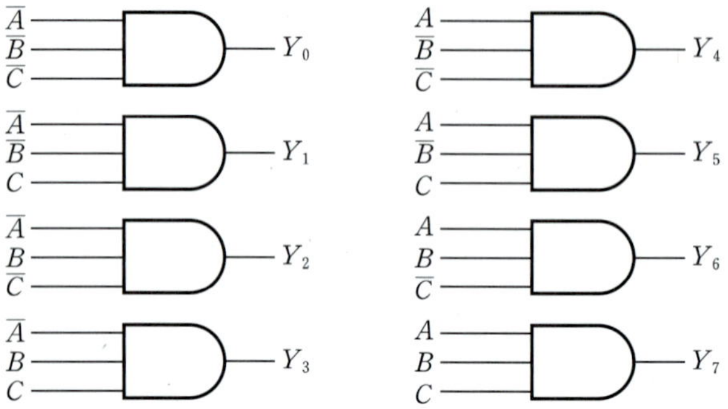

[그림 4-16]

입력 A, B, C를 분리하여 연결도를 완성하면 [그림 4-17]과 같은 논리도를 구현할 수 있다.

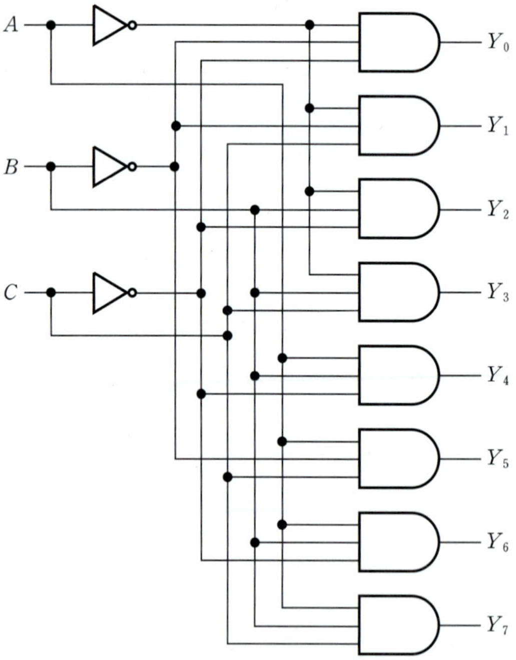

[그림 4-17]

예제 4-3 BCD 대 10진수 디코더

[그림 4-18]과 같이 BCD로 인코딩된 4비트의 입력을 받아서 입력값에 해당하는 10진수 출력을 활성화시키는 BCD 대 10진수BCD-to-decimal 변환 디코더를 설계하라.

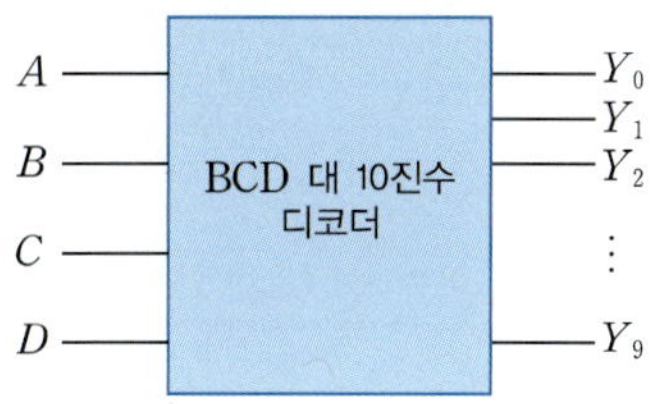

[그림 4-18]

풀이

BCD 입력 $ABCD$의 열여섯 가지 조합에 대한 10진수 출력 $Y_0 \sim Y_9$의 값을 진리표로 작성한다.

[표 4-5]

입력				출력									
A	B	C	D	Y_0	Y_1	Y_2	Y_3	Y_4	Y_5	Y_6	Y_7	Y_8	Y_9
0	0	0	0	1	0	0	0	0	0	0	0	0	0
0	0	0	1	0	1	0	0	0	0	0	0	0	0
0	0	1	0	0	0	1	0	0	0	0	0	0	0
0	0	1	1	0	0	0	1	0	0	0	0	0	0
0	1	0	0	0	0	0	0	1	0	0	0	0	0
0	1	0	1	0	0	0	0	0	1	0	0	0	0
0	1	1	0	0	0	0	0	0	0	1	0	0	0
0	1	1	1	0	0	0	0	0	0	0	1	0	0
1	0	0	0	0	0	0	0	0	0	0	0	1	0
1	0	0	1	0	0	0	0	0	0	0	0	0	1
1	0	1	0	0	0	0	0	0	0	0	0	0	0
1	0	1	1	0	0	0	0	0	0	0	0	0	0
1	1	0	0	0	0	0	0	0	0	0	0	0	0
1	1	0	1	0	0	0	0	0	0	0	0	0	0
1	1	1	0	0	0	0	0	0	0	0	0	0	0
1	1	1	1	0	0	0	0	0	0	0	0	0	0

출력 Y_0는 A, B, C, D가 모두 0일 때 1이므로 $Y_0 = \overline{A}\,\overline{B}\,\overline{C}\,\overline{D}$로 표현되며, 그 외 모든 조합에서는 0이 된다. 이 경우 4-입력 AND 게이트를 활용할 수 있다. Y_1은 $A=0$, $B=0$, $C=0$, $D=1$일 때 1이므로 $Y_1 = \overline{A}\,\overline{B}\,\overline{C}D$로 표현되며, 다른 모든 조합에서는 0이 된다. 이 역시 4-입력 AND 게이트를 활용할 수 있다. 이러한 방법을 적용하면, 다음과 같이 모든 논리식을 구할 수 있다.

$$Y_0 = \overline{A}\,\overline{B}\,\overline{C}\,\overline{D} \qquad Y_5 = \overline{A}B\overline{C}D$$

$$Y_1 = \overline{A}\,\overline{B}\,\overline{C}D \qquad Y_6 = \overline{A}BC\overline{D}$$

$$Y_2 = \overline{A}\,\overline{B}C\overline{D} \qquad Y_7 = \overline{A}BCD$$

$$Y_3 = \overline{A}\,\overline{B}CD \qquad Y_8 = A\overline{B}\,\overline{C}\,\overline{D}$$

$$Y_4 = \overline{A}B\overline{C}\,\overline{D} \qquad Y_9 = A\overline{B}\,\overline{C}D$$

이 부울식의 입력을 묶어 논리회로로 나타내면 [그림 4-19]와 같다.

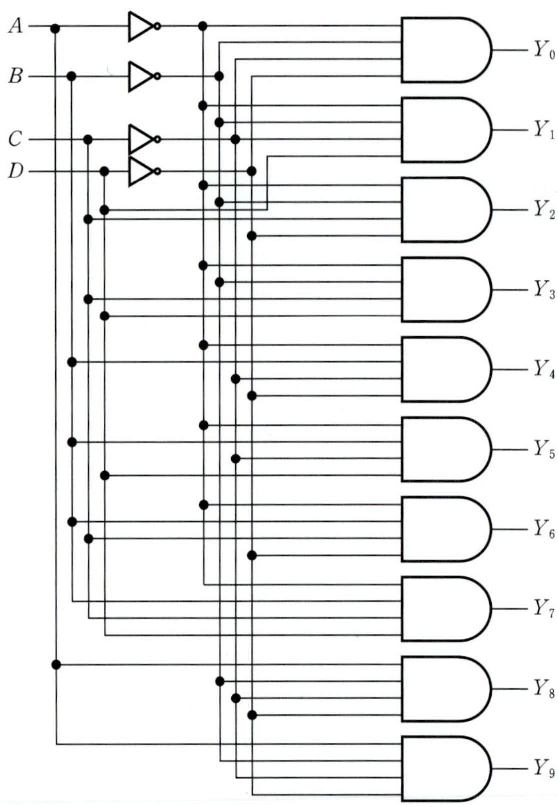

[그림 4-19]

디코딩 평면

입력 어드레스가 많으면 디코더의 조합논리회로 부분을 라우팅(선 연결) routing이 x, y축으로 교차하는 일종의 2차원 평면 plane으로 구성한다. 디코더 평면은 조합논리회로 관점에서 AND(NAND) 기반 혹은 OR(NOR) 기반의 회로로 나눌 수 있다. [그림 4-20]은 A_1, A_0의 두 비트의 어드레스가 입력될 때의 예로서 (a)는 AND 기반의 회로를, (b)는 NOR 기반의 회로를 보인 것이다. 두 회로 모두 입력 어드레스 A_1, A_0의 조합이 00, 01, 10, 11로 변함에 따라 위부터 아래로 차례대로 하나씩 활성화된다. 디코딩에 필요한 게이트 수는 어드레스 수에 의해 $2^2 = 4$(개)로 결정된다.

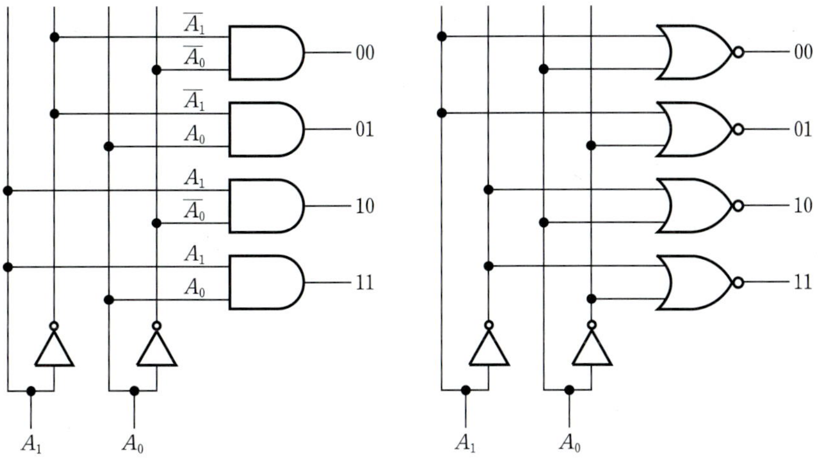

(a) AND(NAND) 기반의 디코딩　　(b) OR(NOR) 기반의 디코딩

[그림 4-20] 디코딩 평면 구현 방법

NAND 회로와 NOR 회로는 기본적으로 다른 특성을 가진다. 그렇다면 우리는 NAND 회로와 NOR 회로 중 어떤 회로를 사용하는 것이 더 나을까?

3장에서 학습한 CMOS 회로의 구현 원리에 따르면, NAND 및 NOR 회로는 드 모르강의 법칙을 적용한 PMOS 논리 스위치 박스와 NMOS 논리 스위치 박스가 모두 필요하다. 그러나 메모리와 같이 셀의 피치(메모리의 셀과 셀 간의 거리) pitch 내에 출력회로가 집적되어야 하는, 즉 집적도의 제한이 강한 경우에는 회로의 면적을 줄이는 것이 관건이다. 이를 위해 큰 면적을 차지하는 PMOS 스위치 박스를 한 개의 PMOS로 대체하여[1] 풀업[2]용으로 사용하고, 논리 동작은 NMOS 스위치 박스만을 사용하는 것이 좋다. 이렇게 NAND와 NOR을 다시 구성하면 NAND 회로에는 논리 동작을 담당하는 NMOS 스위치들이 직렬로 연결되고, NOR 회로에는 NMOS 스위치들이 병렬로 연결된다. 트랜지스터의 직렬연결은 트랜지스터의 온 저항의 직렬로서 전체 저항 값을 증가시키므로 속도 측면에서 병렬연결보다 불리하다. 한편 NMOS 스위치들을 레이아웃[3]하면, 직렬연결은 매우 간결하고 작은 면적을 차지하는 데 반해 병렬연결은 상대적으로 복잡하고 큰 면적을 차지한다. 따라서 칩 면적 측면에서는 NAND 기반의 디코딩이 유리하고, 속도 측면에서는 NOR 기반의 디코딩이 유리하다고 할 수 있다.

1 이러한 회로 구조를 NMOS와 비슷하다는 뜻을 가진 슈도(pseudo, 擬似) NMOS 논리(로직)라 한다.

2 논리적 'H'를 만들기 위한 충전 동작을 말한다.

3 레이아웃(layout)은 트랜지스터 레벨의 회로를 마스크 제작을 위한 도면으로 옮기는 과정을 말한다. 이에 대한 내용은 추후 집적회로 및 집적회로공정 교과에서 자세히 다룬다.

4.1.3 계층적 디코딩 QR

디코더의 주요 응용 예로 메모리 칩을 들 수 있다. 메모리 칩은 정보를 저장하는 스토리지storage, 즉 저장장치로, 여러 개의 메모리 셀을 하나의 비트로 하여 비트 단위의 정보를 저장한다. 여기서 집적도를 높이는 것이야말로 주요 경쟁력이 된다. '고집적 메모리 칩'이라 하면 "메모리 셀의 개수가 많다"는 의미이다. 메모리 칩 안에 있는 메모리 셀 하나하나의 위치 정보를 어드레스(주소address)라 한다. 집적도가 매우 높은 메모리 평면에서 메모리에 입력되는 수십 개의 어드레스 정보를 해독하여 하나의 셀을 선택하는 과정은 매우 복잡하다. 기본적으로 집적도가 높다는 것은 입력의 수(어드레스의 수)가 많다는 뜻으로, 앞서 살펴본 단순한 디코딩 기법을 적용하기에는 속도 측면이나 하드웨어 부담 측면에서 많은 어려움이 따른다.

[예제 4-3]에서 보듯 n비트의 어드레스로 $2^n = m$(개)에 해당하는 Y_m을 찾아야 하므로, n비트가 많아지면(고집적화되면) 회로가 매우 복잡해질 것임을 쉽게 예상할 수 있다. 이를 해결하기 위해서는 먼저 '사전 디코딩pre-decoding'을 하여 신호를 일부 복호화한 후, 그 결과를 다시 '메인 디코딩main decoding'하는 계층적 디코딩 시스템을 적용해야 한다. 계층적 디코딩에 대한 설명은 다음의 QR 코드를 통해 확인할 수 있다.

• 심화 주제 : 계층적 디코딩

이 파일에서는 어드레스 수가 많을 때, 사전 디코딩과 메인 디코딩을 연속적으로 수행하는 2단계 디코딩 방법에 대해 자세히 살펴본다.

SECTION
4.2 멀티플렉서 및 디멀티플렉서

멀티플렉서와 디멀티플렉서는 서로 반대 동작을 수행하는 회로 쌍으로, 입력단과 출력단을 제어신호에 따라 연결하는 일종의 스위치 박스이다. 멀티플렉서는 여러 입력 중 하나를 제어신호에 따라 출력단과 단락시키며, 디멀티플렉서는 그 반대의 동작을 한다. 이 회로들은 (입력 수)×(출력 수)로 표기한다.

[그림 4-21]은 4×1 멀티플렉서와 1×4 디멀티플렉서를 연결한 4-라인 멀티플렉서/디멀티플렉서의 블록도이다. 멀티플렉서에서는 제어 변수 S_1S_0에 따라 네 개의 입력 중 하나가 출력으로 연결되며, 디멀티플렉서에서는 제어 변수 S_1S_0의 값에 따라 입력이 네 개의 출력 중 하나로 연결된다. 즉 [표 4-6]과 같이 $S_1S_0 = 00$이면 출력 X에는 A가 연결되고, 이 값이 A 출력단에 연결된다. 같은 방법으로 S_1S_0가 각각 01, 10, 11일 때 X에는 해당하는 B, C, D가 각각 연결되며, 출력단에는 입력과 같은 신호가 출력된다.

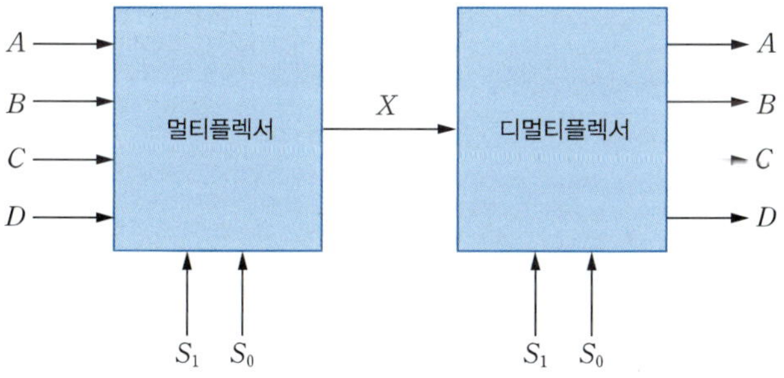

[그림 4-21] 멀티플렉서와 디멀티플렉서가 연결된 블록도

[표 4-6] 4×1 멀티플렉서의 진리표

제어 변수		출력
S_1	S_0	X
0	0	A
0	1	B
1	0	C
1	1	D

한편 2진 멀티플렉서의 경우 제어 변수가 n개라면 입력선은 2^n개가 존재하고, 이 중에서 하나의 입력이 선택되어 1비트 출력에 연결된다. 만약 $n=2$인 경우, 입력 수는 $2^2=4$이고 출력 수는 1이므로 4×1(4 by 1) 멀티플렉서라고 부른다.

4.2.1 멀티플렉서

멀티플렉서 multiplexer는 여러 개의 입력선 중에서 하나를 선택하여 단일 출력으로 내보내는 조합논리 회로이다. 멀티플렉서는 선택 변수 조합에 따라 많은 입력들 중 하나를 선택하여 그대로 출력에 넘겨 주기 때문에 데이터 선택기 data selector라고 부르기도 하며, 줄여서 MUX로 표현한다.

앞서 언급했듯이 [그림 4-21]의 4×1 멀티플렉서의 출력신호 X에 대한 진리표는 [표 4-6]과 같다. 여기서 제어신호 0은 bar로, 1은 true로 표현하여 부울식을 만들 수 있다. 예를 들어 첫 번째 행을 $S_1S_0 = 00$으로 표현하면, 첫 번째 행의 출력 X는 $X = A\overline{S_0}\,\overline{S_1}$로 표현한다. 즉 $S_1S_0 = 00$이면 $X = A$가 된다. 이런 방법으로 모든 행을 포함하는 최종 부울식은 $X = A\overline{S_1}\,\overline{S_0} + B\overline{S_1}S_0 + CS_1\overline{S_0} + DS_1S_0$가 된다.

예제 4-4 8×1 멀티플렉서

[그림 4-22]와 같은 8-입력 디지털 멀티플렉서를 설계하라.

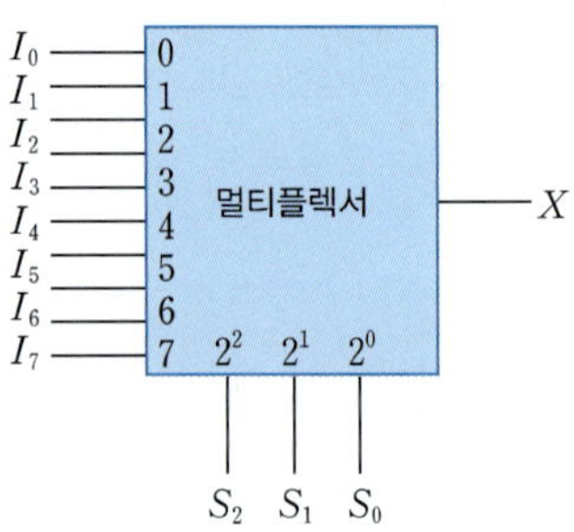

[그림 4-22]

풀이

$S_2S_1S_0$의 조합에 따라 여덟 개의 입력 중 하나만 출력 X에 연결된다. $S_2S_1S_0$의 조합에 따른 출력 X 값은 다음 진리표와 같다.

[표 4-7]

제어 변수			출력	제어 변수			출력
S_2	S_1	S_0	X	S_2	S_1	S_0	X
0	0	0	I_0	1	0	0	I_4
0	0	1	I_1	1	0	1	I_5
0	1	0	I_2	1	1	0	I_6
0	1	1	I_3	1	1	1	I_7

진리표의 출력을 부울식으로 표현하면 다음과 같다.

$$X = I_0\overline{S_2}\,\overline{S_1}\,\overline{S_0} + I_1\overline{S_2}\,\overline{S_1}S_0 + I_2\overline{S_2}S_1\overline{S_0} + I_3\overline{S_2}S_1S_0 + I_4S_2\overline{S_1}\,\overline{S_0} + I_5S_2\overline{S_1}S_0 + I_6S_2S_1\overline{S_0} + I_7S_2S_1S_0$$

이제 이 부울식을 논리도로 표현한다. [그림 4-23]과 같이 가로선에는 입력을 넣고 세로선에는 제어 변수를 설정한 후, AND의 논리에 해당하는 접점을 표시하여 회로도를 완성한다.

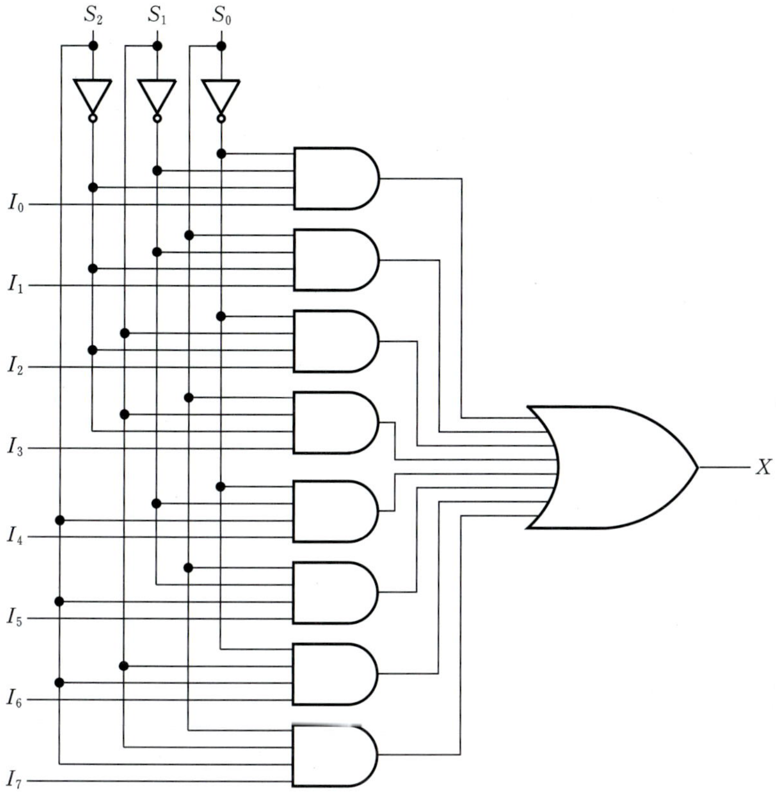

[그림 4-23]

4.2.2 디멀티플렉서

디멀티플렉서 demultiplexer는 멀티플렉서와 상반되는 연산을 수행하는 조합논리회로로서 데이터 분배기 data distributor라고 부르기도 하며, 줄여서 DEMUX로 표현한다. 2진 디멀티플렉서는 한 개의 입력선으로부터 정보를 받아 이를 2^n개의 출력선 중의 하나로 내보낸다. 이때 n개의 제어 변수의 조합에 따라 특정 출력선이 선택된다. 만약 $n=2$인 경우, 입력 수는 1이고 출력 수는 $2^2=4$이므로 1×4 디멀티플렉서라고 부른다. [그림 4-21]의 1×4 디멀티플렉서의 진리표를 [표 4-8]과 같이 나타낼 수 있다. 예를 들어 출력 A의 경우, $S_1S_0=00$일 때 입력 X가 연결되어 $A=X$가 된다.

[표 4-8] 1×4 디멀티플렉서의 진리표

제어 변수		출력			
S_1	S_0	A	B	C	D
0	0	X	0	0	0
0	1	0	X	0	0
1	0	0	0	X	0
1	1	0	0	0	X

예제 4-5 1×8 디멀티플렉서

[그림 4-24]와 같은 8-출력 디지털 디멀티플렉서를 설계하라.

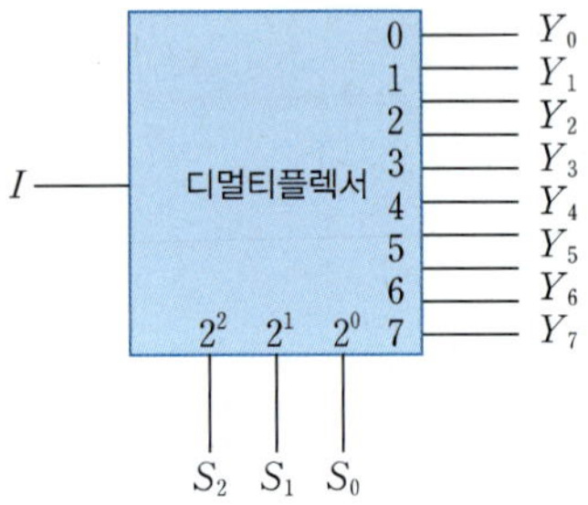

[그림 4-24]

풀이

디멀티플렉서의 동작을 생각하여 여덟 개의 출력에 대한 진리표를 다음과 같이 직관적으로 작성한다. 즉, 선택되는 경우에는 입력 I가 연결되며, 선택되지 않는 경우에는 0이 된다.

[표 4-9]

입력			출력							
S_2	S_1	S_0	Y_0	Y_1	Y_2	Y_3	Y_4	Y_5	Y_6	Y_7
0	0	0	I	0	0	0	0	0	0	0
0	0	1	0	I	0	0	0	0	0	0
0	1	0	0	0	I	0	0	0	0	0
0	1	1	0	0	0	I	0	0	0	0
1	0	0	0	0	0	0	I	0	0	0
1	0	1	0	0	0	0	0	I	0	0
1	1	0	0	0	0	0	0	0	I	0
1	1	1	0	0	0	0	0	0	0	I

진리표의 각 출력에 대한 부울식을 작성하면 다음과 같다.

$$Y_0 = I\overline{S_2}\,\overline{S_1}\,\overline{S_0} \qquad Y_4 = IS_2\overline{S_1}\,\overline{S_0}$$

$$Y_1 = I\overline{S_2}\,\overline{S_1}S_0 \qquad Y_5 = IS_2\overline{S_1}S_0$$

$$Y_2 = I\overline{S_2}S_1\overline{S_0} \qquad Y_6 = IS_2S_1\overline{S_0}$$

$$Y_3 = I\overline{S_2}S_1S_0 \qquad Y_7 = IS_2S_1S_0$$

이제 부울식을 논리도로 표현한다. [그림 4-25]와 같이 가로선에는 입력을 넣고 세로선에는 제어 변수를 설정한 후, AND의 논리에 해당하는 접점을 표시하여 회로도를 완성한다.

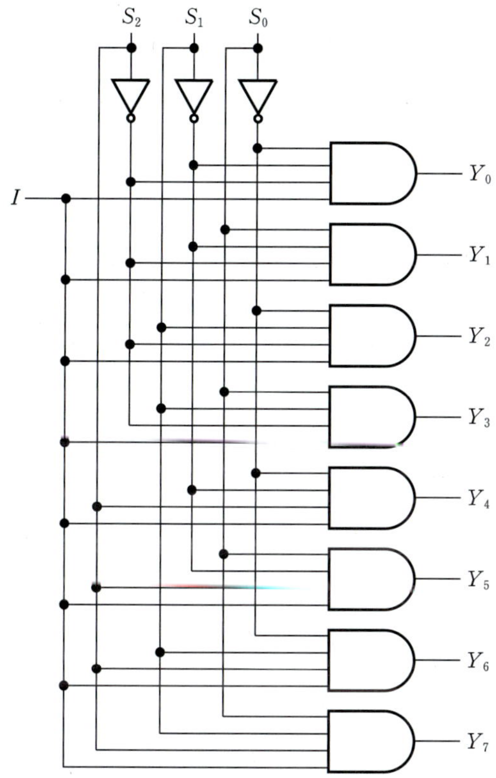

[그림 4-25]

SECTION

4.3 가산기 및 감산기

가산기와 감산기는 덧셈과 뺄셈 연산을 수행하는 가장 기본적인 연산장치이다. 곱셈, 나눗셈 등의 산술 연산도 이러한 가산기/감산기를 기반으로 수행된다. 이 절에서는 가장 기본적인 단위 블록인 1비트 가산기/감산기의 원리와 논리회로를 학습한다.

4.3.1 가산기

반가산기

반가산기 HA : Half Adder는 1비트 입력 두 개의 합을 출력하는 장치로, 다음 네 가지 연산을 살펴보자.

$$0+0=0 \qquad 0+1=1$$
$$1+0=1 \qquad 1+1=10$$ 캐리 발생

이 결과를 보면 출력은 캐리(자리 올림)까지 고려하여 2비트가 되어야 한다. 입력 A, B의 덧셈 $A+B$에 대한 출력의 상위 비트는 캐리(C)carry가 되고, 하위 비트는 합(S)sum으로 나타낼 수 있다. 출력 CS를 진리표로 나타내면 [표 4-10]과 같다. 여기서 입력은 이전 단에서 올라오는 캐리를 고려하지 않으므로 우리는 이를 '반가산기'라고 부른다.

[표 4-10] 반가산기의 진리표

입력		출력	
A	B	C	S
0	0	0	0
0	1	0	1
1	0	0	1
1	1	1	0

반가산기의 논리회로를 살펴보면 S는 두 입력이 다를 때 1이 되므로 비등가 게이트(XOR) 출력이고, C는 두 입력이 모두 1일 때 1이 되므로 AND 출력이다. 부울식으로 나타내면 다음과 같다.

$$C=AB \qquad S=A\oplus B \tag{4.1}$$

[그림 4-26]은 반가산기의 논리도를 나타낸 것이다.

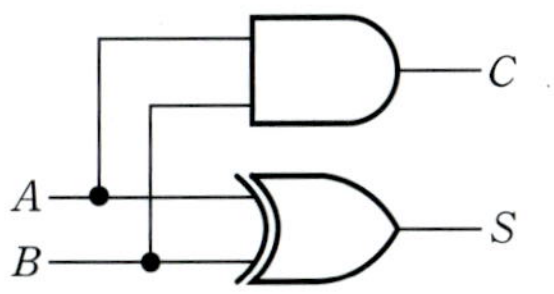

[그림 4-26] 반가산기의 논리도

전가산기

가산기의 비트 수를 늘리려면 각 가산기의 입력에는 데이터 비트뿐만 아니라 이전 단의 캐리까지 가해져야 한다. [그림 4-27(a)]의 전가산기 FA : Full Adder는 이러한 이전 단의 캐리까지 입력에 포함하는 회로이다. 두 입력 A, B 및 이전 단 캐리 C_I carry in의 최대 합은 $1+1+1=11$이므로, 출력은 C_O carry out 및 S sum의 2비트가 된다.

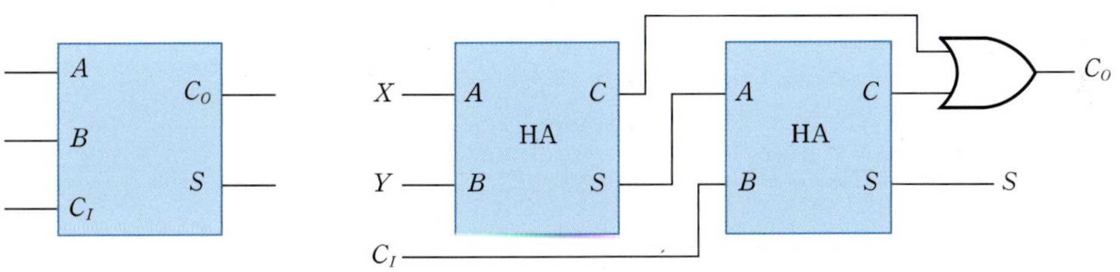

(a) 심볼 (b) 두 개의 반가산기를 이용한 구현

[그림 4-27] 전가산기

반가산기 HA는 입력 2비트 및 출력 2비트로, 입력캐리까지 3비트의 덧셈 연산을 위해서는 [그림 4-27(b)]와 같이 두 개의 반가산기를 연결하여 전가산기 FA를 만든다. 첫 번째 반가산기에서 두 입력 A, B를 더하고, 두 번째 반가산기에서는 첫 번째 반가산기의 덧셈 결과와 또 다른 입력인 캐리 C_I를 더한다. 첫 번째 혹은 두 번째 반가산기 중의 어느 하나에라도 캐리가 있으면 최종 출력캐리 C_O가 발생한다.

입력 A, B, C_I의 덧셈 $A+B+C_I$의 출력 C_OS에 대한 진리표는 [표 4-11]과 같다. $A+B+C_I$는 0~3의 값이 되므로 2진 출력은 00~11의 2비트로 표현된다. 예를 들어 마지막 행에서 $1+1+1=11_{(2)}$이다.

[표 4-11] 전가산기의 진리표

입력			출력	
A	B	C_I	C_O	S
0	0	0	0	0
0	0	1	0	1
0	1	0	0	1
0	1	1	1	0
1	0	0	0	1
1	0	1	1	0
1	1	0	1	0
1	1	1	1	1

논리의 간략화를 위해 [그림 4-28]과 같이 출력 C_O 및 S에 대한 카르노 맵을 그린다. [그림 4-28]의 (a) ~ (b)를 살펴보면, C_O는 묶는 방법에 따라 다음의 두 가지 논리식으로 간략화할 수 있다.

$$C_O = AB + AC_I + BC_I = AB + (A+B)C_I \tag{4.2}$$

또는

$$C_O = AB + A\overline{B}C_I + \overline{A}BC_I = AB + (A \oplus B)C_I \tag{4.3}$$

엄밀히 말하면 OR 버전은 카르노 맵의 셀을 중복하여 묶는 것이므로, XOR 버전이 정확한 표현이라고 할 수 있다.

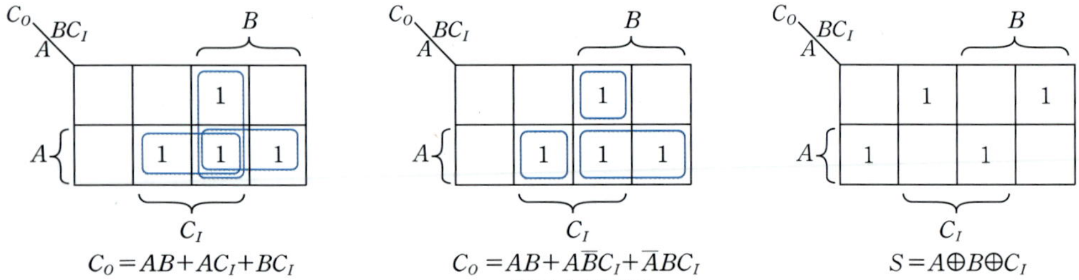

(a) 출력캐리(C_O)의 OR 버전 간략화 (b) 출력캐리(C_O)의 XOR 버전 간략화 (c) 데이터의 합(S)

[그림 4-28] 전가산기의 카르노 맵 작성

S는 식 (4.4)와 같이 네 개의 3-입력 AND 게이트로 구현할 수 있다.

$$S = \overline{A}\,\overline{B}C_I + \overline{A}B\overline{C_I} + A\overline{B}\,\overline{C_I} + ABC_I \tag{4.4}$$

또는 식 (4.5)와 같이 XOR 게이트로도 구현할 수도 있다.

$$S = \overline{A}\,\overline{B}C_I + \overline{A}B\overline{C_I} + A\overline{B}\,\overline{C_I} + ABC_I = (AB + \overline{A}\,\overline{B})C_I + (\overline{A}B + A\overline{B})\overline{C_I}$$
$$= (\overline{A \oplus B})C_I + (A \oplus B)\overline{C_I} = A \oplus B \oplus C_I \tag{4.5}$$

이 결과는 전가산기를 [그림 4-29]와 같은 AND-OR-NOT 게이트로뿐만 아니라, [그림 4-30]과 같은 XOR 게이트로도 구현할 수 있음을 말해준다.

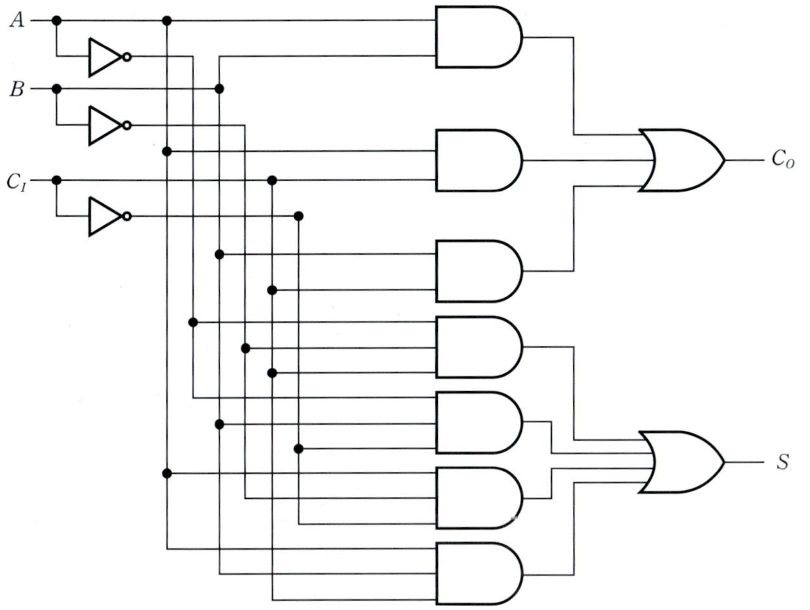

[그림 4-29] AND-OR-NOT 게이트를 이용한 전가산기의 논리회로

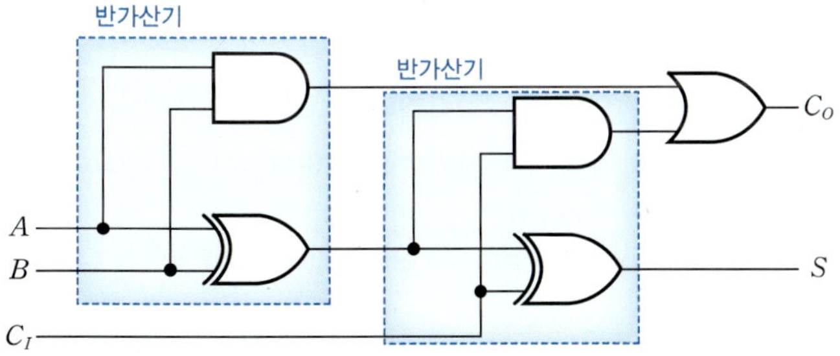

[그림 4-30] XOR 게이트를 이용한 전가산기의 논리회로

[그림 4-30]의 XOR 게이트를 이용한 논리회로는 [그림 4-27(b)]의 반가산기 두 개와 OR 게이트 1개를 이용한 구현과 같음을 알 수 있다.

예제 4-6 디코더 및 OR 게이트를 이용한 전가산기

디코더의 출력은 입력 조합의 최소항을 나타내므로, OR 게이트와 함께 사용하면 최소항의 합으로 표현되는 임의의 조합논리식을 구현할 수 있다. 3 대 8 디코더를 이용하여 [표 4-12]의 전가산기를 설계하라.

풀이

[표 4-11]로부터 출력 S 및 C_O는 다음과 같은 3변수 최소항의 합으로 표현된다.

$$S = \sum m(1,\ 2,\ 4,\ 7)$$
$$C_O = \sum m(3,\ 5,\ 6,\ 7)$$

S는 최소항 1, 2, 4, 7의 합이고 C_O는 최소항 3, 5, 6, 7의 합이므로, 최소항들을 디코더의 출력으로부터 뽑아내고 OR 게이트로 합하면 다음과 같다.

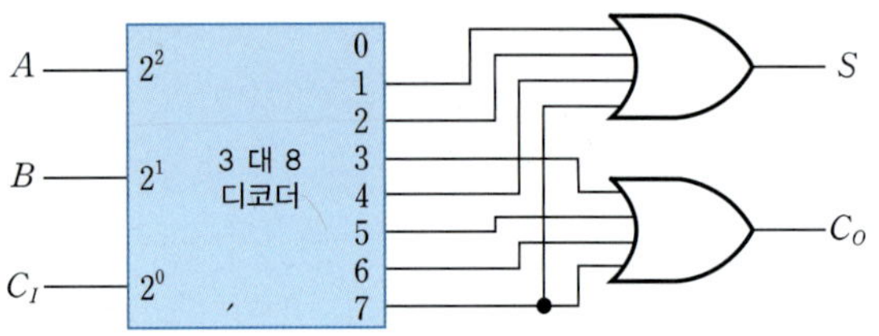

[그림 4-31]

산술 연산에서 가장 기본적인 덧셈을 수행하는 가산기는 디지털 시스템의 주요 빌딩 블록building block이다. 가장 기본적으로 생각할 수 있는 가산기는 4.3.1절의 전가산기와 같이 진리표로부터 부울함수를 직접 구하여 구현하는 형태로 설계할 수 있는데, 이를 '직접가산기'라고 한다. 직접가산기는 구조상 고속 동작이 가능하지만, 입력비트 수가 증가함에 따라 설계의 복잡도가 급격히 증가하며 동작속도가 뚜렷하게 저하된다. 예를 들어 4비트 직접가산기의 경우, 입력캐리를 포함해 입력변수의 개수가 아홉 개가 되므로 진리표를 이용하여 직접 설계하기에는 무척이나 복잡하다.

다음 절에서는 부울식을 재배치하여 더 작고 빠른 회로가 되도록, 설계의 용이성 및 동작속도를 개선할 수 있는 여러 방안을 살펴본다.

4.3.2 다중 비트 가산기

리플 캐리 가산기

N비트 가산기를 가장 간단하게 구현하는 방법으로 리플 캐리 가산기ripple-carry adder와 같이 N개의 전가산기FA를 직렬로 연결하는 방안이 있다. [그림 4-32]는 4비트 리플 캐리 가산기의 구조를 나타낸 것이다. 직렬연결된 4단의 전가산기에서 가장 왼쪽이 LSB이고 가장 오른쪽이 MSB이다. 입력 데

이터는 4단의 가산기에 비트별로 병렬연결하며, 캐리는 LSB에서부터 MSB 쪽으로 이동한다. 첫 단에는 캐리 입력이 없으므로 $C_0 = 0$을 가한다. 이 구조는 캐리가 다음 단으로 물결 ripple처럼 넘어가는 모습을 연상시키므로 리플 캐리 가산기라고 한다.

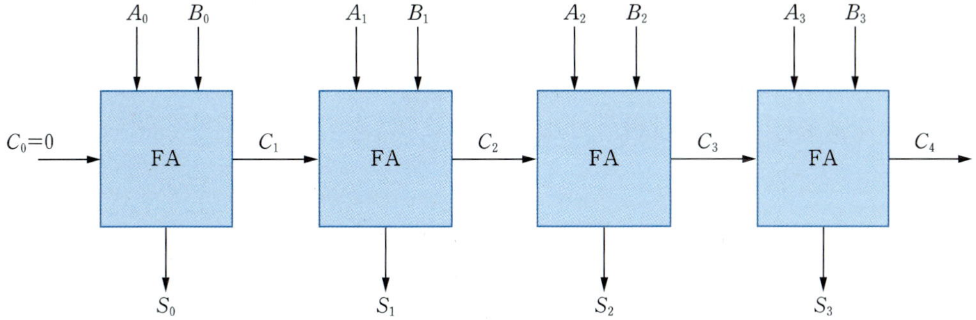

[그림 4-32] 4비트 리플 캐리 가산기의 블록도

예제 4-7 4비트 가산기

[그림 4-32]의 4비트 리플 캐리 가산기의 입력이 $A = 0001$, $B = 0111$일 때의 출력을 구하라.

풀이

4비트 덧셈 연산이므로 $0001 + 0111 = 1000$이다. 최종 캐리는 발생하지 않으므로 $C_4 = 0$, $S = 1000$이 출력된다.

이제 가산기의 동작속도를 고려해보자. 데이터의 덧셈은 각 전가산기 단에서 비트별로 어느 한 부분에서만 수행되지만, 캐리는 이전 단에서 다음 단으로 계속 넘어가야 한다. 따라서 N비트 가산기에서 전송지연은 일반적으로 캐리 경로의 지연에 의해 결정된다. 즉, LSB 단에서 발생한 캐리가 계속 전송되어 최종 캐리로 출력되는 시간이 지연시간의 대부분을 차지한다.

이제 가산기의 전송지연을 해석해보자. 단위 전가산기 FA의 입력캐리를 C_i, 출력캐리를 C_o라고 하고, C_i에서 C_o까지의 전송지연을 t_{carry}라고 하자.

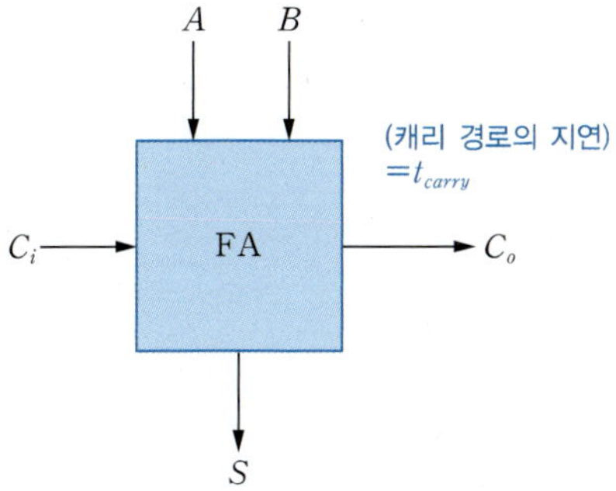

[그림 4-33] 전가산기의 입·출력신호

전송지연을 간략히 해석하기 위해 캐리와는 관계없이 입력 데이터에 의해서만 결정되는 두 가지 중간 신호를 정의한다. 먼저 (캐리) 발생(G)generate을 나타내는 신호로, 두 입력비트 A, B가 모두 1이어서 입력캐리와 상관없이 출력캐리 C_o가 발생할 때 $G=1$이 된다. 이는 다음과 같이 나타낼 수 있다.

$$G = AB \tag{4.6}$$

다음으로 (캐리) 전송(P)propagate을 나타내는 신호를 정의해보자. 두 입력비트 A, B 중 하나가 1이면(혹은 적어도 하나가 1이면) $P=1$이 되어 입력캐리 C_i가 C_o로 그대로 전달된다. 따라서 다음과 같이 정의한다.

$$P = A \oplus B \quad (\text{혹은 } A+B) \tag{4.7}$$

여기서 G와 P는 입력캐리와는 무관하게 오로지 데이터에 의해서만 결정된다는 것을 기억하자. 각 전가산기의 출력캐리는 현재 단에서 '발생'하거나(G) 이전 단의 캐리 C_i가 '전송'되는(P) 경우이므로, G와 P를 바탕으로 다음과 같이 표현할 수 있다.

$$C_o = G + C_i P \tag{4.8}$$

또한, 전가산기의 합 $S = A \oplus B \oplus C_i$는 P를 사용하여 표현하면 다음과 같다.

$$S = P \oplus C_i \tag{4.9}$$

따라서 각 전가산기의 출력 S는 현재 단의 전송 P와 입력캐리 C_i에 의해 결정된다.

[그림 4-32]를 참고하면, G와 P는 각 단에서 동시에 계산되어 대기하고 있고 캐리가 순차적으로 계산되어 다음 단으로 넘어간다. 첫 단은 입력캐리가 없으므로 지연을 무시하면 $C_1 \sim C_2$, $C_2 \sim C_3$, $C_3 \sim C_4$의 지연이 각각 t_{carry}이므로 전체 지연은 $3t_{carry}$이다. 전가산기를 N비트로 확장하면 전체 지연은 다음과 같다.

$$t_{adder} \approx (N-1)t_{carry} \tag{4.10}$$

즉, 대략적으로 비트 수에 비례하여 전송지연이 발생한다.

4.3.3 고속 가산기

캐리 예측 가산기

캐리 예측 가산기CLA : Carry Look-ahead Adder는 진리표로부터 부울함수를 직접 구하는 방식으로 비트 수가 적을 때 비교적 고속 동작을 하는 직접가산기이다. 캐리 예측 가산기는 이전 단의 캐리를 보지 않고 각 단에서의 캐리 발생 여부를 예측(계산)look-ahead하므로, 캐리의 리플을 차단하고 속도가 빠르다. i번째 단에서의 출력캐리는 식 (4.11)에 나타내었다.

$$C_{i+1} = G_i + C_i P_i \tag{4.11}$$

4비트 CLA의 각 단의 출력캐리는 다음과 같다.

캐리 리플 / 캐리 예측

$$C_1 = G_0 + C_0 P_0 \tag{4.12}$$

$$C_2 = G_1 + C_1 P_1 = G_1 + G_0 P_1 + C_0 P_0 P_1 \tag{4.13}$$

$$C_3 = G_2 + C_2 P_2 = G_2 + G_1 P_2 + G_0 P_1 P_2 + C_0 P_0 P_1 P_2 \tag{4.14}$$

$$C_4 = G_3 + C_3 P_3 = G_3 + G_2 P_3 + G_1 P_2 P_3 + G_0 P_1 P_2 P_3 + C_0 P_0 P_1 P_2 P_3 \tag{4.15}$$

다음 식을 살펴보면, $C_0 = 0$이므로 각 단의 캐리는 P와 G만으로도 구현할 수 있다. 모든 P와 G는 캐리와 상관없이 입력비트에 의해 동시에 구해지므로, 이전 단의 캐리를 보지 않고도 해당 비트 단의 캐리를 예측(계산)할 수 있다.

CLA는 캐리의 리플을 차단하므로 개념적으로 빠른 속도를 구현할 수 있지만, 비트 수 N의 확장에 따른 지연속도는 리플 캐리 가산기에서와 같이 N에 대해 선형적으로 증가하지는 않는다. 식 (4.12) ~ 식 (4.15)에서 보는 바와 같이 상위 비트로 갈수록 항의 수가 피라미드 형태로 급격히 증가하기 때문에 각 게이트의 팬 인 및 팬 아웃이 증가하는 지연구조를 갖는다. [그림 4-34]는 이를 도식적으로 나타낸 것으로, 상위 비트로 갈수록 지연 항이 많아진다. 각 단의 합 S는 각 단의 캐리와 P의 XOR 연산을 수행하여 결정된다. 가산기의 합 S는 전가산기의 논리식으로부터 다음과 같이 결정된다.

$$S_0 = C_0 \oplus A_0 \oplus B_0 \tag{4.16}$$

$$S_1 = C_1 \oplus A_1 \oplus B_1 \tag{4.17}$$

$$S_2 = C_2 \oplus A_2 \oplus B_2 \tag{4.18}$$

$$S_3 = C_3 \oplus A_3 \oplus B_3 \tag{4.19}$$

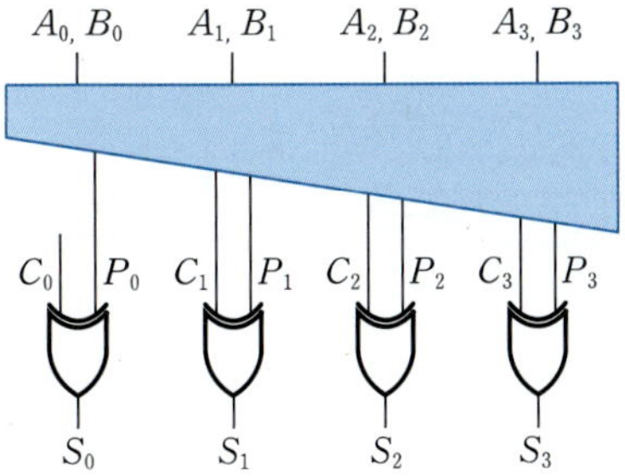

[그림 4-34] 캐리 예측 가산기의 개념도

또한 비트 수 N이 증가할수록 부하의 크기도 증가한다. 예를 들어 G_0 및 P_0는 모든 캐리 항마다 포함되므로, 비트 수가 증가함에 따라 G_0 및 P_0에 대한 팬 아웃 부하도 증가하여 속도가 느려진다. 또한 비트 수 증가에 따라 캐리를 구성하는 항의 수도 증가하므로 면적이 급격히 늘어난다. 이러한 이유로 CLA는 일반적으로 $N \leq 4$인 경우에 주로 활용된다.

캐리 선택 가산기

비트 수가 4 이상으로 증가하면 리플 캐리 가산기와 캐리 예측 가산기를 잘 조합하여 최적의 구조를 찾아내야 한다. 각 단에서 입력캐리가 0 또는 1인 경우를 모두 가정하여 두 가지 경우에 대해 각각 미리 계산을 해두었다가, 입력캐리가 들어올 때 곧바로 정합되는 결과를 선택하여 멀티플렉서를 통해 출력하면 전체 지연시간을 줄일 수 있다. 이 경우 캐리 전송에 소모되는 시간은 선택된 결과값이 멀티플렉스를 통해 출력되는 시간이 된다. 이러한 개념을 구현하는 가산기를 캐리 선택 가산기CSA : Carry-Select Adder라고 한다.

[그림 4-35]는 캐리 선택 가산기의 기본 모듈을 나타낸다. 16비트 이상의 캐리 선택 가산기에서 사용되는 기본 모듈은 대개 3~5비트 정도이며, 모듈 자체는 리플 캐리 혹은 캐리 예측 가산기를 많이 사용한다. 셋업 모듈은 입력 데이터로부터 P와 G를 발생하는 부분이다. 캐리 연산부는 P와 G를 이용하여 입력캐리가 0인 경우와 1인 경우 모두일 때에 대해 출력캐리를 계산한다. 따라서 입력캐리 C_i가 들어오면, C_i의 값으로부터 0캐리 연산부 혹은 1캐리 연산부의 결과를 선택하여 C_o로 출력한다. 리플 캐리 단과 비교해보면, 캐리 발생부 및 캐리 선택을 위한 멀티플렉서가 추가되어 30% 정도의 하드웨어가 증가한다.

정리해보면, 다중 비트 가산기는 하위 비트(모듈)에서 발생하는 캐리의 결과를 기다려서 상위 비트(모듈)에서 함께 연산해야 할 때 메인 전송지연이 발생한다. 캐리 선택 가산기는 연산부를 두 개 두어 캐리가 0일 때와 1일 때를 모두 미리 연산했다가, 들어오는 캐리에 따라 해당 연산부의 결과를 선택하여 바로 출력함으로써 고속 동작을 할 수 있다.

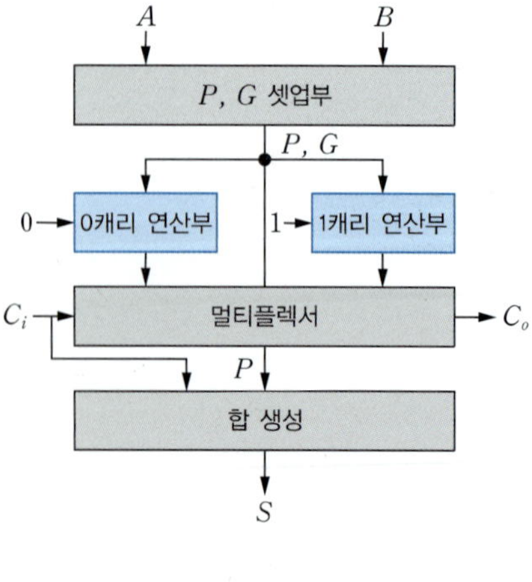

(a) 단위 비트의 블록도

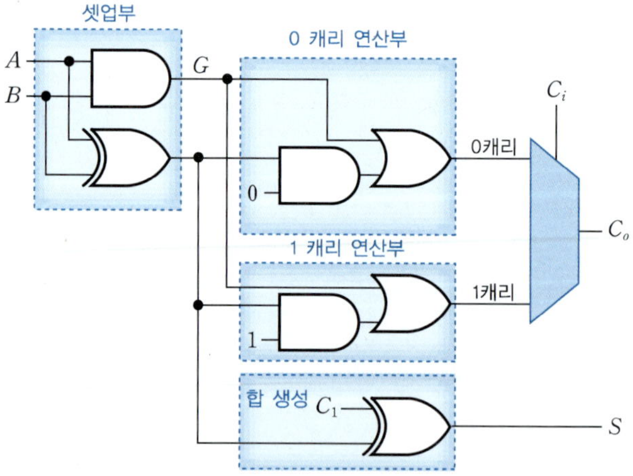

(b) 단위 비트의 회로도

[그림 4-35] 캐리 선택 모듈의 개념도

CSA는 비트 수가 증가해도 멀티플렉서의 지연시간 정도만 추가되므로, 비트 수가 클 때 매우 유리하다. 4비트 모듈을 기본으로 하는 16비트 가산기의 토폴로지topology [4]를 [그림 4-36]에 나타내었다.

4 사전적 의미로 위상기하학(位相幾何學) 또는 위상수학(位相數學)을 뜻하는데, 전자공학에서는 어떤 회로 설계나 방법론 혹은 개념도(구성도)를 말한다.

네 개의 모듈에서 셋업, 0캐리 및 1캐리의 연산이 동시에 이루어진다. 각 4비트 모듈은 앞서 배운 리플 캐리 가산기나 CLA를 사용한다. 비트 4~7 이상의 모듈은 0캐리와 1캐리의 결과값을 미리 연산해서 가지고 있으며, 입력되는 캐리에 의해 결과값이 선택되기를 기다리며 대기한다. 그러므로 최종 캐리 C_{16}의 지연경로를 따라가 보면, 파란색으로 색칠한 부분과 같이 셋업, 0/1캐리 연산 및 네 개의 멀티플렉서를 통과하게 된다.

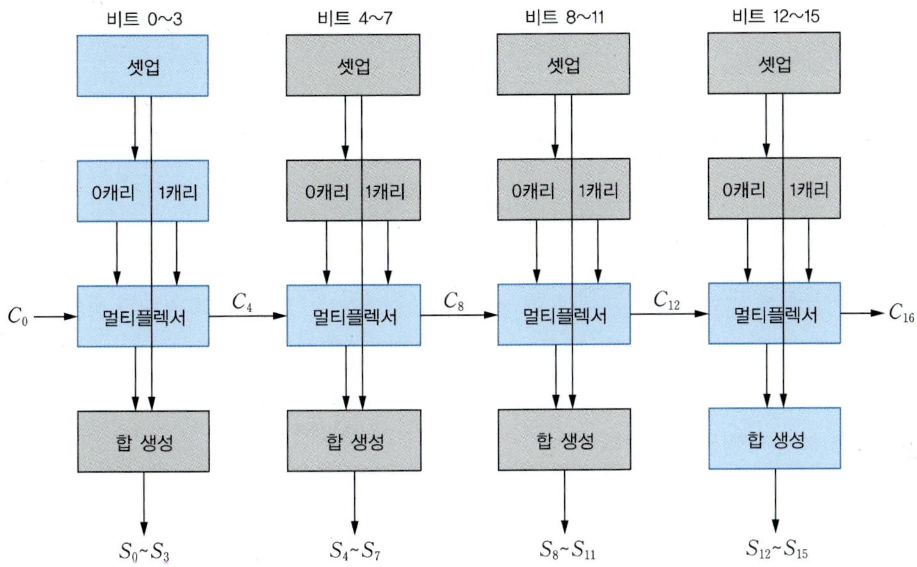

[그림 4-36] 16비트 캐리 선택 가산기의 개념도

이제 비트 수 N에 따른 전체 전송지연을 알아보자. 각 모듈의 비트 수를 고정 값 M이라고 두면, 16비트 가산기의 경우 $M=4$, $N=16$이다. 만약 비트 수를 32로 확장한다면 $M=4$로 고정되지만 N은 32로 늘어난다. 필요한 모듈 수는 $\frac{N}{M}$이므로 [그림 4-36]을 참고하여 N비트 CSA의 전송지연을 구하면 식 (4.20)과 같다.

$$t_{adder} \approx t_{setup} + Mt_{carry} + \left(\frac{N}{M}\right)t_{\mathrm{mux}} + \mathrm{t}_{\mathrm{sum}} \tag{4.20}$$

여기서 t_{setup}은 P와 G를 생성하는 시간으로, 모든 모듈에서 동시에 계산되기 때문에 한 번만 적용된다. t_{carry}는 단위 비트의 캐리를 계산하는 시간으로, 주어진 모듈이 리플 캐리로 설계된다면 Mt_{carry}의 시간이 소요된다. 멀티플렉서의 전송지연 t_{mux}에는 통과한 단 수가 곱해진다. 마지막으로 합 S를 생성하기 위한 시간 t_{sum}은 상위 모듈보다 하위 모듈에서 먼저 계산되므로 최종 모듈에서의 시간 한 번만 더해준다.

여기서 주의 깊게 봐야 하는 부분은 변수 N의 계수이다. 리플 캐리의 경우에는 식 (4.10)에서처럼 기울기가 t_{carry}인 데 반해, CSA에서는 식 (4.20)에서와 같이 $\frac{t_{\mathrm{mux}}}{M}$이다. 일반적으로 $t_{\mathrm{mux}} < t_{carry}$이므로, [그림 4-37]에서 보듯이 CSA 전송지연의 N 의존도가 훨씬 작아진다.

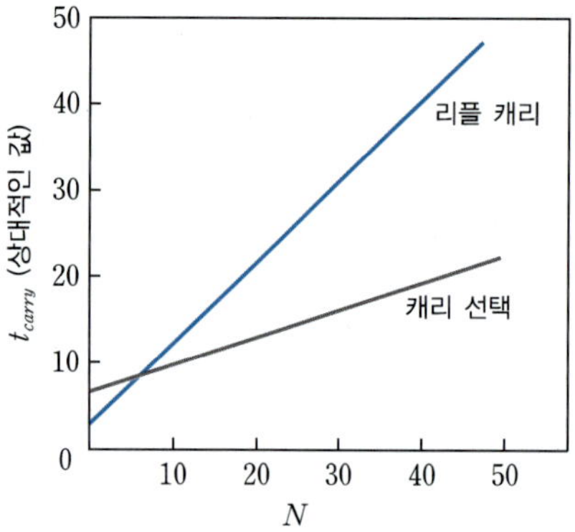

[그림 4-37] 비트 수 N에 따른 전송지연 비교

캐리 선택 가산기는 캐리 연산부 및 멀티플렉서 추가에 따른 지연시간 때문에 8비트 이하의 작은 비트 수에서는 리플 캐리 가산기보다 오히려 더 큰 지연을 보이지만, 비트 수 N에 대한 기울기가 작으므로 N의 값이 증가할수록 지연시간 문제에서 더 큰 위력을 발휘한다. 따라서 16비트 이상의 고정밀 회로에서는 CSA가 좋은 대안이 된다.

예제 4-8 4비트 가산기/감산기의 구현

4비트 가산기를 사용하여 4비트 가산기/감산기를 설계하라. 이때 제어신호 W를 할당하여 $W=0$이면 가산기로서 동작하고, $W=1$이면 감산기로 동작하도록 한다.

힌트 2진수의 뺄셈은 2의 보수를 사용하여 덧셈을 수행한다. 2진수의 2의 보수는 1의 보수에 1을 더한다. 1의 보수는 각 자리 값을 반전한다. 예를 들어 13−4=9의 연산을 수행할 경우, 4의 2진수 표현은 0100이고, 1의 보수는 1011, 2의 보수는 1100이다.

$$\begin{array}{rr} & 13 \\ - & 4 \\ \hline & 9 \end{array} \quad \Rightarrow \quad \begin{array}{rr} & 1101 \\ + & 1100 \\ \hline 1 & 1001 \end{array}$$

↳ 순환자리올림(end-around) 캐리는 무시

풀이

감산기 동작을 위해, 빼는 수의 2의 보수를 생성하는 방안을 생각해보자. 먼저 1의 보수기를 만들어 1의 보수를 만들고, 거기에 1을 더하는 방식으로 2의 보수를 만든다. 이때 제어신호를 W에 할당하여, $W=0$일 때는 입력 $X(X_3X_2X_1X_0)$를 그대로 통과시키고 $W=1$일 때는 1의 보수를 생성하여 전달하는 '1의 보수기'가 필요하다.

(i) 1의 보수기

제어 가능한 1의 보수기는 [그림 4-38(a)]과 같이 XOR 게이트를 병렬로 연결한다. $W=0$일 때는 XOR 게이트의 특성상 입력비트 X들이 그대로 출력 F에 전달되나, $W=1$이면 입력비트가 모두 반전되어 출력 F에 전달된다. 즉, 1의 보수 기능을 수행한다. [그림 4-38(a)]의 XOR 게이트는 간단한 '1의 보수기'로 [그림 4-38(b)]의 '1의 보수기' 블록에 해당한다.

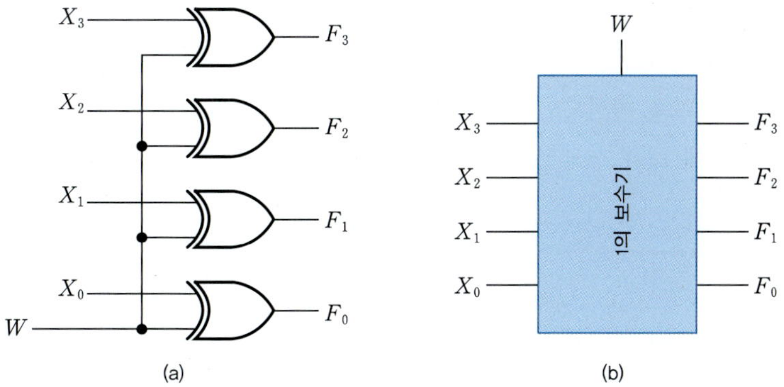

[그림 4-38]

(ii) 2의 보수기

이제 2의 보수기를 만드는 방법을 알아보자. 감산기 동작에서 2의 보수를 만들어야 하므로, 1의 보수에 무조건 1이 추가로 더해지도록 논리회로를 구성하기 위해, 감산기 동작 시 입력캐리 $C_i=1$이 되는 방안을 강구해본다. 입력캐리와 제어신호 W의 OR 연산을 활용하여 [그림 4-39]와 같이 논리회로를 완성한다.

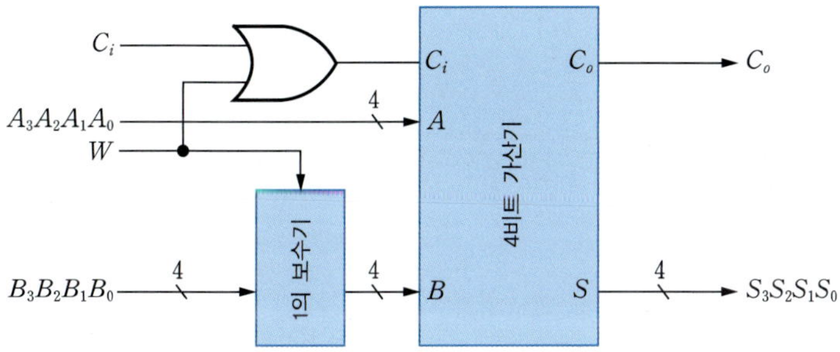

[그림 4-39]

(iii) 가산기 동작

$W=0$일 때는 입력캐리 C_i가 통과하여 가산기의 입력캐리 단자에 가해지며, $B(B_3B_2B_1B_0)$ 입력은 1의 보수기에서 반전되지 않고 그대로 통과하므로 전체 회로는 4비트 가산기로 동작한다.

(iv) 감산기 동작

$W=1$일 때, 입력캐리 C_i는 W에 의해 막히고 1이 가산기의 입력캐리 단자에 가해지며, $B(B_3B_2B_1B_0)$ 입력은 1의 보수기에서 반전되어 1의 보수가 통과되므로 전체적으로는 B의 2의 보수가 입력된다. 다른 입력 A는 그대로 가산기에 가해지므로, 전체 회로는 4비트 감산기로서 동작하여 $A-B$를 수행한다.

4.3.4 감산기

감산기는 하나의 입력에서 다른 입력을 빼서 그 차를 출력하는 조합논리회로로서 가산기와 동일한 개념으로 설계할 수 있다. 감산기에 대한 설명은 다음의 QR 코드를 통해 확인할 수 있다.

• 심화 주제 : 감산기

이 파일에서는 반감산기와 전감산기의 각 특징에 대해 학습한다. 반감산기가 단지 두 입력 간의 차이를 구하는 논리회로라면, 전감산기는 추가적으로 아랫자리에서 요구하는 빌림수에 의한 뺄셈까지도 수행한다.

SECTION 4.4

비교기

비교기 comparator는 입력의 크기(값)를 기준 크기(값)와 비교하여, 그 결과를 디지털 신호로 출력하는 장치이다. 비교기는 입력신호의 성질에 따라 아날로그 비교기와 디지털 비교기로 나뉜다.

[그림 4-40(a)]의 아날로그 비교기는 입력단에 비교 기준이 되는 기준전압과 아날로그 입력전압을 함께 가하고, 두 전압의 크기를 비교한 후, 그 결과를 디지털 출력으로 내보내는 회로이다. 입력전압이 기준전압보다 높은 경우에는 출력전압 V_{out}에 디지털 'H' 전압이, 입력전압이 기준전압보다 낮은 경우에는 출력전압 V_{out}에 'L' 전압이 출력된다. 입력전압과 기준전압이 같은 경우에는 출력이 불확실한 상태로 있다가 잡음에 의해 'H' 또는 'L'이 임의로 출력된다.

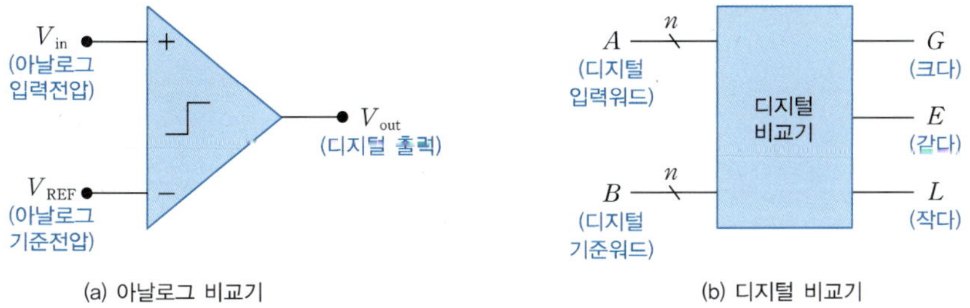

[그림 4-40] 비교기 블록도

이에 반해 [그림 4-40(b)]의 디지털 비교기는 입력 및 기준신호가 디지털 워드 word라는 점에서 아날로그 비교기와 다르다. 또한 출력은 '크다', '작다'뿐만 아니라 '같다'는 신호도 출력할 수 있다. 입력신호가 아날로그 신호인지 디지털 신호인지에 따라 아날로그 비교기와 디지털 비교기를 선택하여 사용할 수 있다.

4.4.1 논리식을 이용한 비교기

디지털 비교기는 n비트의 입력워드를 기준워드의 크기(값)와 비교하여 큰지 작은지, 또는 같은지를 판단하고, 그 결과를 디지털 데이터로 출력하는 장치이다. 입력워드를 A, 기준워드를 B로 두면, A, B의 크기 관계에 따라 [표 4-12]와 같은 E equal, G greater than, L less than의 3비트를 출력한다.

[표 4-12] 디지털 비교기의 진리표

	E(equal)	G(greater than)	L(less than)
$A=B$	1	0	0
$A>B$	0	1	0
$A<B$	0	0	1

■ 1비트 비교기

입력(또는 워드) A, B가 1비트인 경우, 즉 $n=1$인 경우의 출력 논리식은 직관적으로 구할 수 있다. 출력 E는 $A=B(A=B=1$ or $A=B=0)$일 때 'H'가 되므로, 등가 게이트(XNOR)를 활용하면 다음과 같다.

$$E=AB+\overline{A}\,\overline{B}=A\odot B$$

G 출력은 $A>B(A=1$ and $B=0)$일 때 'H'이므로

$$G=A\overline{B}$$

이며, L 출력은 $A<B(A=0$ and $B=1)$일 때 'H'이므로

$$L=\overline{A}B$$

이다. 각각의 논리식을 분리된 입력의 논리회로로 나타내면 [그림 4-41]과 같다.

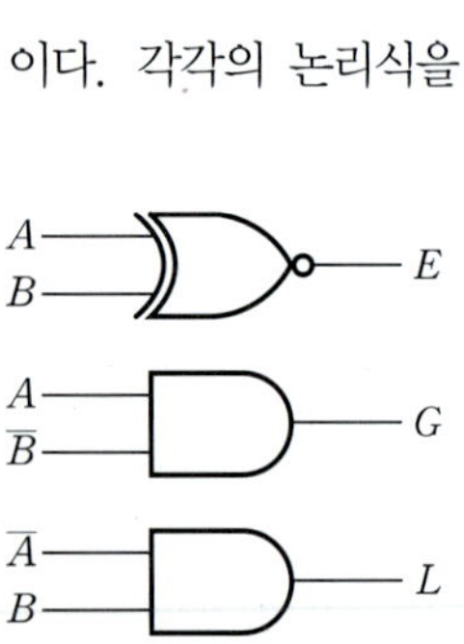

[그림 4-41] 1비트 비교기의 논리회로

■ 2비트 비교기

이제 $n=2$인 경우로 확장하여 입력워드 A_1A_0, B_1B_0에 대한 출력의 논리식을 직관적으로 구해보자.

E 출력은 $A=B(A_1=B_1$ and $A_0=B_0)$일 때 'H'이므로, 등가 게이트(XNOR)를 활용하면 다음과 같다.

$$E=(A_1\odot B_1)\cdot(A_0\odot B_0) \tag{4.21}$$

G 출력은 $A>B$일 때 'H'이므로, 상위 비트부터 비교하면 $G=[(A_1=1$ and $B_1=0)$ or $\{(A_1=B_1)$ and $(A_0=1$ and $B_0=0)\}]$이다. 이에 대응하는 부울식은 다음과 같다.

$$G = A_1\overline{B}_1 + (A_1 \odot B_1) \cdot A_0\overline{B}_0 \qquad (4.22)$$

L 출력은 $A < B$일 때 'H'이므로, 상위 비트부터 비교하면 $G = [(A_1 = 0$ and $B_1 = 1)$ or $\{(A_1 = B_1)$ and $(A_0 = 0$ and $B_0 = 1)\}]$이다. 따라서 부울식은 식 (4.23)과 같다.

$$L = \overline{A}_1 B_1 + (A_1 \odot B_1) \cdot \overline{A}_0 B_0 \qquad (4.23)$$

이를 분리된 입력의 논리회로로 나타내면 다음과 같다.

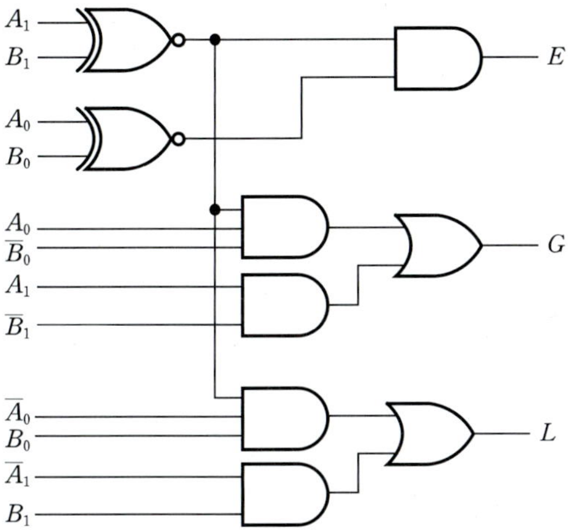

[그림 4-42] 2비트 비교기의 논리도

이러한 원리를 적용하여 디지털 비교기의 비트 수를 계속 확장할 수 있다.

4.4.2 가산기를 이용한 비교기

'$A - B = A + B$의 2의 보수'의 결과를 이용하면 가산기를 이용하여 디지털 데이터 A, B를 비교할 수 있다.

■ $A > B$인 경우

캐리 출력 = 1, 합 ≠ 0이 된다. 예를 들어 $A = 15$, $B = 5$인 경우 $A - B = 10$으로 캐리 발생과 0이 아닌 합을 얻는다. 캐리 출력 = 1은 출력이 음수임을 의미한다.

십진수 연산	직접 뺄셈 연산		2의 보수 연산
15	1111		1111
5 (−	0101 (−	2의 보수	1011 (+
10	1010	① 캐리	1010

[그림 4-43] 가산기를 이용한 비교기($A > B$인 경우)

■ $A < B$인 경우

캐리 출력 $=0$, 합 $\neq 0$이 된다. 예를 들어 $A=2$, $B=13$인 경우 $A-B=-11$로 캐리가 없으며 0이 아닌 합을 얻는다. 캐리 출력$=0$은 출력이 양수임을 의미한다.

십진수 연산	직접 뺄셈 연산		2의 보수 연산
	바로우 (2)		
2	0010		0010
13 (−	1101 (−	2의 보수	0011 (+
−11	0101	(0) 캐리	0101

[그림 4-44] 가산기를 이용한 비교기($A<B$인 경우)

■ $A = B$인 경우

캐리 출력$=1$, 합$=0$이 된다. 예를 들어 $A=2$, $B=2$인 경우 $A-B=0$으로 2의 보수 연산에서 캐리가 발생하며 합이 0이다.

십진수 연산	직접 뺄셈 연산		2의 보수 연산
2	0010		0010
2 (−	0010 (−	2의 보수	1110 (+
0	0000	(1)	0000

[그림 4-45] 가산기를 이용한 비교기($A=B$인 경우)

[그림 4-46]은 4비트 가산기를 이용한 비교기를 보인 것이다. 인버터를 거쳐 'B의 1의 보수'를 만들고 입력캐리 $C_0=1$을 입력하여 $A-B=A+$'B의 2의 보수' 연산을 수행한다. 출력캐리 C_4와 합 S의 결과로부터 결과를 판정한다.

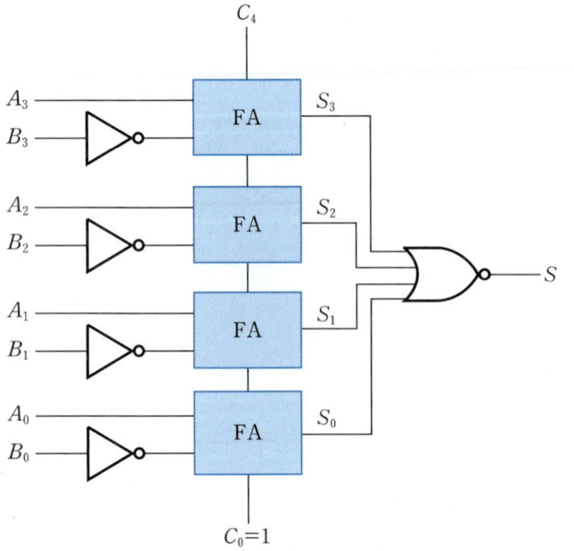

$$
\begin{array}{rl}
 & A_3\,A_2\,A_1\,A_0 \\
\text{B의 2의 보수} & \left\{ \begin{array}{r} \overline{B}_3\,\overline{B}_2\,\overline{B}_1\,\overline{B}_0 \\ 1 \end{array} \right. (+ \\
\hline
C_4 & S_3\,S_2\,S_1\,S_0
\end{array}
$$

C_4	S	판정
X	1	$A=B$
0	0	$A<B$
1	0	A > B

[그림 4-46] 가산기를 이용한 4비트 비교기

SECTION
4.5 패리티 발생기와 검출기

패리티 parity는 데이터가 저장장치 내의 한 장소에서 다른 장소로 이동되거나 컴퓨터 간에 전송될 때, 데이터가 유실 또는 손상되었는지의 여부를 판단하는 오류 검출 기술이다. 이는 패리티 비트 parity bit 라고 하는 여분의 1비트를 데이터 비트와 함께 비트열 내에 추가하여 전송하는 방식이다. 패리티 비트는 데이터가 아니며, 오직 전송된 비트들이 성공적으로 도착하였는지 여부를 식별하는 목적으로만 사용된다.

패리티 비트를 만들어 오류를 검출하는 방식에는 홀수 패리티 또는 짝수 패리티 방식이 있다. 패리티 비트를 포함한 데이터 비트열에서 1의 개수가 홀수이면 홀수 패리티, 짝수이면 짝수 패리티라 한다. 따라서 전송된 패리티 비트를 포함한 데이터 비트열에서 1의 개수가 짝수인지 홀수인지에 따라 오류를 판단한다. 여기서 전송되는 데이터 비트열을 홀수 패리티로 할 것인지 짝수 패리티로 할 것인지는 데이터를 송·수신하기 전에 미리 약속한다.

4.5.1 패리티의 원리 QR

패리티는 전송 과정에서 오류가 발생했음을 알려주기는 하지만, 일반적으로 이 오류가 데이터 비트 내의 어느 비트인지까지는 파악하지 못하기 때문에 단순한 오류 검출기로만 여겨져 왔다. 하지만 2차원 패리티 방식을 사용하면 오류의 검출 error detection뿐만 아니라 오류의 수정 error correction 방법까지도 고려할 수 있다. 패리티의 원리에 대한 설명은 다음의 QR 코드를 통해 확인할 수 있다.

- **심화 주제 : 패리티의 원리**
이 파일에서는 패리티를 이용한 오류 검출과 오류 수정 방법을 다룬다.

4.5.2 패리티 회로

앞서 패리티의 원리에 대해 학습했다면 패리티 회로에 대해 알아보도록 하자. 패리티 회로에 대한 설명은 다음의 QR 코드를 통해 확인할 수 있다.

• 심화 주제 : 패리티 회로
이 파일에서는 패리티 발생기와 검출기에 대한 개념을 소개하고,
패리티 발생기의 논리회로 설계 방식을 자세하게 다룬다.

1. 모든 게이트에는 지연이 없다고 가정한다.
2. 다중 비트 2진 신호에서 첨자 수가 큰 비트는 MSB, 작은 비트는 LSB라고 약속한다.

4.1 [표 4-13]은 4 대 2 인코더의 입력 $I_0I_1I_2I_3$와 출력 AB에 대한 진리표다. 카르노 맵을 이용한 축약 과정을 거쳐 A, B에 대한 부울식을 구하라.

[표 4-13]

입력				출력	
I_0	I_1	I_2	I_3	A	B
1	0	0	0	0	0
0	1	0	0	0	1
0	0	1	0	1	0
0	0	0	1	1	1

4.2 [그림 4-47]의 2진 인코더 회로의 입력 $D_3D_2D_1D_0$는 디코딩 출력으로, 한 비트만 1이고 나머지는 모두 0이다. $D_3D_2D_1D_0 = 0010$일 때 출력 B_1B_0를 구하라. 그리고 이 회로는 입력이 두 비트 이상 1이 되면 동작하지 않는데, 그 이유를 설명하라.

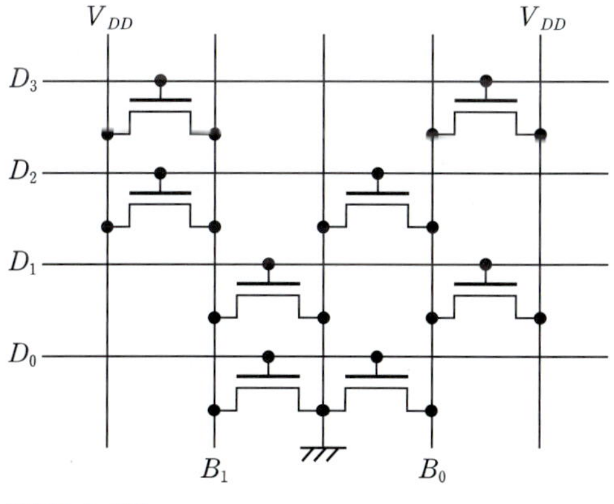

[그림 4-47]

4.3 [그림 4-48]과 같은 4 대 2 인코더의 논리도를 구하라. 입력신호 I_0, I_1, I_2, I_3 중 하나만 활성화되며, 2진 출력은 AB이다.

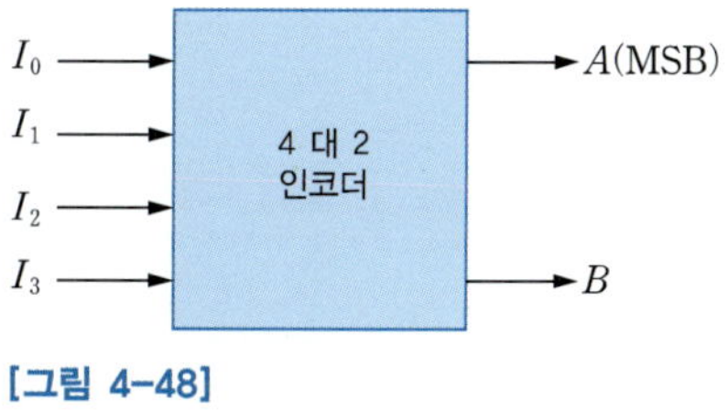

[그림 4-48]

4.4 [그림 4-49]와 같은 2 대 4 디코더의 논리도를 구하라. 2진 입력은 A_1A_0이며, 출력신호 Y_0, Y_1, Y_2, Y_3 중 하나만 활성화된다.

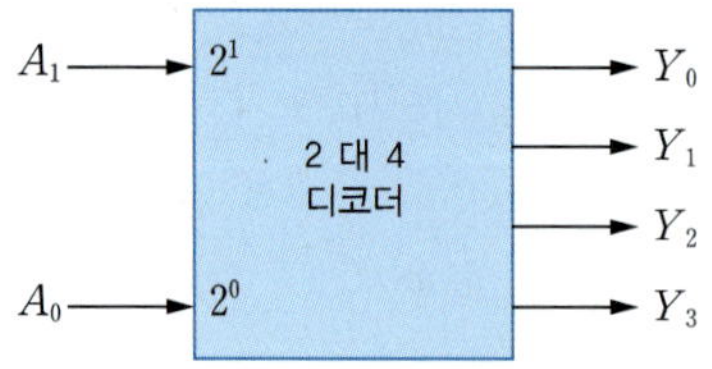

[그림 4-49]

4.5 [그림 4-50]과 같은 회로에서 출력 F_1, F_2의 논리식을 각각 최소항의 합으로 구하라.

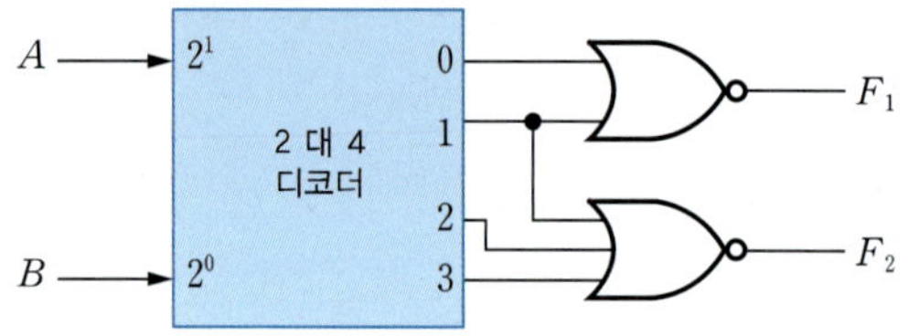

[그림 4-50]

4.6 다음 디코딩 평면에서는 일부 출력을 합하여 F를 구현한다. 출력 F의 논리식을 구하라.

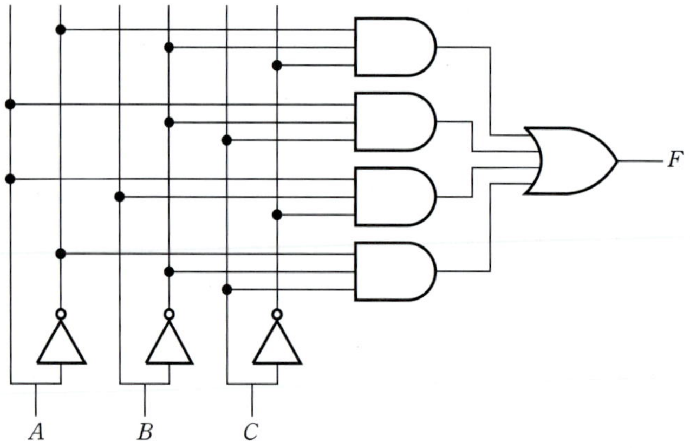

[그림 4-51]

4.7 [그림 4-52]의 디코더 평면의 동작을 2 대 4 디코더를 사용하여 구현하라.

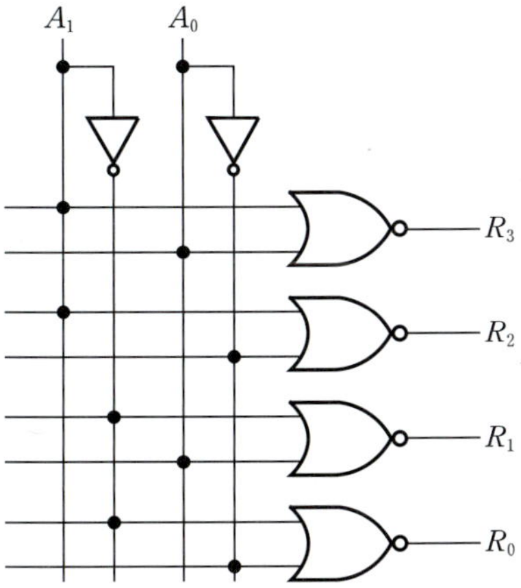

[그림 4-52]

4.8 3 대 8 디코더를 사용하여 POS 논리식 $F=(\overline{A}+B)\cdot(A+\overline{C})$를 설계하라. 단, 추가의 표준 게이트 사용이 가능하다.

4.9 ABC 세 비트의 주소를 입력하여 한 개의 출력이 활성화되는 3 대 8 디코더를 설계하였다. $C=0$으로 고정시키고 AB 두 비트의 주소를 변화시키면, 활성화되는 출력은 어떻게 되는가? 또한 $C=1$로 고정시키면 어떻게 되는가?

4.10 엘리베이터나 전자계측기 등에서는 [그림 4-53]과 같은 세븐 세그먼트 seven segment 라고 하는 디스플레이 장치를 사용한다. 이 장치는 a~g 일곱 개의 LED의 턴 온 조합으로 0~9의 숫자를 표현한다. BCD 입력 신호 $ABCD$를 입력하여 해당하는 LED가 켜질 수 있는 디코더를 설계하고자 한다. 예를 들어 0000이 입력되면 a, b, c, d, e, f가 온되어 10진수 0을 나타내고, 0011이 입력되면 a, b, c, d, g가 온되어 10진수 3을 나타낸다. 회로를 간략화하기 위해 사용되지 않는 입력 1010, 1011, 1100, 1101, 1110, 1111에 대해서는 무관항 don't care 처리를 한다. 이러한 동작을 수행하는 조합논리회로를 설계하라.

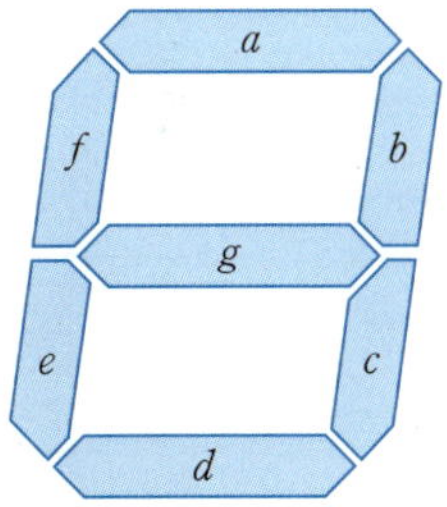

[그림 4-53]

4.11 [그림 4-53]과 같은 '세븐 세그먼트'에 BCD 입력 ABC를 입력하여 해당하는 LED가 켜질 수 있는 조합논리회로를 설계하고자 한다. 십진수 0에서 7까지 표시되도록 a, b, c, d, e, f, g를 ABC에 대한 최소항의 합으로 나타내라.

4.12 [그림 4-54]의 회로 입력 $T_3T_2T_1T_0$는 온도계 코드이다. $T_3T_2T_1T_0 = 0011$일 때, 해당 출력을 구하라. 그리고 이 회로의 동작을 설명하라.

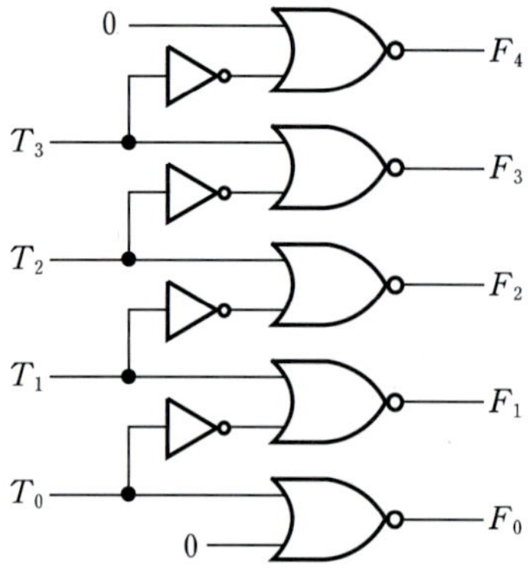

[그림 4-54]

4.13 [그림 4-55]의 회로는 $A\langle 5:0\rangle$의 6비트 어드레스를 2단계 디코딩하는 두 가지 방법을 나타낸 것으로, 최종 출력은 한 개만 활성화된다. [그림 4-55(a)]의 회로는 어드레스를 세 개씩 묶고, [그림 4-55(b)]의 회로는 어드레스를 두 개씩 묶은 경우이다.

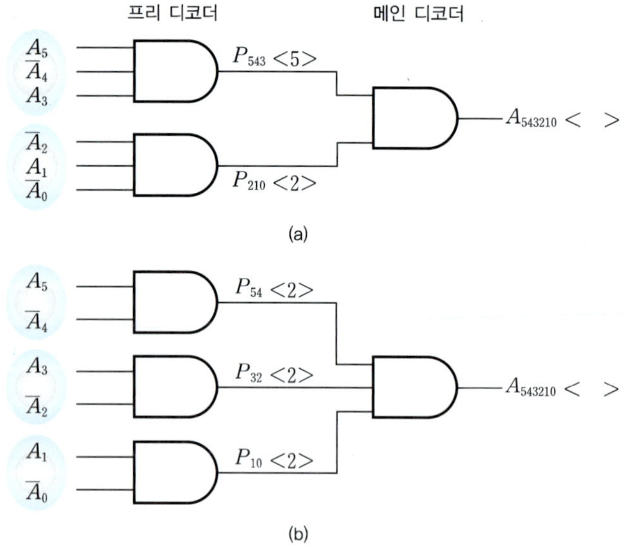

[그림 4-55]

(a) 각각의 경우에 최종 출력 $A_{543210}\langle 63:0\rangle$ 중에서 활성화되는 신호를 구하라.

(b) 각각의 경우에 사용되는 2-입력 AND 및 3-입력 AND 게이트의 총 개수를 구하라.

4.14 최대 팬 인의 수가 4인 게이트를 사용하는 디코딩 시스템에서, 입력비트의 수가 15비트일 때 최소 하드웨어를 구현하는 계층적 디코딩 맵을 작성하라.

4.15 [그림 4-56]과 같은 어떤 메인 디코더는 행 어드레스 row address $A_0 \sim A_8$을 사용하여 워드라인 Word Line WL< 0:511 > 중 하나를 선택한다.

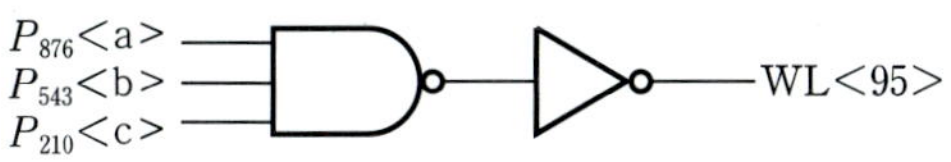

[그림 4-56]

(a) 4.1.3절의 [표 P4-1]을 참고하여 사전 디코딩 pre-decoding 표를 작성하라.

(b) WL< 95 >가 활성화될 때 사전 디코더 출력 P_{876}, P_{543}, P_{210}의 인수 a, b, c 값을 각각 구하라.

4.16 [그림 4-57]과 같은 2×1 멀티플렉서의 논리도를 구하라.

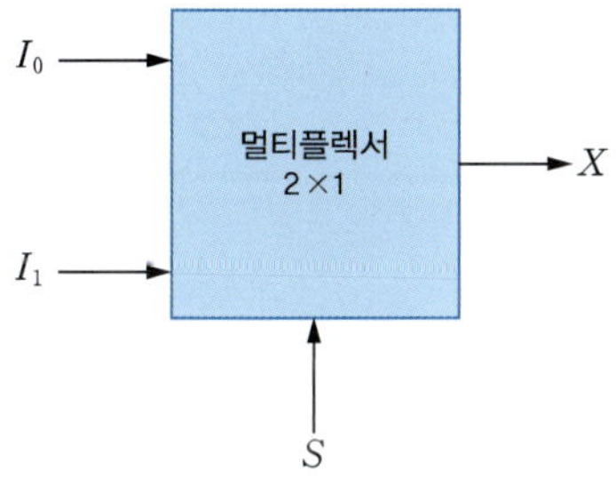

[그림 4-57]

4.17 [그림 4-58]과 같은 1×2 디멀티플렉서의 논리도를 구하라.

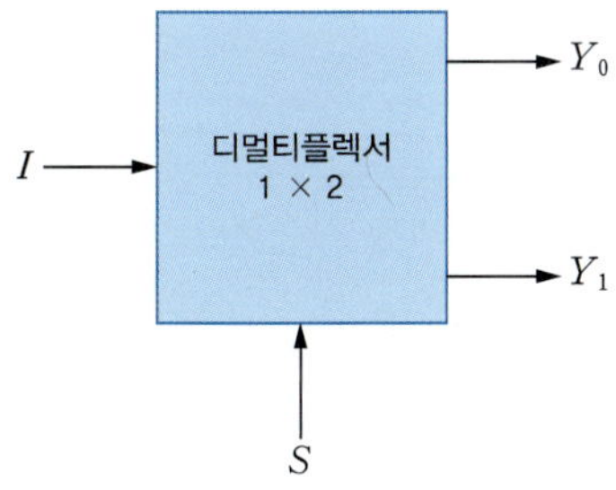

[그림 4-58]

4.18 [그림 4-59]와 같은 디멀티플렉서 회로의 진리표를 완성하라.

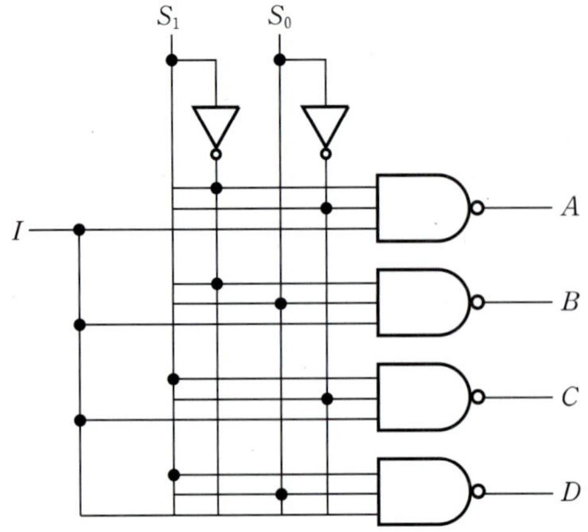

[그림 4-59]

[표 4-14]

S_1	S_0	A	B	C	D
0	0				
0	1				
1	0				
1	1				

4.19 [그림 4-60]의 회로에서 출력 F의 논리식을 구하라.

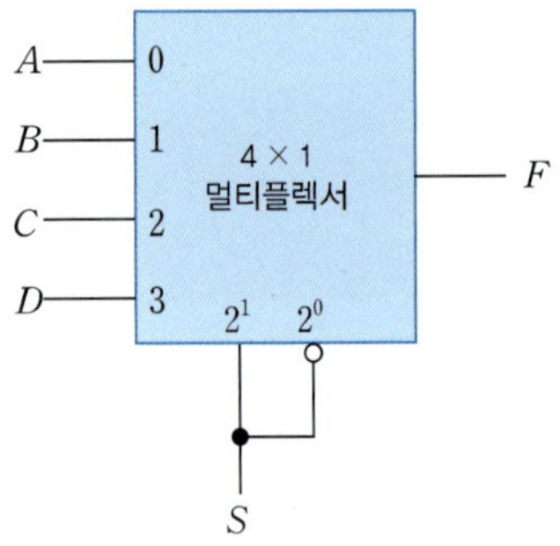

[그림 4-60]

4.20 다음과 같이 CMOS 로직으로 구현한 멀티플렉서 회로에 대한 진리표를 작성하라.

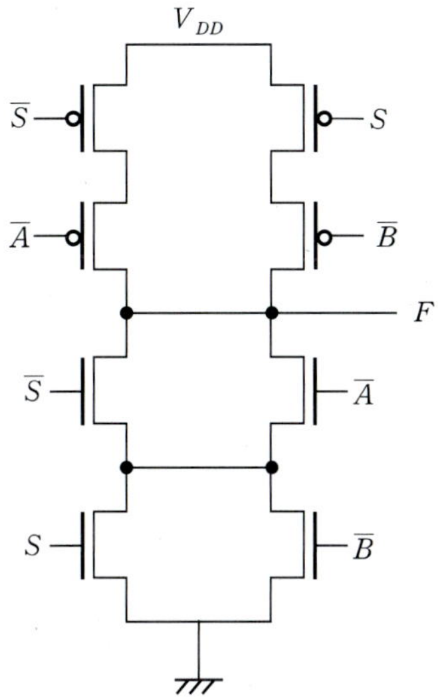

[그림 4-61]

[표 4-15]

S	F
0	
1	

4.21 다음 CMOS 복합게이트의 논리식을 POS로 나타내라.

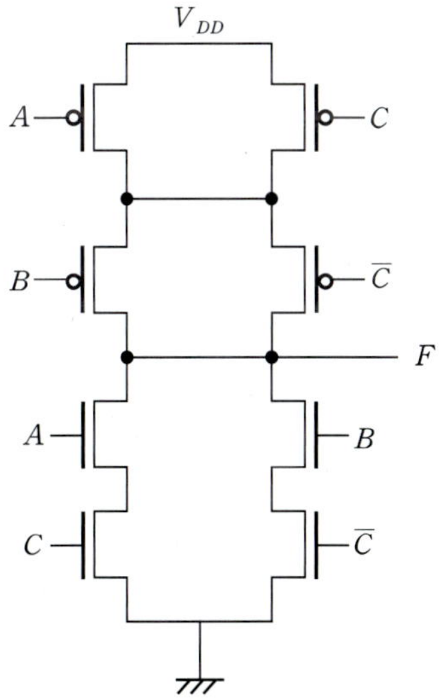

[그림 4-62]

4.22 같은 데이터 크기의 멀티플렉서와 디멀티플렉서를 연결하였다. 만약 제어 변수 값이 서로 다르다면 최종 출력은 어떻게 나오는지 설명하라.

4.23 다음의 회로에서 출력 F를 입력 A, B의 논리식으로 구하라.

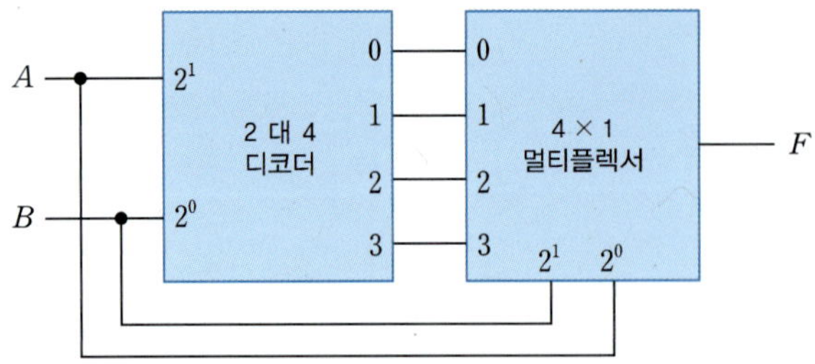

[그림 4-63]

4.24 [그림 4-64]의 회로를 2×1 디멀티플렉서를 사용하여 B를 제어 변수로 하는 경우와 C를 제어 변수로 하는 경우에 대해 두 가지 방법으로 구현하라. 단, 입력 A, B, C는 정논리 및 부논리 신호를 사용 할 수 있고, 추가의 표준 게이트도 사용가능하다.

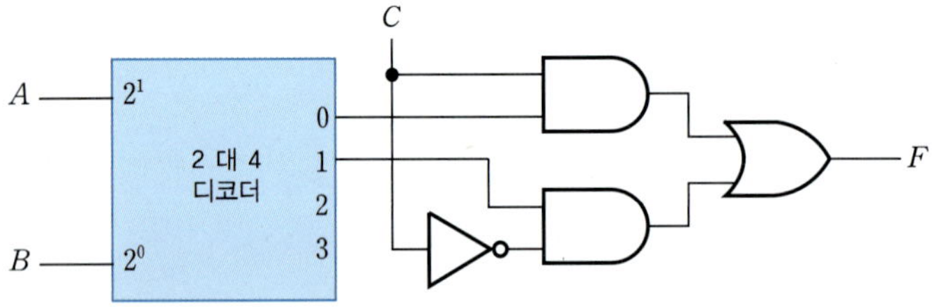

[그림 4-64]

4.25 다음의 진리표의 논리식을 구하고 2×1 디멀티플렉서를 사용하여 구현하라. 단, A, B, C는 입력신호이며, F는 출력신호이다.

[표 4-16]

C	F
0	A
1	B

4.26 [그림 4-65]의 논리도에 대한 진리표를 완성하라.

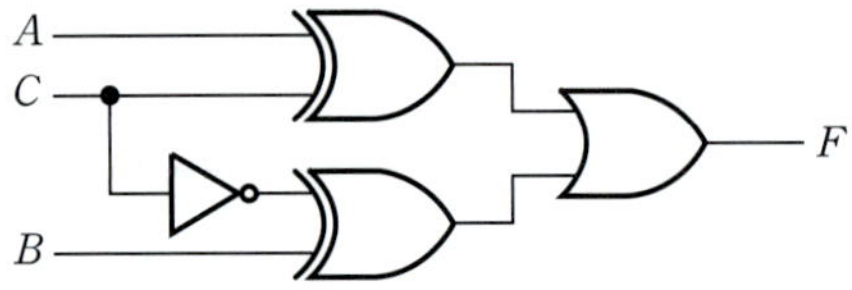

[그림 4-65]

[표 4-17]

C	F
0	
1	

4.27 다음과 같은 전가산기의 논리식을 논리도로 구현하라. 이때 A, B는 데이터이고, C_I는 입력캐리이다.

$$C_O = AB + AC_I + BC_I$$
$$S = \overline{A}\,\overline{B}C_I + \overline{A}B\overline{C_I} + A\overline{B}\,\overline{C_I} + ABC_I$$

4.28 입력 X, Y, B_I의 뺄셈 $X-Y-B_I$는 출력 바로우 B_O 및 차 D로 나타낼 수 있다. 이러한 전감산기의 출력 B_OD에 대한 진리표는 [표 4-18]과 같다. 여기서 출력 바로우 $B_O=1$은 -2를 의미한다.

[표 4-18]

입력			출력	
X	Y	B_I	B_O	D
0	0	0	0	0
0	0	1	1	1
0	1	0	1	1
0	1	1	1	0
1	0	0	0	1
1	0	1	0	0
1	1	0	0	0
1	1	1	1	1

(a) 진리표로부터 B_O 및 D에 대한 최소항의 합을 구하라.

(b) (a)의 결과로부터 3 대 8 디코더를 이용하여 전감산기를 설계하라. 단, 추가의 표준 게이트를 사용할 수 있다.

4.29 식 (4.12) ~ (4.19)를 참고하여 4비트 캐리 예측 가산기를 게이트 레벨로 설계하라.

4.30 캐리 선택 가산기[CSA]에서의 지연은 다음 식과 같이 표현된다. 어떤 캐리 선택 가산기의 모듈 비트 수는 $M=4$이며, $t_{setup}=1[\text{ns}]$, $t_{\text{sum}}=1[\text{ns}]$, $t_{carry}=1[\text{ns}]$, $t_{\text{mux}}=1[\text{ns}]$이다.

$$t_{adder} \approx t_{setup} + Mt_{carry} + \left(\frac{N}{M}\right)t_{\text{mux}} + t_{\text{sum}}$$

(a) 전체 지연 t_{adder}와 전체 비트 수 N의 관계를 그래프로 그려라.

(b) 32비트 가산기의 전체 지연시간은 얼마인가?

4.31 [그림 4-42]의 2비트 비교기를 확장하여 3비트 비교기의 회로를 작성하라.

4.32 다중 비트 입력신호 $A = A_2A_1A_0$, $B = B_2B_1B_0$에 대하여 모든 비트가 같을 때 $F = 1$을 출력하는 3비트 등가 비교기를 설계하고자 한다.

(a) 비등가 게이트 XOR를 사용하여 각각의 비트를 비교하는 로직의 조합으로 F의 부울식을 구하라.

(b) (a)의 부울식을 논리도로 구현하라.

4.33 [그림 4-66]의 회로는 전가산기를 사용하여 비교기를 구현한 것이다. 4비트 입력 A, B에 대해 다음의 진리표를 완성하라.

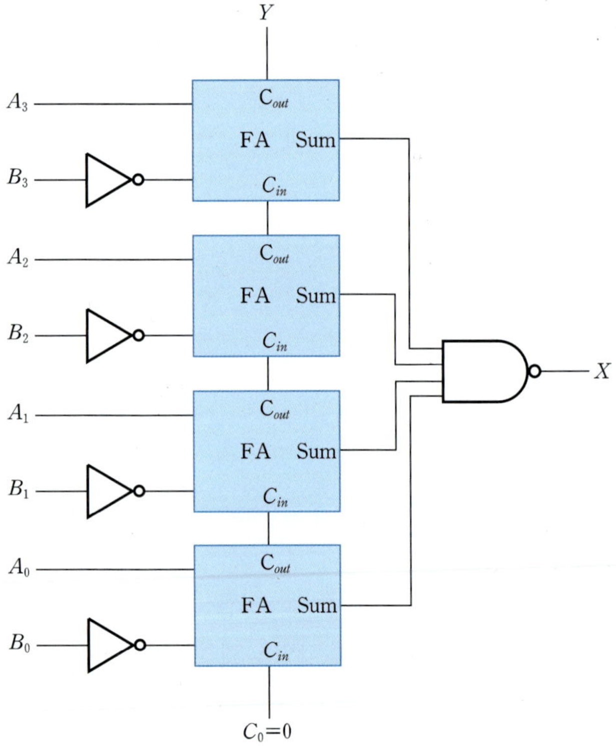

[그림 4-66]

[표 4-19] 전가산기의 진리표

	X	Y
$A > B$		
$A < B$		
$A = B$		

4.34 4비트 2진 코드 A, B, C, D와 패리티 출력 P를 전송하는 경우, 수신단에서 수신한 데이터의 1의 개수가 홀수라면 전송 오류가 발생했음을 감지하고 재전송을 요청하고자 한다. [표 4-20]과 같은 짝수 패리티를 발생하는 조합논리회로의 최소 논리식을 SOP의 형태로 구하라.

[표 4-20]

입력					출력
10진수	A	B	C	D	P
0	0	0	0	0	0
1	0	0	0	1	1
2	0	0	1	0	1
3	0	0	1	1	0
4	0	1	0	0	1
5	0	1	0	1	0
6	0	1	1	0	0
7	0	1	1	1	1
8	1	0	0	0	1
9	1	0	0	1	0
10	1	0	1	0	0
11	1	0	1	1	1
12	1	1	0	0	0
13	1	1	0	1	1
14	1	1	1	0	1
15	1	1	1	1	0

4.35 [표 4-21]은 오류 수정이 가능한 2차원 홀수 패리티 전송 데이터를 나타낸다. 여기서 $t=6$일 때 각 열에 대한 패리티 행을 전송하였다. 그렇다면 $t=1\sim5$ 동안에 전송된 데이터에서 오류가 난 비트는 무엇인지 찾아보라.

힌트 $t=6$에서 전송된 데이터는 $t=1\sim5$ 사이의 각 열의 패리티 값이므로 행과 열 패리티 모두 오류가 난 비트를 찾는다.

[표 4-21]

시간(t)	데이터	패리티
1	0 0 1 0	0
2	1 0 0 1	1
3	0 1 1 1	1
4	1 1 0 0	1
5	1 1 1 0	0
6	0 0 0 0	0

4.36 [그림 4-67]의 논리회로는 두 개의 4비트 입력 $A_3A_2A_1A_0$와 $B_3B_2B_1B_0$를 처리하여 출력 E를 내보낸다. 이 회로의 동작을 설명하라.

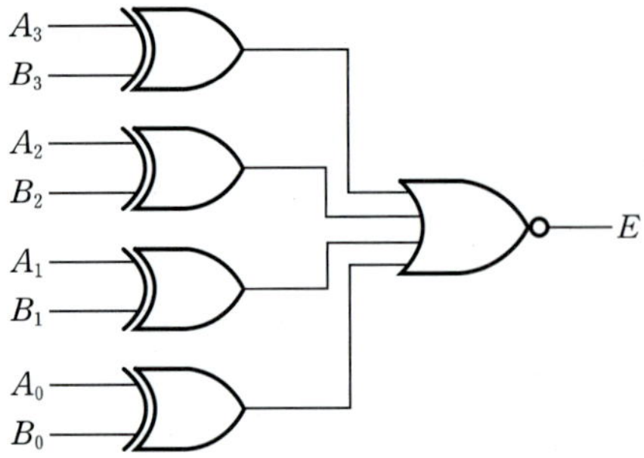

[그림 4-67]

4.37 한 비트를 전송할 때, 오류 없이 전송될 확률이 p이고, 오류가 날 확률이 q라고 한다($p \gg q$). 이 시스템에서 n비트의 데이터를 전송할 때, 1비트 패리티 검출기에서 오류를 검출할 수 있는 확률을 구하라.

$$P = \overline{A}\,\overline{B}\,\overline{C}D + \overline{A}\,\overline{B}\,C\overline{D} + \overline{A}\,\overline{B}\,\overline{C}\,\overline{D} + \overline{A}\,BCD$$
$$+ A\overline{B}\,\overline{C}\,\overline{D} + A\overline{B}\,CD + AB\overline{C}D + ABC\overline{D}$$

CHAPTER

05

상태 저장회로

State-Storing Circuits

학습목표

- 디지털 신호의 저장 원리를 이해한다.
- 여러 가지 래치의 동작을 설명할 수 있다.
- 트리거링 기법과 타이밍 파라미터를 이해한다.
- 마스터-슬레이브 플립플롭의 동작 원리를 이해한다.
- *D* 플립플롭, *JK* 플립플롭, *T* 플립플롭의 동작을 설명할 수 있다.
- 비동기 입력 회로의 동작 원리를 이해한다.

【미리보기】

이 장에서는 먼저 상태 저장의 개념에 대해 알아본다. 이후, 디지털 회로의 대표적인 상태 저장회로인 래치와 플립플롭에 대해 학습한다.

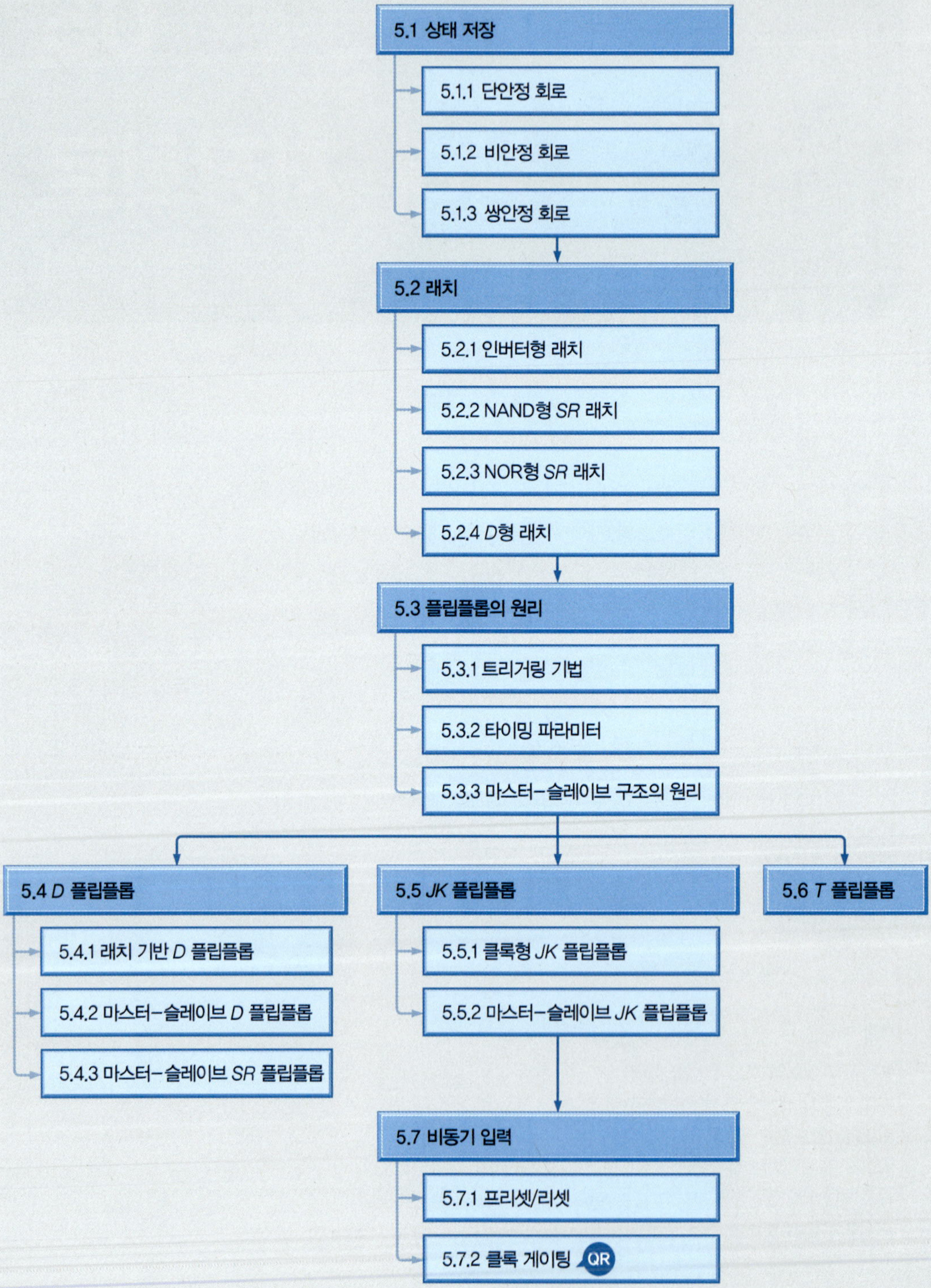

들어가기 전에

데이터가 저장될 때 저장(기억)되는 값을 저장장치의 '상태'라고 한다. 회로는 저장되는 안정된 상태의 수에 따라 쌍안정, 단안정, 비안정 회로로 나눌 수 있다. 0과 1을 저장할 수 있는 쌍안정 회로인 래치는 사용되는 게이트의 종류에 따라 각기 다른 동작을 수행할 수 있다. 마스터 및 슬레이브 래치를 도입하여 에지 트리거링 동작을 수행하면 입력에 끼어 있는 잡음을 제거(논리 재생)하는 이점을 얻는다. 에지 트리거링 D 플립플롭과 SR 플립플롭, JK 플립플롭, T 플립플롭은 동기식 경로를 통해 데이터의 입력, 셋, 리셋, 유지, 토글링 동작을 수행하며, 상호 간에 변환도 가능하다.

이전 장까지 학습한 조합논리회로combinational logic circuit는 그 출력값이 입력 논리값의 조합에 따라 직접 결정되었다. 따라서 입력값이 계속 유지되지 않고 중간에 끊긴다면, 출력은 더 이상 유지되지 않고 어떤 값이 될지 장담할 수 없는 상황이 된다. 좀 더 다양한 회로를 구성하기 위해서는 최종 출력이나 중간 출력의 이전 데이터를 사용할 필요가 있다. 이때 데이터를 저장(기억)할 필요가 있는데, 저장장치에 저장되는 값을 **상태**state라고 한다. "상태를 저장한다"는 것은 "입력값이 끊겨도 출력이 그 상태를 계속 유지할 수 있나"는 것을 의미한다.

일반적으로 데이터 저장장치는 그 모양을 보면 바로 확인할 수 있다. 데이터가 저장되기 위해서는 입력이 끊어져도 계속 재생되는 성질이 있어야 하는데, 이러한 재생성regeneration을 얻기 위해 한 개 이상의 출력노드가 의도적으로 입력 쪽으로 피드백되는 양상을 보인다. 데이터 저장장치는 'H'와 'L'의 두 가지 안정된 상태를 가지는 쌍안정 회로bistable circuit가 기본이 된다. 이러한 기본적인 쌍안정 회로는 '데이터를 걸어 잠근다'고 해서 영어로 '자물쇠'라는 뜻의 **래치**latch라고 부른다.

디지털 시스템에서는 인쇄기판PCB상에 놓여 있는 칩들 사이에 0, 1의 데이터 전송이 이루어지는데, 이 과정에서 필연적으로 **전기적 잡음**이 끼어들어 데이터의 유효 구간을 감소시킨다. 또한 칩 내부에도 데이터의 안정성을 해칠 수 있는 여러 잡음원이 존재하는데, 이러한 잡음들은 작은 회로 단위에서는 큰 문제가 되지 않을 수 있지만, 시스템이 커지면 점차 누적되어 논리 오류를 일으키고 동작속도를 저해하는 원인이 된다. 이러한 잡음들로부터 어떻게 회로를 안전하게 지킬 수 있을까?

대표적인 해결 방안이 시스템 클록을 사용하는 **동기식 회로**synchronous circuit이다. 동기식 회로는 클록이 회로를 활성화하는 동안에 데이터를 처리한다. 동기식 회로 중에 클록의 'H' 구간 동안 회로가 활성화되는 **레벨 트리거링**과, 에지에서 활성화되는 **에지 트리거링**이 많이 사용된다.

특히 에지 트리거링은 다양한 입력의 잡음을 효율적으로 제거(리셋)하고 논리를 재생한다.

에지 트리거링 데이터 저장장치인 **플립플롭**은 입력의 종류에 따라 D 플립플롭, SR 플립플롭, JK 플립플롭, T 플립플롭으로 구분되며, 상호 간의 변환이 가능하다. 플립플롭은 동기식 데이터 경로뿐만 아니라 비동기식 입력이 가능한 셋/리셋 단자를 설정할 수도 있다.

이 장에서는 2진 상태('H' 또는 'L')를 저장(기억)할 수 있는 래치에 대해 학습한다. 응용에 따라 다양한 형태의 래치를 학습하고 그 특징을 익히도록 한다. 입력 데이터의 잡음을 제거하기 위한 트리거링 기법을 알아보고, 에지 트리거링을 가능하게 하는 마스터-슬레이브의 동작을 정확하게 이해한다. 다양한 에지 트리거링 플립플롭의 동작 원리를 이해하고 서로 간에 변환을 수행할 수 있어야 한다. 또한, 플립플롭의 비동기식 데이터 경로를 이용한 셋/리셋 동작을 이해한다.

SECTION 5.1

상태 저장

'상태 state'란 저장되는 값 value을 의미한다. "안정적으로 저장한다"는 것은 "그 상태값을 계속 유지할 수 있다"는 것을 뜻한다. 이때 상태변수는 값이 기억되는 변수를 말하며, 2진 시스템의 상태는 0과 1이므로 상태변수는 0 또는 1의 값을 가진다. 상태 저장회로는 상태변수들로 구성되는 상태방정식을 구현한다. 2진 상태를 저장하는 회로는 안정적으로 저장할 수 있는 상태 수에 따라 다음과 같이 세 종류로 분류할 수 있다.

저장 상태의 수에 따른 분류
- 단안정 회로
- 비안정 회로(혹은 무안정 회로)
- 쌍안정 회로

5.1.1 단안정 회로

단안정 회로 mono-stable circuit에서는 'H' 혹은 'L'의 두 가지 상태 중 한 가지만 안정된 상태로 저장하며, 안정되지 않은 다른 상태는 일시적으로만 존재한다. 비안정 상태의 존재시간은 게이트의 지연시간을 이용하여 설정한다. [그림 5-1(a)]와 같이 여러 단의 인버터를 연결하여 지연시간 d를 구성할 수 있다. 입력 X에서 시간 d만큼 지연된 반전 신호를 $\overline{X_d}$라고 하면, 입력 X와 $\overline{X_d}$의 AND 신호를 출력 Y로 설정하여 단안정 회로를 구성할 수 있다.

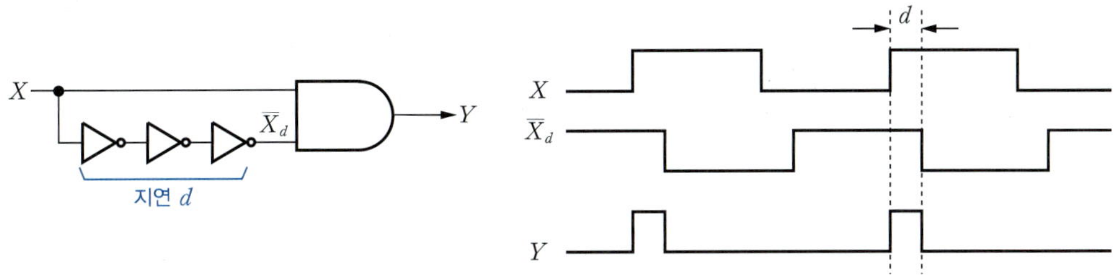

(a) 회로도 (b) 타이밍도

[그림 5-1] 단안정 회로의 예

[그림 5-1(b)]의 타이밍도에서와 같이 두 신호의 AND 연산에 의해 출력 Y는 대부분의 구간에서 'L'이며, 입력의 상승에지 근처의 짧은 구간 d 동안만 'H'가 된다. 즉 안정된 상태는 'L'뿐이며, 'H' 데이터는 불안정한 상태라 할 수 있다. 불안정한 'H' 구간은 입력 X의 상승에지에서 발생하므로 '상승에지 감지회로' 혹은 '글리치 glitch 발생회로'[1]로 활용된다.

[그림 5-2(a)]와 같이 XOR 및 지연단을 사용하면, [그림 5-2(b)]의 타이밍도에서처럼 입력신호 A의 상승 및 하강에지를 모두 감지하는, 폭이 t_d인 펄스를 발생시킬 수 있다. 여기서 펄스폭 pulse width 을 결정하는 지연시간 t_d는 일반적으로 N개의 인버터를 연결한 체인으로 구현된다.

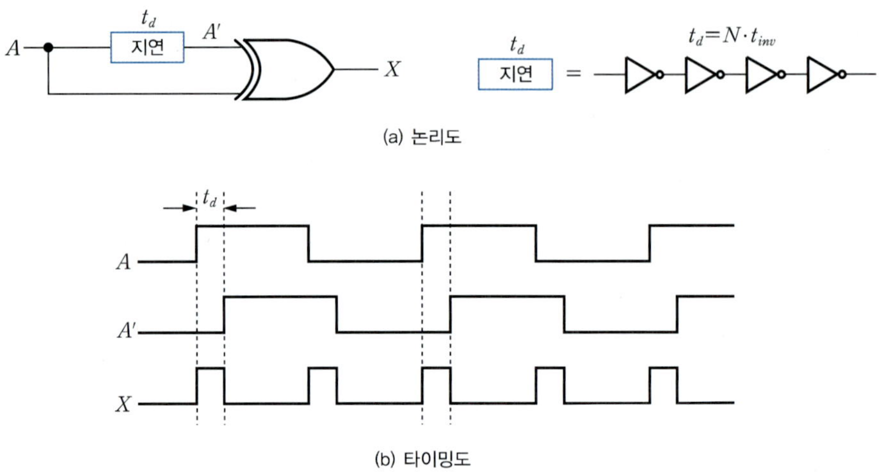

[그림 5-2] 신호에지 감지

앞의 회로의 개념은 간단하지만, 실제 회로에서는 공급전압, 온도, 소자 파라미터의 변이에 따라 t_d가 흔들리므로 최대한 펄스폭을 안정적으로 유지하기 위한 대책도 함께 필요하다.

5.1.2 비안정 회로

비안정 회로 astable circuit 는 안정된 상태가 존재하지 않는 회로이다. 개념적으로는 'H'와 'L'이 정착되지 못하고 계속 교대로 반복해서 출력되는 상태로, 일종의 클록 발진기처럼 동작한다. 홀수 개의 인버터를 체인으로 연결하면 간단하게 비안정 회로를 구현할 수 있다. [그림 5-3(a)]와 같이 세 개의 인버터를 연결한 체인을 살펴보자.

[그림 5-3(a)]의 회로도를 기준으로, 세 인버터의 어느 노드이든 관계없이 한 노드의 전압의 변화를 보면 [그림 5-3(b)]와 같은 타이밍도를 얻게 된다. 이는 A 노드의 초기 상태를 'H'라 가정하여

---

1 글리치는 짧은 시간 동안 발생하는 전기적 잡음을 의미한다. 그러나 때로는 이를 신호로 이용하여 원 샷(one shot) 클록처럼 사용하기도 한다.

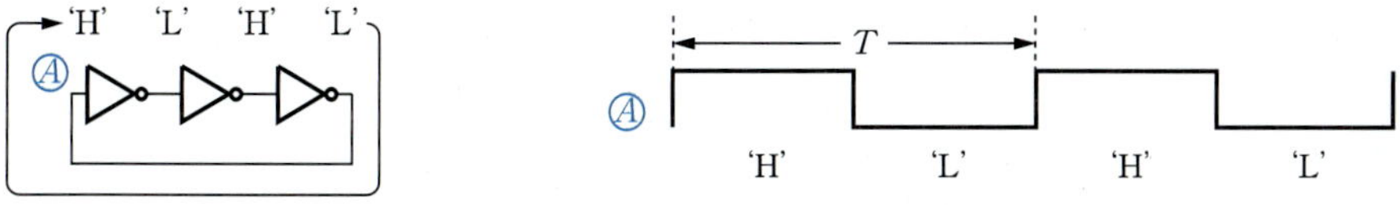

(a) 회로도 (b) 타이밍도

[그림 5-3] 3단 인버터 체인을 이용한 비안정 회로

A 노드를 모니터링한 타이밍도이다. 인버터 3단을 거쳐 한 바퀴 돌면서 'L'로 반전되고, 두 번 돌면서 'H'로 다시 돌아온다. 세 번째 돌면 다시 'L'로 반전된다. 인버터의 한 출력을 모니터링해보면, 안정된 상태는 존재하지 않고 일정한 주기로 계속해서 반전되는 발진 oscillation 동작을 보인다. 여기서 인버터 3단의 지연은 발진 주기 T의 절반에 해당한다. 인버터의 단 수를 N, 단위 인버터 한 단의 지연시간을 τ라 하면, 발진 주파수 f는 식 (5.2)와 같이 구할 수 있다.

$$N\tau = \frac{T}{2} \tag{5.1}$$

$$f = \frac{1}{T} = \frac{1}{2N\tau} \tag{5.2}$$

실제로 N은 3, 5, 7, 11, 13, … 등의 소수 prime number 로 설계된다. 소수가 아닌 합성수는 그 약수에 해당하는 만큼의 단수끼리 묶여서 따로 동작할 우려가 있기 때문이다. 예를 들어 9단으로 설계한다면, 구현에 따라서는 3단씩 뭉쳐서 원하지 않는 고조파 harmonics 가 발생할 수도 있다.

5.1.3 쌍안정 회로

쌍안정 회로 bi-stable circuit 는 'H' 및 'L'을 모두 안정된 상태로 저장할 수 있는 장치이다. 쌍안정 회로의 대표적인 예로 다음 두 가지를 들 수 있다.

- 래치
- 플립플롭

이 두 회로는 여러 문헌에서 혼용되어 쓰이기도 하지만, 둘 사이에는 근본적인 차이가 있다. 래치 latch 는 입력신호를 받아들이는 조건인 인에이블(허용) enable 이 되면 입력값을 출력으로 계속해서 전송하는 데 반해, 플립플롭 flip-flop 은 불연속적인 특정 시점(일반적으로 클록의 상승 혹은 하강에지)에서 그 값을 전송한다. 이러한 이유로 래치는 '레벨감지 level-sensitive' 혹은 '투명 transparent'[2]한 동작을 한다고 말하고, 플립플롭의 동작은 '에지 트리거링 edge triggering' 동작을 한다고 말한다. 이 장에서는 이러한 개념을 가다듬고, 앞서 학습한 게이트를 사용하여 여러 회로를 다양하게 구현해본다.

2 인에이블이 되어 있는 구간 동안에 래치가 열리면, 입력의 변화 및 잡음이 그대로 래치 속으로 전달되므로 래치가 바깥 세상에 그대로 노출된다. 이를 "투명하다"고 말한다.

SECTION
5.2 래치

전자공학에서는 전압, 전류, 전하, 전력 등의 다양한 물리량이 신호가 될 수 있다. 전기전자회로에서는 대개 전압과 전류를 신호로 사용하는데, 전압과 전류는 시간이 흐름에 따라 누설이 일어나기 때문에 신호가 소멸해버릴 가능성이 있다. 이렇게 사라지는 신호를 저장(기억, 메모리)해야 할 경우, 아날로그 전압/전류 신호는 커패시터 capacitor와 인덕터 inductor에 각각 저장(충전) 및 리셋(방전) reset할 수 있다.

[그림 5-4(a)]와 [그림 5-4(b)]는 아날로그 전압을 저장하고 리셋하는 원리를 나타낸 것이다. 전하를 담는 그릇에 해당하는 커패시터에 (+) 전하와 (−) 전하를 충전하면 커패시터 양단 간에 전기장이 발생한다. 이 회로를 개방 open하여 전하가 이동할 수 있는 길을 차단하면, 전하량과 커패시턴스(정전용량)의 비에 해당하는 아날로그 전압 V_{stored}가 저장된다. 이때 에너지는 (+) 전하와 (−) 전하 사이의 전기장에 저장된다. 저장된 아날로그 전압 신호를 리셋할 때는 커패시터의 양단을 단락 short시킨다. 이때 양단 간 전압이 0V가 되면서, (+) 전하와 (−) 전하가 서로 순식간에 상쇄되어 전압 신호가 제거된다.

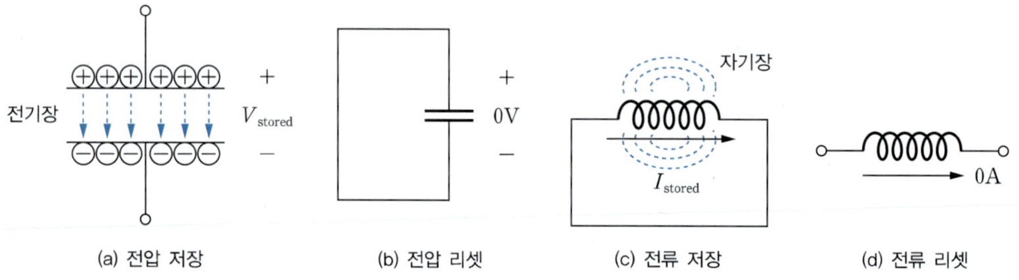

[그림 5-4] 아날로그 전압 및 전류 신호의 저장 및 리셋

이제 아날로그 전류의 저장 및 리셋 원리를 살펴보자. [그림 5-4(c)]와 같이 자기장을 담는 그릇에 해당하는 인덕터에 전류를 충전하면 코일 주변에 자기장이 발생한다. 이 회로를 단락시켜 인덕터 양단에 전압이 걸리는 길을 차단하면 자기장과 인덕턴스의 비에 해당하는 전류 I_{stored}가 저장된다. 이때 에너지는 인덕터의 자기장에 저장된다. [그림 5-4(d)]처럼 인덕터를 개방하면 인덕터에 흐르는 전류가 0 A로 되어 전류 신호가 제거된다.

이처럼 아날로그 데이터를 저장할 때 저장되는 값을 상태 state라고 한다. 즉, '상태'라는 말은 "기억소자(메모리 memory)로 동작한다"는 것을 암시한다. 아날로그 신호의 경우, 커패시터 양단의 전압 및 인덕터에 흐르는 전류는 연속적인 값을 가지는 '상태변수 state variable'라고 할 수 있다.

실제 칩 내에서 커패시터는 어느 정도 집적이 가능하지만, 인덕터는 집적화가 거의 불가능하기 때문에 전류를 그 자체로 저장하는 일은 매우 어렵다. 따라서 기억소자가 필요한 전기전자회로에서는 대개 전압을 신호로 사용한다.

지금까지 아날로그 데이터의 저장 방법을 생각해보았다. 그러면 디지털 데이터는 어떻게 저장할 수 있을까? 여기서 "저장한다"는 것은 외부 잡음이나 혼란에 대항하여 데이터가 소실되지 않도록 어느 정도 스스로 방어할 수 있음을 의미한다. 가장 간단하게 디지털 데이터를 저장하는 방법은 두 개의 인버터를 서로 맞물리는 것이다([그림 5-5] 참조).[3] 좀 더 확장하여 생각하면, 짝수 개의 논리 반전을 수행한 후 그 출력을 다시 입력으로 맞물리는 방법도 있다.

이와 같이 짝수 개의 반전 소자들이 서로 맞물려서 디지털 데이터를 저장하는 장치를 래치latch라고 한다. '래치'라는 용어에는 "데이터를 잠근다."는 의미가 내포되어 있다. 아날로그 전압을 저장하는 커패시터 및 인덕터와 래치의 차이는 재생성regeneration의 여부이다. 실제 커패시터나 인덕터에는 누설leakage이 존재하기 때문에, 시간이 경과하면 그 데이터가 점차 소멸된다. 이에 반해 래치는 구동 능력이 있으므로, 이러한 누설 혹은 잡음에 해당하는 교란이 간섭해도 스스로 데이터를 복원하는 재생 능력을 갖추고 있다.

5.2.1 인버터형 래치

래치는 일반적으로 잡음의 공격에는 버틸 수 있지만, 외부 구동 입력에 의해서는 언제든지 저장된 내용(출력)이 변할 수 있음을 전제로 한다. [그림 5-5]는 가장 간단한 인버터형 래치들을 나타낸 것이다. 여기서 1번 인버터의 출력은 2번 인버터의 입력으로, 2번 인버터의 출력은 다시 1번 인버터의 입력으로 연결된다. 래치를 구성하고 있는 각 인버터(1번 혹은 2번)는 상대편의 출력을 입력으로 하여 동작하고, 입력된 데이터의 극성과 반대 극성의 데이터를 출력하므로 안정적으로 데이터를 유지한다. 즉 외부로부터 인버터의 구동 능력(저장 능력)을 뛰어 넘는 잡음이나 새로운 입력이 들어오지 않는 한 데이터를 잃어버리지 않고 저장할 수 있다.

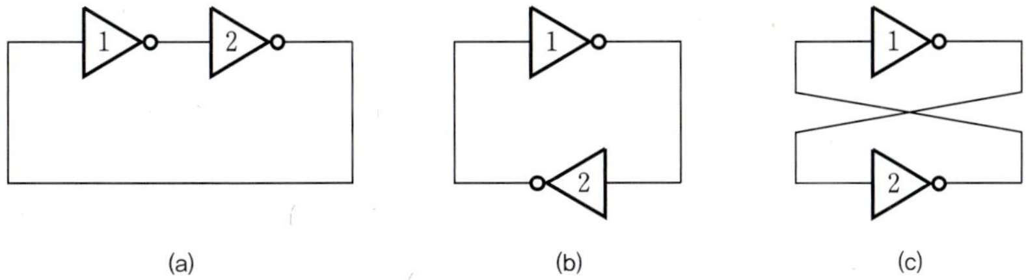

[그림 5-5] 인버터형 래치의 여러 가지 표현 방법

3 물론 디지털 데이터를 커패시터에 전압 형태로 저장할 수도 있다. 그러나 이 경우는 재생성이 없으므로 잡음에 취약하고, 주기적으로 외부에서 재생(refresh)해 주어야 한다. 이러한 디지털 회로를 다이내믹(dynamic) 회로라고 하는데, 이 책에서는 다루지 않겠다.

1번 인버터 출력과 2번 인버터 출력을 각각 상보형[complementary] 상태변수 Q, $\overline{Q}$로 할당할 수 있다. 래치에 저장된 데이터를 리셋(지우기)한다는 것은 결국 래치가 저장하고 있는 현재 데이터의 반대 데이터를 쓰는 것과 같다. 즉, 아날로그 데이터와는 달리 디지털 데이터는 외부에서 0 또는 1 데이터를 구동함으로써 래치의 데이터를 변경해주는 것이다.

이전 데이터가 잠겨 있는(저장되어 있는) 래치의 데이터를 외부에서 어떻게 바꿀 수 있을까? 래치 데이터를 반대로 바꾸기 위해서는 래치보다 더 강력한 힘을 가진 외부 구동회로인 게이트가 추가적으로 필요하다. [그림 5-6(b)]와 [그림 5-6(d)]의 3번 인버터가 외부 구동회로로 1, 2번으로 구성된 래치 데이터의 극성을 반대로 바꾼다.

[그림 5-6(a)]에서 'H'를 저장하고 있는 A 노드를 'L'로 바꾸기 위해서는 2번 인버터보다 더 강한 구동 능력을 갖는 3번 인버터로 'L'을 구동한다([그림 5-6(b)]). A 노드가 일단 'L'로 바뀌면 1번 인버터의 출력은 'H'로 바뀌고 2번 인버터의 출력은 'L'이 되어, 3번 인버터를 제거해도 안정된 상태로 들어간다([그림 5-6(c)]). 반대로 [그림 5-6(c)]와 [그림 5-6(d)]는 A 노드가 'L'을 저장하고 있다가 'H'로 바뀌는 경우를 보인 것이다.

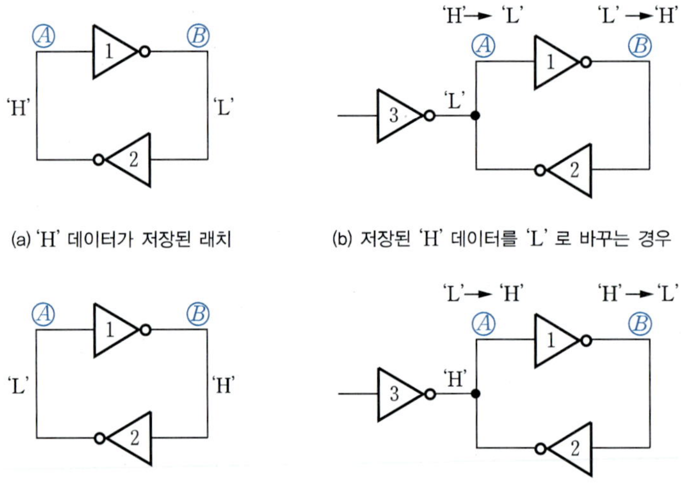

(a) 'H' 데이터가 저장된 래치 (b) 저장된 'H' 데이터를 'L' 로 바꾸는 경우

(c) 'L' 데이터가 저장된 래치 (d) 저장된 'L' 데이터를 'H' 로 바꾸는 경우

[그림 5-6] 인버터형 래치의 데이터를 바꾸는 방법(A 노드 기준)

인버터형 래치의 경우, 데이터를 바꾸기 위해 3번 인버터가 2번 인버터와 반대 데이터를 출력하면, 출력이 일시적으로 충돌하면서 순간적으로 많은 내부 전력 소모가 발생한다. 이러한 충돌 현상을 레이싱[racing]이라고 한다. 레이싱은 래치가 현재의 데이터를 유지하려는 상황에서, 외부에서 반대 데이터를 강제적으로 입력하기 때문에 발생한다. 레이싱을 방지하기 위해서는, 반대의 입력이 들어올 때 래치를 잠시 끊고 반대의 데이터로 바꾼 후 다시 래치를 이어주거나, 제어입력단자를 추가하여 논리 동작에 따라 데이터를 효과적으로 바꾸는 기법이 있다.

5.2.2 NAND형 *SR* 래치

이제 [그림 5-6(c)]처럼 표현된 인버터형 래치에 두 개의 제어단자를 추가하고, 상보형 상태변수 Q와 $\overline{Q}$를 출력하는 경우를 살펴보자. 이때 인버터는 두 개의 입력을 포함해야 하므로 NAND2 혹은 NOR2가 될 것이다.

[그림 5-7]은 NAND2를 사용하는 NAND형 SR 래치를 나타낸다. 바깥의 두 단자는 상태변수를 제어할 수 있는 입력신호이고, 안쪽의 교차결합 부분은 래치를 형성한다. NAND 게이트는 0 입력을 가하면 다른 입력을 막고 출력을 1로 설정하는 'L' 활성 low active 게이트이다. NAND에 1 입력을 가하는 것은 출력에 영향을 미치지 못하며, 이때 NAND는 다른 입력을 반전시켜서 통과시키는 인버터의 기능을 수행한다.

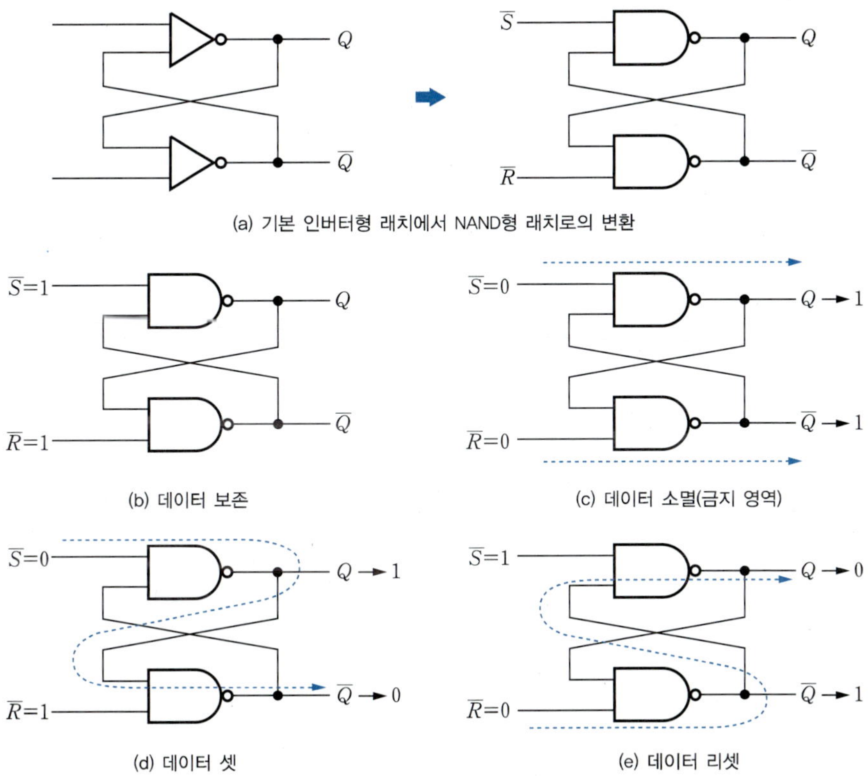

[그림 5-7] NAND형 래치의 동작 개념 및 신호의 흐름

❶ **기본 인버터형 래치에서 NAND형 래치로의 변환**([그림 5-7(a)]) : NAND의 입력신호는 $\overline{S}$ 혹은 $\overline{R}$와 같이 'L' 활성이 된다. 여기서 $\overline{S}$는 'set bar'의 의미로, 0이 입력되면 한 번의 반전을 통해 출력 Q를 셋 set 시킨다($Q=1$). $\overline{R}$는 'reset bar'의 의미로, 0이 입력되면 두 번의 반전을 통해 출력 Q를 리셋 reset 시킨다($Q=0$). $\overline{S}$에서 신호의 흐름을 따라 Q까지 가는 경로 중에는 한 번의 반전이 일어난다. 따라서 $\overline{S}$와 Q는 반대 극성의 신호이다($S=0$일 때 $Q=1$이 되므로, S에 bar 기호를 붙이는 게 적절해 보인다). 한편 $\overline{R}$에서 Q까지의 신호 경로에서는 두 번의 반전이 이루어

진다. 즉, $\overline{R}$와 Q는 같은 극성의 신호이다(이는 역시 R에 bar 기호를 붙이는 좋은 명분이 된다).

❷ **데이터 보존**([그림 5-7(b)]) : $\overline{S}=\overline{R}=1$인 경우, 제어입력 1은 NAND 게이트의 출력에 영향을 미치지 못하고 신호 Q, $\overline{Q}$를 반전 통과시키는 인에이블 신호 enable signal로 동작하므로, NAND는 NOT처럼 동작한다. 따라서 [그림 5-8]과 같이 인버터 래치가 형성되어 출력은 그 전 상태를 그대로 유지한다.

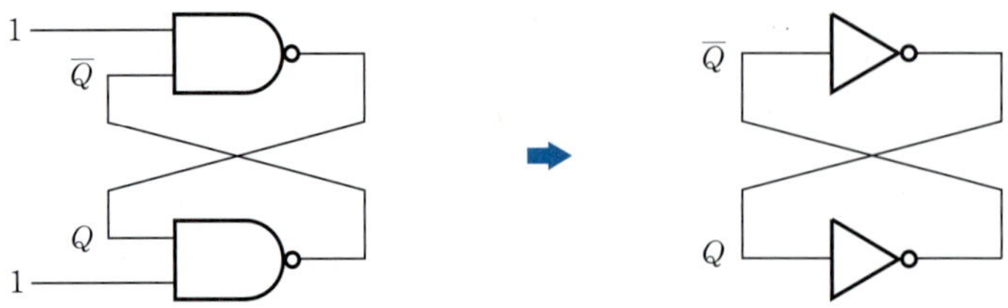

[그림 5-8] $\overline{S}=\overline{R}=1$일 때의 동작 개념

❸ **데이터 소멸**([그림 5-7(c)]) : $\overline{S}=\overline{R}=0$인 경우에는 NAND 게이트의 두 출력이 모두 1로 셋된다. 그러나 Q 및 $\overline{Q}$는 그 문자가 의미하듯이 서로 반전되는 상보신호이므로 같은 논리가 되는 것은 근본 취지에 맞지 않다. 따라서 이 경우는 '금지 forbidden' 구간으로 정의할 수 있다.[4] 금지 구간이란 회로가 논리적 취지에 맞지 않는 경우로, 논리에 포함시키지 않는다. 즉, $\overline{S}=\overline{R}=0$인 경우는 Q 및 $\overline{Q}$가 같은 값이 되는 논리적 모순이 발생하므로, [표 5-1]에서 보듯 네 가지 경우의 수에서 금지 구간을 제외한 세 가지 경우만 논리로 인정한다.

❹ **데이터 셋**([그림 5-7(d)]) : $\overline{S}=0$, $\overline{R}=1$인 경우는 $\overline{S}=0$이 NAND를 거쳐서 Q 출력을 1로 셋시키고, $\overline{R}=1$에 가해져서 $\overline{Q}$를 0으로 만든다(Q의 셋 동작).

❺ **데이터 리셋**([그림 5-7(e)]) : $\overline{S}=1$, $\overline{R}=0$인 경우는 $\overline{R}=0$ 신호가 NAND를 거쳐서 $\overline{Q}$ 출력을 1로 만들고, $\overline{S}=1$에 가해져서 Q를 0으로 리셋시킨다(Q의 리셋 동작).

지금까지 살펴본 회로를 'NAND형 SR(셋-리셋) 래치'라고 한다. [표 5-1]은 지금까지의 동작을 정리한 진리표이다. 셋/리셋 기능을 보면 'L' 활성을 확인할 수 있다.

[표 5-1] NAND형 SR 래치의 진리표

$\overline{S}$	$\overline{R}$	Q	$\overline{Q}$	기능
0	0	1	1	금지
0	1	1	0	셋
1	0	0	1	리셋
1	1	Q	$\overline{Q}$	유지

4 이는 상보 출력이라는 의미에서 성립하는 것이며, 실제 설계에서는 허용되는 경우도 있다.

[표 5-1]의 진리표에서 Q와 $\overline{Q}$는 현 상태의 입/출력에 의해 게이트 지연을 거쳐 나오는 다음 상태의 출력들이다. 게이트의 지연이 수십 피코초에서 수 나노초의 범위에 있으므로 매우 짧은 시간이기는 하지만, 다음 상태는 분명 현재와는 다른 시간에서의 값이므로 현 상태와는 다르게 표기해야 한다. 따라서 현재 시간 t에서의 상태를 $Q(t)$, $\overline{Q}(t)$로 표현한다면, 다음 상태는 약간 더 지난 시간을 나타내는 $Q(t^+)$, $\overline{Q}(t^+)$로 표현할 수 있다. 또는 간단하게 [표 5-1]에서처럼 다음 상태를 Q 및 $\overline{Q}$로 그대로 표현하기도 한다.

5.2.3 NOR형 *SR* 래치

이번에는 [그림 5-9]와 같이 NOR2를 사용하는 NOR형 SR 래치를 살펴보자. NAND형과 마찬가지로 바깥의 두 단자는 입력신호이고, 안쪽의 교차결합 부분은 래치를 형성한다. NOR 게이트는 1 입력을 가하면 다른 입력을 막고 출력을 0으로 설정하는 'H' 활성 high active 게이트이므로, NOR 래치의 입력신호 S 및 R은 'H' 활성이 된다. NOR의 0 입력은 NAND의 1 입력과 마찬가지로 출력에 영향을 미치지 못하며, 다른 입력을 반전시켜서 통과시키므로 이때의 NOR 게이트는 인버터의 기능을 수행한다.

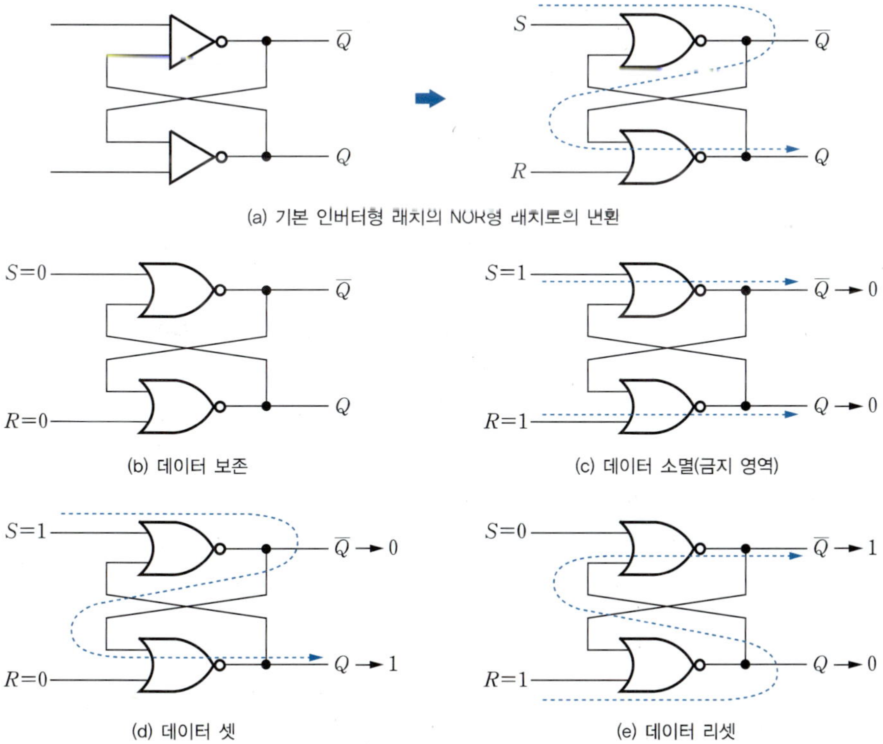

[그림 5-9] NOR형 래치의 동작 개념 및 신호의 흐름

❶ **기본 인버터형 래치에서 NAND형 래치로의 변환**([그림 5-9(a)]) : S에 1이 입력되면 한 번의 반전을 통해 출력 $\overline{Q}$가 리셋되고($\overline{Q}=0$), R에 1이 입력되면 한 번의 반전을 통해 출력 Q가 리셋된다($Q=0$).

❷ **데이터 보존**([그림 5-9(b)]) : $S=R=0$인 경우, 제어입력 0은 NOR 게이트의 출력에 영향을 미치지 못하고 신호 Q, $\overline{Q}$를 반전 통과시키는 인에이블 신호로 동작한다. 따라서 NOR는 NOT처럼 동작하므로, [그림 5-10]과 같이 인버터 래치가 형성되어 출력은 그 전 상태를 그대로 유지한다.

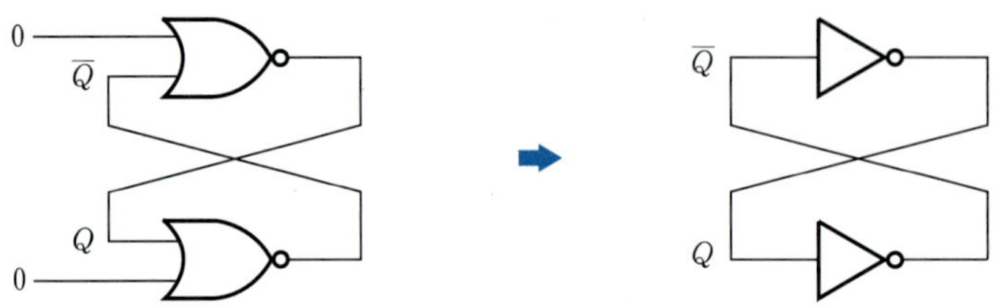

[그림 5-10] $S=R=0$일 때의 동작 개념

❸ **데이터 소멸**([그림 5-9(c)]) : $S=R=1$인 경우에는 NOR 게이트의 두 출력이 모두 0으로 리셋된다. 그러나 Q와 $\overline{Q}$는 그 문자가 의미하듯이 서로 반전되어야 하므로 원래의 취지에 맞지 않다. 따라서 이 경우는 '금지' 구간으로 정의할 수 있다.[5]

❹ **데이터 셋**([그림 5-9(d)]) : $S=1$, $R=0$인 경우, $S=1$이 NOR를 거쳐서 $\overline{Q}$ 출력을 0으로 리셋시키고, $R=0$에 가해져서 Q를 1로 셋시킨다.

❺ **데이터 리셋**([그림 5-9(e)]) : $S=0$, $R=1$인 경우, $R=1$이 NOR를 거쳐서 Q 출력을 0으로 리셋시키고, $S=0$에 가해져서 $\overline{Q}$를 1로 만든다.

지금까지 살펴본 회로를 'NOR형 SR(셋-리셋) 래치'라고 한다. 이에 대한 진리표는 [표 5-2]와 같다. 셋/리셋 기능을 보면 'H' 활성을 확인할 수 있다.

[표 5-2] NOR형 SR 래치의 진리표

S	R	Q	$\overline{Q}$	기능
0	0	Q	$\overline{Q}$	유지
0	1	0	1	리셋
1	0	1	0	셋
1	1	0	0	금지

5 이는 상보 출력이라는 의미에서 성립하는 것이며, 실제 설계에서는 허용되는 경우도 있다.

SR 래치를 비동기식 제어회로에 사용하는 경우, S 및 R에는 일정한 폭의 활성화 펄스를 입력한다. S에 펄스가 입력되면 출력 Q는 셋되며, R에 펄스가 입력되면 Q는 리셋된다. 이때 펄스폭은 Q가 설정될 수 있을 만큼 충분히 넓어야 한다. 너무 짧은 펄스는 출력을 변화시키지 못하고 사라질 수 있다. 또한 S 및 R에 동시에 활성화 펄스가 겹쳐서 입력되지 않도록 타이밍을 조절한다. 이러한 동작을 [예제 5-1]을 통해 살펴보자.

예제 5-1 SR 래치의 응용

두 입력신호 S와 R에 의해 각각 셋, 리셋되는 출력 Y를 구현하기 위해 NAND형 래치를 응용한 회로를 채택하였다. S와 R의 타이밍이 [그림 5-11(b)]와 같이 주어질 때, 출력 Y의 동작을 그려보라. 단, 게이트의 지연은 없다고 간주한다.

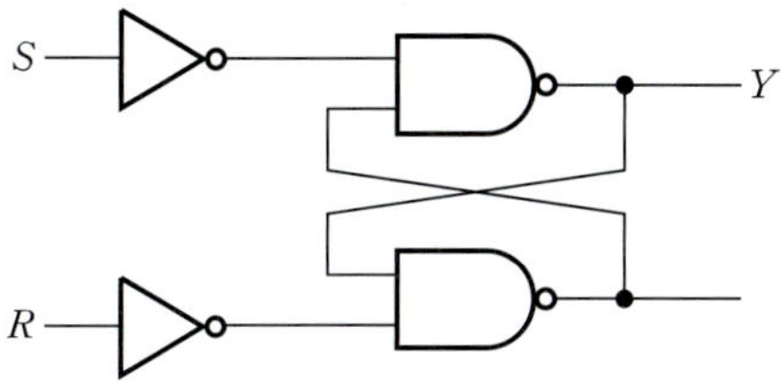

(a)

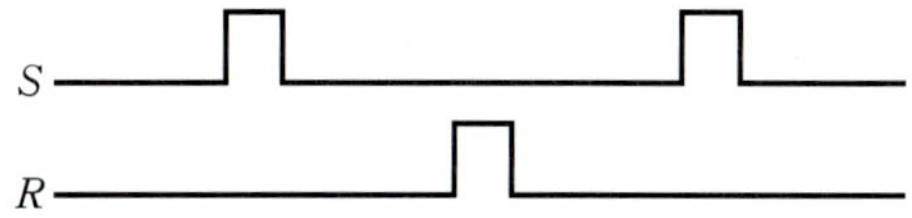

(b)

[그림 5-11]

풀이

[그림 5-11(a)]의 회로는 셋/리셋 경로를 이용하여 출력 Y를 제어하고, NAND형 래치의 입력에 인버터를 추가하여 입력을 반전시키므로 'H' 활성 회로가 된다. 이때 가해주는 S 및 R 신호는 펄스 형태가 되어야 하며, 'H' 구간이 겹치지 않도록 주의한다. [그림 5-12]의 타이밍도와 같이 Y는 S가 시작하는 시점에서 셋되고, R이 시작되는 시점에서 리셋된다.

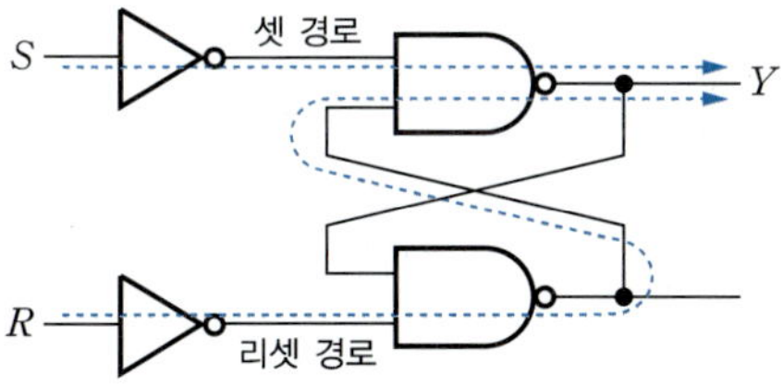

(a)

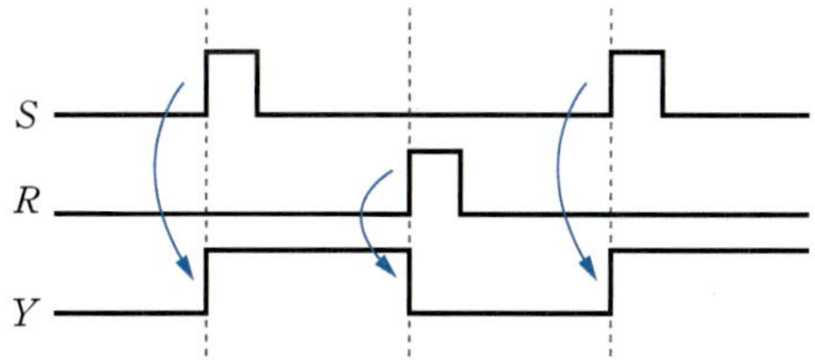

(b)

[그림 5-12]

5.2.4 *D*형 래치

[그림 5-7]의 NAND형 *SR* 래치에 [그림 5-13(a)]와 같이 세 개의 인버터를 추가하여 연결해보자. 여기서 *D*는 입력이고, 반전된 신호와 비반전된 신호가 각각 $\overline{S}$와 $\overline{R}$에 가해진다. *D*에서부터 신호의 흐름을 따라 *Q*까지 진행하면 두 번의 반전을 거치므로 *D*와 *Q*는 같은 극성이 된다. 즉, 출력 *Q*에는 입력 *D*와 같은 데이터가 저장된다. 이와는 달리 *SR* 래치에는 반대 극성의 데이터가 인가되므로 항상 셋 또는 리셋의 동작만 존재하며, $\overline{S}$와 $\overline{R}$가 같은 논리가 되는 경우는 발생하지 않는다.

[그림 5-13(b)]는 이 래치의 동작 개념과 신호 흐름을 보인 것이다. $D=1$인 경우에는 $\overline{S}=0$, $\overline{R}=1$이 되므로, *Q*는 셋된다. 이 신호가 화살표를 따라 2번 NAND의 입력에 도착하면, 아래쪽 경로에서 두 개의 인버터를 거쳐서 도착한 1과 함께 $\overline{Q}$를 0으로 만든다. 반면 $D=0$인 경우에는 $\overline{S}=1$, $\overline{R}=0$이 되므로 *Q*는 리셋된다. 입력 *D*가 화살표를 따라 1번 NAND의 입력에 반전되어 도착하면, 위쪽 경로에서 한 개의 인버터를 거쳐서 미리 대기하고 있는 1과 함께 *Q*를 리셋한다.

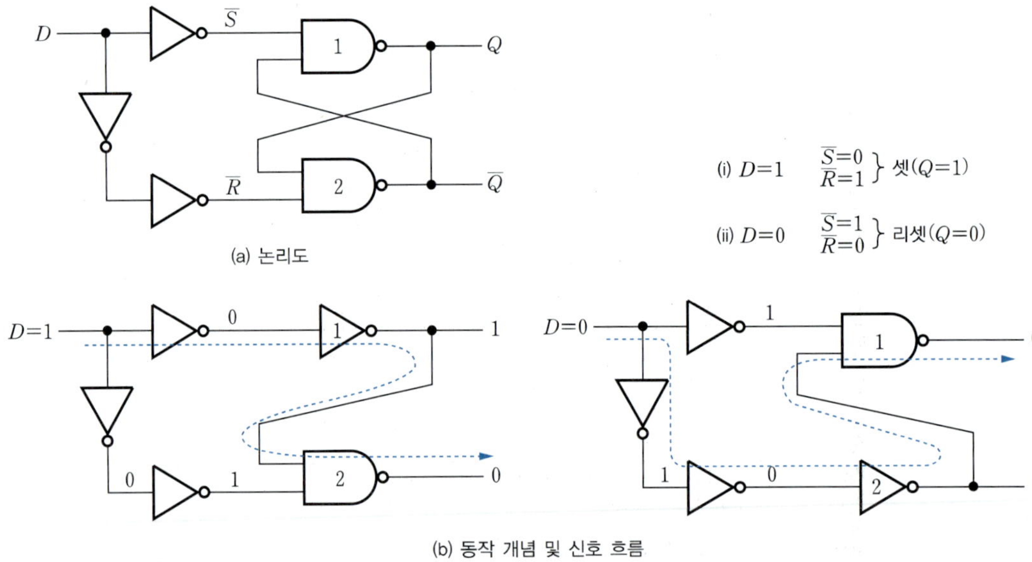

[그림 5-13] *D*형 래치

결국 출력 *Q*는 게이트 지연 이후에 입력 *D*와 같은 데이터를 저장한다. 이러한 동작의 회로를 '*D*형 래치'라고 부른다. 여기서 *D*는 입력이 출력에 그대로 전달된다는 의미의 'data transfer', 혹은 출력이 입력의 지연 데이터라는 의미의 'delay'로부터 유래하였다. 위의 동작에 대한 *D*형 래치의 진리표는 다음과 같다.

[표 5-3] *D*형 래치의 진리표

D	Q	$\overline{Q}$	기능
0	0	1	리셋
1	1	0	셋

이번에는 [그림 5-13]의 D형 래치에 인에이블 신호로 클록을 가하는 경우를 살펴보자. NAND형 SR 래치 앞에 위치하는 두 인버터 1, 2에 클록을 인가하면, 인버터는 NAND2로 변경되어 [그림 5-14]와 같은 클록형 D 래치clocked D-latch가 된다.

클록 CK가 'L'인 구간 동안은 $\overline{S} = \overline{R} = 1$이므로, NAND형 SR 래치에는 아무런 변화도 일어나지 않고 그 전 상태를 저장한다. CK가 'H'인 구간에서는 1번 및 2번 NAND가 인버터처럼 동작하므로, [그림 5-13]의 D형 래치로서 동작한다. 출력에서는 CK가 'H'인 구간 동안에 입력이 그대로 통과된다. 이 구간 동안에 입력이 변한다면 출력도 그대로 따라 변한다. 즉 출력은 입력에 의해 제어되며, 입력에 대해 투명하다.

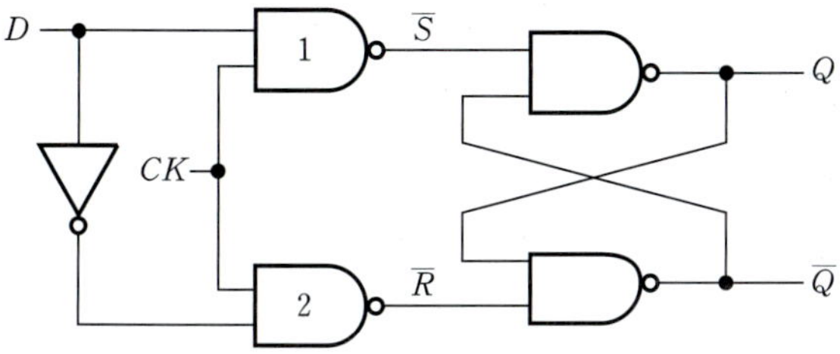

(a) 논리도

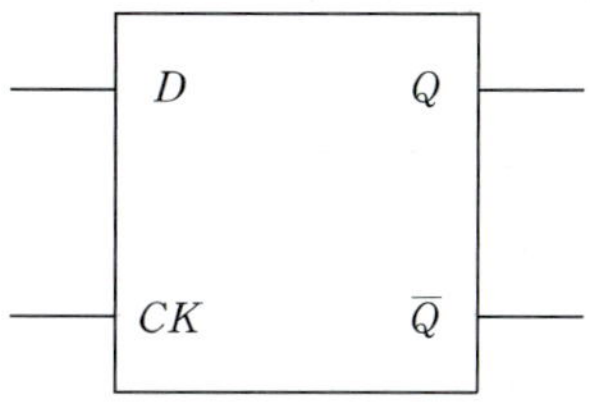

(b) 심볼

[그림 5-14] 클록형 D 래치

예제 5-2 클록형 D 래치의 동작

클록형 D 래치의 입력에 [그림 5-15]와 같은 IN 파형이 입력될 때, 출력 OUT의 파형을 그려라.

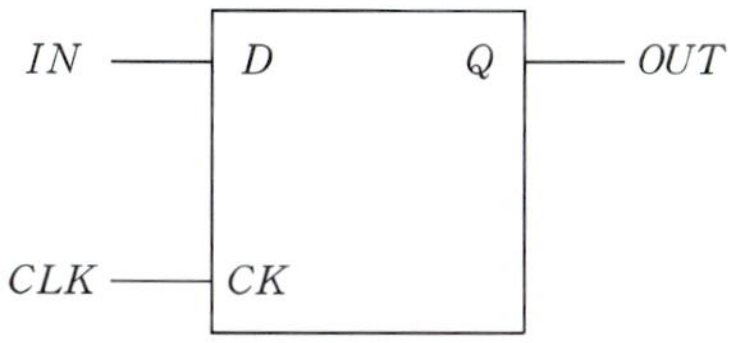

(a)

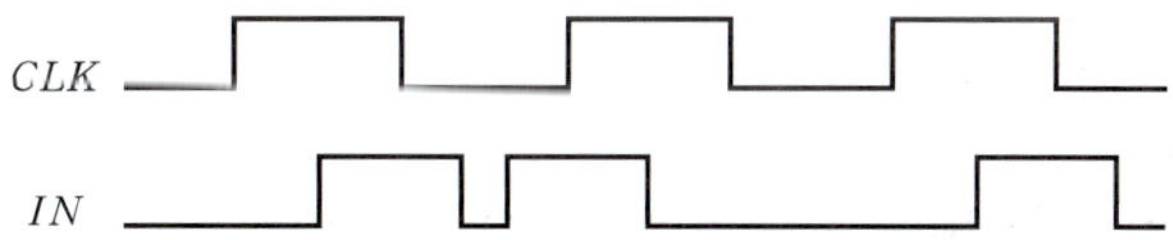

(b)

[그림 5-15]

풀이

클록형 D 래치이므로 CK가 'L'인 구간에서는 입력이 차단되고, 출력 OUT은 그 전 상태를 그대로 유지한다. CK가 'H'인 구간에서는 출력이 입력 IN에 대해 투명하므로, IN 값이 그대로 출력으로 전송된다. CK가 'L'인 초기 구간에서는 OUT의 전 상태를 알 수 없으므로 불확실uncertain 상태가 된다.

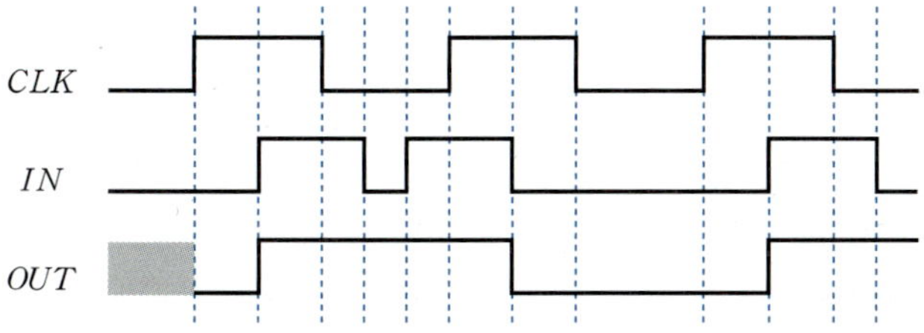

[그림 5-16]

예제 5-3 NOR 래치를 적용한 클록형 D 래치

[그림 5-9]의 NOR형 래치를 사용하여 클록형 D 래치를 설계하라.

풀이

입력 D가 'H'일 때는 출력 Q가 셋되고, 'L'일 때는 리셋되어야 한다. 따라서 NOR형 SR 래치에서의 S는 입력 D와 연결되고, R은 입력 D와 반대로 연결된다. [그림 5-17]과 같이 입력 D를 반전하기 위한 인버터와 클록을 수용하기 위해 1번 및 2번 버퍼를 사용하여 S와 R에 연결한다. 버퍼는 클록 CK를 수용하기 위해 AND2로 설계하였다.

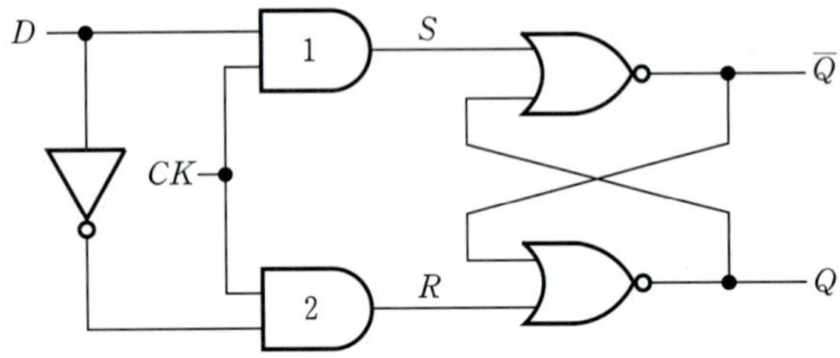

[그림 5-17]

클록 CK가 'L'인 구간에서는 입력 D가 차단되고, NOR형 래치는 변화 없이 그 전 상태를 유지한다. CK가 'H'인 구간에서는 입력신호가 버퍼를 통과한다.

클록 CK가 'H'인 구간에서 $D=1$이면 $S=1$, $R=0$이 되어 SR 래치는 셋된다($Q=1$). $D=0$이면 $S=0$, $R=1$이 되어 SR 래치는 리셋된다($Q=0$).

SECTION 5.3

플립플롭의 원리

신호가 전송되는 입력 데이터 구간에는 대개 잡음이 끼어 있기 마련이지만, 유효 valid 구간 안에서는 신호가 의미 있는 데이터가 되어야 하며, 이때 성공적으로 데이터를 획득 acquisition 해야 한다. 우리는 유효 구간 안에서 의미 있는 데이터를 획득한다는 측면에서 비동기식 및 동기식 회로를 비교해볼 필요가 있다.

5.2.4절에서 학습한 *D*형 래치 및 클록형 *D* 래치를 살펴보자. 비동기식 *D* 래치는 클록이 없어 모든 구간이 유효 구간이 되므로 출력이 항상 입력을 따라간다. 따라서 입력 데이터 *D*는 모든 구간에서 유효한 의미 있는 데이터여야 한다. 만약 입력 데이터에 글리치 glitch[6] 잡음과 같은 불완전한 요소가 포함되어 있더라도 그대로 출력으로 전송되어 버린다. 한편 [그림 5-14]의 클록형 *D* 래치의 경우, 클록이 'H'일 때가 유효 구간이 되므로 이때의 입력 데이터만 의미가 있으며, 회로는 입력에서 출력까지 투명(그대로 통과함)해진다. 따라서 'H' 구간 동안 반드시 유효한 입력 데이터 valid data 가 유지되어야 한다. 반면에 클록이 'L'인 구간은 유효하지 않은 구간 invalid 으로 입력이 차단되므로 잡음이 포함되어도 관계없다. 이러한 비동기 시스템에는 클록이 없어 모든 구간이 유효 구간이 되므로, 입력 데이터에 잡음이 끼어들면 문제가 된다.

동기 시스템에서는 매우 짧은 구간에서만 유효한 입력 데이터가 유지되어도 쌍안정 회로로 이를 처리할 수 있어야 한다. 이러한 매우 짧은 유효 입력 데이터 구간을 흔히 데이터의 '눈 eye'[7]이라고 부른다. 데이터의 눈을 감지하여 데이터를 획득하는 것을 표본화(샘플링) sampling 라고 하고, 데이터를 표본화할 수 있는 쌍안정 데이터 저장회로를 플립플롭 flip-flop 이라고 정의한다. 잘 설계된 플립플롭일수록 더 짧은 데이터 눈을 감지할 수 있다. 영어에서 플립 flip 은 '확 뒤집다', 플롭 flop 은 '털썩 주저앉다'의 뜻으로, 이를 합하면 특정 짧은 시점에 어떤 사건이 촉발되어 상태가 확 바뀐다는 의미이다.

6 글리치는 게이트들 간 지연시간의 부정합으로 발생하는 짧은 시간 동안의 잡음을 의미한다. 이러한 잡음을 적절히 제거해주지 않으면 논리(로직) 오류가 발생할 수 있다.

7 데이터가 아주 짧은 시간 동안 유효한 구간을 가리키는 말로, 시스템에서 일반적으로 수 나노초 동안 유지된다.

5.3.1 트리거링 기법

플립플롭 상태에 변화를 일으키는 동작을 트리거링 triggering이라고 한다. 트리거 trigger 신호는 회로의 동작을 촉발하는 기동신호로, 동기식 회로에서는 펄스 pulse 혹은 클록 clock이 트리거 신호가 된다. 펄스는 [그림 5-18]과 같이 크게 양성펄스 positive pulse 및 음성펄스 negative pulse로 나뉘며, 각 펄스는 'H'와 'L'의 평탄한 부분(레벨 level)과 상승에지 rising edge 및 하강에지 falling edge로 구성된다.

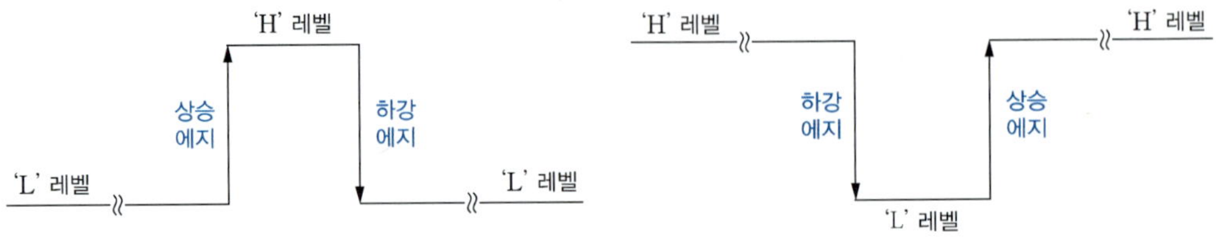

[그림 5-18] 펄스의 구성요소

양성펄스는 대부분 'L' 레벨이나, 기동할 때에 일시적으로 'H' 레벨이 발생한다. 반면에 음성펄스는 주로 'H' 레벨을 유지하다가, 기동할 때 일시적으로 'L' 레벨이 발생한다. 이 두 가지 경우 모두 상승에지와 하강에지가 포함되어 있다.

동기식 시스템의 트리거링 기법에는 다음 세 가지가 있다.

- 레벨 트리거링 level triggering
- 에지 트리거링 edge triggering
- 숏 펄스 트리거링 short pulse triggering

레벨 트리거링은 클록(혹은 펄스)의 'H' 구간(혹은 'L' 구간) 전체에서 입력 데이터를 받아들이는 방식이고, 에지 트리거링은 클록(혹은 펄스)이 천이되는 곳에서 데이터를 받아들이는 방식이다. 에지 트리거링은 클록의 상승에지에서 데이터를 받아들이는 상승에지 트리거링 positive-edge-triggering과 클록의 하강에지에서 데이터를 받아들이는 하강에지 트리거링 negative-edge-triggering으로 나눌 수 있다. 숏 펄스 트리거링은 레벨 트리거링처럼 클록의 'H' 구간에서 데이터를 받아들이지만, 클록의 'H' 폭을 매우 짧게 가져가서 에지 트리거링의 효과를 내는 방식이다.

각 트리거링 방식의 입·출력 양상을 그려보면 [그림 5-19]와 같다. 입·출력 데이터에서 흰 부분은 유효 데이터('H' 혹은 'L')를 나타내고, 색칠한 부분은 불확실한 uncertainty 부분 혹은 잡음을 나타낸다.

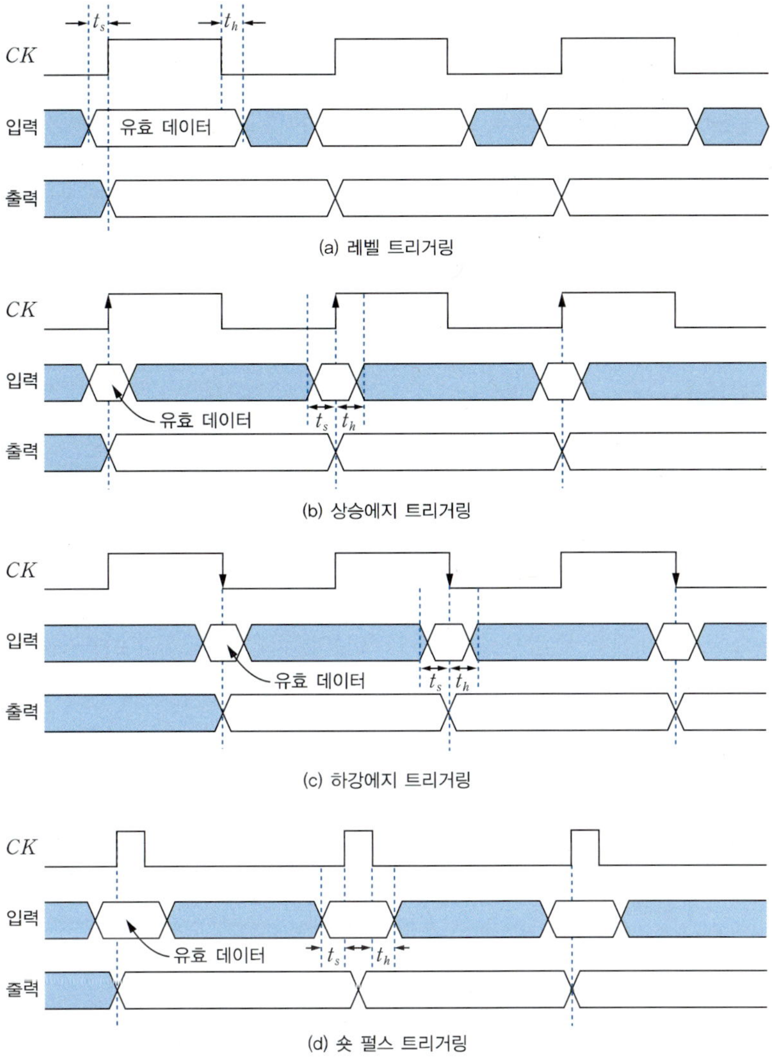

[그림 5-19] 동기식 시스템의 트리거링 기법

[그림 5-19(a)]의 레벨 트리거링에서는 클록이 'H'인 구간 동안에 들어오는 모든 신호를 입력으로 간주하므로, 이 구간에서 입력 데이터는 유효한 상태를 유지해야 한다. 이때 유효한 입력 데이터가 출력으로 그대로 나온다. 반면 클록이 'L'인 구간은 입력 데이터가 받아들여지지 않기 때문에, 클록이 'H'일 때 들어왔던 유효 입력 데이터가 그대로 유지된다. 즉, 출력은 한 주기 동안 유효한 데이터가 유지된다.

[그림 5-19(b)]의 상승에지 트리거링에서는 클록의 상승에지 양쪽으로 입력 데이터가 유효하게 유지되어야 한다. 즉 유효 데이터가 일정시간 동안 먼저 들어와서 대기하고, 표본화(샘플링) 시점인 클록에지 이후에도 어느 정도 유지되어야 한다. 이는 반도체 내에서 공정, 온도, 전압의 변화에 따라 입력단 회로가 불확실하게 동작하는 현상을 어느 정도 보완하기 위함이다. 입력 데이터는 셋업시간 setup time과 홀드시간 hold time의 합인 $t_s + t_h$ 만큼 최소한의 유효 구간을 가져야 하며, 이것이 데이터의 눈이 된다. 출력은 클록의 상승에지에서 받은 유효 입력 데이터를 한 주기 동안 유효하게 유지한다.

[그림 5-19(c)]의 하강에지 트리거링의 경우, 상승에지 트리거링과 같은 동작을 클록의 하강에지에서 동일하게 수행한다.

[그림 5-19(d)]의 숏 펄스 트리거링은 앞에서 언급한 대로 에지 트리거링과 비슷한 효과를 낸다. 그러나 실제 회로에서는 펄스폭을 짧게 가져가는 데 제약이 따르고, 펄스폭 자체도 공급전압, 동작온도, 소자 변이 등의 여러 변수에 따라 펄스폭이 변동하여 플립플롭이 충분히 트리거되지 못할 가능성이 있으므로 에지 트리거링만큼 안정적이지는 않다.

5.3.2 타이밍 파라미터

이제 디지털 회로에서의 동작속도를 논의할 때 필수적인 몇 가지 타이밍 파라미터를 정의해보자.

클록 타이밍 파라미터

먼저 클록을 정의하는 데 필요한 파라미터를 살펴보자. [그림 5-20]은 클록을 상승/하강 기울기를 갖는 사다리꼴 파형으로 단순화한 것으로, 클록 주기 'H' 및 'L' 구간, 상승 및 하강시간으로 정의된다.

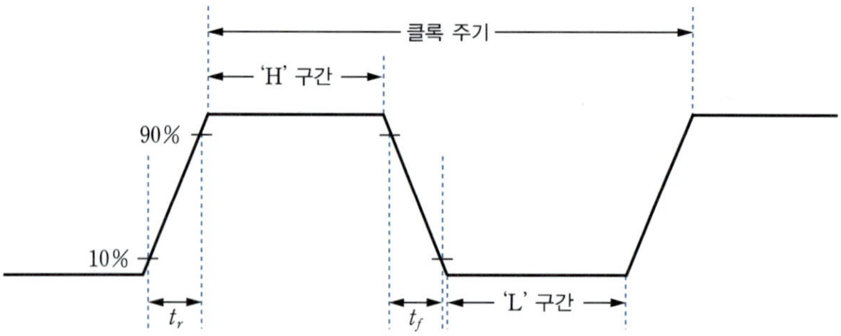

[그림 5-20] 클록 파라미터

클록 주기는 일반적으로 T로 나타낸다. T의 역수는 이 클록의 주파수이다.

$$f = \frac{1}{T} \text{ [Hz]} \tag{5.3}$$

'H' 및 'L' 구간은 클록이 평탄한 구간으로, 클록 주기의 대부분은 이 시간으로 구성된다. 클록 파형 높이의 10% 지점에서 90%까지의 상승구간은 상승시간 rising time t_r로 표현하고, 90% 지점에서 10%까지의 하강구간은 하강시간 falling time t_f로 표현한다. 일반적으로 상승시간과 하강시간은 일치하지 않는다.[8]

8 상승시간과 하강시간은 수백 피코초[ps]에서 수 나노초[ns]에 이른다.

신호가 게이트에 입력된 후, 게이트를 통과하여 출력으로 나올 때까지의 과정에서 전송지연은 불가피하다. [그림 5-21]은 가장 간단한 게이트인 인버터의 전송지연을 나타낸 것이다.

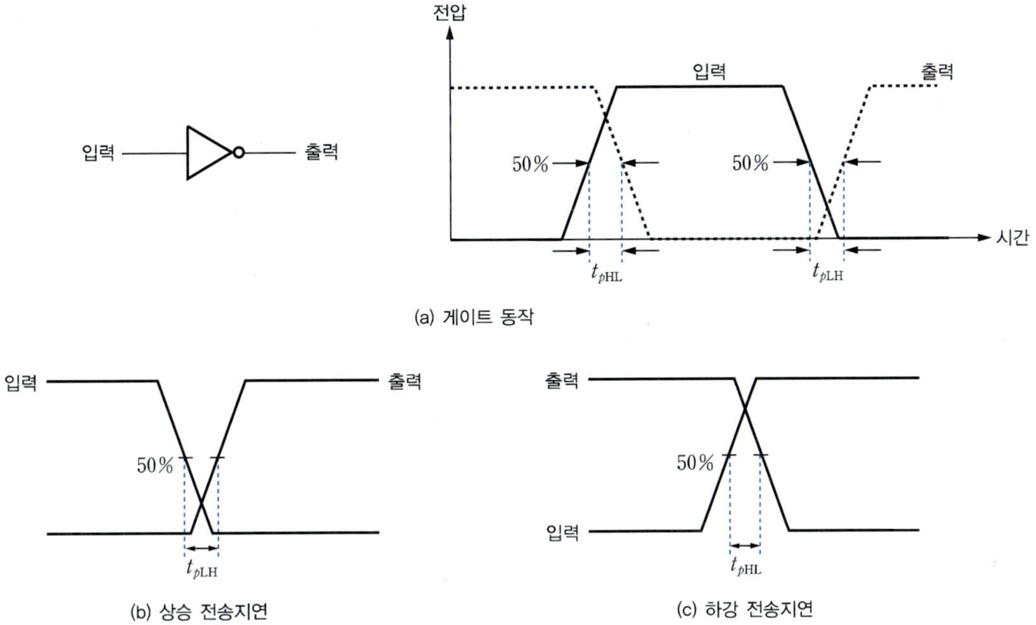

[그림 5-21] 게이트의 전송지연

입력신호가 게이트를 통과하여 출력될 때 필연적으로 지연이 발생하는데, 이는 트랜지스터의 턴 온 저항과 부하 커패시턴스에 의한 동작 지연RC delay이 발생하기 때문이다. 이러한 지연시간은 게이트의 부하가 일정하면 고유한 특성값을 가지는데, 이를 게이트의 지연시간 혹은 전송지연시간propagation delay time이라고 한다.

전송지연시간의 기준점은 입·출력 파형의 50% 지점으로 하는 게 일반적이다. 전송지연은 출력 파형을 기준으로 정하며, 출력이 상승하는 상승 전송지연 t_{pLH}와 출력이 하강하는 하강 전송지연 t_{pHL}의 두 가지가 있다. 이 두 가지 전송지연은 서로 일치하지 않기 때문에, 게이트의 전송지연(혹은 게이트 지연) t_p는 두 전송지연의 산술평균으로 정의할 수 있다.[9]

$$t_p = \frac{t_{pLH} + t_{pHL}}{2} \tag{5.4}$$

9 게이트 지연은 수백 피코초에서 수 나노초에 이른다.

예제 5-4 단일단자 신호에서 차동신호로의 변환

세 개의 게이트를 사용하여 단일단자 신호 single-ended signal D_{IN}을 차동신호 differential signal D_{diff}, $\overline{D}_{diff}$로 변환하고자 한다. 각각의 게이트 지연시간이 t_{d1}, t_{d2}, t_{d3}일 때, 타이밍도에 보인 차동출력의 지연시간 t_1, t_2, t_3, t_4를 각각 구하라.

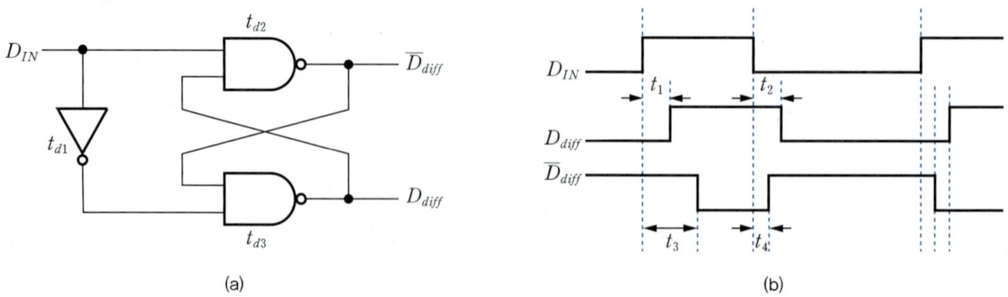

[그림 5-22]

풀이

❶ D_{IN}에서 D_{diff}까지의 경로

[그림 5-23(a)]는 D_{IN}에서 D_{diff}까지 'H' 데이터가 흐르는 경로의 경로지연 t_1을 나타낸 것으로, t_1은 $t_{d1}+t_{d3}$이다. [그림 5-23(b)]는 'L' 데이터가 흐르는 경로를 나타낸다. NAND의 두 입력에 'H' 데이터가 전송되는 경로는 t_{d1}을 거치는 경로와 t_{d2}를 거치는 경로가 있으며, 출력은 이 둘 중 느린 경로에 의해 결정된다. 따라서 경로지연 t_2는 $t_{d1}+t_{d3}$ 혹은 $t_{d2}+t_{d3}$이다.

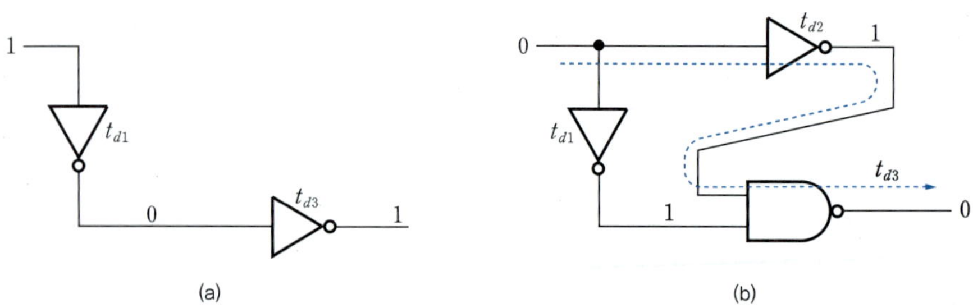

[그림 5-23]

❷ D_{IN}에서 $\overline{D}_{diff}$까지의 경로

[그림 5-24(a)]와 같이 D_{IN}에서 $\overline{D}_{diff}$까지 'L' 데이터가 'H'로 흐르는 경로지연 t_4는 t_{d2}이다. 또한 [그림 5-24(b)]와 같이 'H' 데이터가 'L'로 흐르는 경로지연 t_3는 t_{d2}를 거치는 경로와 $t_{d1}+t_{d3}+t_{d2}$를 거치는 경로 두 가지가 있다. 이 역시 둘 중 느린 경로에 의해 출력 $\overline{D}_{diff}$가 결정되므로 t_3는 $t_{d1}+t_{d3}+t_{d2}$이다. t_3의 경우에는 경로에 놓인 게이트의 개수가 확연히 다르므로 $t_{d1}+t_{d3}+t_{d2}$의 경로가 경로지연을 결정함을 알 수 있다. 이러한 전체 지연을 결정하는 가장 느린 경로를 임계경로 critical path라고 한다.

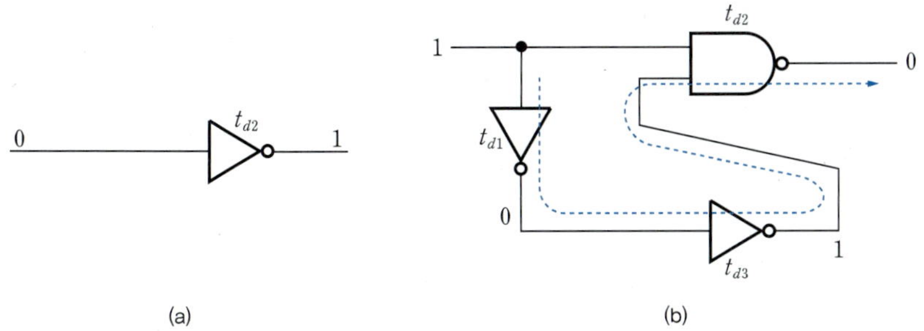

[그림 5-24]

플립플롭 타이밍 파라미터

[그림 5-25]는 상승에지 트리거 플립플롭과 관련된 타이밍 파라미터를 나타낸 것이다. 여기서는 클록의 상승에지가 타이밍 파라미터의 기준점이 된다. 데이터 D가 클록의 상승에지보다 먼저 와서 준비해야 하는 시간을 셋업시간 setup time t_s, 클록의 상승에지가 지난 후에도 유효한 데이터가 유지돼야 하는 시간을 홀드시간 hold time t_h 라고 한다. 셋업시간과 홀드시간은 플립플롭의 안정된 동작을 보장하기 위해 꼭 필요한 시간이다.[10] '플립플롭 지연시간'은 클록 에지에서 표본화된 데이터가 출력되는 데까지 걸리는 지연시간을 말하며, t_{CKQ}로 표현한다.

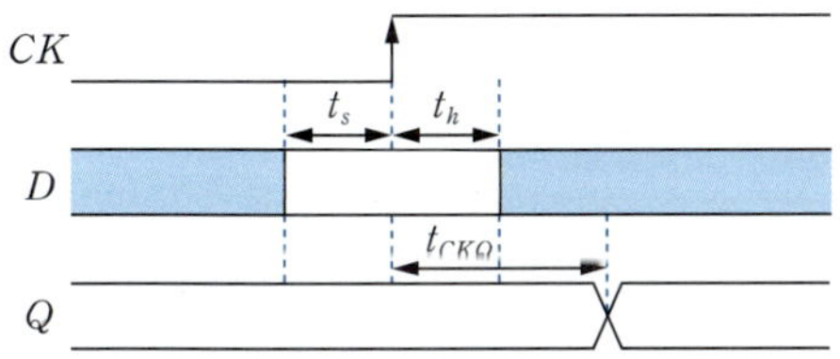

[그림 5-25] 상승에지 트리거 플립플롭의 타이밍 파라미터

이후부터는 타이밍을 간편하게 해석하기 위해 $t_{CKQ} = 0$으로 가정하겠으나, 타이밍을 엄밀히 따져야 하는 경우에는 수 나노초에 해당하는 플립플롭 지연시간을 고려한다.

5.3.3 마스터-슬레이브 구조의 원리

5.3.1절에서 설명한 에지 트리거 기법의 경우, 입력의 대부분에 잡음이 있어도 데이터의 눈에 해당하는 유효 구간에서만 깨끗한 입력 데이터가 유지된다면 전체 시간에서 유효한 출력을 발생시킬 수 있음을 학습하였다. 앞서 학습한 투명한 래치를 사용하여 에지 트리거 기법을 구현할 수 있는 대표적인 방법이 마스터-슬레이브 master-slave 방식이다. 이 방식은 투명한 래치를 두 개 연결하여 사용하되, 각

10 일반적으로 셋업시간 및 홀드시간은 수백 피코초에서 수 나노초에 이른다.

래치를 반대 극성의 클록으로 제어한다. 뒷단 래치의 데이터는 앞단 래치의 출력에 의해 결정되므로 앞단을 마스터(주인), 뒷단을 슬레이브(종)라고 부른다.

[그림 5-26]의 모델을 살펴보자. 여기서 래치는 스위치로 모델링하였으며, 스위치가 닫히면 입력 데이터가 래치에 그대로 들어오고, 스위치가 열리면 입력은 차단되며 이전 데이터를 그대로 저장한다고 가정한다.

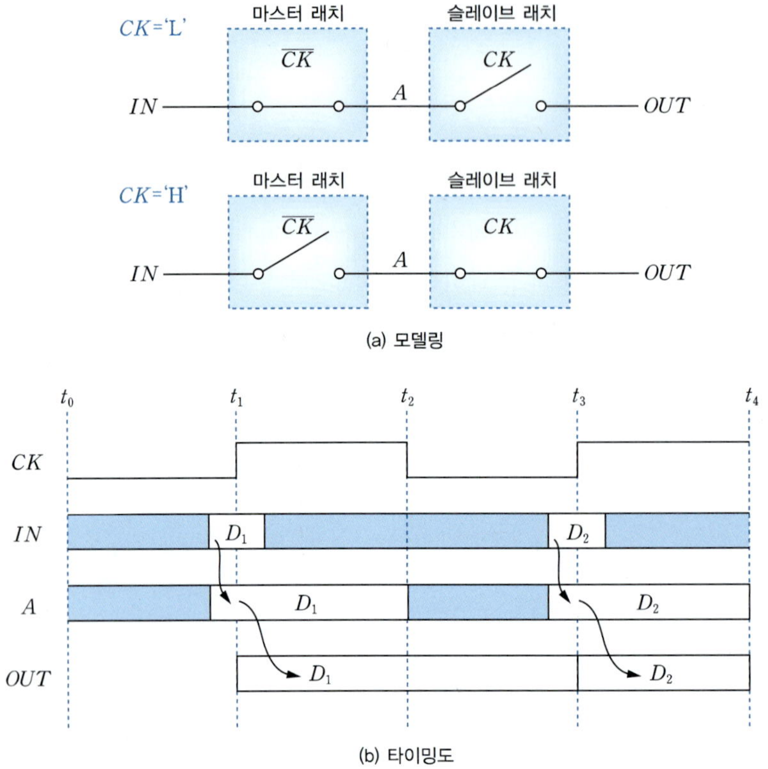

[그림 5-26] 마스터-슬레이브 구조의 동작 원리

[그림 5-26(b)]의 각 타이밍 구간에서의 동작을 [표 5-4]에 정리하였다. 구간 (t_0, t_1)에서 마스터 래치는 닫히고 슬레이브 래치는 열린다. 따라서 A 노드는 이 구간에서 IN 값을 그대로 받아들인다. 이때 A 노드와 OUT 노드는 끊겨 있으므로, OUT 노드는 이전 상태를 유지한다. 나머지 구간에서는 마스터 및 슬레이브 래치가 교대로 닫히고 열려서, 결국 클록의 한 주기 동안에 유효한 데이터가 출력된다. 즉, 좁은 구간에서만 유효한 입력 데이터가 한 주기 동안 유효한 출력 데이터로 바뀐다. 이때 두 래치가 동시에 열리거나 닫히는 구간은 존재하지 않음에 유의해야 한다.

[표 5-4] 마스터-슬레이브 동작 타이밍 해석

상태 \ 구간	$t_0 \sim t_1$	$t_1 \sim t_2$	$t_2 \sim t_3$	$t_3 \sim t_4$
열림 래치	슬레이브	마스터	슬레이브	마스터
닫힘 래치	마스터	슬레이브	마스터	슬레이브
A 노드	$IN(D_1)$	D_1	$IN(D_2)$	D_2
OUT 노드	이전 상태	D_1	D_1	D_2

결과적으로 클록이 'L'일 때는 마스터에서 입력 데이터를 받아들이고, 클록이 'H'일 때는 슬레이브가 입력 데이터를 받아들이면서 출력하여 상승에지 트리거링 동작을 수행한다.

그런데 만약 마스터 래치와 슬레이브 래치의 제어클록 위상을 반대로 바꾸면 어떻게 될까? 그렇게 되면 클록이 'H'일 때는 마스터에서 입력 데이터를 받아들이고, 클록이 'L'일 때는 슬레이브가 입력 데이터를 받아들이면서 출력하게 되므로, 이러한 마스터 슬레이브 구조는 하강에지 트리거링 동작을 수행한다. 독자 여러분이 직접 타이밍도를 그려서 확인해보기 바란다.

SECTION 5.4

D 플립플롭

D 플립플롭은 CMOS 디지털 집적회로 시스템에서 가장 많이 사용되는 형태로, 대부분 에지 트리거링 기법이 적용된다. D 플립플롭에 적용되는 에지 트리거링 기법의 동작 원리에 따라 다음 두 가지 형태로 나눌 수 있다.

D 플립플롭의 형태
- 래치 기반형
- 마스터-슬레이브형

래치 기반형은 세 개의 SR 래치를 사용하며 두 개의 단으로 구성된다. 앞단의 래치는 입력 데이터 D를 $\overline{S}$ 및 $\overline{R}$로 변환하며, 뒷단은 데이터를 저장한다. 마스터-슬레이브형은 IC를 구현할 때 가장 많이 쓰이며, 그 구조는 [그림 5-26(a)]의 스위칭의 개념이 포함된 마스터 및 슬레이브 D 래치이다.

5.4.1 래치 기반 D 플립플롭

[그림 5-27(a)]는 대표적인 래치 기반의 에지 트리거 D 플립플롭이다.

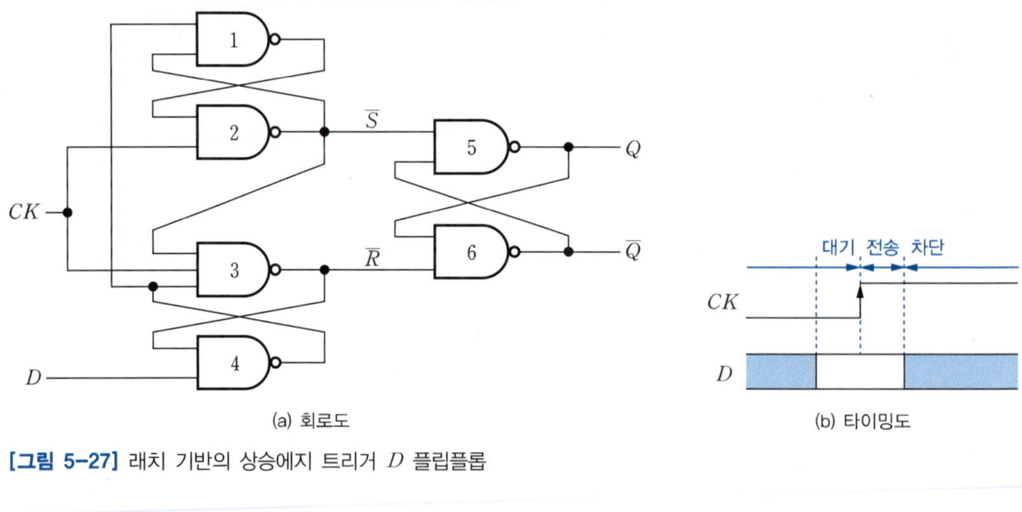

(a) 회로도 (b) 타이밍도

[그림 5-27] 래치 기반의 상승에지 트리거 D 플립플롭

게이트 1, 2의 상위 NAND 래치와 게이트 3, 4의 하위 NAND 래치가 연결되어 앞단을 구성하고, 게이트 5, 6의 NAND 래치가 뒷단을 구성한다. 상위 래치의 출력 $\overline{S}$는 하위 래치 게이트 3의 입력으로 연결된다. 하위 래치 게이트 4는 D 입력을 받는다. 에지 트리거 동작을 이해하기 위해 클록의 상승에지 전·후 동작을 살펴보자. [그림 5-27(b)]에서 보듯 클록의 상승에지 전과 후의 유효 입력 데이터 구간 상태는 대기상태 → 데이터 전송 → 데이터 차단의 순서로 동작한다.

❶ **대기상태**($CK=0$) : [그림 5-28]은 $CK=0$일 때의 동작을 보인 것이다. $CK=0$이 되면, 게이트 2, 3은 다른 입력을 차단하고 D 입력값과는 상관없이 $\overline{S}$ 및 $\overline{R}$ 출력을 1로 만든다. 따라서 게이트 5, 6의 뒷단 SR 래치는 이전 데이터인 Q 및 $\overline{Q}$를 그대로 유지한다. 이제 데이터를 받아들일 수 있는 대기상태가 된다.

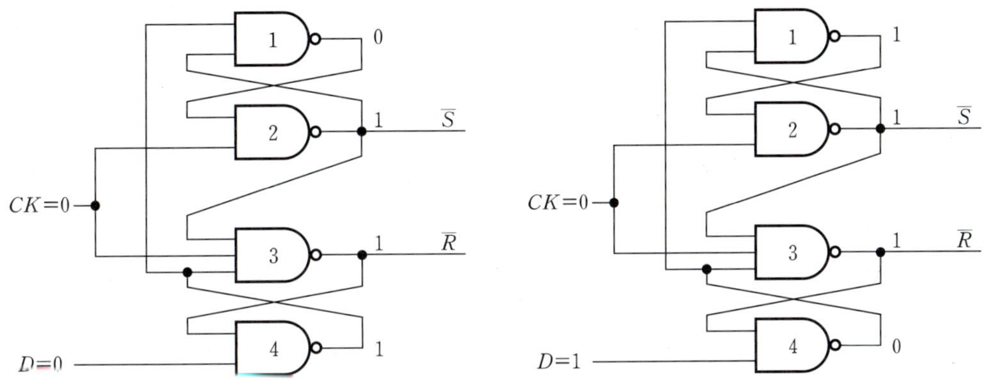

(a) $D=0$　　(b) $D=1$

[그림 5-28] 래치 기반의 상승에지 트리거 D 플립플롭의 동작($CK=0$)

❷ **데이터 전송**(CK 상승에지) : 대기 상태에서는 $CK=0$이므로 두 래치의 출력 $\overline{S}$ 및 $\overline{R}$는 모두 1이고, 상승에지에서는 $CK=1$이므로 데이터를 받아들이는 1, 4번 게이트는 인에이블[enable] 상태가 된다. [그림 5-29(a)]는 이 상태에서의 신호의 흐름을 보여준다. D 입력은 4번 게이트에서 반전($\overline{D}$)된 후, 3번 게이트에서 재반전되어 $\overline{R}=D$가 된다. 4번 게이트 출력은 1번 및 2번 게이트를 통과하여 $\overline{S}=\overline{D}$가 된다. 따라서 뒷단의 SR 래치에 $Q=D$, $\overline{Q}=\overline{D}$가 저장된다.

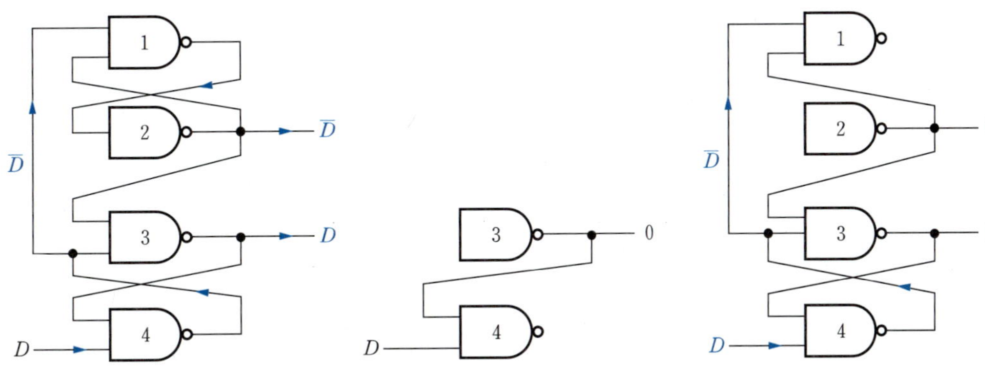

(a) $CK=1$일 때의 데이터 전송　　(b) 데이터 차단($\overline{R}=0$)　　(c) 데이터 차단($\overline{S}=0$)

[그림 5-29] 래치 기반의 상승에지 트리거 D 플립플롭의 동작($CK=1$)

❸ **데이터 차단**(CK 상승에지 이후) : 클록의 상승에지 이후 데이터 D가 뒷단 래치에 저장되면(홀드시간 이후), 그때부터는 데이터에 잡음이 끼어들 경우 그 데이터를 차단할 수 있어야 한다. [그림 5-29(b)]는 저장된 데이터가 0일 때의 부분회로를 나타낸다. 3번 게이트의 출력이자 4번 게이트의 입력인 $\overline{R}=0$이 되면 잡음이 낀 데이터 D가 차단된다. [그림 5-29(c)]는 저장된 데이터가 1일 때의 부분회로이다. 이 역시 $\overline{R}=1$이 되어 입력 데이터 D가 1번 게이트 입구까지 가지만, $\overline{S}=0$이므로 잡음이 낀 데이터 D가 차단된다. 정리하면, 데이터 전송 구간에서 $\overline{R}=0$이면 4번 게이트에서 잡음이 낀 데이터 D가 차단되고, $\overline{S}=0$이면 1번 게이트에서 잡음이 낀 데이터 D가 차단된다.

❹ **셋업/홀드시간** : [그림 5-29(a)]에서 데이터가 $\overline{R}=D$, $\overline{S}=\overline{D}$로 전송된 이후에는 데이터가 차단되므로, 홀드시간은 데이터가 전송되는 데까지 걸리는 지연시간이 된다. 따라서 데이터 전송 경로인 4번 → 1번 → 2번 게이트 지연시간이 홀드시간이 된다. 대기상태에서 2, 3번 게이트에 클록의 상승에지가 들어오는 시점에 유효한 입력 D는 미리 대기하고 있어야 한다.

D 플립플롭의 특성표 및 특성식

이상의 논의로부터 래치 기반 상승에지 트리거 D 플립플롭에서는 클록의 상승에지에서만 D 입력이 Q 출력으로 전달되고, 클록이 'H' 또는 'L'로 유지되는 구간에서는 아무런 변화가 일어나지 않음을 알 수 있었다. 또한 클록의 하강에지에서도 아무런 반응이 일어나지 않는다. [표 5-5]는 D 플립플롭의 특성표characteristic table이다. 여기서 Q_{n+1}은 $(n+1)$번째 클록에서의 출력 상태(출력의 다음 상태)[11]를 나타낸다. 이처럼 입력신호 및 상태값을 진리표로 나타낸 것을 특성표라고 한다.

[표 5-5] D 플립플롭의 특성표

D	Q_{n+1}	기능
0	0	리셋
1	1	셋

Q_{n+1}을 출력함수로 생각할 때, D 플립플롭에 대한 논리식은 다음과 같다.

$$Q_{n+1}=D \tag{5.5}$$

식 (5.5)와 같이 다음 상태의 출력을 입력신호 및 현 상태의 논리식으로 표현한 것을 상태식next-state equation 혹은 특성식characteristic equation이라고 한다. D 플립플롭의 특성식을 살펴보면 출력의 다음 상태는 입력 D와 같게 됨을 알 수 있다. 특성식은 해당 플립플롭(래치)의 논리 동작을 한눈에 알 수 있도록 수식으로 표현한 것으로, [표 5-5]의 특성표와 일치한다.

11 명목상 n번째 클록에서의 값을 현재 상태라고 정하면, 다음 상태는 $(n+1)$번째 클록에서의 값이 된다.

예제 5-5 클록형 이중 래치의 동작

[그림 5-30]의 클록형 이중 래치에서 $CK=0$인 구간과 $CK=1$인 구간에서의 A, B, C, D 출력을 구하라.

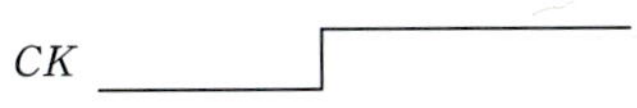

(a)

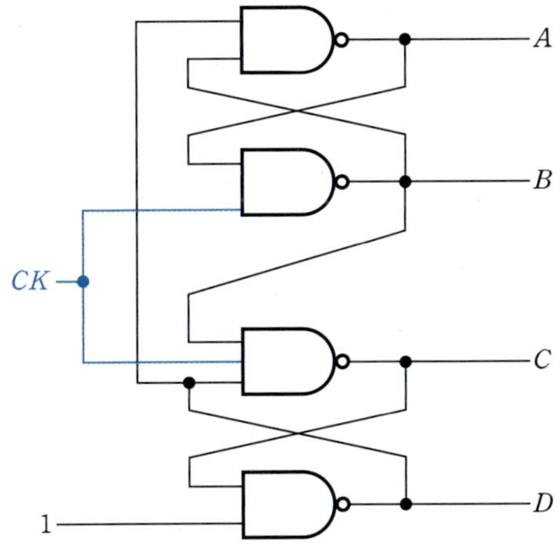

(b)

[그림 5-30]

풀이

[그림 5-31(a)]의 $CK=0$인 구간에서 $B=C=1$이고 입력은 1이므로, $D=0$이고 $A=1$이다. [그림 5-31(b)]에서 $CK=0$인 구간 이후 $CK=1$인 구간이 되었다면 $B=0$으로 변한다. 나머지 A, C, D는 유지된다.

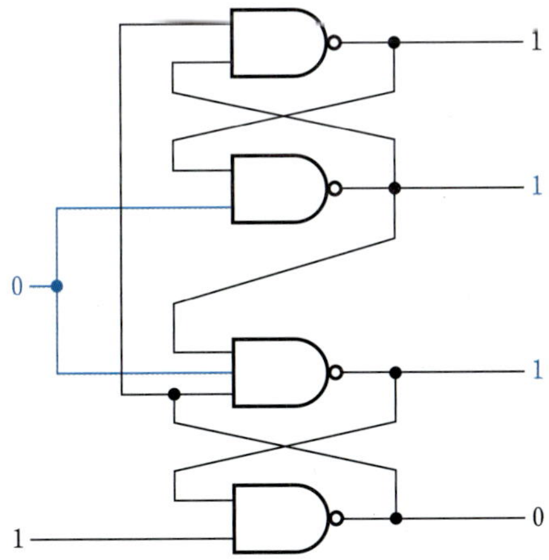

(a)

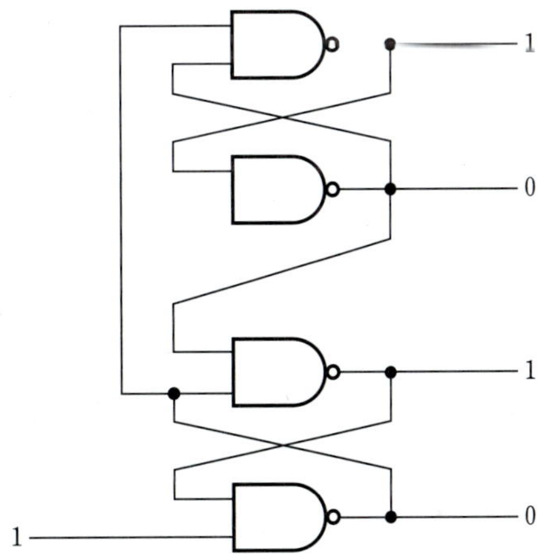

(b)

[그림 5-31]

5.4.2 마스터-슬레이브 D 플립플롭

이제 또 다른 에지 트리거링 구현 방식인 마스터-슬레이브 플립플롭 회로를 살펴보자. [그림 5-32(a)]는 [그림 5-26]의 마스터-슬레이브 구조를 회로로 구현한 것이다. '주인' 역할의 클록형 D 래치와 '종' 역할의 클록형 D 래치를 나란히 연결하고, 반대 위상의 클록을 인가한다. 마스터에는 $\overline{CK}$가 연결되어 CK가 'L'인 구간에서 활성화되고, 슬레이브에는 CK가 연결되어 CK가 'H'인 구간에서 활성화된다. 이러한 구조는 [그림 5-26(b)]의 상승에지 트리거링 동작을 수행한다. 만약 마스터 및 슬레이브 래치에 가하는 CK의 극성을 반대 위상으로 연결하면, 하강에지 트리거링 동작을 수행할 수 있다.

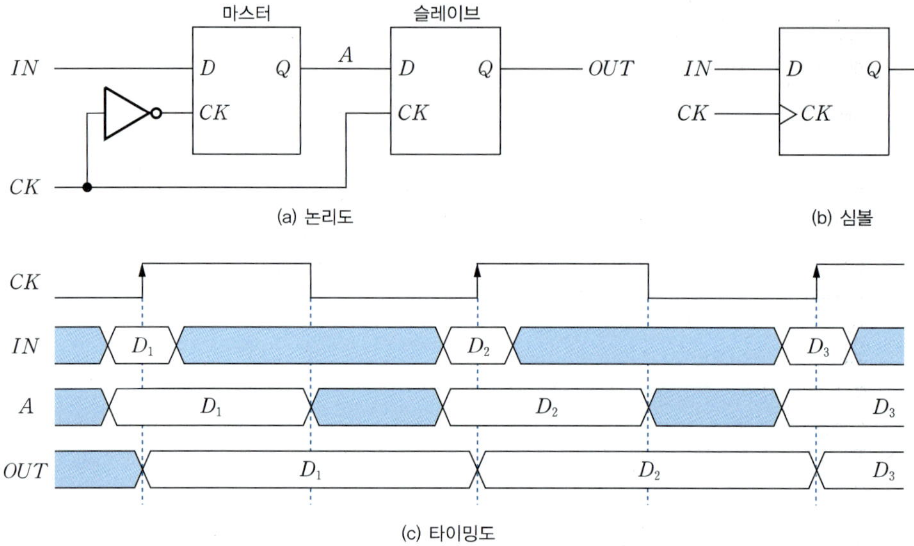

[그림 5-32] 상승에지 트리거 마스터-슬레이브

마스터-슬레이브 회로는 [그림 5-32(b)]의 심볼과 같이 CK 앞에 꺽쇠 모양(〉)을 추가하여 에지 트리거링 동작임을 나타낸다. [그림 5-32(c)]의 타이밍도에서 마스터 래치 출력 A와 슬레이브 래치 출력 OUT을 중심으로 동작을 살펴보자.

■ 데이터 전송 : 입력 데이터 → 마스터 래치

클록의 상승에지에 데이터의 셋업시간+홀드시간의 눈을 가진 IN 데이터가 입력된다. 마스터 래치는 CK가 'L'인 구간에서 투명하므로, IN 데이터를 그대로 A 노드에 전달한다. CK가 'H'인 구간에서는 입력 데이터가 차단되므로, 직전의 데이터가 유지되어 'L' 구간 마지막 데이터가 그대로 연장된다.

■ 데이터 전송 : 마스터 데이터 → 슬레이브 래치

슬레이브 래치는 CK가 'H'인 구간에서 열리므로(투명하므로), 이 구간에서 마스터 래치의 출력 A가 그대로 출력 OUT에 전달된다('마스터-슬레이브'라는 말은 이러한 주종관계에서 유래하였다). CK가 'L'인 구간에서는 A 입력이 차단되고, 'H' 구간의 마지막 데이터가 그대로 연장된다. 따라서 OUT에서는 한 주기 동안 유효한 데이터가 출력된다.

이러한 2단계 동작을 거쳐 좁은 눈의 구간 동안에만 유효한 데이터가 $IN \rightarrow A \rightarrow OUT$으로 가면서, 좁은 눈 구간 바깥의 유효하지 않은 불확실 부분(잡음)이 제거된다. 결론적으로 이 회로는 클록의 상승에지에서 IN 데이터를 콕 찍어(샘플링하여) 클록의 한 주기 동안 유효한 데이터로 OUT에 출력하므로, 상승에지 트리거 D 플립플롭 동작을 수행한다. 본래 IN 데이터 전체는 좁은 눈의 유효 데이터와 유효 데이터 바깥의 잡음까지였으나, $IN \rightarrow A \rightarrow OUT$으로 가면서 출력 데이터 전체가 유효한 데이터가 된다. 즉, 잡음이 제거된 것이다.

예제 5-6 하강에지 트리거링 마스터-슬레이브 D 플립플롭

[그림 5-33]은 하강에지 트리거링 구조로, 마스터 래치에는 CK를 가하고 슬레이브 래치에는 $\overline{CK}$를 가한다. 심볼에는 하강에지를 표시하기 위해 반전을 의미하는 버블[bubble]을 추가한다. [그림 5-32(c)]를 참고하여 하강에지 트리거 마스터-슬레이브 D 플립플롭의 타이밍도를 작성하라.

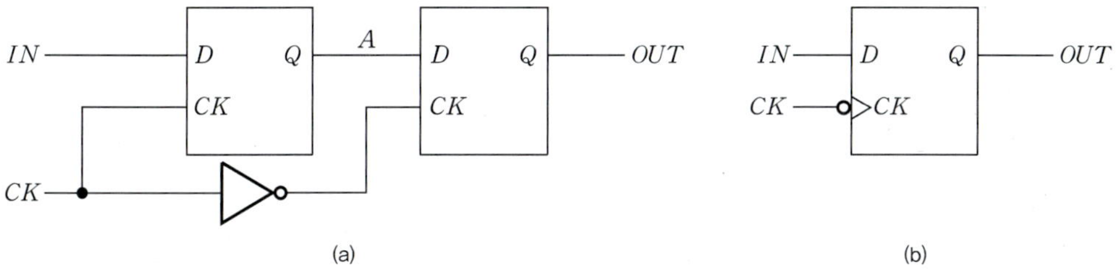

[그림 5-33]

풀이

마스터 래치는 CK의 'H' 구간에서 투명하므로, A 노드는 'H' 구간에서 IN을 그대로 받아들인다. CK가 'L'인 구간에서는 IN을 차단하고 'H'인 구간에서 직전 데이터를 그대로 연장(유지)한다

슬레이브 래치는 CK가 'L'인 구간에서 투명하므로 마스터 출력 A를 그대로 통과시킨다. CK가 'H'인 구간에서는 A를 차단하고 직전 데이터를 그대로 연장(유지)한다. 따라서 다음과 같은 타이밍도를 얻는다.

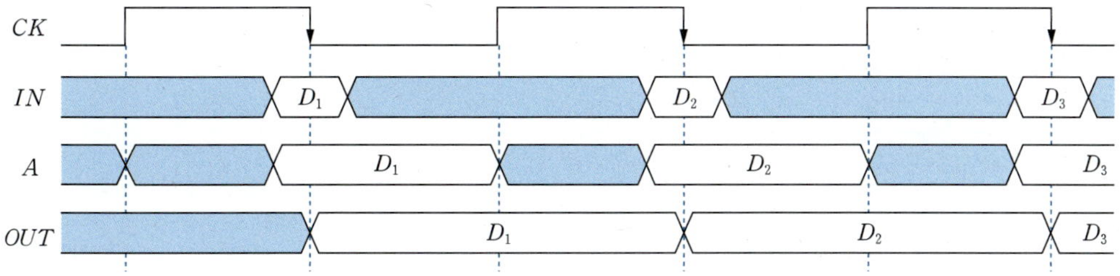

[그림 5-34]

예제 5-7 **3상 인버터를 이용한 마스터-슬레이브 *D* 플립플롭**

[그림 5-35(a)] 회로는 [그림 3-78(b)]의 정논리 제어 3상 반전 게이트 두 개의 출력이 서로 맞물려 있는 클록형 *D* 래치이다. *CK*가 'H'인 구간에서 피드백 인버터의 출력은 Hi-Z이므로 *D* 입력이 *Q*로 출력된다([그림 5-35(b)]). *CK*가 'L'인 구간에서는 입력 인버터의 출력은 Hi-Z가 되고, 피드백 인버터가 출력 인버터의 입력에 연결되어 이전 상태를 저장한다([그림 5-35(c)] 참조). 이 동작은 클록형 *D* 래치이며, 입력 인버터와 피드백 인버터는 *CK*의 극성에 따라 교대로 온/오프되므로 출력값이 충돌하는 레이싱 현상이 일어나지 않는다. 이 클록형 *D* 래치를 이용하여 상승에지 트리거 마스터-슬레이브 *D* 플립플롭을 설계하라.

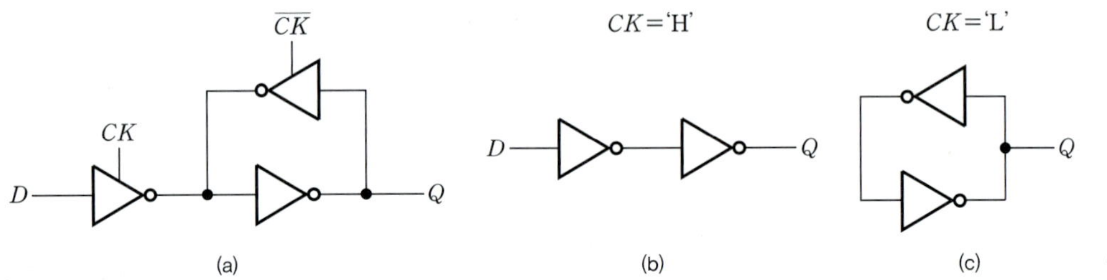

[그림 5-35]

풀이

[그림 5-36]과 같이 두 개의 클록형 *D* 래치를 직렬연결하면, 서로 다른 극성의 클록으로 온/오프시키는 마스터-슬레이브 플립플롭이 된다.

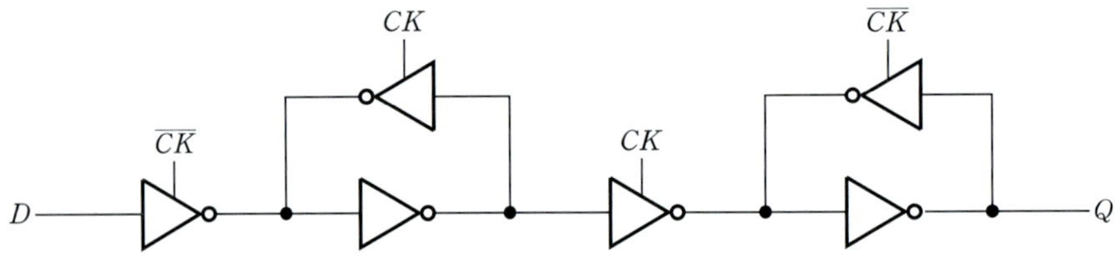

[그림 5-36]

*CK*가 'L'일 때 마스터 래치가 *D* 데이터를 받아들이고, *CK*가 'H'일 때 슬레이브 래치가 마스터의 출력을 받아들이면서 *Q*를 출력하므로 [그림 5-32(a)]와 같은 상승에지 트리거링 마스터-슬레이브 *D* 플립플롭이 된다. 이 회로는 [그림 5-27]의 래치 기반 회로보다 훨씬 간단하게 구현할 수 있어 수많은 플립플롭이 집적되는 IC에서 많이 사용되고 있다.

5.4.3 마스터-슬레이브 *SR* 플립플롭

D 플립플롭의 마스터-슬레이브 개념을 적용하여 두 개의 *SR* 래치를 사용한 에지 트리거링 *SR* 플립플롭을 구현할 수 있다([그림 5-37(a)] 참조). 마스터-슬레이브 *SR* 플립플롭은 데이터 *D* 대신 '셋' 신호 *S*와 '리셋' 신호 *R*이 입력된다. 앞서와 마찬가지로 마스터 및 슬레이브 래치에 가하는 클록의 극성에 따라 상승에지 트리거링 혹은 하강에지 트리거링이 결정된다.

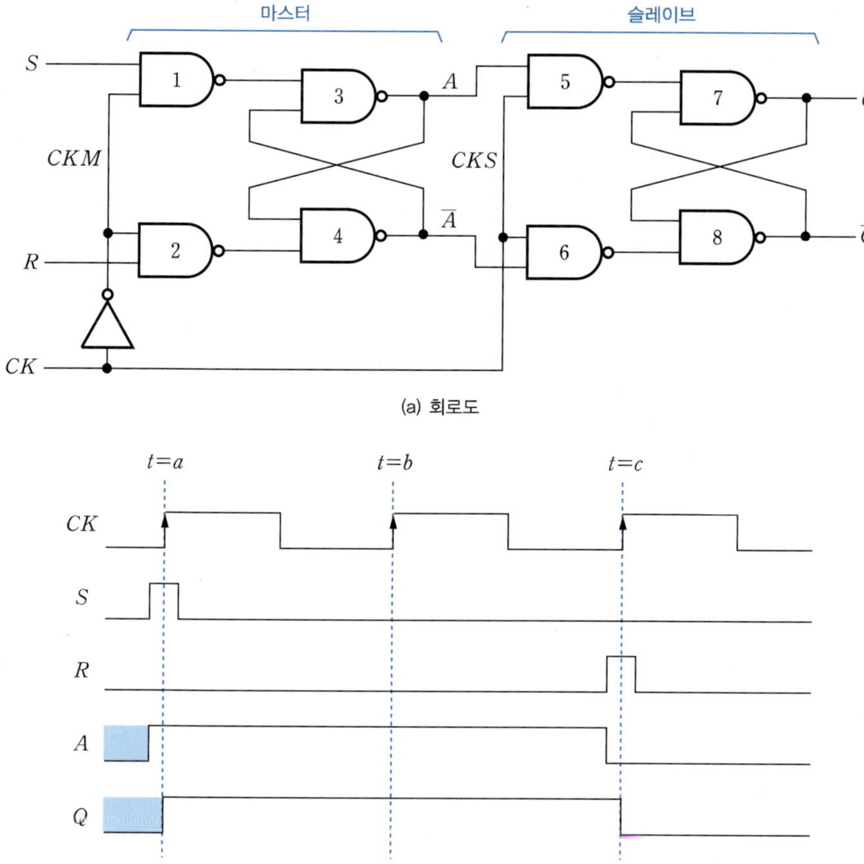

(a) 회로도

(b) 타이밍도

[그림 5-37] 상승에지 트리거 마스터-슬레이브 *SR* 플립플롭

[그림 5-37(b)]와 같이 클록의 상승에지에서 짧은 구간 동안 S와 R이 입력되는 타이밍 예를 통해 SR 플립플롭의 마스터 래치와 슬레이브 래치의 조합에 의한 에지 트리거링 동작을 이해해보자.

■ 데이터 전송 : 입력 데이터 → 마스터 래치

1~4번 게이트로 구성되는 마스터 래치는 CK의 'L' 구간에서 인버터를 거쳐 반전된 클록인 $CKM = 1$이 되어 S와 R을 받아들인다. $t = a$ 직전 'L' 구간에서 셋 신호 S가 'H'가 되는 순간에 'H' 활성인 마스터 출력 A는 셋이 된다. CK의 'H' 구간에서는 $CKM = 0$이 되어 입력은 차단되며, 출력 A는 이전 상태를 그대로 유지한다. 한번 셋이 된 마스터 래치의 상태는 $t = c$ 직전 'L' 구간에서 리셋 신호가 들어올 때까지 변하지 않는다.

■ 데이터 전송 : 마스터 데이터 → 슬레이브 래치

5~8번 게이트로 구성되는 슬레이브 래치는 $t = a$ 이전 'L' 구간에서는 이전 데이터를 유지하다가, CK의 'H' 구간에서 $CKS = 1$이 되어 마스터 출력 A와 $\overline{A}$를 받아들이고 $Q = A$가 된다. CK의 'L' 구간에서 $CKS = 0$이므로 입력은 차단되고, 출력 Q는 이전 상태를 그대로 유지한다. $t = c$ 직후 CK의 'H' 구간에서 리셋 신호 $\overline{A}$가 'H'이면 출력 Q는 리셋된다.

D 플립플롭의 경우와 마찬가지로, 마스터 및 슬레이브 래치에 가하는 CK의 극성을 반대로 연결하면 [그림 5-38(a)]와 같이 하강에지 트리거 동작을 구현한다. [그림 5-38(b)]의 타이밍 동작의 이해는 독자의 몫으로 남겨두겠다.

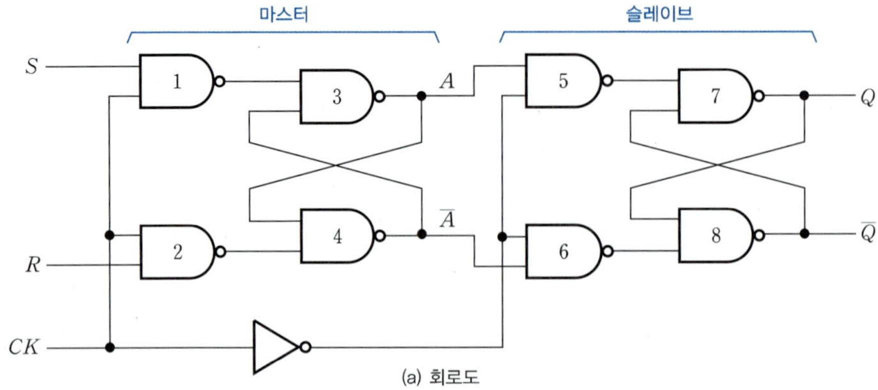

(a) 회로도

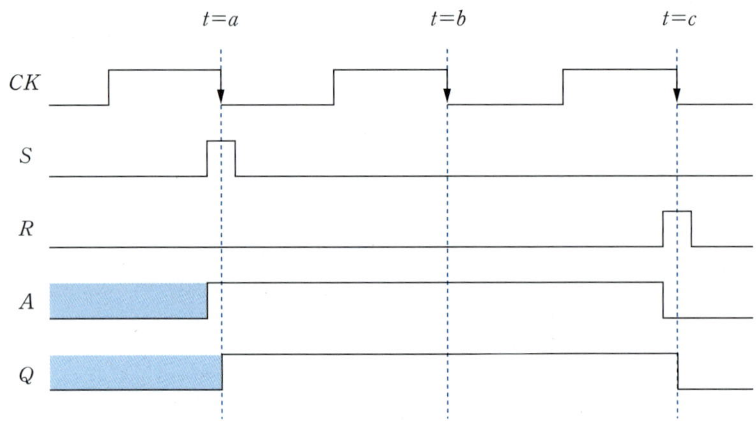

(b) 타이밍도

[그림 5-38] 하강에지 트리거 마스터-슬레이브 SR 플립플롭

SECTION 5.5

JK 플립플롭

JK 플립플롭은 *D* 플립플롭과 함께 시스템에서 가장 많이 사용되는 형태로, 대부분 에지 트리거링 기법이 적용된다. *JK* 플립플롭에 적용되는 에지 트리거링 기법의 동작 원리에 따라 다음 두 가지 형태로 나눌 수 있다.

JK 플립플롭의 형태

- 클록형
- 마스터-슬레이브형

5.5.1 클록형 *JK* 플립플롭

JK 플립플롭은 *D* 플립플롭과 함께 시스템에서 가장 많이 사용되는 형태이다. 이 회로의 클록형 NOR 버전은 [그림 5-39(a)]와 같다. 여기서 1, 2번 게이트는 *J*, *K* 입력과 함께 출력의 피드백 신호 및 클록을 받아들이며, 3, 4번 게이트는 'H' 신호일 때에 활성화되는 *SR* 래치이다. *JK* 플립플롭은 [그림 5-39]이 NOR형 *SR* 래치의 업그레이드형이라고 할 수 있다. *JK* 플립플롭에서는 NOR형 *SR* 래치에 피드백 선이 두 개 추가되었기 때문에 *S* 및 *R* 입력이 모두 1이 되는 경우가 발생하지 않는다. 즉, '금지'에 해당하는 출력을 피할 수 있다. 출력이 입력으로 피드백된다는 것은 다음 출력이 이전 출력 상태에 따라 달라질 수 있음을 의미한다.

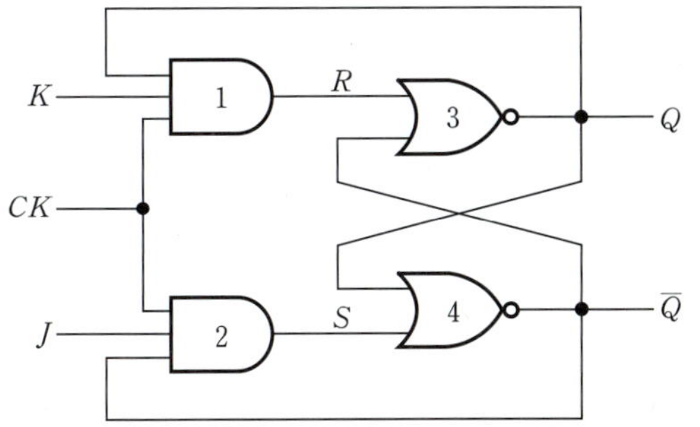

(a) 논리도

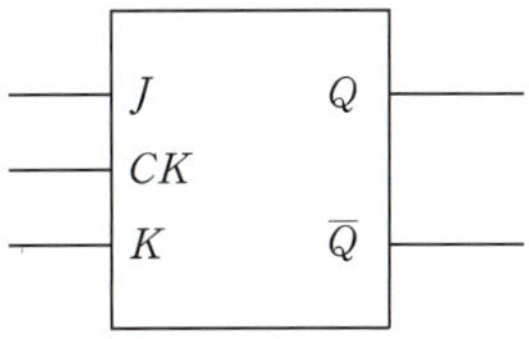

(b) 심볼

[그림 5-39] 클록형 *JK* 플립플롭

JK 플립플롭의 동작 원리

JK 플립플롭[12]을 SR 래치와 비교해보면, J는 S(셋)에 대응하고 K는 R(리셋)에 대응하는 입력이 된다. 이제 [그림 5-39(a)]의 신호 흐름을 살펴보자. 입력 J를 신호 흐름에 따라 Q까지 진행해보면, 이 신호는 게이트 $2 \rightarrow 4 \rightarrow 3$을 거치면서 두 번 반전되므로 J와 Q는 같은 극성이다. 또한 입력 K를 신호 흐름에 따라 Q까지 진행해보면, 이 신호는 게이트 $1 \rightarrow 3$을 거치면서 한 번 반전되므로 K와 Q는 반대 극성이 된다. 클록(CK) 입력이 제공되므로 입력 J와 K 및 출력 Q와 $\overline{Q}$는 시스템 클록에 동기되며, [그림 5-19(d)]와 같은 솟 펄스 트리거링으로 동작한다. [그림 5-39(b)]의 심볼에서 모든 입력신호에 bar가 없으므로 'H' 전압 레벨에 의해 활성화됨을 의미한다. 또 꺾쇠가 없으므로, 에지 트리거링이 아님에 유의한다.

이제 각 입력 상태에 따른 JK 플립플롭의 동작 원리를 살펴보자.

❶ **비활성화 상태**($CK=0$) : [그림 5-39(a)]에서 $CK=0$이면, 다른 입력을 막고 $S=R=0$이 된다. 따라서 3, 4번 게이트의 SR 래치는 '유지' 동작이 되어 아무런 변화를 보이지 않는다. 즉, 입력이 막히는 비활성화 상태이다.

❷ **유지**($J=K=0$) : 활성화 상태($CK=1$)에서 $J=K=0$인 경우에는 다른 입력을 막고 $S=R=0$이 된다. 따라서 3, 4번 게이트의 SR 래치는 이전 데이터의 '유지' 동작을 수행한다.

❸ **리셋**($J=0$, $K=1$) : [그림 5-40(a)]에서 $K=1$이므로 1번 게이트에는 Q가 통과하고, $J=0$이므로 2번 게이트는 0을 출력한다. 즉, $R=Q$이고 $S=0$이다. 만약 이전 값이 $Q=1$인 상태라면, SR 래치의 리셋 동작에 의해 출력 Q가 0으로 리셋된다. $Q=0$인 상태에서는 SR 래치의 유지 동작에 의해($R=0$, $S=0$) 출력 Q가 0으로 리셋을 유지한다.

❹ **셋**($J=1$, $K=0$) : [그림 5-40(b)]에서 $K=0$이므로 1번 게이트 출력은 0이고, $J=1$이므로 2번 게이트는 $\overline{Q}$를 통과시킨다. 즉, $R=0$이고 $S=\overline{Q}$이다. 만약 이전 값이 $Q=0$인 상태라면 SR 래치의 셋 동작에 의해($R=0$, $S=1$) 출력 Q가 1로 셋된다. 이전 값이 $Q=1$인 상태에서는 SR 래치의 유지 동작에 의해($R=0$, $S=0$) 출력 Q는 1로 셋 상태를 유지한다.

❺ **토글링**($J=1$, $K=1$) : [그림 5-40(c)]에서 $K=1$이므로 1번 게이트 출력은 Q이고, $J=1$이므로 2번 게이트 출력은 $\overline{Q}$이다. 직전 값이 $Q=1$인 상태에서 SR 래치의 리셋 동작에 의해 ($R=1$, $S=0$) 출력 Q는 0으로 리셋되며, $Q=0$이면 SR 래치의 셋 동작에 의해($R=0$, $S=1$) 출력 Q는 1로 셋된다. 즉, SR 래치는 저장 상태를 바꾸는 토글링 동작을 수행한다.

---

12 CK의 'H' 구간에서는 출력이 입력에 의해 제어되므로 기술적으로는 '래치'라고 불러야 한다.

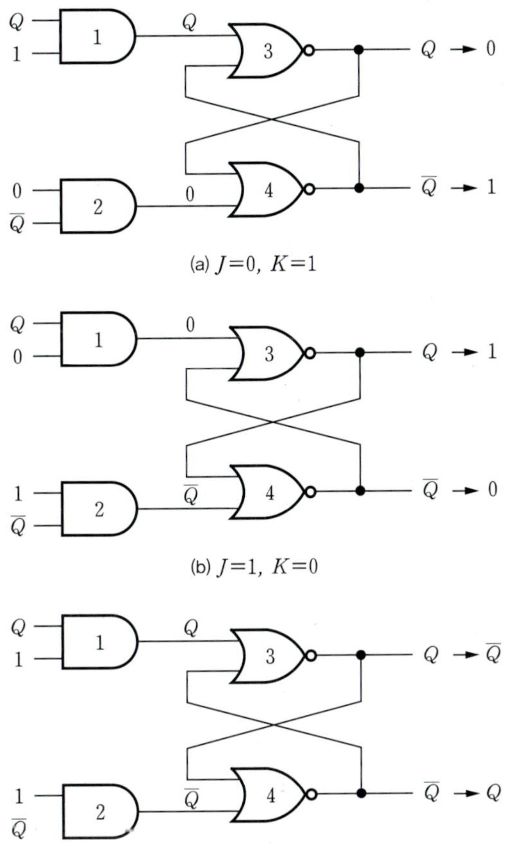

(c) $J=1,\ K=1$

[그림 5-40] 활성화 상태($CK=1$)에서의 JK 플립플롭 동작

JK 플립플롭의 특성표 및 특성식

[표 5-6]은 JK 플립플롭 동작에 대한 특성표를 나타낸 것이다.

[표 5-6] 클록형 JK 플립플롭의 특성표

J	K	Q_{n+1}	기능
0	0	Q_n	유지
0	1	0	리셋
1	0	1	셋
1	1	$\overline{Q}_n$	토글링

두 출력은 언제나 상보적이므로 Q_{n+1}만 표현하고 $\overline{Q}_{n+1}$은 생략하였다. $J=K=0$일 때는 플립플롭의 상태 변화가 없으므로 현재 값인 Q_n으로 나타낸다. $J=K=1$이면 플립플롭은 클록이 들어올 때마다 토글링하므로 현재 값의 반전인 $\overline{Q}_n$으로 나타낸다. 때로는 첨자 n을 생략하고 간략히 Q로만

나타내기도 한다.

[표 5-5]의 특성표에서 현재 상태 Q 및 J, K를 입력신호로 보고, 다음 상태 Q_{n+1}을 출력으로 생각하면 [그림 5-41]과 같은 카르노 맵을 얻는다.

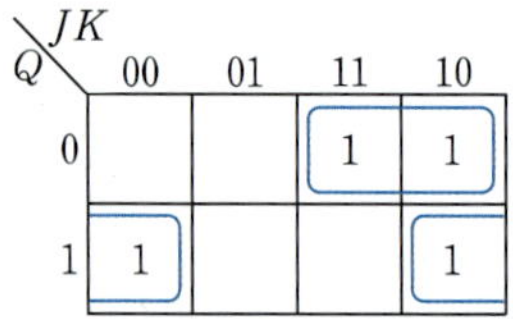

[그림 5-41] 다음 상태 Q_{n+1}에 대한 카르노 맵

따라서 JK 플립플롭에 대한 특성식은 다음과 같다.

$$Q_{n+1} = J\overline{Q} + \overline{K}Q \tag{5.6}$$

식 (5.6)의 JK 플립플롭 특성식을 보면, 다음 상태가 1이 되기 위해서는 현 상태가 0이고 $J=1$이거나, 또는 현 상태가 1이고 $K=0$이 되어야 함을 알 수 있다. 이러한 특성식은 Simulink 모델에도 활용된다.

NAND 기반 *JK* 플립플롭

[그림 5-38(a)]의 NOR 래치 부분을 NAND 버전으로 바꾸면 [그림 5-42]와 같은 NAND 기반의 JK 플립플롭을 만들 수 있다. 이때 J와 K의 위치를 서로 바꾸었다. J에서 Q까지 신호의 흐름을 따라가 보면, 게이트 1 →3을 거치면서 두 번 반전되므로 J와 Q는 같은 극성을 갖는다. K에서 Q까지는 게이트 2 →4 →3을 거치므로 세 번의 반전이 일어나 K와 Q는 서로 다른 극성을 갖는다. 이 회로의 동작을 확인해보는 일은 독자의 몫으로 남겨두겠다.

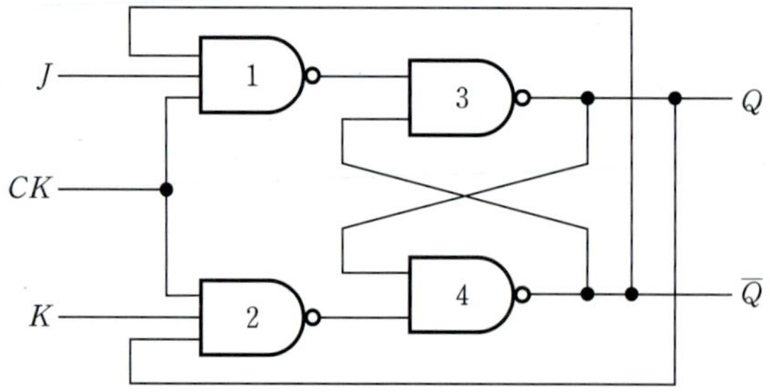

[그림 5-42] 클록형 JK 플립플롭(NAND 버전)

앞서 언급한 클록형 JK 플립플롭 회로들은 그대로 쓰기에는 몇 가지 문제점을 지닌다. 모든 JK 플립플롭은 J 및 K가 모두 'H' 레벨에 있을 때는 클록이 들어올 때마다 토글링하는 특성을 가진다. 즉, 원래 상태와 관계없이 상태가 바뀌는 것이다. 만약 $J=K=1$인 채로 계속 클록이 'H'인

$CK = 1$인 상태를 유지하면, 플립플롭은 [그림 5-43]과 같이 클록이 'H'인 구간 내에서 계속 토글링하여 발진할 것이다. 이러한 구조에서는 클록이 다음 주기에서 'H'이면 플립플롭 출력은 또 다시 발진한다.

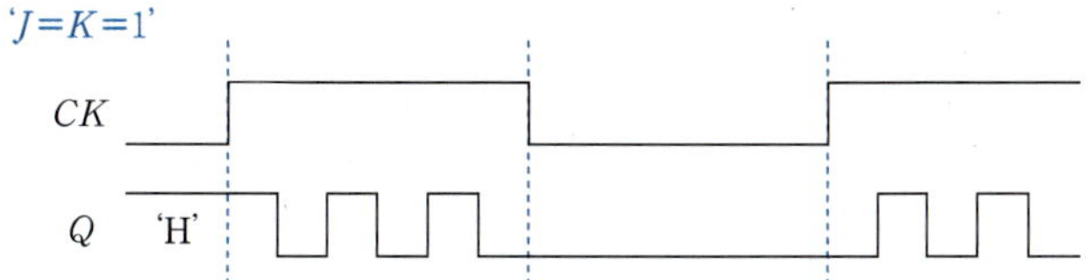

[그림 5-43] $J = K = 1$일 때의 클록형 JK 플립플롭의 발진

발진 파형의 폭은 입력에서 출력에 이르는 두 NAND 게이트의 전송지연과 같다. 따라서 토글링 동작이 연속으로 일어나지 않고 한 번만 일어나도록 클록의 'H' 구간을 짧게 해야 한다. 즉, "클록의 펄스폭은 플립플롭을 관통하는 전송지연보다 반드시 짧아야 한다"는 명확한 제약이 가해지는 것이다. 그러나 실제로는 플립플롭의 전송지연보다 더 짧은 펄스를 만들기도 어려울 뿐만 아니라, 만들었다 하더라도 여러 환경적인 요인으로 펄스폭의 변동이 심하고 파형이 워낙 짧아 시스템 내에서 사라져 버릴 우려가 있다. 그래서 이러한 문제점을 개선하기 위해 마스터-슬레이브 원리를 활용하여 펄스폭에 대한 제약을 없앨 수 있다. 다음 절에서 이에 대해 살펴보자.

5.5.2 마스터-슬레이브 *JK* 플립플롭

[그림 5-44]는 두 개의 클록형 JK 플립플롭을 마스터(게이트 1, 2, 3, 4)와 슬레이브(게이트 5, 6, 7, 8)로 구성한 것이다. CK의 'H' 구간에서는 마스터가 입력 J, K를 받아들이고, 'L' 구간에서는 슬레이브가 마스터 출력 Q_A 및 Q_B를 받아들인다. 즉, 하강에지 트리거링의 개념으로 접근하고 있다.

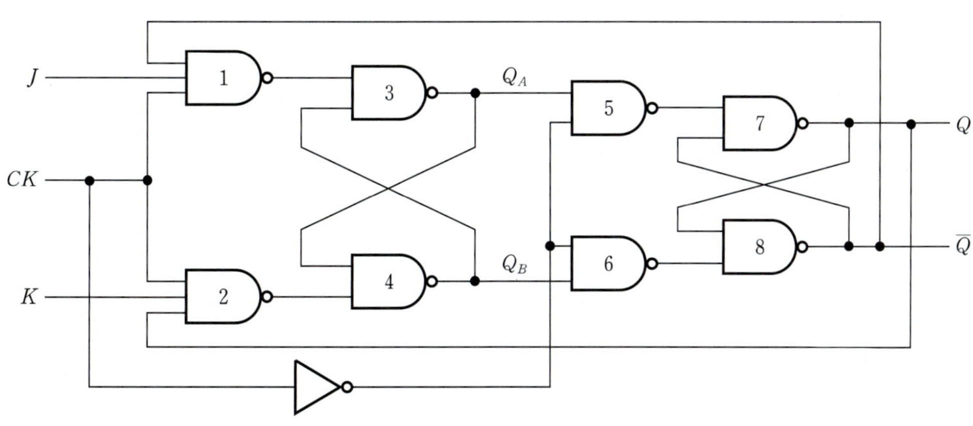

[그림 5-44] 마스터-슬레이브 JK 플립플롭

클록형 JK 플립플롭에서 발생하는 발진현상이 제거되는지 알아보기 위해 [그림 5-45]의 타이밍도에서 $J=K=1$인 경우의 동작을 살펴보자.

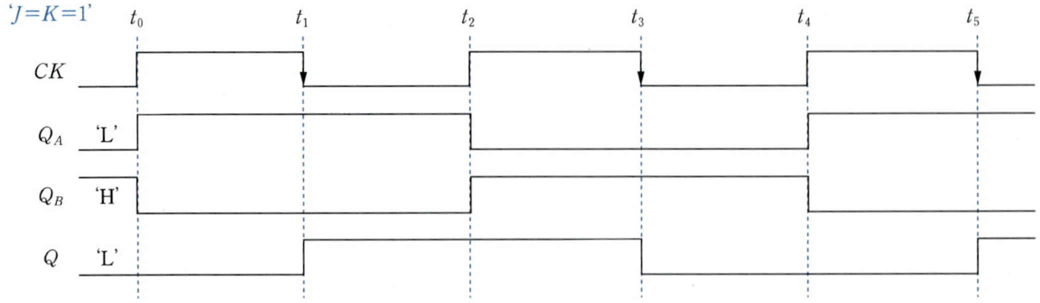

[그림 5-45] $J=K=1$에서의 마스터-슬레이브 동작

초기 t_0 이전에는 $Q_A=$'L', $Q_B=$'H', $Q=$'L' 상태를 저장하고 있다고 하자.

- **구간** (t_0, t_1) : 입력 J, K가 마스터에 가해져 $t=t_0$에서 Q_A 및 Q_B는 토글링한다. 이때 슬레이브는 마스터로부터 분리되어 있으므로 Q에는 아무런 변화가 없다.
- **구간** (t_1, t_2) : 마스터가 입력으로부터 분리되므로 $t=t_1$에서의 데이터를 그대로 유지하며, 슬레이브는 마스터의 데이터를 받아들여 $t=t_1$에서 토글링한다.
- **구간** (t_2, t_3) : 마스터가 입력에 연결되어 토글링하며, 슬레이브는 마스터로부터 분리되어 $t=t_2$에서의 데이터를 그대로 유지한다.

이러한 방식으로 출력 Q가 클록의 하강에지에서 매번 토글링하는 것을 볼 수 있다. 결국 클록형 JK 플립플롭에서 보이는 발진현상은 나타나지 않는다. 실제 사용되는 대부분의 JK 플립플롭은 에지 트리거 JK 플립플롭이다.

SECTION 5.6

T 플립플롭

'T 플립플롭'이라는 명칭은 토글링 Toggling의 첫 알파벳 T로부터 유래되었으며, 말 그대로 $T=1$일 때는 트리거링될 때마다 현재 상태를 뒤집는다. 물론 $T=0$일 때는 이전 상태를 그대로 유지한다. 이러한 동작으로부터 T 플립플롭을 토글 플립플롭 toggle flip-flop이라고도 한다. T 플립플롭은 카운터 및 주파수 분주회로 등의 상태머신 state machine을 설계할 때 유용하게 사용된다.

입력 T와 현재 출력 Q_n의 모든 경우에 대한 T 플립플롭의 특성표는 [표 5-7]과 같다.

[표 5-7] T 플립플롭의 특성표

T	Q_n	Q_{n+1}	기능
0	0	0	유지
0	1	1	유지
1	0	1	토글
1	1	0	토글

특성표를 바탕으로 다음 상태 Q_{n+1}에 대한 카르노 맵을 작성해보자. 다음 상태가 1이 될 때는 $T=0$, $Q=1$ 혹은 $T=1$, $Q=0$인 경우이므로 [그림 5-46]과 같이 나타낼 수 있다.

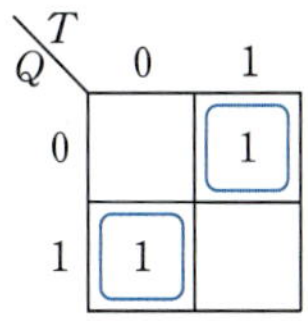

[그림 5-46] T 플립플롭 출력의 카르노 맵

카르노 맵으로부터 특성식을 구하면,

$$Q_{n+1} = T\overline{Q} + \overline{T}Q \tag{5.7}$$

이 결과는 JK 플립플롭의 특성식에서 J 및 K를 T로 대체한 것과 같다. 즉, JK 플립플롭의 두 입력 J, K를 묶어 T 플립플롭을 만들 수 있다. JK 플립플롭의 경우와 마찬가지로 $T=1$이면 T 플립플롭 회로는 토글링 동작을 수행하고, $T=0$이면 이전 상태를 그대로 유지한다. [그림 5-47]은

클록형 JK 플립플롭의 두 입력을 묶어 T로 대체한 논리회로와 심볼을 나타낸 것이다.

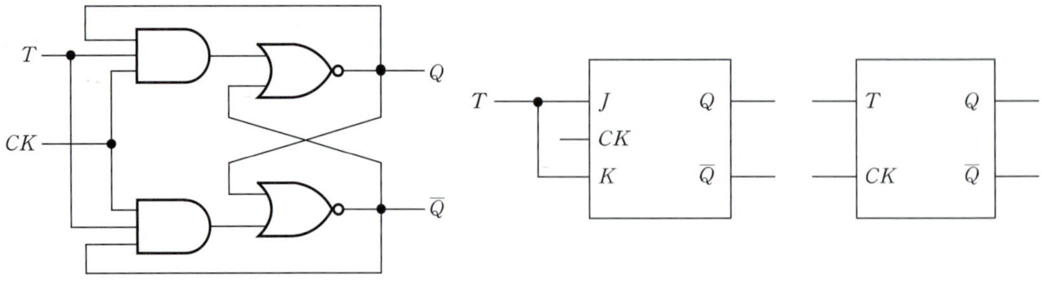

(a) 논리도 (b) JK를 이용한 심볼 (c) T를 이용한 심볼

[그림 5-47] 클록형 T 플립플롭

[그림 5-47(a)]의 클록형 T 플립플롭의 동작 타이밍은 [그림 5-48]과 같다.

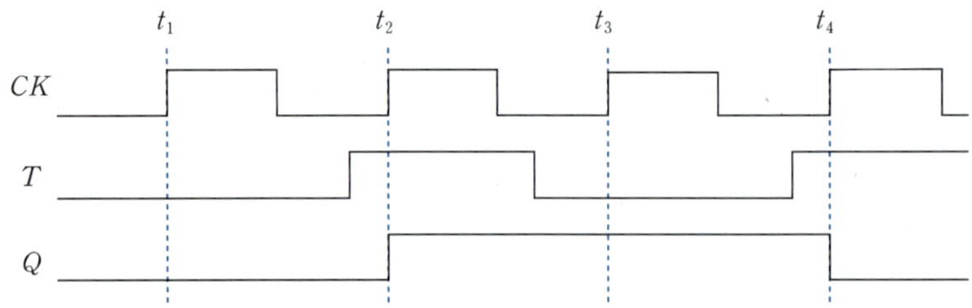

[그림 5-48] 클록형 T 플립플롭의 타이밍도

클록형 회로는 레벨 트리거링이므로, 입력 T의 값이 CK의 'H' 구간에서 변하지 않도록 설정해야 한다. CK의 'H' 구간에서 $T=1$이 유지되면 출력 Q의 토글링 동작이 일어나고, $T=0$이면 이전 상태가 유지된다. CK의 'L' 구간에서는 T 입력을 차단하므로 이전 상태가 그대로 유지된다.

예제 5-8 D 플립플롭을 이용한 에지 트리거 T 플립플롭

에지 트리거 D 플립플롭에 XOR 게이트를 추가하여 에지 트리거 T 플립플롭을 구현하라.

풀이

[그림 5-49]와 같이 D 플립플롭의 출력을 피드백하여 동작시키는 경우를 생각해보자.

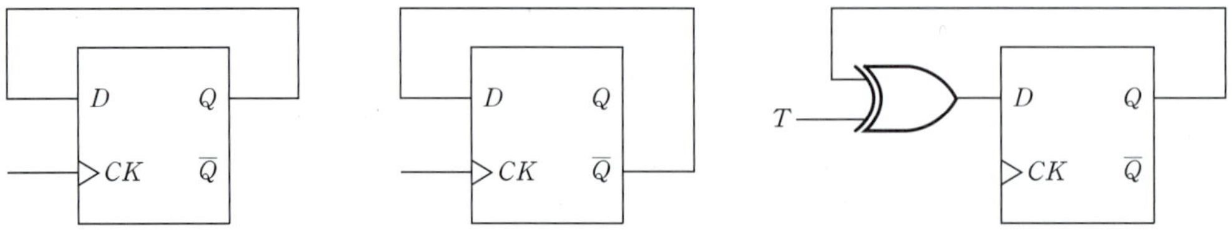

(a) (b) (c)

[그림 5-49]

[그림 5-49(a)]에서 Q 출력을 입력으로 피드백하면

$$Q_{n+1} = D = Q \tag{5.8}$$

이므로, 클록의 상승에지에서 트리거되더라도 이전 상태를 그대로 유지하는 래치가 된다. 한편 [그림 5-49(b)]처럼 $\overline{Q}$를 입력으로 피드백하면 특성식은 다음과 같으며, 클록의 상승에지마다 매번 토글링 동작을 수행한다.

$$Q_{n+1} = D = \overline{Q} \tag{5.9}$$

이제 제어입력 T를 포함하기 위해 [그림 5-49(c)]와 같이 XOR 게이트를 추가해보자. $T=0$일 때는 입력 Q가 그대로 XOR 게이트를 통과하므로 [그림 5-49(a)]와 같이 '유지'되고, $T=1$이면 XOR 게이트는 Q를 반전하여 출력하므로 입력 D에 $\overline{Q}$가 입력되어 [그림 5-49(b)]와 같은 토글 동작을 수행한다.

논리도로부터 특성식은 다음과 같은 T 플립플롭을 구현한다.

$$Q_{n+1} = D = T \oplus Q = T\overline{Q} + \overline{T}Q \tag{5.10}$$

예제 5-9 JK 플립플롭의 다양한 구현

다음 각각의 플립플롭을 사용하여 JK 플립플롭을 구현하라.

(a) NOR형 SR 플립플롭('H' 활성)
(b) T 플립플롭
(c) D 플립플롭

풀이

주어진 각 플립플롭의 특성표를 이용하여 클록이 활성화될 때의 JK 플립플롭 특성표를 작성한다. 이때 입력은 J, K 및 현 상태 Q로 잡고, 출력은 S, R, T, D로 설정한다.

[표 5-8]

J	K	Q	Q_{n+1}	S	R	T	D
0	0	0	0	0	X	0	0
0	0	1	1	X	0	0	1
0	1	0	0	0	X	0	0
0	1	1	0	0	1	1	0
1	0	0	1	1	0	1	1
1	0	1	1	X	0	0	1
1	1	0	1	1	0	1	1
1	1	1	0	0	0	1	0

(a) NOR형 SR 플립플롭을 사용한 구현

S 입력 및 R 입력을 설계해야 하므로 위의 특성표로부터 S 및 R에 대한 카르노 맵을 각각 [그림 5-50]의 (a), (b)와 같이 그리고, 이를 축약하여 특성식을 구한다. 출력변수 S와 R은 SR 래치의 입력신호이다. 이 특성식을 이용하여 논리회로를 구현하면 [그림 5-50(c)]와 같다. 여기서 클록은 생략하였다.

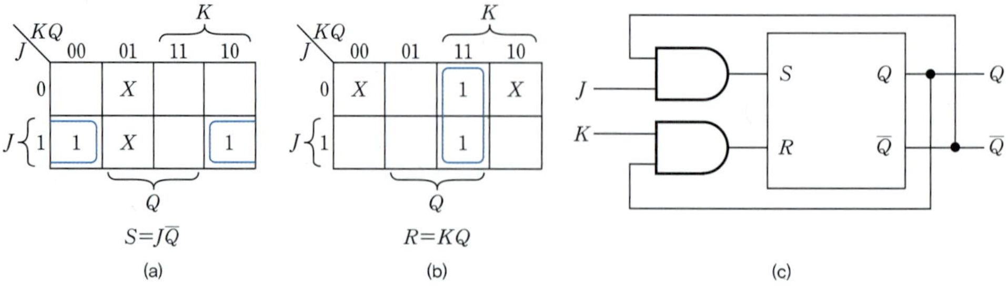

[그림 5-50]

(b) T 플립플롭을 사용한 구현

T 입력을 설계해야 하므로 [표 5-8]의 특성표로부터 T에 대한 카르노 맵을 [그림 5-51(a)]와 같이 그리고, 이를 축약하여 T에 대한 특성식을 구한다. 이 특성식을 이용하여 논리회로를 구현하면 [그림 5-51(b)]와 같다.

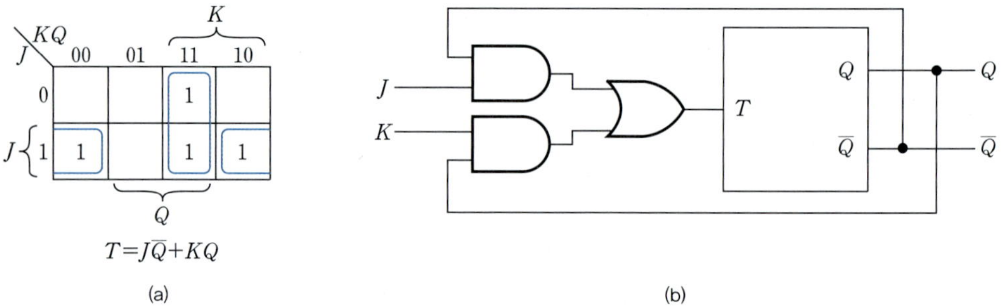

[그림 5-51]

(c) D 플립플롭을 사용한 구현

입력 D를 설계해야 하므로 [표 5-8]의 특성표로부터 D에 대한 카르노 맵을 [그림 5-52(a)]와 같이 그리고, 이를 축약하여 D에 대한 특성식을 구한다. 이 특성식을 이용하여 논리회로를 구현하면 [그림 5-52(b)]와 같다. 여기서 버블은 인버터를 의미한다.

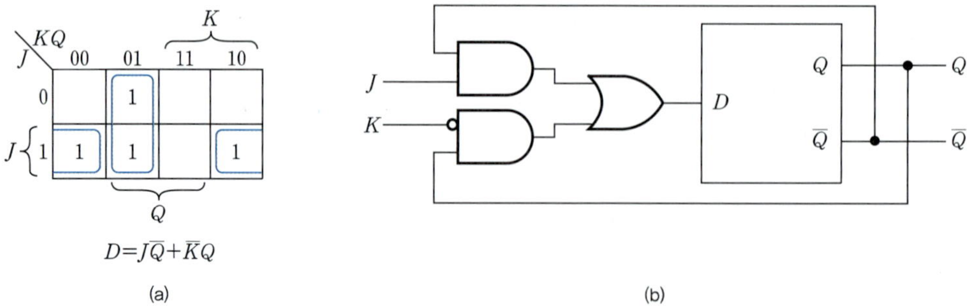

[그림 5-52]

SECTION 5.7

비동기 입력

플립플롭에는 데이터가 클록에 동기되어 입력되는 동기 경로 synchronous path뿐만 아니라 클록과 상관없이 데이터가 입력되는 비동기 경로 asynchronous path가 필요할 경우가 있다. 예를 들어 전원을 막 켰을 때 초기 조건을 설정하지 않으면 플립플롭의 초기값이 원하지 않는 값으로 저장되어 회로가 오작동하는 경우가 많다. 이때는 클록이 아직 안정화되지 않을 수 있기 때문에 동기 경로가 동작하지 않으므로, 플립플롭을 초기화하는 좋은 방법은 비동기 경로를 통해 셋(프리셋) 또는 리셋을 시키는 것이다.

5.7.1 프리셋/리셋

플립플롭에는 많은 경우 다음의 두 가지 목적으로 비동기 리셋단자 및 셋단자를 둔다.

- 초기화 동작
- 데이터의 우선 경로

종종 비동기 리셋을 클리어 clear, 비동기 셋을 프리셋 preset이라고 한다. [그림 5-53(a)]는 $\overline{CLR}$(클리어 바 clear bar)와 $\overline{SET}$((프리)셋 바 set bar) 단자를 가진 상승에지 트리거 D 플립플롭을 나타낸 것으로, 여기서 '바 bar'는 'L' 활성을 나타낸다. 심볼에는 반전의 의미로 버블을 표현하였다.

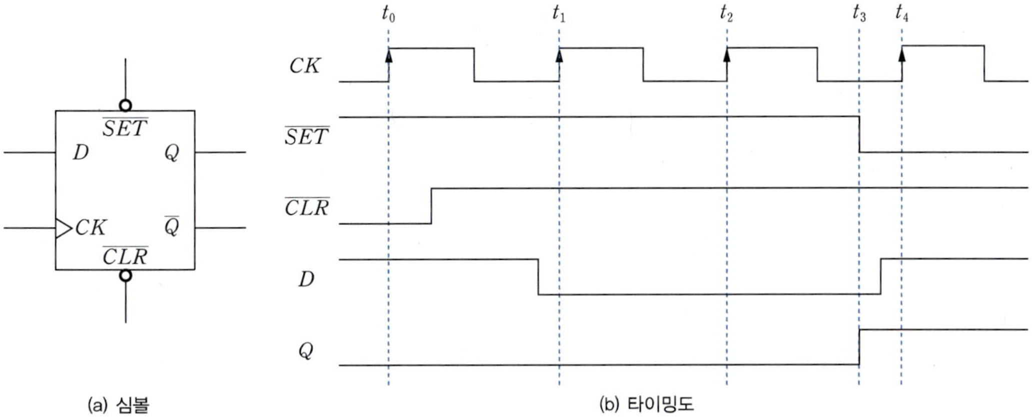

[그림 5-53] 비동기 입력단자가 있는 에지 트리거 D 플립플롭

비동기 입력신호 $\overline{SET}$ 및 $\overline{CLR}$는 각각 비동기 프리셋 및 리셋의 'L' 활성 신호를 의미하며, 클록에 의한 동기식 동작보다 무조건 우선한다. 즉, 동기식 동작 중에도 비동기 입력신호 $\overline{SET}$ 및 $\overline{CLR}$가 들어오면, 동기식 동작을 멈추고 프리셋 및 리셋 동작을 우선으로 해야 한다. 즉, 신호의 우선순위에서 $\overline{SET}$ 및 $\overline{CLR}$가 클록 신호보다 높은 것이다. 한편 $\overline{SET}=\overline{CLR}=1$인 구간에서만 정상적인 동기식 동작이 일어나고, 동기식 D 입력은 $t=t_1$ 및 $t=t_2$에서 모두 0이므로 출력은 0이 유지된다. 비동기식 구간인 $\overline{CLR}=0$ 혹은 $\overline{SET}=0$인 구간에서 동기식 동작은 무시되고, 클록 CK와는 상관없이 $\overline{CLR}$ 구간에서는 $Q=0$, $\overline{SET}$ 구간에서는 $Q=1$이 된다.

동기식 경로보다 우선하는 비동기 경로의 진리표는 [표 5-9]와 같다. $\overline{SET}$ 및 $\overline{CLR}$가 모두 활성화되는 $\overline{SET}=\overline{CLR}=0$의 경우는 허용되지 않는다. $\overline{SET}=\overline{CLR}=1$인 경우, 플립플롭은 동기식으로만 동작한다.

[표 5-9] 비동기 경로의 진리표

$\overline{SET}$	$\overline{CLR}$	Q	$\overline{Q}$	기능
0	0	부정	부정	금지
0	1	1	0	셋
1	0	0	1	리셋
1	1	D	$\overline{D}$	동기식

동기식 경로상의 입력신호와 클록보다 우선하는 비동기식 입력단자를 어떻게 만들 수 있을까? 이 물음에 답하기 위해 [그림 5-54]의 $\overline{SET}$가 있는 클록형 D 래치를 살펴보자.

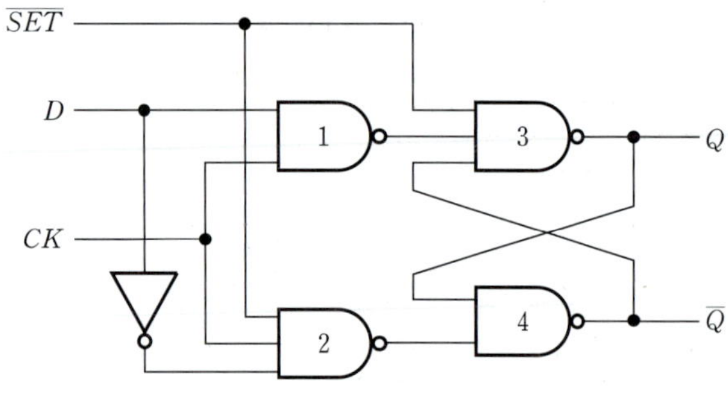

(a) 논리도

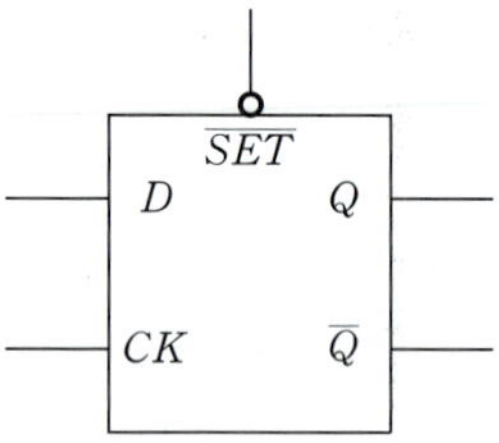

(b) 심볼

[그림 5-54] 비동기 $\overline{SET}$가 있는 클록형 D 래치

$\overline{SET}=1$인 경우, NAND 게이트에 아무런 영향을 미치지 못하므로 클록형 D 래치로서 동작한다. $\overline{SET}=0$으로 프리셋이 활성화되는 경우에는 [그림 5-55]처럼 D와 CK 입력 경로가 모두 차단되고, 게이트 2, 3의 출력은 모두 1이 된다. 그 후 게이트 4의 출력은 0이 되어 프리셋 동작이 완료된다. 이 경우 D 입력과 CK로 구성되는 동기식 경로는 차단되므로, 비동기식 경로가 우선순위를 갖는다.

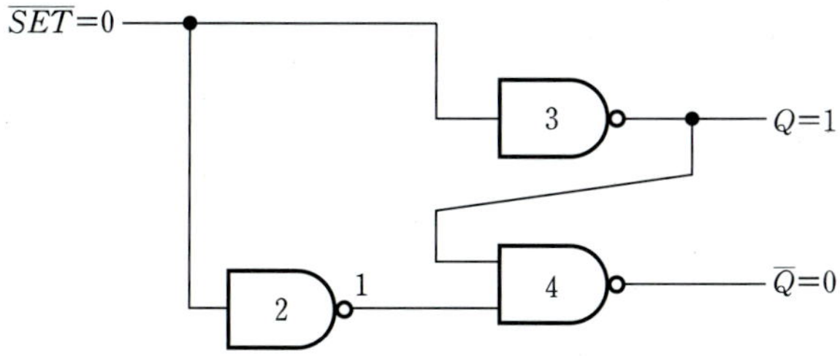

[그림 5-55] $\overline{SET}$가 활성화되었을 때의 제어신호의 흐름도

[그림 5-56]은 비동기 입력단자의 응용 예를 보인 것이다. 디지털 칩 내에 존재하는 모든 플립플롭의 상태는 처음 전원을 켰을 때와 같은 원하는 데이터로 초기화할 필요가 있다. 칩 안의 파워 업(전원을 켜는 장치) power-up 회로는 외부 전원의 상승을 감지하여 단 한 번의 파워 업 펄스를 발생시킨다. 이러한 파워 업 신호로 플립플롭을 초기화시킬 때는 [그림 5-53(a)]와 같은 비동기식 경로를 사용한다.

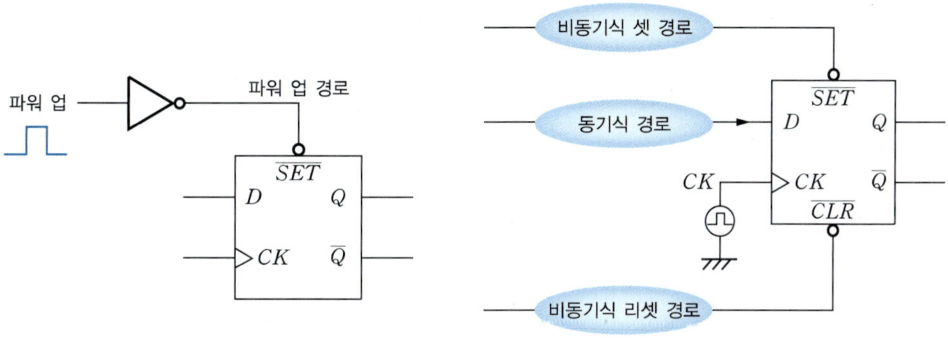

(a) 파워 업 경로 (b) 신호의 입력 경로

[그림 5-56] 비동기 입력의 응용

초기화 동작이 끝나고 정상적으로 동작하는 중에도 동기식 경로보다 우선하여 플립플롭을 셋/리셋시키고 싶을 때는, [그림 5-56(b)]와 같은 비동기식 셋/리셋 경로를 통해 플립플롭에 데이터를 초기화한다. 즉, 비동기식 경로는 동기식 경로보다 더 직접적이고 빠른 데이터 경로이다.

5.7.2 클록 게이팅 QR

5.7.1절에서는 동기식 경로보다 우선하는 비동기식 경로에 대해 학습하였다. 이번에는 동기식 동작에서 클록을 무력화시키는 방안에 대해 생각해보자. 클록 게이팅에 대한 설명은 다음의 QR 코드를 통해 확인할 수 있다.

> **• 심화 주제 : 클록 게이팅**
> 이 파일에서는 클록을 무력화시키는 방법인 클록의 직접 게이팅과 데이터 게이팅(간접 게이팅)에 대해 자세히 살펴본다.

특별한 언급이 없으면 모든 게이트와 플립플롭에는 지연이 없다고 가정한다.

5.1 [그림 5-57]은 비반전 래치이다. 이때 다음 물음에 답하라.

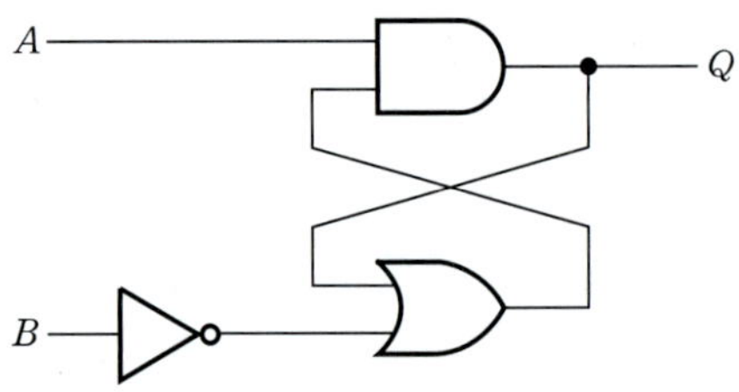

[그림 5-57]

(a) 이 래치의 다음 출력 Q_{n+1}에 대한 특성표를 완성하라.

(b) Q_{n+1}에 대한 특성식을 구하라.

(c) 출력이 '유지' 상태이기 위한 입력 A, B는 무엇인가?

5.2 두 개의 인버터와 두 개의 NAND 게이트를 사용하여 다음 타이밍도와 같이 동작하는 래치를 완성하라.

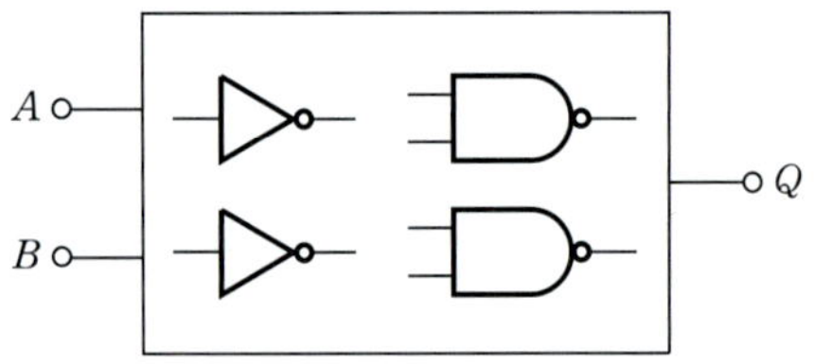

(a)

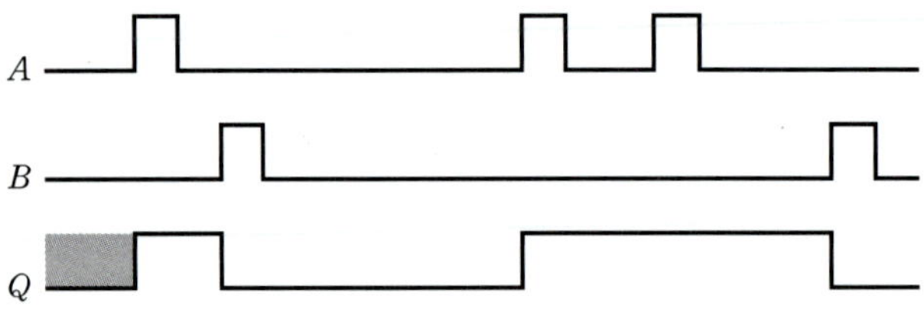

(b)

[그림 5-58]

5.3 [그림 5-59]는 2ns의 지연단을 이용한 단안정 회로이다. 입력 A를 가했을 때, 출력 B의 타이밍도를 완성하라.

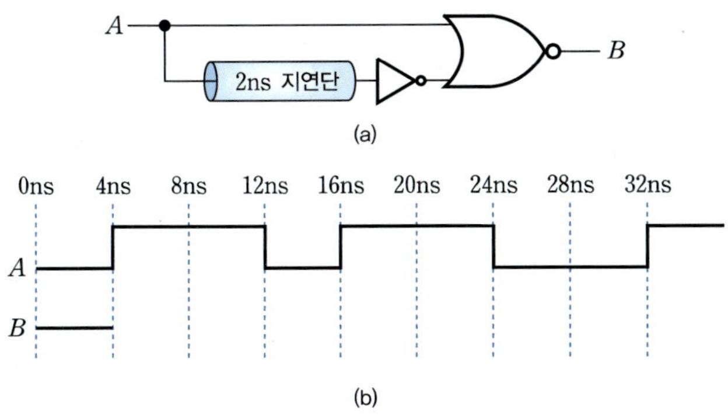

[그림 5-59]

5.4 [그림 5-60]의 NOR형 래치 기반의 회로에서 입력신호와 현재 상태 Q_n에 따른 다음 상태 Q_{n+1}을 구하여 [표 5-10]의 진리표를 완성하라.

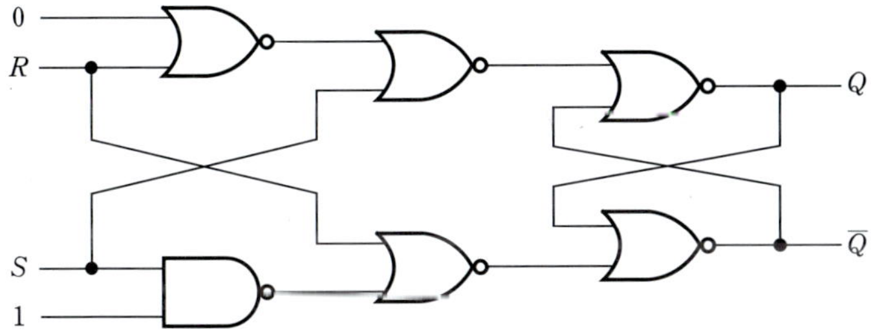

[그림 5-60]

[표 5-10]

입력		현재 상태	다음 상태
S	R	Q_n	Q_{n+1}
0	0	0	
0	0	1	
0	1	0	
0	1	1	
1	0	0	
1	0	1	
1	1	0	
1	1	1	

5.5 [그림 5-61]의 래치에서 셋 경로와 리셋 경로를 확인하여 Q의 파형을 완성하라.

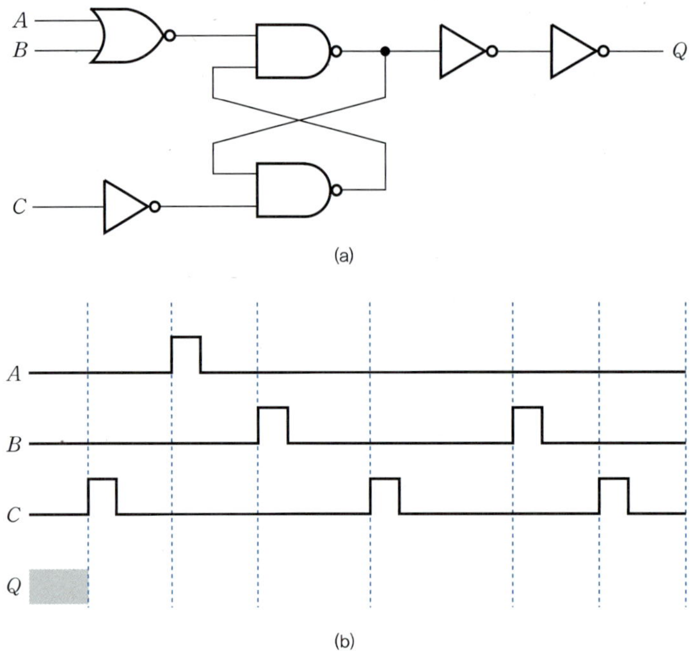

[그림 5-61]

5.6 [그림 5-62]의 회로는 단일 single 입력 D를 차동 differential 출력 Q, $\overline{Q}$로 변환하는 논리도이다. 각 게이트의 지연시간을 t_d라고 할 때, 지연시간 t_1, t_2, t_3, t_4를 구하라.

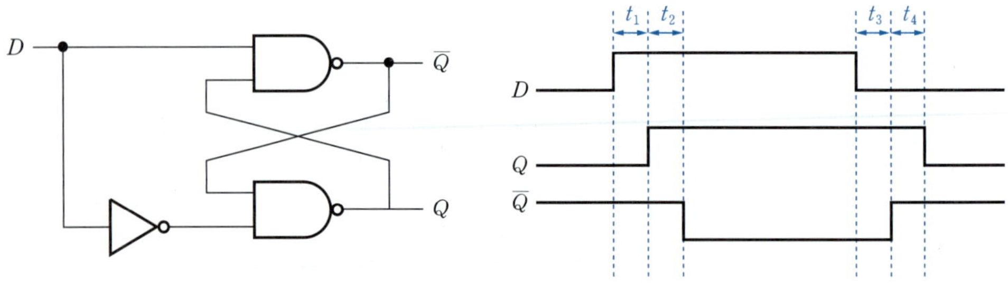

[그림 5-62]

5.7 [그림 5-63]은 MATLAB Simulink로 구현한 회로도이다. 이 회로도에서 Memory는 0으로 초기화되어 있다.

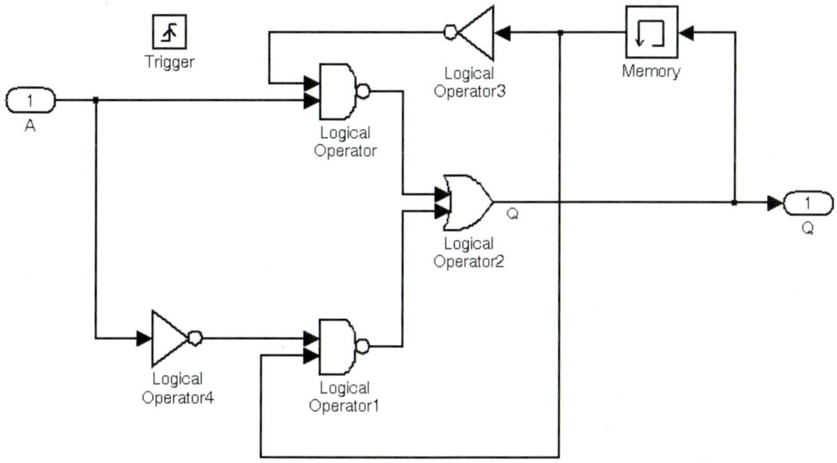

[그림 5-63]

(a) 이 회로도의 특성식을 구하라.

(b) [그림 5-64]와 같은 파형의 입력을 가했을 때, 출력 Q의 파형을 구하라.

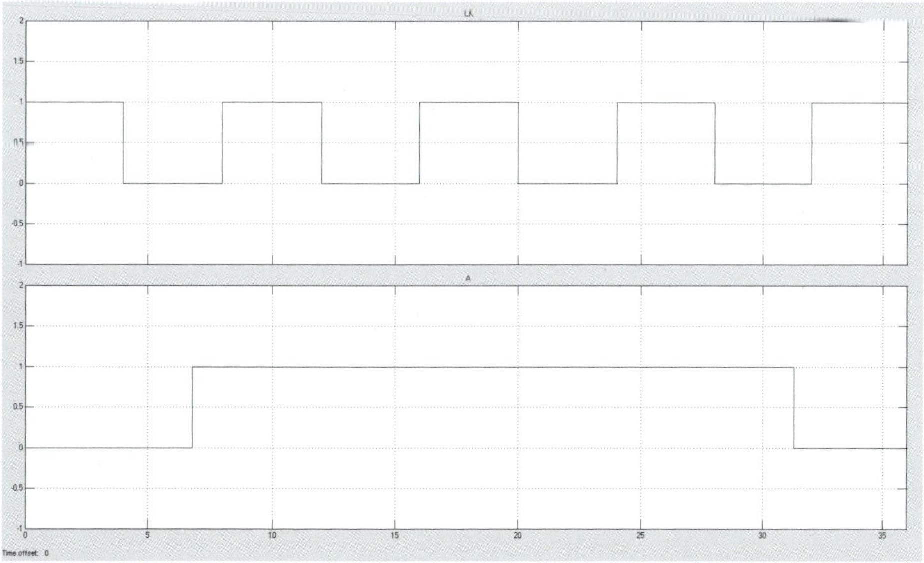

[그림 5-64]

5.8 [그림 5-65]의 논리회로의 출력 F를 구하라.

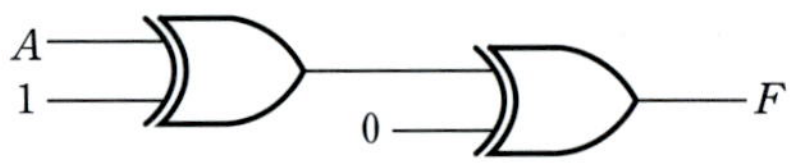

[그림 5-65]

5.9 [그림 5-66]에서 1ns의 지연과 XOR로 구성된 단안정 회로의 입력 X에 100MHz의 50% 듀티 사이클을 가지는 구형파를 가하였다. 출력 Y의 주파수와 듀티 사이클을 구하라.

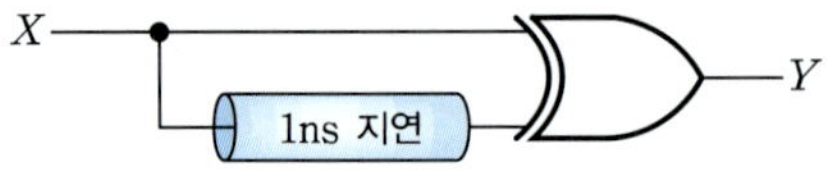

[그림 5-66]

5.10 [그림 5-67]은 2개의 3상 출력 버퍼를 병렬로 연결하여 입력신호 A, B와 제어신호 EN을 가하고 있다. $EN=0$일 때와 $EN=1$일 때의 출력 Q를 각각 구하라.

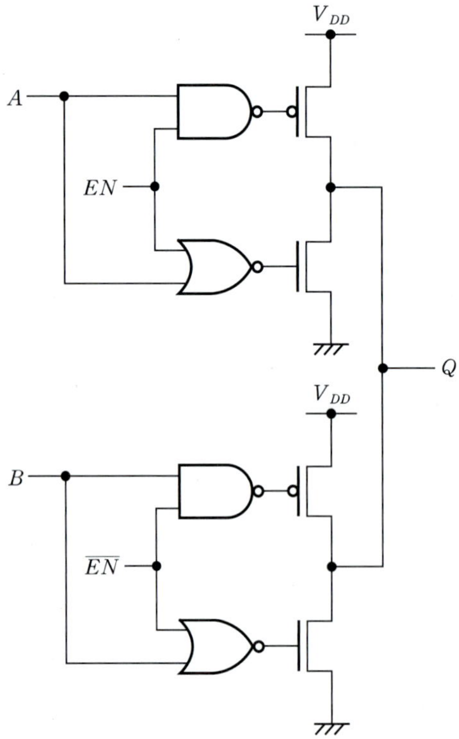

[그림 5-67]

5.11 [그림 5-68(a)]의 회로는 래치인 데 반해, [그림 5-68(b)]의 회로는 래치가 되지 못한다. 그 이유를 설명하라.

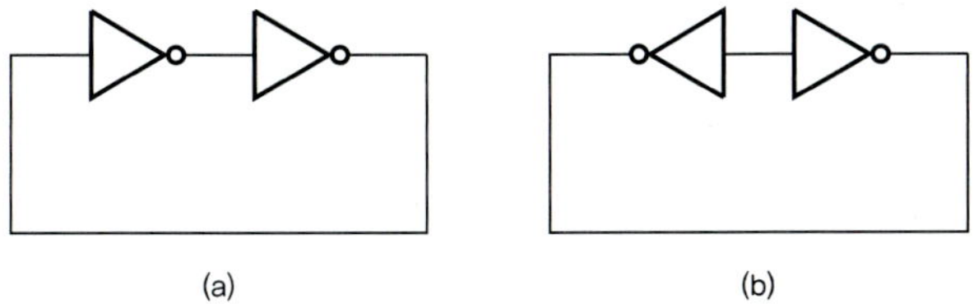

[그림 5-68]

5.12 [그림 5-69]의 회로의 입력신호 A에 101010⋯을 차례로 입력할 때, 출력 F를 구하라.

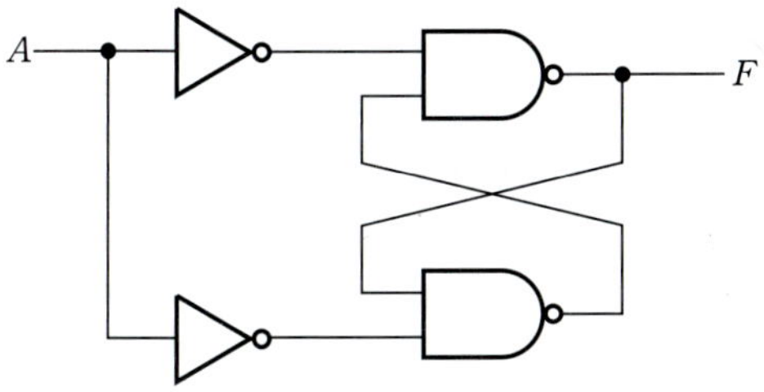

[그림 5-69]

5.13 [그림 5-70(a)]와 [그림 5-70(b)]의 회로 동작의 차이점을 설명하라.

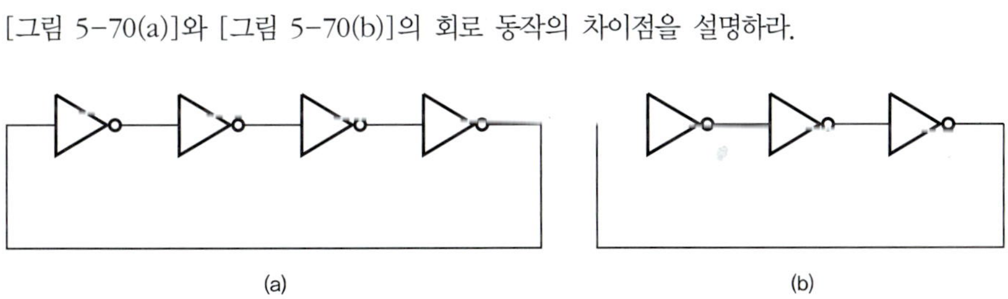

[그림 5-70]

5.14 [그림 5-71]의 래치에서 입력 AB가 차례로 00 → 01 → 10 → 11로 변할 때, 출력 CD의 변화를 설명하라.

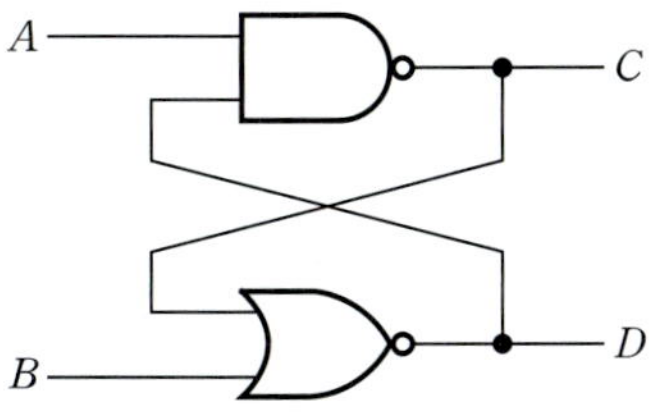

[그림 5-71]

5.15 아날로그 전압을 저장하는 장치와 디지털 전압을 저장하는 장치를 비교 설명하라.

5.16 다음 그림과 같이 인버터 2개를 직렬로 연결한 열린 회로와 닫힌 회로의 동작상의 차이를 입력신호 In의 관점에서 비교하여 설명하라.

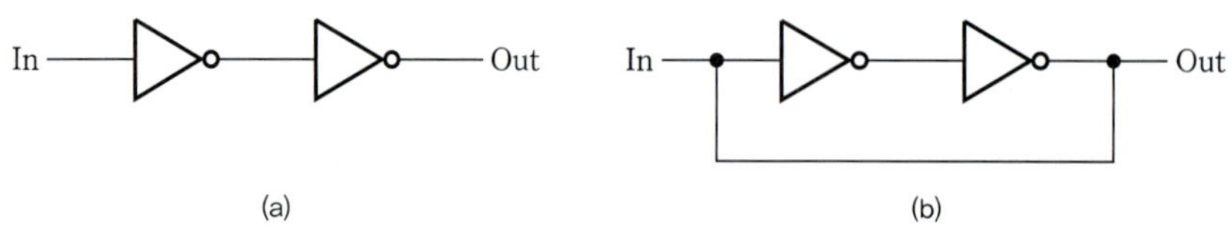

[그림 5-72]

5.17 다음 래치에 대한 진리표를 작성하라.

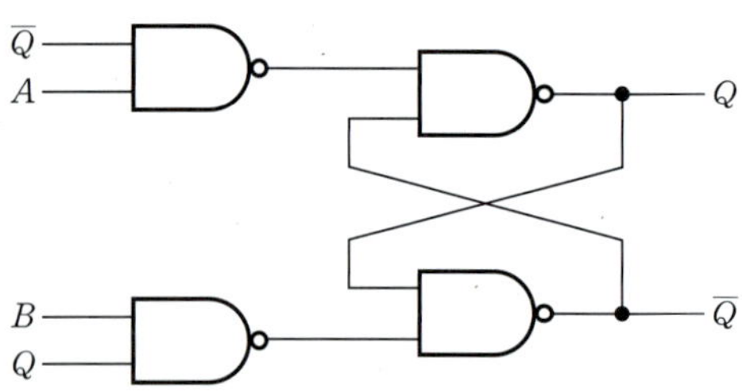

[그림 5-73]

5.18 [그림 5-74]의 회로는 JK 플립플롭을 이용한 논리회로이다.

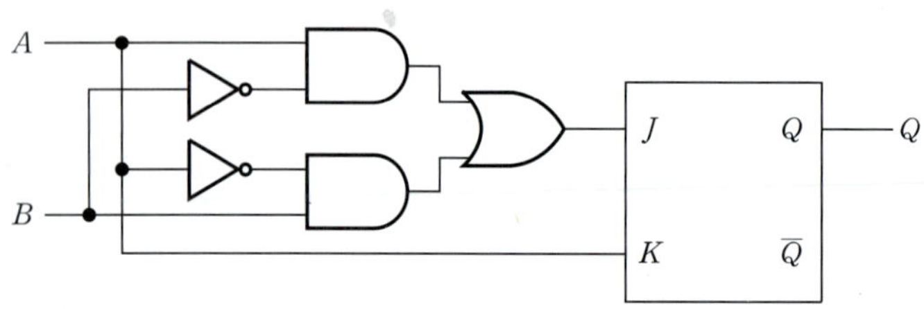

[그림 5-74]

(a) JK 플립플롭의 특성식 $Q_{n+1} = J\overline{Q} + \overline{K}Q$를 이용하여 이 회로의 특성식을 구하라.

(b) 입력신호를 A, B로 설정하고, 다음 상태 출력 Q_{n+1}에 대한 진리표를 구하라.

(c) 이 회로가 토글링하기 위한 입력 A, B는 어떻게 정해야 하는가?

5.19 [그림 5-75]에서 *Data*는 입력신호이고, *C*는 제어신호이다.

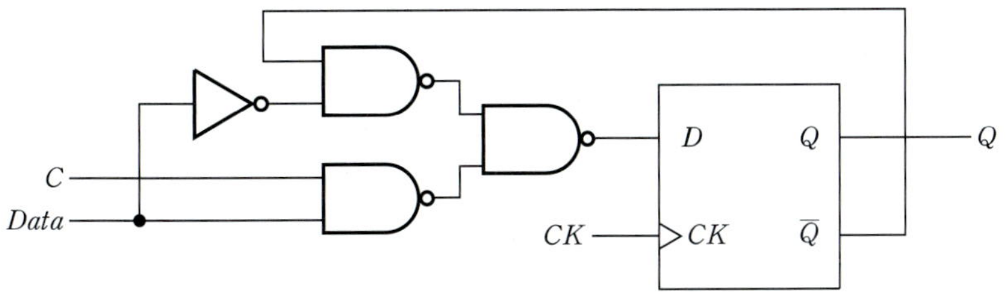

[그림 5-75]

(a) Q의 초기값이 0일 때, [그림 5-76]에 보인 타이밍도에서 출력 Q의 파형을 완성하라.

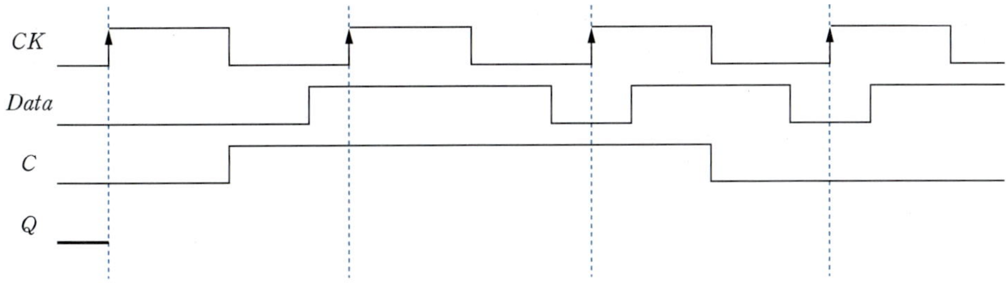

[그림 5-76]

(b) $C=0$일 때와 $C=1$일 때의 출력에 대한 특성식을 각각 구하라.

5.20 어떤 출력단이 [그림 5-77]과 같은 논리회로로 설계되어 있다.

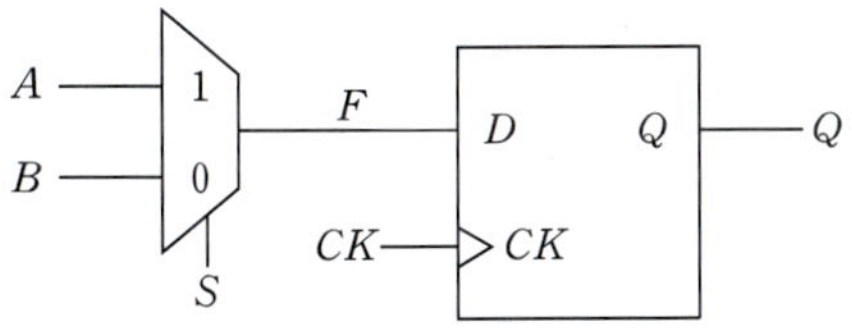

[그림 5-77]

(a) 다음 상태 출력 Q_{n+1}의 특성식을 구하라.

(b) [그림 5-78]과 같은 타이밍도에서 F와 Q의 파형을 완성하라.

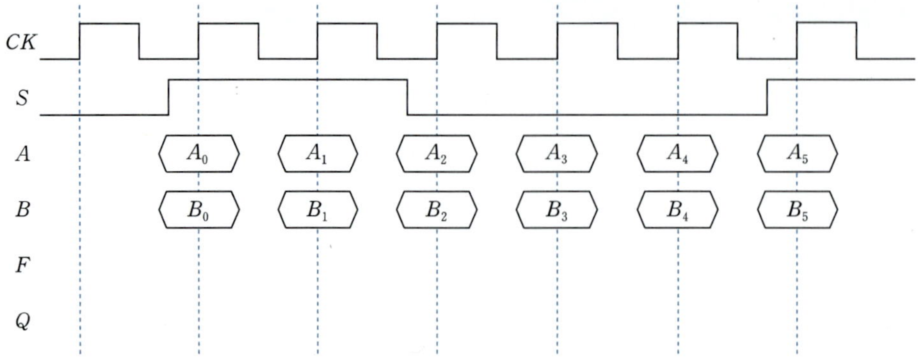

[그림 5-78]

5.21 [그림 5-79]와 같이 CK의 'H' 활성 D 래치와 'L' 활성 D 래치가 있다고 할 때, 다음 물음에 답하라.

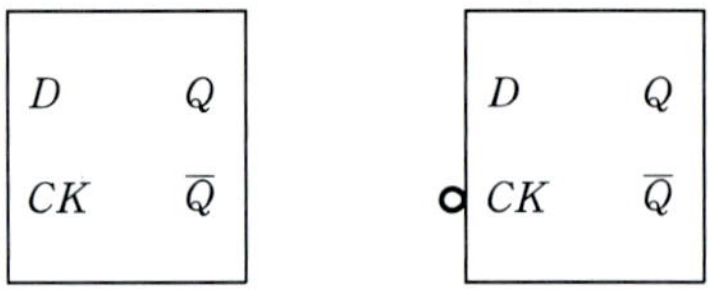

[그림 5-79]

(a) 위의 성질이 다른 두 개의 D 래치를 연결하여 마스터-슬레이브 D 플립플롭을 설계하라.

(b) [그림 5-80]의 입력에 대해 (a)에서 설계한 회로의 타이밍도를 그려보라. 입·출력과 함께 마스터 래치의 출력도 나타내라(데이터 번호는 데이터의 순서를 나타낸다).

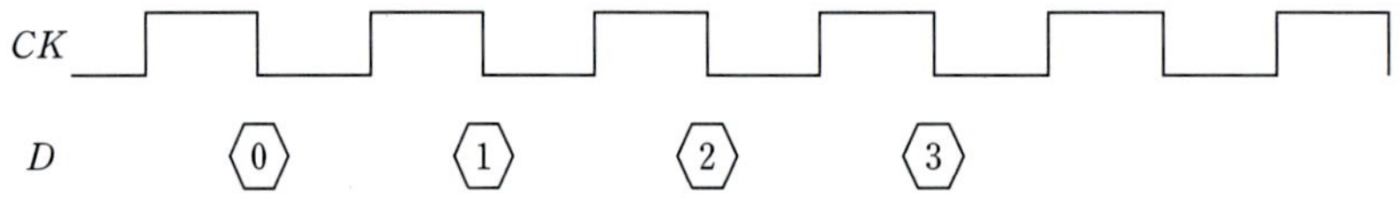

[그림 5-80]

5.22 에지 트리거 D 플립플롭에 게이트를 추가하여 동기식 프리셋, 클리어 동작을 구현하라. 이때 $\overline{SET}$, $\overline{CLR}$의 'L' 활성 신호를 사용한다. 이 회로가 정상적으로 동작함을 타이밍의 예를 들어 증명하라.

5.23 [그림 5-81]은 어떤 파이프라인 회로의 회로도 일부분과 동작 타이밍도를 나타낸 것이다. 시점 t_4에서 첫 데이터인 D_0가 V_{out}으로 출력되었다. [그림 5-81(a)]에서 CK 연결 부분을 완성하라. 이때 각 게이트의 지연시간도 염두에 둔다.

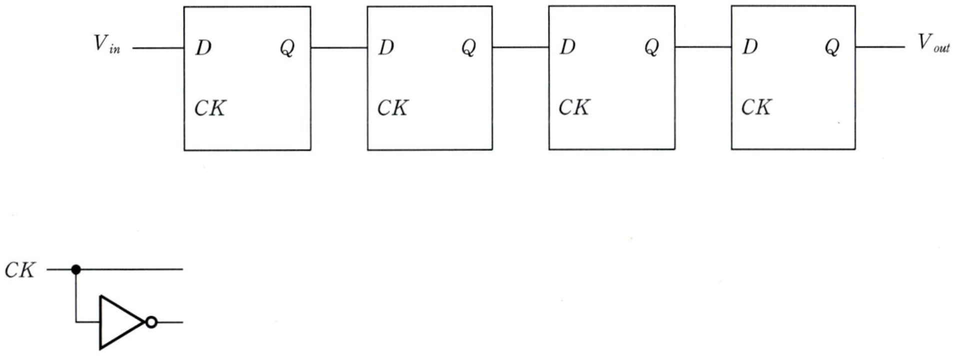

(a)

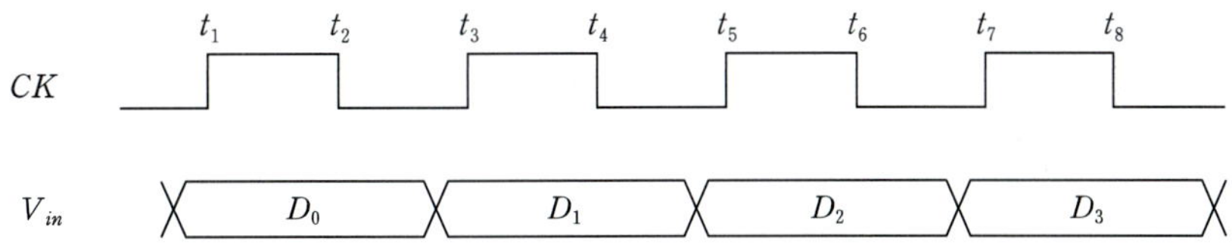

(b)

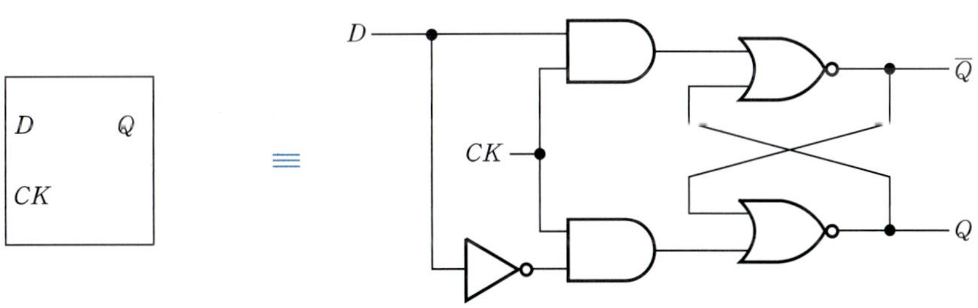

(c)

[그림 5-81]

5.24 [그림 5-82]의 파이프라인 회로는 95ns의 지연시간을 갖는 조합논리 A, 80ns의 지연시간을 갖는 조합논리 B, 그리고 하강에지 트리거 D 플립플롭으로 구성된다. 사용된 D 플립플롭의 셋업시간은 $t_s = 2$[ns], 홀드시간은 $t_h = 1$[ns], 플립플롭 지연시간은 $t_{CKQ} = 3$[ns]이다. 이 회로는 최대 주파수의 클록에서 동작하고 있으며, 첫 번째 데이터 D_0는 $t = 0$에서 입력되었다.

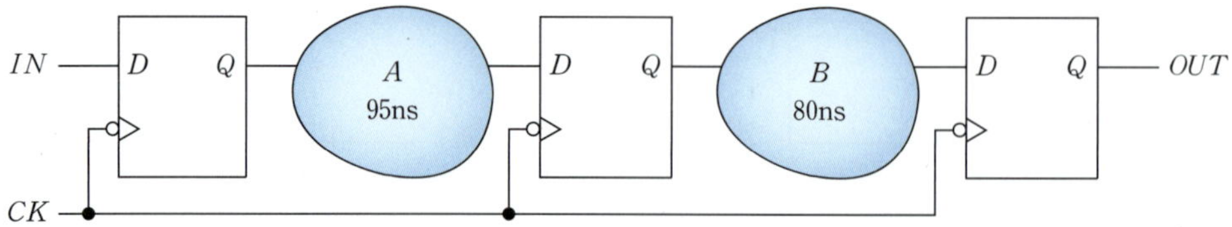

(a)

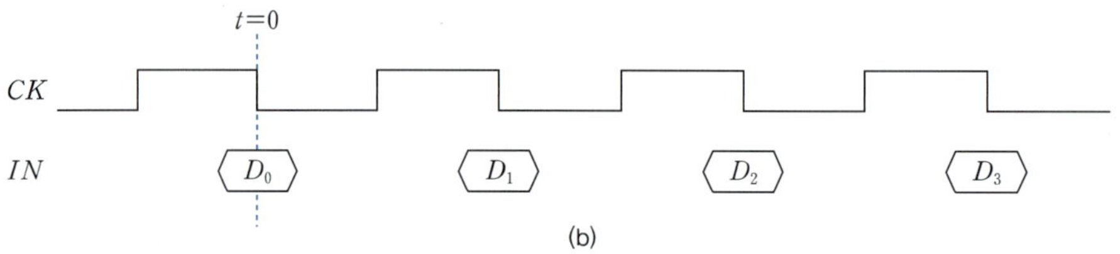

(b)

[그림 5-82]

(a) 두 번째 데이터 D_1이 출력되는 시간을 구하라.

(b) 조합논리 B의 지연시간을 60 ns로 개선하였다. 이때 두 번째 데이터 D_1이 출력되는 시간을 구하라.

5.25 [그림 5-83]과 같은 상승에지 트리거의 파이프라인 구조에서 D 플립플롭의 지연시간은 $t_{CKQ} = 1$ [ns], 셋업시간은 $t_s = 2$[ns]이다.

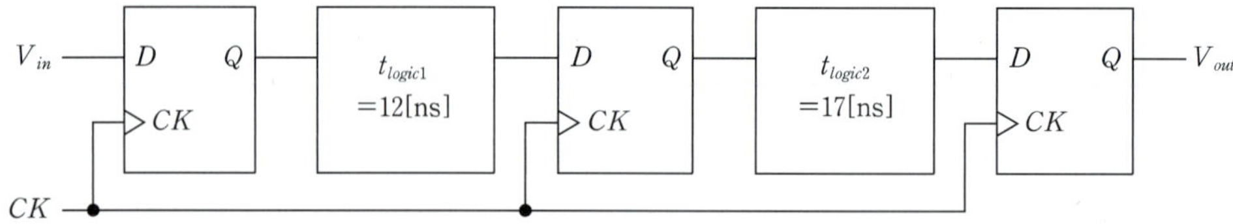

[그림 5-83]

(a) 타이밍도를 그려서 데이터의 클록 레이턴시를 구하라.

(b) 이 시스템의 최대 동작주파수는 얼마인가?

5.26 에지 트리거 D 플립플롭과 XOR 게이트를 사용하여 [예제 5-8]의 [그림 5-49(c)]와 같은 T 플립플롭을 만들고, 5주기에 걸친 토글링 동작을 Simulink 시뮬레이션하라. 단, 초기 조건은 0으로 설정한다.

5.27 [그림 5-37(a)]의 마스터-슬레이브 상승에지 트리거 SR 플립플롭을 설계하고자 한다. 다음 순서대로 Simulink상에 구현하라.

(a) 클록형 SR 래치를 구현하라.

(b) 두 개의 클록형 SR 래치를 연결하고, 외부 클록 CK 및 NOT 게이트를 이용하여 플립플롭을 완성하라.

(c) SR의 모든 조합이 가능하도록 입력 CK, S, R의 타이밍을 설정하라.

(d) 시뮬레이션을 통해 동작을 확인하라.

5.28 [그림 5-84(a)] 플립플롭에서 A 입력에 따른 다음 상태 Q_{n+1}의 진리표를 완성하라.

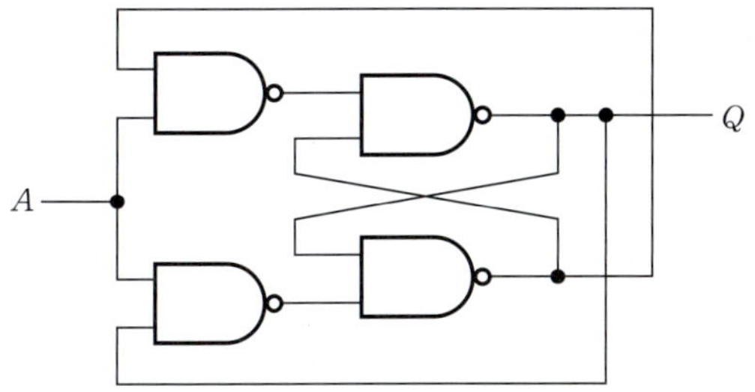

(a)

A	Q_{n+1}
0	
1	

(b)

[그림 5-84]

5.29 상태표를 이용하여 플립플롭 변환을 수행하고자 한다.

(a) [표 5-11]의 상태표를 이용하여 D 플립플롭을 T 플립플롭으로 변환하라.

[표 5-11]

T	Q_n	Q_{n+1}	D
0	0	0	0
0	1	1	1
1	0	1	1
1	1	0	0

(b) [표 5-12]의 상태표를 이용하여 T 플립플롭을 D 플립플롭으로 변환하라.

[표 5-12]

D	Q_n	Q_{n+1}	T
0	0	0	0
0	1	0	1
1	0	1	1
1	1	1	0

5.30 [그림 5-85]의 회로를 SR 플립플롭의 회로로 변경하라.

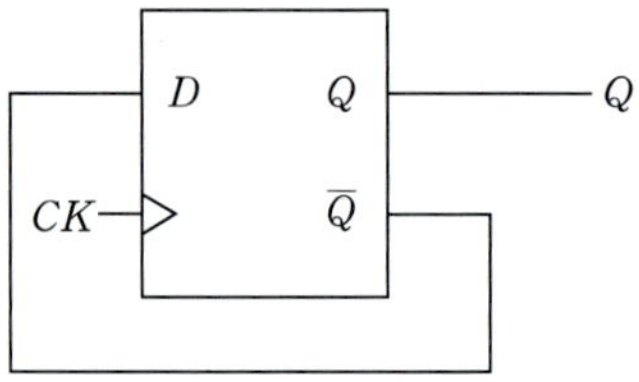

[그림 5-85]

5.31 [그림 5-85]의 회로를 JK 플립플롭을 이용한 회로로 변경하라. 이때 경우의 수를 모두 고려하라.

5.32 어떤 머신에 동전을 투입하면 전등이 켜지고, 투입하지 않으면 전등의 이전 상태를 유지한다. 그리고 꺼짐 스위치를 누르면 전등은 무조건 꺼진다. 이러한 동작을 T 플립플롭 회로로 설계하라.

5.33 [그림 5-86]의 회로를 T 플립플롭 회로로 변환하라.

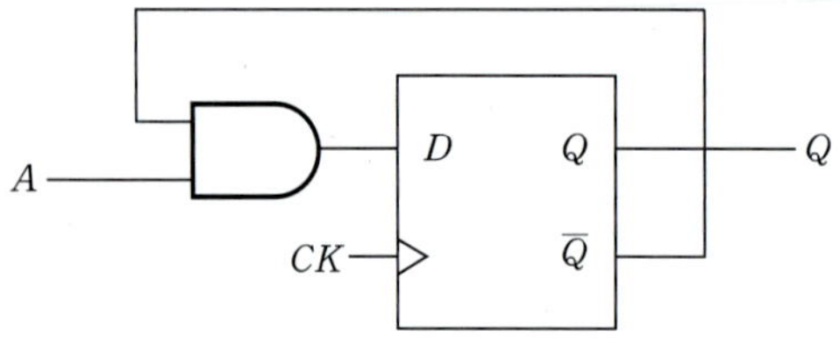

[그림 5-86]

5.34 [그림 5-87]의 회로를 D 플립플롭 회로로 변환하라.

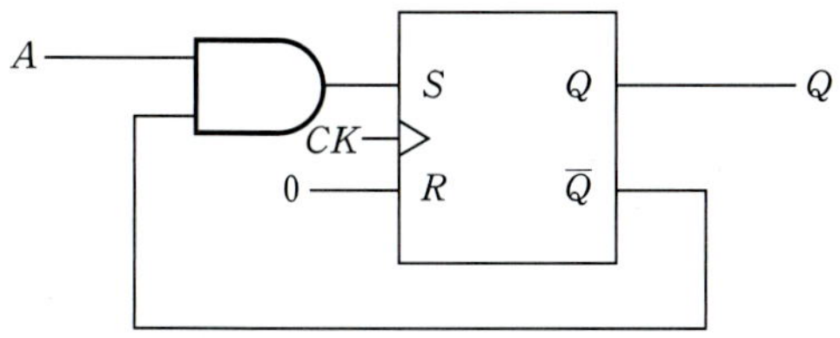

[그림 5-87]

5.35 D 플립플롭을 사용하여 다음 진리표를 만족하는 회로를 완성하라.

[표 5-13]

A	B	Q_n	Q_{n+1}
0	0	0	0
0	0	1	0
0	1	0	0
0	1	1	1
1	0	0	1
1	0	1	0
1	1	0	1
1	1	1	1

5.36 에지 트리거링 플립플롭이 레벨 트리거링 래치에 비해 유리한 점을 설명하라.

5.37 파이프라인 기법을 사용하는 경우, 파이프라인을 많이 사용할수록 데이터 처리속도는 빨라지지만, 첫 번째 데이터가 나오는 시간은 오히려 늦어진다. 그 이유를 설명하라.

5.38 입력이 A, B인 어떤 플립플롭의 특성식이 $Q_{n+1} = A + BQ$와 같다. D 플립플롭과 조합논리 게이트를 사용하여 구현하라.

5.39 입력이 C, D인 어떤 플립플롭의 특성식이 $Q_{n+1} = CQ + D\overline{Q}$와 같다. 이 플립플롭에서 구현 가능한 모든 동작을 설명하라.

5.40 [연습문제 5.39]의 CD 플립플롭과 조합논리회로를 사용하여 [연습문제 5.38]의 AB 플립플롭을 구현하라.

5.41 입력이 A인 어떤 플립플롭은 입력 $A=1$일 때는 '유지' 동작을 하고, $A=0$일 때는 리셋된다. 이 플립플롭은 현재 상태 $Q=1$일 때는 입력 A를 그대로 받아들이고, $Q=0$일 때는 리셋된다. 이 두 가지 동작에 대한 특성식을 각각 나타내라.

CHAPTER

06

순차논리회로의 이해

Understanding Sequential Logic Circuits

학습목표

- 순차논리회로 및 상태머신의 개념을 이해한다.
- 무어머신과 밀리머신의 차이를 알고 응용 예제에 적용할 수 있다.
- 다양한 경우에 대하여 무어머신과 밀리머신의 상태도를 작성할 수 있다.
- 상태도, 상태표, 상태방정식의 상호 관계를 이해하고 서로 변환할 수 있다.
- 논리도의 작성법을 이해하고, 부울식을 이용한 논리도의 기본적인 해석 및 합성을 할 수 있다.
- 상태 할당의 개념을 이해하고, 이를 상태도의 논리도 구현에 적용할 수 있다.

【미리보기】

이 장에서는 순차논리회로의 개념 및 구조를 설명한 후, 논리 동작을 표현하는 여러 가지 방법에 대해 다룬다. 가장 기본적인 방법인 상태도 및 상태표를 작성하고 이를 논리도와 연결하는 방법에 대해 자세히 살펴본다.

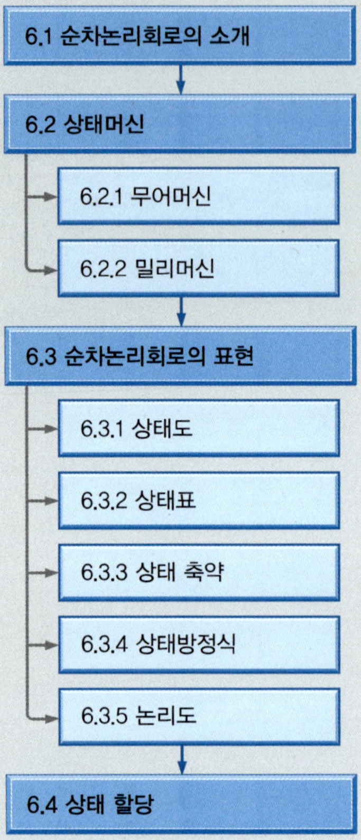

들어가기 전에

복잡한 디지털 논리회로는 플립플롭들과 조합논리회로의 적절한 조합을 통해 상태 저장 및 원하는 동작을 수행한다. 무어머신과 밀리머신으로 분류되는 상태머신의 해석과 합성에는 시각적인 그림을 이용하는 방법과 진리표 형태로 표현하는 방법이 있으며, 여기에 수학적인 방법까지 활용하여 서로 보완한다. 가장 효과적인 형태의 최종 논리회로를 얻기 위해서는 상태머신의 구조뿐만 아니라 상태 할당과 같은 미세한 부분까지 신경을 써야 한다.

디지털 논리회로는 우리 일상에서 흔히 찾아볼 수 있다. 오로지 입력에 의해서만 동작이 결정되는 시스템도 있지만, 입력뿐만 아니라 현재 상태나 다음 상태 및 출력에 영향을 주는 시스템도 존재한다. 이 장에서는 입력 및 현재 상태에 따라 다음 상태와 출력이 결정되는 순차논리회로를 다룬다.

엘리베이터를 생각해보자. 7층에서 타서 5층을 누르면 엘리베이터는 내려갈 것이고, 4층에서 타서 5층을 누르면 엘리베이터는 올라갈 것이다. 엘리베이터의 동작을 논리회로로 설계한다면, 다음과 같은 세 부분으로 구성할 수 있다.

❶ 어떤 행위가 이루어지기 전, 7층 혹은 4층이라는 현재 상태를 기억하는 '상태 저장' 부분
❷ 다음 상태인 5층으로 가기 위해 엘리베이터의 단추를 누르는 '입력' 부분
❸ 엘리베이터의 상승 혹은 하강을 출력하는 '조합논리회로' 부분

조합논리회로는 현재 상태인 7층 혹은 4층의 값과 입력값인 5층을 조합하여, 출력값인 '상승' 혹은 '하강'을 정한다. 목표한 5층에 도착하면 기억된 현재 상태는 5층으로 값이 바뀌는데, 이를 상태의 천이 transition of state라고 한다.

이처럼 디지털 논리회로는 조합논리회로와 상태 저장회로의 다양한 조합 및 상태의 천이가 가능해야 한다. 회로 내부에 데이터를 저장할 수 있는 상태 저장장치가 존재하여, 출력이 입력뿐만 아니라 출력 직전 값에도 의존하는 회로를 **순차논리회로** sequential-logic circuit 혹은 순차회로라고 한다.

순차논리회로에 '**상태** state'라는 개념을 추가하여, 시간의 진행에 따라 그 상태를 프로그래밍된 알고리즘에 따라 '기계적'으로 변환하는 장치를 **상태머신** state machine이라고 한다. 상태는 저장되는 논리값이므로, 상태머신에는 일반적으로 기억소자인 플립플롭들이 포함되어 있다. 상태머신은 최종 출력이 플립플롭 출력들의 조합으로만 결정되는 **무어머신**과, 여기에 더하여 입력의 조합까지 고려하는 **밀리머**

신으로 구분할 수 있다. 응용에 맞는 회로를 어떻게 선택하느냐에 따라 설계의 난이도와 최종회로의 복잡도가 달라질 수 있다.

우선 클록의 진행에 따른 상태의 천이를 시각적인 형태의 **상태도**로 그려서 알기 쉽게 나타내고, 이로부터 진리표 형태의 **상태표**를 도출한다. 상태표로부터 출력과 입력 사이의 관계인 **상태방정식**을 추출하면, 이를 통해 바로 **논리도**를 작성할 수 있다. 또한, 실제 회로를 구현하기 위해 문자로 표현된 상태변수에 2진 논리값을 할당하는 상태 할당의 방법에 따라 최종회로의 복잡도가 달라질 수 있다.

이 장에서는 상태머신의 해석을 위한 체계적인 방법을 학습하고, [그림 6-1]과 같이 상태머신을 합성(설계)하는 전 과정을 이해하도록 한다.

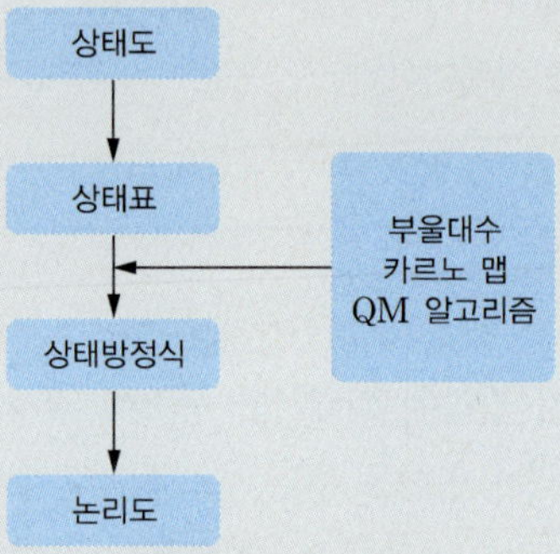

[그림 6-1] 상태머신의 설계 과정

먼저, 주어지는 동작의 상태도를 그릴 수 있어야 하며, 이를 상태표로 변환할 수 있어야 한다. 이로부터 2장에서 학습한 논리식 축약 알고리즘을 적용하여 상태방정식을 구하고 이를 쉽게 논리도로 변환할 수 있는 수준에 도달해야 한다. 또한 상태변수에 2진값을 어떻게 할당할 것인지를 고려하는 상태 할당의 기본 개념을 이해하도록 한다.

SECTION 6.1

순차논리회로의 소개

[그림 6-2]는 지금까지와는 달리 상태 저장회로와 조합논리회로가 섞여 있다. 상태를 저장하고 있는 플립플롭 출력의 일부분이 입력 쪽으로 피드백되어 입력과 함께 다시 플립플롭의 입력으로 가해지는 것을 볼 수 있다. [그림 6-2]의 논리회로가 어떤 동작을 하는지 공학적으로 설명해볼 수 있겠는가? 비교적 간단한 회로이지만, 회로 전문가라 할지라도 체계화된 해석 방법을 사용하지 않으면 그 동작을 정확히 설명하기 어렵다. 또한 약속된 체계적인 방법으로 회로의 동작을 표현해야 다른 사람들과 공학적인 소통을 할 수 있다.

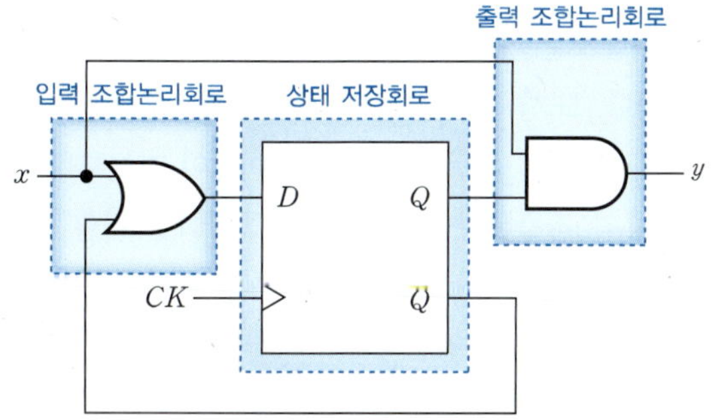

(a) 입력 조합논리회로+상태 저장회로+출력 조합논리회로

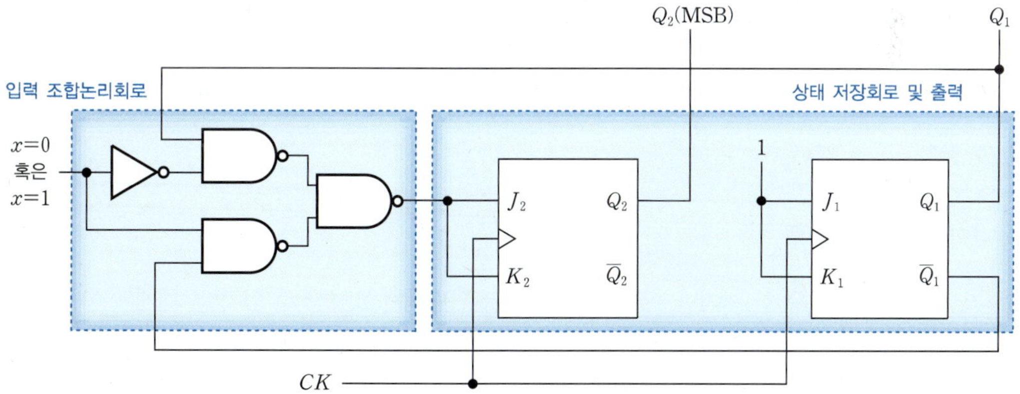

(b) 입력 조합논리회로+상태 저장회로 및 출력

[그림 6-2] 순차논리회로의 예

논리도의 구조를 보기만 해도 순차논리회로인지 아닌지를 바로 확인할 수 있다. [그림 6-3(b)]와 같이 한 개 이상의 출력노드가 의도적으로 입력 쪽으로 피드백되는 형태를 보이기 때문이다. '순차논리회로'는 말 그대로 입력값이 일정하게 정해지면, 그에 따라 출력값이 이미 정해진 순서 sequence에 의해 순차적으로 변한다는 의미를 지닌다.

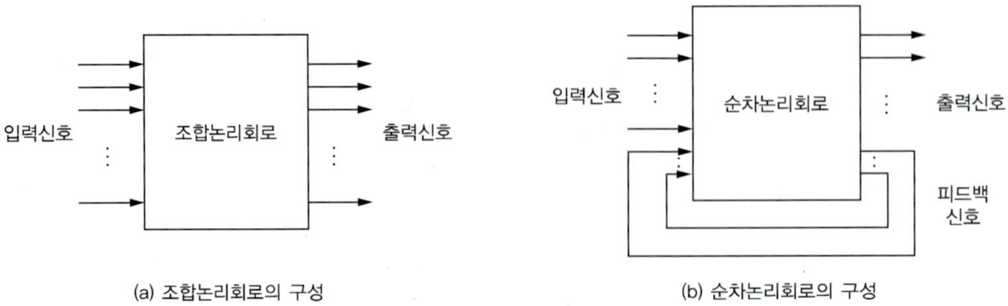

[그림 6-3] 디지털 논리회로의 구성

만약 4비트 동기식 카운터를 설계한다면 무엇을 어떻게 시작해야 할까? 게이트 레벨의 논리회로를 해석하거나 합성(설계)하기 위해서는 체계적인 방법으로 회로 동작을 표현하고, 정해진 수순으로 논리회로를 구현할 수 있어야 한다. 또한 그것을 (적어도 논리 동작의 수준에서) 검증할 수 있는 효과적인 방안을 마련할 수 있다면, 성공적인 회로 설계 엔지니어링이 가능하다. 트랜지스터 레벨의 시뮬레이션으로는 동작속도까지 검증이 가능하지만, 복잡도가 증가하면 다룰 수 있는 게이트 수에 한계가 있다. 그런 면에서 이 책에서 다루는 Simulink 수준의 시뮬레이션은 다양한 입력벡터에 대해 논리 검증이 가능하므로, 게이트 레벨의 논리 검증에 매우 효과적이다.

대규모 디지털 회로의 해석 및 합성(설계)에서는 직관을 넘어서는 체계적인 접근 방법과 합성 절차의 확립이 필요하다. 순차논리회로의 동작은 다음과 같은 몇 가지 방법으로 표현할 수 있다.

❶ 논리도 logic diagram
❷ 상태도 state diagram
❸ 상태표 state table
❹ 상태방정식 state equation
❺ 타이밍도 timing diagram

기본적으로 이들 방법 중 한 가지만으로도 회로 동작을 완벽하게 표현할 수 있지만, 대개는 이들 중의 몇 가지 조합을 통해 여러 각도에서 보완하여 회로 동작을 이해할 수 있다. [표 6-1]은 순차논리회로와 조합논리회로의 표현 방법을 비교한 것이다.

[표 6-1] 순차논리회로 및 조합논리회로의 표현 방법 비교

순차논리회로	조합논리회로
상태도	-
상태표	진리표
상태방정식	부울식
타이밍도	타이밍도
논리도	논리도

이 중 순차논리회로의 동작을 표현하는 가장 기본적인 방법은 논리도와 상태표로, 여기에 상태들 간의 천이 transition와 입력 및 출력신호에 대한 모든 정보가 담겨 있다. 상태표는 입력 및 저장된 상태의 모든 조합에 대한 출력값을 표로 나타낸 것이다. 논리도가 있는 경우에는 일반적으로 상태방정식을 바로 유추해낼 수 있으며, 이러한 상태방정식으로부터 상태표 및 상태도를 유도할 수 있다. 상태도는 상태들 간의 천이 동작을 그림으로 나타내는 간단하면서도 매우 효과적인 방법으로, 상태표를 시각적으로 표현한 방법이다. 이 표현법에 익숙해지면 논리도를 보고 상태도를 직접 그릴 수 있고, 반대로 상태도를 보고 논리도를 유추해낼 수도 있다. 타이밍도는 시간축에서 논리 동작뿐만 아니라 주요 타이밍 특성까지 어느 정도 표현할 필요가 있을 때 보조적으로 활용된다.

순차논리회로는 데이터 저장장치인 플립플롭을 중심으로 하여, 플립플롭의 입력 및 출력 부분에 조합논리회로가 결합되는 형태를 가진다. 실제 응용에서는 동작에 맞는 가장 적절한 형태의 플립플롭을 선택하고 최적화된 조합논리회로를 구현해야 동작속도나 회로 면적 측면에서 유리하므로, 이를 위한 체계적인 과정을 학습하고 이해하도록 한다.

SECTION

6.2 상태머신

순차논리회로에서 시간이 진행되면서 그 상태가 프로그래밍된 알고리즘에 따라 '기계적'으로 변환되는 장치를 상태기계, 즉 상태머신 state machine 이라고 한다. 상태의 개수가 유한하고, 비교적 구조가 간단한 상태머신을 유한상태머신 FSM : Finite State Machine 이라고도 한다. 상태머신은 때로는 상태의 천이를 기술하는 추상화 모델이나 계산 모형을 말하기도 한다.

상태머신은 조합논리회로와 상태 저장회로의 조합으로 구성되며, 상태의 저장과 천이는 클록에 동기되어 진행된다. 상태머신은 기본적으로 [그림 6-4]와 같이 상태 저장회로, 입력단 쪽에 입력신호 및 피드백된 상태변수들의 조합으로 구성되는 (입력) 조합논리회로, 출력단 쪽에 상태 저장회로의 출력 및 입력변수의 조합을 위한 (출력) 조합논리회로의 크게 세 부분으로 구성된다. 상태 저장회로에는 시스템 클록이 공통적으로 인가되어, 클록 주기를 단위로 상태가 변화한다. 회로에 따라서는 입력단 혹은 출력단의 조합논리회로가 각각 생략될 수도 있다.

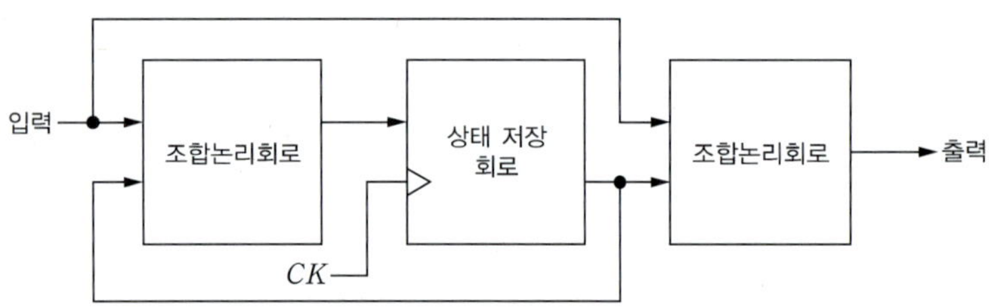

[그림 6-4] 상태머신의 기본적인 구성

상태의 천이를 트리거링하는 방법에는 [그림 6-5]와 같이 두 가지 방법이 있다. 첫째로 [그림 6-5(a)]처럼 모든 상태 저장회로에 클록을 인가하여, 클록 에지를 기준으로 상태의 천이가 동시에 일어나는 동기식 회로 synchronous circuit 가 있다. 동기식 회로에서는 모든 플립플롭에 시스템 클록이 동시에 인가되므로 동일한 타이밍을 적용할 수 있다. 둘째로 [그림 6-5(b)]처럼 초단의 상태 저장회로에만 클록을 인가하고, 뒷단의 상태 저장회로에는 직전 상태출력을 트리거링 클록으로 사용하여, 상태의 천이가 동시에 일어나지 않고 순차적으로 일어나게 하는 비동기식 회로 asynchronous circuit 가 있다. 비동기식은 트리거링 클록이 한 방향으로 물결처럼 흘러가는 형태를 보이므로, 리플 회로 ripple circuit 라고도 한다.

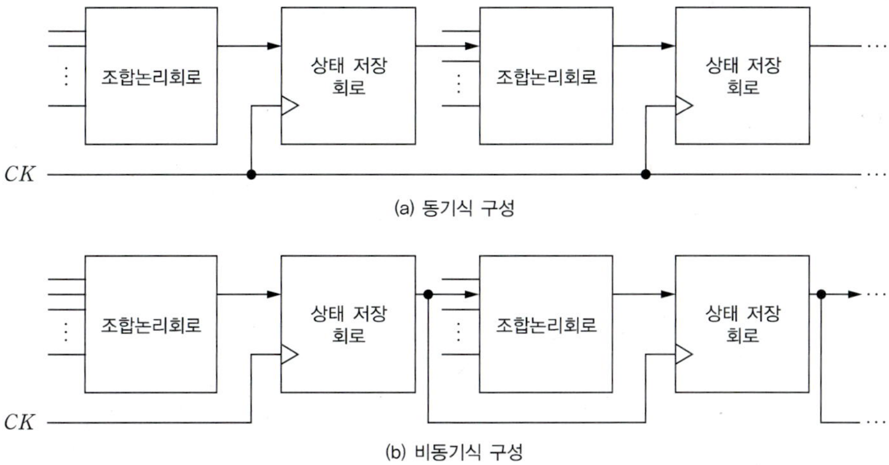

[그림 6-5] 상태머신의 트리거링

비동기식 회로는 동기식 회로에 비해 일반적으로 조합논리회로 부분이 간단하고, 비트 수가 증가하더라도 조합논리회로 부분의 변화가 거의 없으므로 비교적 설계하기 쉽다. 따라서 비트 수가 많아질수록 하드웨어 오버헤드 hardware overhead [1]가 상대적으로 더 작다. 이전 단의 플립플롭 상태 변화가 다음 단의 클록 입력단에 연결되어 클록의 천이가 순차적으로 흘러가므로, 다음 단으로 갈수록 플립플롭이 천이하는 시점이 늦어진다. 이러한 타이밍 부정합으로 인해 글리치 glitch 나 삐침 skew 등의 잡음이 발생할 확률이 높고, 데이터 구간 내에 불확실 영역이 넓어져서 논리적인 오류가 발생할 가능성이 높아진다. 따라서 비동기식 회로는 지속 2진 카운터 counter 와 같은 비교적 간단한 개념의 회로에 효율적으로 적용할 수 있다. 이에 대한 자세한 해석은 7.1절에서 다룬다.

상태머신은 출력 조합논리회로의 구성에 따라 무어머신과 밀리머신으로 나눌 수 있다. 무어머신은 최종 출력이 상태 저장회로의 상태의 조합으로만 구성되며, 밀리머신은 최종 출력이 상태 저장회로의 현재 상태뿐 아니라 입력신호까지 포함하는 조합에 의해 정해지므로 설계의 난이도는 증가하지만 하드웨어 오버헤드 측면에서 좀 더 효율적으로 구현할 수 있다.

6.2.1 무어머신

상태머신의 간단한 예로 [그림 6-6(a)]에 나타낸 논리도와 [그림 6-6(b)]에 나타낸 논리도의 작동시점를 살펴보자. 전체 회로는 클록 CK에 의해 구동되는 한 개의 상승에지 트리거링 D 플립플롭으로 구성되어 있다. 변수 x, y, S는 각각 입력변수, 출력변수, 상태변수이다. 상태변수는 플립플롭에 저장되어 있는 값을 의미한다. 클록 에지를 기준으로 이전은 '현재' 사이클이며 이후는 '다음' 사이클이다. 이 논리도의 입력 x에는 (현재) 입력이 대기하고 있고, Q에는 상태변수 S의 현재 값이 저장되어 있으며, y에는 현재 출력이 나오고 있다.

1 하드웨어(hardware)란 물리적으로 차지하는 회로의 면적을 의미하며, 오버헤드(overhead)는 해당 개념을 적용하기 위해 추가적으로 더 필요한 영역의 증가를 말한다.

따라서 논리도의 '현재' 변수를 해석하는 시점은 [그림 6-6(b)]와 같이 클록의 상승에지 바로 직전이 된다. 클록의 에지에서 '다음' 사이클로 천이되며 S는 입력 x와 같아진다. 이 예시 회로와 같이 출력이 플립플롭의 '현재 상태'만의 함수로 구성되는 순차논리회로를 무어머신 Moore machine이라고 한다.

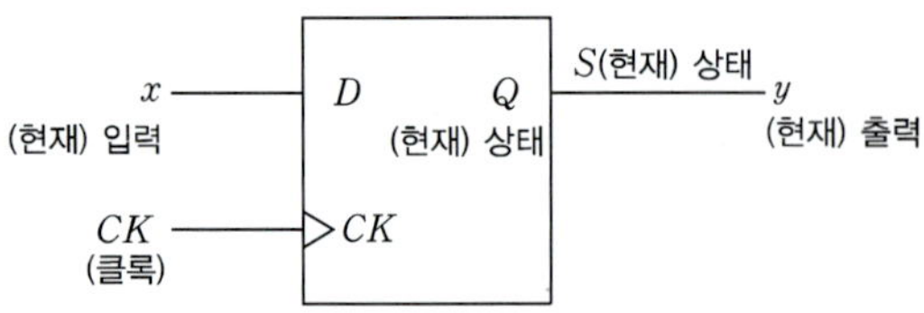

(a) 논리도

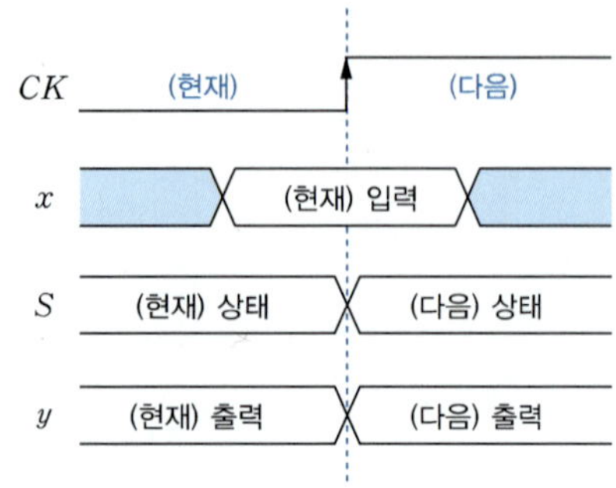

(b) 논리도의 작동시점

현재 상태	다음 상태		(현재) 출력
	$x=0$	$x=1$	
0	0	1	0
1	0	1	1

(c) 상태표

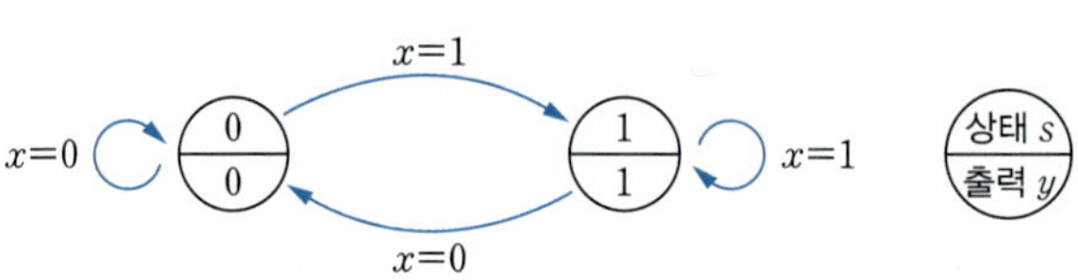

(d) 상태도

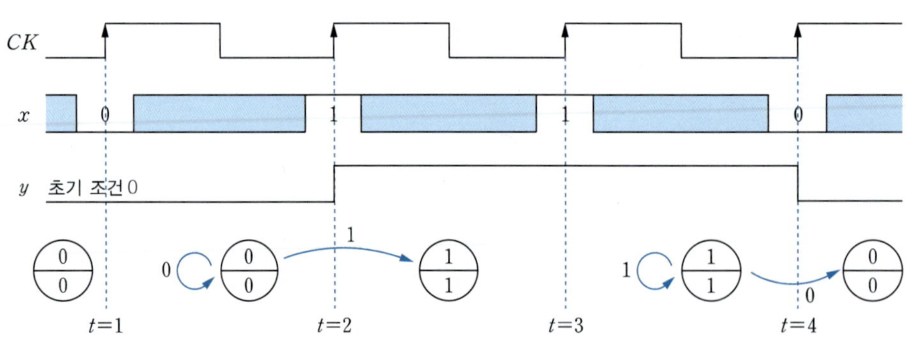

(e) 타이밍도

[그림 6-6] 간단한 무어머신의 예

■ 상태표 작성하기

[그림 6-6(c)]는 이 회로의 동작을 '현재 상태 present state', '다음 상태 next state', '(현재) 출력 output'의 세 가지 열로 구성하여 표로 나타낸 것이다. '다음 상태' 열은 입력 $x=0$일 때와 $x=1$일 때의 두 가지 경우로 나누어, 클록의 에지에 따른 상태 변화를 나타낸다. (현재) 출력은 클록 에지 직전의 값으로 입력과 무관하므로 출력 열을 x 값에 따라 분리할 필요가 없다. 클록의 에지가 들어와서 다음 사이클로 넘어갈 때, 대기하고 있던 입력값이 '다음 상태'로 전달된다. 현재 상태 $S=0$일 때, 다음의 두 경우를 살펴보자.

❶ **입력 $x=0$인 경우** : 현재 출력은 $y=0$이며, 클록의 상승에지가 들어오면 대기하고 있는 (현재) 입력 $x=0$를 샘플링하여 S의 다음 상태는 0으로 유지된다.

❷ **입력 $x=1$인 경우** : 현재 출력은 $y=0$이며, 클록의 상승에지가 들어오면 대기하고 있는 (현재) 입력 $x=1$을 샘플링하여 S의 다음 상태는 1로 바뀐다.

이 동작을 표로 작성하여 상태표의 첫 번째 행을 완성한다.

같은 방법으로 현재 상태 S가 1일 때를 수행하면 두 번째 행을 작성할 수 있다. 현재 상태 열은 0에서부터 1씩 증가시키면서 모든 경우의 수를 기계적으로 작성한다.

[그림 6-6(d)]의 상태도는 (상태)원과 (천이)화살표 및 변수들의 값으로 구성된다. (상태)원은 데이터 저장장치(플립플롭)의 상태 및 출력을 포함한다. 원 속의 위쪽은 상태변수 S의 값을 나타내고, 아래쪽은 출력 y의 값을 나타낸다. 화살표는 클록의 에지가 발생했음을 의미한다. 즉, 상태의 천이가 일어나는 순간인 CK의 상승에지가 상태도에서의 화살표에 해당한다. 화살표 위의 값은 입력변수 값을 나타낸다.

■ 상태도 작성하기

이제 상태도를 그려보자.

❶ **먼저 회로에 존재하는 상태의 개수만큼 원을 그린다.**
S는 1비트 플립플롭에서 0과 1의 두 가지 상태가 존재하므로 두 개의 원을 그린다.

❷ **상태원의 값을 입력한다.**
무어머신의 경우, 상태원을 실선으로 나누어 상태 0 또는 1을 원의 윗부분에 기입한다. 원의 아랫부분에는 현재 출력 y의 값을 기입한다. 이처럼 하나의 원 내부에 상태값과 출력값을 같이 표기하는 것은 출력이 입력과는 상관없이 현재 상태만의 함수로 결정되기 때문에 가능하다. 예시 회로에서는 $y=S$이므로, 상태값과 출력값은 같다.

❸ **상태원 간에 화살표를 그려 상태의 천이를 완성한다.**
화살표는 클록의 에지에서 일어나는 상태의 천이를 나타낸다. 만약 자신의 상태가 유지된다면 순환 화살표를 그린다. 클록 에지 직전에 대기하고 있는 현재 입력 x의 값을 이 화살표 위에 쓴다. 모든 상태원에 입력 $x=0$, $x=1$에 대한 출력 화살표가 반드시 연결됨을 확인한다.

[그림 6-6(e)]는 각 변수값에 대해 타이밍도와 상태도를 연관시켜 표현한 것이다. 초기에 리셋 동작을 수행하여 초기 상태는 $S=0$임을 가정해보자.

- **$t<1$일 때** : 초기 상태 $S=0$을 유지하고 출력 $y=0$이므로 원의 위쪽에는 (상태) 0을, 아래쪽에는 (출력) 0을 기입한다.
- **$t=1$일 때** : 클록 에지에서 대기 입력 $x=0$을 샘플링하여 $S=0$을 유지하고 출력 $y=0$이 되므로 화살표는 그대로 되돌아온다(0이 표시된 순환 화살표). $x=1$이 대기하는 구간에서는 대기 입력이 $x=1$이므로 천이 화살표 위에 1을 표기한다.
- **$t=2$일 때** : 클록 에지에서 대기 입력 $x=1$을 샘플링하여 $S=1$이 되므로 상태 0인 왼쪽 원에서 상태 1인 오른쪽 원으로 천이가 일어난다. 출력은 $y=1$이다.
- **$t=3$일 때** : 클록 에지에서 대기 입력 $x=1$을 샘플링하여 $S=1$을 유지하고 출력 $y=1$이 되므로 화살표는 그대로 되돌아온다(1이 표시된 순환 화살표). $x=0$이 대기하는 구간에서는 천이 화살표 위에 0을 표기한다.
- **$t=4$일 때** : 클록 에지에서 입력 $x=0$을 샘플링하여 $S=0$으로 천이되고 출력 $y=0$이 되므로 상태 1인 왼쪽 원에서 상태 0인 오른쪽 원으로 천이가 일어난다.

[그림 6-6(a)]의 논리도의 동작은 방정식으로도 표현할 수 있다. 식 (6.1)은 다음 상태 Q_{n+1}을 입력변수 x 및 현재 상태 Q_n의 함수로 표현한 상태방정식이다. n은 현재 클록 사이클을 의미하고, $(n+1)$은 다음 클록 사이클을 의미한다. 식 (6.2)는 플립플롭의 입력 D를 입력변수 x 및 현재 상태 Q_n의 함수로 표현한 플립플롭 '입력방정식'이다. 식 (6.3)은 출력변수 y를 입력변수 x 및 현재 상태 Q_n의 함수로 표현한 '출력방정식'이다.

$$Q_{n+1}=x \tag{6.1}$$

$$D=x \tag{6.2}$$

$$y=Q_n \tag{6.3}$$

상태방정식은 플립플롭의 상태가 어떻게 천이되는가를 나타낸다. 식 (6.1)에 의해, 클록 에지에서 Q_{n+1}이 대기 중인 현재 입력 x와 같아짐을 알 수 있다. 입력방정식은 플립플롭의 입력단자에 연결된 신호의 조합을 나타내므로 논리도를 합성할 때 매우 유용하다. 식 (6.2)에 의해 플립플롭의 D 단자에 입력 x를 바로 연결한다. 출력방정식은 플립플롭의 출력단자에 연결된 신호의 조합을 나타내므로 식 (6.3)에 의해 출력 y를 플립플롭의 Q 단자에 바로 연결한다. 이 세 가지 방정식으로 상태머신의 동작과 입·출력 연결 관계를 표현할 수 있다.

예제 6-1 무어머신의 상태도 및 상태표 작성

다음과 같은 무어머신의 상태도와 상태표를 작성하라.

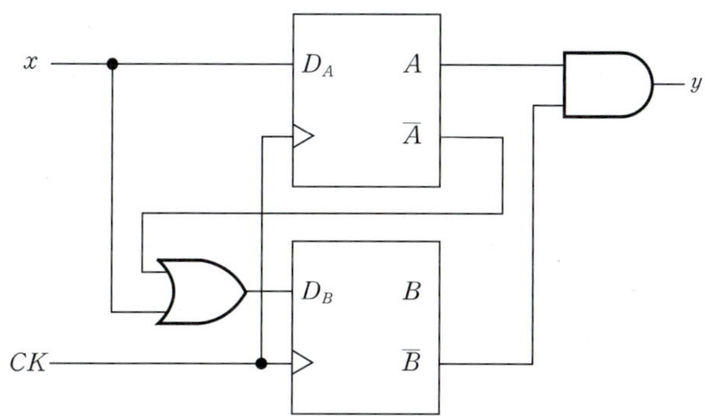

[그림 6-7]

풀이

일반적으로 시각적인 상태도를 먼저 작성하고 이로부터 상태표를 유도한다. A와 B 두 개의 플립플롭이 나타내는 상태는 네 가지이므로 AB 순으로 네 개의 상태원을 그린다. 무어머신에서는 출력 y의 값이 현재 상태에 의해서만 결정되므로, 원의 아랫부분에 바로 출력값을 기입한다. 예를 들어 $AB=10$인 경우, $y=A\overline{B}=1$이 된다. 다른 세 가지 경우에 대해서도 y의 값을 계산하여 네 개의 상태원을 모두 완성한다. 이 과정에 해당하는 상태원과 상태표는 각각 [그림 6-8(a)] 및 [그림 6-8(b)]와 같다.

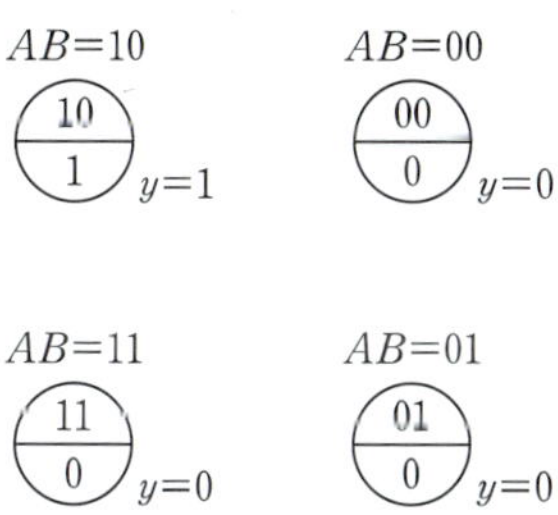

(a)

현재 상태	다음 상태		출력
	$x=0$	$x=1$	
00			0
01			0
10			1
11			0

(b)

[그림 6-8]

이제 천이 화살표를 그려서 입력 x의 값에 따른 상태의 천이를 표현해보자. 초기 상태 00에서 시작해보면, $x=0$일 때 $D_A=0$, $D_B=1$의 입력이 대기하고 있다. 클록의 상승에지에서 $A=0$, $B=1$로 상태가 바뀌므로, $x=0$의 천이 화살표는 01 상태를 향한다. $x=1$일 때는 $D_A=1$, $D_B=1$의 입력이 대기하고 있다. 클록의 상승에지에서 $A=1$, $B=1$로 상태가 바뀌므로, $x=1$의 천이 화살표는 11 상태를 향한다. 해당하는 상태도 및 상태표를 [그림 6-9]와 같이 나타내었다.

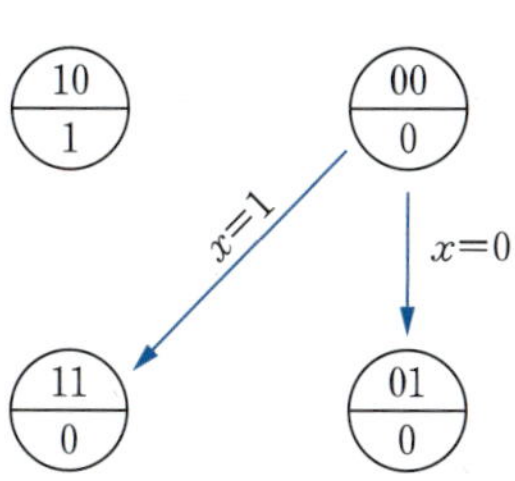

(a)

현재 상태	다음 상태		출력
	$x=0$	$x=1$	
00	01	11	0

(b)

[그림 6-9]

이러한 방법으로 다른 세 개의 상태에 대해서도 천이 화살표를 [그림 6-10(a)]와 같이 완성한다. 완성된 상태도를 참고하여 같은 동작의 상태표를 [그림 6-10(b)]와 같이 완성한다.

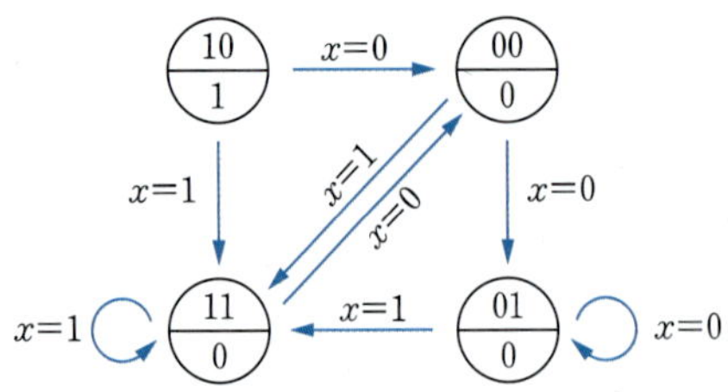

(a)

현재 상태	다음 상태		출력
	$x=0$	$x=1$	
00	01	11	0
01	01	11	0
10	00	11	1
11	00	11	0

(b)

[그림 6-10]

10 상태는 나가는 화살표는 있지만 들어오는 화살표는 없다. 즉 이 상태에서 다른 상태로 천이할 수는 있지만, 다른 상태에서 이 상태로 들어올 수는 없다. 단, 전원을 켰을 때 초기 설정 단계에서 비동기 입력단을 통해 A 플립플롭을 프리셋 preset하고 B 플립플롭을 리셋 reset하면[2] 10 상태로 갈 수는 있다. 일단 다른 상태로 천이하고 나면, 다시 초기화하지 않는 이상 정상 동작 중에는 10 상태로 돌아올 수 없다.

6.2.2 밀리머신

밀리머신의 간단한 예로 [그림 6-11(a)]에 나타낸 논리도를 살펴보자. 전체 회로는 클록 CK에 의해 구동되는 한 개의 상승에지 트리거 D 플립플롭 및 한 개의 AND 게이트로 구성되어 있다. 이로 인해 출력 y 값이 영향을 받는다. 변수 x, y, S는 각각 입력변수, 출력변수, 상태변수를 나타낸다. 회로도로부터 출력 y는 상태변수 S 및 입력 x의 함수이며, 상태변수 S는 클록의 매 상승에지에서 입력 x와 같아짐을 추론할 수 있다. 입력 x는 현재 입력이 가해지며 클록의 천이가 일어나기 직전(셋업시간), 다음 입력값이 대기한다. 이 회로와 같이 출력이 플립플롭들의 현재 상태뿐만 아니라 입력변수에 의해서도 결정되는 상태머신을 밀리머신 Mealy machine이라고 한다.

회로 동작과 연관하여 생각하면, 어떤 클록 사이클에서 플립플롭의 입력단에 대기하고 있는 값이 '현재 입력'이고, 플립플롭이 저장하고 있는 값 S가 '현재 상태'이다. 이때 플립플롭의 출력단자와 입력의 AND 값이 '현재 출력'이다. 클록의 에지가 들어와서 다음 사이클로 넘어가면 대기하고 있던 입력값이 '다음 상태'로 변할 것이다. 출력 y에서 항상 유효한 값을 얻기 위해서는 입력 x에 항상 유효한 값이 보장되어야 한다는 점이 무어머신과 다르다.

2 플립플롭의 상태를 'H'로 초기화하는 것을 프리셋이라 하고, 'L'로 초기화하는 것을 리셋이라 한다.

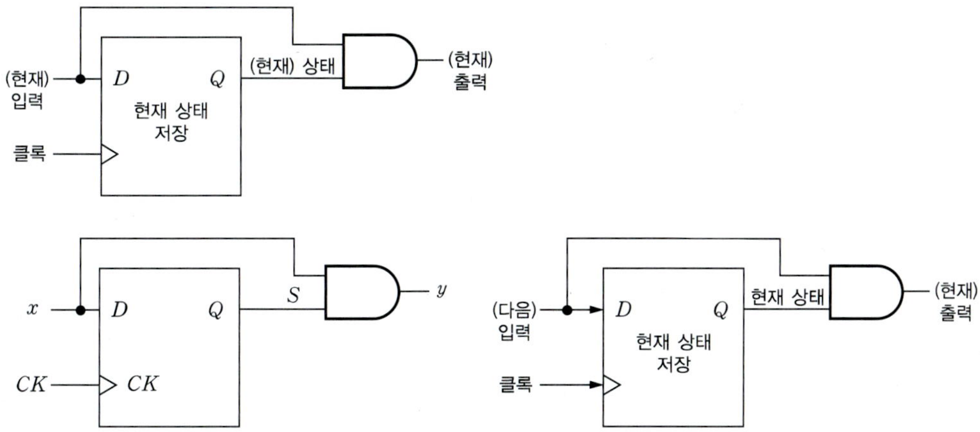

(a) 논리도

현재 상태	다음 상태		(현재) 출력	
	$x=0$	$x=1$	$x=0$	$x=1$
0	0	1	0	0
1	0	1	0	1

(b) 상태표

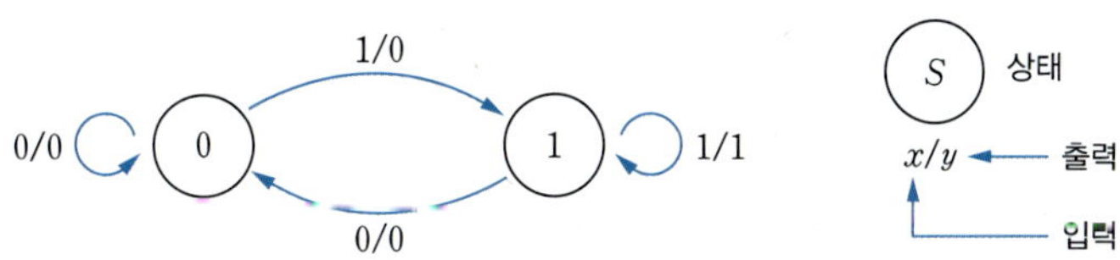

(c) 상태도

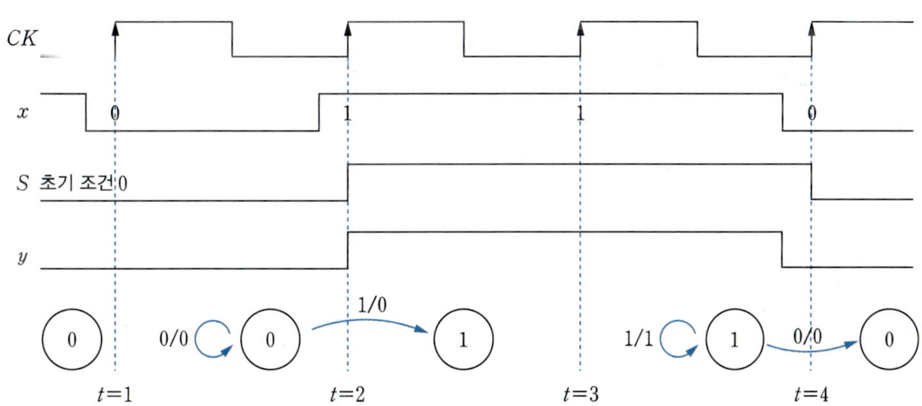

(d) 타이밍도

[그림 6-11] 간단한 밀리머신의 예

■ 상태표 작성하기

[그림 6-11(b)]는 이 회로의 동작을 상태표로 나타낸 것이다. [그림 6-11(d)]의 타이밍도와 연동하여 보면, 현재 입력 x 값이 대기하고 있다가 클록의 상승에지에서 플립플롭이 다음 상태로 천이한다. 출력은 현재 입력 x와 현재 상태 S의 AND이다.

예를 들어 $x=0$인 경우와 $x=1$인 경우를 살펴보자.

❶ **현재 상태가 0이고 대기하고 있는 현재 입력 $x=0$인 경우** : 클록의 상승에지가 들어오면, D 플립플롭에 저장되는 다음 상태는 0으로 유지된다. 현재 출력은 현재 입력 0과 현재 상태 0의 AND인 $y=0$이다.

❷ **현재 상태가 0이고 대기하고 있는 현재 입력 $x=1$인 경우** : 클록의 상승에지가 들어오면, D 플립플롭의 다음 상태는 1로 천이된다. 현재 출력은 현재 입력 1과 현재 상태 0의 AND이므로 $y=0$이다.

이 동작을 표로 작성하면 상태표에서의 첫 번째 행이 된다. 밀리머신에서는 출력이 입력에 의존하므로, 출력 열은 x 값에 따라 분리된다. 같은 방법으로 현재 상태가 1일 때를 수행하면 두 번째 행을 유도할 수 있다. 현재 상태 열을 0에서부터 1씩 증가시키면서 모든 경우의 수를 기계적으로 작성한다.

■ 상태도 작성하기

이제 회로 동작을 [그림 6-11(c)]와 같은 상태도로 나타내보자. 상태도는 (상태)원과 (천이) 화살표 및 변수들의 값으로 구성된다.

❶ **먼저 회로에 존재하는 상태의 개수만큼의 원을 그린다.**
플립플롭의 상태변수 S는 0과 1의 값을 가지므로 두 개의 원을 그린다.

❷ **나타내고자 하는 상태 0, 1을 각각 원 내부에 기입한다.**
밀리머신은 출력이 입력변수 x에도 의존하므로 x 값에 따라 분리된다. 따라서 출력값은 상태원 내에 상태값과 함께 기입할 수 없고, x와 함께 천이 화살표 위에 기입한다.

❸ **천이 화살표를 그린다.**
화살표 위에 현재 입력 x의 값 및 현재 출력값을 사선을 긋고 쓴다. 천이 화살표는 클록의 에지에서 상태의 천이를 나타내므로, 모든 입력에 해당하는 화살표가 나타나야 한다.

초기 상태를 $S=0$이라고 가정하고 [그림 6-11(d)]의 타이밍도를 보면, 다음과 같이 해석할 수 있다.

- $t<1$일 때 : 플립플롭의 초기 상태 $S=0$을 유지한다.
- $t=1$일 때 : 출력 y는 대기하고 있는 현재 입력 $x=0$과 이때의 플립플롭의 상태 $S=0$의 AND이므로 0이 된다(0/0이 표시된 순환 화살표). 클록 에지에서 $x=0$을 샘플링하여 플립플롭의 상태 $S=0$을 유지한다. 상태의 천이가 없으므로 화살표는 그대로 되돌아온다. $x=1$이 대기하는 구간에서는 현재 상태 $S=0$이고 출력 $y=0$이 되므로 천이 화살표 위에 1/0을 표기한다.
- $t=2$일 때 : 클록 에지에서 $x=1$을 샘플링하여 상태가 $S=1$로 변하므로 왼쪽 원에서 오른쪽 원으로 천이가 일어난다.

- $t=3$일 때 : 대기 입력이 $x=1$이고 $S=1$이므로 출력 y는 1이 된다(1/1이 표시된 순환 화살표). 클록 에지에서 $x=1$을 샘플링하여 플립플롭의 상태 $S=1$을 유지한다. 상태의 천이가 없으므로 화살표는 그대로 되돌아온다. $x=0$이 대기하는 구간에서는 대기 입력이 $x=0$이고 상태 $S=1$이므로 출력 $y=0$이 된다. 따라서 천이 화살표 위에 0/0을 표기한다.
- $t=4$일 때 : 클록 에지에서 $x=0$을 샘플링하여 플립플롭의 상태가 $S=0$으로 변하므로 왼쪽 원에서 오른쪽 원으로 천이가 일어난다.

무어머신의 입력과는 달리 밀리머신의 입력 x는 항상 유효한 값이어야 한다는 점에 주목하기 바란다.

예제 6-2 밀리머신의 상태도 및 상태표 작성

[그림 6-12]와 같은 밀리머신의 상태도와 상태표를 작성하라.

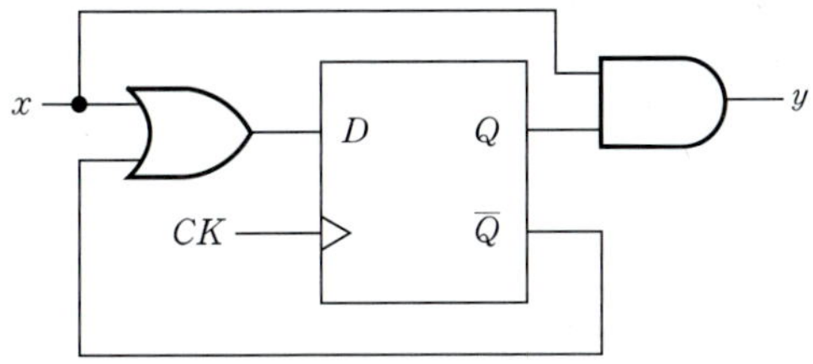

[그림 6-12]

풀이

한 개의 플립플롭은 두 가지 상태를 나타낼 수 있으므로 두 개의 원을 그린다.

❶ 현재 상태가 0일 때 $\overline{Q}=1$이므로, D 입력에는 입력변수 x와 상관없이 1이 대기한다. 다음 클록에서는 D 입력이 다음 상태 $Q=1$이 된다. 출력 y는 현재 상태 $Q=0$이므로 입력과 상관없이 $y=0$이다.

❷ 현재 상태가 1일 때 $\overline{Q}=0$이므로, D 입력에는 입력변수 x가 그대로 가해진다. 다음 클록에서는 D 입력이 상태 Q로 들어가므로 $Q=x$가 된다. 출력 y는 현재 상태 $Q=1$이므로 x가 그대로 통과하여 $y=x$이다.

이러한 동작에 해당하는 상태도 및 상태표는 [그림 6-13]과 같다. 각 상태원에서 입력의 모든 경우에 대한 천이 화살표가 포함되어 있음을 확인한다.

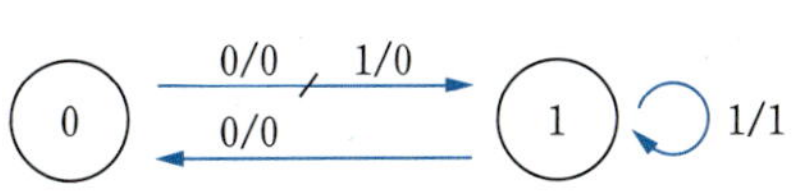

(a)

현재 상태	다음 상태		출력	
	$x=0$	$x=1$	$x=0$	$x=1$
0	1	1	0	0
1	0	1	0	1

(b)

[그림 6-13]

지금까지 학습한 무어머신 및 밀리머신의 표현 방법을 다음과 같이 정리할 수 있다.

무어머신 및 밀리머신의 표현 방법

- **논리도**

  플립플롭과 조합논리회로로 구성되는 회로도로, 클록, 입·출력 변수를 표현한다.

- **상태표**

  진리표에 해당하며, 현재 상태, 다음 상태, 현재 출력을 표현한다. 무어머신의 현재 출력은 현재 상태들의 조합만으로 결정된다. 밀리머신의 현재 출력은 입력값과 현재 상태의 조합으로 결정된다.

- **상태도**

  상태표를 시각적으로 표현한 것으로, 존재하는 상태의 개수만큼 원을 그린다. 무어머신의 상태원의 상단은 상태값을 나타내고, 하단은 출력값을 나타낸다. 밀리머신에서는 상태원 내에 상태값만을 기입한다. 각 상태들은 천이 화살표로 연결하며, 클록의 에지가 들어올 때 화살표 방향으로 상태 천이가 일어난다. 무어머신의 천이 화살표 위에는 대기하고 있는 입력값을 기입한다. 밀리머신의 화살표 위에는 대기하고 있는 입력값 및 현재 출력값을 사선을 사이에 두고 기입한다. 상태원에는 모든 입력에 대한 천이 화살표가 연결되어 있다.

- **동작방정식**

  상태방정식은 클록 에지에서 천이되는 다음 상태를 현재 상태와 입력변수의 함수로 표현한 것이다. 입력방정식은 플립플롭의 대기 입력을 현재 상태와 입력변수의 함수로 표현한 것으로, 논리도의 입력 조합논리 부분을 나타낸다. 출력방정식은 출력변수를 현재 상태와 입력변수의 함수로 표현한 것으로, 논리도의 출력 조합논리 부분을 나타낸다.

- **타이밍도**

  클록의 경과에 따른 입력 및 출력, 상태의 변화를 파형으로 표현한 것으로, 보조적으로 사용한다. 타이밍도는 게이트의 지연 및 입력신호의 셋업시간, 홀드시간을 표현할 수 있어, 전체적인 동작을 편리하게 볼 수 있다.

SECTION

6.3 순차논리회로의 표현

앞 절에서 순차논리회로는 여러 가지 형태로 기술될 수 있으며, 표현 방법이 다를 뿐 나타내고자 하는 동작은 모두 같음을 학습하였다. 회로의 복잡도나 요구 상황에 맞게 이들 기술 방법들을 적절히 조합하여 사용한다. 이 절에서는 순차논리회로의 표현법에 대해 더 구체적으로 학습해보자.

6.3.1 상태도

상태머신의 동작을 기술하는 방안 중 가장 쉽게 눈에 들어오는 방법이 상태도를 그리는 것이다. 상태도를 작성하는 데 명시적인 과정이 존재하는 것은 아니지만 대략 다음과 같은 가이드라인을 적용하면 도움이 된다.

상데도 작성 가이드라인

❶ 문제의 이해를 위해 몇 가지 입·출력 데이터 패턴을 작성하고, 기억할 '상태'를 정리한다.
❷ 회로의 초기 상태인 '리셋'에 대한 조건을 결정한다.
❸ '기억할 만한' 상황이 입력되면, 새로운 상태를 설정하고 화살표를 추가한다. 이때 이전의 상태로 갈 수 있는지, 아니면 새로운 상태를 추가해야 하는지의 여부를 결정한다.
❹ 1을 출력하는 조건을 나타내는 부분적인 상태도를 완성한다.
❺ 다른 경우의 수를 모두 고려하여 완전한 상태도를 작성한다. 상태도가 완성되면, 각 상태에서의 출력을 확인하여 0과 1이 모두 있는지를 확인한다.
❻ 단계 ❶에서 구성된 입력 패턴을 적용하여 출력 데이터 패턴이 제대로 나오는지를 확인한다.

순차논리회로의 간단한 예로 입력 패턴에서 연속적인 '11'을 검출하여 출력 1을 내보내는 패턴 검출기를 생각해보자. [표 6-2]는 시간의 경과(혹은 클록의 입력)에 따른 입력 x의 및 출력 y의 데이터 패턴이다. 이러한 데이터 패턴은 시간축상에서 데이터의 흐름을 표현하는 타이밍도의 일종으로, [그림 6-14]의 타이밍도와 같은 의미를 나타낸다.

[표 6-2] '11' 검출기의 입·출력 패턴 예

시간(t)	0	1	2	3	4	5	6	7	8	9	10	11	12
x	0	0	1	1	0	0	1	0	1	1	1	0	0
y	0	0	0	1	0	0	0	0	0	1	1	0	0

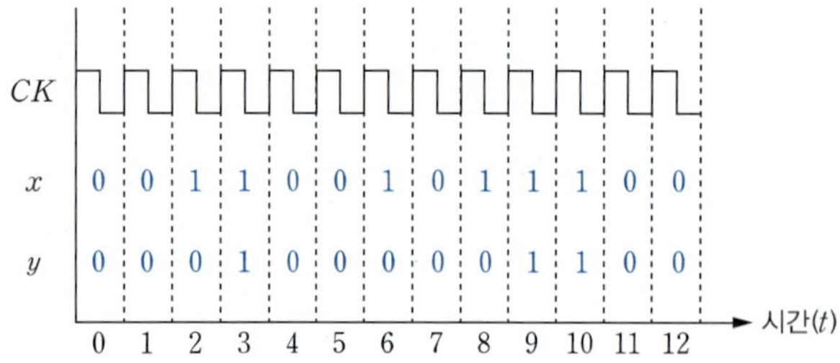

[그림 6-14] [표 6-2]의 패턴도에 해당하는 타이밍도

패턴 검출기의 밀리머신 구현

■ 단계 ❶

기억할 '상태'를 정의하는 단계이다. 11을 검출하기 위해 몇 가지 상태를 기억해야 한다. 0이 입력되면 "0이 입력되었음"을 기억하고, 이때 출력은 0이 된다. 1이 입력되면, "1이 한 번 입력되었음"을 기억하고 출력은 여전히 0이다. 다음 데이터가 또 1이면, "1이 한 번 입력되었음"을 기억하고 출력은 1로 바뀐다. 만약 그다음 데이터가 0이라면, "0이 입력되었음"을 기억하고 출력은 다시 0이 될 것이다. 따라서 기억해야 할 상태는 "0이 입력되었음" 및 "1이 한 번 입력되었음"의 두 가지로, 각각 S_0 및 S_1으로 설정한다. 여기서 'S'는 state(상태)의 머리글자이다. 상태값 S_0와 S_1을 각각 상태원 내에 기입한다. 출력은 기억된 '상태'와 입력의 조합으로 구성되므로 상태와 출력을 독립적으로 설정할 수 있다.

[그림 6-15] 설정된 두 가지 상태를 각각의 상태원에 표기

■ 단계 ❷

리셋(초기 상태)은 시간 $t = 0$에서의 상태의 초기값을 설정하는 동작으로, '초기화' 혹은 '**아무것도 기억하지 않는 상태**'라고 할 수 있다. 상태도의 표현에서 리셋은 반드시 설정해야 하는 상태로, 독립적인 상태로 따로 정의할 수도 있고, 동작 상태들 중의 하나로 중복 설정할 수도 있다. 본 예제의 경우, 상태 S_0인 '0 입력' 상태는 11을 검출하여 출력 $y = 1$을 만드는 데에 기여하지 않으므로 사실상 불필요한 상태이다. 따라서 S_0를 아무것도 기억하지 않는 리셋 상태로 설정한다. 리셋에 대한 회로 관점에서의 구체적인 동작은 7장에서 상세히 다룰 것이다.

[그림 6-16] 리셋(초기 상태) 설정

■ 단계 ❸

새로운 상태로 전환될 만한 상황을 생각하여 새로운 상태를 결정하는 단계이다. S_0 상태에서 1 입력이 들어오면, "1이 한 번 입력되었음"의 S_1 상태로 천이한다. 이때 천이의 방향을 나타내는 화살표를 그리고, 화살표 중간에 '입력/출력'의 값을 표기한다. 사선의 왼쪽에는 천이를 일으킨 입력값 1을 쓰고, 오른쪽에는 입력이 들어오는 시점에서의 출력값인 0을 쓴다(입력/출력 = 1/0).

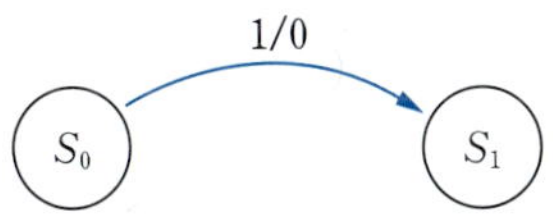

상태	입력 조건
S_0	리셋 / 0 입력
S_1	1 입력

[그림 6-17] 새로운 상태 설정

■ 단계 ❹

이제 출력 $y = 1$이 되는 상황의 부분 상태도를 완성한다. 1이 출력되는 경우는 S_1 상태에서 또다시 1이 입력되는 경우이다. S_1 상태에서 1이 입력되면 출력값은 1로 바뀌고, 클록 에지에서 여전히 '1 입력'의 상태로 남아있어야 한다. 상태가 변하지 않으므로 [그림 6-18]과 같이 S_1을 순환하는 자체 순환 화살표를 그리고 1/1을 쓴다.

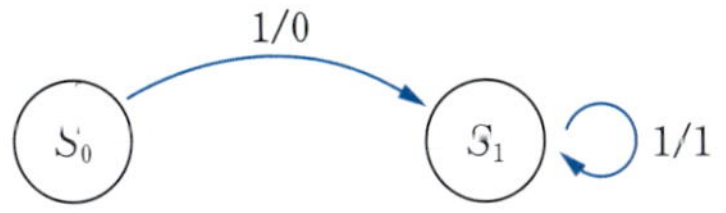

[그림 6-18] 1이 출력되는 조건에 대한 부분 상태도 완성

■ 단계 ❺

이제 다른 모든 경우의 수를 고려하여 상태도를 완성한다. 상태도에 화살표를 추가할 때는 이전의 상태로 갈 수 있는지, 또는 새로운 상태를 정의해야 하는지를 판단해야 한다. 또한 각각의 상태에서 0과 1이 입력되는 어떤 경우의 수도 빠지지 않도록, 모든 원에서 입력값 1과 0에 해당하는 두 개의 출력 화살표가 연결되어야 한다. [그림 6-19]의 S_0 상태에서 0이 입력되면 출력은 0이 되고, 클록 에지가 들어오면 여전히 "0이 입력되었음"을 기억해야 하므로, 자체 순환 화살표를 그리고 0/0을 쓴다. S_1 상태에서 0이 입력되면 출력은 0이 되고, 클록 에지에서 "0이 입력되었음"을 기억해야 하므로, S_0 상태로의 천이 화살표를 그리고 0/0을 쓴다. 각 원에서 입력 0과 1에 해당하는 두 개의 화살표가 연결되어 있음을 확인한다. 2비트의 패턴을 검출하는 밀리머신에서는 출력이 입력값에 따라 분리될 수 있으므로, 1비트의 상태를 저장하면 된다는 점에 주목한다.

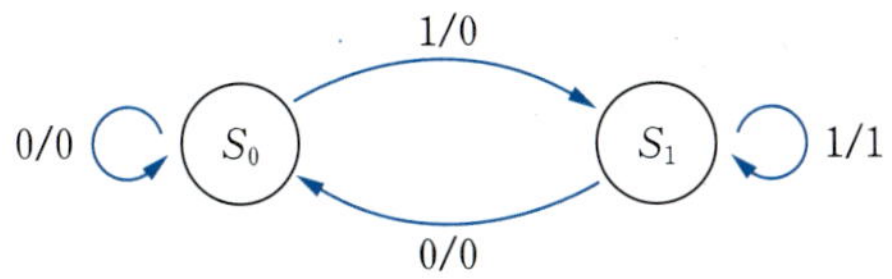

[그림 6-19] 전체 상태도 완성

■ 단계 ❻

[그림 6-19]의 완성된 상태도에 입력 x의 패턴을 넣어서 출력 y의 패턴이 제대로 나오는지를 확인한다. 초기 조건은 S_0로 설정하였으므로 S_0에서 시작한다. 시간 $t=1$에서 0이 입력되므로 0/0 화살표를 따라가면, 여전히 S_0 상태이고 출력은 0이다. $t=2$에서 1이 입력되므로, 1/0 화살표를 따라가서 S_1 상태로 천이하고 출력은 0이 된다. $t=3$에서 1이 입력되므로, S_1 상태에서 1/1 화살표를 따라가서 여전히 S_1 상태에 머물고 출력은 1이 된다. $t=4$에서 0이 입력되면, S_1에서 0/0 화살표를 따라가서 S_0 상태로 천이하고 0을 출력한다. 이런 식으로 $t=12$까지의 모든 패턴에 대해 출력이 맞게 나오는지를 확인하며 상태도를 검증한다.

패턴 검출기의 무어머신 구현

같은 예제를 무어머신으로 구현했을 때 밀리머신과는 어떤 점이 다른지를 유의하여 살펴보자.

■ 단계 ❶

밀리머신과 마찬가지로 0이 입력되면 "0이 입력되었음"을 기억하고, 출력은 0이 된다. 1이 입력되면 "1이 한 번 입력되었음"을 기억하고, 출력은 여전히 0이다. 다음 데이터가 또 1이면 출력이 1로 바뀌어야 하는데, 밀리머신과는 달리 출력이 '현재 상태'만의 함수로 결정되므로 출력이 달라지기 위해서는 상태도 달라져야 한다. 따라서 또 다른 상태인 "1이 두 번 입력되었음"을 기억할 필요가 있다. 만약 그다음 데이터가 0이면, 출력은 다시 0이 되고 "0이 입력되었음"을 기억할 것이다. 따라서 기억해야 할 상태는 "0이 입력되었음", "1이 한 번 입력되었음", "1이 두 번 입력되었음"의 세 가지로, 각각 S_0, S_1, S_2로 설정한다. S_0 및 S_1 상태에서는 출력이 $y=0$이므로, 상태원 아랫부분에 0을 입력한다. S_2 상태에서는 출력 $y=1$이므로, 상태원 아랫부분에 출력 $y=1$을 입력한다. 무어머신의 출력은 기억된 '상태'만으로 결정되므로, 밀리머신의 경우보다 한 가지 상태가 추가로 필요하다.

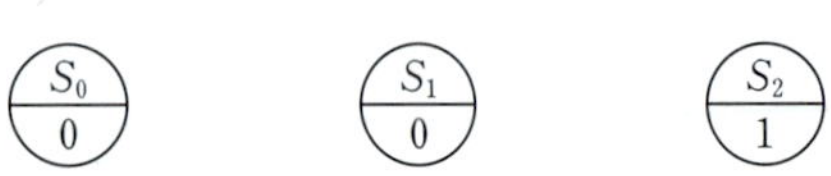

[그림 6-20] 세 가지 상태 설정

■ 단계 ❷

리셋(초기 상태)은 $t=0$에서의 값으로, 추가의 상태변수를 할당할 수도 있고, 단계 ❶에서 설정한 동작 상태 중의 하나인 "0이 입력되었음" 상태인 S_0에 할당할 수도 있다. "0이 입력되었음" 상태는 출력 $y=1$이 되는 데에 기여하지 않기 때문에 사실상 불필요한 상태이다. 그러므로 본 예제에서는 리셋을 S_0에 중복 설정하였다.

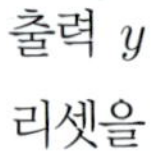

[그림 6-21] 리셋(초기 싱태) 설정

■ 단계 ❸

새로운 상태로 전환될 만한 상황을 생각하여 새로운 상태를 결정한다. S_0 상태에서 1 입력이 들어오면 "1이 한 번 입력되었음"의 상태 S_1으로 천이한다. 이 상태 천이의 방향을 나타내는 화살표를 그리고, 화살표 중간에는 천이를 일으킨 입력값 1을 쓴다. 그리고 원 안의 아랫부분에는 출력값인 0을 쓴다((입력)＝1, (출력)＝0).

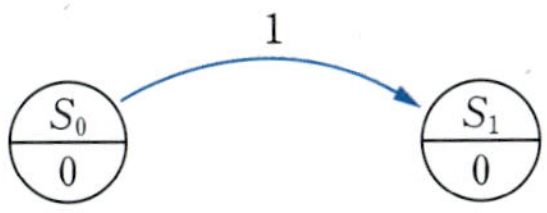

[그림 6-22] 새로운 상태로의 천이

■ 단계 ❹

이제 1이 출력되는 상황을 생각하여 부분 상태도를 완성한다. 이 경우는 S_1 상태에서 또 한 번의 1이 입력되어 출력값이 1이 되는 상황이다. 무어머신에서는 출력과 상태를 분리할 수 없으므로, 클록 에지에서 "1이 두 번 입력되었음"을 나타내는 상태값 S_2로 천이해야 한다. 따라서 [그림 6-23]과 같이 1을 출력하는 새로운 상태 S_2로 천이하는 화살표를 그리고, 화살표 위에는 입력 1을 쓴다.

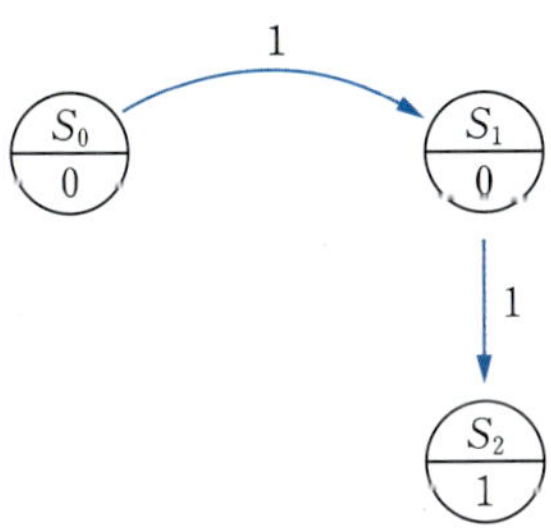

상태	입력 조건
S_0	리셋 / 0 입력
S_1	1 입력
S_2	11 입력

[그림 6-23] 1이 출력되는 조건에 대한 부분 상태도 완성

■ 단계 ❺

이제 다른 모든 경우의 수를 고려하여 상태도를 완성한다. 상태도에 화살표를 추가할 때는 이전의 상태로 갈 수 있는지, 또는 새로운 상태를 정의해야 하는지를 판단해야 한다. 이때 각각의 상태에서 0 또는 1이 입력되는 경우가 하나라도 빠지지 않도록 모든 상태원에 두 개의 출력 화살표가 연결되어야 한다.

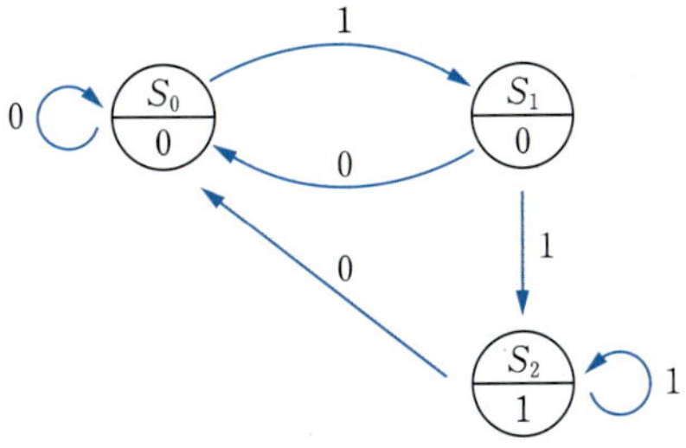

[그림 6-24] 전체 상태도 완성

S_0 상태에서 0이 입력되면, 클록 에지에서 여전히 "0이 입력되었음"이 기억되고 출력은 0이므로, 자체 순환 화살표를 그리고 화살표 위에 입력값 0을 쓴다. S_1 상태에서 0이 입력되면, 클록 에지에서 "0이 입력되었음"이 기억되고 출력은 0이므로, S_0 상태로 돌아가는 천이 화살표를 그리고 0을 쓴다. S_2 상태에서 1이 입력되면, 클록 에지에서 "1이 두 번 입력되었음"이 기억되고 출력은 1이므로, S_2 상태로의 자체 순환 화살표를 그리고 1을 쓴다. S_2 상태에서 0이 입력되면, 클록 에지에서 "0이 입력되었음"을 기억하기 위해 S_0 상태로 천이하고 출력은 0이다. 천이 화살표에는 입력 0을 표기한다.

■ 단계 ❻

[그림 6-24]의 완성된 상태도에 입력 x의 패턴을 하나씩 넣어서 출력 y의 패턴이 제대로 나오는지를 확인한다. 시간 $t = 0$에서의 초기 조건은 S_0로 설정하였으므로 S_0에서 시작한다. 시간 $t = 1$에서 0이 입력되므로 0 화살표를 따라가면, 여전히 S_0 상태이고 출력은 0이다. $t = 2$에서 1이 입력되므로 1 화살표를 따라가면, S_1 상태로 천이되고 출력은 0이다. $t = 3$에서 1이 입력되므로 S_1 상태에서 1 화살표를 따라가면, S_2 상태로 천이되고 출력은 1이 된다. $t = 4$에서 0이 입력되어 S_2에서 0 화살표를 따라가면, S_0 상태로 천이되고 0이 출력된다. 이런 식으로 $t = 12$까지의 모든 패턴에 대해 출력이 맞게 나오는지를 확인하며 상태도를 검증한다.

다양한 경우의 패턴 검출기 상태도 작성

앞의 가이드라인을 적용하여 조금 더 복잡한 형태의 상태도를 작성해보자.

■ 동작 중 리셋(초기화)이 있는 패턴

입력 x에 '011' 패턴이 입력되면 $y = 1$이 출력되며, 매번 세 개의 입력이 들어올 때마다 리셋 동작을 수행하는 패턴 검출기의 밀리머신 상태도를 작성해보자. [표 6-3]의 입·출력 패턴도를 보면, 세 개의 입력 패턴이 끝날 때마다 실선을 그어서 그 시점에서 리셋 상태에 있음을 표시한다. 2비트가 입력될 때까지는 그 상태를 기억하고 있다가 세 번째 비트 입력이 들어오는 순간, 출력이 결정되고 리셋 상태로 돌아간다. 예를 들어 $t = 3$에서 입력 $x = 1$이 들어오고 출력은 0이 나간다. 이때 상태머신은 초기화 상태인 리셋으로 돌아간다. $t = 6$에서 입력 $x = 0$이 들어오면, 출력은 0이 나간다. 그리고 초기화 상태인 리셋으로 돌아간다. $t = 9$에서 입력 $x = 1$이 들어오면, '011' 패턴이 검출되어 출력은 1이 나간다. 그리고 초기화 상태인 리셋으로 돌아간다.

[표 6-3] 세 클록마다 자동 리셋이 들어가는 경우의 패턴도 예시

시간(t)	1	2	3	4	5	6	7	8	9	10	11	12
x	0	0	1	1	1	0	0	1	1	0	0	0
y	0	0	0	0	0	0	0	0	1	0	0	0

이 예제에서는 리셋 상태에 해당하는 상태변수를 따로 분리하여 S_0를 리셋 상태로 설정한다. 리셋 후 입력 0이 들어오면, '0 입력' 상태임을 나타내는 상태 S_1을 설정한다. 이어서 입력 1이 들어오면, 출력이 1이 되기 위한 중간 패턴인 '01 입력' 상태임을 나타낼 수 있도록 새로운 상태 S_2를 설정한다. 리셋 후 입력 1이 들어오면, '1 입력' 상태임을 나타내는 상태 S_3를 설정한다. 이제 두 번의 입력이 들어온 상태를 모두 포함하기 위해, 출력 1의 가능성이 없는 나머지 패턴인 '10', '11', '00'에 대한 상태 S_4를 설정한다. 밀리머신이므로 3개의 연속적인 특정 패턴을 검출하기 위해서는 두 번의 입력이 들어온 상태까지를 설정하면 된다.

[표 6-4] 자동 리셋 '011' 검출기의 상태 정의

상태	입력 조건
S_0	리셋
S_1	'0' 입력
S_2	'01' 입력
S_3	'1' 입력
S_4	출력 1의 가능성이 없는 두 번의 입력('10', '11', '00')

이제 출력이 1이 되는 경로에 대한 부분 상태도를 $t=7$, $t=8$, $t=9$에 대해 [그림 6-25]에 완성해보자. S_0에서 0이 입력되면 출력은 0이고, 클록 에지에서 S_1 상태로 천이된다. S_1 상태에서 1이 입력되면 출력은 0이고, 클록 에지에서 S_2 상태로 천이된다. S_2 상태에서 입력이 1일 때 1을 출력하며, 세 번의 입력 패턴이 입력되었으므로 클록 에지에서 리셋 상태인 S_0로 천이된다. 즉, 세 클록 만에 S_0(리셋) → S_1(0 입력) → S_2(01 입력) → S_0(리셋)으로 천이되며, S_2(01 입력) → S_0(리셋) 과정에서 1이 입력될 때 $y=1$이 출력된다.

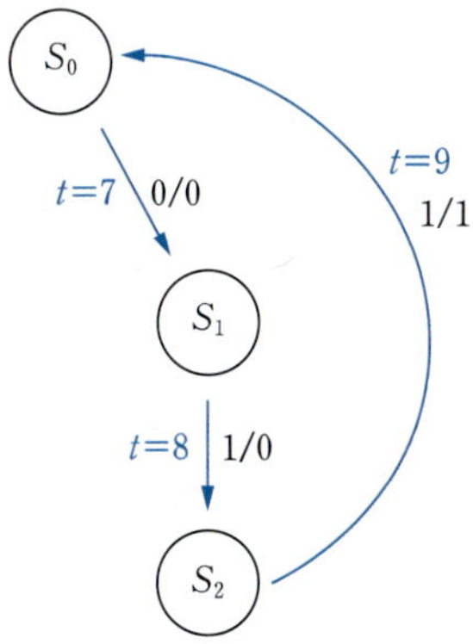

[그림 6-25] $y=1$이 출력되는 부분 상태도

이제 다른 모든 경우의 수를 포함하여 [그림 6-26]과 같이 상태도를 완성한다. 먼저 S_2(01 입력) → S_0(리셋) 과정에서 0이 입력될 때 $y=0$이 출력되는 과정을 포함시킨다. S_0에서 1이 입력되면 0이 출력되고, 클록 에지에서 S_3로 천이되며, S_3에서 입력이 0 또는 1인 경우에 S_4로 천이된다.

S_4 상태에서는 입력의 두 값에 대해 0이 출력되고, 클록 에지에서 S_0로 되돌아간다. S_1에서 0이 입력될 때 출력은 0이며, 클록 에지에서 S_4로 천이된다. 각 (상태)원에서 두 가지 입력에 대한 출력 화살표가 모두 존재하는지를 확인한다. 모든 경우의 수를 담으려면, S_3 및 S_4 상태가 반드시 필요함을 확인할 수 있을 것이다.

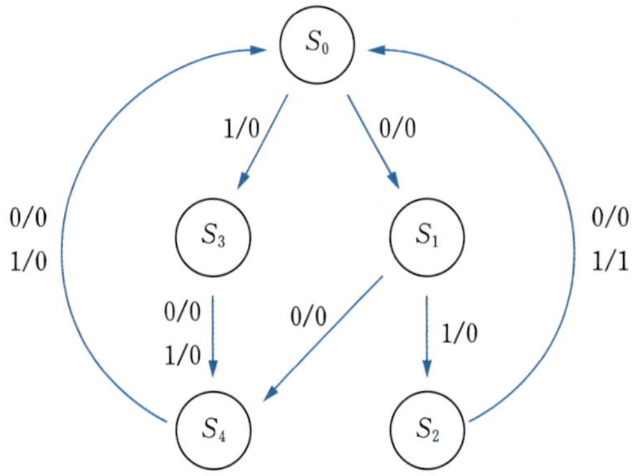

[그림 6-26] 전체 상태도 완성

■ 동작 중 리셋(초기화)이 없는 패턴

[표 6-5]와 같은 입·출력 패턴도를 작성하고, 이에 해당하는 상태도를 만들어보자. [표 6-3]과의 차이는 동작 중간에 자동 리셋이 없다는 점이다. 예를 들어 $t = 4$에서 보면, $t = 3$에서 자동 리셋이 되지 않으므로 $t = 2,\ 3,\ 4$에서의 $x = 0,\ 1,\ 1$ 패턴을 인식하여 출력 $y = 1$을 내보낸다.

[표 6-5] 자동 리셋이 없는 경우의 패턴도 예시

시간(t)	1	2	3	4	5	6	7	8	9	10	11	12
x	0	0	1	1	1	0	0	1	1	0	0	0
y	0	0	0	1	0	0	0	0	1	0	0	0

먼저 S_0를 리셋 상태로 설정한다. 입력 0이 들어오면 '0 입력' 상태임을 나타내는 상태 S_1을 설정한다. 이어서 입력 1이 들어오면, 출력이 1이 되기 위한 중간 패턴인 '01 입력' 상태임을 나타내기 위해 새로운 상태 S_2를 설정한다. 입력 1이 들어오면, '1 입력' 상태임을 나타내는 상태 S_3를 설정한다.

[표 6-6] 자동 리셋이 없는 '011' 검출기의 상태 정의

상태	입력 조건
S_0	리셋
S_1	'0' 입력
S_2	'01' 입력
S_3	'1' 입력

이제 출력이 1이 되는 경로에 대한 부분 상태도를 완성해보자. [그림 6-27]의 초기 상태 S_0에 0이 입력되면 출력은 0이 되고, 클록 에지에서 S_1 상태로 천이된다. S_1에서 1이 입력되면 출력은 0이 되고, 클록 에지에서 S_2 상태로 천이된다. S_2에서는 클록 에지에서 리셋으로 되돌아가지 않으므로 '1이 입력되었음'을 기억해야 한다. 입력이 1일 때 1을 출력하며, 클록 에지에서 '1 입력' 상태인 S_3로 천이된다.

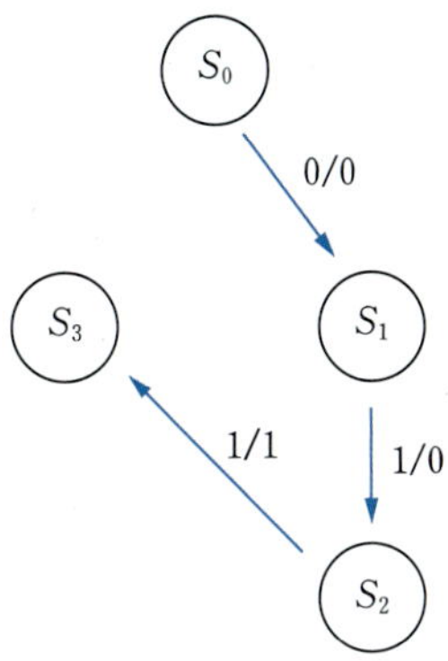

[그림 6-27] $y=1$이 출력되는 부분 상태도

이제 다른 모든 경우의 수를 포함하여 상태도를 완성한다. S_0에서 1이 입력되면 0이 출력되고 클록 에지에서 S_3로 천이한다. S_3에서 입력이 1이면 0이 출력되고 클록 에지에서 자체 순환한다. 만약 입력이 0이면 0이 출력되고 클록 에지에서 S_1으로 천이한다. S_1에서 0 입력 시에는 자체 순환하며, S_2에서 0 입력이면 S_1으로 천이한다. 각 상태원에서의 두 가지 출력 화살표가 모두 존재하는지를 확인한다.

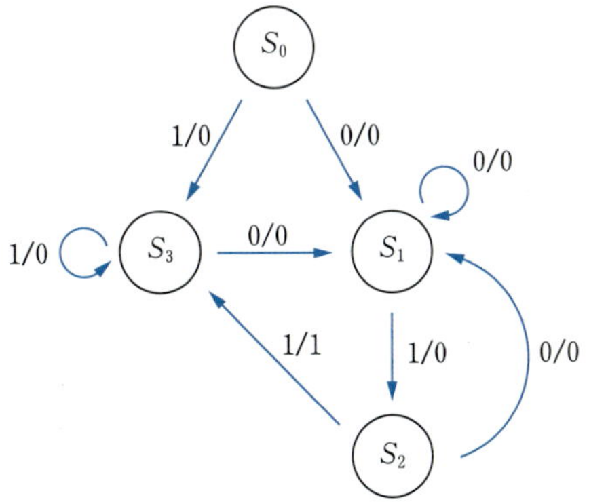

[그림 6-28] 전체 상태도 완성

네 개의 상태로 모든 경우의 수를 표현할 수 있으며, 자동 리셋이 있는 경우보다 상태 수가 1개 더 적음을 알 수 있다.

■ 다중출력 패턴

이번에는 입력 x의 패턴에 따라 출력 y_1 및 y_2를 발생시키는 다중출력 multiple output 상태도를 학습해보자. [표 6-7]에 제시된 패턴도에서처럼 '01' 패턴이 입력되면 출력 $y_1 = 1$이 되고, '11' 패턴이 입력되면 $y_2 = 1$이 되는 패턴 검출기의 밀리머신 상태도를 작성해보자.

[표 6-7] 다중출력 패턴도의 예시

시간(t)	1	2	3	4	5	6	7	8	9	10	11	12
x	1	0	0	1	0	0	0	1	1	1	0	1
y_1	0	0	0	1	0	0	0	1	0	0	0	1
y_2	0	0	0	0	0	0	0	0	1	1	0	0

먼저 S_0는 리셋 상태로 설정한다. 입력 0이 들어오면 '0 입력' 상태임을 나타내는 상태 S_1을 설정한다. 그리고 입력 1이 들어오면 '1 입력' 상태임을 나타내는 상태 S_2를 설정한다. 밀리머신이므로 두 개의 연속 패턴을 검출하는 경우, 두 번의 입력을 기억하는 상태는 필요하지 않다.

[표 6-8] 다중출력의 상태 정의

상태	입력 조건
S_0	리셋
S_1	'0' 입력
S_2	'1' 입력

이제 출력 y_1 및 y_2가 1이 되는 경로에 대한 부분 상태도를 생각해보자. S_0에서 0이 입력되면 두 출력은 00이 되고 클록 에지에서 S_1 상태로 천이한다(0/00). 사선 왼쪽은 입력값이며, 오른쪽은 각각 y_1 및 y_2의 값을 나타낸다. S_1에서 1이 입력되면 y_1은 1이고 y_2는 0이다(1/10). 클록 에지에서는 1이 한 번 입력된 상태인 S_2로 천이된다. S_0에서 1이 입력되면 두 출력은 00이고 클록 에지에서 S_2로 천이한다(1/00). S_2에서 다시 1이 입력되면, y_2는 1이고 y_1은 0이며(1/01) 클록 에지에서 '1 입력' 상태를 기억하기 위해 자체 순환한다. 이제 y_1, y_2가 1이 되는 경로를 모두 포함하면 [그림 6-29]와 같은 부분 상태도가 완성된다.

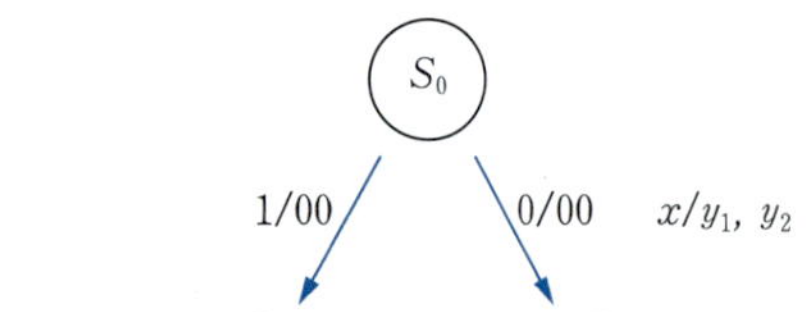

[그림 6-29] $y_1 = 1$ 혹은 $y_2 = 1$이 출력되는 부분 상태도

이제 다른 모든 경우의 수를 포함하여 [그림 6-30]에 전체 상태도를 완성한다. S_1에서 0이 입력되면 출력은 00이며 클록 에지에서 자체 순환한다. S_2 상태에서 0이 입력되면 00이 출력되고 클록 에지에서 S_1 상태로 천이한다. 모든 상태원에 입력의 두 가지 경우에 대한 출력 화살표가 모두 연결되어 있음을 확인한다.

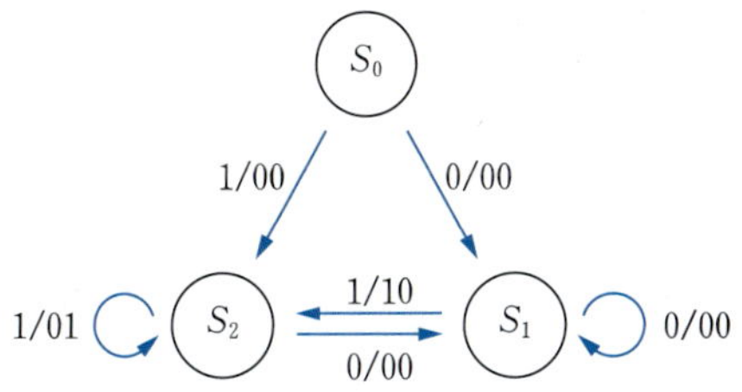

[그림 6-30] 전체 상태도 완성

■ 다중출력 간섭 패턴

이번에는 좀 더 복잡한 경우로 다중출력 간에 서로 간섭이 발생하는 경우를 살펴보자. [표 6-7]의 패턴도에서 $y_2 = 1$이 한 번 뜬 후에는 y_1이 다시는 1이 되지 않도록 [표 6-9]와 같이 수정하여 밀리 머신 상태도를 다시 작성해본다.

[표 6-9] 서로 간섭하는 다중출력 패턴도의 예시

시간(t)	1	2	3	4	5	6	7	8	9	10	11	12
x	1	0	0	1	0	0	0	1	1	1	0	1
y_1	0	0	0	1	0	0	0	1	0	0	0	0
y_2	0	0	0	0	0	0	0	0	1	1	0	0

S_0는 리셋 상태로 설정한다. 회로의 동작은 크게 $y_2 = 1$이 발생하기 전과 후로 나뉜다. 먼저 $y_2 = 1$이 발생하기 전의 상태를 정의해보자. 입력 0이 들어오면, '0 입력' 상태임을 나타내는 S_1을 설정한다. 입력 1이 들어오면, '1 입력' 상태임을 나타내는 상태 S_2를 설정한다. 밀리머신이므로 두 번의 입력을 기억하는 상태는 필요치 않다.

[표 6-10] 간섭 이전의 부분 상태 정의

상태	입력 조건	동작 영역
S_0	리셋	$y_2 = 1$ 발생 이전
S_1	'0' 입력	$y_2 = 1$ 발생 이전
S_2	'1' 입력	$y_2 = 1$ 발생 이전

[표 6-10]의 $y_2 = 1$ 발생 이전 영역에서 출력 y_1 및 y_2가 1이 되는 경로에 대한 부분 상태도를 완성해보자. S_0에서 0이 입력되면, 두 출력은 00이고 S_1 상태로 천이한다(0/00). S_1 상태에서 1이 입력되면 y_1 출력은 1이고 y_2 출력은 0이다(1/10). 이때 상태는 1이 한 번 입력된 상태인 S_2로 천이된다. S_0에서 1이 입력되면, 두 출력은 00이고 S_2 상태로 천이된다(1/00). S_2 상태에서 다시 1이 입력되면, y_2 출력은 1이고 y_1 출력은 0이다(1/01). 이때 y_2가 1이 되었으므로, 이제 다시는 $y_1 = 1$이 될 수 없는 새로운 간섭 영역으로 들어간다.

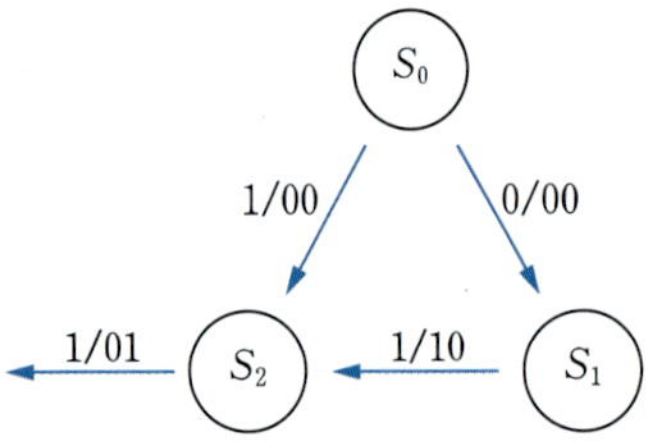

[그림 6-31] $y_1 = 1$ 및 $y_2 = 1$이 출력되는 부분 상태도

이제 간섭 이후의 상태를 포함하여 [표 6-11]과 같이 정의한다. 간섭 이후의 모든 상태는 간섭 이전과 구분되어 있음을 유념해야 한다.

[표 6-11] 간섭 다중출력의 전체 상태 정의

상태	입력 조건	동작 영역
S_0	리셋	$y_2 = 1$ 발생 이전
S_1	'0' 입력	$y_2 = 1$ 발생 이전
S_2	'1' 입력	$y_2 = 1$ 발생 이전
S_3	'1' 입력	$y_2 = 1$ 발생 이후
S_4	'0' 입력	$y_2 = 1$ 발생 이후

다른 모든 경우의 수를 포함한 상태도를 [그림 6-32]와 같이 완성한다. S_1에서 0이 입력되면 '0 입력'을 기억하며 자체 순환한다. S_2 상태에서 0이 입력되면, '0 입력'이 기억되어 있으므로 S_1 상태로 천이한다. y_2가 처음으로 1이 된 이후에는 [그림 6-32]의 점선 왼쪽의 y_2 발생 이후 영역으로 들어간다. 이 영역에서는 상태를 모두 다르게 정의해야 한다. S_3 및 S_4는 각각 $y_2 = 1$ 발생 이후 영역의 '1 입력' 및 '0 입력'이므로, S_1, S_2와는 차별화되는 상태이다. S_2에 1이 입력되면, $y_2 = 1$ 발생 이후의 영역인 S_3로 천이된다. S_3에 1이 입력되면, $y_1 = 0$, $y_2 = 1$이고 '1 입력' 상태가 기억되어 있으므로 자체 순환한다. 반면 S_3에 0이 입력되면, $y_1 = 0$, $y_2 = 0$이며 S_4 상태로 천이한다. S_4에 0이 입력되면, $y_1 = 0$, $y_2 = 0$이며 자체 순환한다. S_4에 1이 입력되면, $y_1 = 0$, $y_2 = 0$이며 S_3로 천이한다. 주의할 점은 한번 $y_2 = 1$ 발생 이후 영역으로 진입하면, 다시는 $y_2 = 1$ 발생 이전 영역으로 돌아갈 수 없다는 점이다.

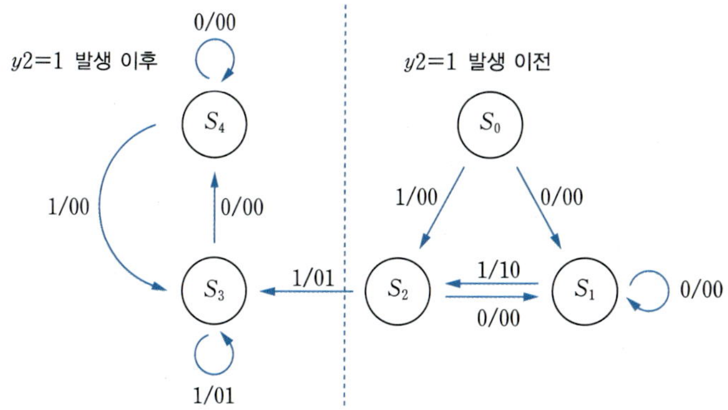

[그림 6-32] 전체 상태도 완성

모든 원에 두 가지 출력 화살표가 연결되어 있음을 확인한다. 간섭 전·후로 같은 입력에 대해서도 다른 상태가 되므로, 간섭이 없는 경우보다 더 많은 상태가 필요하다.

■ 다중입력 패턴

이번에는 입력이 두 개 이상인 다중입력의 상태도를 학습해보자. [표 6-12]의 입·출력 패턴에서 두 입력 x_1, x_2의 패턴이 연속적으로 (01, 11) 혹은 (10, 11)일 때, 출력 $y = 1$이 되는 2-입력 패턴 검출기의 밀리머신 상태도를 작성해본다. 여기서 x_1, x_2의 패턴이 01이라는 것은 어떤 시점에서 $x_1 = 0$, $x_2 = 1$임을 의미한다.

[표 6-12] 2-입력 패턴 검출기의 패턴도 예시

시간(t)	0	1	2	3	4	5	6	7	8	9	10	11
x_1	0	0	0	1	1	0	0	1	1	0	0	1
x_2	0	1	0	0	1	0	1	1	1	0	1	1
y	0	0	0	0	1	0	0	1	0	0	0	1

먼저 S_0를 리셋 상태로 설정한다. 입력이 두 비트 x_1, x_2이므로 어떤 시점에서의 입력은 00, 01, 10, 11의 네 가지 중 하나이다. 리셋 후 입력 01이 들어오면, '01 입력' 상태임을 나타내는 상태 S_1을 설정한다. 즉, S_1은 '$x_1 = 0$, $x_2 = 1$이 입력'된 상태이다. 입력 10이 들어오면, '10 입력' 상태임을 나타내는 상태 S_2를 설정한다. '00' 및 '11' 입력은 출력 1을 만드는 데 기여하지 않으므로, 따로 상태를 설정하지 않는다. 앞서의 예제와 같이 밀리머신이므로, 두 비트의 연속성을 검출하는 데에 두 번의 연속 입력을 기억하는 상태는 필요치 않다.

[표 6-13] 다중입력의 상태 정의

상태	입력 조건
S_0	리셋
S_1	'01' 입력
S_2	'10' 입력

다음으로 출력 y가 1이 되는 경로에 대한 부분 상태도를 완성해보자. S_0에 01이 입력되면, 출력은 0이고 S_1 상태로 천이한다. S_1 상태에서 11이 입력되면, y 출력은 1이다. 이때 '아무것도 기억하지 않는 상태'인 S_0로 천이한다. S_0에서 10이 입력되면, 출력은 0이고 '10 입력'을 기억하는 S_2 상태로 천이한다. S_2 상태에서 11이 입력되면, 출력은 1이고 리셋 상태인 S_0로 들어간다. [그림 6-33]에는 $y=1$이 되는 두 가지 경로가 모두 포함되었다.

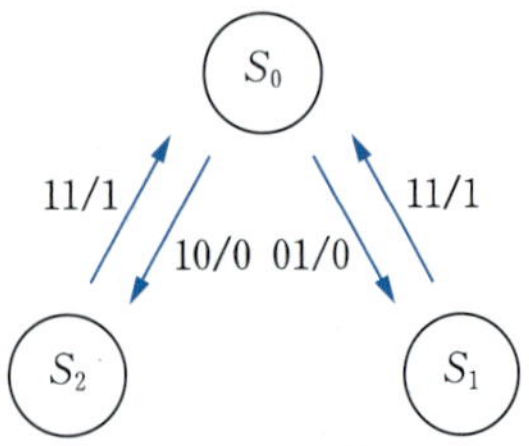

[그림 6-33] $y=1$이 출력되는 부분 상태도

이제 다른 모든 경우의 수를 포함하여 상태도를 완성해보자. 2비트 입력이므로 어떤 상태에서 다른 상태로 천이할 때, 경우의 수는 네 가지가 나온다. 따라서 모든 상태원에는 00, 01, 10, 11의 네 가지 입력에 해당하는 네 개의 천이 화살표가 연결되어야 함에 주의한다. S_0 상태에서 출력 1을 위한 경로가 아닌 나머지 두 경우인 00, 11 입력의 경우에는 아무것도 기억할 필요가 없으므로 자체 순환한다. S_1에서 01이 입력되면, "01이 입력되었음"을 기억하며 자체 순환한다. S_1에 10이 입력되면, "10이 입력되었음"을 기억하는 S_2 상태로 천이된다. S_1에서 00이 입력되면 아무것도 기억하지 않는 리셋 상태로 돌아간다. S_2 상태에서 10이 입력되면, "10이 입력되었음"을 기억하며 자체 순환한다. 01이 입력되면, "01이 입력되었음"을 기억하는 S_1 상태로 천이한다. S_2에서 00이 입력되면, 아무것도 기억하지 않는 리셋 상태로 돌아간다. 이를 모두 나타내면 [그림 6-34]와 같다.

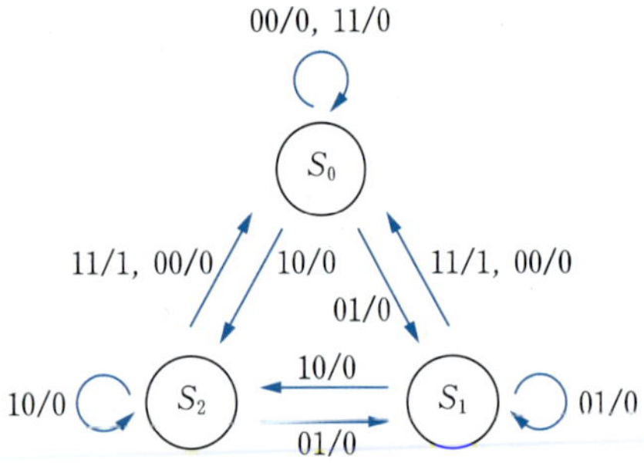

[그림 6-34] 다중입력 전체 상태도 완성

예제 6-3 다중입력 무어머신

[표 6-12]의 다중입력 예제에 대한 무어머신 상태도를 작성하라.

풀이

먼저 S_0를 리셋 상태로 설정한다. 입력이 두 비트 x_1, x_2이므로 어떤 시점에서의 입력은 00, 01, 10, 11의 네 가지 중 하나이다. 리셋 후 입력 01이 들어오면, '01 입력' 상태임을 나타내는 상태 S_1을 설정한다. 입력 10이 들어오면, '10 입력' 상태임을 나타내는 상태 S_2를 설정한다. 무어머신은 출력을 상태값과 별도로 설정할 수 없으므로, 밀리머신과는 달리 두 비트를 검출하는 데 두 번의 입력을 기억하는 상태가 필요하다. 따라서 출력이 1이 되기 위한 '01, 11' 혹은 '10, 11'이 입력되었음을 기억하는 S_3를 설정한다.

[표 6-14]

상태	입력 조건
S_0	리셋
S_1	'01' 입력
S_2	'10' 입력
S_3	'01, 11' 혹은 '10, 11' 입력

출력 y가 1이 되는 경로에 대한 부분 상태도를 [그림 6-35]와 같이 완성해보자. S_0에서 01이 입력되면, 출력은 0이고 S_1 상태로 천이된다. S_1 상태에서 11이 입력되면, y 출력은 1이다. 이때 상태는 '01, 11'이 순차적으로 입력된 상태인 S_3로 천이한다. S_0에서 10이 입력되면 출력은 0이고 '10 입력'을 기억하는 S_2 상태로 천이한다. S_2 상태에서 11이 입력되면 y 출력은 1이고 '10, 11'이 순차적으로 입력되었음을 기억하는 S_3 상태로 들어간다.

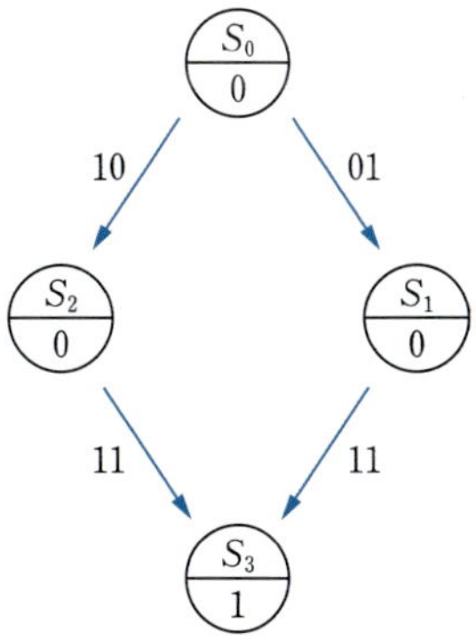

[그림 6-35] $y=1$이 출력되는 부분 상태도

이제 다른 모든 경우의 수를 포함하여 [그림 6-36]과 같은 전체 상태도를 완성한다.

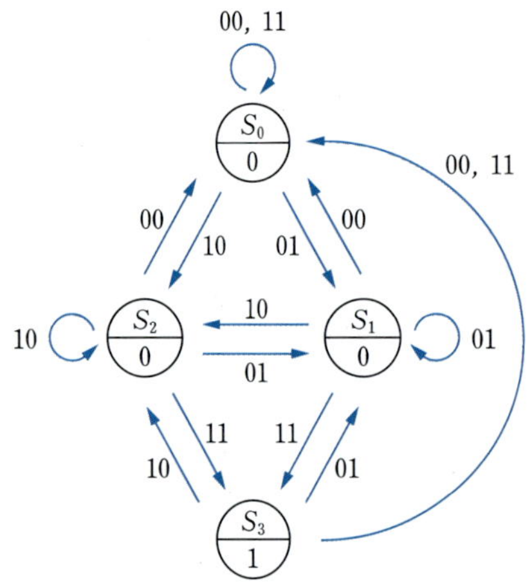

[그림 6-36] 전체 상태도 완성

2비트 입력이므로 각각의 원에서 00, 01, 10, 11의 네 가지 입력에 해당하는 출력 화살표가 연결되어야 한다. S_0 상태에서 출력 1을 위한 경로가 아닌 나머지 두 경로 00, 11 입력의 경우에는 아무것도 기억할 필요가 없으므로 자체 순환한다. S_1에 01이 입력되면, '01 입력'을 기억하며 자체 순환한다. S_1에 10이 입력되면, '10 입력'을 기억하는 S_2 상태로 천이된다. S_1에 00이 입력되면, 아무것도 기억하지 않는 리셋 상태로 돌아간다. S_2 상태에 10이 입력되면, '10이 입력되었음'을 기억하며 자체 순환한다. S_2에 01이 입력되면, '01이 입력되었음'을 기억하는 S_1 상태로 천이된다. S_2에 00이 입력되면, 아무것도 기억하지 않는 리셋 상태로 돌아간다. S_3 상태는 1을 출력하며, 00 혹은 11 입력에서는 기억할 것이 없는 S_0 상태로 돌아간다. S_3에서 01 입력에서는 S_1으로, 10 입력에서는 S_2로 천이된다.

6.3.2 상태표

조합논리회로의 동작을 진리표로 완벽하게 표현할 수 있는 것처럼 순차논리회로의 동작도 상태표로 기술할 수 있다. 상태표는 현재 상태와 외부 입력의 변화에 따른 다음 상태 및 출력의 변화를 한눈에 볼 수 있도록 표의 형태로 기술한 것이다. 이러한 상태표는 상태도의 내용을 그대로 옮긴 것으로, 매핑 동작에 의해 간단히 작성할 수 있다. 앞 절에서 패턴 검출 문제로 제시된 밀리머신 및 무어머신의 상태도로부터 상태표를 작성해보자.

상태표의 유도

■ 무어머신

[그림 6-24] 무어머신의 상태도로부터 상태표를 유도해보자. [그림 6-37]에서 현재 상태 S_0에서의 천이과정을 보면 현재 출력은 0이며, 입력 $x = 0$이 들어오면 자체 순환 루프를 돌면서 다음 상태는 그대로 S_0가 유지된나. 이때 $x = 1$이 들어오면, S_1 상태로 천이된다. 이 과정을 [표 6-15]의 상태표

로 변환할 때, 다음 상태는 입력값에 따라 두 개의 열로 분리된다. 무어머신에서 출력값은 입력값과 상관없이 현재 상태만의 조합으로 결정되므로, 출력은 입력변수의 분리 없이 한 개의 열로 표현된다.

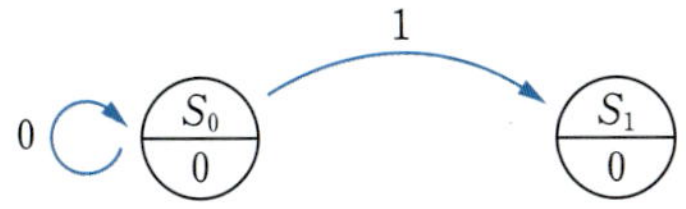

[그림 6-37] S_0에서의 천이에 대한 상태도

[표 6-15] S_0에서의 천이과정에 대한 상태표

현재 상태	다음 상태		출력
	$x=0$	$x=1$	
S_0	S_0	S_1	0

이번에는 [그림 6-38]과 같이 현재 상태가 S_1일 때의 천이과정을 살펴보자. S_1에서 입력 $x=1$이 들어오면 (현재) 출력은 0이며, 다음 상태는 S_2로 천이된다. 한편 S_1에 $x=0$이 들어오면 (현재) 출력은 0이며, S_0 상태로 천이된다. 이 과정을 상태표로 변환하면, [표 6-16]과 같다.

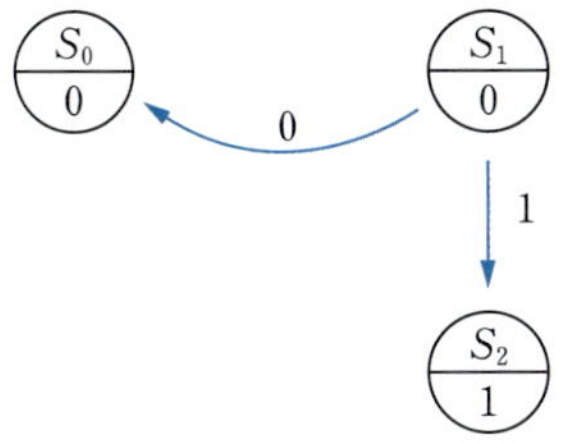

[그림 6-38] 현재 상태 S_1에서의 천이과정에 대한 상태도

[표 6-16] S_1에서의 천이과정에 대한 상태표

현재 상태	다음 상태		출력
	$x=0$	$x=1$	
S_1	S_0	S_2	0

현재 상태가 S_2일 때의 천이는 [그림 6-39]와 같다. S_2에서의 출력값은 1이며, 입력 $x=1$이 들어오면 자체 순환 루프를 돌면서 다음 상태는 S_2로 유지된다. 한편 S_2에 입력 $x=0$이 들어오면 S_0 상태로 천이된다. 이 과정을 상태표로 변환하면 [표 6-17]과 같다.

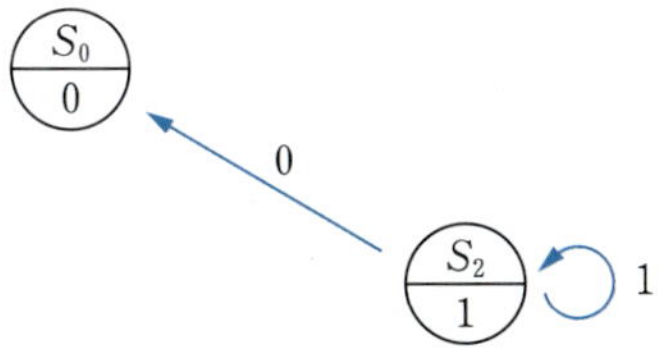

[그림 6-39] 현재 상태 S_2에서의 천이과정에 대한 상태도

[표 6-17] S_2에서의 천이과정에 대한 상태표

현재 상태	다음 상태		출력
	$x=0$	$x=1$	
S_2	S_0	S_2	1

위의 세 가지 행을 모두 모아 전체 상태도를 만들면 [표 6-18]과 같다.

[표 6-18] [그림 6-24] 무어머신 상태도의 상태표 변환

현재 상태	다음 상태		출력
	$x=0$	$x=1$	
S_0	S_0	S_1	0
S_1	S_0	S_2	0
S_2	S_0	S_2	1

■ 밀리머신

이번에는 [그림 6-19]의 밀리머신의 상태도로부터 상태표를 유도해보자. [그림 6-40]과 같이 현재 상태가 S_0일 때, 입력 $x=0$이 들어오면 출력은 0이 된다. 이후 클록 에지가 들어오면 자체 순환 루프를 돌면서 다음 상태는 그대로 S_0가 유지된다. 한편 S_0에 $x=1$이 들어오면 출력은 0이 된다. 이후 클록 에지가 들어오면 S_1 상태로 천이된다. 이 과정을 상태표로 변환하면 [표 6-19]와 같이 쓸 수 있다. 밀리머신에서 출력은 현재 상태와 입력값에 의해 결정되므로 입력값에 따라 분리된다.

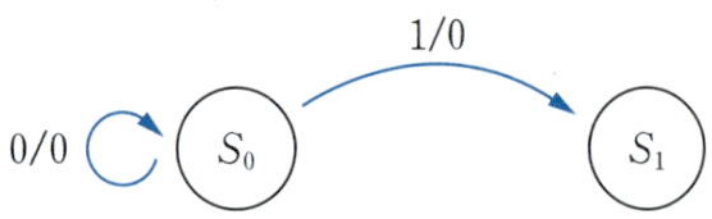

[그림 6-40] S_0에서의 천이과정에 대한 상태도

[표 6-19] S_0에서의 천이과정에 대한 상태표

현재 상태	다음 상태		출력	
	$x=0$	$x=1$	$x=0$	$x=1$
S_0	S_0	S_1	0	0

[그림 6-41]은 S_1에서의 천이과정을 보여준다. 입력 $x=1$이 들어오면 출력은 1이 된다. 클록 에지가 들어오면 자체 순환 루프를 돌면서 그대로 S_1이 유지된다. 한편 S_1에 $x=0$이 들어오면 출력은 0이 되고, 클록 에지에서 S_0 상태로 천이된다. 이 과정을 상태표로 변환하면 [표 6-20]과 같다.

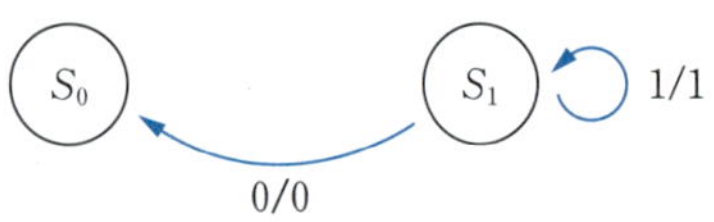

[그림 6-41] S_1에서의 천이과정에 대한 상태도

[표 6-20] S_1에서의 천이과정에 대한 상태표

현재 상태	다음 상태		출력	
	$x=0$	$x=1$	$x=0$	$x=1$
S_1	S_0	S_1	0	1

두 행을 묶어서 전체 상태표를 작성하면 [표 6-21]과 같다.

[표 6-21] [그림 6-11(c)] 밀리머신 상태도의 상태표 변환

현재 상태	다음 상태		출력	
	$x=0$	$x=1$	$x=0$	$x=1$
S_0	S_0	S_1	0	0
S_1	S_0	S_1	0	1

6.3.3 상태 축약

실제 회로를 구현할 때, 상태의 수를 줄이면 하드웨어 오버헤드가 작아질 수 있다. 사용하는 플립플롭의 수가 M개라면 2^M개의 상태를 표시할 수 있으므로, 필요한 상태의 수가 9에서 8로 줄어든다

면 필요한 플립플롭의 수를 네 개에서 세 개로 줄일 수 있다. 그러나 2^M의 경계에 있는 수(예를 들면 2, 4, 8, 16, …)가 아니면, 상태의 수를 줄인다 하더라도 하드웨어를 줄일 수 없는 경우도 발생한다. 예를 들어 필요한 상태의 수를 열다섯 개에서 아홉 개로 줄이더라도 필요한 플립플롭의 개수는 네 개로 동일하다.

앞에서 몇 가지 경우에 대해 직관적으로 상태도를 작성하고, 이를 상태표로 변환하는 내용을 학습하였다. 직관적인 방법에서는 출력이 1이 되는 최소 상태와 천이를 정의하여 부분적인 상태도를 완성한 후, 나머지 경우를 추가하여 전체 상태도를 완성하였다. 그러나 이러한 방법은 많은 경험과 숙련도를 요구하며, 내가 작성한 상태도와 상태표가 최적화된 것인지를 판단하는 것이 쉽지 않다. 이번 절에서는 일단 기계적으로 초기 상태표를 작성해놓고, 상태를 축약하여 최적의 상태표에 이르는 기법에 대해 학습한다. 상태 축약 state reduction 과정은 기본적으로 표준 밖의 상태가 포함되더라도 신경 쓰지 않고 초기 상태표를 기계적으로 작성한 후, 중복되는 부분을 지워나가면서 상태 수를 최소화하는 과정을 거쳐 최적화된 상태표를 완성하는 방법이다.

예시로 '동작 중 자동 리셋'이 존재하는 '011' 패턴 검출기에 대해, 상태 축약 방법 중 소위 '행 정합 row matching' 기법을 사용하여 최적화된 상태표를 작성해보자.

먼저 [표 6-22]와 같은 초기 상태표를 작성한다. 기억해야 할 모든 입력 패턴과 이를 표현할 수 있는 상태변수를 설정한다. 밀리머신이므로 세 개의 비트 패턴을 검출하기 위해서는 최대 두 비트의 패턴에 대한 상태를 기억하면 된다. 기계적으로 가능한 모든 패턴, 즉 '리셋, 0, 1, 00, 01, 10, 11'에 대해 상태 A, B, C, D, E, F, G를 각각 할당하여, '입력 패턴' 및 '현재 상태' 열에 각각 표현하였다. 이제 각 행마다 클록의 천이에 의한 다음 상태와 출력을 결정한다.

- **행 1** : 상태 A(리셋)에 입력 0이 들어오면 다음 상태 B(0 입력)로 천이된다. 이때 출력은 검출하고자 하는 패턴 '011'이 아니므로 0이다. 입력 1이 들어오면, 다음 상태 C(1 입력)로 전이한다. 이때 출력은 0이다.
- **행 2** : 상태 B(0 입력)에 입력 0이 들어오면 다음 상태 D(00 입력)로 천이된다. 이때 출력은 0이다. 입력 1이 들어오면 다음 상태 E(01 입력)로 천이된다. 이때 출력은 0이다.
- **행 3** : 상태 C(1 입력)에 입력 0이 들어오면, 다음 상태 F(10 입력)로 천이된다. 이때 출력은 0이다. 입력 1이 들어오면, 다음 상태 G(11 입력)로 천이된다. 이때 출력은 0이다.
- **행 4** : 상태 D(00 입력)에 입력 0이 들어오면, 세 번째 입력이 들어오는 경우이므로 리셋 상태 A로 천이된다. 이때 출력은 0이다. 입력 1이 들어오면, 마찬가지로 리셋 상태 A로 천이된다. 마찬가지로 출력은 0이다.
- **행 5** : 상태 E(01 입력)에서 입력 0이 들어오면, 세 번째 입력이 들어오는 경우이므로 리셋 상태 A로 천이된다. 이때 출력은 0이다. 입력 1이 들어오면, 마찬가지로 리셋 상태 A로 천이된다. 검출하고자 하는 '011' 패턴이 입력되었으므로, 출력은 1이 된다.
- **행 6** : 상태 F(10 입력)에서 입력 0이 들어오면, 세 번째 입력이 들어오는 경우이므로 리셋 상태 A로 천이된다. 이때 출력은 0이다. 입력 1이 들어오면, 마찬가지로 리셋 상태 A로 천이되며, 출력 역시 0이다.

• **행 7** : 상태 G(11 입력)에서 입력 0이 들어오면, 세 번째 입력이 들어오는 경우이므로 리셋 상태 A로 천이된다. 이때 출력은 0이다. 입력 1이 들어오면, 마찬가지로 리셋 상태 A로 천이되며, 출력 역시 0이다.

[표 6-22] [표 6-3]의 패턴 검출기 천이과정에 대한 초기 상태표

입력 패턴	현재 상태	다음 상태		출력	
		$x=0$	$x=1$	$x=0$	$x=1$
리셋	A	B	C	0	0
0	B	D	E	0	0
1	C	F	G	0	0
00	D	A	A	0	0
01	E	A	A	0	1
10	F	A	A	0	0
11	G	A	A	0	0

이제 작성된 초기 상태표에 '축약 알고리즘'을 적용해보자. 축약 알고리즘은 간단히 말해 '다음 상태 및 출력'이 같은 행이 있는지를 살펴보고, 중복되는 경우에는 하나의 상태만 남기고 나머지는 제거하는 것이다. 이 알고리즘은 다음 정리에 기반을 둔다.

> 순차논리회로의 상태 p 혹은 q에서 어떤 입력 패턴 x에 대해 다음 상태 및 출력이 같다면, 상태 p와 q는 일치하여 동등 상태equivalent states로 간주한다.

[표 6-22]에서 두 비트의 입력을 기억하는 행 4 ~ 7을 살펴보면, 상태 F와 G는 다음 상태와 출력에서 상태 D와 같음을 알 수 있다. 즉, 상태 F와 G는 상태 D로 대체될 수 있다. 이제 F와 G 상태를 지워보자. 그리고 F와 G가 포함되어 있는 다른 행을 찾아본다. F 및 G가 포함된 세 번째 행으로 다시 돌아와서 F와 G를 D로 대체한다.

[표 6-23] 패턴 검출기의 천이과정에 대한 상태표

입력 패턴	현재 상태	다음 상태		출력	
		$x=0$	$x=1$	$x=0$	$x=1$
리셋	A	B	C	0	0
0	B	D	E	0	0
1	C	~~F~~ D	~~G~~ D	0	0
00	D	A	A	0	0
01	E	A	A	0	1
~~10~~	~~F~~	~~A~~	~~A~~	~~0~~	~~0~~
~~11~~	~~G~~	~~A~~	~~A~~	~~0~~	~~0~~

이 결과에서 불필요한 행을 삭제하고 정리하면 [표 6-24]와 같이 다섯 개의 상태로 나타낼 수 있다.

[표 6-24] 축약된 상태표

현재 상태	다음 상태		출력	
	$x=0$	$x=1$	$x=0$	$x=1$
A	B	C	0	0
B	D	E	0	0
C	D	D	0	0
D	A	A	0	0
E	A	A	0	1

축약된 상태표를 이용하여 상태도를 그리면 [그림 6-42]와 같다. 이 그림을 살펴보면, 이 그림이 [그림 6-26]의 상태도에서 $S_0 = A$, $S_1 = B$, $S_2 = E$, $S_3 = C$, $S_4 = D$로 대체한 결과와 같음을 알 수 있다.

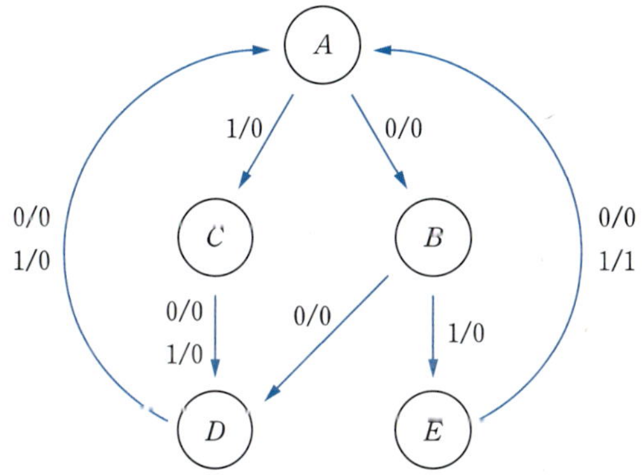

[그림 6-42] [표 6-24]의 축약된 상태표의 상태도 변환

지금까지 살펴보았듯이 '행 정합' 기법은 기계적으로 작성된 초기 상태표에서 손쉽게 상태를 축약할 수 있는 방법으로, 직관적으로 상태도를 작성하고 상태표로 변환하는 기법에 비해 오류 발생 확률을 줄일 수 있다. 알고리즘을 체계화하여 소프트웨어로 자동화하면 대규모 작업도 수행할 수 있다. 직관적인 방법은 상태도를 먼저 작성하고 이로부터 상태표를 유도하는 과정을 거치지만, 행 정합 기법은 상태도를 작성하지 않고도 바로 적용할 수 있다.

이번에는 [표 6-18]의 '11' 패턴 검출기의 무어머신 상태도를 행 정합 기법을 적용하여 축약해보자. 무어머신이므로 11 패턴 검출에 필요한 상태는 최대 2비트까지이다. 그리고 리셋, '0 입력', '1 입력', '00 입력', '01 입력', '10 입력', '11 입력'의 일곱 가지 상태가 가능하므로, 각각의 상태를 A, B, C, D, E, F, G로 표시하여 [표 6-25]와 같은 초기 상태표를 기계적으로 완성한다.

[표 6-25] [표 6-18]의 패턴 검출기 천이과정에 대한 초기 상태표

입력 패턴	현재 상태	다음 상태		출력
		$x=0$	$x=1$	
리셋	A	B	C	0
0	B	D	E	0
1	C	F	G	0
00	D	D	E	0
01	E	F	G	0
10	F	D	E	0
11	G	F	G	1

행 정합 기법에서 '다음 상태 및 출력'이 같은 행을 찾아보자. 2행과 4행, 6행이 동일하므로, 상태 D와 F 상태를 B로 통합하면 [표 6-26]과 같다.

[표 6-26] 1단계 축약된 상태표

입력 패턴	현재 상태	다음 상태		출력
		$x=0$	$x=1$	
리셋	A	B	C	0
0	B	B	~~E~~ C	0
1	C	B	G	0
~~01~~	~~E~~	~~B~~	~~G~~	~~0~~
11	G	B	G	1

통합된 중간 상태표를 살펴보면, 이번에는 C와 E 행이 일치하므로 E를 C로 통합하여 [표 6-27]과 같이 나타낸다.

[표 6-27] 2단계 축약된 상태표

입력 패턴	현재 상태	다음 상태		출력
		$x=0$	$x=1$	
리셋	A	~~B~~ A	C	0
~~0~~	~~B~~	~~B~~	~~C~~	~~0~~
1	C	~~B~~ A	G	0
11	G	~~B~~ A	G	1

다시 살펴보면, 이제는 A와 B 행이 일치하므로 B를 A에 통합한다. 이제 더 이상의 정합 행은 존재하지 않으므로 최종 축약된 상태표는 [표 6-28]과 같다.

[표 6-28] 최종 축약 상태표

입력 패턴	현재 상태	다음 상태		출력
		$x=0$	$x=1$	
리셋	A	A	C	0
1	C	A	G	0
11	G	A	G	1

이 결과는 $A = S_0$, $C = S_1$, $G = S_2$로 두면 [표 6-18]과 동일하다. 축약된 상태표를 상태도로 변환하면 [그림 6-43]과 같다.

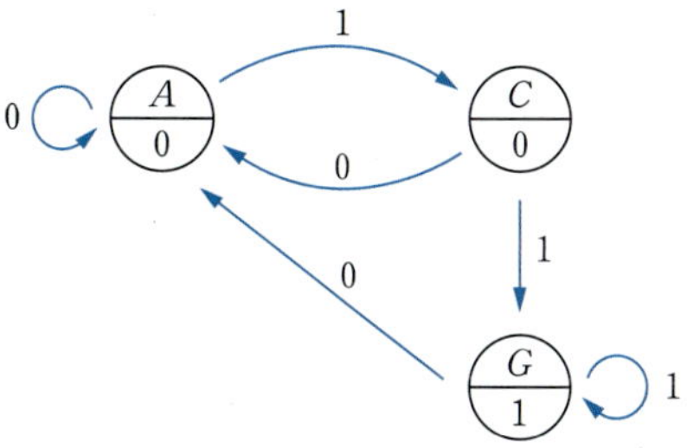

[그림 6-43] [표 6-28]의 최종 상태표의 상태도 변환

예제 6-4 밀리머신 상태표의 축약

[표 6-21]의 '11' 패턴 검출기의 밀리머신 상태도를 행 정합 기법을 적용하여 축약하고, 상태도를 그려보라.

풀이

밀리머신에서 '11' 패턴 검출에 필요한 상태는 최대 1비트까지이므로, 리셋, '0 입력', '1 입력'의 세 가지 상태를 기계적으로 설정하고, 각각 A, B, C로 표시하여 [표 6-29]와 같은 초기 상태표를 완성한다.

[표 6-29]

입력 패턴	현재 상태	다음 상태		출력	
		$x=0$	$x=1$	$x=0$	$x=1$
리셋	A	B	C	0	0
0	B	B	C	0	0
1	C	B	C	0	1

초기 상태표에 해당하는 상태도는 [그림 6-44]와 같다.

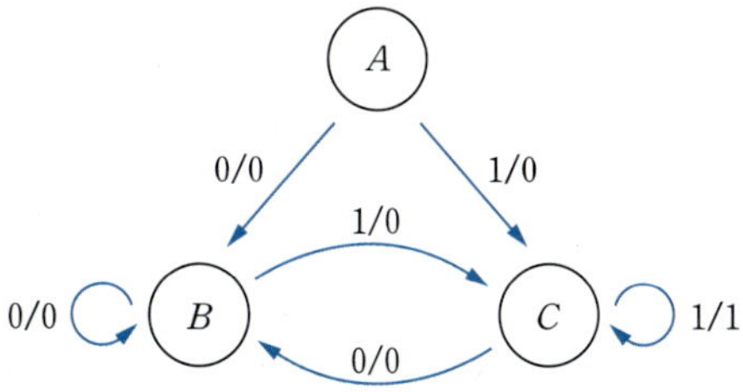

[그림 6-44]

행 정합 기법을 적용하여 '다음 상태 및 출력'이 일치하는 1행과 2행에서 2행을 삭제한다. 그리고 B 상태를 A 상태로 대체하면 1행 및 3행에서의 B는 A로 바뀐다. 상태 축소를 완료하면 [표 6-30]과 같다. $A = S_0$, $C = S_1$으로 두면, [표 6-30]과 [표 6-21]은 서로 일치한다. 축약 상태표에 해당하는 상태도를 [그림 6-45]에 나타내었다.

[표 6-30]

입력 패턴	현재 상태	다음 상태		출력	
		$x=0$	$x=1$	$x=0$	$x=1$
리셋	A	A	C	0	0
1	C	A	C	0	1

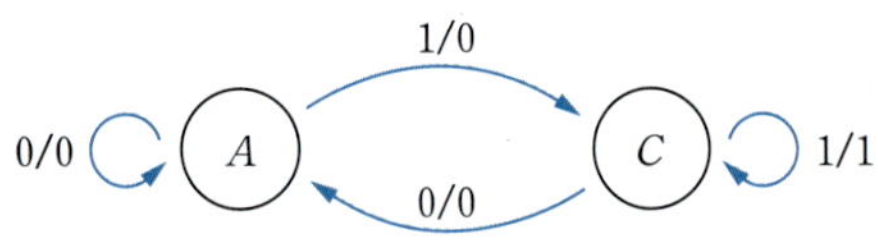

[그림 6-45]

6.3.4 상태방정식

앞에서 상태도(혹은 타이밍도)를 상태표로 변환하는 법을 학습하였다. 상태표로부터 최종적인 논리도를 합성하려면, 회로에 사용될 플립플롭이 포함되는 상태 여기표(勵起表) excitation table [3]를 작성하는 것이 매우 효과적이다. 6.2절에서 상태머신의 세 가지 구성요소인 (입력) 조합논리회로, 상태 저장회로, (출력) 조합논리회로는 각각 플립플롭의 입력단자에 연결된 신호의 조합을 나타내는 (플립플롭) 입력방정식, 클록 에지에서의 플립플롭 상태 천이를 나타내는 상태방정식, 플립플롭의 상태 및 입력의 조합으로 나타내는 출력방정식으로 표현될 수 있음을 배웠다. 상태 여기표로부터 입·출력 조합논리회로에 해당하는 방정식을 유도하고 방정식을 손쉽게 조합논리회로로 변환하여 논리도를 완성할 수 있다.

플립플롭 여기표

상태회로에서는 주요 플립플롭인 D 플립플롭, JK 플립플롭, T 플립플롭, SR 플립플롭 중 가장 적절한 것을 선택하여 사용한다. 5장에서 이 네 가지 플립플롭에 대한 특성표를 학습하였다. 플립플롭 특성표는 플립플롭 입력값에 따른 상태의 천이를 나타낸다. 여기표를 만들기 위해 먼저 특성표에서 입력과 다음 상태의 순서를 바꾸어, 방정식 유도에 적합하도록 현재 상태, 다음 상태, 플립플롭 입력의 순서로 정리한다. 현재 상태와 다음 상태를 왼쪽에 배치하고 상태의 천이에 요구되는 플립플롭 입력값을 오른쪽에 정리하면, [표 6-31]과 같은 네 가지 플립플롭에 대한 플립플롭 여기표를 만들 수 있다. 여기서 Q는 현재 상태 Q_n을 의미하고, Q^+는 클록의 에지에서 발생하는 다음 상태 Q_{n+1}을 의미한다. Q 및 Q^+ 열에는 00, 01, 10, 11의 기계적인 순서를 적용하였다. 플립플롭 입력은 현재 상태에서 플립플롭의 입력단자에 가해지고 있는 신호의 값이다.

3 여기표란 플립플롭에서 주어진 상태의 변화에 대한 입력신호 사이의 관계를 나타내는 표를 말한다.

[표 6-31] 네 가지 플립플롭의 여기표

현재 상태	다음 상태	플립플롭 입력					
		D-F/F	*JK-F/F*		*T-F/F*	*SR-F/F*	
Q	Q^+	D	J	K	T	S	R
0	0	0	0	X	0	0	X
0	1	1	1	X	1	1	0
1	0	0	X	1	1	0	1
1	1	1	X	0	0	X	0

예를 들어 $QQ^+ = 00$의 경우를 살펴보자. D 플립플롭의 경우, D 입력이 클록 에지에서 다음 상태가 되므로, 다음 상태 Q^+가 0이 되기 위해서는 현재 입력이 $D = 0$이어야 한다. JK 플립플롭은 $QQ^+ = 00$이 되는 두 가지 경우를 나누어 해석할 수 있다. 현재 상태 0이 그대로 '유지'된다면 플립플롭 특성표로부터 $J = K = 0$이며, 현재 상태와 무관하게 0으로 리셋한다면 $J = 0$, $K = 1$이다. 이 두 가지 경우를 모두 포함하여 나타내면 $J = 0$이고, K를 무관항 처리하여 $K = X$로 표현한다. T 플립플롭은 토글링하지 않았으므로 $T = 0$이다. SR 플립플롭도 JK처럼 두 가지로 해석할 수 있다. '유지'라면 $S = R = 0$이며, 리셋이라면 $S = 0$, $R = 1$이다. 따라서 $R = X$로 처리한다. 이렇게 첫 번째 행이 완성된다.

두 번째 행 $QQ^+ = 01$의 경우, D 플립플롭은 다음 상태가 1이므로 $D = 1$이어야 한다. JK의 경우는 두 가지 해석이 가능하다. 토글링 동작이라면 $J = K = 1$이며, 셋 동작이라면 $J = 1$, $K = 0$이다. 이 두 가지 경우를 모두 포함하여 $J = 1$, $K = X$로 표현한다. T 플립플롭은 토글링하였으므로 $T = 1$이다. SR 플립플롭은 셋 동작이 일어난 경우이므로 $S = 1$, $R = 0$이다.

같은 방법으로 $QQ^+ = 10$, 11의 나머지 두 경우에 대해서도 입력값을 유추하여 모든 행을 완성한다.

상태 여기표

6.2절에서는 상태표와 논리도를 연결하는 중간 단계로 상태방정식/입력방정식/출력방정식을 효율적으로 사용할 수 있음을 학습하였다. 이러한 방정식을 유도하기 위해서는 사용할 플립플롭의 여기표를 상태표에 포함시킨 상태 여기표를 작성하는 것이 많은 도움이 된다.

[표 6-18]의 무어머신 상태표에서는 S_0, S_1, S_2의 세 가지 상태 기호를 실제 회로에서의 두 개의 플립플롭 A, B로 변환하고 있다. S_0에 $AB = 00$을 할당하고, S_1에 $AB = 01$을 할당하며, S_2에 $AB = 10$을 할당한다고 하자. $AB =$ '00'이면 "0이 입력되었음"을 나타내고, '01'이면 "1이 한 번 들어왔음"을 나타내며, '10'이면 "1이 두 번 들어왔음"을 나타낸다. 플립플롭 상태는 클록에 동기되어 천이되므로 현재 상태는 A_nB_n으로 표현되고, 다음 상태는 $A_{n+1}B_{n+1}$로 표현된다.

[표 6-32] 무어머신 상태표

상태 기호	현재 상태		다음 상태				출력
			$x=0$		$x=1$		
	A_n	B_n	A_{n+1}	B_{n+1}	A_{n+1}	B_{n+1}	y
S_0	0	0	0	0	0	1	0
S_1	0	1	0	0	1	0	0
S_2	1	0	0	0	1	0	1

D 플립플롭을 사용한다면, [표 6-32]의 상태표에 D 플립플롭의 입력을 나타내는 '플립플롭 입력' 열을 추가하여 [표 6-33]과 같은 상태 여기표를 작성한다. 상태 여기표에는 가능한 모든 현재 상태가 제시되어야 하며, 어떤 상태도 할당되지 않은 $AB=11$은 논리를 축약하기 위해 무관항 처리(X)를 하는 게 좋다. 다만 이때 출력 1이 발생하지 않도록 출력은 $y=0$으로 설정한다. D 플립플롭의 특성상 D 입력이 다음 상태와 일치함을 확인한다.

[표 6-33] 무어머신 상태 여기표

현재 상태		다음 상태				플립플롭 입력				출력
		$x=0$		$x=1$		$x=0$		$x=1$		
A_n	B_n	A_{n+1}	B_{n+1}	A_{n+1}	B_{n+1}	D_A	D_B	D_A	D_B	y
0	0	0	0	0	1	0	0	0	1	0
0	1	0	0	1	0	0	0	1	0	0
1	0	0	0	1	0	0	0	1	0	1
1	1	X	X	X	X	X	X	X	X	0

상태방정식

상태방정식은 플립플롭 상태의 천이 조건을 지정하는 대수식을 나타내며, 상태표로부터 유도된다. 수학적으로는 다음 상태를 현재 상태 및 입력의 함수로 표현한다. 먼저 [표 6-33]의 무어머신 상태 여기표로부터 입력 x 및 현재 상태 A, B(혹은 A_n, B_n)의 함수로 다음 상태 A_{n+1} 및 B_{n+1}을 나타내는 상태방정식을 구해보자. 상태표에서 $A_{n+1}=1$이 되는 경우는 '$AB=01$이고 $x=1$'이거나 '$AB=10$이고 $x=1$'인 경우이다. $AB=11$인 경우는 이와 무관하다(X). 마찬가지로 $B_{n+1}=1$이 되는 경우는 '$AB=00$이고 $x=1$'인 경우이며, $AB=11$인 경우와는 무관하다(X). 축약된 대수식을 얻기 위해서는 [그림 6-46]과 같이 A_{n+1} 및 B_{n+1}에 대한 카르노 맵을 작성하고 논리를 축약한다.

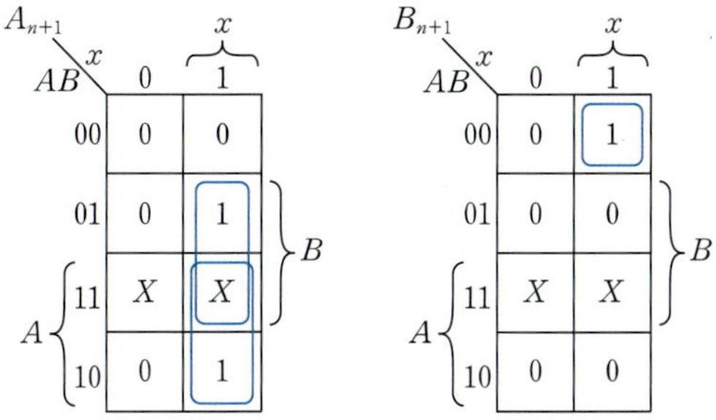

(a) 다음 상태 A_{n+1} (b) 다음 상태 B_{n+1}

[그림 6-46] 상태표를 이용한 다음 상태의 카르노 맵 작성

그 결과, A_{n+1} 및 B_{n+1}에 대한 상태방정식을 다음과 같이 구할 수 있다.

$$A_{n+1} = A\,x + B\,x = (A + B)\,x$$
$$B_{n+1} = \overline{A}\,\overline{B}\,x \tag{6.4}$$

이러한 상태방정식은 사용할 플립플롭의 종류와 상관없이 유도 가능하다는 점을 주목한다.

입력방정식/출력방정식

(플립플롭) 입력방정식 input equation은 특정 플립플롭이 결정되면, 입력과 현재 상태의 조합으로부터 플립플롭이 입력단에 대기하는 값을 표현하는 대수식이다. 즉, (입력) 조합논리회로를 표현하는 식이다. 플립플롭의 종류를 알고, [표 6-31]의 플립플롭 여기표를 염두에 둔다면 입력방정식으로부터 상태방정식을 바로 유추할 수 있다. 실제로는 논리도를 해석하거나 합성할 때, 상태방정식을 굳이 표현하지 않고도 입력방정식으로 상태의 천이를 나타낼 수 있다.

출력신호에 대한 방정식은 (출력) 조합논리회로를 표현하는 출력방정식 output equation이라 할 수 있다. 이들 방정식에 사용되는 변수는 현재 상태 A_n, B_n(이하에서는 간단히 A, B로 표기한다) 및 입력 x이다. [표 6-33]의 상태 여기표의 플립플롭 입력 열에서 D 플립플롭 A의 입력 D_A와, D 플립플롭 B의 입력 D_B, 출력 y에 대한 축약된 식을 각각 얻기 위해 [그림 6-47]과 같이 카르노 맵을 작성한다.

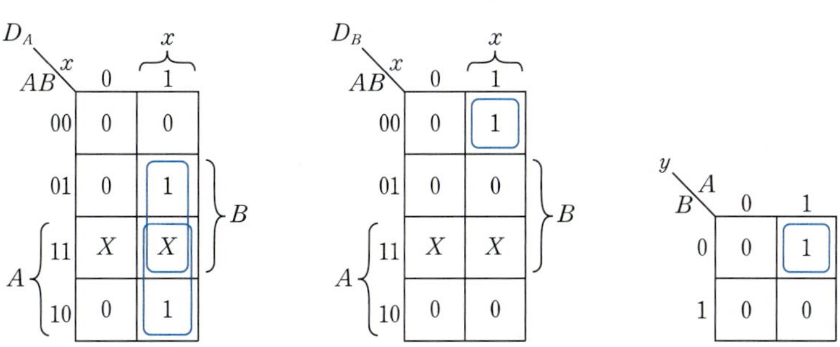

(a) 플립플롭 입력 D_A (b) 플립플롭 입력 D_B (c) 출력

[그림 6-47] 입력방정식 논리 축약을 위한 카르노 맵 작성

축약된 방정식은 다음과 같다.

$$D_A = A\,x + B\,x = (A+B)x \tag{6.5}$$

$$D_B = \overline{A}\,\overline{B}\,x$$

$$y = A\overline{B} \tag{6.6}$$

D 플립플롭의 동작을 염두에 두고 식 (6.5)의 입력방정식의 의미를 살펴보면, 식 (6.4)의 상태방정식 내용이 식 (6.5)에 포함되어 있음을 바로 알 수 있다.

예제 6-5 *JK* 플립플롭의 상태 여기표

[표 6-32]의 상태표로부터 *JK* 플립플롭의 상태 여기표를 재구성하고, (플립플롭) 입력방정식을 구하라.

풀이

JK 플립플롭 여기표를 적용하여 상태 여기표를 재구성한다.

[표 6-34]

현재 상태		다음 상태				플립플롭 입력								출력
		$x=0$		$x=1$		$x=0$				$x=1$				
A_n	B_n	A_{n+1}	B_{n+1}	A_{n+1}	B_{n+1}	J_A	K_A	J_B	K_B	J_A	K_A	J_B	K_B	y
0	0	0	0	0	1	0	X	0	X	0	X	1	X	0
0	1	0	0	1	0	0	X	X	1	1	X	X	1	0
1	0	0	0	1	0	X	1	0	X	X	0	0	X	1
1	1	X	X	X	X	X	X	X	X	X	X	X	X	0

$AB=11$인 미사용 상태는 무관항으로 처리하고 카르노 맵을 그리면 다음과 같다. 출력 y는 너무 간단하므로 카르노 맵을 그리지 않겠다.

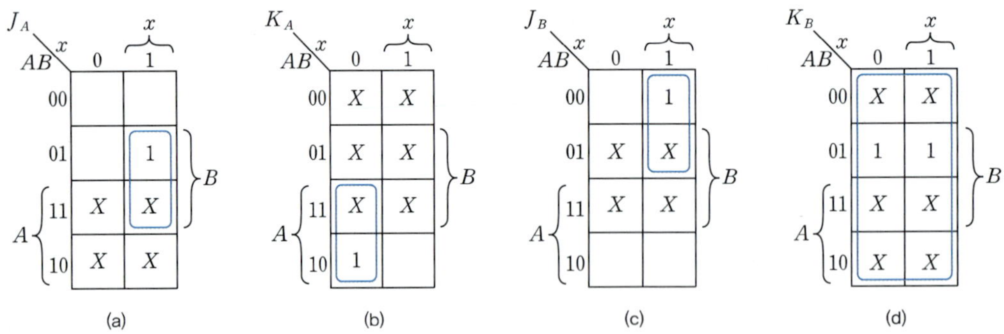

[그림 6-48]

따라서 플립플롭 입력방정식 및 출력방정식은 다음과 같이 얻을 수 있다.

$$J_A = xB \qquad J_B = x\overline{A}$$
$$K_A = \overline{x}A \qquad K_B = 1$$
$$y = \overline{A}B$$

6.3.5 논리도

논리도는 일반적으로 플립플롭 및 게이트 레벨의 회로도를 말한다. 회로 설계자는 논리도로부터 가장 편안하게 회로의 전체 동작을 유추해낼 수 있다. (플립플롭) 입력방정식과 출력방정식을 통해 논리도를 직접적으로 작성하거나 논리도로부터 회로의 동작을 해석할 수 있다.

논리도 작성

식 (6.5) ~ (6.6)을 [그림 6-49]의 논리도로 구현해보자. 일단 D_A 및 D_B가 존재하므로, 두 개의 D 플립플롭을 갖다 놓는다. D_A의 부울식은 $A+B$를 위한 2-입력 OR 게이트 및 x와의 곱을 위한 2-입력 AND 게이트로 구현한다. D_B의 (입력) 조합논리회로는 3-입력 AND 게이트이다. (출력) 조합논리회로는 출력방정식으로부터 2-입력 AND로 이루어진다. 또 리셋단자를 추가하여 초기 상태를 설정한다. 플립플롭 심볼에서 버블은 반전을 의미하므로, 초기에 $\overline{R}=0$이면 두 플립플롭의 상태가 0으로 리셋되도록 한다.

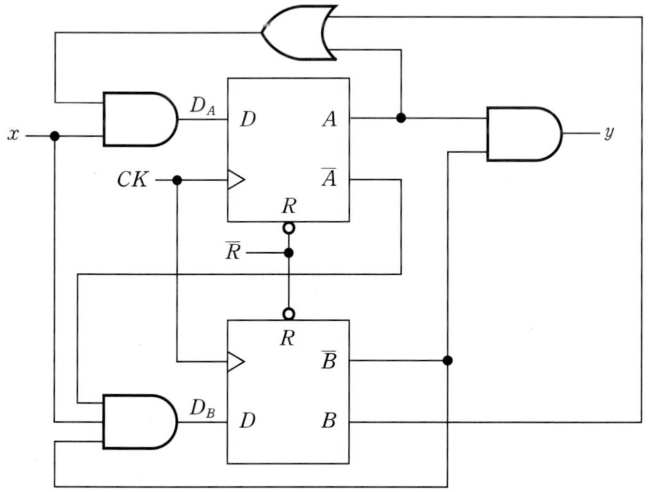

[그림 6-49] 식 (6.5), (6.6)의 논리도 구현

합성된 논리도 [그림 6-49]의 동작을 살펴보자. 입력 데이터 x는 클록의 상승에지 앞과 뒤에서 셋업 시간, 홀드시간을 만족하는 최소한의 데이터 눈을 보장한다. 나머지 색칠된 부분은 데이터가 없거나 잡음이 끼어 있어서 불확실한 부분이다.

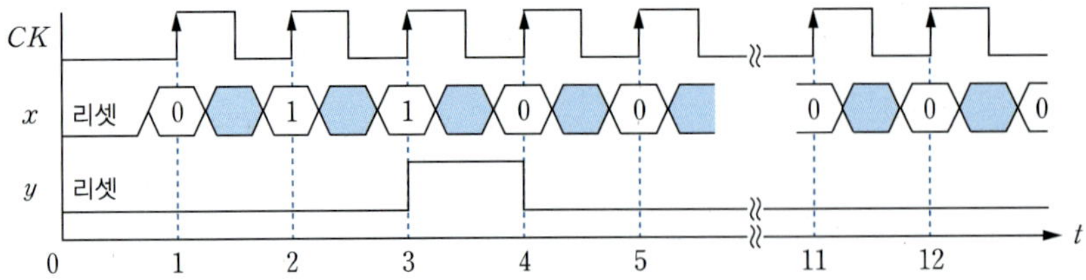

[그림 6-50] [그림 6-49]의 무어머신의 동작 타이밍도

초기 상태 $t = 0$에서 $\overline{R} = 0$에 의해 두 플립플롭이 모두 리셋되어 $AB = 00(S_0$ 상태)이 된다. 이때 $y = 0$이다. 초기 상태 이후에는 $\overline{R} = 1$로 유지된다. 첫 번째 클록인 $t = 1$ 직전에 $D_A = 0$과 $D_B = 0$이 대기하고 있다가, $t = 1$ 에지에서 $AB = 00(S_0$ 상태), $y = 0$이 된다. 두 번째 클록 $t = 2$ 직전에 $x = 1$이므로, $D_A = 0$, $D_B = 1$이 대기하고 있다가, $t = 2$ 에지에서 $AB = 01(S_1$ 상태), $y = 0$이 된다. 세 번째 클록 $t = 3$ 직전에 $x = 1$이므로 $D_A = 1$, $D_B = 0$이 대기하고 있다가, $t = 3$ 에지에서 $AB = 10(S_2$ 상태), $y = 1$이 된다. 네 번째 클록 $t = 4$ 직전에 $x = 0$이므로 $D_A = 0$, $D_B = 0$이 대기하고 있다가, $t = 4$ 에지에서 $AB = 00(S_0$ 상태), $y = 0$으로 돌아온다. 이후의 동작도 같은 방법으로 진행된다.

예제 6-6 ***JK* 플립플롭을 이용한 논리도**

[예제 6-5]에서 유도한 방정식으로부터 논리도를 그려라.

풀이

JK 플립플롭 *A*, *B*를 배치하고 방정식들을 조합논리회로로 변환하면 [그림 6-51]과 같다.

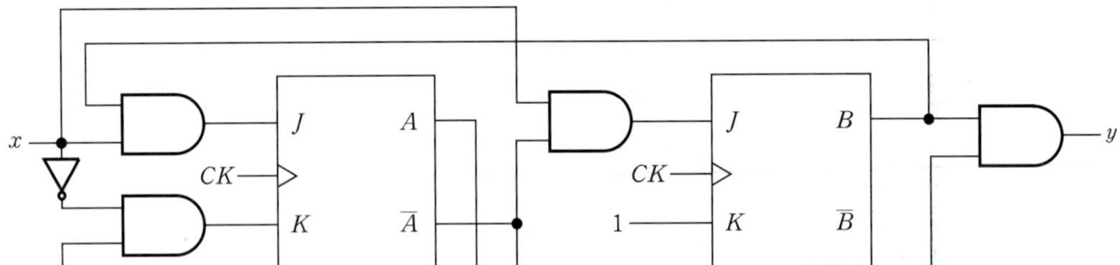

[그림 6-51]

논리도 해석

반대로, [그림 6-49]와 같은 상태머신의 논리도의 동작을 해석해보자. 먼저 [표 6-35]와 같은 플립플롭 여기표를 작성한다. 논리도로부터 플립플롭의 종류와 개수를 파악하여 '현재 상태', '플립플롭 입력'의 순서로 여기표를 작성하고, 입력 조합논리로부터 D_A 및 D_B 입력을 채워나간다. D 플립플롭의 동작을 유추하여 다음 상태 열을 채우고, 논리도의 출력 조합논리로부터 출력을 작성한다.

현재 상태에는 두 비트의 2진 순차값을 00에서부터 1씩 증가시키면서 11까지 기계적으로 적어 넣는다. $AB=11$은 [표 6-32]의 상태표에서는 원래 정의되지 않았지만, 플립플롭 입력방정식을 이용하여 현재 상태와 x의 값으로부터 모든 경우의 D_A, D_B를 계산하여 넣는다. 작성된 D_A, D_B로부터 다음 상태를 계산하여 넣는다.

[표 6-35] 무어머신 상태표의 플립플롭 여기표

현재 상태		플립플롭 입력				다음 상태				출력
		$x=0$		$x=1$		$x=0$		$x=1$		
A_n	B_n	D_A	D_B	D_A	D_B	A_{n+1}	B_{n+1}	A_{n+1}	B_{n+1}	y
0	0	0	0	0	1	0	0	0	1	0
0	1	0	0	1	0	0	0	1	0	0
1	0	0	0	1	0	0	0	1	0	1
1	1	0	0	1	0	0	0	1	0	0

다음으로, 위의 상태표를 상태도로 변환하면 [그림 6-52]와 같다. 이 상태도를 살펴보면, 정의되지 않은 11 상태로 천이되는 경로는 없다. 11의 상태가 되는 유일한 길은 초기 상태에서 플립플롭이 모두 프리셋이 되는 경우인데, 구현된 회로에는 프리셋단자가 없으므로 절대로 이러한 상황은 발생하지 않는다. 따라서 [표 6-35]에 기계적으로 $AB=11$인 경우를 포함시키기는 했지만, $AB=11$은 실제로 구현된 회로에서는 존재할 수 없는 상태이다

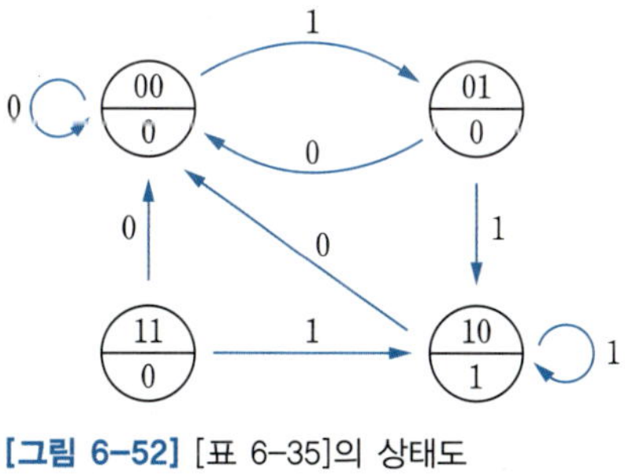

[그림 6-52] [표 6-35]의 상태도

논리도 합성

이번에는 [표 6-21]의 밀리머신 상태표에 대한 상태 여기표를 작성해보자. 상태는 S_0 및 S_1의 두 가지만 존재하므로 플립플롭 한 개로 표현할 수 있다. 플립플롭 상태를 A로 표현하고 출력을 y로 표기하기로 한다. S_0의 상태는 플립플롭의 상태 $A=0$에 할당하고, S_1의 상태는 $A=1$로 할당하면, [표 6-36]과 같은 상태 여기표를 얻을 수 있다.

[표 6-36] [표 6-21]의 밀리머신 상태 여기표

현재 상태	다음 상태		플립플롭 입력		출력	
	$x=0$	$x=1$	$x=0$	$x=1$	$x=0$	$x=1$
A_n	A_{n+1}	A_{n+1}	D	D	y	y
0	0	1	0	1	0	0
1	0	1	0	1	0	1

논리도를 합성할 때는 '현재 상태'와 '다음 상태'가 주어지고 플립플롭 입력을 계산하므로, 상태 여기표는 '현재 상태→다음 상태→플립플롭 입력'의 순서로 구성된다. 이 순서는 논리도 해석 시 사용했던 [표 6-35]의 상태 여기표가 '현재 상태→플립플롭 입력→다음 상태' 의 순서로 구성되었던 것과는 차이가 있다. 이때 플립플롭 A의 저장상태가 0이면 "0이 입력되었음"을 나타내고, 1이면 "1이 한 번 입력되었음"을 나타낸다. 물론 반대로 S_0를 $A=1$로 할당하고 S_1을 $A=0$으로 할당해도 상관없다.

작성된 상태 여기표를 사용하여 논리도를 구성해보자. 플립플롭 입력 D와 출력 y를 입력 x 및 현재 상태 A의 함수로 나타내기 위해 [그림 6-53]과 같은 카르노 맵을 작성한다.

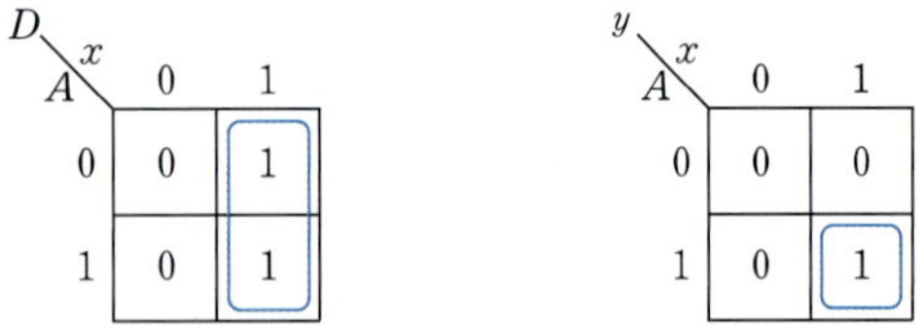

(a) 플립플롭 입력 D (b) 출력 y

[그림 6-53] 상태 여기표를 이용한 카르노 맵의 작성

D와 y에 대한 방정식을 구하면 다음과 같다.

$$\begin{aligned} D &= x \\ y &= A\,x \end{aligned} \tag{6.7}$$

이제 D 플립플롭을 갖다 놓고, 식 (6.7)을 조합논리회로로 바꾸어 클록을 연결하면 [그림 6-54]와 같이 된다. 이 결과는 [그림 6-11(a)]의 논리도와 일치한다.

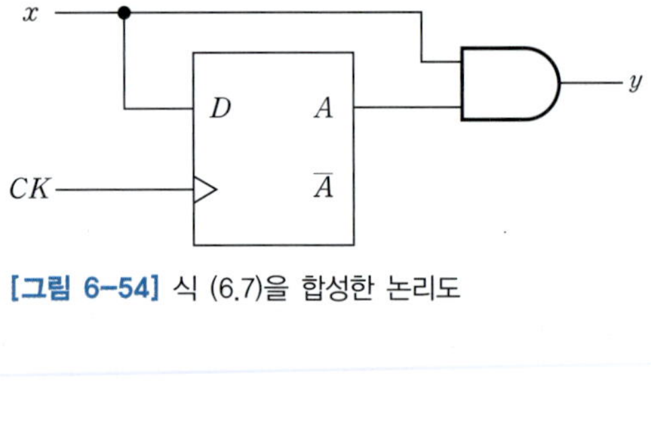

[그림 6-54] 식 (6.7)을 합성한 논리도

SECTION 6.4

상태 할당

[표 6-18]과 같이 문자로 표현된 상태표로부터 실제 논리도를 구현하기 위해서는, 각 문자로 표현된 S_0, S_1, S_2의 상태를 결국 플립플롭에 저장된 0 또는 1의 값으로 변환해야 한다. 이렇게 문자로 표현된 상태를 2진수로 변환하는 과정을 상태 할당 state assignment 이라고 한다. 어떻게 상태 할당을 하는가에 따라 플립플롭 입력방정식이 간단해지거나 복잡해질 수도 있으므로, 최종 회로의 복잡도도 상태 할당의 영향을 받는다. 예를 들어 [표 6-21]의 밀리머신 상태표에는 S_0와 S_1 두 가지만 존재하므로 1비트의 2진수로 이 두 상태를 표현할 수 있다. 따라서 JK, SR, T, D 플립플롭 등 한 개의 플립플롭만으로도 이 회로를 구현할 수 있다.

상태 할당의 원리

세 가지 상태를 구현하기 위해서는 두 개의 플립플롭이 필요하다. AB 두 개의 플립플롭을 사용하여 세 가지 상태를 나타낼 수 있는 방법에는 나음의 24가지가 존재한다. 이때 '01'에서 0은 A 플립플롭의 상태를 의미하고, 1은 B 플립플롭의 상태를 의미한다.

[표 6-37] 세 가지 상태에 2비트 2진수를 할당하는 경우의 수

상태	1	2	3	4	5	6	7	…	21	22	23	24
S_0	00	00	00	00	00	00	10		11	11	11	11
S_1	01	01	10	10	11	11	00		01	01	10	10
S_2	10	11	01	11	01	10	10		00	10	00	01

다음 두 가지 경우를 생각해보자.

- 열(칼럼) 사이의 순서를 바꾸는 경우
- 열(칼럼) 데이터를 반전하는 경우

[표 6-37]의 1번을 살펴보면, $S_0/S_1/S_2$에 대해 A 플립플롭은 0/0/1을 할당하고 B 플립플롭은 0/1/0을 할당한 것이다. 그리고 3번은 A 플립플롭에 0/1/0을 할당하고 B 플립플롭에 0/0/1을 할당한 것이다. 이 경우는 A 플립플롭과 B 플립플롭을 단순히 바꾸는 것이므로 실제 구현 시에는 같은 하드웨어를 소모한다. 다시 말해, 어떻게 구현하더라도 비용은 같다는 것이다. 마찬가지로 2번과 4번, 5번과 6번, 21번과 23번, 22번과 24번의 구현도 같은 비용이 들어갈 것이다. 일반적으로 단순히 열(칼럼)을 교환한 구현 비용은 같다.

이번에는 열(칼럼) 데이터를 반전하는 경우를 생각해보자. [그림 6-55]의 JK 플립플롭의 예에서 입력 a, b 및 출력 c, d의 동작을 살펴본다.

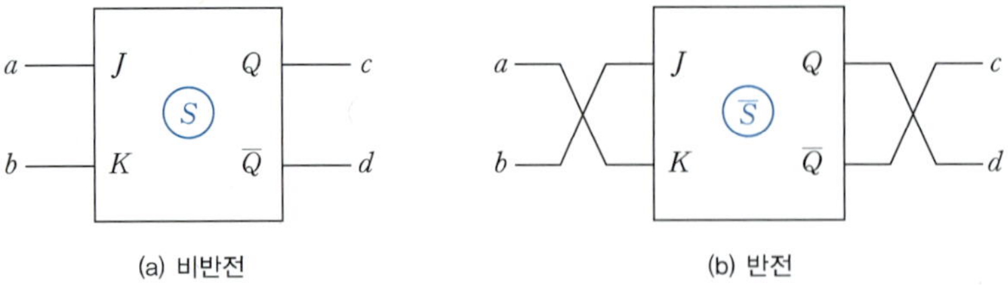

[그림 6-55] 열 데이터 반전

[그림 6-55(b)]는 [그림 6-55(a)]의 회로에서 입력신호와 출력신호를 모두 꼬아 놓은 것이다. 이 경우 $a=1$, $b=0$이면 $c=1$, $d=0$이 되고, $a=0$, $b=1$이면 $c=0$, $d=1$이 되므로, 입·출력 단자에서 보면 결국 같은 동작이다. 단지 [그림 6-55(b)]에서는 플립플롭의 상태 S의 값만 반전되는 차이가 있을 뿐이다. 결국 $S_0/S_1/S_2$에 대해 [그림 6-55(a)]에서 플립플롭에 0/0/1을 할당한다면, [그림 6-55(b)]에서는 1/0/0을 할당하는 셈이 되므로 열 데이터를 반전시킨 것과 같다. 즉, 열 데이터 반전도 전체 회로 동작 및 회로 구현 비용에는 영향을 미치지 않는다. 일반적으로 한 개 혹은 복수의 열 데이터를 반전하는 경우에는 회로 구현 비용이 변하지 않는다.

이상에서 살펴보았듯이 ❶ 칼럼의 순서를 바꾸거나, ❷ 출력을 반전하여 구현된 상태는 같은 비용이 소모된다고 간주할 수 있다.

이러한 원리를 [표 6-37]에 적용하여 같은 비용으로 간주되는 열들을 모두 제거하면, [표 6-38]과 같이 세 가지의 '명백하게 다른 상태 distinct' 할당만이 남는다.

[표 6-38] 세 가지 상태에 대한 '명백하게 다른' 상태 할당

상태	1	2	5
S_0	00	00	00
S_1	01	01	11
S_2	10	11	01

결국 1번, 2번, 5번에 대한 회로를 각각 구현해보고, 그중 가장 비용이 적게 드는 것을 선택하면 된다. 예를 들어 [그림 6-49]의 무어머신은 [표 6-38]의 1번 할당을 적용한 것이다.

예제 6-7 상태 할당을 이용한 논리도의 재구성

[표 6-38]의 5번 할당을 이용하여 [그림 6-49]의 무어머신을 재구성하라.

풀이

5번 할당을 적용하여 상태 여기표를 [표 6-39]와 같이 재구성한다.

[표 6-39]

현재 상태			다음 상태				플립플롭 입력				출력
			$x=0$		$x=1$		$x=0$		$x=1$		
	A_n	B_n	A_{n+1}	B_{n+1}	A_{n+1}	B_{n+1}	D_A	D_B	D_A	D_B	y
S_0	0	0	0	0	1	1	0	0	1	1	0
S_1	1	1	0	0	0	1	0	0	0	1	0
S_2	0	1	0	0	0	1	0	0	0	1	1

$AB=10$인 미사용 상태는 무관항으로 처리하고, 이때의 출력은 $y=0$으로 설정하여 카르노 맵을 그리면 다음과 같다.

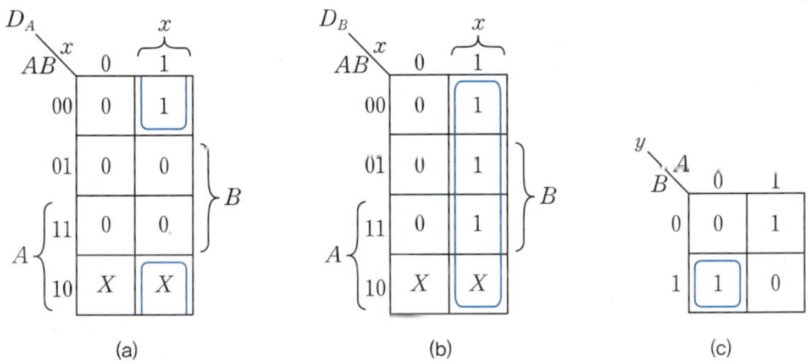

[그림 6-56]

축약된 플립플롭 입력방정식은 다음과 같다.

$$D_A = x\overline{B}$$
$$D_B = x$$
$$y = \overline{A}B$$

유도된 방정식으로부터 논리도를 그리면 [그림 6-57]과 같다. [그림 6-49]와 비교하면, 플립플롭의 개수는 같지만 조합논리회로 부분이 더 단순해진 것을 볼 수 있다.

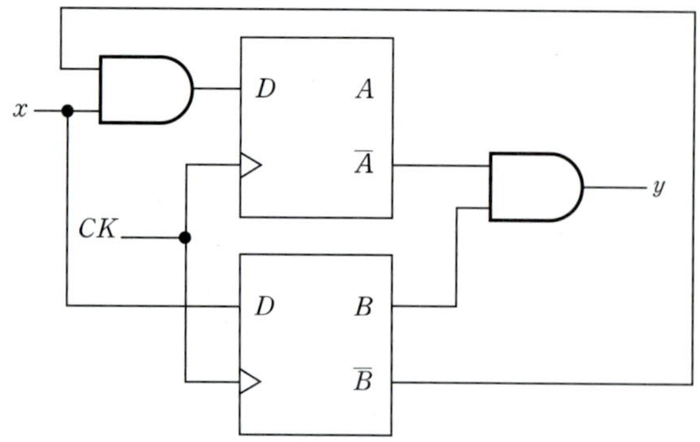

[그림 6-57]

동일한 상태머신에 상태 할당을 다르게 함으로써 조합논리회로 부분의 게이트 수와 팬 인의 수가 달라질 수 있음을 보았다. 그렇지만 상태의 수가 달라지는 것은 아니므로 플립플롭의 개수는 변하지 않는다. 그렇기 때문에 시행착오 trial-and-error를 거쳐 여러 번의 시도를 통해 가장 적절한 논리도를 얻어야 한다.

그러나 상태 수가 늘어나면, 명백하게 다른 상태 할당의 경우의 수도 기하급수적으로 늘어나므로 시행착오법을 적용하기는 어렵다. 상태 수가 5 이상이라면 컴퓨터 분석에 의존해야 한다.

상태 할당 가이드라인

상태 수가 많지 않을 때는 시행착오 방식을 사용하지만, 상태 수가 많아지면 어느 정도의 가이드라인이 필요하다. 바람직한 가이드라인은 '다음 상태'를 카르노 맵에 배치했을 때 가능한 한 사각 형태로 모아 상태방정식을 간단하게 만드는 것이다. 이렇게 되면 플립플롭의 수는 그대로이지만, 플립플롭 입력신호를 위한 조합논리회로가 간단해진다. 즉, 조합논리회로의 수나 팬 인의 수를 줄일 수 있다.

두 2진 데이터에서 한 개의 값만 다를 때, 두 데이터를 "인접 adjacent하다"고 말한다. 예를 들어 001은 011과는 인접하지만 010 및 111과는 인접하지 않다. 이제 다음과 같은 가이드라인을 생각해보자.

인접할당 원칙

❶ 주어진 입력에 대해 다음 상태가 같은 상태들을 인접할당한다.
❷ 같은 상태로부터 천이되는 다음 상태들을 인접할당한다.
❸ 주어진 입력에 대해 같은 출력을 갖는 상태들을 인접할당한다.

다음 상태 맵에서 1들이 많이 인접할수록 축약되어 간략해진다는 관점에서 이러한 인접할당 원칙을 이해할 수 있다. 일반적으로는 ❶, ❷, ❸의 순으로 우선권을 갖는다. 한편 ❸은 출력함수를 간략화하기 위한 것으로, 출력 카르노 맵에서 1들을 모아주는 역할을 한다. 또한 각 가이드라인에서 인접할당이 여러 번 체크되는 경우는 한 번만 인접할당된 경우에 비해 우선권을 갖는다.

이러한 인접할당 원칙을 적용하여 상태 할당을 수행하는 과정은 사실상 여러 번의 시도에 의한 시행 착오 방식을 취한다. [표 6-40]에 주어진 $S_0 \sim S_6$의 일곱 가지 상태에 대한 플립플롭 ABC의 상태 할당을 수행해보자. 가장 오른쪽 열은 상태 할당의 한 예이다.

[표 6-40] 상태 할당의 예를 보인 상태표

상태	다음 상태		ABC
	$x=0$	$x=1$	
S_0	S_1	S_2	000
S_1	S_3	S_2	110
S_2	S_1	S_4	001
S_3	S_5	S_2	111
S_4	S_1	S_6	011
S_5	S_5	S_2	101
S_6	S_1	S_6	010

(i) 인접할당 원칙 ❶을 적용하여 인접 상태들을 찾아낸다.

$x=0$일 때, 같은 다음 상태 S_1을 갖는 상태는 (S_0, S_2, S_4, S_6)이다.
같은 다음 상태 S_5를 갖는 상태는 (S_3, S_5)이다.
$x=1$일 때, 같은 다음 상태 S_2를 갖는 상태는 (S_0, S_1, S_3, S_5)이다.
같은 다음 상태 S_6를 갖는 상태는 (S_4, S_6)이다.

(ii) 인접할당 원칙 ❷를 적용하여 인접 상태들을 찾아낸다.

(S_1, S_2)는 같은 S_0의 다음 상태이다.
(S_2, S_3)는 같은 S_1의 다음 상태이다.
(S_1, S_4)는 같은 S_2의 다음 상태이다.
$(S_2, S_5)^2$은 S_3 및 S_5의 다음 상태이다.
$(S_1, S_6)^2$은 S_4 및 S_6의 다음 상태이다.
여기서 제곱은 중복 체크되었음을 의미한다.

이를 정리하면 인접할당이 필요한 상태는 다음과 같다.

- 인접할당 원칙 ❶ 적용 : (S_0, S_1, S_3, S_5), (S_3, S_5), (S_4, S_6), (S_0, S_2, S_4, S_6)
- 인접할당 원칙 ❷ 적용 : (S_1, S_2), (S_2, S_3), (S_1, S_4), $(S_2, S_5)^2$, $(S_1, S_6)^2$

인접할당 원칙 ❶이 ❷보다 우선순위가 앞선다. 또한 여러 번 요구된 것은 한 번 요구된 것보다 우선순위가 앞선다. 예를 들어 두 번 요구된 (S_2, S_5)는 한 번 요구된 (S_1, S_2)보다 우선순위가 앞선다.

(iii) 이제 위에 정리된 인접할당의 필요조건을 가능한 한 많이 만족하도록 2진값을 할당한다. 우선순위가 높은 ❶의 인접할당 원칙을 적용해보자. 인접할당을 수행하기 위해서는 카르노 맵을 활용할 수 있다. 카르노 맵에서 인접한 셀은 디지털 데이터 한 개만 서로 다르므로, 인접한 셀에 상태를 할당한다면 인접할당이 되는 원리를 이용할 수 있다. 카르노 맵에 여러 가지 경우의 수로 상태를 채워가면서 위에 정리된 인접할당이 최대한 만족되도록 시행착오 방식을 수행한다.

[그림 6-58]은 $x=0$ 및 $x=1$일 때 ❶의 인접할당 원칙을 적용하여 상태를 할당한 것이다. [그림 6-58(a)]는 $x=0$인 경우에 (S_0, S_2, S_4, S_6) 및 (S_3, S_5)가 사각형에 묶이도록 배치해보았다. 마찬가지로 [그림 6-58(b)]는 $x=1$인 경우에 (S_0, S_1, S_3, S_5) 및 (S_4, S_6)가 사각형에 묶이도록 배치한 것이다. [표 6-40]의 가장 오른쪽 열 ABC는 [그림 6-58(a)]를 나타낸다.

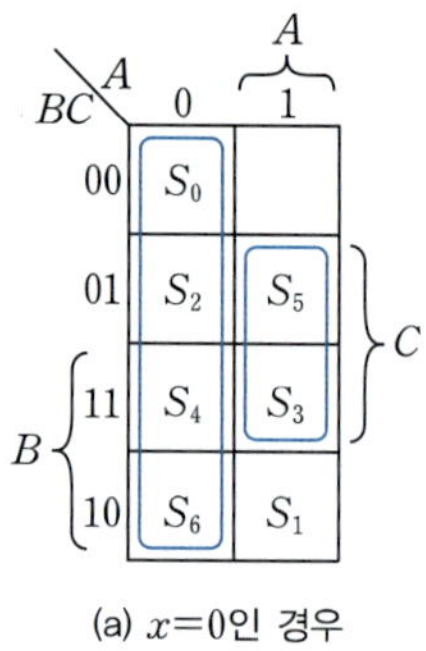

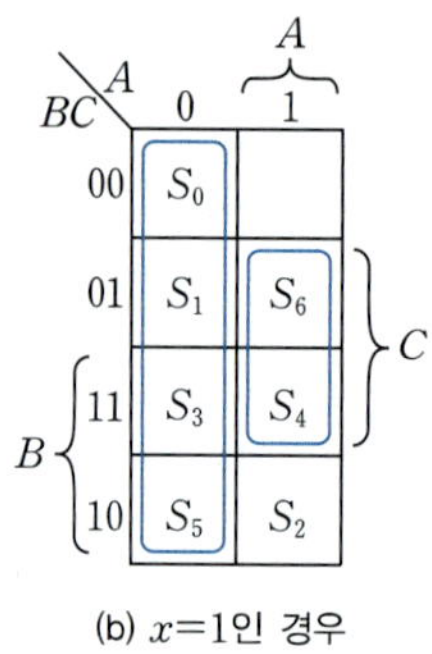

[그림 6-58] 가이드라인 1을 적용한 상태 할당의 예시

상태방정식은 '다음 상태'의 카르노 맵에서 구할 수 있기 때문에, 다음 상태에 대한 맵을 작성해보면 이 할당이 얼마나 효과가 있는지를 어느 정도 알 수 있다. [그림 6-59(a)]는 [그림 6-58(a)]의 상태 할당에서 S_0 및 S_1에 대한 다음 상태의 맵이다. 예를 들어 상태표에서 S_0의 다음 상태는 $x=0$일 때 S_1, $x=1$일 때 S_2이므로, 다음 상태 맵에서 $ABC=000$에 해당하는 셀에 각각 써 넣는다. S_1의 다음 상태는 $x=0$일 때 S_3, $x=1$일 때 S_2이므로, 다음 상태 맵에서 $ABC=110$에 해당하는 셀에 각각 써 넣는다. 이러한 방식으로 다음 상태 맵을 완성하면 [그림 6-59(b)]와 같다.

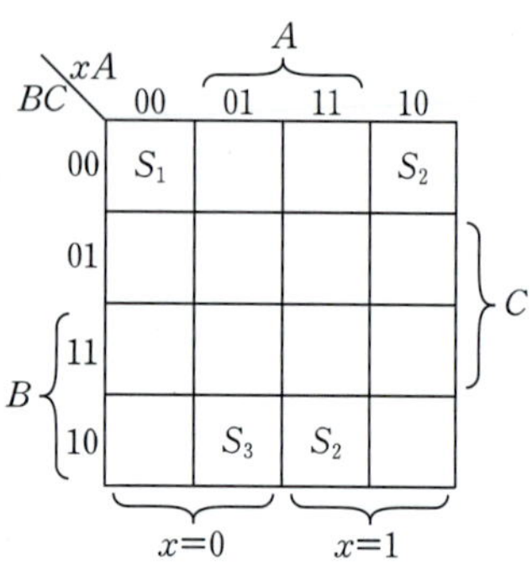

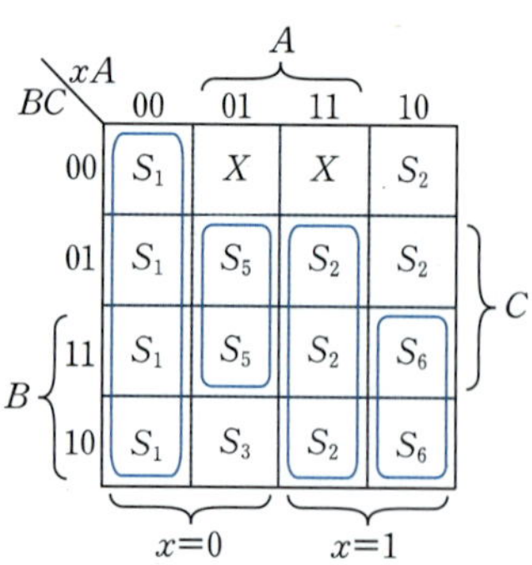

[그림 6-59] [그림 6-58(a)]의 상태 할당을 적용한 경우의 다음 상태 맵

결정된 상태 할당을 적용하여 [표 6-41]의 상태표를 작성한다.

[표 6-41] 상태 할당의 예를 보인 상태표

현재 상태	다음 상태	
	$x=0$	$x=1$
ABC	$A^+B^+C^+$	$A^+B^+C^+$
000	110	001
110	111	001
001	110	011
111	101	001
011	110	010
101	101	001
010	110	010

[표 6-41]에서 다음 상태 A^+, B^+, C^+에 대한 카르노 맵을 각각 그려보면 [그림 6-60]과 같다.

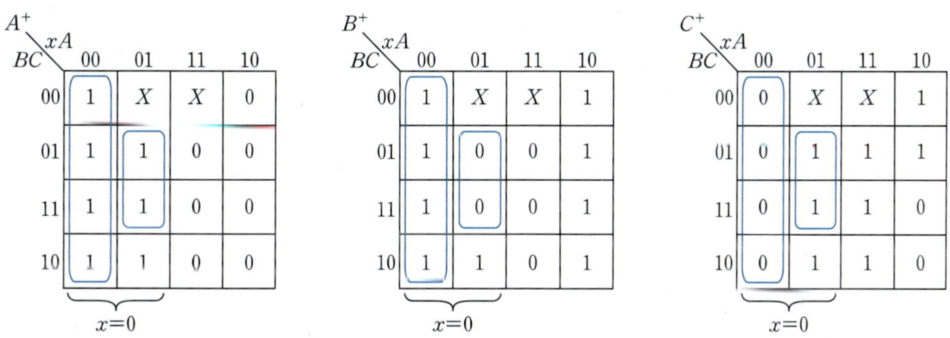

(a) A^+　(b) B^+　(c) C^+

[그림 6-60] 다음 상태에 대한 카르노 맵

위의 상태 할당은 $x=0$을 기준으로 한 것이기 때문에, $x=0$에서 [그림 6-59(b)]의 다음 상태 맵과 같은 형태로 사각형 내에 뭉쳐 있는 것을 볼 수 있다.

앞서 설명한 가이드라인은 D 플립플롭 혹은 JK 플립플롭에는 잘 적용이 되지만, T 플립플롭이나 SR 플립플롭에는 적용하기 어렵다. 결론적으로 한 종류의 플립플롭에 잘 적용되는 가이드라인이라고 해서 다른 종류의 플립플롭에도 똑같이 잘 적용될 수 있는 것은 아니다. 아쉽게도 모든 플립플롭에 공통으로 적용할 수 있는 가이드라인은 아직 존재하지 않는다.

CHAPTER 06_연습문제

6.1 [그림 6-61]의 논리도에서, S_0의 상태에 있을 때 출력이 1이 되기 위한 최소 입력 패턴을 구하라. S_2 및 S_3의 상태에 대해서도 출력이 1이 되기 위한 최소 입력 패턴을 구하라.

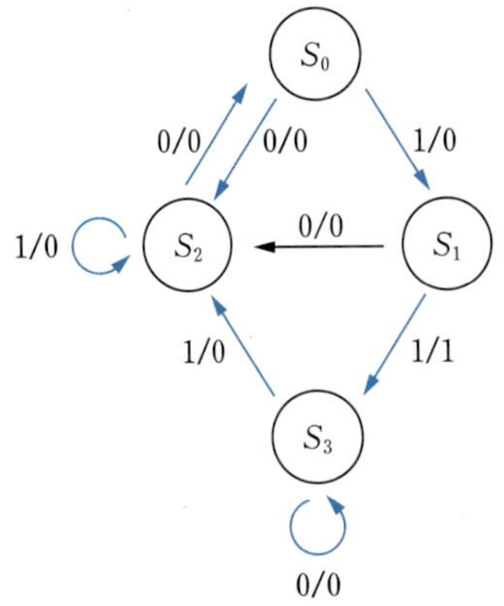

[그림 6-61]

6.2 1만 입력되는 어떤 상태머신에 1이 홀수 번 들어오면 1이 출력되고, 짝수 번 들어오면 0이 출력된다고 할 때, 다음 물음에 답하라. ▶

(a) 무어머신 상태도를 완성하라. 단, 리셋 시 출력은 0으로 한다.

(b) (a)의 무어머신을 D 플립플롭으로 구현하라. 이때 입력 1을 반드시 표시하라.

6.3 [예제 6-1]의 '011' 검출기에서 동작 중 '리셋'이 없는 경우에 대해 무어머신의 상태도를 작성하라.

6.4 [그림 6-62]의 밀리머신 상태도를 D 플립플롭을 이용하여 구현하고자 한다. S_0 및 S_1에 플립플롭의 상태 0, 1을 각각 할당할 때의 논리도를 구하라. ▶

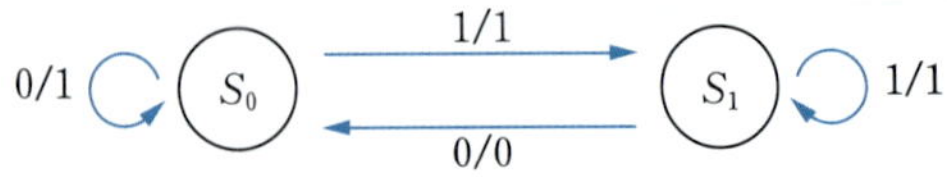

[그림 6-62]

6.5 [그림 6-62]의 밀리머신 상태도를 무어머신 상태도로 변환하라. 그 중간 과정에 상태표를 활용한다. ▶

6.6 [그림 6-63]의 무어머신의 상태도를 T 플립플롭을 사용하여 설계하고자 한다.

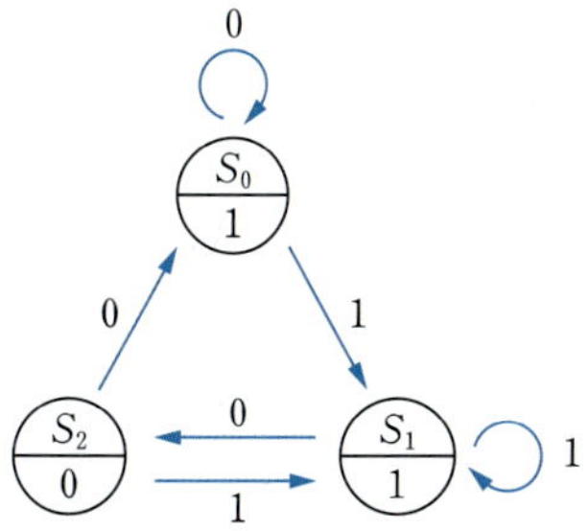

[그림 6-63]

(a) $S_0=00$, $S_1=01$, $S_2=10$으로 할당하고, $S_3=11$일 때는 출력 $y=0$으로 설정하여 설계하라.

(b) $S_3=11$일 때를 포함하여 새로운 상태도를 그려라.

6.7 [그림 6-64]의 밀리머신 상태도를 행 정합 기법을 적용하여 상태 축약한 후, 축약된 상태도를 그려라.

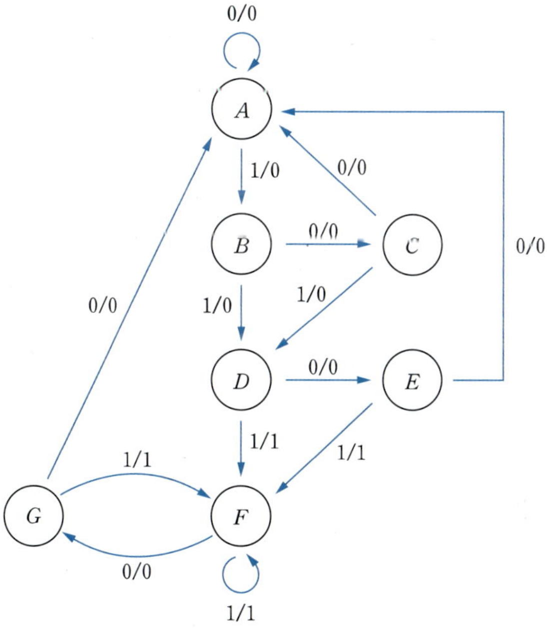

[그림 6-64]

6.8 [그림 6-65]의 무어머신은 최적화되어 있지 않다. 행 정합 기법을 적용하여 최적화된 상태도를 다시 그려라.

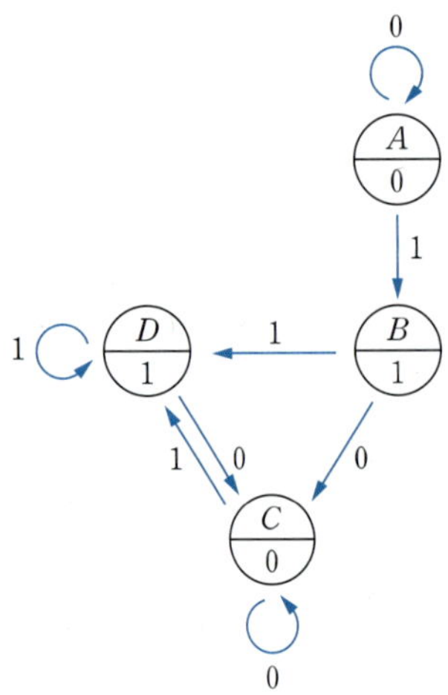

[그림 6-65]

6.9 *JK* 플립플롭을 *D* 플립플롭으로 변형하고자 한다(실제로는 트랜지스터 레벨 구현 시 *JK* 플립플롭이 더 복잡하기 때문에 *JK*를 *D* 형태로 변형하는 경우는 거의 없다).

(a) [표 6-42]에서 왼쪽의 *D* 플립플롭 특성표를 바탕으로 오른쪽 부분의 *JK* 플립플롭에 대한 여기표를 작성하라.

(b) *D*를 입력신호, *Q*를 현재 상태로 놓고, *J*, *K*에 대한 (플립플롭) 입력방정식을 유도하라.

(c) (a), (b)의 결과를 바탕으로 *JK* 플립플롭을 이용한 *D* 플립플롭의 논리도를 작성하라.

[표 6-42]

D 플립플롭 특성표			*JK* 플립플롭 여기표	
D	Q	Q^+	J	K
0	0	0		
0	1	0		
1	0	1		
1	1	1		

6.10 [그림 6-66]의 'H' 활성화 리셋 기능이 있는 마스터-슬레이브 D 플립플롭을 참고하여, 'L' 활성화 프리셋 기능이 있는 마스터-슬레이브 D 플립플롭을 설계하라.

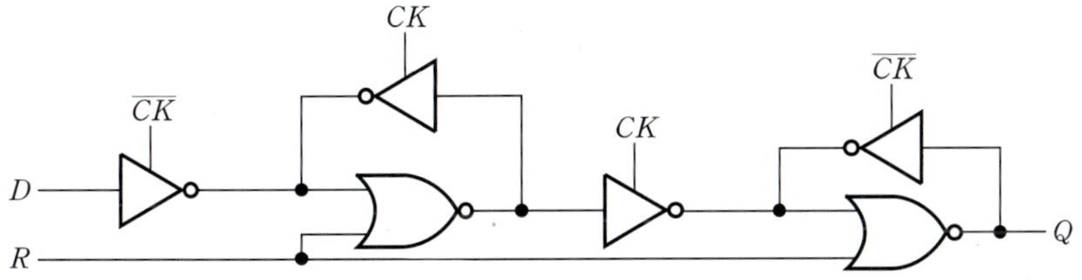

[그림 6-66]

6.11 [그림 6-67]의 회로에서 모든 게이트의 전송지연은 $t_p = \frac{5}{6}$[ns]로 일정하다. 입력신호의 최대 주파수를 구하라.

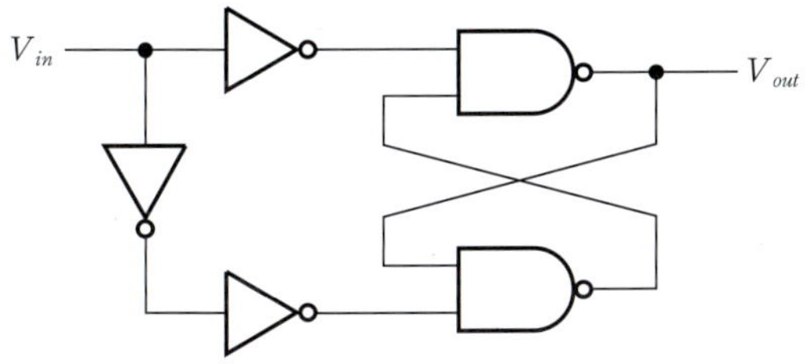

[그림 6-67]

6.12 [그림 6-68]의 무어머신의 상태도를 두 개의 D 플립플롭 A, B로 구현하고자 한다.

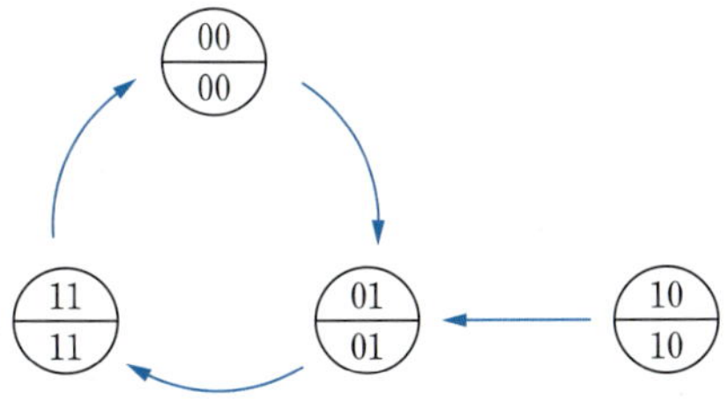

[그림 6-68]

(a) D 플립플롭 A 및 B에 대한 상태 여기표를 작성하라.

(b) 입력방정식 D_A 및 D_B를 구하라.

(c) 논리도를 작성하라.

6.13 [그림 6-68]의 무어머신의 상태도를 두 개의 JK 플립플롭 A, B로 구현하고자 한다.

(a) JK 플립플롭 A 및 B에 대한 상태 여기표를 작성하라.

(b) 입력방정식 J_A, J_B 및 K_A, K_B를 구하라.

(c) 논리도를 작성하라.

6.14 [그림 6-69]의 밀리머신의 상태방정식, 플립플롭 입력방정식, 출력방정식을 각각 구하라.

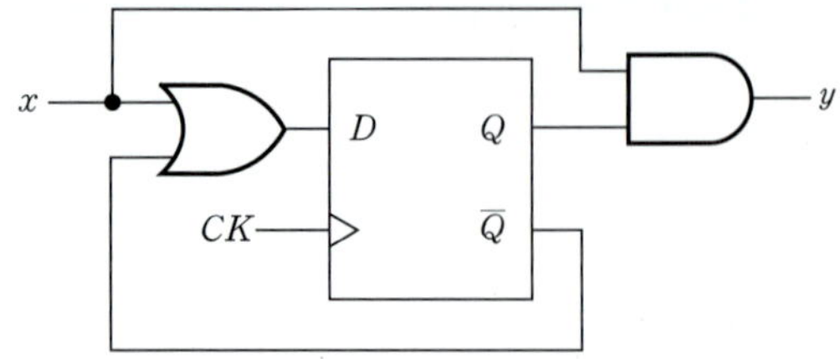

[그림 6-69]

6.15 [그림 6-69]의 밀리머신의 논리도를 T 플립플롭을 이용한 회로로 변환하고, 상태방정식, 플립플롭 입력방정식, 출력방정식을 각각 구하라.

6.16 두 개의 LED A, B를 정해진 순서대로 온, 오프하고자 한다. 여기서 A, B는 2진수의 각 자릿수를 나타내며, 온 상태는 논리 1, 오프 상태는 논리 0으로 설정한다. 예를 들어 '01'이라고 하면, LED A는 오프이고 LED B는 온이 된다. [그림 6-70]과 같은 순서로 계속 동작시키고자 할 때, 이 동작을 구현하는 상태머신을 D 플립플롭을 이용하여 설계하라.

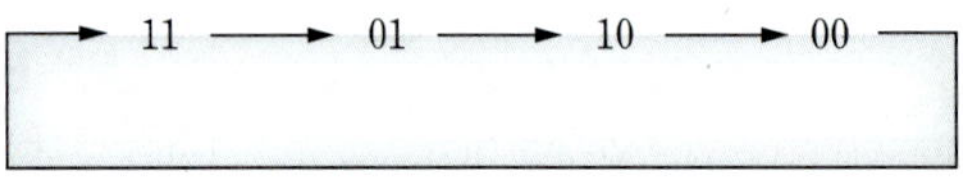

[그림 6-70]

6.17 [연습문제 6.16]에서 두 개의 LED A, B를 [그림 6-71]과 같은 순서로 계속 동작시키고자 한다. 이 동작을 구현하는 상태머신을 D 플립플롭을 이용하여 설계하라.

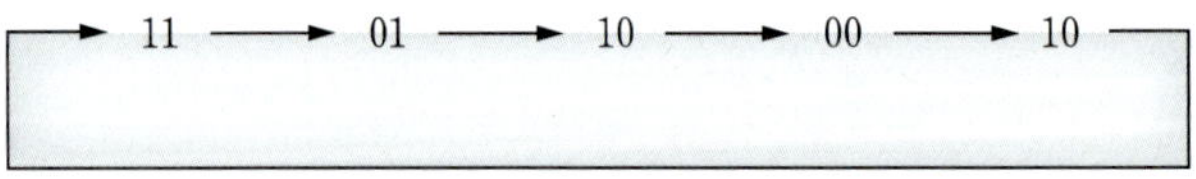

[그림 6-71]

6.18 어떤 상태머신을 밀리머신과 무어머신으로 각각 구현할 때, 각각의 장·단점은 무엇인가?

6.19 상태방정식으로부터 논리도를 합성하는 과정을 설명하라.

6.20 다음 상태방정식은 출력 상태 A_{n+1}, B_{n+1}을 입력 x와 현재 상태 A_n, B_n의 논리함수로 표현한 것이다. 이로부터 D 플립플롭을 사용한 논리도를 작성하라.

$$A_{n+1} = xA_n$$

$$B_{n+1} = x\overline{B}_n$$

CHAPTER

07

순차논리회로의 해석 및 합성

Analysis / Synthesis of Sequential Circuits

학습목표

- 순차논리회로도로부터 상태 여기표를 작성하여 체계적으로 해석할 수 있다.
- 동기식과 비동기식 순차논리회로의 장단점을 이해한다.
- 상태머신의 초기화 기법과 상태 제거 기법을 이해한다.
- 상태도로부터 상태 여기표를 작성하고 플립플롭 입력방정식을 세울 수 있다.
- 상태 여기표와 입력방정식으로부터 논리도를 합성할 수 있다.
- 주파수 분주기 및 주파수 합성기의 원리를 이해한다.

【미리보기】

이 장에서는 순차논리회로를 신호의 타이밍에 따라 동기식과 비동기식으로 구분하여 해석 및 합성하는 방법에 대해 설명한다. 또한 순차논리회로의 대표적인 응용 회로인 카운터에 대해 설명하고, 주파수 분주기 및 주파수 합성기의 원리를 살펴본다.

- **7.1 순차논리회로의 해석**
  - 7.1.1 동기식 순차논리회로의 해석
  - 7.1.2 비동기식 회로의 해석
  - 7.1.3 기타 회로 설계 기법
- **7.2 순차논리회로의 합성**
  - 7.2.1 논리도 합성 체계
  - 7.2.2 상태의 개수가 2^N보다 적은 경우
- **7.3 카운터**
  - 7.3.1 2진 카운터
  - 7.3.2 비동기식 카운터
  - 7.3.3 링 카운터
  - 7.3.4 존슨 카운터
  - 7.3.5 그레이 코드 카운터
  - 7.3.6 카운터의 동작속도
- **7.4 주파수 분주기**
  - 7.4.1 주파수 분주기
  - 7.4.2 주파수 합성기 QR

들어가기 전에

순차논리회로를 해석하거나 합성하기 위해서는 표준화된 표현 방법을 사용하여 정해진 순서와 체계를 따라야 한다. 이러한 체계는 모든 플립플롭이 동시에 움직이는 동기식 동작을 전제로 한다. 그러나 때로는 플립플롭 동작이 한 순간에 이루어지지 않고 클록이 전달되면서 순차적으로 이루어지는 비동기식 회로가 더 효율적인 경우도 있다. 한편 전원이 켜질 때 상태머신이 원하는 상태에서 시작하기 위해서는 플립플롭의 초기 상태를 설정할 수 있어야 하며, 또 어떤 응용에서는 불필요한 상태를 제거할 필요가 있다. 이러한 목적을 위해 셋/리셋 비동기 입력단을 활용한다. 순차논리회로의 대표적인 응용 회로인 카운터는 미리 프로그래밍된 순서에 따라 상태가 주기적으로 변환되는 상태머신으로, 응용에 따라 다양한 종류를 선택할 수 있다.

이 장에서는 순차논리회로의 해석과 합성을 다룬다. 디지털 논리회로의 논리도로부터 체계적인 절차를 거쳐 회로의 최종 동작을 설명하는 상태도를 작성하는 것을 **해석** analysis이라고 한다. 반대로 디지털 동작을 표현하는 상태도로부터 체계적인 방법으로 논리도를 작성하는 것을 **합성** synthesis 혹은 설계 design라고 한다. 해석과 합성은 서로 역과정이라고 이해할 수 있으나, 그 중간 단계인 **상태 여기표**와 **플립플롭 입력방정식**의 작성 방법은 서로 조금씩 다르다.

대표적인 순차논리회로인 상태머신은 기본적으로 플립플롭과 조합논리회로의 결합으로 이뤄지며, 이러한 기본 단위들이 연결되어 순차논리회로를 구성함을 6장에서 알아보았다. 이 장에서는 상태머신의 대표격이라 할 수 있는 카운터를 중심으로 순차논리회로의 해석과 합성을 이해한다. 특히 회로적인 관점에서 전원이 켜질 때 플립플롭을 초기화하는 방법과 **금지** forbidden **상태를 제거**하는 방법을 다룬다.

카운터는 상태를 계속 번갈아 바꾸어야 하므로, 토글링 동작을 기본으로 하는 T 플립플롭을 중심으로 설계한다. 비트 수가 증가하면 사용되는 플립플롭 수도 증가하며, 그와 함께 조합논리회로도 급격히 증가한다. 이론적으로 분석하여 유심히 살펴보면, MSB 쪽으로 갈수록 일정한 비율로 조합논리회로 부분이 복잡해지는 규칙적인 패턴을 보이므로, 비트의 확장은 기계적으로 수행될 수 있다. D 플립플롭이나 JK 플립플롭으로 카운터를 구현하기 위해서는 5.6절의 T 플립플롭을 참조하고, 조합논리회로가 복잡해지는 경우에는 3장에서 배운 NAND 게이트 변환 및 팬 인 문제의 해결 방안을 적용한다.

카운터는 응용에 따라 코드 체계와 출력 형태가 다양하므로, 회로의 복잡도와 최대 동작속도 등을 고려하여 **동기식** 혹은 **비동기식**을 선택한다. 효율적인 설계를 위해서는 이들의 장단점을 이해하여, 응용에 따라 요구되는 가장 적절한 형태를 선택할 수 있어야 한다.

카운터는 각 비트별로 플립플롭과 조합논리회로의 결합을 하나의 단위로 하여 파이프라인이 구성되므로, 플립플롭 자체의 지연보다는 일반적으로 MSB에 해당하는 가장 긴 조합논리회로의 지연이 전체 속도를 결정한다.

이번 장에서는 먼저 [그림 7-1]과 같이 논리도로부터 상태도를 이끌어내는 해석과, 반대로 상태도로부터 논리도를 그리는 합성의 전 과정을 이해해야 한다. [그림 7-1]은 6장에서 보인 상태표와 상태방정식을 적용한 상태머신의 설계 과정을 더 직접적으로 보인 것으로, 사용해야 할 플립플롭의 종류를 구체적으로 염두에 두고, 플립플롭의 상태 여기표와 플립플롭의 입·출력 방정식을 작성한다.

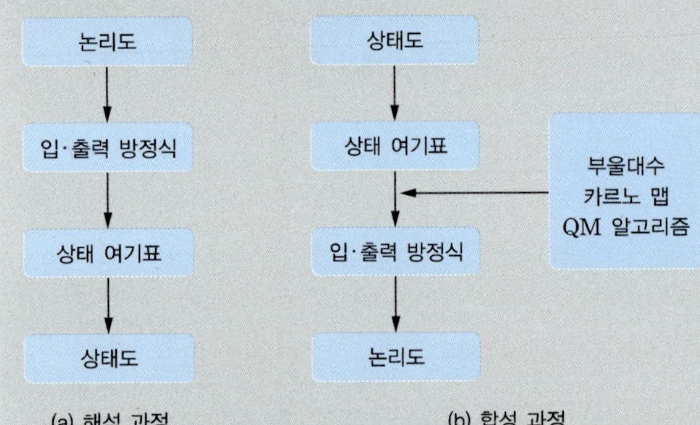

[그림 7-1] 순차논리회로의 해석 및 합성을 위한 표준 체계

이러한 표준 체계에 대한 이해를 바탕으로, 다양한 형태의 카운터 회로의 동작을 해석하거나 설계할 수 있는 수준에 이르러야 한다. 또한 **상태를 초기화**하거나 원하지 않는 상태를 제거할 수도 있어야 한다. 카운터를 예로 하여 논리 동작뿐만 아니라 동작속도를 추론하는 원리를 이해하여 **타이밍 특성**을 설명할 수 있도록 한다.

SECTION 7.1

순차논리회로의 해석

6.3절에서는 순차논리회로인 상태머신의 여러 가지 표현법에 대해 학습하였다. 상태머신의 논리도가 주어졌을 때, 체계적인 절차를 거쳐 회로 동작을 설명하는 상태도를 작성하는 것을 **해석** analysis이라고 한다. 상태도는 상태의 천이 동작을 시각적으로 편하게 보여주므로, 해석의 최종 단계로 볼 수 있다. 가능한 한 많은 잡음을 제거하고 동작속도를 높이기 위해 모든 플립플롭들에 동시에 클록을 가하는 동기식 synchronous 회로가 많이 사용되지만, 때로는 회로를 단순화하기 위해, 비록 고속 동작에는 불리하지만 클록이 물결(리플 ripple)처럼 전달되는 형태의 비동기식 asynchronous 회로를 활용하기도 한다.

이 절에서는 다양한 형태의 상태머신의 논리도가 주어졌을 때, 그 동작을 어떻게 체계적으로 표현하고 해석할 것인가를 학습한다. 특히 상태머신의 대표격인 카운터의 해석 과정과 초기 상태의 설정 방법에 대해 다양한 예제를 통해 구체적으로 익히도록 한다.

7.1.1 동기식 순차논리회로의 해석

모든 플립플롭들이 동시에 천이하도록 클록을 한꺼번에 인가하는 구조를 동기식 순차논리회로라고 한다. 플립플롭의 상태 변화를 트리거하는 시스템 클록의 인가 시점이 다르면 그로 인해 신호의 삐침 skew과 글리치 glitch 등이 발생하여 원치 않는 오류로 작용할 가능성이 높다. 이러한 위험 요소를 최소화하기 위해 모든 플립플롭에 동시에 클록을 가하는 동기식 회로를 많이 활용한다. 이러한 구조는 클록 주기 단위의 데이터 처리로 인해 고속 동작에 유리하다.

■ 기본적인 상태머신

[그림 7-2]와 같이 두 개의 JK 플립플롭으로 구성된 동기식 무어머신 회로를 해석해보자. 이 회로는 플립플롭에 시스템 클록 CK가 다 같이 연결된 동기식 구조로, 프리셋($\overline{S}$)과 리셋($\overline{R}$)의 비동기 입력단자도 포함되어 있으며, 출력은 플립플롭의 상태 Q_2Q_1이다.

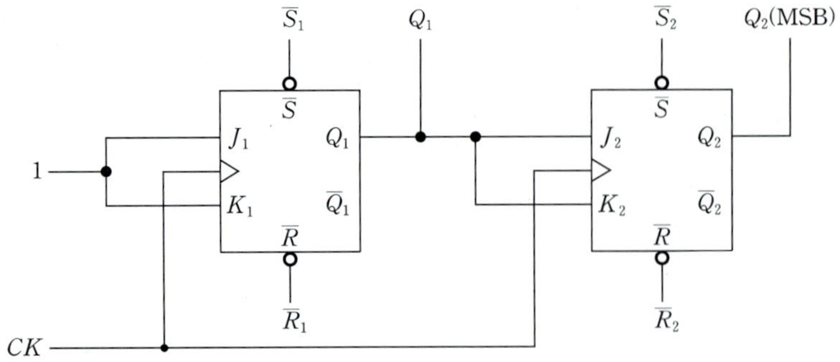

[그림 7-2] 동기식 상태머신의 예

먼저 주어진 회로의 동작을 직관적으로 해석해보자. 하위 Q_1 비트에는 JK 입력이 묶여 있으므로 토글링 동작을 한다. 즉, 클록의 상승에지가 들어올 때마다 Q_1은 010101…로 토글링한다. 상위 Q_2 비트에도 JK 입력이 묶여 있으므로, $Q_1 = 1$일 때는 토글링하고 $Q_1 = 0$일 때는 이전 상태를 유지한다. Q_2가 유지와 토글링을 번갈아하므로, 매 2클록마다 상태가 변화한다. 만약 초기에 $Q_2Q_1 =$ 00으로 리셋되어 있다면, 다음 상태는 01이 되고 그다음은 10이 되므로 (00 → 01 → 10 → 11) → (00 → …)을 반복한다. 따라서 [그림 7-3]과 같은 상태도를 쉽게 만들 수 있다. 이러한 상태도에는 상태머신의 타이밍 특성에 대한 정보는 전혀 없지만, 클록의 입력에 따른 논리적인 동작은 모두 설명되어 있다.

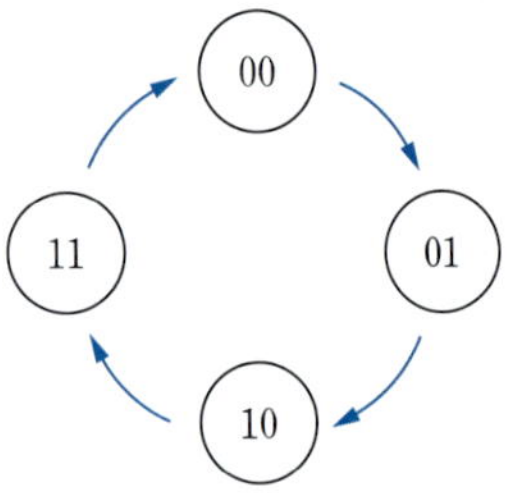

[그림 7-3] [그림 7-2]의 순차논리회로의 상태도

[그림 7-2]의 회로는 비교적 단순하므로, 직관적으로 상태 변환 동작을 예측할 수 있다. 그러나 조금만 더 복잡해지면 직관적으로 동작을 유추하기가 매우 어려워진다. 이번에는 좀 더 체계적인 방법을 적용하여 [그림 7-2] 논리도의 상태도를 구해보자.

상태머신은 일반적으로 다음과 같이 3단계로 나누어 해석할 수 있다.

순차논리회로 해석 단계

- 1단계 : (플립플롭) 입력방정식 및 출력방정식 유도
- 2단계 : 상태 여기표 작성
- 3단계 : 상태도 작성

• **[1단계]** : 논리도로부터 직관적으로 알 수 있는 것은 플립플롭의 종류와 각 플립플롭의 입력방정식이다. [그림 7-2]의 회로는 외부 입력신호가 없는 비교적 단순한 형태로, 회로로부터 Q_1 및 Q_2 플립플롭의 입력방정식을 다음과 같이 유도할 수 있다.

$$J_1 = 1 \qquad J_2 = Q_1 \qquad K_1 = 1 \qquad K_2 = Q_1 \tag{7.1}$$

• **[2단계]** : 순차논리회로의 입·출력방정식으로부터 상태 여기표를 작성한다. 상태 여기표는 기본적으로 '현재 상태', '플립플롭 입력', '다음 상태'의 세 가지 열로 구성된다. 현재 상태에는 기계적인 순차 입력을 써 넣고, 플립플롭 입력은 식 (7.1)의 입력방정식으로부터 계산한다. 다음 상태는 현재 상태와 플립플롭 입력으로부터 유추한다. 예를 들어 [표 7-1]에서 현재 상태를 00으로 초기화하고 Q_2Q_1에 00을 기입한다.

[표 7-1] 1행 현재 상태 작성

현재 상태		플립플롭 입력				다음 상태	
Q_2	Q_1	J_2	K_2	J_1	K_1	Q_2^+	Q_1^+
0	0						

이때 식 (7.1)에 의해 $J_2 = K_2 = Q_1 = 0$이고, 고정값 $J_1 = K_1 = 1$을 플립플롭 입력 열에 기입한다.

[표 7-2] 1행 플립플롭 입력 계산

현재 상태		플립플롭 입력				다음 상태	
Q_2	Q_1	J_2	K_2	J_1	K_1	Q_2^+	Q_1^+
0	0	0	0	1	1		

다음 상태 $Q_2^+Q_1^+$는 현재 상태와 플립플롭 입력으로부터 유추한다. Q_2^+는 $J_2 = K_2 = 0$이므로 '유지' 동작에 의해 전 상태인 0을 저장한다. $J_1 = K_1 = 1$로 고정되므로 Q_1^+는 클록이 들어올 때마다 토글링한다. 따라서 $Q_2^+Q_1^+ = 01$이 된다.

[표 7-3] 1행의 다음 상태 유추

현재 상태		플립플롭 입력				다음 상태	
Q_2	Q_1	J_2	K_2	J_1	K_1	Q_2^+	Q_1^+
0	0	0	0	1	1	0	1

이번에는 기계적으로 현재 상태를 +1만큼 증가시켜 $Q_2Q_1 = 01$에서 위의 동작을 반복하여 [표 7-4]를 작성한다. 입력방정식으로부터 $J_2 = K_2 = 1$이므로, 다음 상태 Q_2^+는 토글링 동작에 의해 1로 변환된다. $J_1 = K_1 = 1$로 고정되어 있으므로, Q_1^+는 클록이 들어올 때마다 토글링한다. 따라서 $Q_1^+ = 0$이 된다.

[표 7-4] 상태 여기표 1, 2행

현재 상태		플립플롭 입력				다음 상태	
Q_2	Q_1	J_2	K_2	J_1	K_1	Q_2^+	Q_1^+
0	0	0	0	1	1	0	1
0	1	1	1	1	1	1	0

기계적으로 현재 상태의 나머지 순서인 10, 11에 대한 값을 채우면, [표 7-3]과 같이 상태 여기표가 완성된다.

[표 7-5] [그림 7-2]의 상태머신 상태 여기표

현재 상태		플립플롭 입력				다음 상태	
Q_2	Q_1	J_2	K_2	J_1	K_1	Q_2^+	Q_1^+
0	0	0	0	1	1	0	1
0	1	1	1	1	1	1	0
1	0	0	0	1	1	1	1
1	1	1	1	1	1	0	0

- [3단계] : [표 7-5]의 현재 상태와 다음 상태를 비교하여 [그림 7-3]의 상태도를 그린다. 클록의 전진에 따른 상태의 천이를 살펴보면, 이 회로는 네 개의 상태가 정해진 순서대로 증가하는 2비트 동기식 2진 카운터임을 알 수 있다.

■ 미사용 상태가 존재하는 상태머신

이 회로는 네 개의 JK 플립플롭이 있으므로, 총 $2^4 = 16$(개)의 상태를 저장할 수 있다. 이 회로는 상태 순환 고리에 진입했을 때 열여섯 개의 상태 중에서 일부의 상태를 사용하지 않는 예를 보인다. 이는 다음과 같이 상태 여기표와 상태도를 작성함으로써 확인할 수 있다.

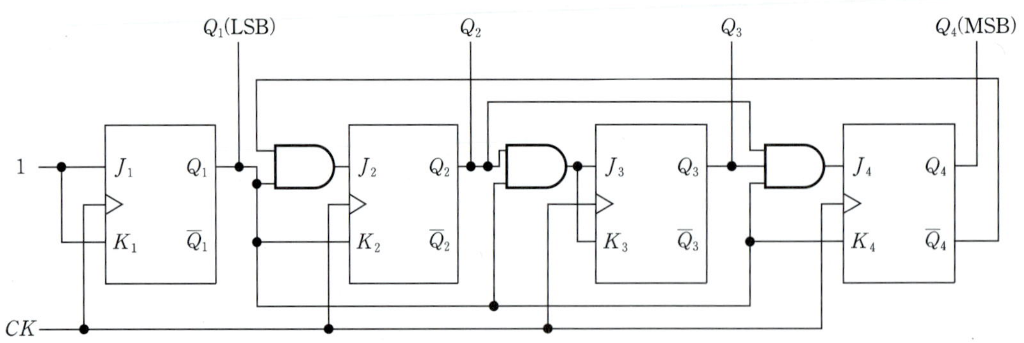

[그림 7-4] 동기식 순차논리회로 : BCD 카운터

- **[1단계]** : [그림 7-4]의 네 개의 JK 플립플롭 입력단을 참고하여 다음과 같은 플립플롭 입력방정식을 구한다.

$$\begin{aligned} &J_1 = K_1 = 1 && J_2 = Q_1\overline{Q}_4 && K_2 = Q_1 \\ &J_3 = K_3 = Q_1Q_2 && J_4 = Q_1Q_2Q_3 && K_4 = Q_1 \end{aligned} \tag{7.2}$$

- **[2단계]** : 식 (7.2)의 플립플롭 입력방정식을 이용하여 상태 여기표를 작성한다. 현재 상태 $Q_4Q_3Q_2Q_1$을 0000에서 1111까지 기계적으로 증가시키면서 각 행을 순차적으로 작성한다.

먼저 현재 상태를 0000으로 초기값을 설정하고, 플립플롭 입력은 식 (7.2)로부터 현재 상태값을 이용하여 계산한다. 다음 상태는 JK 플립플롭의 동작 특성으로부터 유추한다. 같은 방법으로 현재 상태를 0001에서 1111까지 변화시키면서 [표 7-6]의 상태표를 완성한다.

[표 7-6] 상태 여기표 1행

현재 상태				플립플롭 입력								다음 상태			
Q_4	Q_3	Q_2	Q_1	J_4	K_4	J_3	K_3	J_2	K_2	J_1	K_1	Q_4^+	Q_3^+	Q_2^+	Q_1^+
0	0	0	0	0	0	0	0	0	0	1	1	0	0	0	1

같은 방법으로 현재 상태를 0001에서 1111까지 변화시키면서 [표 7-7]의 상태표를 완성한다.

[표 7-7] [그림 7-4]의 BCD 카운터 상태 여기표

현재 상태				플립플롭 입력								다음 상태			
Q_4	Q_3	Q_2	Q_1	J_4	K_4	J_3	K_3	J_2	K_2	J_1	K_1	Q_4^+	Q_3^+	Q_2^+	Q_1^+
0	0	0	0	0	0	0	0	0	0	1	1	0	0	0	1
0	0	0	1	0	1	0	0	1	1	1	1	0	0	1	0
0	0	1	0	0	0	0	0	0	0	1	1	0	0	1	1
0	0	1	1	0	1	1	1	1	1	1	1	0	1	0	0
0	1	0	0	0	0	0	0	0	0	1	1	0	1	0	1
0	1	0	1	0	1	0	0	1	1	1	1	0	1	1	0
0	1	1	0	0	0	0	0	0	0	1	1	0	1	1	1
0	1	1	1	1	1	1	1	1	1	1	1	1	0	0	0
1	0	0	0	0	0	0	0	0	0	1	1	1	0	0	1
1	0	0	1	0	1	0	0	0	1	1	1	0	0	0	0
1	0	1	0	0	0	0	0	0	0	1	1	1	0	1	1
1	0	1	1	0	1	1	1	0	1	1	1	0	1	0	0
1	1	0	0	0	0	0	0	0	0	1	1	1	1	0	1
1	1	0	1	0	1	0	0	0	1	1	1	0	1	0	0
1	1	1	0	0	0	0	0	0	0	1	1	1	1	1	1
1	1	1	1	1	1	1	1	0	1	1	1	0	0	0	0

상태의 천이를 살펴보면, 이 회로가 0000에서 1001까지 순차적으로 1씩 증가하는 BCD 카운터임을 알 수 있다. 상태표에서 BCD에서 사용되는 0000(십진수 0) ~ 1001(십진수 9)의 부분을 파란색으로 표시하였다. 이를 상태도로 나타내면 [그림 7-5(a)]와 같다.

- **[3단계]** : [표 7-7]에서 BCD 코드에서 사용되지 않는 1010(십진수 10) ~ 1111(십진수 15)의 상태 천이까지 포함하면, [그림 7-5(b)]의 완성된 상태도를 얻는다. [그림 7-4]의 플립플롭에 프리셋 및 리셋 단자를 두면, 전원이 켜지는 초기 상태에 비동기 경로를 통해 어떤 값이라도 세팅할 수 있다. 예를 들어 1110으로 초기화되면, [그림 7-5(b)]의 상태도에서 보듯이 1110 → 1111 → 0000 →… 으로, 두 번의 클록 이후 0000으로 진입하여 정상적인 BCD 카운팅을 시작한다.

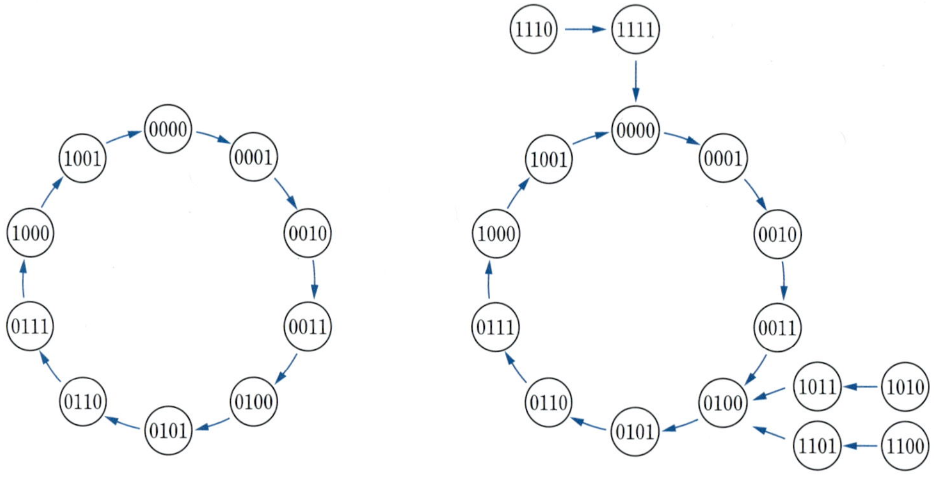

(a) 사용하는 상태 간의 천이　　(b) 미사용 상태를 포함하는 전체 천이

[그림 7-5] 동기식 BCD 카운터의 상태도

■ 제어입력이 있는 상태머신

[그림 7-6]과 같이 제어용 입력변수 x가 존재하는 상태머신을 해석해보자. 이 회로는 제어입력 x의 값에 따라 서로 다른 두 가지 동작을 수행한다. 이를 단계별로 진행해보면서 그 답을 찾아보자.

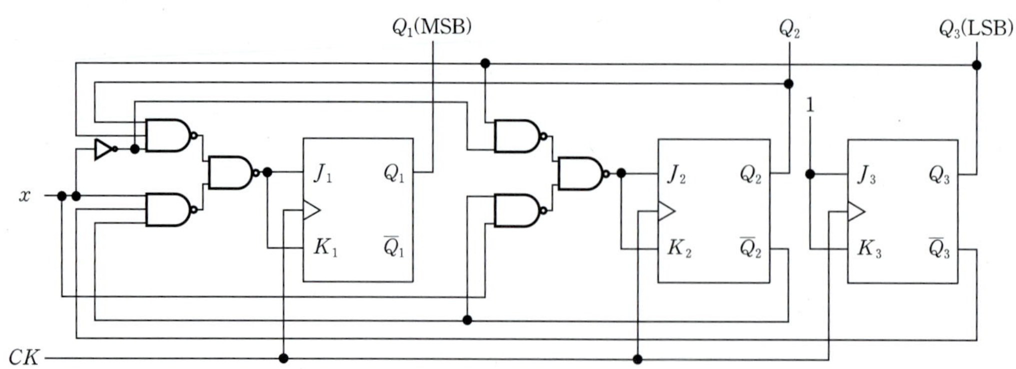

[그림 7-6] 동기식 순차논리회로 : 3비트 2진 업/다운 가운터

• **[1단계]** : 먼저 논리도의 조합논리회로 부분으로부터 플립플롭 입력방정식을 구한다. 방정식을 구하기 위해 3.3절 NAND 기반 논리회로 부분을 참조한다. NAND-NAND 구조인 Q_1 및 Q_2 플립플롭의 입력 조합논리회로에 [그림 3-31]의 AND-OR 등가를 적용하고 Q_3 플립플롭의 입력이 1임을 인식하면 식 (7.3)을 얻는다.

$$
\begin{aligned}
J_1 &= K_1 = \overline{x}\,Q_2 Q_3 + x\,\overline{Q}_2\,\overline{Q}_3 \\
J_2 &= K_2 = \overline{x}\,Q_3 + x\,\overline{Q}_2 \\
J_3 &= K_3 = 1
\end{aligned}
\tag{7.3}
$$

• **[2단계]** : 다음으로 식 (7.3)의 플립플롭 입력방정식을 이용하여 상태 여기표를 작성한다. 현재 상태 $Q_3Q_2Q_1$을 000에서 111까지 기계적으로 1씩 증가시키며 각 행을 순차적으로 작성한다. 앞서 설명한 예제와 차이점이 있다면, 이번에는 입력변수 x가 존재하므로 x 값에 따라 상태의 천이가 달라진다는 것이다. 따라서 상태 여기표를 작성할 때는 입력 x가 없는 경우와 달리, 플립플롭 입력과 다음 상태 열을 x의 값에 따라 분리한다.

세 개의 플립플롭이 모두 초기에 리셋되면 $Q_1Q_2Q_3 = 000$이다. 식 (7.3)에서 구한 입력방정식을 계산하여 [표 7-8]의 1행에 플립플롭 입력을 기입한다. 현재 상태와 플립플롭 입력값으로부터 x 값에 따른 다음 상태를 계산한다. 식 (7.3)에 따라 $x=0$일 때는 $J_1 = K_1 = 0$, $J_2 = K_2 = 0$, $J_3 = K_3 = 1$이 된다. 따라서 Q_1^+는 $J_1 = K_1 = 0$이므로 전 상태가 유지되고, Q_2^+는 $J_2 = K_2 = 0$이므로 역시 유지, Q_3^+는 $J_3 = K_3 = 1$이므로 토글링하여 1이 된다. $x=1$일 때는 $J_1 = K_1 = 1$, $J_2 = K_2 = 1$, $J_3 = K_3 = 1$이 된다. $J_1 = K_1 = 1$이므로 Q_1^+는 토글링하여 1이 되고, Q_2^+도 $J_2 = K_2 = 1$이므로 토글링, Q_3^+도 $J_3 = K_3 = 1$이므로 토글링한다.

[표 7-8] 상태 여기표 1행

현재 상태			플립플롭 입력												다음 상태					
			$x=0$						$x=1$						$x=0$			$x=1$		
Q_1	Q_2	Q_3	J_1	K_1	J_2	K_2	J_3	K_3	J_1	K_1	J_2	K_2	J_3	K_3	Q_1^+	Q_2^+	Q_3^+	Q_1^+	Q_2^+	Q_3^+
0	0	0	0	0	0	0	1	1	1	1	1	1	1	1	0	0	1	1	1	1

현재 상태를 변화시켜가며 위 과정을 반복하여 전체 행을 채운다. 완성된 상태 여기표는 [표 7-9]에 나타내었다.

[표 7-9] [그림 7-6]의 상태머신 상태 여기표

현재 상태			플립플롭 입력												다음 상태					
			$x=0$						$x=1$						$x=0$			$x=1$		
Q_1	Q_2	Q_3	J_1	K_1	J_2	K_2	J_3	K_3	J_1	K_1	J_2	K_2	J_3	K_3	Q_1^+	Q_2^+	Q_3^+	Q_1^+	Q_2^+	Q_3^+
0	0	0	0	0	0	0	1	1	1	1	1	1	1	1	0	0	1	1	1	1
0	0	1	0	0	1	1	1	1	0	0	0	0	1	1	0	1	0	0	0	0
0	1	0	0	0	0	0	1	1	0	0	1	1	1	1	0	1	1	0	0	1
0	1	1	1	1	1	1	1	1	0	0	0	0	1	1	1	0	0	0	1	0
1	0	0	0	0	0	0	1	1	1	1	1	1	1	1	1	0	1	0	1	1
1	0	1	0	0	1	1	1	1	0	0	0	0	1	1	1	1	0	1	0	0
1	1	0	0	0	0	0	1	1	0	0	1	1	1	1	1	1	1	1	0	1
1	1	1	1	1	1	1	1	1	0	0	0	0	1	1	0	0	0	1	1	0

- **[3단계]** : [표 7-9]의 상태 여기표를 참고하여 $x=0$ 및 $x=1$일 때의 상태도를 따로 분리하여 그리면 [그림 7-7]과 같이 서로 다른 상태 천이를 보인다.

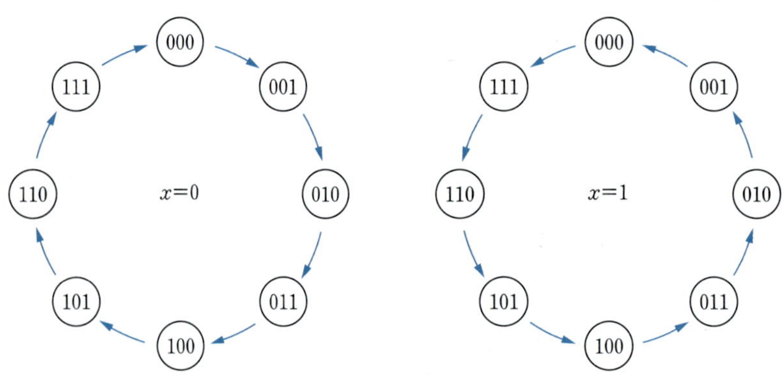

(a) 업 카운팅 (b) 다운 카운팅

[그림 7-7] 동기식 순차논리회로 : 3비트 2진 업/다운 카운터

상태도를 살펴보면, 이 회로는 000에서 111까지 순차적으로 카운팅하는 동기식 3비트 카운터 회로이며, 입력변수 x의 값에 따라 카운팅의 방향이 제어된다. $x=0$일 때는 업up 카운팅을 수행하고 $x=1$일 때는 다운down 카운팅을 수행하므로, 제어변수 x를 갖는 업/다운 카운터라고 할 수 있다.

예제 7-1 4비트 상태머신의 해석

[그림 7-8]에 보인 $DCBA$ 출력을 갖는 4비트 상태머신의 상태 여기표와 상태도를 구하라.

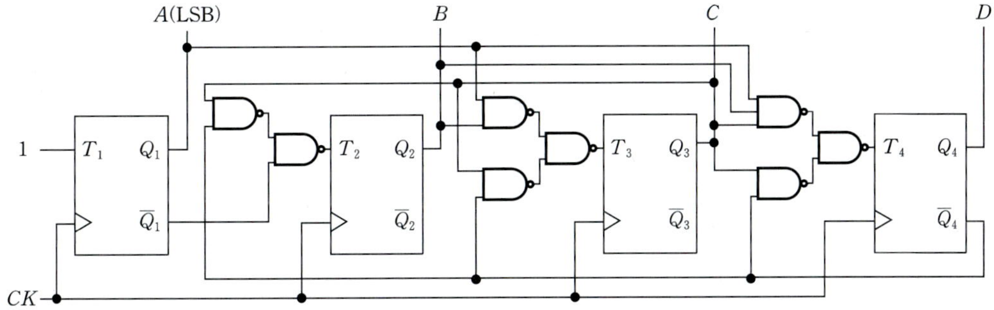

[그림 7-8]

풀이

주어진 논리도로부터 T 플립플롭 입력방정식을 유도한다. NAND-NAND를 AND-OR로 변환하면 다음과 같다.

$$T_1 = 1 \qquad T_2 = Q_1 + Q_3\overline{Q}_4 = A + C\overline{D}$$

$$T_3 = Q_3\overline{Q}_4 + Q_1Q_2 = C\overline{D} + AB \qquad T_4 = Q_3\overline{Q}_4 + Q_1Q_2Q_3 = C\overline{D} + ABC$$

앞서 구한 입력방정식을 토대로 다음과 같은 상태 여기표를 작성한다. 루프를 형성하는 정상적인 코드들은 파란색으로 표시하여, 루프 바깥의 비정상 코드들과 구분하였다.

[표 7-10]

현재 상태				플립플롭 입력				다음 상태			
D	C	B	A	T_4	T_3	T_2	T_1	D^+	C^+	D^+	A^+
0	0	0	0	0	0	0	1	0	0	0	1
0	0	0	1	0	0	1	1	0	0	1	0
0	0	1	0	0	0	0	1	0	0	1	1
0	0	1	1	0	1	1	1	0	1	0	0
0	1	0	0	1	1	1	1	1	0	1	1
0	1	0	1	1	1	1	1	1	0	1	0
0	1	1	0	1	1	1	1	1	0	0	1
0	1	1	1	1	1	1	1	1	0	0	0
1	0	0	0	0	0	0	1	1	0	0	1
1	0	0	1	0	1	1	1	1	1	1	0
1	0	1	0	0	0	0	1	1	0	1	1
1	0	1	1	0	1	1	1	1	1	0	0
1	1	0	0	0	0	0	1	1	1	0	1
1	1	0	1	0	0	1	1	1	1	1	0
1	1	1	0	0	0	0	1	1	1	1	1
1	1	1	1	1	1	1	1	0	0	0	0

[표 7-10]의 상태표를 기반으로 상태도를 그려보면 [그림 7-9]와 같이 0000 → 0001 → 0010 → 0011 → 0100 → 1011 → 1100 → 1101 → 1110 → 1111 → 0000 → ··· 으로 열 개의 코드가 루프를 돌며 계속 반복된다. 나머지 여섯 개 코드는 루프 바깥에 존재하며, 초기화할 때 존재할 수는 있다. 그러나 상태가 바뀜에 따라 일단 루프 안으로 들어오면 다시는 외부 코드로 되돌아 나갈 수 없다.

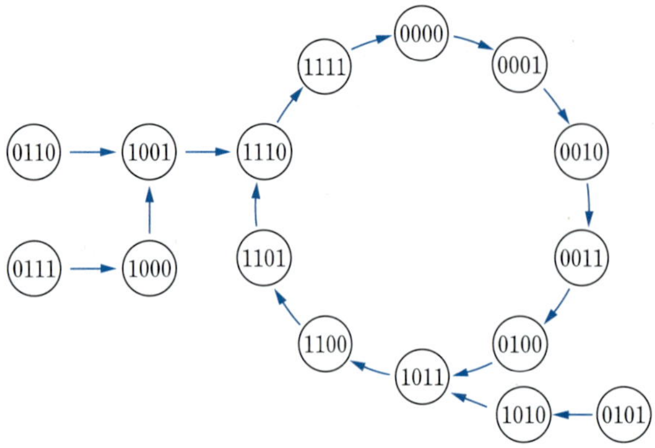

[그림 7-9]

이 상태표는 1장에서 학습한 2 * 421 코드의 체계를 보인다. [표 1-7]의 2 * 421 코드 변환표를 참고해 보면, 주어진 회로는 BCD 코드상으로 (0 → 1 → 2 → 3 → 4 → 5 → 6 → 7 → 8 → 9) → 0 → ··· 의 업 카운터가 된다.

7.1.2 비동기식 회로의 해석

비동기식 상태머신 asynchronous state machine 은 비록 고속 동작에는 불리하지만, 회로의 면적 및 설계 난이도 감소 등의 특수 목적으로 제한적으로 사용한다.

[그림 7-10]의 논리도를 살펴보자. 3비트의 플립플롭이 존재하므로 여덟 개의 상태를 저장할 수 있다. 앞에서 학습한 동기식 회로와의 근본적인 차이는 클록의 인가 방법에 있다. 동기식 회로는 모든 플립플롭에 공통 클록이 가해지는 반면, 이 회로에서는 CK가 첫 번째 비트의 클록단자에만 가해지고, LSB인 Q_1 출력이 다음 비트의 클록단자에 가해진다. 그다음으로 다시 Q_2 출력이 다음 비트의 클록단자에 가해진다. 즉 Q_1의 상태가 결정되고 난 이후에 Q_2가 동작할 수 있으며, Q_2가 결정되고 난 이후에 Q_3가 결정될 수 있다.

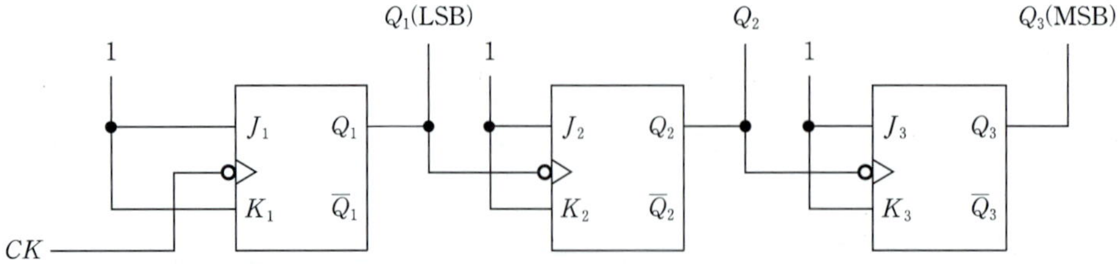

[그림 7-10] 비동기식 순차논리회로 : 3비트 2진 리플 카운터

이 회로는 클록이 LSB에서 MSB 쪽으로 물결(리플 ripple)처럼 흘러가는 형태를 보이므로, 이를 형상화하여 비동기식 리플 회로라고도 한다. 모든 플립플롭의 J, K 단자가 1에 연결되어 있으므로 토글링 동작이 발생하며, 클록단자의 버블은 하강에지 트리거링임을 의미한다. [그림 7-10]의 회로 동작은 클록의 진행에 따라 출력 상태를 추적하면 쉽게 이해할 수 있는데, [그림 7-11]과 같이 타이밍도를 그려보는 방법이 매우 효과적이다.

이제 CK 하강에지에 1 ~ 9의 시간 순서를 매겨 상태 변화를 살펴보자. 타이밍도에서 플립플롭 자체의 지연은 없다고 간주하면, 유효 데이터 구간은 CK의 한 주기가 된다. 초기 상태를 000으로 가정하고, 하강에지에서 토글링하도록 Q_1을 모두 그린다. Q_2는 다시 Q_1의 하강에지에서 토글링하고, Q_3는 Q_2의 하강에지에서 토글링하도록 모든 파형을 그린다.

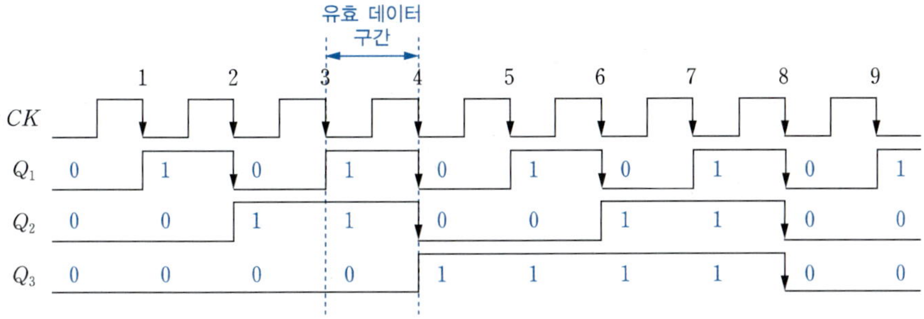

[그림 7-11] 비동기식 순차논리회로의 타이밍도 : 3비트 2진 리플 카운터

출력 데이터를 살펴보면, 000 →001 →010 → ··· →111까지 순차적으로 8번의 카운팅 동작을 하고, 9번째 클록부터 다시 000 →001 →010 → ··· 의 사이클을 반복한다. 따라서 이 회로는 3비트 비동기식 2진 리플 카운터 asynchronous binary ripple counter라고 할 수 있다. 비동기식에서는 모든 비트의 상태 천이가 동시에 일어나지 않으므로, 동기식 회로에서와 같은 개념의 상태도를 작성하지 않고 클록의 진행에 따른 상태 변화를 패턴도 형식으로 나타내는데, 이렇게 나타낸 표를 상태 천이표라 한다. [표 7-11]은 [그림 7-11]의 타이밍도를 바탕으로 작성한 상태 천이표이다. 여기서 반복되는 데이터 구간을 파란색으로 표시하였다.

[표 7-11] [그림 7-10]의 비동기식 2진 리플 카운터 상태 천이표

CK	Q_3	Q_2	Q_1	CK	Q_3	Q_2	Q_1
0	0	0	0	5	1	0	1
1	0	0	1	6	1	1	0
2	0	1	0	7	1	1	1
3	0	1	1	8	0	0	0
4	1	0	0	9	0	0	1

앞에서 언급한 상태도나 상태 천이표에서는 시간에 대한 함수가 생략되어 있는데, 실제로 플립플롭은 자체 지연을 가지므로 플립플롭을 통과할 때마다 플립플롭의 자체 지연시간이 누적된다. 플립플롭의

지연시간을 t_{CKQ}라고 하면, $Q_1 \rightarrow Q_2 \rightarrow Q_3$를 지나면서 $3t_{CKQ}$의 지연이 누적되어 [그림 7-12]처럼 불확실 구간이 증가하며, 이로 인해 유효 데이터 구간이 감소한다. 만약 비트 수가 더 늘어나 N 비트가 되면, $N \cdot t_{CKQ}$의 불확실 구간이 발생한다. 이때 데이터를 가져갈 만큼의 데이터 셋업-홀드 눈이 확보되지 않으면 논리 오류가 발생하게 된다. 한편 비트 수가 늘어나지 않아도 시스템 클록의 속도가 빨라지면 주기가 짧아지고, 유효 데이터 구간은 줄어들어 결국 논리 오류가 발생하게 된다.

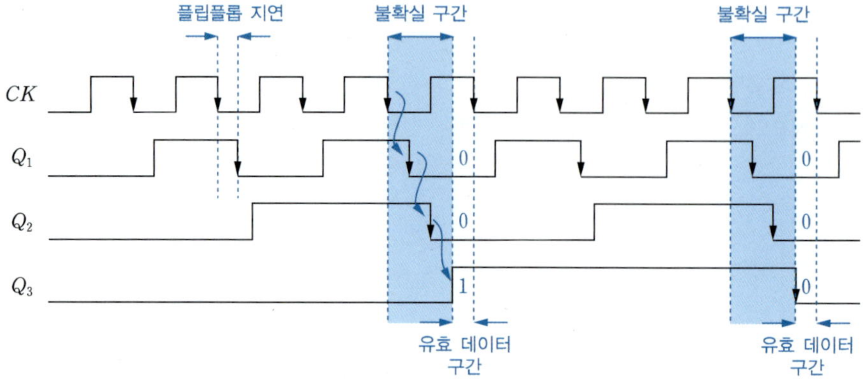

[그림 7-12] 비동기식 순차논리회로의 타이밍도 : 3비트 2진 리플 카운터

누적된 클록 지연은 시스템의 동작주파수를 제한하는 요인이 된다. 조합논리회로 부분과 혼합하여 사용하면 클록에 대한 신호의 셋업-홀드 시간이 감소하여, 신호의 글리치 혹은 삐침[skew]이 발생하거나 더 나아가 데이터 오류의 원인이 될 수 있다. 이러한 제약으로부터 벗어나 자유롭게 회로를 설계하려면, 모든 플립플롭이 클록 에지에서 동시에 천이하는 동기식 회로를 사용하는 것이 바람직하다.

예제 7-2 3비트 2진 리플 다운 카운터

[그림 7-13]과 같은 비동기식 회로의 타이밍도와 출력신호의 상태 천이표를 작성하라. 단, 모든 플립플롭은 초기에 리셋되어 있다고 가정한다.

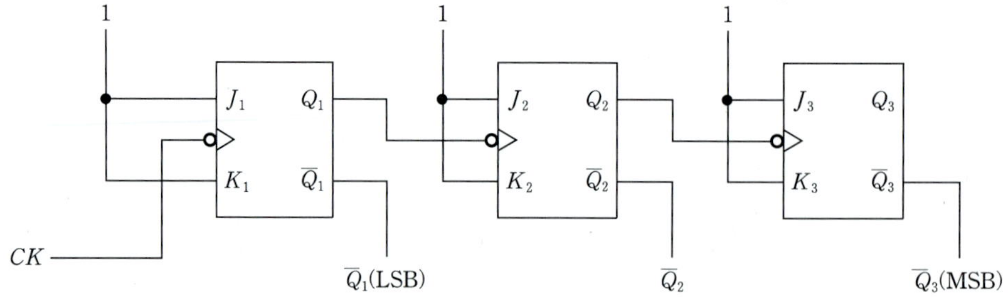

[그림 7-13]

풀이

초기에 리셋되면 출력은 $\overline{Q_3}\,\overline{Q_2}\,\overline{Q_1}$이므로 111이 된다. 클록 진행에 따른 타이밍도를 그릴 때, $\overline{Q_1}$는 초기 상태 1에서 시작하여 CK의 하강에지마다 토글링하도록 그린다.

$\overline{Q}_2$의 클록단자에는 Q_1이 가해지므로, Q_1의 하강에지마다($\overline{Q}_1$의 상승에지마다) $\overline{Q}_2$가 토글링한다. $\overline{Q}_3$의 클록단자에는 Q_2가 가해지므로 Q_2의 하강에지마다($\overline{Q}_2$의 상승에지마다) $\overline{Q}_3$가 토글링한다.

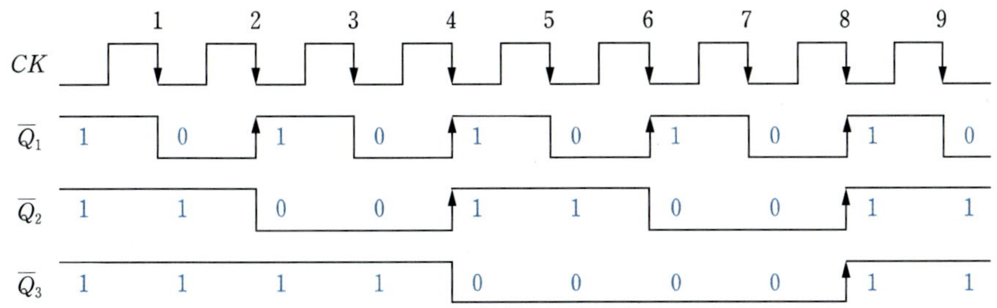

[그림 7-14]

클록의 경과에 따른 출력 데이터를 체크하여 상태 천이표를 만들면, [표 7-12]와 같이 111에서 000까지 다운 카운팅을 수행한다. 반복 주기는 파란색으로 나타내었다. 이 회로는 8번째 클록부터 111 → 110 → ⋯의 다운 카운팅을 반복하는 3비트 비동기식 2진 리플 다운 카운터이다.

[표 7-12]

CK	$\overline{Q}_3$	$\overline{Q}_2$	$\overline{Q}_1$
0	1	1	1
1	1	1	0
2	1	0	1
3	1	0	0
4	0	1	1
5	0	1	0
6	0	0	1
7	0	0	0
8	1	1	1
9	1	1	0

7.1.3 기타 회로 설계 기법

초기화 기법

상태도의 시작 상태는 회로의 전원 V_{DD}가 완전히 셋업되는 몇백 밀리초 동안에 결정되는데, 이를 파워 업 시간power-up time이라 부른다. 디지털 시스템 내에는 일반적으로 파워 업 회로가 있어서, [그림 7-15(a)]와 같이 1개의 펄스가 파워 업 시간 동안 발생하며, 이후로는 다시 발생하지 않는다. 파워 업 펄스는 순차논리회로를 초기화하는 데 사용된다. 이 신호는 [그림 7-15(a)]와 같이 반전하여 리셋($\overline{R}$) 신호로 사용될 수도 있고, 버퍼링하여 프리셋($\overline{S}$) 신호로 사용될 수도 있다.

5.7절에서 살펴본 것처럼 셋/리셋의 비동기 입력 경로는 동기 입력 경로보다 우선한다. 따라서 [그림 7-15(b)]의 순차논리회로 내의 플립플롭은 초기화 시점에 플립플롭의 동기식 입력값에 상관없이 리셋되어 0으로 초기화된다. [그림 7-2]의 $\overline{R}_1$ 및 $\overline{R}_2$에 리셋 신호를 가하면 $Q_2Q_1 = 00$으로 초기화되고, 상태도는 00에서부터 시작된다. 초기화 이후에는 '리셋' 신호가 다시는 뜨지 않으므로 정해진 동기식 동작이 시작된다.

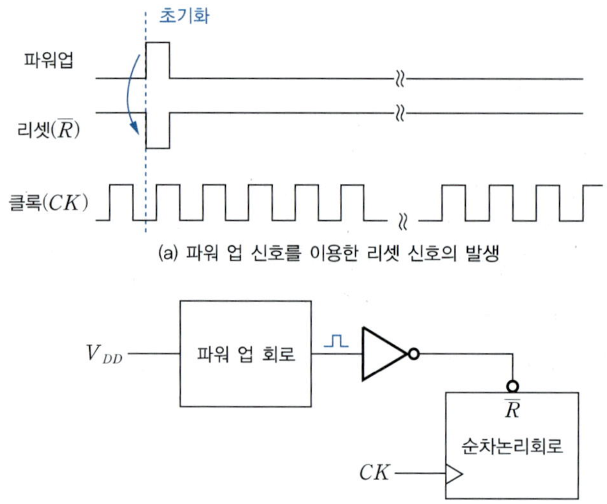

(a) 파워 업 신호를 이용한 리셋 신호의 발생

(b) 리셋 기능을 포함한 회로도

[그림 7-15] 순차논리회로의 리셋

[예제 5-7]에서 정논리 제어 3상 반전 게이트를 사용하는 마스터-슬레이브 D 플립플롭의 설계에 대해 학습하였다. 이를 변형하여 [그림 7-16]과 같이 비동기식 리셋 $\overline{R}$ 단자가 있는 D 플립플롭을 만들 수 있다.

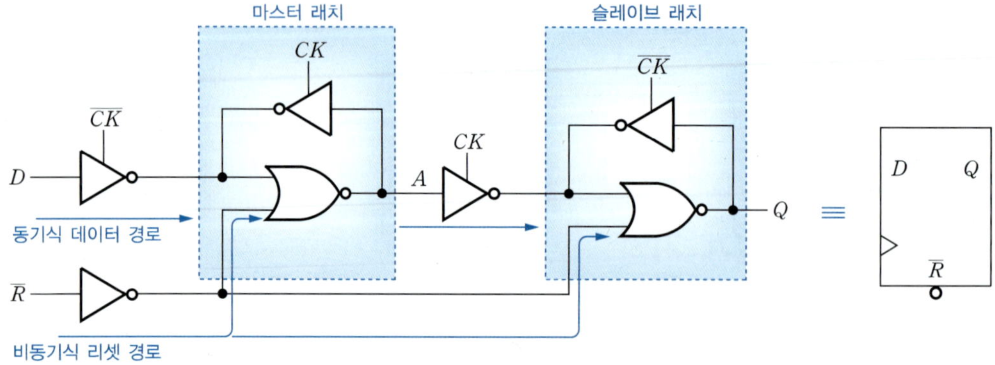

[그림 7-16] 리셋 기능이 있는 D 플립플롭

비동기식 리셋 경로에서 $\overline{R} = 0$이면 동기식 데이터 경로는 막히고, 마스터 래치의 출력과 슬레이브 래치의 출력 Q는 0으로 리셋된다. 따라서 리셋 경로는 데이터 경로보다 우선순위가 더 높다. $\overline{R} = 1$이면 동기식 데이터 경로는 열리고, D 입력은 정상적인 상승에지 트리거링 동작에 의해 Q에 저장된다.

한편 정논리 제어 3상 반전 게이트는 CMOS 회로로 [그림 7-17]과 같이 구현된다. $CK=1$이면 M_1과 M_3가 온[ON]되어 NOT 게이트로서 동작한다. $CK=0$이면 M_1과 M_3가 오프[OFF]되어 출력 Out이 전원으로부터 끊어지는 하이 임피던스[Hi-Z] 상태가 된다.

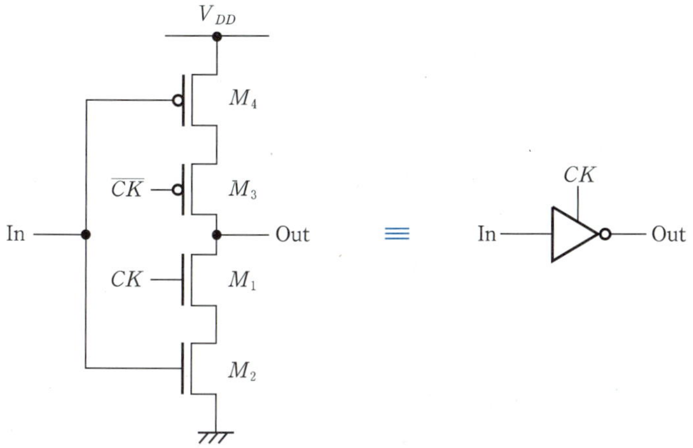

[그림 7-17] 정논리 제어 3상 반전 게이트의 CMOS 구현

예제 7-3 회로 초기화

파워 업 회로를 이용하여 [그림 7-2]의 동기식 순차논리회로를 $Q_2Q_1=01$로 초기화하라.

풀이

파워 업 신호를 반전하여 초기 상태를 설정해야 할 단자에 가한다. Q_1은 1로 초기화하므로 $\overline{S}$ 단자에, Q_2는 0으로 초기화하므로 $\overline{R}$ 단자에 가한다. 초기화와 상관없는 단자인 $\overline{S}_2$와 $\overline{R}_1$에는 1을 가하여 비활성화시킨다.

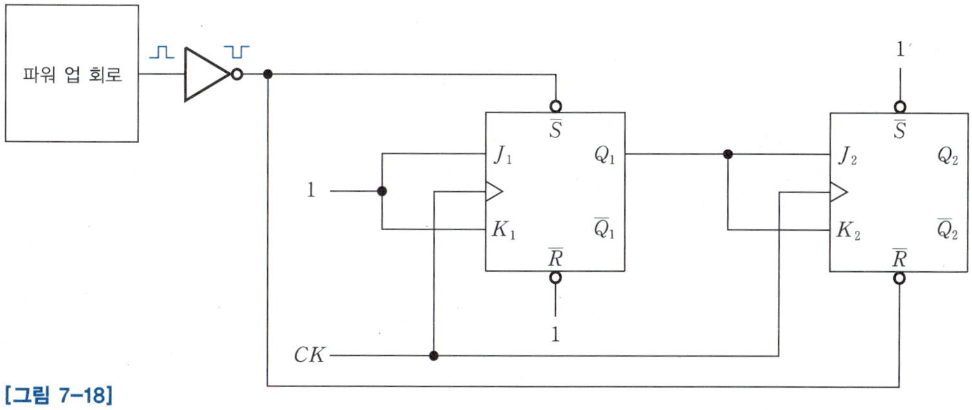

[그림 7-18]

상태 제거

지금까지 학습한 대로, 셋단자($\overline{S}$) 및 리셋단자($\overline{R}$)는 플립플롭의 초기 조건을 설정하는 데 사용된다. 이에 더하여 셋/리셋 단자는 특정 상태를 제거하는 용도로도 사용될 수 있다. [그림 7-19]의 논리도를 살펴보자. 이 회로에서 리셋단자($\overline{R}$)는 [그림 7-15(b)]와 같은 일반적인 파워 업 회로와 달리 초기화 신호 역할을 하고 있지 않다. 리셋단자($\overline{R}$)에는 B와 A 신호를 입력으로 하는 NAND의 출력이 가해지므로 초기화가 아닌 다른 역할을 수행한다.

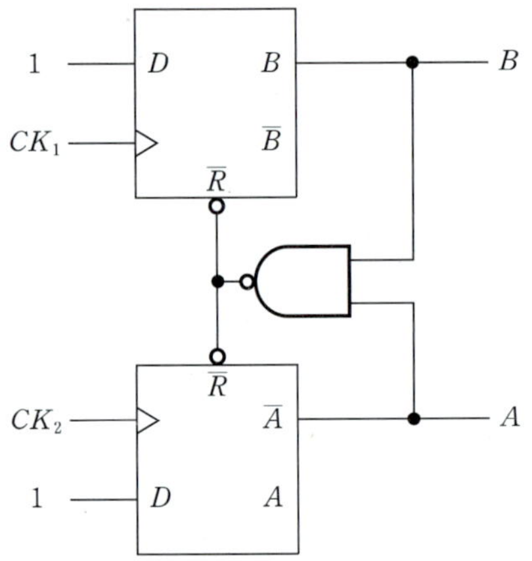

[그림 7-19] '11' 상태가 제거된 상태머신

즉, 두 출력신호가 피드백되어 리셋단자에 가해진다. 특히 $BA=11$인 상태는 피드백 NAND 게이트 지연 이후 00으로 리셋되므로, 11의 상태는 NAND 게이트에서 수백 피코초의 매우 짧은 지연 구간 동안에만 존재한다. 그러나 '상태'는 적어도 클록 한 주기 동안 유지될 수 있어야 하므로, 11 상태는 '존재'하지 않고 '제거'된다고 말할 수 있다.

지금까지 학습한 상태머신과의 또 다른 차이점은, 클록단자에 시스템 클록이 공통적으로 인가되는 것이 아니라 CK_1, CK_2로 분리되어 있고, 두 플립플롭의 D 입력에 1이 가해진다는 점이다. 직관적으로 회로 동작을 살펴보자. 초기에는 00 상태로 리셋되어 있다가, CK_1의 상승에지가 발생하면 $B=1$이 되므로 10 상태가 된다. 10 상태는 CK_1의 상승에지에서 그대로 유지된다. 그러나 CK_2의 상승에지에서는 $BA=11$이 되면서 곧바로 00으로 리셋된다. 그리고 연이은 CK_2의 상승에지에서 01 상태가 되고, 또다시 CK_2가 들어와도 01 상태가 유지된다. 그러나 CK_1의 상승에지가 들어오면 다시 00 상태로 옮겨간다. 즉, CK_1의 상승에지가 들어올 때마다 상태값이 증가하는 오른쪽 방향으로 이동하고, CK_2의 상승에지가 들어올 때마다 상태값이 감소하는 왼쪽 방향으로 이동한다. 11의 상태가 제거된 상태도에 클록 입력에 따른 상태의 천이를 [그림 7-20]과 같이 나타낼 수 있다.

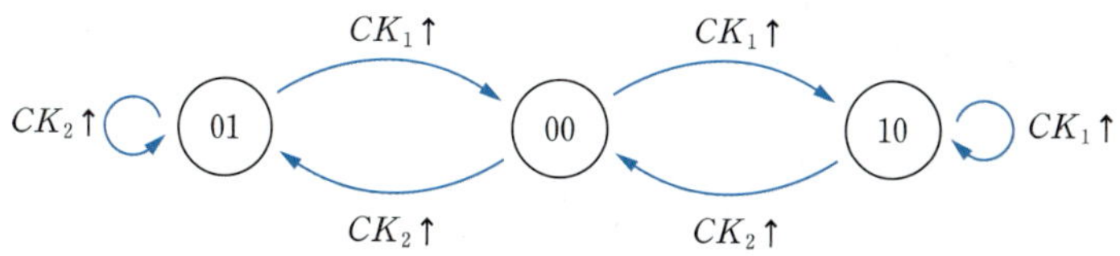

[그림 7-20] [그림 7-19] 회로의 상태도

[그림 7-20]의 상태도를 참고하여 [그림 7-21]의 타이밍도를 살펴보자. t_0에서 00으로 리셋되며, t_1 직전 CK_2의 상승에지에서 A가 'H' 상태가 되고(01 상태), t_1의 CK_1 에지에서 리셋된다. t_4 이전까지는 CK_2와 CK_1 에지 사이 구간에서 A가 활성화된다. t_5에서는 CK_1 에지가 먼저 들어와서 B가 'H' 상태가 되고 CK_2 에지에서 리셋된다. 이 동작을 잘 살펴보면, 이 회로는 $CK_1 \sim CK_2$ 에지 간격 동안에 출력신호 A 혹은 B가 발생함을 알 수 있다.

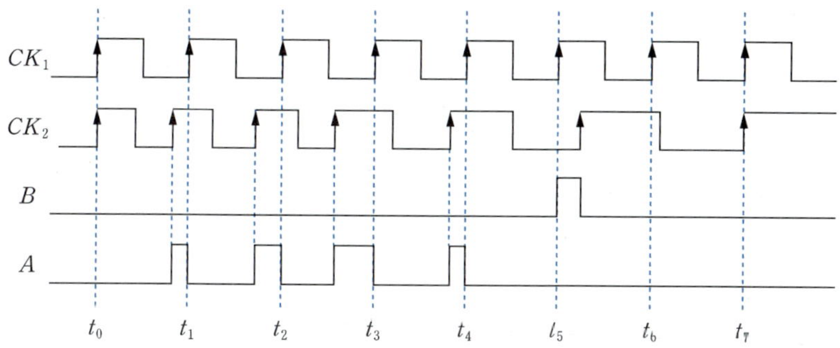

[그림 7-21] [그림 7-19]에서 두 클록의 위상 검출을 위한 타이밍도의 예시

[그림 7-19]의 3-상태 상태머신은 주파수가 같은 두 클록 에지 사이의 위상 차이를 검출하는 위상 비교기로 사용될 수 있다. 만약 두 클록의 주파수가 다르면 높은 주파수 클록의 에지 빈도수가 많아지므로, 이에 해당하는 상태에 머무르는 시간이 길어진다. 즉 CK_1 에지의 빈도수가 높으면 10 상태에 더 오래 머물며, CK_2 에지의 빈도수가 높으면 01 상태에 더 오래 머무른다. 머무는 시간에 비례하는 전압을 만들어내면, 주파수 차이에 해당하는 신호를 뽑아낼 수 있기 때문에 주파수 비교기로도 사용될 수 있다. 따라서 [그림 7-19]의 회로는 위상-주파수 검출기의 역할을 한다. 실제로 이 회로는 위상 동기 회로PLL : Phase-Locked Loop에서 기준 클록과 출력 클록에 대한 위상-주파수 검출기PFD : Phase-Frequency Detector로 많이 사용된다.

SECTION 7.2 순차논리회로의 합성

이 절에서는 입·출력 동작이 데이터 패턴이나 상태도의 형태로 주어질 때, 이에 해당하는 순차논리회로를 합성하는 체계적인 과정과 예제를 학습한다. 가장 중요한 과정은 주어진 상태표로부터 플립플롭 입력방정식을 도출하는 것으로, [그림 7-22]는 이 과정을 크게 4단계로 나타낸 것이다.

[그림 7-22] 순차논리회로의 합성을 위한 플립플롭 입력방정식 도출 과정

논리도를 합성하는 전체 과정은 기본적으로 7.1절에서 학습한 [순차논리회로 해석 단계]의 역순을 밟는다.

7.2.1 논리도 합성 체계

[순차논리회로 해석 단계]를 역으로 하면, 상태머신의 합성은 다음의 4단계로 이루어진다.

순차논리회로 합성 단계
- 1단계 : 상태도 작성
- 2단계 : 상태 여기표 작성
- 3단계 : (플립플롭) 입력방정식 및 출력방정식 유도
- 4단계 : 논리도 합성

위 과정을 적용하여 3비트 동기식 카운터를 T 플립플롭, D 플립플롭, JK 플립플롭으로 각각 합성해보자.

- **[1단계]** : 주어진 설계 목표에서 설계자가 쉽게 알 수 있는 정보는 상태의 천이 순서이다. 플립플롭의 상위 비트부터 하위 비트 순서로 CBA라 두고, 초기 상태를 $CBA = 000$으로 설정한다. 클록의 상승에지마다 카운터의 상태가 1씩 증가하여 $CBA = 000$, 001, 010, 011, 100, 101, 110, 111, 000, 001, …으로 무한 반복하며, 상태도는 [그림 7-23]과 같다.

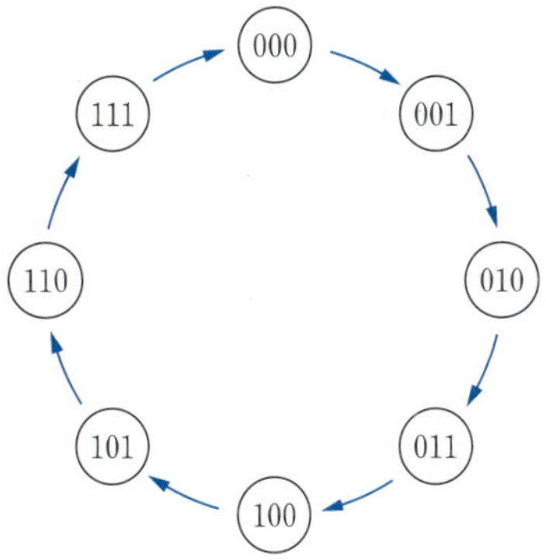

[그림 7-23] 3비트 2진 카운터의 상태도

- [**2단계**] : 합성에 사용되는 상태 여기표는 해석에서 사용되는 상태 여기표와 마찬가지로 '현재 상태', '다음 상태', '플립플롭 입력'의 세 가지 열로 구성되나, 주어진 정보가 다르기 때문에 순차논리 회로를 작성할 때와 작성하는 순서가 다르다. 현재 상태는 기계적으로 작성하고, 다음 상태는 상태도로부터 유추하여 곧바로 작성할 수 있다. 플립플롭 입력은 상태의 천이를 나타내는 플립플롭 여기표이므로 현재 상태와 다음 상태를 비교하여 작성한다. 따라서 합성용 상태 여기표의 작성 순서는 '현재 상태', '다음 상태', '플립플롭 입력'이 된다.

먼저 현재 상태에는 0부터 기계적인 순서 sequence 로 상태들을 배치하고, 상태도 혹은 상태 천이 정보로부터 다음 상태를 적는다. 이 데이터를 토대로 마지막 열에 플립플롭 입력을 작성한다. 이러한 순서로 [표 7-13]의 상태 여기표를 완성한다. 작성된 상태 여기표는 중복되는 상태를 포함할 수 있으므로, 6.3.3절의 상태 축약 과정을 거쳐 축약 상태도를 완성한다.

[표 7-13] 3비트 2진 카운터의 합성을 위한 상태 여기표

현재 상태			다음 상태			플립플롭 입력											
C	B	A	C^+	B^+	A^+	T_C	T_B	T_A	D_C	D_B	D_A	J_C	K_C	J_B	K_B	J_A	K_A
0	0	0	0	0	1	0	0	1	0	0	1	0	X	0	X	1	X
0	0	1	0	1	0	0	1	1	0	1	0	0	X	1	X	X	1
0	1	0	0	1	1	0	0	1	0	1	1	0	X	X	0	1	X
0	1	1	1	0	0	1	1	1	1	0	0	1	X	X	1	X	1
1	0	0	1	0	1	0	0	1	1	0	1	X	0	0	X	1	X
1	0	1	1	1	0	0	1	1	1	1	0	X	0	1	X	X	1
1	1	0	1	1	1	0	0	1	1	1	1	X	0	X	0	1	X
1	1	1	0	0	0	1	1	1	0	0	0	X	1	X	1	X	1

상태 여기표를 작성하는 과정을 좀 더 구체적으로 살펴보자.

[표 7-13]의 현재 상태 열 CBA에 000에서 111까지의 가능한 상태를 기계적인 순서에 따라 모두 기입한다. 다음 상태 열 $C^+B^+A^+$에는 현재 상태보다 1만큼 증가하도록 모든 행을 채운다. 플립플롭 입력 열에는 각 행마다 상태의 변화를 유도하기 위한 플립플롭 입력을 기입한다. T 플립플롭

으로 구현할 경우, T_C, T_B, T_A는 각각 CBA의 T 플립플롭 입력을 나타낸다. 이때 다음 상태가 현재 상태와 다르면 $T=1$이고, 같으면 $T=0$이다. 예를 들어 첫 번째 행에서 C^+ 및 B^+는 현재 상태 C 및 B와 비교하여 변화가 없으므로 $T_C=0$, $T_B=0$이다. A^+는 현재 상태 A가 항상 토글링되므로 $T_A=1$을 기입한다. 이러한 방법으로 모든 행을 다 채운다. 한편 D 플립플롭으로 구현하면, D 플립플롭 입력은 $D=Q^+$이므로 다음 상태와 같은 값으로 채운다. 또는 JK 플립플롭으로 구현할 경우, JK 플립플롭 입력은 [표 5-6]의 특성표를 이용하여 각 행마다 적절한 값으로 채운다.

- [**3단계**] : 2단계의 상태 여기표로부터 플립플롭의 입력방정식을 유도한다.
- [**4단계**] : 3단계의 플립플롭 입력방정식으로부터 논리도를 합성한다.

세 가지 종류의 플립플롭별로 입력방정식을 유도하는 과정과 논리도를 그리는 과정을 설명하면 다음과 같다.

■ T 플립플롭을 이용한 구현

[표 7-13]의 상태 여기표로부터 T_C, T_B, T_A에 대한 카르노 맵을 각각 그리고 축약한다.

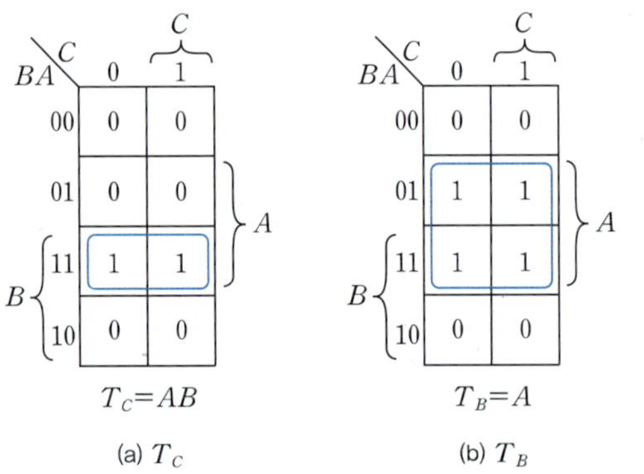

[그림 7-24] T 플립플롭을 이용한 3비트 2진 카운터의 논리 축약

카르노 맵의 결과로부터 축약된 T 플립플롭 입력방정식을 구한다.

$$T_C=AB \qquad T_B=A \qquad T_A=1 \tag{7.4}$$

구해진 입력방정식으로부터 다음 순서로 논리도를 그린다.

❶ 세 개의 CBA T 플립플롭을 상위 비트에서 하위 비트의 순서로 배치한다.

❷ 입력방정식의 **대수식에 해당하는 조합논리회로**를 만들어 입력단자에 가한다. 본 예에서는 식 (7.4)와 같이, T_C는 A와 B 신호가 가해지는 2-입력 AND 게이트의 출력이 된다. T_B에는 A를 가하고 T_A에는 1을 가한다.

❸ 클록단자를 묶어서 동기식 회로를 완성한다.

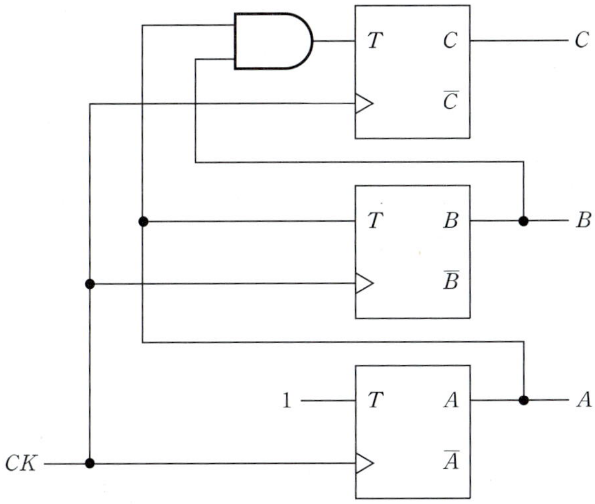

[그림 7-25] T 플립플롭을 이용한 3비트 2진 카운터의 합성

■ D 플립플롭을 이용한 구현

[표 7-13]의 상태 여기표로부터 D_C, D_B, D_A에 대한 각각의 카르노 맵을 그리고 축약한다.

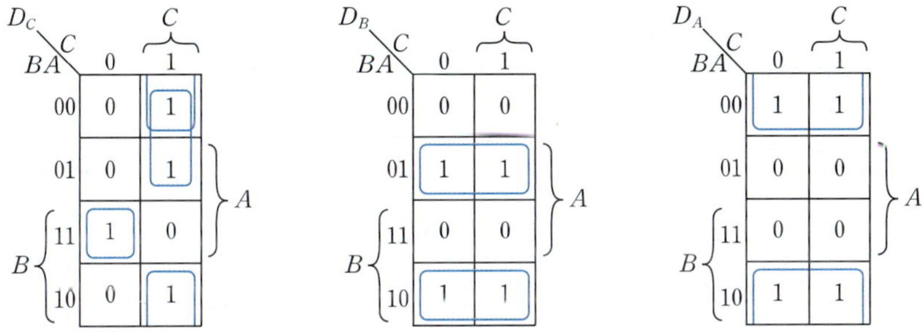

[그림 7-26] D 플립플롭을 이용한 3비트 2진 카운터의 논리 축약

카르노 맵의 결과로부터 축약된 D 플립플롭 입력방정식을 구한다.

$$\begin{aligned} D_C &= \overline{C}BA + C\overline{B} + C\overline{A} = \overline{C}(BA) + C(\overline{B} + \overline{A}) \\ &= \overline{C}(BA) + C(\overline{BA}) = C \oplus BA \\ D_B &= \overline{B}A + B\overline{A} = B \oplus A \\ D_A &= \overline{A} \end{aligned} \quad (7.5)$$

이 입력방정식으로부터 논리도를 그리기 위해, 세 개의 CBA D 플립플롭을 상위 비트에서 하위 비트의 순서로 배치하고, 입력방정식에 해당하는 조합논리회로를 만들어 각각의 입력단자에 가한다. 클록단자를 묶어서 동기식 회로를 완성한다.

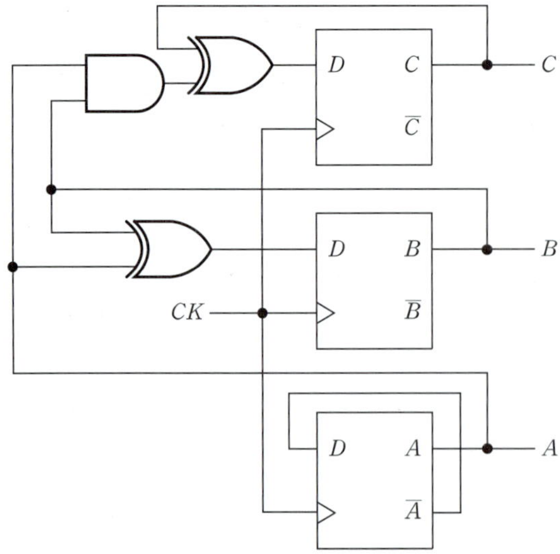

[그림 7-27] D 플립플롭을 이용한 3비트 2진 카운터의 합성

■ JK 플립플롭을 이용한 구현

[그림 7-23]의 상태도를 JK 플립플롭을 이용해서 구현해보자. [표 7-13]의 상태 여기표의 JK 플립플롭 입력으로부터 카르노 맵을 정리하면 [그림 7-28]과 같다.

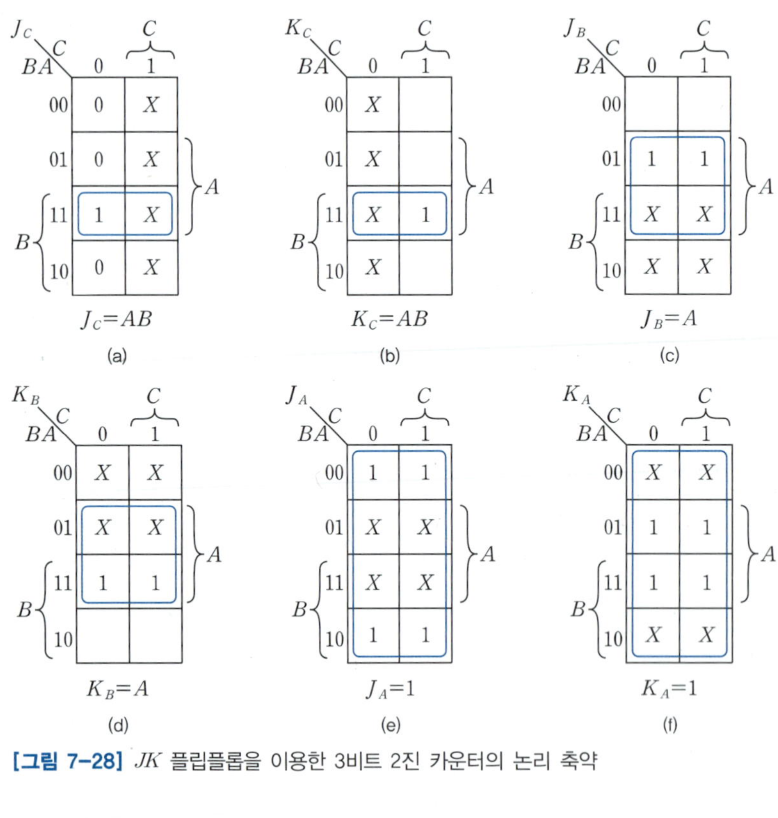

[그림 7-28] JK 플립플롭을 이용한 3비트 2진 카운터의 논리 축약

카르노 맵의 결과로부터 축약된 JK 플립플롭 입력방정식을 식 (7.6)과 같이 구한다.

$$\begin{aligned} J_C &= K_C = AB \\ J_B &= K_B = A \\ J_A &= K_A = 1 \end{aligned} \tag{7.6}$$

세 개의 CBA JK 플립플롭을 상위 비트에서 하위 비트 순서로 배치하고, 입력방정식에 해당하는 조합논리회로를 만들어 각각의 입력단자에 가한다. 클록단자를 묶어서 [그림 7-29]의 동기식 회로를 완성한다.

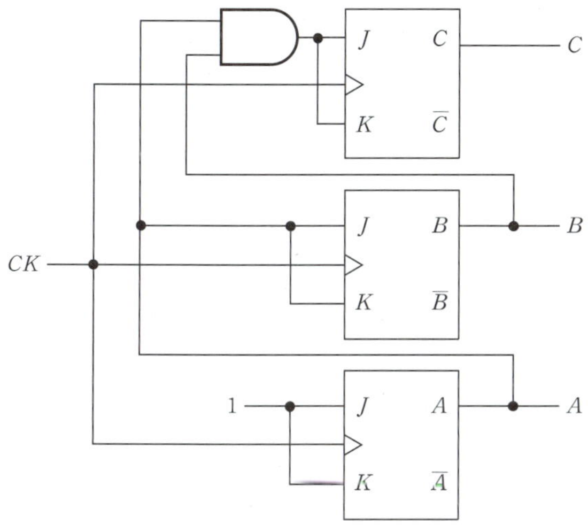

[그림 7-29] JK 플립플롭을 이용한 3비트 2진 카운터의 합성

5.6절에서 학습했듯이 J와 K를 묶으면 T 플립플롭으로 동작하므로, 이 회로는 결국 [그림 7-25]의 T 플립플롭을 사용한 구현과 같은 회로가 된다.

같은 동작의 회로라 하더라도 어떤 플립플롭을 선택하는가에 따라 회로의 복잡도가 달라진다. [그림 7-23]의 상태도를 구현하는 경우에는 T 플립플롭을 사용하는 것이 D 플립플롭을 사용하는 것보다 조합논리회로가 더 간단함을 알 수 있었다. 같은 방법으로 JK 플립플롭 혹은 SR 플립플롭으로 회로를 구현할 수도 있다. SR 플립플롭의 경우는 셋 및 리셋 동작을 이용한 제어신호를 만드는 데에 효과적이며([예제 5-1] 참조), 상태머신에 많이 사용되지는 않는다.

예제 7-4 플립플롭 변환

D 플립플롭 - T 플립플롭 변환을 이용하여 [그림 7-25]의 카운터를 변환하면, 그 회로가 [그림 7-27]과 일치함을 보여라.

풀이

토글링 플립플롭은 $T=1$이면 $D=\overline{Q}$이고(반전 동작), $T=0$이면 $D=Q$ (비반전 동작)이므로, XOR 게이트의 성질을 이용하여 다음과 같이 구현할 수 있다.

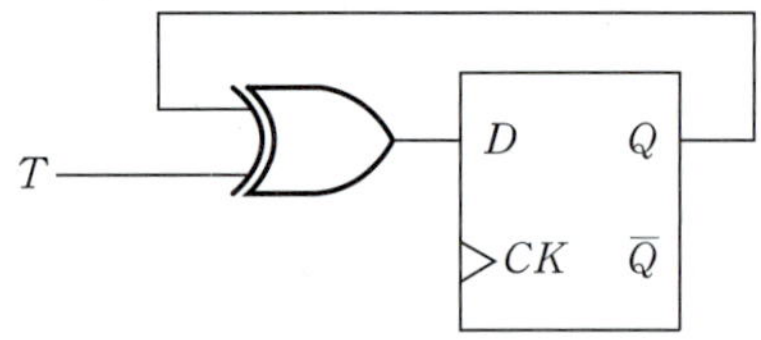

[그림 7-30]

[그림 7-25]의 T 플립플롭 대신에 [그림 7-30]의 회로를 대입하면 [그림 7-31]과 같이 표현된다.

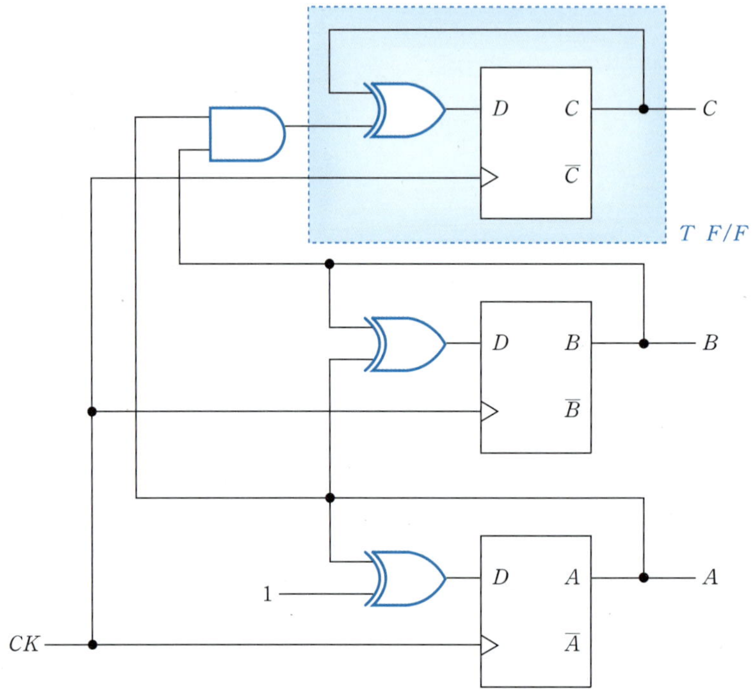

[그림 7-31]

A 비트의 XOR 게이트는 게이팅 성질에 의해 제어신호가 1이면 입력신호를 반전하므로, $1 \oplus A = \overline{A}$이다. 따라서 D 입력에 $\overline{A}$가 피드백되는 것으로 1 입력은 생략될 수 있다. 결국 [그림 7-31]은 [그림 7-27]과 일치한다.

예제 7-5 BCD 업 카운터

[그림 7-32]의 상태도와 같이 $0000 \rightarrow 0001 \rightarrow \cdots \rightarrow 1001$까지 순차적으로 변하는 BCD 업 카운터를 JK 플립플롭을 사용하여 설계하라. BCD 코드에서 사용되지 않는 1010 ~ 1111의 상태는 무관항으로 처리하고, 조합논리회로 부분은 임의의 게이트를 사용할 수 있다. 출력은 $DCBA$로 처리하라.

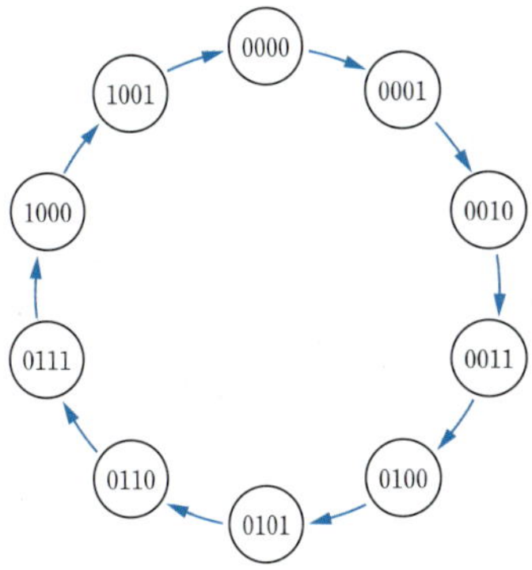

[그림 7-32]

풀이

주어진 상태도로부터 [표 7-14]와 같은 상태 여기표를 작성한다. 현재 상태에 0000에서부터 기계적인 순서로 1씩 증가시켜 1111까지 기입한다. 실제로 사용되는 코드는 파란색으로 표시하였다. 다음 상태는 현재 상태보다 +1인 상태로 정해지며, 1001에서 다시 0000으로 돌아온다. BCD 코드에서 사용되지 않는 여섯 개의 코드 1010 ~ 1111의 다음 상태는 논리식의 축약을 극대화하기 위해 모두 무관항으로 처리한다.

[표 7-14]

현재 상태				다음 상태				플립플롭 입력							
D	C	B	A	D^+	C^+	B^+	A^+	J_D	K_D	J_C	K_C	J_B	K_B	J_A	K_A
0	0	0	0	0	0	0	1	0	X	0	X	0	X	1	X
0	0	0	1	0	0	1	0	0	X	0	X	1	X	X	1
0	0	1	0	0	0	1	1	0	X	0	X	X	0	1	X
0	0	1	1	0	1	0	0	0	X	1	X	X	1	X	1
0	1	0	0	0	1	0	1	0	X	X	0	0	X	1	X
0	1	0	1	0	1	1	0	0	X	X	0	1	X	X	1
0	1	1	0	0	1	1	1	0	X	X	0	X	0	1	X
0	1	1	1	1	0	0	0	1	X	X	1	X	1	X	1
1	0	0	0	1	0	0	1	X	0	0	X	0	X	1	X
1	0	0	1	0	0	0	0	X	1	0	X	0	X	X	1
1	0	1	0	X	X	X	X	X	X	X	X	X	X	X	X
1	0	1	1	X	X	X	X	X	X	X	X	X	X	X	X
1	1	0	0	X	X	X	X	X	X	X	X	X	X	X	X
1	1	0	1	X	X	X	X	X	X	X	X	X	X	X	X
1	1	1	0	X	X	X	X	X	X	X	X	X	X	X	X
1	1	1	1	X	X	X	X	X	X	X	X	X	X	X	X

[표 5-6]의 JK 플립플롭의 특성표를 참고하여 JK 플립플롭 입력 열의 값을 결정한다. 예를 들어 0000 →0001 천이의 경우, D는 0의 값으로 변화가 없으므로 '유지'($J=K=0$) 혹은 '리셋'($J=0$, $K=1$)의 두 가지 경우가 있다. 따라서 이 두 가지 경우를 합치면 $J_D=0$, $K_D=X$가 된다. 마찬가지로 C 및 B의 값도 0으로 변화가 없으므로 $J=0$, $K=X$가 된다. A는 0→1로 천이되었다. 이때 '토글링'

$(J=K=1)$ 혹은 '셋'$(J=1,\ K=0)$이므로 $J_A=1,\ K_A=X$가 된다. 이러한 방식으로 BCD의 마지막 코드인 1001까지 채운다(파란색 영역). BCD에 사용되지 않는 코드 영역은 모두 무관항으로 처리한다.

카르노 맵을 거쳐 JK 입력방정식을 구하면 다음과 같다.

$$J_A = K_A = 1 \qquad J_B = A\overline{D} \qquad K_B = A$$
$$J_C = K_C = AB \qquad J_D = ABC \qquad K_D = A$$

위에서 구한 입력방정식을 토대로 논리도를 작성하면, 이 논리도는 [그림 7-4]에서 출력신호 $Q_4Q_3Q_2Q_1$을 $DCBA$로 대체한 것과 같다.

7.2.2 상태의 개수가 2^N보다 적은 경우

[그림 7-33]에서 (00 → 01 → 10) → (00 → 01 → 10) → … 을 반복하는 상태도에 해당하는 상태머신을 합성해보자. 이 상태도에서 특이한 점은 상태의 개수가 2^2보다 적고, 상태가 추가되는 것을 허용하지 않는다는 것이다. 즉, 11의 상태는 존재하지 않는다.

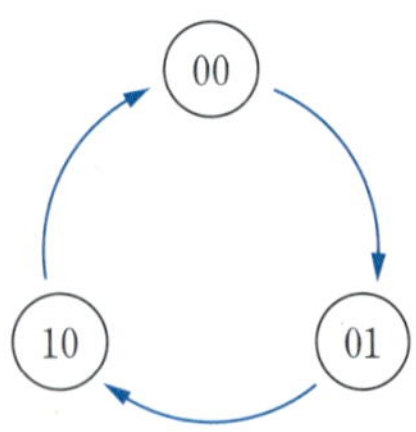

[그림 7-33] 3개의 상태를 가진 2진 카운터

[그림 7-33]의 상태도에 대해 JK 플립플롭을 이용한 상태 여기표를 [표 7-15]에 작성하였다.

[표 7-15] 상태 여기표

현재 상태		다음 상태		플립플롭 입력			
B	A	B^+	A^+	J_B	K_B	J_A	K_A
0	0	0	1	0	X	1	X
0	1	1	0	1	X	X	1
1	0	0	0	X	1	X	1

직관적으로 플립플롭 입력방정식을 구하면 다음과 같다.

$$J_A = K_A = 1 \ \text{(토글링)}$$
$$J_B = A \qquad K_B = 1 \tag{7.7}$$

결과적으로 [그림 7-34]와 같이 논리도를 그릴 수 있다.

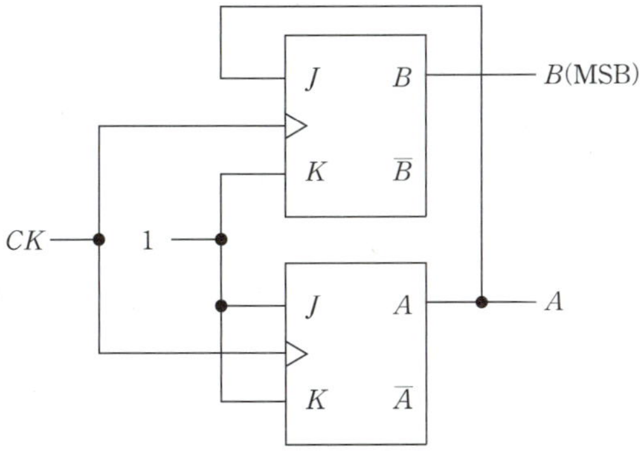

[그림 7-34] *JK* 플립플롭을 이용한 2비트 2진 카운터의 합성

[그림 7-34]의 논리도에는 나타나 있지 않지만, 초기 세팅으로 두 플립플롭을 모두 프리셋하는 경우를 생각해보자. 이 경우 $BA = 11$의 상태가 클록의 한 주기 동안 존재하며, $J = K = 1$이므로 그다음 상태는 00으로 토글링한다. 결국 상태도에는 11의 상태가 포함되어 다음과 같이 표현된다.

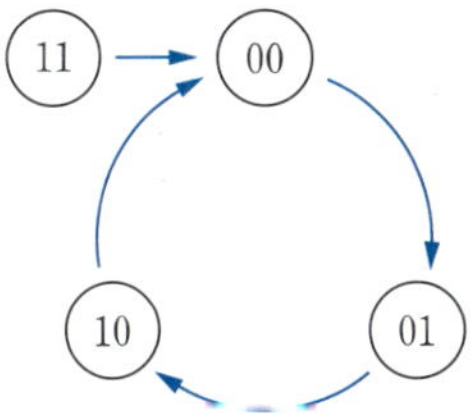

[그림 7-35] 초기 프리셋이 포함된 4개의 상태를 가진 상태도

그러나 여기서 문제는, [그림 7-33]과 같이 세 개의 상태만이 존재하고 $BA = 11$의 상태는 없어야 한다는 점이다. 회로적으로 상태를 제거하기 위해서는 비동기식 입력인 리셋단자($\overline{R}$)를 활용한다. [그림 7-36]과 같이 A와 B의 NAND 출력을 리셋단자에 가해 11의 상태가 발생하는 순간, 피드백 경로 지연을 거쳐 00으로 리셋시킨다. 즉 11이 순간적으로는 존재할 수 있으나, 클록의 한 주기 동안 유효하지는 않으므로 상태가 제거된다.

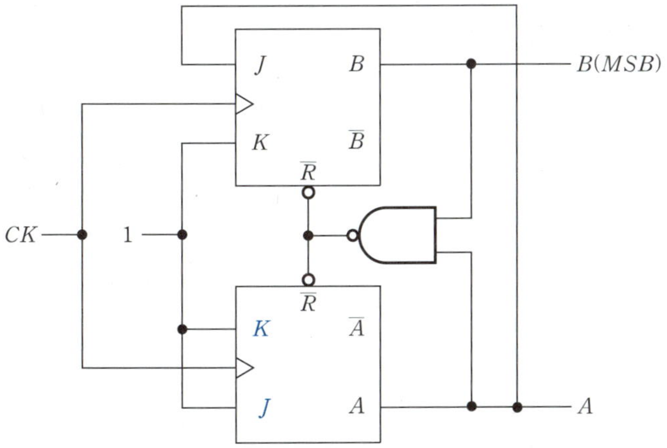

[그림 7-36] 리셋 피드백을 이용하여 $BA = 11$을 제거한 회로의 합성

지금까지의 내용을 정리하면, 순차논리회로를 합성하는 순서는 다음과 같다.

순차논리 합성 순서

❶ 회로의 동작을 적절히 기술한다. 이때 상태도, 타이밍도, 기타 적절한 정보 등을 활용한다. 일반적으로는 직관적으로 작성하기 쉽고 눈에 가장 쉽게 들어오는 상태도를 많이 활용한다.

❷ 상태도로부터 상태표를 작성한다. 각각의 상태가 문자로 주어져 있으면, 각 상태에 대해 2진값을 할당한다. 필요한 경우에는 상태를 축약한다.

❸ 사용할 플립플롭의 종류를 결정한다. 필요한 플립플롭의 수를 결정하고, 각각의 플립플롭의 입력, 출력에 문자를 할당한다.

❹ 상태표를 이용하여 회로의 상태 여기표^excitation table^를 작성한다.

❺ 카르노 맵이나 기타 논리 축약법을 사용하여 플립플롭의 출력함수 및 입력함수를 유도한다.

❻ 논리도를 작성한다.

SECTION

7.3 카운터

앞서 7.2절에서 상태머신을 합성할 때, 상태 여기표를 작성하여 D, T, JK, SR 플립플롭의 어떤 것으로도 구현할 수 있음을 살펴보았다. 카운터 및 분주기는 클록의 개수를 세어 상태를 순차적으로 변화시키므로 각 비트별로 토글링 동작이 많아진다. 이러한 특성상 카운터 및 분주기에서는 SR이나 JK보다는 D 혹은 T 플립플롭이 많이 활용된다. 특히 T 플립플롭을 이용하는 경우의 논리도가 가장 깔끔해 보이는 경우가 많다. 트랜지스터 레벨의 집적회로 구현에서 T 플립플롭은 D 플립플롭을 변형하여 설계되므로, 대부분의 플립플롭은 회로가 간단한 동기식 D 플립플롭으로 구현된다고 봐도 무방하다. 이러한 이유로 이 절에서 학습하는 다양한 형태의 카운터 및 분주기는 동기식 D 플립플롭과 T 플립플롭을 이용한 구현을 기본으로 설명하기로 한다.

7.3.1 2진 카운터

2진 카운터 binary counter는 입력되는 클록의 개수를 세어 2진수로 출력하는 장치이다. 세는 방향에 따라 상향 혹은 하향 카운팅으로 분류되며, 출력코드의 형태에 따라 1장에서 학습한 다양한 2진 코드이 카운터를 만들 수 있다. 또한 클록을 가하는 형태에 따라 모든 비트가 동시에 천이하는 동기식 카운터와, 게이트 지연시간만큼의 시차를 두고 순차적으로 천이하는 비동기식 카운터로 분류된다.

2비트 동기식 2진 카운터

이 카운터의 2비트 출력 Q_2Q_1은 클록이 들어옴에 따라 00부터 1씩 증가하여 11까지 변하고 다시 00으로 돌아가는 [그림 7-3]의 상태도를 구현한다. 모든 카운터는 토글링이라는 특성상 T 플립플롭을 사용하는 것이 기본적이나, JK 플립플롭을 사용하면 [그림 7-2]의 논리도로 구현할 수 있다.

3비트 동기식 2진 카운터

이 카운터의 3비트 출력 $Q_3Q_2Q_1$은 클록이 들어옴에 따라 000부터 1씩 증가하여 111까지 변하고 다시 000으로 돌아가는 [그림 7-23]의 상태도를 구현한다. T 플립플롭을 사용하는 논리도는 [그림 7-25]와 같고, D 플립플롭을 사용하는 논리도는 [그림 7-27]과 같다.

얼핏 보기에는 T 플립플롭의 구현이 더 간단한 것 같지만, T 플립플롭의 내부가 D 플립플롭보다 더 복잡하므로 트랜지스터 레벨의 전체적인 회로 오버헤드는 큰 차이가 없다. 그리고 JK 플립플롭을 사용하여 구현한 논리도는 [그림 7-29]와 같다.

3비트 동기식 업/다운 카운터

업/다운 카운터 up/down counter는 제어신호 x의 값에 따라 카운팅의 방향을 바꾼다. [그림 7-37]의 상태도와 같이 $x=1$일 때는 업 카운터, $x=0$일 때는 다운 카운터로 동작하는 3비트 카운터를 T 플립플롭을 이용하여 설계해보자.

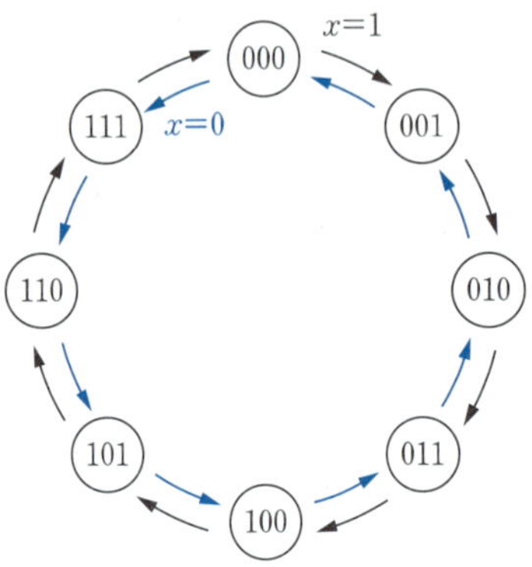

[그림 7-37] 3비트 업/다운 카운터의 상태도

이 상태도로부터 [표 7-16]의 상태 여기표를 작성한다. 다음 상태와 플립플롭 입력은 x 값에 따라 분리한다.

[표 7-16] 3비트 업/다운 카운터의 상태 여기표

현재 상태			다음 상태						플립플롭 입력					
			$x=0$			$x=1$			$x=0$			$x=1$		
C	B	A	C^+	B^+	A^+	C^+	B^+	A^+	T_C	T_B	T_A	T_C	T_B	T_A
0	0	0	1	1	1	0	0	1	1	1	1	0	0	1
0	0	1	0	0	0	0	1	0	0	0	1	0	1	1
0	1	0	0	0	1	0	1	1	0	1	1	0	0	1
0	1	1	0	1	0	1	0	0	0	0	1	1	1	1
1	0	0	0	1	1	1	0	1	1	1	1	0	0	1
1	0	1	1	0	0	1	1	0	0	0	1	0	1	1
1	1	0	1	0	1	1	1	1	0	1	1	0	0	1
1	1	1	1	1	0	0	0	0	0	0	1	1	1	1

상태 여기표의 T 입력신호들에 대한 카르노 맵을 작성하여 논리를 축약한다.

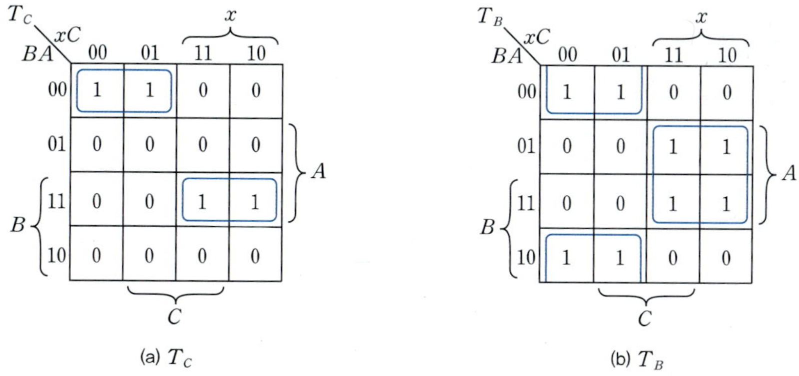

[그림 7-38] T 입력신호에 대한 카르노 맵 작성

T 입력신호들에 대한 플립플롭 입력방정식을 세운다.

$$T_C = \overline{x}\,\overline{B}\,\overline{A} + xBA$$
$$T_B = xA + \overline{x}\,\overline{A} \qquad (7.8)$$
$$T_A = 1$$

3개의 T 플립플롭의 입력단자에 식 (7.8)을 조합논리회로를 인가하여 [그림 7-39]의 논리도를 합성한다.

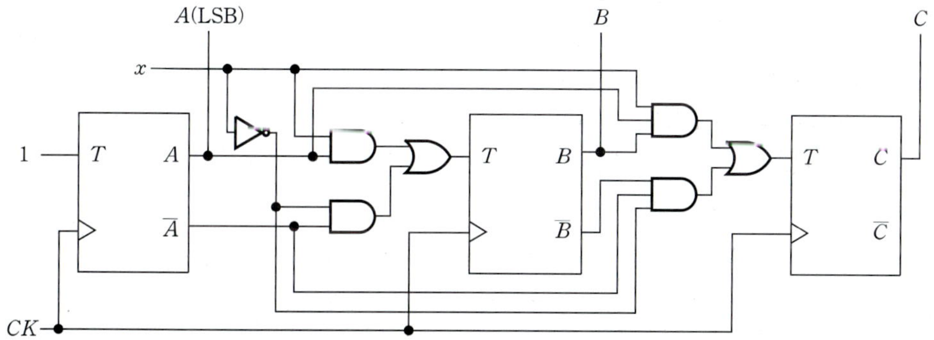

[그림 7-39] 합성된 3비트 업/다운 카운터

이 회로를 7.1절의 [그림 7-6]에서 해석한 회로와 비교했을 때, 비트 순서, 입력 x의 기능 반전, JK 플립플롭 - T 플립플롭 변환, AND-OR의 NAND-NAND 변환을 적용시키면, 서로 같은 회로가 됨을 알 수 있다.

4비트 동기식 2진 카운터

4비트 동기식 2진 카운터의 상태도는 [그림 7-40]과 같다. 4비트 카운터에서 증가된 비트 수에 따라 하드웨어도 함께 증가한다.

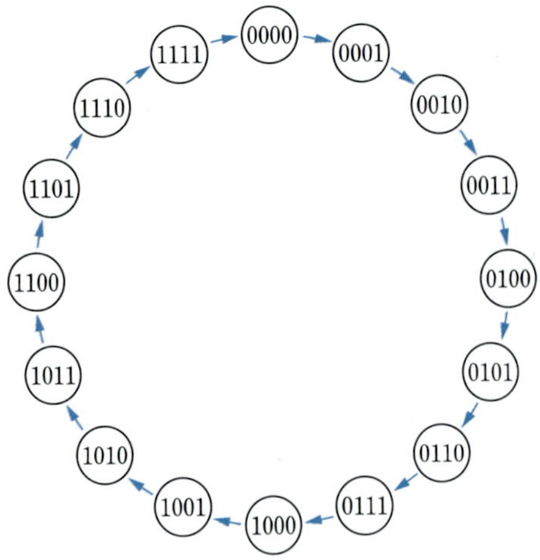

[그림 7-40] 4비트 2진 카운터의 상태도

가장 기본적인 T 플립플롭 구현을 위해 T 플립플롭에 대한 상태 여기표를 [표 7-17]과 같이 작성한다.

[표 7-17] 4비트 2진 카운터의 T 플립플롭 상태 여기표

현재 상태				다음 상태				플립플롭 입력			
Q_4	Q_3	Q_2	Q_1	Q_4^+	Q_3^+	Q_2^+	Q_1^+	T_4	T_3	T_2	T_1
0	0	0	0	0	0	0	1	0	0	0	1
0	0	0	1	0	0	1	0	0	0	1	1
0	0	1	0	0	0	1	1	0	0	0	1
0	0	1	1	0	1	0	0	0	1	1	1
0	1	0	0	0	1	0	1	0	0	0	1
0	1	0	1	0	1	1	0	0	0	1	1
0	1	1	0	0	1	1	1	0	0	0	1
0	1	1	1	1	0	0	0	1	1	1	1
1	0	0	0	1	0	0	1	0	0	0	1
1	0	0	1	1	0	1	0	0	0	1	1
1	0	1	0	1	0	1	1	0	0	0	1
1	0	1	1	1	1	0	0	0	1	1	1
1	1	0	0	1	1	0	1	0	0	0	1
1	1	0	1	1	1	1	0	0	0	1	1
1	1	1	0	1	1	1	1	0	0	0	1
1	1	1	1	0	0	0	0	1	1	1	1

[그림 7-41]과 같이 각각의 T 입력에 대한 카르노 맵을 작성하여 논리를 축약하고, 식 (7.9)의 입력 방정식을 세운다.

$$T_4 = Q_3Q_2Q_1 \qquad T_3 = Q_2Q_1 \qquad T_2 = Q_1 \qquad T_1 = 1 \tag{7.9}$$

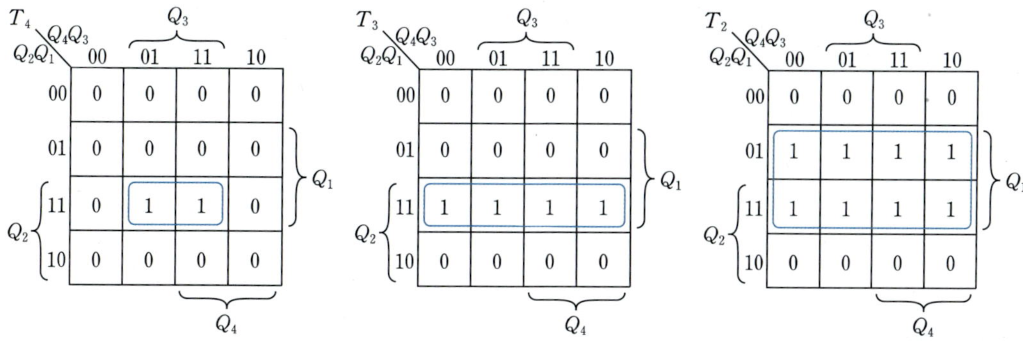

(a) T_4 (b) T_3 (c) T_2

[그림 7-41] T 입력신호에 대한 카르노 맵 작성

식 (7.9)를 각각 조합논리회로로 변환하고, 4개의 T 플립플롭의 입력단자에 연결하여 [그림 7-42]의 논리도를 작성한다.

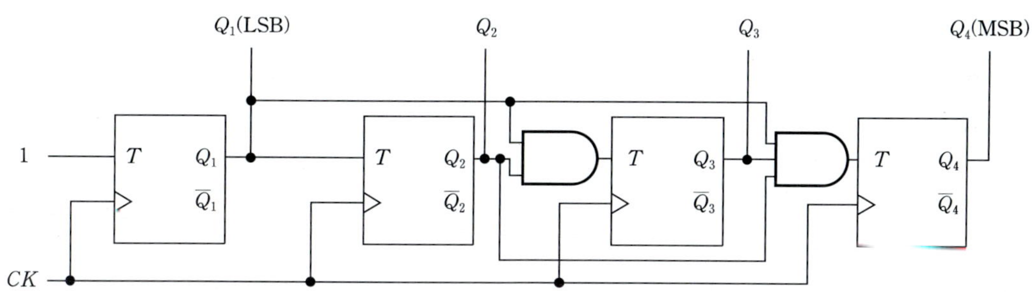

[그림 7-42] 합성된 4비트의 2진 카운터의 논리도

8비트 이상의 동기식 2진 카운터

식 (7.9)를 유심히 살펴보면, 2진 카운터의 T 플립플롭 구현 시 플립플롭 방정식에 규칙이 있음을 알 수 있다. 비트가 증가할수록 출력의 비트 순서에 맞추어 AND 입력의 팬 인이 증가한다. 5비트 이상의 카운터라면, 다음과 같은 피라미드 구조의 플립플롭 입력방정식을 보인다.

$$\begin{aligned} &\vdots \\ T_5 &= Q_4 Q_3 Q_2 Q_1 \\ T_4 &= Q_3 Q_2 Q_1 \\ T_3 &= Q_2 Q_1 \; T_2 = Q_1 \\ T_1 &= 1 \end{aligned} \tag{7.10}$$

이러한 규칙을 이용하면 8비트, 12비트 등의 큰 비트 수의 카운터를 다음과 같은 단계로 어렵지 않게 설계할 수 있다.

❶ 비트 수만큼의 T 변수를 할당한다.

❷ $T_1 = 1$, $T_2 = Q_1$, $T_3 = Q_2 Q_1$, $T_4 = Q_3 Q_2 Q_1$, $\cdots$, $T_N = Q_{N-1} Q_{N-2} \cdots Q_3 Q_2 Q_1$의 조합논리회로를 만든다.

❸ 다른 플립플롭으로 구현한다면, 5.6절을 참조하여 원하는 플립플롭으로 변환한다.

❹ 논리 게이트의 팬 인이 4를 넘어갈 경우, 3.3.5절의 팬 인 대책을 수립한다.

❺ 필요한 경우 3.2.2절의 NAND 변환을 수행한다.

예제 7-6 **8비트 동기식 2진 카운터**

D 플립플롭을 사용하여 8비트 동기식 2진 카운터를 설계하라. 단, 게이트의 팬 인은 4 이하로 하고, 반전 논리를 이용한 다단 설계를 고려하라.

풀이

팬 인 문제를 고려하지 않고 [그림 7-42]의 T 플립플롭을 이용한 4비트 동기식 2진 카운터를 식 (7.10)에 따라 확장하면 [그림 7-43]과 같은 논리도를 얻는다.

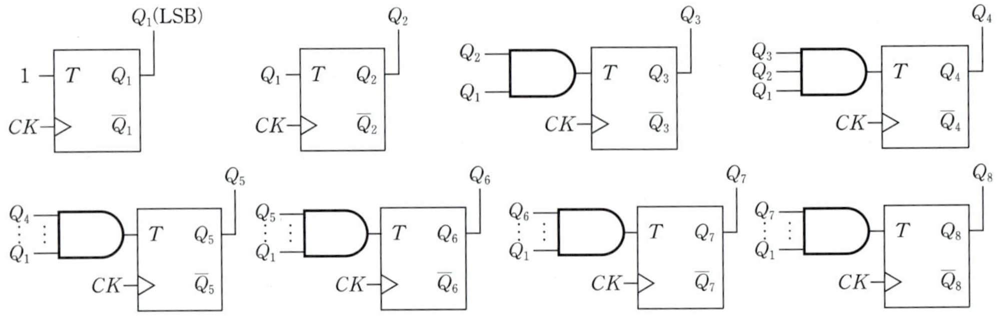

[그림 7-43]

[예제 5-8]의 D 플립플롭 - T 플립플롭 변환을 이용해보자. 팬 인이 5 이상인 AND 게이트는 [예제 3-7]의 NAND-NOR 구조를 이용한 다단 설계로 변환한다. 이를 적용하면 [그림 7-44]와 같이 $Q_8 Q_7 \dots Q_3 Q_2 Q_1$의 8비트 출력이 된다.

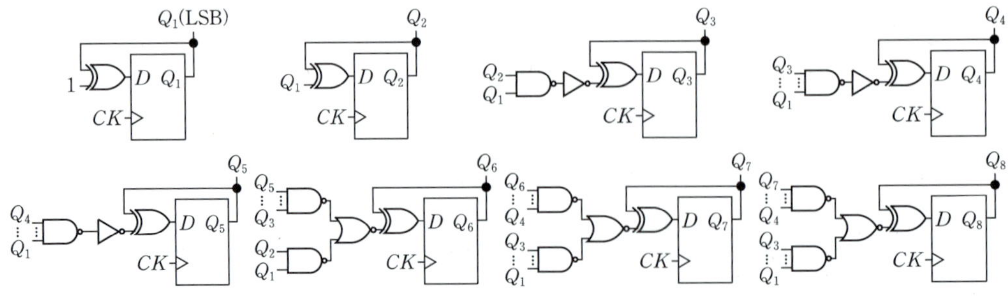

[그림 7-44]

4비트 동기식 BCD 카운터

4비트 동기식 BCD 카운터는 [그림 7-5]의 상태도를 이용하여 구현한다. 이때 1010~1111의 사용되지 않는 코드는 무관항으로 처리하여 회로를 간략화한다. JK 플립플롭으로 구현하면 [그림 7-4]의 논리도와 같다.

동작 중 외부 데이터 탑재가 가능한 로더블 카운터

정해진 순서에 따라 기계적으로 카운팅하는 중에 제어신호가 활성화되면, 카운터의 모든 비트에 원하는 값을 설정할 수 있는 카운터가 있는데, 이를 '로더블 카운터 loadable counter'라고 한다. 제어신호가 해소되고 나면, 설정된 값으로부터 다시 동기식 카운팅이 진행된다.

[그림 7-45]의 타이밍도를 보면, 3비트 카운팅이 진행되다가 제어신호 Ld가 활성화되는 동안에 외부 데이터 D_{CBAin}이 카운터의 값으로 설정되고, 그다음 클록에서부터 다시 정상적인 카운팅이 진행된다.

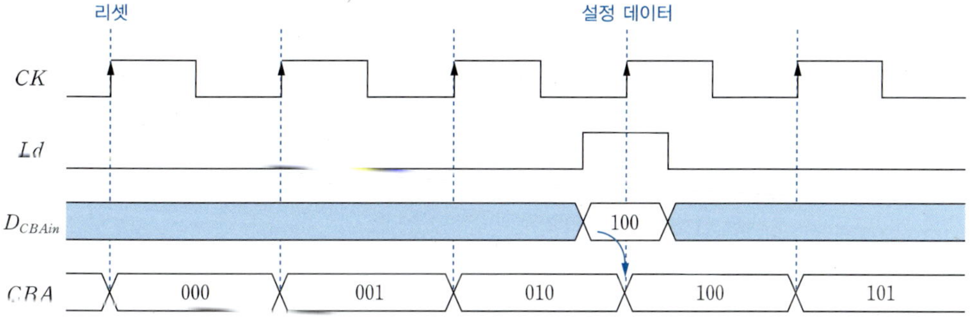

[그림 7-45] 3비트 동기식 로더블 2진 카운터의 타이밍도

[그림 7-46]은 [그림 7-31]의 카운터에 제어신호 Ld를 인가하여 설정 가능 기능을 추가한 회로이다. 기본적으로 D 플립플롭 출력이 XOR 게이트에 가해져서 T 플립플롭의 기능을 수행한다. Ld는 멀티플렉서를 제어하여 D 플립플롭의 출력 혹은 외부 입력비트가 XOR 게이트의 위쪽 단자에 가해지도록 한다. $Ld=0$일 때는 플립플롭 출력이 MUX를 통과하여 토글링 동작을 한다. 각 비트의 입력에 $\overline{Ld}=1$이 가해지므로, 회로는 [그림 7-31]과 일치한다. $Ld=1$이면 탑재할 외부 데이터 D_{in}이 그대로 XOR 게이트를 통과하여 플립플롭 입력에 가해진다. 이때 XOR 게이트의 아래쪽 입력에는 1이 가해지므로 게이팅에 의해 위쪽 입력이 그대로 통과한다는 사실을 상기하자.

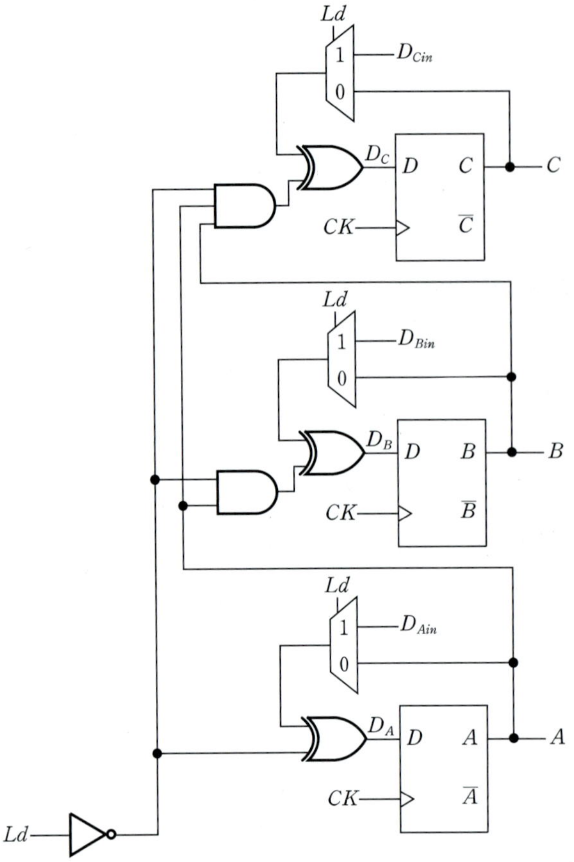

[그림 7-46] 3비트 동기식 로더블 2진 카운터의 논리도

이번에는 [그림 7-46]의 조합논리회로 부분을 살펴보자.

- ***Ld*=0인 경우** : C, B, A가 MUX 출력이 되어 XOR 한쪽 입력으로 들어가서 T 플립플롭을 형성하고 BA, A, 1이 T 플립플롭의 입력이 되므로, [그림 7-47(a)]의 3비트 2진 카운터가 된다.
- ***Ld*=1인 경우** : MUX 출력은 외부 데이터 D_{CBAin}이 되어 XOR 게이트의 한쪽에 가해지고 다른 쪽 입력은 0이 되므로, [그림 7-47(b)]의 회로가 된다. XOR 게이트의 제어입력이 0이면 데이터가 그대로 통과하므로, 다음번 클록에서 플립플롭에 탑재된다.

따라서 [그림 7-46]의 논리도는 Ld 값에 따라 [그림 7-47(a)], [그림 7-47(b)]와 같이 동작이 분리된다.

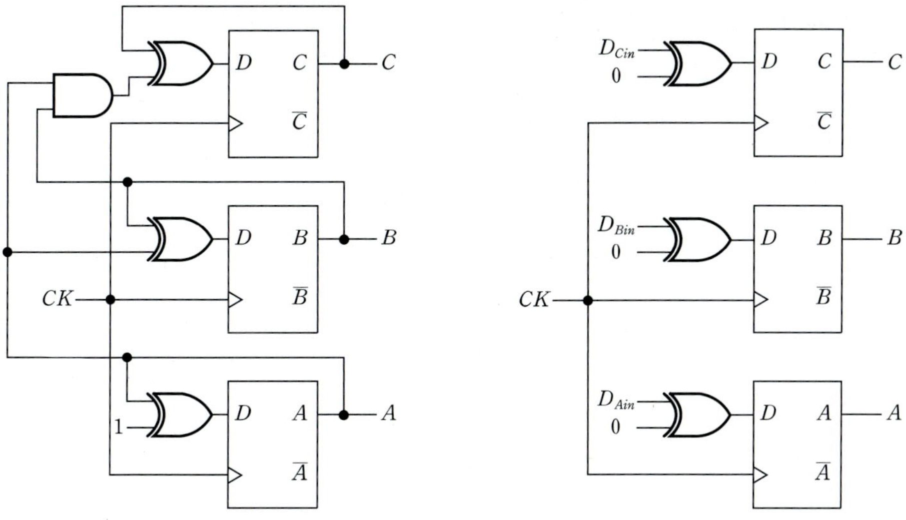

(a) $Ld=0$　　　　　　(b) $Ld=1$

[그림 7-47] 제어신호 Ld의 설정에 따른 [그림 7-46] 회로의 동작 논리도

7.3.2 비동기식 카운터

비동기식 카운터 asynchronous counter는 7.1절의 비동기식 상태머신에서 그 원리와 장단점을 학습하였다. 비동기식 카운터는 클록이 LSB에서 MSB 쪽으로 물결처럼 이동하면서 각 비트의 상태를 순차적으로 변화시키는 리플 회로이다. 회로의 합성 원리는 순차적인 토글링 동작에 바탕을 두므로 동기식 카운터에 비해 훨씬 간단하고 이해하기가 쉽다.

4비트 리플 업 카운터

[그림 7-48]은 토글링 동작을 바탕으로 한 업 카운팅 타이밍도를 나타낸 것으로, $CK \sim Q_4$는 에지 트리거링 동작을 하고 있다.

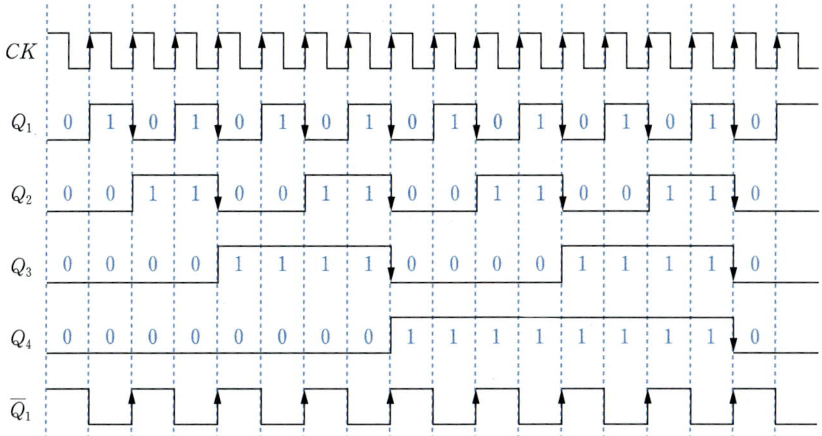

[그림 7-48] 4비트의 리플 업 카운터의 타이밍도

Q_1은 CK의 상승에지에서 토글링하고, Q_2, Q_3, Q_4는 Q_1, Q_2, Q_3의 하강에지에서 토글링한다. 클록의 각 주기에서 데이터 값을 살펴보면, $Q_4Q_3Q_2Q_1$은 0000 → 0001 → 0010 → ⋯ → 1110 → 1111의 16코드 단위로 1씩 증가하는 업 카운팅 동작이 일어남을 알 수 있다.

이러한 동작을 기반으로 [그림 7-49]와 같은 논리도를 구성해보자. 일단 모든 4비트의 T 플립플롭 입력단자에 $T = 1$로 설정하여 클록이 들어올 때마다 토글링시킨다. [그림 7-48]의 트리거링을 참고해보면, Q_1은 CK의 상승에지에서 토글링하므로 Q_1의 클록단자에는 CK를 가한다. Q_2는 Q_1의 하강에지에서 변하므로 Q_2의 클록단자에는 $\overline{Q}_1$를 가한다. Q_3는 Q_2의 하강에지에서 변하므로 Q_3의 클록단자에는 $\overline{Q}_2$를 가한다. Q_4는 Q_3의 하강에지에서 변하므로 Q_4의 클록단자에는 $\overline{Q}_3$를 가한다.

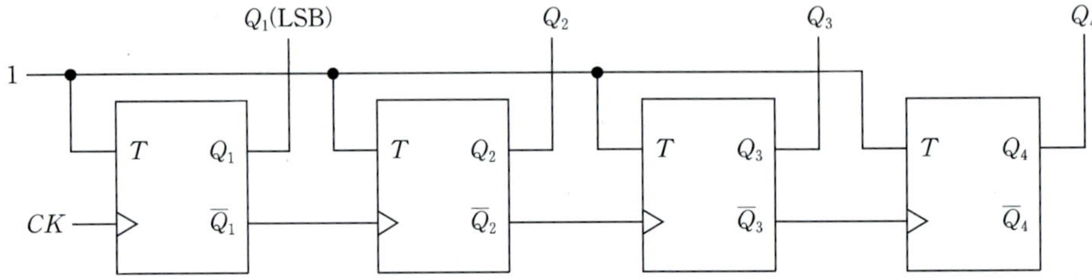

[그림 7-49] 4비트 리플 업 카운터의 논리도

4비트 리플 다운 카운터

[그림 7-50]은 $CK \sim Q_4$의 토글링 동작을 기반으로 하는 다운 카운팅의 타이밍도를 그린 것이다. Q_1, Q_2, Q_3, Q_4 모두 CK 및 전단 출력의 상승에지에서 토글링하고 있다. 각 주기에서 출력신호 $Q_4Q_3Q_2Q_1$을 살펴보면, 1111 → 1110 → 1101 → ⋯ → 0001 → 0000의 16코드 단위로 1씩 감소하는 다운 카운팅이 일어남을 알 수 있다. 또한 각 비트별 출력을 주파수 분주기의 관점에서 바라볼 수도 있다. 이때 Q_1은 CK의 2분주, Q_2는 CK의 4분주, Q_3는 CK의 8분주, Q_4는 CK의 16분주 클록으로 해석할 수 있다.

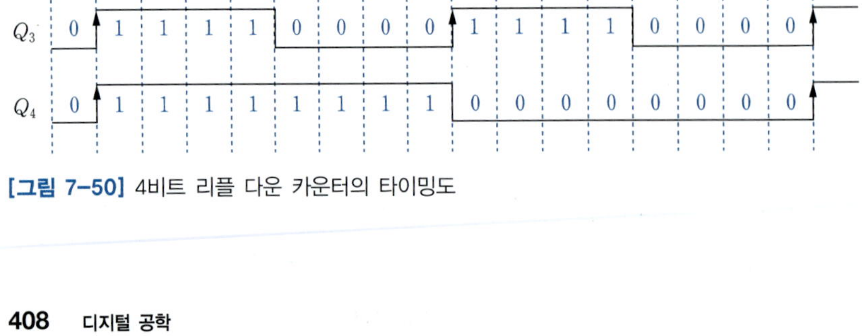

[그림 7-50] 4비트 리플 다운 카운터의 타이밍도

이러한 토글링 동작을 논리도에 반영해보자. 일단 모든 4비트의 T 단자에 $T=1$로 설정하여 클록이 입력될 때마다 토글링시킨다. Q_1, Q_2, Q_3, Q_4의 클록단자에는 각각 CK 및 전단의 정 positive 출력을 가한다. 완성된 논리도는 [그림 7-51]과 같다.

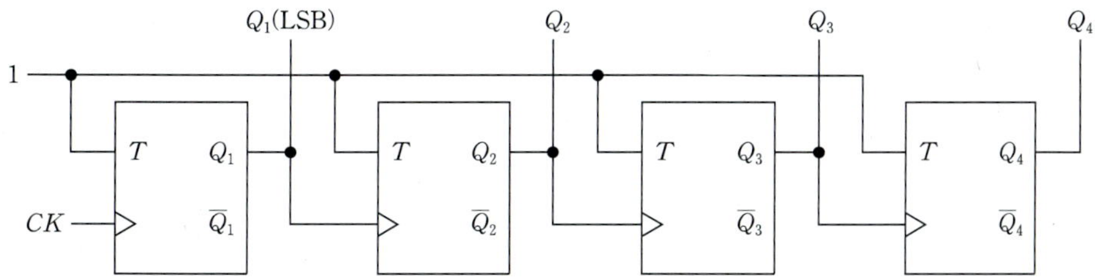

[그림 7-51] 4비트 리플 다운 카운터의 논리도

4비트 리플 업/다운 카운터

리플 업/다운 카운터는 제어신호 x 값에 따라 업 카운터로 동작하거나 다운 카운터로 동작한다. 앞서 학습한 내용에서 리플 업/다운 카운터의 업/다운 특성은 클록단자에 전단의 $\overline{Q}$가 가해지는지 또는 Q가 가해지는지에 따라 결정됨을 살펴보았다. 이 두 가지 경로를 모두 수용하기 위해 [그림 7-52]와 같이 클록 경로에 MUX를 달아서, 제어신호가 $x=1$일 때는 $\overline{Q}$가 인가되어 업 카운터가 되고, $x=0$일 때는 Q가 인가되어 다운 카운터가 되도록 한다.

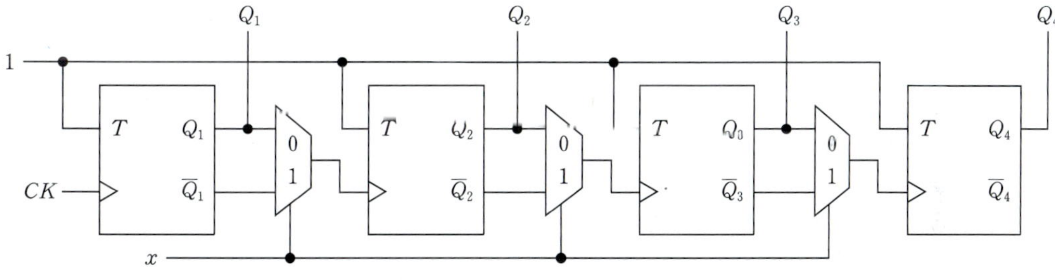

[그림 7-52] 4비트 리플 업/다운 카운터의 논리도

7.3.3 링 카운터

[그림 7-53]과 같이 Q_1, Q_2, Q_3, Q_4가 일정한 간격으로 타이밍 신호를 발생시키는 경우를 생각해보자. 한 주기 내에서 순차적으로 균일한 간격의 위상을 가지는 다수의 타이밍 신호를 발생시키고자 할 때, 이 카운터를 활용할 수 있다. 이러한 타이밍 신호들은 시간 영역에서 데이터를 교대로 내보내는(멀티플렉싱하는) 회로의 동기신호로 활용될 수 있다.

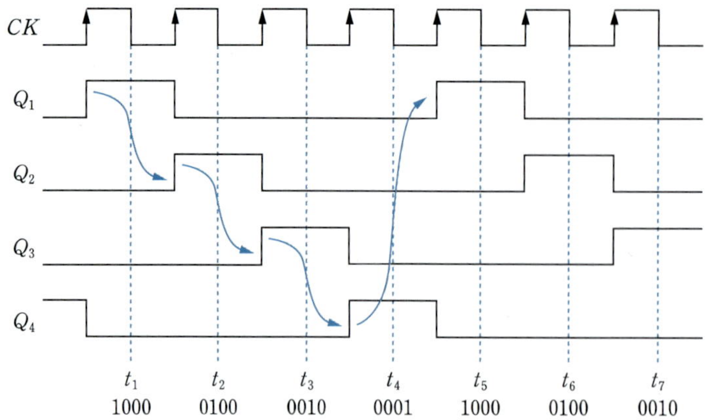

[그림 7-53] 4비트의 순차적 타이밍 신호

위 타이밍 신호를 $Q_1Q_2Q_3Q_4$의 4비트 데이터로 볼 때, 각 비트의 상태를 클록의 1주기 단위로 저장할 수 있는 네 개의 플립플롭이 필요하다. [그림 7-53]을 보면, t_1에서 1000, t_2에서 0100, t_3에서 0010, ⋯으로, 1이 Q_1, Q_2, Q_3, Q_4 순서로 이동한다. 1은 클록에 동기되어 네 번 이동하고 다시 원위치로 되돌아오는 과정을 계속 반복한다. [그림 7-53]의 타이밍에 대한 논리도를 합성하기 위해 D 플립플롭 상태 여기표를 [표 7-18]에 나타내었다. 존재하는 모든 상태는 1000, 0100, 0010, 0001의 네 가지이다.

[표 7-18] 4비트 링 카운터의 상태 여기표

현재 상태				다음 상태				플립플롭 입력			
Q_1	Q_2	Q_3	Q_4	Q_1^+	Q_2^+	Q_3^+	Q_4^+	D_1	D_2	D_3	D_4
1	0	0	0	0	1	0	0	0	1	0	0
0	1	0	0	0	0	1	0	0	0	1	0
0	0	1	0	0	0	0	1	0	0	0	1
0	0	0	1	1	0	0	0	1	0	0	0

이 상태 여기표를 보고 직관적으로 식 (7.11)과 같은 플립플롭 입력방정식을 구할 수 있다.

$$\begin{aligned} D_1 &= Q_4 \qquad & D_2 &= Q_1 \\ D_3 &= Q_2 \qquad & D_4 &= Q_3 \end{aligned} \tag{7.11}$$

유도된 방정식은 D 입력이 그 전단의 출력을 받음을 의미하므로, [그림 7-54]와 같이 4개의 D 플립플롭이 직렬연결되어 있고, 최종 출력이 다시 최초 입력으로 피드백되는 '고리[ring]' 형태로 구성된다. 이러한 고리 형태의 카운터를 '링 카운터[ring counter]'라고 한다. 주의할 점은 초기 상태 설정 시 최소한 1비트는 반드시 1로 프리셋되어야 하며, 동시에 최소한 1비트는 0으로 리셋되어야 한다는 것이다. 만약 모든 비트가 0으로 리셋된다면, 클록이 움직여도 그냥 0000으로 변화가 없게 된다. 또 모든 비트가 프리셋되어 있는 경우에도 1111로 변화가 없다. 따라서 링 카운터에는 [그림 5-50]의 비동기 입력이 가능한 프리셋/리셋 D 플립플롭을 사용한다. 합성된 논리도를 나타낼 때, 초기

상태를 표시하는 일을 잊지 않도록 한다. 초기 상태는 어떤 비트를 1로 설정해도 상관없으나, [그림 7-54]의 경우에는 Q_4를 프리셋하는 것으로 설정하였다.

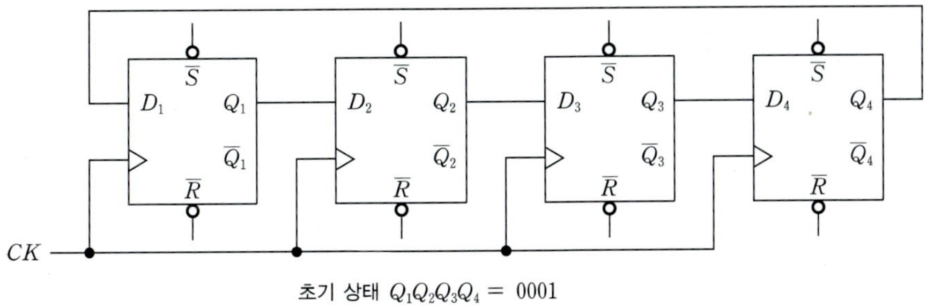

[그림 7-54] 4비트 링 카운터의 논리도

예제 7-7 3비트 링 카운터

D 플립플롭을 사용하여 [그림 7-55]의 타이밍 신호를 보이는 링 카운터를 설계하라.

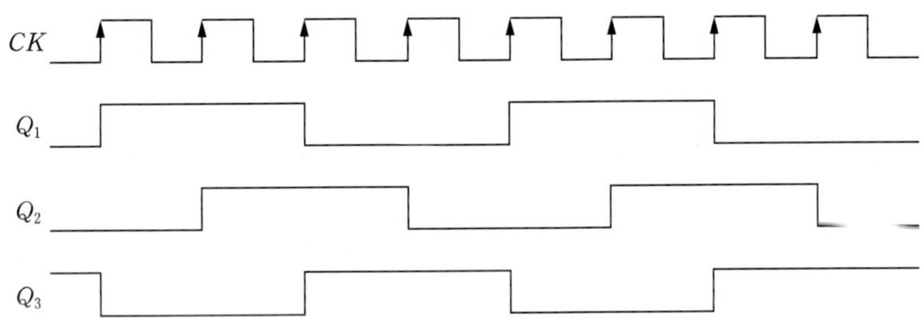

[그림 7-55]

풀이

[그림 7-56]과 같이 각 주기별로 트리거링 시점을 설정하여 $Q_1 Q_2 Q_3$ 데이터를 추출한다.

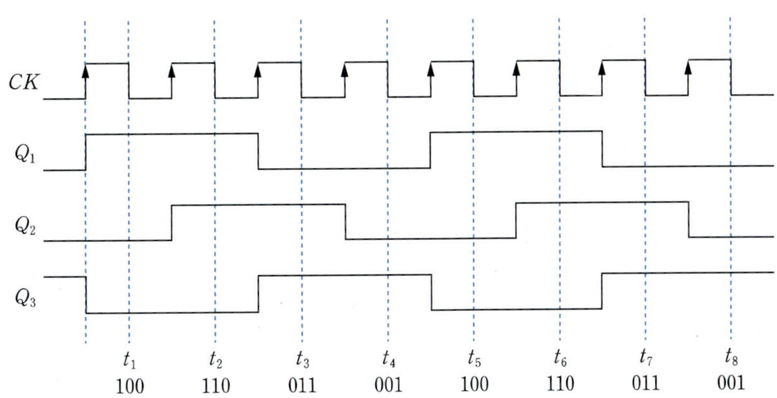

[그림 7-56]

존재하는 모든 네 가지 상태 100, 110, 011, 001에 대한 D 플립플롭 상태 여기표는 [표 7-19]와 같다.

[표 7-19]

현재 상태			다음 상태			플립플롭 입력		
Q_1	Q_2	Q_3	Q_1^+	Q_2^+	Q_3^+	D_1	D_2	D_3
1	0	0	1	1	0	1	1	0
1	1	0	0	1	1	0	1	1
0	1	1	0	0	1	0	0	1
0	0	1	1	0	0	1	0	0

이 상태 여기표로부터 직관적으로 다음 식을 얻는다.

$$D_1 = \overline{Q}_2 \qquad D_2 = Q_1 \qquad D_3 = Q_2$$

이 식은 링 카운터가 고리 구조를 갖기 위해 중간 비트 $\overline{Q}_2$에서 피드백 신호를 가져오고 있음을 의미한다. 이 방정식을 조합논리회로로 바꾸면 [그림 7-57]의 논리도가 된다. 초기 상태는 $Q_1 Q_2 Q_3$에서 하나 이상의 0과 1을 포함하는 어떤 조합으로 설정해도 상관없지만, 여기서는 001로 설정하였다.

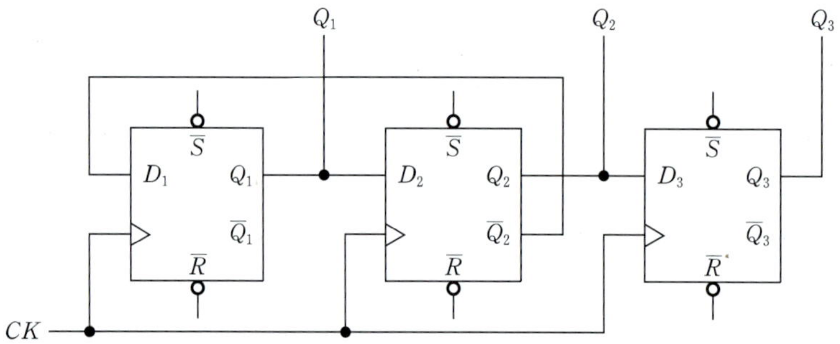

[그림 7-57]

7.3.4 존슨 카운터

존슨 카운터 Johnson counter는 링 카운터의 변형으로, 두 가지 측면에서 전형적인 링 카운터와는 차별된다. 존슨 카운터가 링 카운터와 다른 첫 번째 특징은, 링 카운터가 n개의 플립플롭으로 n개의 타이밍 신호를 만들어내는 반면에, 존슨 카운터는 $2n$개의 타이밍 신호를 만들어낸다는 점이다. 우선 [그림 7-54]의 링 카운터를 보면, 1000, 0100, 0010, 0001의 네 개의 타이밍 신호를 만들기 위해 네 개의 플립플롭을 사용하고 있다. 이러한 사실을 염두에 두고 [그림 7-58]의 4비트 존슨 카운터의 타이밍도를 살펴보자.

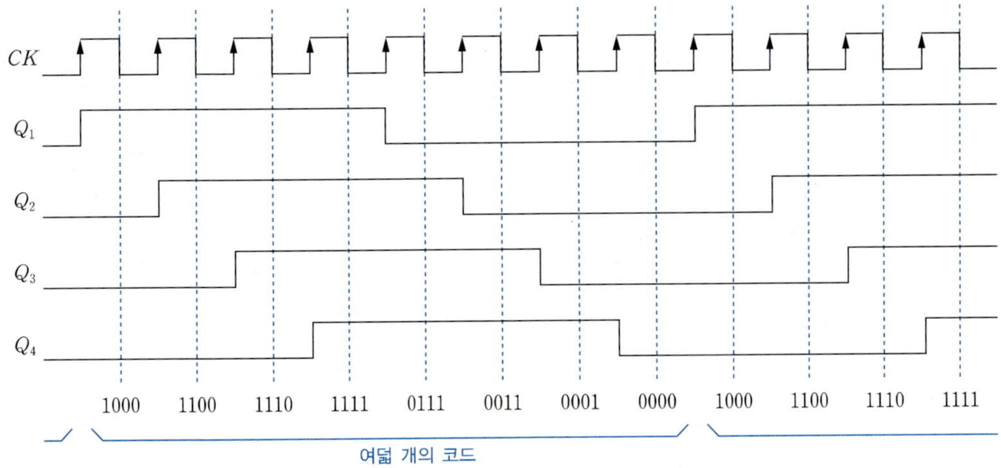

[그림 7-58] 4비트 존슨 카운터의 타이밍도

여기서 4비트 타이밍 신호는 1000에서 0000까지 여덟 개가 존재한다. [표 7-20]의 상태 여기표를 살펴보면, 색칠된 처음 네 개의 상태를 정확히 반전시키면 다음 네 개의 상태가 됨을 알 수 있다. 따라서 4비트의 데이터로 그 두 배인 여덟 개의 타이밍 신호를 발생시킬 수 있다.

[표 7-20] 4비트 존슨 카운터의 상태 여기표

현재 상태				다음 상태				플립플롭 입력			
Q_1	Q_2	Q_3	Q_4	Q_1^+	Q_2^+	Q_3^+	Q_4^+	D_1	D_2	D_3	D_4
0	0	0	0	1	0	0	0	1	0	0	0
1	0	0	0	1	1	0	0	1	1	0	0
1	1	0	0	1	1	1	0	1	1	1	0
1	1	1	0	1	1	1	1	1	1	1	1
1	1	1	1	0	1	1	1	0	1	1	1
0	1	1	1	0	0	1	1	0	0	1	1
0	0	1	1	0	0	0	1	0	0	0	1
0	0	0	1	0	0	0	0	0	0	0	0

[표 7-20]의 상태 여기표로부터 직관적으로 입력방정식을 추출하면 다음과 같다.

$$D_1 = \overline{Q_4} \qquad D_2 = Q_1$$
$$D_3 = Q_2 \qquad D_4 = Q_3 \tag{7.12}$$

이를 통해 [그림 7-59]와 같은 논리도를 얻는다.

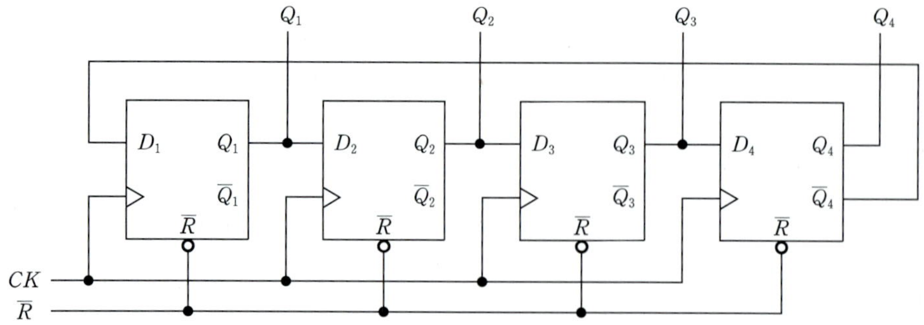

초기 상태 $Q_1Q_2Q_3Q_4 = 0000$

[그림 7-59] 4비트 존슨 카운터의 논리도

[그림 7-59]의 존슨 카운터 구조를 링 카운터와 얼핏 비교해보면 마지막 비트의 반전 출력을 피드백하는 정도만 차이가 있는 것 같지만, 잘 살펴보면 초기 상태 설정에도 차이가 있음을 알 수 있다. 링 카운터에는 반드시 프리셋과 리셋이 존재해야 하지만, 존슨 카운터에는 0000이라는 상태가 주기 내에 존재하기 때문에 [그림 7-59]와 같이 모든 비트를 초기에 리셋한다.

7.3.5 그레이 코드 카운터

1장에서 학습한 여러 코드 중에 그레이 코드Gray code는 광학적 또는 기계적 축 위치 부호기에 널리 이용되는 코드로, 2진수와는 달리 비트의 위치에 따른 가중치가 없다. 따라서 그레이 코드는 연산에는 부적당하지만, 그레이 코드 생성 시 이전 코드에서 단 한 개의 비트만 변하는 성질을 이용하여 전송 오류를 줄이는 입력 코드로 활용할 수 있다. 일반적인 2진 코드에서는 한 비트만 훼손되더라도 그것이 MSB이면 큰 오차가 발생하는 데 비해, 그레이 코드는 설령 한 비트의 오차가 생기더라도 2진 코드처럼 가중치에 따른 오차가 없기 때문에 그 영향이 크지 않다. 따라서 그레이 코드는 아날로그-디지털 데이터 변환기analog-digital converter나 입·출력 장치 코드로 주로 쓰인다. 그레이 코드 체계를 적용한 3비트 그레이 코드 카운터의 상태도는 [그림 7-60]과 같다.

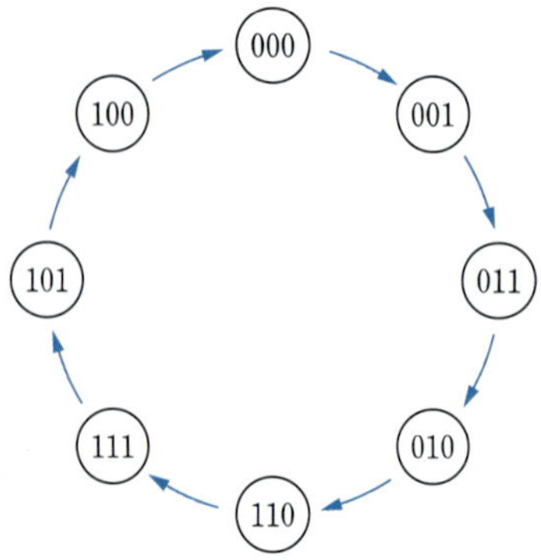

[그림 7-60] 3비트 그레이 코드 카운터의 상태도

[그림 7-60]의 3비트 그레이 코드 카운터의 D 플립플롭 상태 여기표는 [표 7-21]과 같다.

[표 7-21] 3비트 그레이 코드 카운터의 상태 여기표

현재 상태			다음 상태			플립플롭 입력		
Q_1	Q_2	Q_3	Q_1^+	Q_2^+	Q_3^+	D_1	D_2	D_3
0	0	0	0	0	1	0	0	1
0	0	1	0	1	1	0	1	1
0	1	0	1	1	0	1	1	0
0	1	1	0	1	0	0	1	0
1	0	0	0	0	0	0	0	0
1	0	1	1	0	0	1	0	0
1	1	0	1	1	1	1	1	1
1	1	1	1	0	1	1	0	1

플립플롭 입력방정식을 얻기 위해 [그림 7-61]의 카르노 맵을 작성한다.

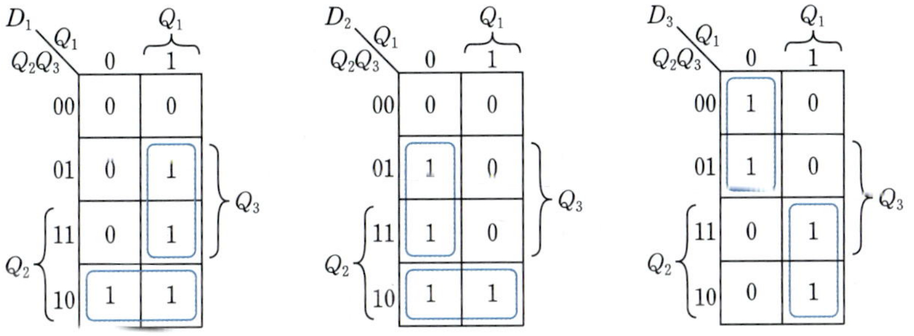

(a) D_1 (b) D_2 (c) D_3

[그림 7-61] D 입력신호에 대한 카르노 맵 작성

[그림 7-61]의 카르노 맵으로부터 다음과 같은 방정식을 얻는다.

$$D_1 = Q_1 Q_3 + Q_2 \overline{Q}_3$$
$$D_2 = \overline{Q}_1 Q_3 + Q_2 \overline{Q}_3 \quad (7.13)$$
$$D_3 = \overline{Q}_1 \overline{Q}_2 + Q_1 Q_2$$

식 (7.13)의 대수식에 AND-OR의 NAND-NAND 변환을 적용하여 조합논리회로로 변환하면, [그림 7-62]와 같은 논리도를 얻는다.

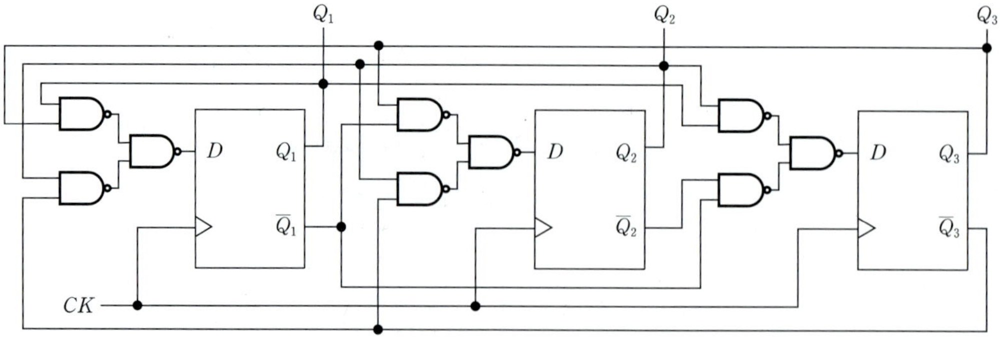

[그림 7-62] D 플립플롭을 사용한 3비트 그레이 코드 카운터의 논리도

7.3.6 카운터의 동작속도

[예제 7-6]의 8비트 카운터를 살펴보면, 비트 수가 확장됨에 따라 플립플롭 수가 증가하고 특히 조합 논리회로 부분이 점점 더 복잡해지는 것을 볼 수 있다. 게이트가 복잡하면 필연적으로 동작속도의 제한이 우려되며, 설계한 카운터가 만족스러운 정도의 속도로 동작할 수 있는지도 의문이 든다.

[그림 7-63(a)]와 같이 t_p의 지연시간이 있는 비반전 게이트(버퍼)에 신호 In을 가해보자. [그림 7-63(b)]의 타이밍도를 살펴보면, 이 경우에는 In의 주파수가 낮으므로 t_p의 지연을 거쳐도 출력 Out이 충분히 데이터를 처리하고 있다. [그림 7-63(c)]는 입력 주파수가 빨라져서 데이터가 t_p마다 토글링하는 경우이다. 이 경우에도 Out은 데이터를 처리할 수 있다. 지연에 의해 마치 반전 게이트처럼 보이지만, 적어도 데이터가 깨지지는 않았기 때문이다. 그러나 [그림 7-63(d)]와 같이 입력 주파수가 더 빨라져서 데이터가 t_p보다 더 짧은 시간에 토글링하는 경우에는 더 이상 출력이 데이터를 처리하지 못하고 불확실해진다.

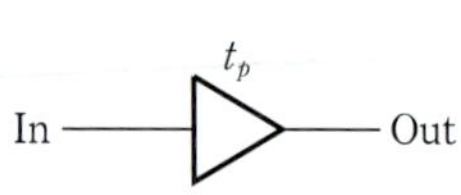

(a) 지연시간 t_p의 비반전 게이트 모델

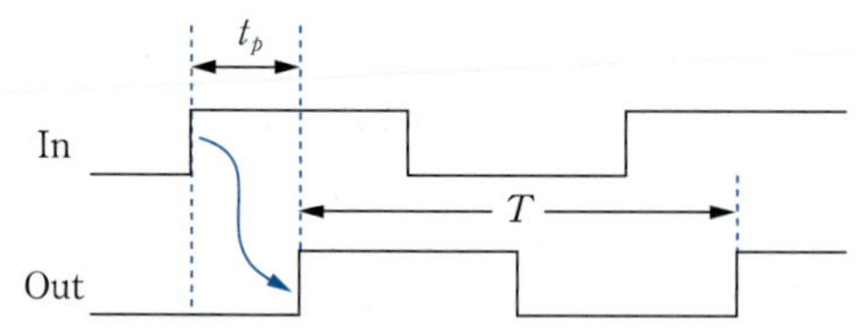

(b) 지연시간 $t_p < \frac{T}{2}$ 인 경우

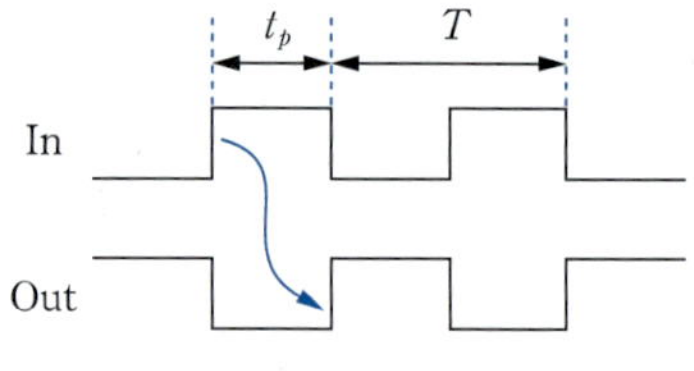

(c) 지연시간 $t_p = \frac{T}{2}$ 인 경우

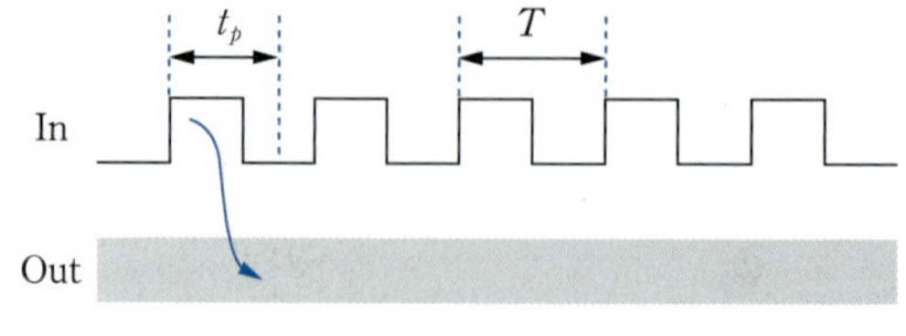

(d) 지연시간 $t_p > \frac{T}{2}$ 인 경우

[그림 7-63] 게이트의 동작속도 모델

이처럼 간단한 고찰을 통해 t_p의 지연시간이 있는 게이트에 인가할 수 있는 최대 동작속도에서의 주기는 $T = 2t_p$ 임을 알 수 있다. 동작주파수 $f = \frac{1}{T}$ 이므로 최대 동작주파수는 다음과 같다.

$$f_{max} = \frac{1}{2t_p} \tag{7.14}$$

일반적으로 IC 내 단일 게이트의 지연시간 t_p는 100 피코(10^{-12})초에서 1 나노(10^{-9})초의 범위에 있다. 우리가 다루고 있는 동기식 카운터는 모두 시스템 클록에 동기되어 있으므로 최대 동작속도는 가장 긴 조합논리단의 지연시간에 의해 결정된다. 예를 들어 [예제 7-6]의 8 비트 동기식 2 진 카운터의 경우, 최대 동작속도는 MSB인 Q_8의 입력 조합논리회로의 지연에 의해 결정된다.

예제 7-8 최대 동작주파수 계산

[예제 7-6]의 8 비트 동기식 2 진 카운터의 최대 동작주파수를 구하라. 단, 플립플롭의 지연과 셋업시간은 무시하고, 게이트 종류에 관계없이 다음과 같은 지연시간을 가정한다.

1-입력 게이트 : 100ps
2-입력 게이트 : 200ps
3-입력 게이트 : 350ps
4-입력 게이트 : 600ps

풀이

가장 복잡한 입력회로를 가진 Q_8의 조합논리회로 지연에 의해 최대 동작주파수가 결정된다. 게이트의 최대 지연경로는 NAND4 → NOR2 → XOR2이므로 $t_p = 600[ps] + 200[ps] + 200[ps] = 1[ns]$이다. 식 (7.14)에서 최대 동작주파수를 계산하면 다음과 같다.

$$f_{max} = \frac{1}{2 \cdot 1[ns]} = 500[MHz]$$

SECTION

7.4 주파수 분주기

동기식 시스템의 동작속도는 클록 속도에 의존하므로, 시스템의 성능을 높이기 위해 여러 주파수의 내부 클록을 만들어 사용하기도 한다. 이때 외부에서 들어오는 **시스템 클록** system clock을 변하지 않는 기준 클록으로 삼고, 이를 이용하여 내부에서 만들어 사용하는 클록을 **내부 클록** internal clock이라 한다. 내부 클록은 기준 주파수를 그대로 사용하거나, 응용에 따라서는 기준 클록보다 더 높거나 낮은 주파수로 변환하기도 한다. 기준 클록보다 낮은 주파수를 만드는 것을 **주파수 분주**라 하며, 기준 클록보다 높은 주파수를 만드는 것을 **주파수 합성**[1]이라 한다.

7.4.1 주파수 분주기

기본적인 주파수 분주기

주파수 분주기 frequency divider는 기준 클록 reference clock의 주파수를 원하는 정수배로 낮추는 회로이다. 주파수 분주기는 입력 주파수가 f이면 N분주의 출력을 내보내는데, 여기서 N분주란 $\frac{f}{N}$의 주파수를 의미한다. 분주계수 divide coefficient N은 일반적으로 정숫값을 갖는다.

[그림 7-64]는 가장 간단한 형태의 주파수 분주기의 논리도와 타이밍도이다. D 플립플롭의 $\overline{Q}$ 출력이 D 입력으로 피드백되므로, 현재 상태의 반전된 값이 D 입력에 대기하고 있다. 따라서 클록의 상승에지가 들어올 때마다 D 플립플롭의 상태는 반전되어 토글링 플립플롭의 역할을 수행한다. 이 회로는 모든 플립플롭에 시스템 클록이 동시에 인가되는 형태가 아닌, 클록이 순차적으로 인가되는 리플 회로이다. 7.3.2절에서 학습한 것처럼 간단하고 이해하기 쉬운 반면, 비동기식 회로가 갖는 단점을 모두 안고 있다.

모든 플립플롭이 초기 리셋되어 있다면, $\frac{f}{2}$ 출력은 시스템 클록 f의 상승에지마다 반전되므로 f를 2분주하고, $\frac{f}{4}$ 출력은 $\frac{f}{2}$의 상승에지마다 반전되므로 $\frac{f}{2}$를 2분주하여 f의 4분주 클록이 된다. 즉, 플립플롭 한 단을 지날 때마다 주파수가 절반으로 분주된다. 따라서 N단을 지나가면 2^N으로 나누어진 주파수를 얻을 수 있다.

1 심화내용으로 QR 코드에 연결하여 별도로 다룬다(7.4.2절 참고).

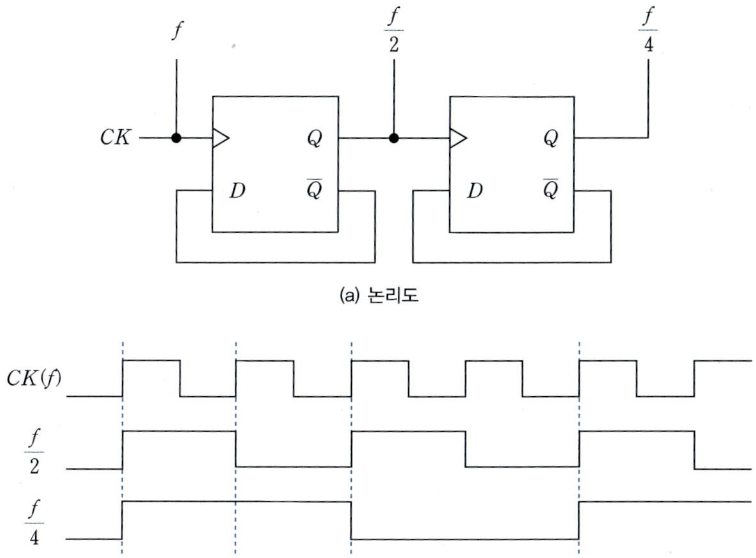

(a) 논리도

(b) 타이밍도

[그림 7-64] $\div 2^N$ 주파수 분주기

N이 2^N뿐만 아니라 일반적인 임의의 정수 분주가 되기 위해서는 카운터의 개념을 사용해야 한다. [그림 7-65]는 N개의 클록 에지를 세면서 미리 설정된 N 값과의 히트 hit **2**가 일어나면 출력 클록을 발생시킨다. 여기에 동기식 카운터를 쓰면 동기식 정수 분주기가 된다.

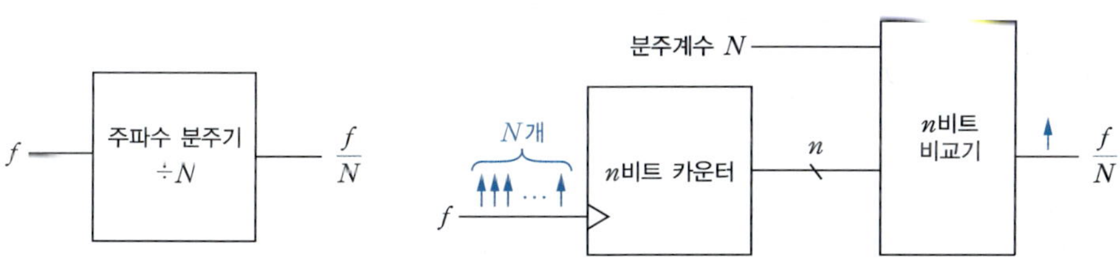

(a) 심볼

(b) 논리도

[그림 7-65] 정수 분주기

2중 계수 주파수 분주기

분주계수가 매우 큰 고속 동작의 회로에서는 제어신호에 따라 2개의 분주계수를 가지는 2중 계수 dual modulus 분주기가 필요한 경우가 있다. 이러한 2중 계수 주파수 분주기는 위상 동기 루프 PLL : Phase-Locked Loop **3** 내에서 프리스케일러 pre-scaler라는 논리회로로 많이 활용된다. 프리스케일러는 고속의 출력 주파수를 저속 주파수로 낮추어 피드백하는 고속 동작 분주장치이다.

---

2 히트(hit)란 값이 일치하는 경우를 말한다.

3 시스템 클록에 동기되는 클록 발생장치로, 주파수 합성장치, 클록 복원장치 등에 사용된다.

[그림 7-66]은 2중 계수 주파수 분주기를 나타낸 것으로, 입력신호 x의 값에 따라 주파수 분주계수가 달라진다.

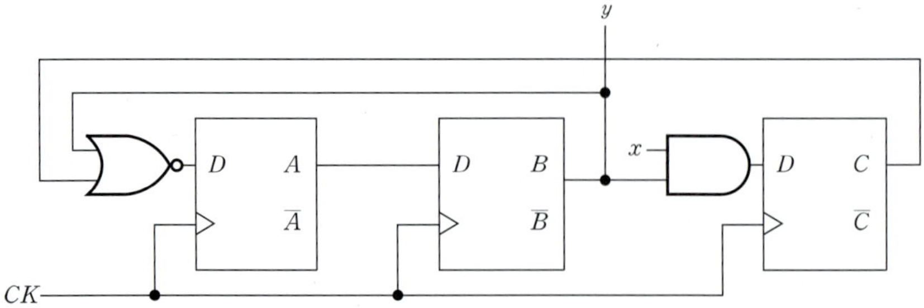

[그림 7-66] 2중 계수 주파수 분주기의 논리도

[그림 7-66]의 논리도로부터 플립플롭 입력방정식을 유추하면 다음과 같다. 이 방정식을 이용하여 [표 7-22]와 같은 상태 여기표를 작성한다.

$$D_A = \overline{B+C} \qquad D_B = A \qquad D_C = xB \tag{7.15}$$

[표 7-22] 2중 계수 주파수 분주기의 상태 여기표

현재 상태			플립플롭 입력						다음 상태					
			$x=0$			$x=1$			$x=0$			$x=1$		
C	B	A	D_C	D_B	D_A	D_C	D_B	D_A	C^+	B^+	A^+	C^+	B^+	A^+
0	0	0	0	0	1	0	0	1	0	0	1	0	0	1
0	0	1	0	1	1	0	1	1	0	1	1	0	1	1
0	1	0	0	0	0	1	0	0	0	0	0	1	0	0
0	1	1	0	1	0	1	1	0	0	1	0	1	1	0
1	0	0	0	0	0	0	0	0	0	0	0	0	0	0
1	0	1	0	1	0	0	1	0	0	1	0	0	1	0
1	1	0	0	0	0	1	0	0	0	0	0	1	0	0
1	1	1	0	1	0	1	1	0	0	1	0	1	1	0

작성된 상태 여기표의 현재 상태와 다음 상태를 비교하여 x 값에 따라 분리된 상태도를 그려보면 [그림 7-67]과 같다.

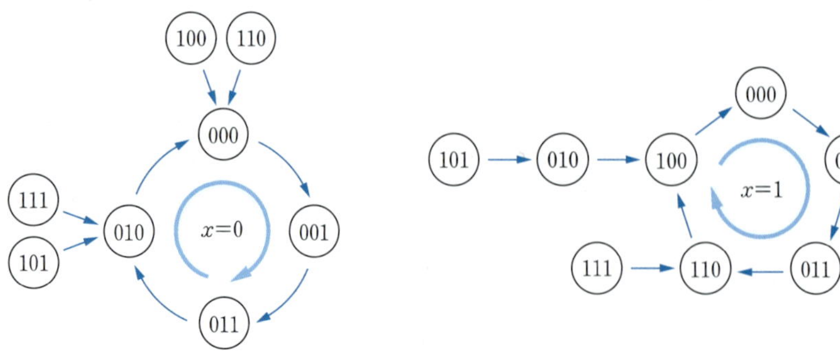

(a) 입력 $x=0$　　(b) 입력 $x=1$

[그림 7-67] 2중 계수 분주기의 상태도

[그림 7-66]의 논리도를 살펴보면, 출력 $y = B$이다. B를 추적하여 상태도를 타이밍도로 변환시키면 [그림 7-68]과 같다. $x = 0$일 때는 4클록마다 한 번씩 출력 y의 상승에지가 발생한다. 즉 B 출력이 0에서 1로 변하는 001 → 011의 천이에서 출력의 상승에지가 발생하므로, 에지 기준으로 4분주 동작이 된다. 같은 방법으로 $x = 1$일 때는 5클록마다 한 번씩 출력 y의 상승에지가 발생한다. 즉, 에지 기준으로 5분주 동작이다.

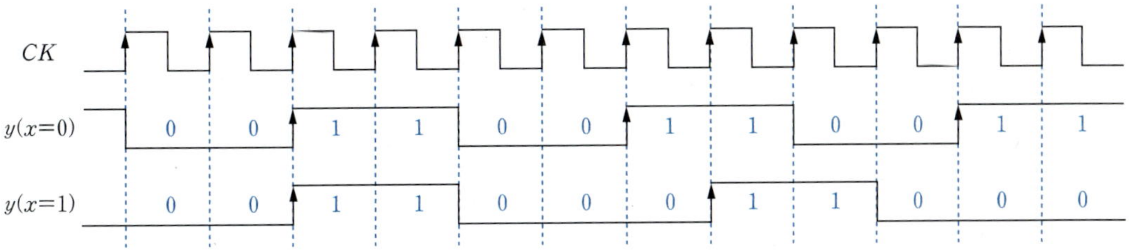

[그림 7-68] 2중 계수 분주기의 타이밍도

[그림 7-66]에서 A를 출력으로 정의한다면, 모든 사이클에서 출력이 0이므로 아무런 출력이 나오지 않는다. 결론적으로 카운터 기반으로 설계하여 특정 비트를 추적하면, 원하는 정수비대로 주파수 분주를 구현할 수 있다.

7.4.2 주파수 합성기 QR

주파수 합성기 frequency synthesizer는 주파수 분주기와는 반대로 기준 클록의 주파수를 원하는 합성계수의 비로 높이는 회로이다. 주파수 합성에 대한 설명은 다음의 QR 코드를 통해 확인할 수 있다.

- **심화 주제 : 주파수 합성기**
이 파일에서는 출력 주파수를 기준 주파수보다 높일 수 있는 방법에 대해 자세히 살펴본다.

순차논리회로의 해석과 합성의 기본 개념을 정리하면 다음과 같다.

순차논리회로의 구성 및 동작의 기본 개념

- 순차논리회로는 상태를 저장하는 플립플롭들 및 플립플롭에 인가되는 입력신호를 만드는 조합논리회로들로 구성된다.
- 동기식은 조합논리회로에서 다음 상태의 입력값을 미리 계산하여 대기하였다가 클록의 에지에서 모든 플립플롭들이 동시에 천이한다.
- 비동기식은 전 단의 출력을 받아서 다음 단이 동작하는 리플 구조이다. 리플 동작 단계에서 필연적으로 지연시간이 누적되므로 고속 동작에서는 비트 수를 확장하기가 어렵다.

동기식 순차논리회로의 해석 및 합성의 기본 개념

- 해석의 순서는 논리도 → 입·출력 방정식 → 상태 여기표 → 상태도이다.
- 합성의 순서는 상태도 → 상태 여기표 → 입·출력 방정식 → 논리도이다.
- 상태 여기표는 플립플롭의 입력을 매개로 하여 현재 상태와 다음 상태를 연결한다.
- 플립플롭은 T, D, JK, SR을 모두 사용할 수 있으나, 집적회로에서는 D를 기준으로 한다.
- 카운터는 유한한 개수의 상태를 순환하는 유한상태머신[FSM : finite state machine]으로 up/down 카운터, 링 카운터, 존슨 카운터, 그레이 코드 카운터 등이 있다.
- 주파수 분주기는 클록의 개수를 정수배로 나누어 입력보다 낮은 주파수를 출력한다. 주파수 합성기는 루프 동작을 통해 입력보다 더 높은 주파수를 출력한다.

CHAPTER 07_연습문제

- 모든 플립플롭은 상승에지 트리거링 회로임을 가정한다.
- 설계문제의 경우 답이 여러 개 있을 수 있다.

7.1 [그림 7-69(a)]의 특성표와 같이 동작하는 임의의 AB-플립플롭을 만들었다. 이 플립플롭을 사용하여 [그림 7-69(b)]의 상태도와 같은 2비트 2진 카운터를 설계하고자 한다. ▶

A	B	Q^+
0	0	1(셋)
0	1	Q (유지)
1	0	$\overline{Q}$ (토글)
1	1	0(리셋)

(a)

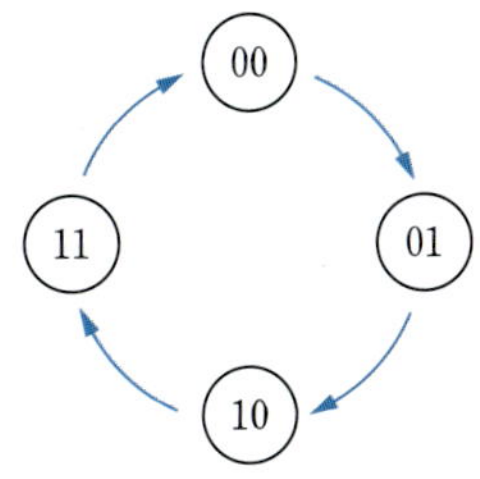

(b)

[그림 7-69]

(a) [표 7-23]에 2비트 2진 카운터의 상태 여기표를 작성하라.
(b) (a)의 결과로부터 (플립플롭) 입력방정식을 작성하라.
(c) (b)의 결과를 이용하여 논리도를 작성하라.

[표 7-23]

현재 상태		다음 상태		플립플롭 입력			
Q_2	Q_1	Q_2^+	Q_1^+	A_2	B_2	A_1	B_1
0	0						
0	1						
1	0						
1	1						

7.2 [연습문제 7.1]의 AB-플립플롭을 D 플립플롭으로 구현하고자 한다. ▶

(a) D 플립플롭 변환을 위한 다음 AB-플립플롭 특성표를 완성하라.
(b) D 플립플롭의 입력방정식을 작성하라.
(c) (b)의 결과를 이용하여 논리도를 그려라.

[표 7-24]

A	B	Q	Q^+	D
0	0	0		
0	0	1		
0	1	0		
0	1	1		
1	0	0		
1	0	1		
1	1	0		
1	1	1		

7.3 다음은 상태머신을 이용한 3상 클록 발생기 회로이다. 이 회로의 상태도 및 타이밍도를 그려라.

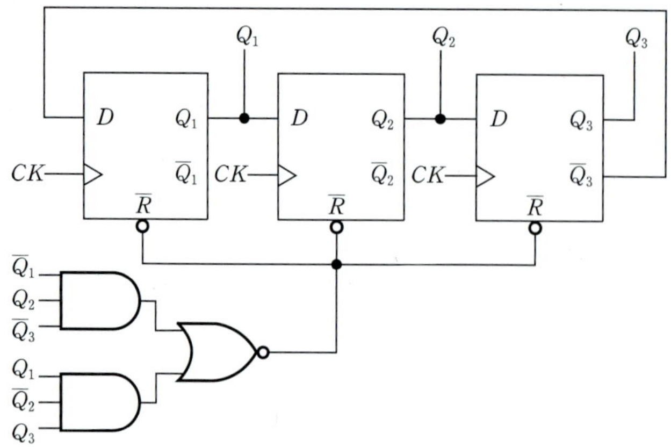

[그림 7-70]

7.4 (플립플롭) 입력방정식이 [표 7-25]와 같이 주어졌다. 이 입력방정식을 보고, 입력 제어신호가 x이고 출력이 $Q_3Q_2Q_1$인 JK 플립플롭을 이용한 논리도로 구현하라. 단, Q_1은 LSB이고, Q_3는 MSB이다.

[표 7-25]

$x=0$일 때	$x=1$일 때
$J_1=0,\ K_1=1$	$J_1=1,\ K_1=0$
$J_2=K_2=1$	$J_2=K_2=1$
$J_3=K_3=Q_2$	$J_3=K_3=Q_2$

7.5 [그림 7-71]의 2진 업/다운 카운터의 상태도를 T 플립플롭을 사용한 논리도로 구현하라. 단, Q_1은 LSB이다.

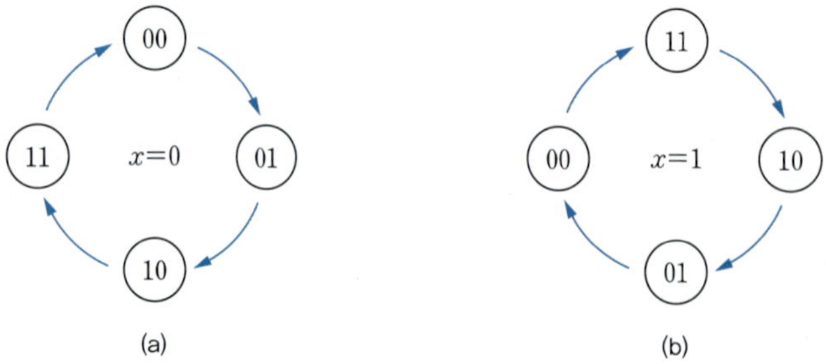

[그림 7-71]

7.6 [그림 7-4]의 동기식 BCD 카운터를 T 플립플롭을 사용하여 논리도로 구현하라.

7.7 [그림 7-72]의 상태도와 같은 동작을 하는 회로를 D 플립플롭을 사용하여 설계하라. 단, 010과 101 상태는 제거한다.

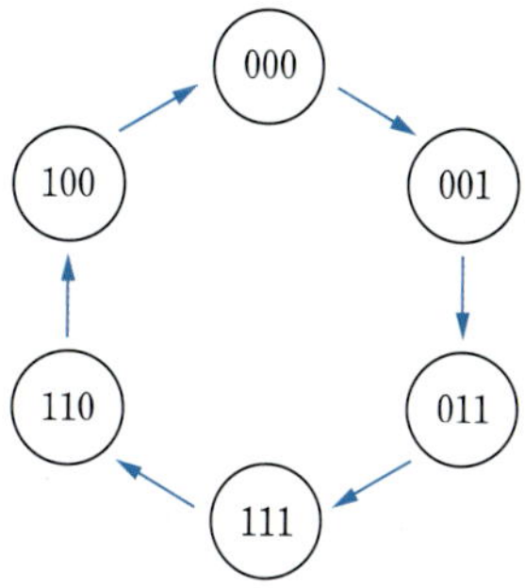

[그림 7-72]

7.8 [그림 7-73]의 상태도를 두 개의 플립플롭을 사용하여 설계한다.

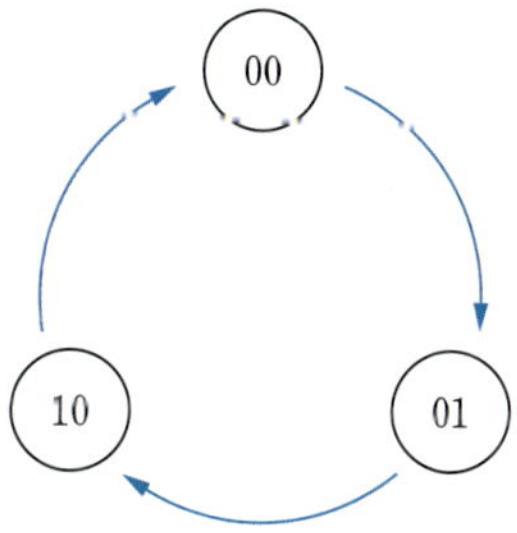

[그림 7-73]

(a) JK 플립플롭을 사용하여 구현할 때, 11 상태를 포함하여 상태도를 완성하라.
(b) D 플립플롭을 사용하여 구현할 때, 11 상태를 포함하여 상태도를 완성하라.

7.9 R(적), G(녹), B(청) LED를 [그림 7-74]와 같이 순차적으로 계속 켜지도록 상태머신을 설계하고자 한다. 여기서 1은 온 상태이고, 0은 오프 상태를 나타낸다. D 플립플롭으로 구성되는 2비트 카운터를 사용하여 논리도를 설계하라.

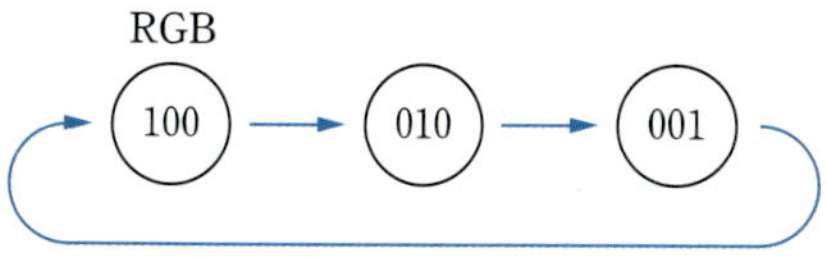

[그림 7-74]

7.10 [연습문제 7.9]의 R(적), G(녹), B(청) LED를 3비트 링 카운터를 이용하여, [그림 7-74]와 같이 R → G → B 순서로 순차적으로 계속 켜지도록 상태머신을 설계하고자 한다. 링 카운터는 셋/리셋 D 플립플롭을 이용하고, 초기값을 설정하라.

7.11 일정한 순서로 주기적으로 반복되는 값을 출력하는 상태머신은 [그림 7-75(a)]와 같이 카운터를 활용하여 설계할 수 있다. 카운터는 가장 기본적인 형태로 고정시켜 놓고, 응용에 따라 조합논리회로를 바꿀 수 있다. 반복되는 주기 내의 상태의 수는 [그림 7-75(b)]와 같이 N개, 출력의 비트 수는 n일 때, 카운터의 비트 수 m을 구하라.

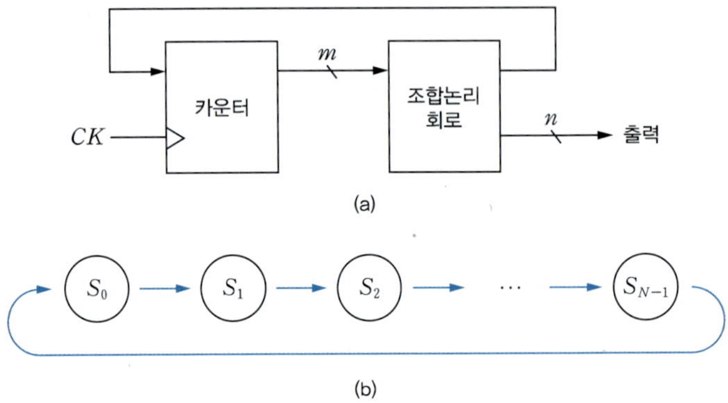

[그림 7-75]

7.12 다음의 7 세그먼트 LED를 0 → 1 → 2 → 3의 순서로 계속 켜지도록 상태머신을 설계하고자 한다.

(a) D 플립플롭을 이용한 2비트 업 카운터를 설계하라.

(b) (a)에서 구한 카운터를 활용하여 7 세그먼트의 출력 a, b, c, d, e, f, g에 대한 상태머신을 설계하라.

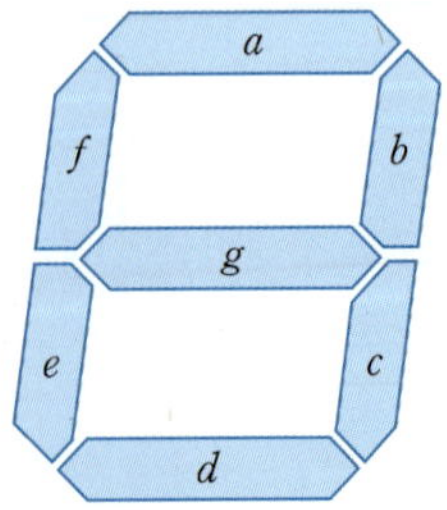

[그림 7-76]

7.13 [연습문제 7.12]에서 설계한 2비트 업 카운터를 사용하여, 7 세그먼트 LED를 $3 \rightarrow 2 \rightarrow 1 \rightarrow 0$의 순서로 계속 켜지도록 7 세그먼트의 출력 a, b, c, d, e, f, g에 대한 상태머신을 설계하라.

7.14 [그림 7-77]과 같은 순서로 동작하는 카운터가 있다. 이 카운터를 JK 플립플롭을 이용하여 설계하라.

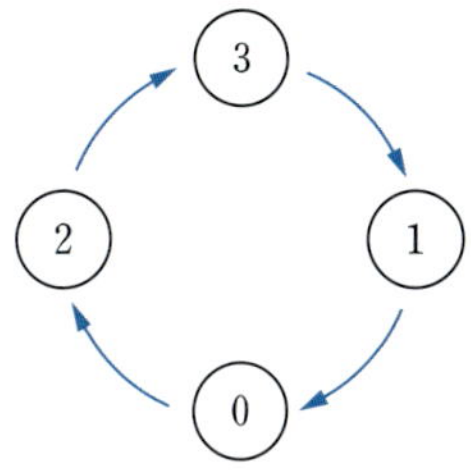

[그림 7-77]

7.15 [그림 7-77]의 카운터에서, MSB는 T 플립플롭을 사용하고 LSB는 JK 플립플롭을 사용하여 설계하라.

7.16 [그림 7-78]과 같은 비동기식 리플 다운 카운터가 있다. 여기에 사용된 T 플립플롭의 지연시간 $t_{CKQ} = 0.5[\text{ns}]$, 셋업시간 $t_s = 1[\text{ns}]$, 홀드시간 $t_h = 0.5[\text{ns}]$이다. 최소한의 유효 데이터 구간 $t_{data} = 2.5[\text{ns}]$가 확보되는 최대 동작주파수를 구하라.

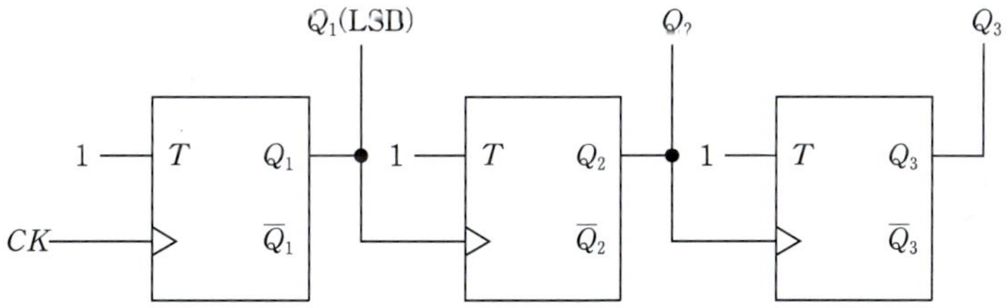

[그림 7-78]

7.17 [그림 7-79]는 카운터를 활용한 다중출력 상태머신이다. 출력 y_2y_1의 값을 포함하는 무어머신의 상태도를 완성하라.

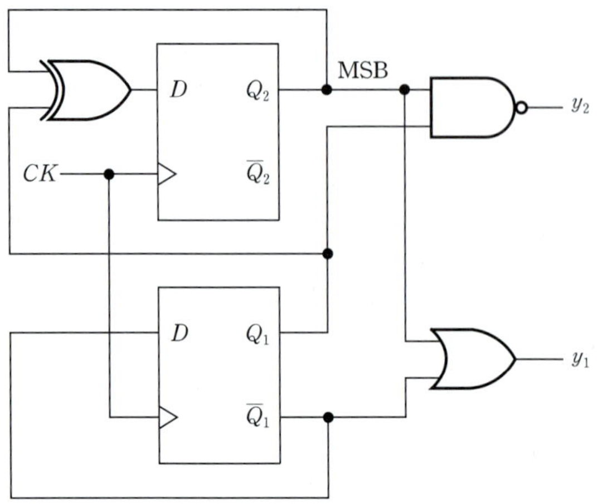

[그림 7-79]

7.18 [그림 7-80]의 카운터를 $Q_3Q_2Q_1=000$으로 초기화한 경우와 $Q_3Q_2Q_1=111$로 초기화한 경우 각각에 대해 상태도를 그려보라.

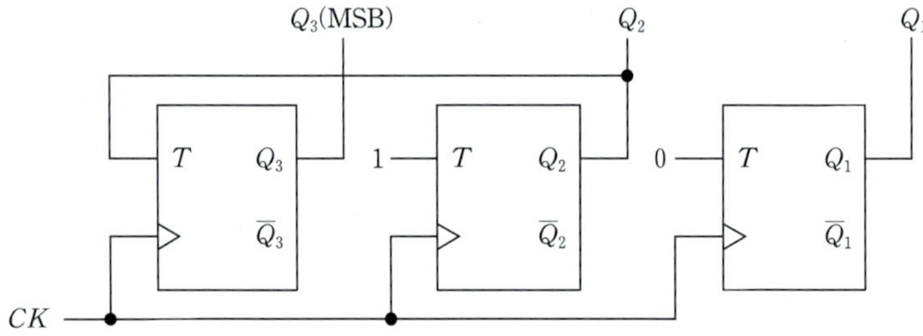

[그림 7-80]

7.19 2비트 2진 카운터를 사용하여 업 카운팅과 다운 카운팅을 동시에 구현하고자 한다. [그림 7-81]과 같은 무어머신 상태도에서 상태 Q_2Q_1은 업 카운팅하고, 출력 y_2y_1은 다운 카운팅하도록 논리도를 설계하라.

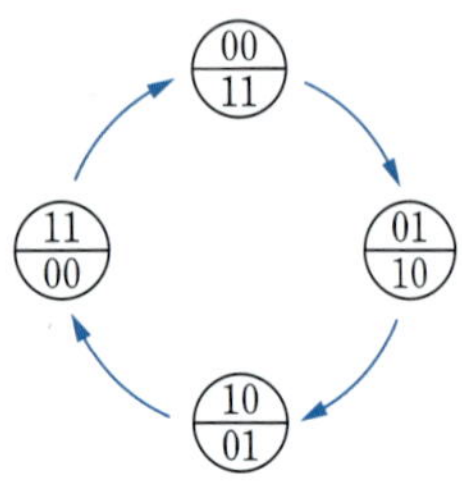

[그림 7-81]

7.20 T 플립플롭을 사용하여 12비트 2진 업 카운터를 설계한다. 12번째 비트의 논리도를 그려보라. 단, 최대 팬 인은 4로 설정한다.

7.21 [그림 7-82]와 같이 네 개의 T 플립플롭을 사용하여 [표 7-26]의 상태표를 구현하려고 한다. 이때 조합논리회로 1, 2, 3, 4의 논리도를 그려보라. 단, NAND 게이트만을 사용한다.

[표 7-26]

현재 상태				다음 상태			
Q_4	Q_3	Q_2	Q_1	Q_4^+	Q_3^+	Q_2^+	Q_1^+
0	0	0	0	0	0	0	1
0	0	0	1	0	0	1	0
0	0	1	0	0	0	1	1
0	0	1	1	0	1	0	0
0	1	0	0	1	0	1	1
1	0	1	1	1	1	0	0
1	1	0	0	1	1	0	1
1	1	0	1	1	1	1	0
1	1	1	0	1	1	1	1
1	1	1	1	0	0	0	0
0	1	0	1	×	×	×	×
0	1	1	0	×	×	×	×
0	1	1	1	×	×	×	×
1	0	0	0	×	×	×	×
1	0	0	1	×	×	×	×
1	0	1	0	×	×	×	×

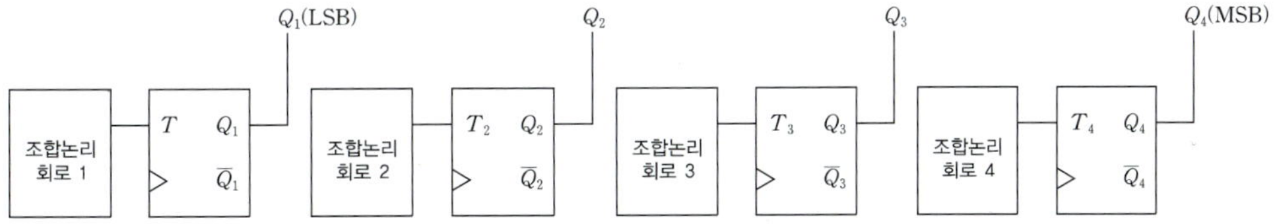

[그림 7-82]

CHAPTER

08

레지스터 및 프로그래머블 어레이

Register and Programmable Array

학습목표

- 신호 전달 방식에 따른 레지스터의 종류와 동작 원리를 이해한다.
- 시프트 레지스터의 원리 및 응용을 이해한다.
- PLA을 프로그래밍하여 조합논리회로를 설계할 수 있다.
- ROM 계열 기억소자들의 프로그래밍 원리와 차이를 이해한다.
- ROM 어레이를 이용하여 조합논리회로를 설계할 수 있다.

【미리보기】

이 장에서는 디지털 시스템을 구성하는 주요 빌딩 블록인 레지스터의 구조와 동작을 앞서 배운 플립플롭의 개념을 이용하여 설명한다. 그다음에는 메모리 소자와 로직 어레이를 이용한 조합논리회로의 구현 방법에 대해 간략히 살펴본다.

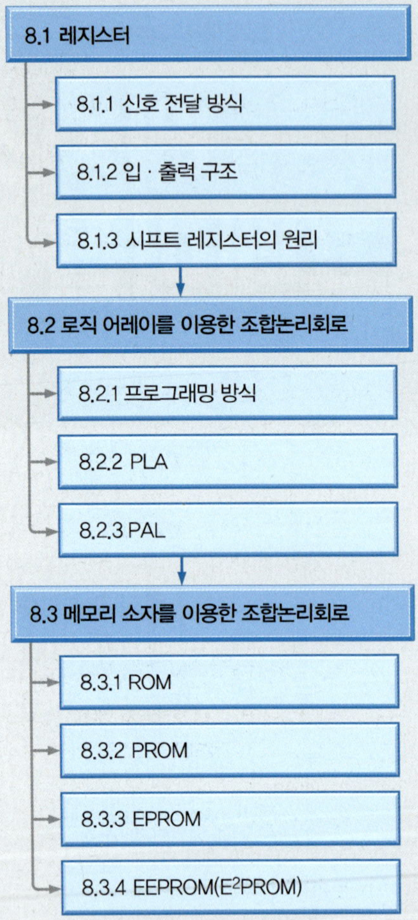

들어가기 전에

워드 단위의 데이터를 저장하거나 처리하기 위해 다수의 플립플롭을 연결하여 소수의 게이트로 제어하는 소규모 단위의 기억장치를 레지스터라고 한다. 레지스터는 데이터나 명령을 일시적으로 저장하거나 이동시키는 역할을 하며, 직렬 혹은 병렬로 입·출력 동작을 수행한다. 레지스터보다 좀 더 자유로운 프로그래밍이 가능한 기억장치인 프로그래머블 로직 어레이의 대표적인 PLA는 AND 평면과 OR 평면을 각각 프로그래밍하여 곱항의 합을 구현한다. 이를 이용하면, 원하는 조합논리회로를 직접 설계할 수 있다. 좀 더 자유롭게 비트 단위로 프로그래밍할 경우, 읽기 전용 메모리인 ROM을 OR 평면으로 활용하여 논리회로를 구성할 수 있다.

컴퓨터에서 입력 데이터는 저장장치에 저장되었다가 중앙처리장치 CPU : Central Processing Unit로 전송된다. CPU에는 중간 연산 결과를 임시로 저장하기 위한 저장장치가 존재하며, 계산된 결과는 저장장치에 잠시 저장되었다가 출력장치로 보내진다. 이처럼 컴퓨터에서는 데이터의 입·출력 및 임시저장을 위한 저장장치가 필요하다.

플립플롭은 1비트의 정보를 기록할 수 있다. 워드 단위의 데이터를 저장하기 위해 워드의 비트 수에 해당하는 n개의 플립플롭을 연결하여 n비트 단위로 만든 저장장치를 **레지스터** register라고 한다. 레지스터는 카운터처럼 상태를 저장하고 변화시키지만, 주로 저장장치로 사용한다는 관점에서 카운터와 구별하여 말한다.

레지스터는 주로 워드 단위의 데이터를 임시로 저장하거나 이동시키는 역할을 수행하며, 구조에 따라 데이터를 직렬 혹은 병렬로 받아들이고 내보낼 수 있는 소형 기억장치로서 비트 시프트 bit shift 기능을 수행할 수도 있다(**시프트 레지스터** shift register). 비트 시프트는 2의 승수만큼의 자릿수 이동을 의미하며, 2진수의 곱셈 혹은 나눗셈과 같은 복잡한 연산에 활용된다.

지금까지 배운 지식으로는 논리함수의 조합논리회로를 구성할 때, 꼭 필요한 수많은 논리 게이트를 하나하나 설계하고 이들을 서로 연결해야 했다. 물론 이 방식이 가장 효율적이지만, 제작 비용과 개발 시간을 감당하기 어려울 때가 많다. 이를 보완하기 위한 대안으로, 논리 게이트나 메모리 셀들을 어레이 array 형태로 미리 제작해놓고 마지막 연결 배선 공정만 남겨둔 형태의 칩을 제공하기도 한다. 여기서는 대표적으로 PLA(프로그래머블 로직 어레이) Programmable Logic Array 및 ROM(읽기 전용 메모리) Read-Only Memory을 이용한 조합논리회로의 구현에 대해 학습한다.

PLA는 AND 게이트들의 어레이로 구성되는 AND 평면과 OR 게이트들의 어레이로 구성되는 OR 평면으로 구성되며, 각 게이트 입력의 활성화 여부는 링크link라고 불리는 스위치로 프로그래밍된다. 조합논리회로는 SOP로 표현될 수 있으므로, 이러한 AND–OR 프로그래밍을 통해 구현할 수 있다. 링크의 온/오프 여부는 금속선의 배선 여부에 따라 결정되며, 금속선 배선은 한 번 제작되면 다시 바꿀 수 없다. 또 다른 논리회로의 구현 방안으로서 활용되는 ROM 계열은 비트 단위로 프로그래밍될 수 있지만, 조합논리회로로 사용될 때는 OR 평면을 대체한다.

이 장에서는 디지털 정보의 기억장치인 레지스터의 다양한 구성과 동작을 이해하고, 동기식 및 비동기식 신호 경로와 신호 전달 방식을 구현하기 위한 회로 구조와 타이밍을 학습한다. 그리고 게이트 및 트랜지스터들을 미리 어레이 형태로 완성해 놓고 배선만 프로그래밍함으로써 조합논리회로를 구현하는 기법에 대해 알아본다. 기본적인 예로서 PLA 및 ROM을 이용한 조합논리회로의 설계 원리를 이해하고, 부수적으로 워드라인과 비트라인을 포함하는 메모리 셀 평면의 구조도 이해한다.

SECTION

8.1 레지스터

컴퓨터의 주기억장치인 DRAM Dynamic Random Access Memory은 데이터와 명령을 기억하는 장치로, 일반적으로 용량이 크기 때문에 입·출력 시간이 많이 소요된다. 산술 연산, 논리 연산, 데이터 전송을 수행할 때 데이터나 명령을 일시적으로 기억해둘 소규모의 고속 기억 장소가 있어야 하는데, 레지스터가 그러한 역할을 담당한다. 레지스터 register는 컴퓨터 중앙처리장치에서 사용되는 소규모 기억장치로서 극히 소량의 데이터나 처리 중인 중간 결과를 일시적으로 기억해 두는 고속 기억장치로, 워드 단위의 정보를 기억하고 원하는 시점에 그 정보를 꺼내볼 수 있다.

레지스터는 2진 워드 정보를 저장하기 위해 플립플롭과 같은 데이터 저장장치를 여러 개 연결하여 사용한다. 적절하게 연결된 n개의 플립플롭은 n비트의 정보를 저장할 수 있는 n비트 레지스터가 된다. 레지스터는 다양한 연산을 수행하기 위해 여러 가지 명령 신호가 연결된 조합논리회로를 포함할 수도 있다. 레지스터 회로는 주로 플립플롭을 연결한 형태로 구성되어 있으므로 데이터를 쉽고 빠르게 읽고 쓸 수 있다. 레지스터에 데이터를 저장하는 데 걸리는 시간은 보통 수십 나노초[ns] 이하로, 주기억장치인 DRAM에 비해 훨씬 빠르다. 이때 내부 버스 bus가 연산장치와 레지스터를 연결해 준다.

컴퓨터의 중앙처리장치 내에는 쓰임새에 따라 여러 종류의 레지스터가 들어 있다. 주요 범용 레지스터에는 누산기 accumulator, 연산 레지스터 arithmetic register, 명령 레지스터 instruction register, 시프트 레지스터 shift register, 지표 레지스터 index register 등이 있다.

한편 레지스터 한 개의 기억용량을 레지스터 길이 register length라고 한다. [그림 8-1]은 여러 길이의 레지스터를 나타낸 것으로, 사각형 하나를 1비트를 저장할 수 있는 플립플롭으로 생각하면 된다.

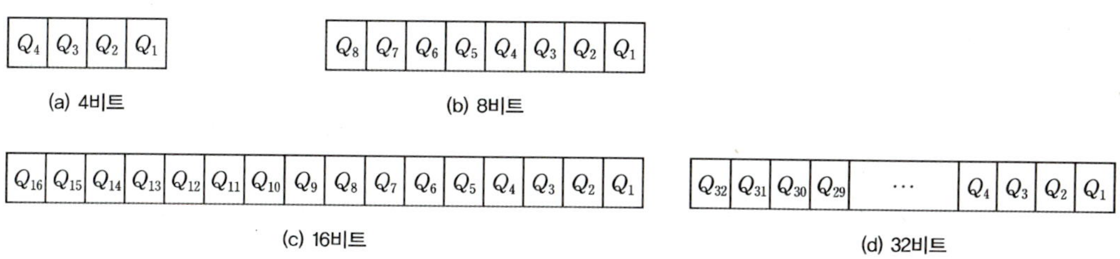

[그림 8-1] 다양한 레지스터의 길이

8.1.1 신호 전달 방식

데이터 이동 경로

한 레지스터에서 다른 레지스터로 전달되는 데이터 이동 경로에는 동기식 및 비동기식의 두 가지 경로가 있다. 동기식 신호 경로는 [그림 8-2(a)]와 같이 플립플롭들의 입력 및 출력단자를 관통하나, 비동기식 신호 경로는 [그림 8-2(b)]와 같이 플립플롭의 셋/리셋 단자로 연결된다.

동기식의 경우, 클록단자에 '전달' 명령 신호 command 인 Tr transfer 을 연결하면 클록 혹은 펄스의 상승에지에서 데이터가 입·출력단자를 통해 이동한다. 이에 반해 비동기식의 경우에는 신호가 다음 단의 셋/리셋 단자에 가해진다. 이때 NAND 게이트는 명령 신호에 의해 제어되는 스위치 역할을 한다. 명령어 Tr이 NAND 게이트의 한쪽 입력에 가해지므로, 'H'인 구간에서 게이트가 열리면 Q 및 $\overline{Q}$의 신호가 셋/리셋 단자에 반전되어 가해진다. 예를 들어 이전 단의 출력이 $Q=1$인 경우에는 다음 단이 셋되고, $Q=0$이면 리셋된다. Tr이 'L'인 구간에서는 두 게이트가 모두 닫혀서 Q, $\overline{Q}$가 차단되고, 셋/리셋 단자는 모두 비활성화된다.

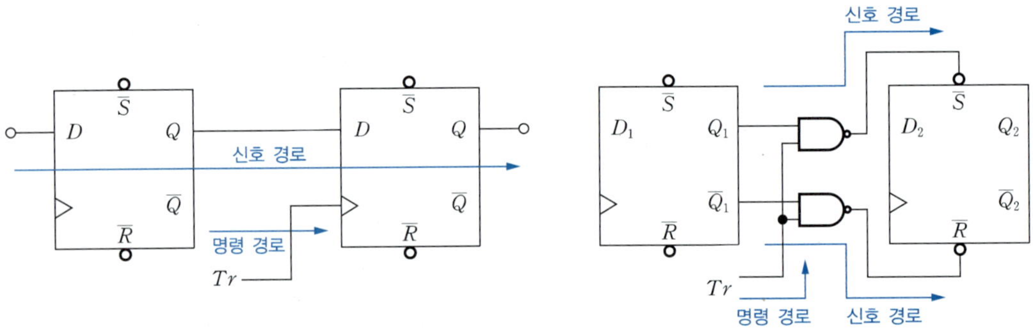

(a) 동기식 신호 경로 (b) 비동기식 신호 경로

[그림 8-2] 레지스터 데이터의 전달 경로의 예시

데이터 전송

레지스터에 데이터를 전달하는 방식은 한 비트씩 순서대로 내보내는 직렬 전달 방식과, 레지스터 전체 비트가 한꺼번에 전달되는 병렬 전달 방식으로 나뉜다. 직렬 전달은 비트 단위로 전송할 수 있지만 전송 속도가 느리다. 반면에 병렬 전달은 전송 속도는 빠르지만 워드 단위로 전송된다.

레지스터에 접근하여 데이터를 주고받기 위해서는 레지스터에 데이터를 실어주는 로딩 loading 명령과 데이터를 읽어내는 읽기 reading 명령이 수행되어야 한다.

■ 데이터의 직렬 전달

[그림 8-3]은 3비트 레지스터 A와 3비트 레지스터 B의 직렬연결 구조이다. [그림 8-4]는 데이터의 이동 과정을 알아보기 쉽게 데이터 전달 모델로 나타낸 것이다. 여기서 사각형 하나는 플립플롭 1비트를 의미한다. [그림 8-4(a)]는 레지스터 A에 저장된 3비트 데이터 $Q_3\,Q_2\,Q_1$을 나타낸 것이다. Tr 펄스의 첫 번째 에지가 발생하면, [그림 8-4(b)]와 같이 Q_1이 레지스터 B로 전달되고, 이후 Tr 펄스의 에지가 발생할 때마다 [그림 8-4(c)], [그림 8-4(d)]와 같이 한 비트씩 이동한다. 따라서 총 3개의 Tr 펄스 후에 모든 데이터 비트가 레지스터 B로 옮겨간다. 즉 Tr의 상승에지가 들어올 때마다 데이터가 한 비트씩 오른쪽으로 이동하여, 3펄스 후에는 모두 이동 완료되는 동기식 회로이다.

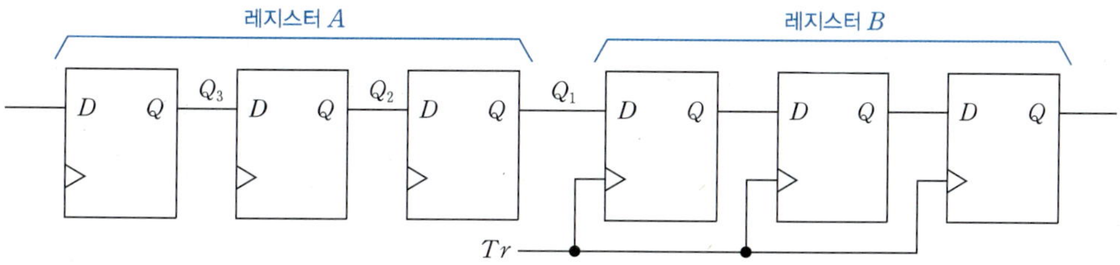

[그림 8-3] 3비트 레지스터의 직렬 구성

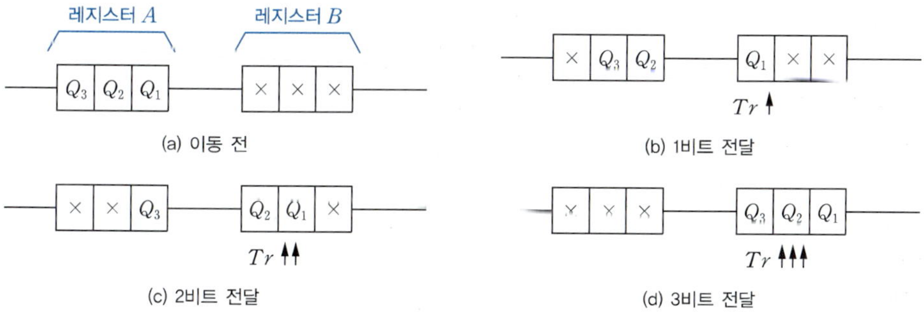

[그림 8-4] 레지스터의 데이터 전달 모델

[그림 8-5]는 4비트 레지스터에서 입력 D_{in}이 CK에 동기되어 출력 Q_{out}으로 전달되는 회로도 및 타이밍도를 보인 것이다. [그림 8-5(b)]를 살펴보면, CK의 첫 번째 에지에서 D_{in}이 Q_1 플립플롭으로 들어가 출력되는 것을 볼 수 있다. 이어서 두 번째 에지에서는 Q_1이 Q_2로 이동하며, 3번째 에지에서는 Q_3로 이동하고, 네 번째 에지에서는 Q_{out}으로 출력된다. 결국 총 네 번의 클록 상승에지 후, 입력 D_{in}이 세 주기를 지나서 Q_{out}으로 출력된다.

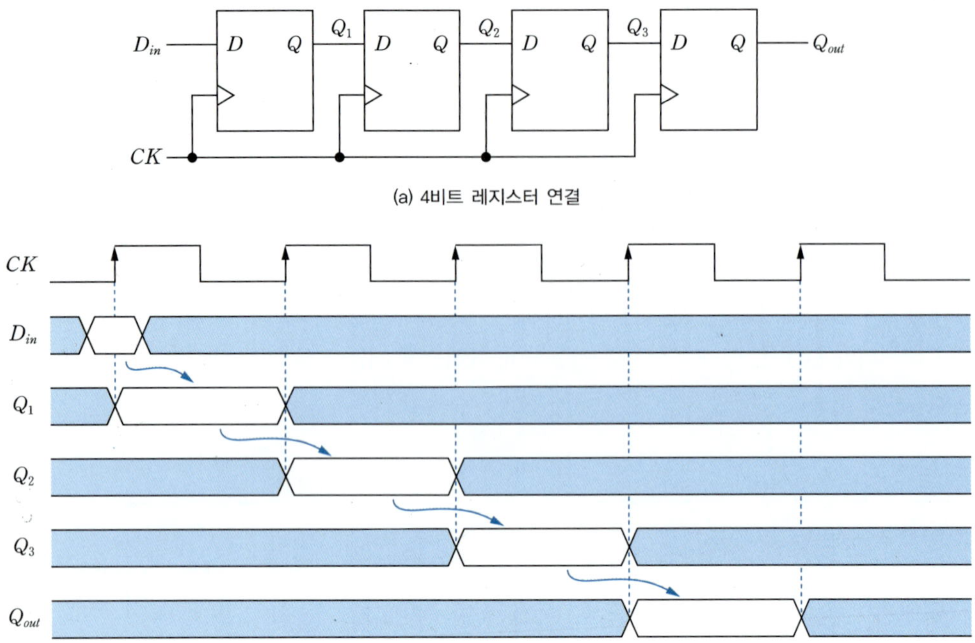

(a) 4비트 레지스터 연결

(b) 데이터 이동 타이밍도

[그림 8-5] 클록의 트리거링을 통한 데이터 이동

■ 데이터의 병렬 전달

이제 4비트의 데이터를 병렬로 전달하는 경우를 살펴보자. A 레지스터의 데이터를 병렬 형태로 B 레지스터에 전달하기 위해서는 [그림 8-6(a)]와 같이 이전 단 A 레지스터의 출력 Q와 다음 단 레지스터 B의 입력 D를 각 비트마다 연결한다. 이때 전달 명령 Tr의 상승에지에서 한 번에 모든 비트가 전달된다. [그림 8-6(b)]의 데이터 병렬 전달 모델을 [그림 8-4]의 직렬 전달 모델과 비교해보면, 한 번의 펄스 에지에서 모든 비트가 전송되므로 데이터의 전달 속도가 빠름을 알 수 있다.

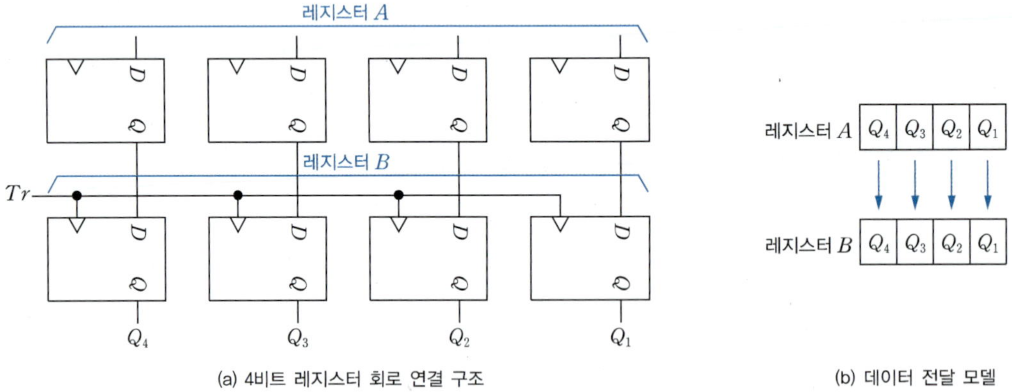

(a) 4비트 레지스터 회로 연결 구조

(b) 데이터 전달 모델

[그림 8-6] 레지스터 데이터의 병렬 전달

■ 레지스터 명령

[그림 8-7(a)]의 레지스터는 1 니블(4 비트)의 데이터를 로딩하고 읽어낼 수 있다. 로딩 명령 Ld [loading]의 상승에지에서는 입력 $X_4X_3X_2X_1$이 레지스터에 병렬로 입력되고, 읽기 명령 Rd [reading]가 1인 구간에서는 AND 게이트가 활성화되어 레지스터의 출력 $Y_4Y_3Y_2Y_1$이 출력된다. $Rd=0$이면, 플립플롭 출력이 막히면서 $Y_4Y_3Y_2Y_1=0000$이 된다.

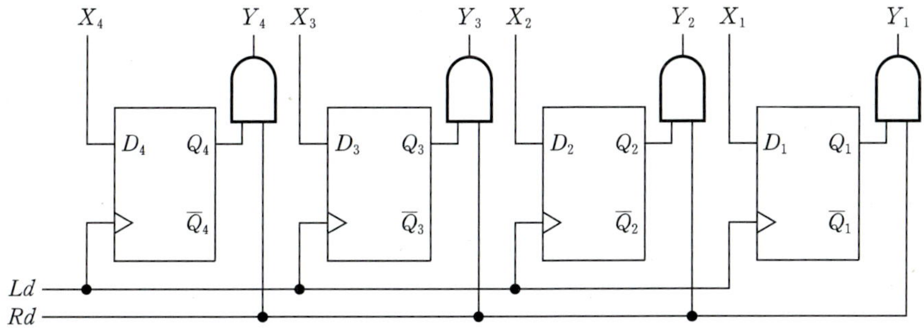

(a) 명령 신호 및 데이터의 연결 구조

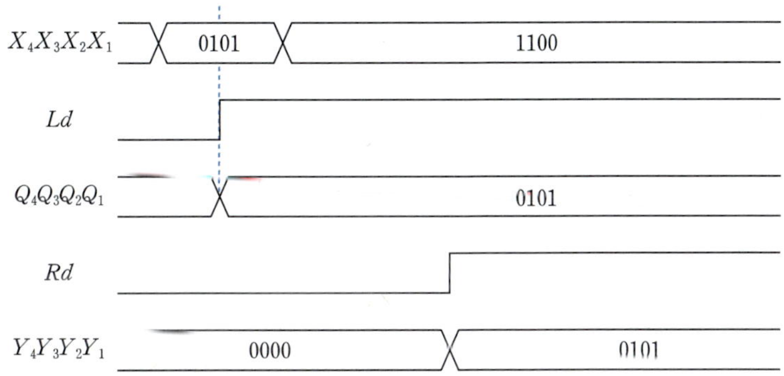

(b) 로딩 및 읽기 명령 수행의 타이밍도

[그림 8-7] 로딩 및 읽기 명령이 가능한 레지스터

[그림 8-7(b)]의 타이밍도를 보면, 명령 Ld의 상승에지에서 입력 데이터 0101이 샘플링되어 레지스터에는 $Q_4Q_3Q_2Q_1=0101$ 값이 탑재된다. 명령 $Rd=0$인 구간에서는 출력이 $Y_4Y_3Y_2Y_1=0000$으로 비활성화되며, $Rd=1$인 구간에서는 레지스터 값이 출력에 연결되어 $Y_4Y_3Y_2Y_1=Q_4Q_3Q_2Q_1$이 된다.

8.1.2 입 · 출력 구조

8.1.1절에서 살펴본 것처럼 데이터의 연결 구조와 다양한 명령 신호를 이용하면 데이터의 입 · 출력에 대한 직렬, 병렬의 네 가지 조합을 구현할 수 있다.

❶ 직렬입력-직렬출력
❷ 직렬입력-병렬출력
❸ 병렬입력-직렬출력
❹ 병렬입력-병렬출력

앞에서 살펴본 [그림 8-3]은 직렬입력-직렬출력의 형태이고, [그림 8-6]은 병렬입력-병렬출력의 형태이다. 이제부터는 직렬-병렬이 혼합된 경우에 대해 살펴보자.

직렬입력-병렬출력

[그림 8-8]에서는 레지스터의 입력단에 한 비트씩 순차적으로 데이터가 입력되며, 명령 Tr 펄스가 발생할 때마다 데이터는 한 비트씩 오른쪽으로 이동한다. 출력단자의 모든 비트가 병렬출력이 되도록 구성한다.

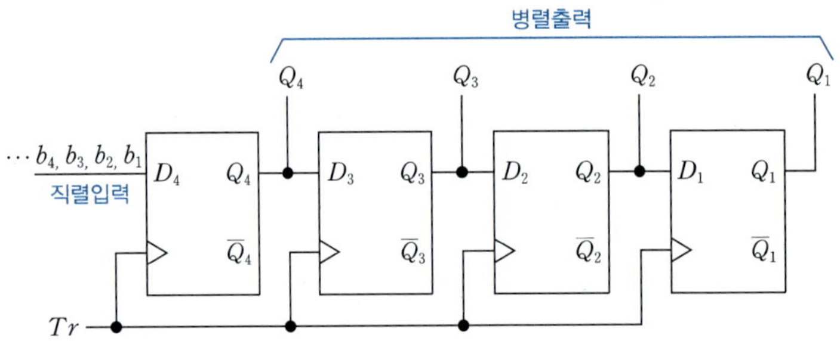

[그림 8-8] 직렬입력-병렬출력의 레지스터 구조

병렬입력-직렬출력

이 레지스터는 데이터를 병렬로 입력받고, 직렬로 출력한다. 병렬입력 방식은 데이터를 셋단자를 통해 입력하는 비동기식과, 클록에 데이터를 동기시켜 입력단자에 입력하는 동기식으로 나눌 수 있다.

비동기식은 명령 신호만 주면 언제든지 입력이 된다는 장점이 있으며, 동기식은 모든 입·출력 동작을 시스템 클록에 동기시켜 체계적으로 수행할 수 있다는 장점이 있다. 한편 직렬출력을 위해 데이터를 클록에 동기시켜 한 비트씩 내보낸다.

■ 비동기식 입력

[그림 8-9]는 4비트의 병렬입력 및 직렬출력 구조를 보인다. 먼저 데이터 입력단을 살펴보면, 플립플롭의 비동기식 셋/리셋 단자는 모두 '0 활성화active 0'이며 입력 데이터 $D_4D_3D_2D_1$는 셋단자에 연결되어 명령어 Ld에 의해 제어된다. 리셋 신호 $\overline{R}$는 부논리 신호로 레지스터를 초기 리셋시킨다. 명령 $Ld = 0$일 때는 입력 $D_4D_3D_2D_1$이 모두 막히고 1이 셋단자에 가해지므로, 셋 동작이 비활성화되어 레지스터의 상태가 리셋 상태 0으로 유지된다. $Ld = 1$인 구간에서는 $D_4D_3D_2D_1$이 통과하

여 셋단자에 가해지며, 1 데이터는 플립플롭을 셋시키고 0 데이터는 셋 동작을 비활성화시키므로 0이 그대로 유지된다. 즉, $Q_4Q_3Q_2Q_1 = D_4D_3D_2D_1$이다.

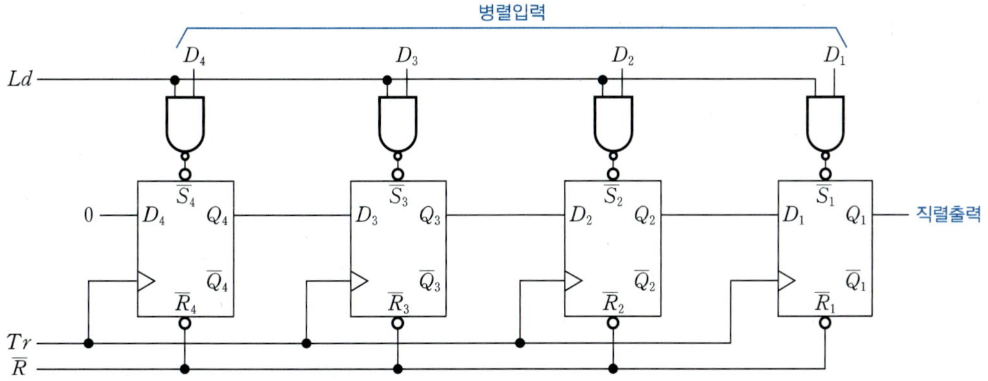

[그림 8-9] 4비트 병렬입력-직렬출력 레지스터 논리도(비동기식 입력)

[그림 8-10(a)]는 초기 리셋된 0000 상태이고, [그림 8-10(b)]는 $Ld = 1$에 의해 4비트의 데이터가 병렬로 입력되는 비동기식 동작을 보인다. [그림 8-10(c)]에서와 같이 클록 Tr의 상승에지가 발생할 때마다 출력단에서는 LSB부터 순차적으로 출력되며, 입력단 D에는 0이 한 비트씩 오른쪽으로 이동하여 플립플롭을 채워나간다. 네 개의 클록 이후에는 [그림 8-10(d)]와 같이 리셋 상태가 되어 다음 데이터를 받아들일 준비가 된다.

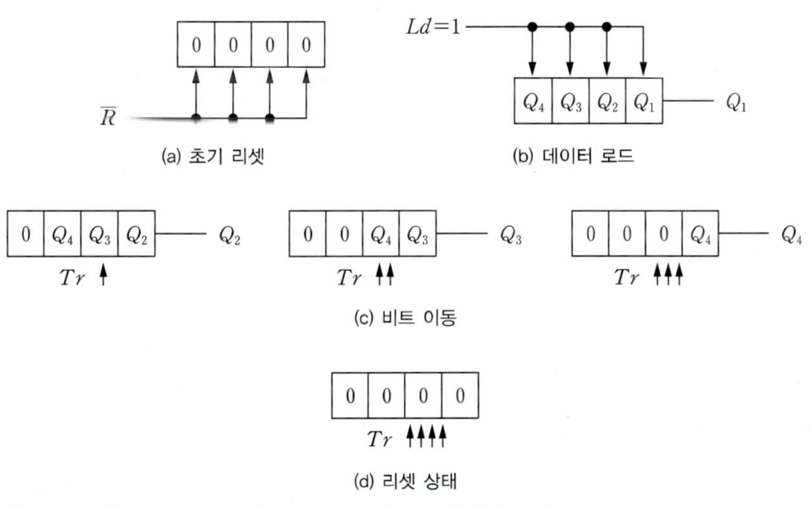

[그림 8-10] 병렬입력-직렬출력 레지스터의 데이터 전달 모델

■ 동기식 입력

동기식 입력 레지스터는 입력 데이터 및 리셋 신호가 동기식 단자인 D에 가해지는 구조이다. [그림 8-11]과 같은 MUX에서는 두 개의 명령어 C, D로 두 개의 데이터 A, B를 게이팅하여 공통 출력단 F에 내보낸다.

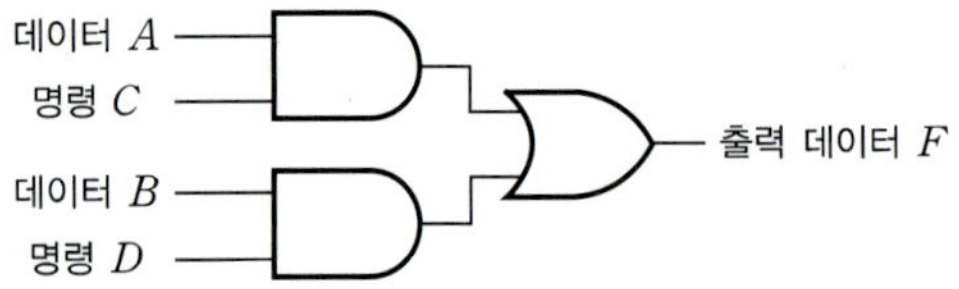

[그림 8-11] 명령 신호 조합에 의한 데이터 선택 회로

[표 8-1]은 C, D의 조합에 따른 [그림 8-12]의 MUX 동작을 정리한 것이다.

[표 8-1] [그림 8-12]의 진리표

명령 C	명령 D	F	동작
0	0	0	데이터 차단
0	1	B	데이터 B 출력
1	0	A	데이터 A 출력
1	1	$A+B$	$A+B$ 출력

이번에는 [그림 8-11]의 MUX를 이용하여 범용으로 사용 가능한 병렬입력-직렬출력 레지스터를 구현해보자. [그림 8-12]와 같이 각각의 플립플롭의 동기식 입력단인 D 단자에 MUX를 연결한다. MUX의 한쪽 데이터 입력단에는 병렬입력 $D_4D_3D_2D_1$이 연결되어 있고, 다른 쪽 데이터 입력단에는 이전 단 플립플롭의 출력 D_{in}이 연결되어 있다. 또한 명령 신호 $Ld/\overline{Sh}$ 및 이의 반전 신호가 명령 신호로 가해지고 있다.

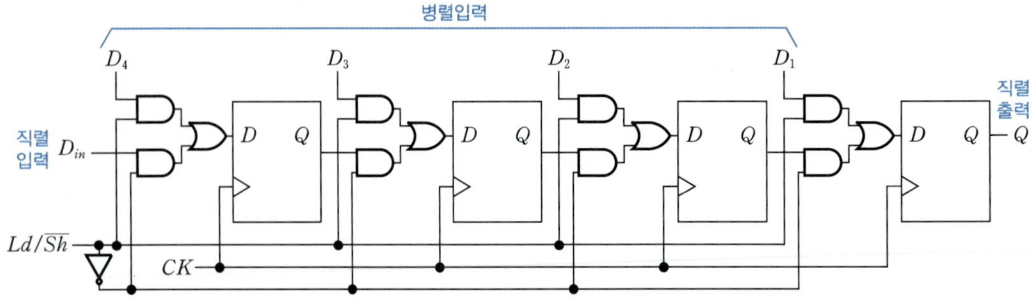

[그림 8-12] 병렬입력-직렬출력 레지스터의 논리도(동기식 입력) 예시

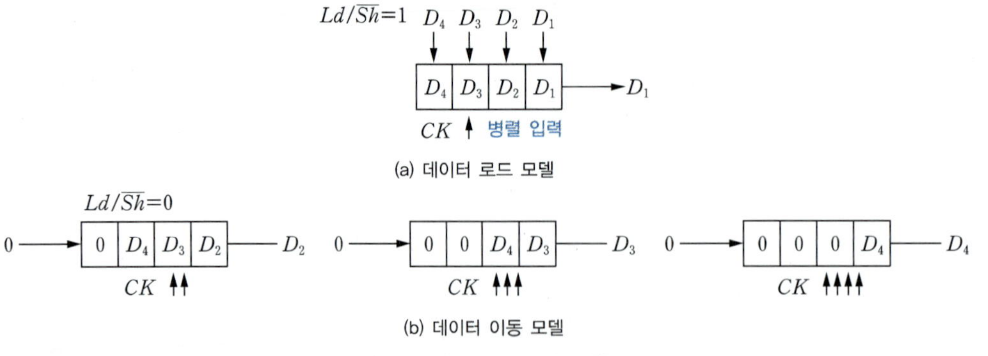

[그림 8-13] 동기식 병렬입력 직렬출력 레지스터의 데이터 선달 모델

[그림 8-13(a)]에서 $Ld/\overline{Sh}=1$인 구간에서는 위쪽 AND 게이트가 열려서 입력 데이터 $D_4D_3D_2D_1$이 로딩된다. 반면에 $Ld/\overline{Sh}=0$인 구간에서는 아래쪽 AND 게이트가 열리고 플립플롭이 직렬연결되어, 클록이 발생할 때마다 데이터가 한 비트씩 오른쪽으로 이동한다. 만약 $D_{in}=0$이면, [그림 8-13(b)]와 같이 한 비트씩 0을 채워나가서 5클록 후에 리셋된다.

예제 8-1 ***JK* 플립플롭을 이용한 병렬입력-직렬출력 레지스터**

비동기식 4비트 병렬입력-직렬출력 레지스터를 JK 플립플롭을 이용하여 구현하라.

풀이

첫 단의 동기식 입력에는 플립플롭을 리셋할 수 있는 데이터가 가해져야 하므로, JK 플립플롭의 리셋 입력인 $J=0$, $K=1$을 연결한다. 나머지 플립플롭은 J, K 신호를 그대로 직렬연결하여 [그림 8-14]의 회로를 완성한다. 여기서 초기 리셋 $\overline{R}$는 생략하였다.

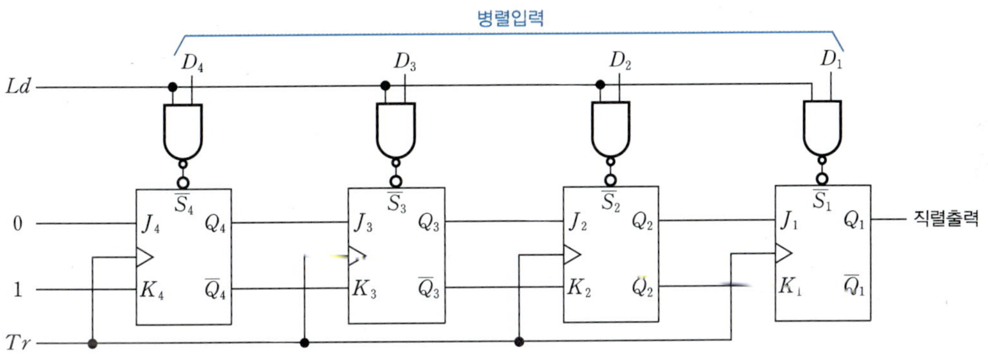

[그림 8-14]

8.1.3 시프트 레지스터의 원리

■ 비트 이동 효과

레지스터에 2진 데이터가 저장되어 있을 때, 비트의 오른쪽 혹은 왼쪽 이동(시프트)은 레지스터 값에 어떤 영향을 미칠까? [그림 8-15(a)]에 저장된 값은 $1\times2^5+1\times2^3+1\times2^2=44$이다. 이 데이터가 [그림 8-15(b)]와 같이 오른쪽으로 1비트 이동하면 이때의 값은 $1\times2^4+1\times2^2+1\times2^1=22$가 된다. 오른쪽으로 1비트 이동하면 레지스터 값은 $\frac{1}{2}$배가 되는 것이다. 반대로 [그림 8-15(c)]와 같이 왼쪽으로 1비트 이동하면, 이때의 값은 $1\times2^6+1\times2^4+1\times2^3=88$이 된다. 즉, 왼쪽으로 1비트 이동하면 레지스터 값은 2배가 된다. 정리하면, 왼쪽 n비트 이동은 $\times2^n$ 동작이며, 오른쪽 n비트 이동은 $\times2^{-n}$ 동작이다.

0	0	1	0	1	1	0	0

(a) 저장된 2진 데이터

0	0	0	1	0	1	1	0

(b) 오른쪽 1비트 이동

0	1	0	1	1	0	0	0

(c) 왼쪽 1비트 이동

[그림 8-15] 2진 데이터의 비트 이동

이처럼 레지스터 값을 왼쪽 혹은 오른쪽으로 이동할 수 있도록 설계한 레지스터를 시프트(이동) 레지스터 shift register라고 한다.

■ MUX를 이용한 범용 시프트 레지스터

[그림 8-16(a)]에서 명령 Sl shift left이 1일 때는 AND 게이트가 열리므로, 데이터는 오른쪽에서 왼쪽으로 이동한다. 플립플롭을 살펴보면, 맨 오른쪽 플립플롭 ❶의 $D=0$, 플립플롭 ❷의 $D=Sl\cdot Q_1$, 플립플롭 ❸의 $D=Sl\cdot Q_2$, 플립플롭 ❹의 $D=Sl\cdot Q_3$로 연결된다. 클록단자에는 Sl이 지연을 거쳐 연결되어, 상승에지가 발생할 때마다 1비트씩 왼쪽으로 데이터가 이동한다(왼쪽 이동 수행). $Sl=0$인 경우에는 모든 비트 입력에 0이 가해진다.

이번에는 [그림 8-16(b)]에서 Sr shift right이 1일 때는 AND 게이트가 열리므로 데이터는 왼쪽에서 오른쪽으로 이동한다. 맨 왼쪽 플립플롭 ❹의 $D=0$, 플립플롭 ❸의 $D=Sr\cdot Q_4$, 플립플롭 ❷의 $D=Sr\cdot Q_3$, 플립플롭 ❶의 $D=Sr\cdot Q_2$로, Sr이 발생할 때마다 1비트씩 오른쪽으로 이동한다. $Sr=0$인 경우에는 모든 비트의 입력에 0이 가해진다.

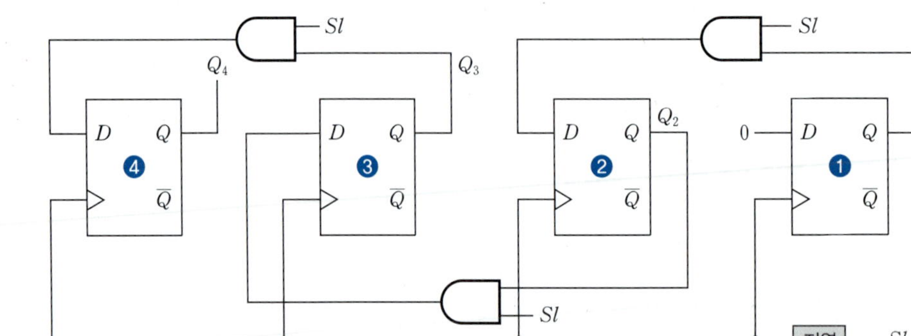

(a) 왼쪽으로 이동 연결

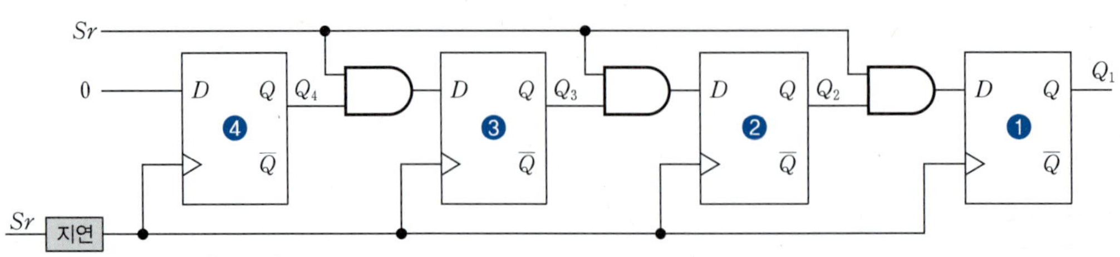

(b) 오른쪽으로 이동 연결

[그림 8-16] 시프트 레지스터의 동작

[그림 8-17]은 앞서 살펴본 왼쪽 이동 및 오른쪽 이동 동작이 합쳐진 최종 논리도로, 양방향 이동이 가능한 연결 구조를 나타낸다. 먼저 $\overline{R}$가 0일 때, 4비트는 모두 리셋된다. 그리고 $Ld=1$일 때, 데이터 $D_4D_3D_2D_1$은 병렬로 비동기 입력된다. $Sr=0$, $Sl=1$일 때 데이터는 왼쪽으로 이동하는데, 이 경우 데이터 경로가 [그림 8-16(a)]와 같이 연결됨을 확인할 수 있다. 또한 $Sr=1$, $Sl=0$일 때 데이터는 오른쪽으로 이동하며, 이 경우의 데이터 경로는 [그림 8-16(b)]와 같이 연결된다.

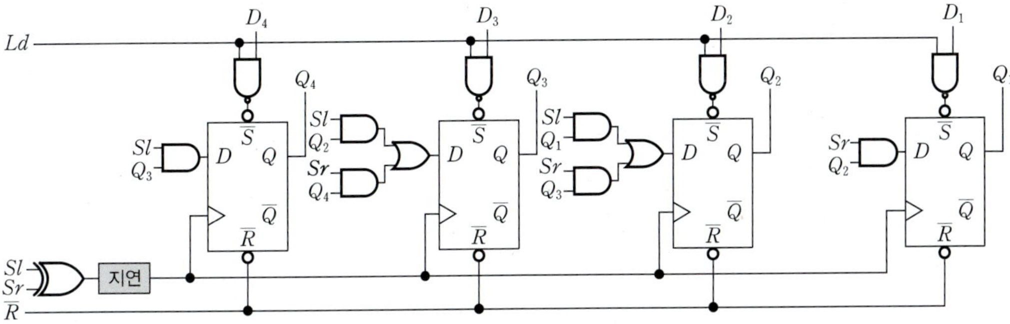

[그림 8-17] 양방향 시프트 레지스터의 최종 논리도

시프트 레지스터의 응용

■ 시프트 레지스터를 사용한 2진 곱셈

앞서 학습한 시프트 레지스터에서의 비트 이동을 활용하여 2진 곱셈을 수행해보자. 손으로 계산하는 2진수 곱셈 과정은 10진수 곱셈 과정과 같다.

[그림 8-18]은 피승수 multiplicand 1101에 승수 multiplier 1011을 곱하는 2진 곱셈 과정을 나타낸 것이다. 그 과정을 살펴보면, 승수의 LSB부터 MSB 쪽으로 한 비트씩 곱하여 부분곱을 만들고, 이렇게 만든 4개의 부분곱을 모두 합한다. 이때 비트 1을 곱하면 부분곱은 피승수 자체가 되고, 비트 0을 곱하면 부분곱은 0이 된다.

```
    1101    피승수
  × 1011    승수
--------
    1101    부분곱 ①
   1101     부분곱 ②
  0000      부분곱 ③
 1101       부분곱 ④
--------
10001111
```

[그림 8-18] 2진 곱셈의 손 계산

컴퓨터의 중앙처리장치에서 더하기, 빼기, 곱하기, 나누기 등의 연산 결과를 일시 저장해두는 레지스터를 누산기라고 하는데, 누산기는 덧셈기에 연결되어 덧셈 결과를 기억하는 역할을 수행한다. 누산기와 관련된 컴퓨터 명령을 살펴보면, "누산기에 저장된 내용에 기억장치 몇 번지의 내용을 더하라." 라든가 "레지스터의 내용과 기억장치 몇 번지 내용을 곱하고 그 결과를 누산기에 기억시켜라."와 같은 형식이 있다. 이를 통해 2진 덧셈 혹은 곱셈 연산을 수행한다.

[그림 8-18]의 연산에서 부분곱의 자리가 ①~④의 과정마다 1비트씩 오른쪽으로 이동하는 모습을 볼 수 있다. 부분곱에 대한 손 계산 알고리즘을 누산기 회로 동작에 맞게 다음과 같이 처리한다.

누산기에 적용되는 부분곱 처리 알고리즘

승수의 LSB부터 MSB 방향으로 한 비트씩 처리한다. 승수 비트가 1이면 부분곱은 피승수 자체가 되며, 0이면 부분곱은 0이 된다.

❶ LSB의 부분곱을 누산기에 저장한다.
❷ 누산기 내용을 1비트 오른쪽으로 이동한다.
❸ 다음 비트의 부분곱을 구하고, 누산기의 내용에 더하여 다시 로드한다.
❹ 승수의 MSB 비트까지 ❷, ❸의 과정을 반복한다.

[그림 8-19]는 누산기에 적용되는 부분곱 처리 알고리즘의 진행 과정을 나타낸다.

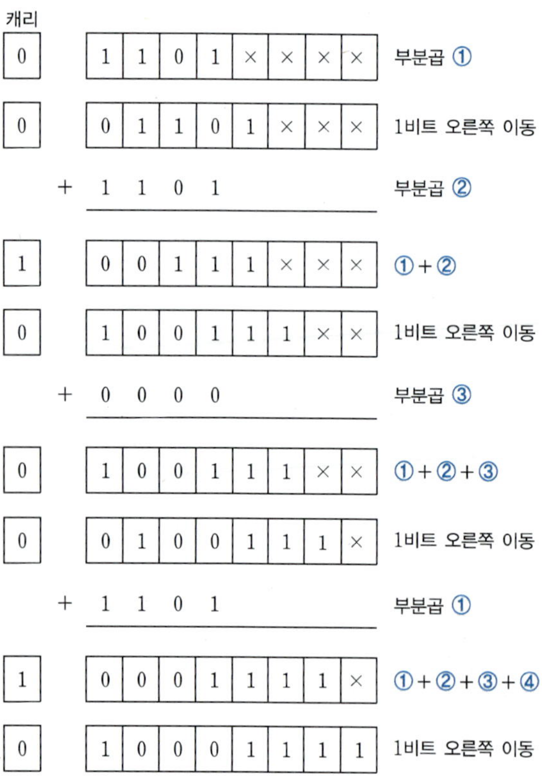

[그림 8-19] 누산기를 이용한 2진 곱셈 과정

SECTION 8.2

로직 어레이를 이용한 조합논리회로

이 절에서는 프로그래머블 논리 소자PLD : Programmable Logic Device 및 이를 이용한 조합논리회로의 구현에 대해 학습한다. PLD는 수백에서 수백만 개에 이르는 게이트들을 집적하고 있는 IC로, 내부 프로그래밍 과정을 통해 내부 논리 게이트의 조합과 선로 연결을 변경할 수 있다. 한 칩 안에 수많은 AND, OR, NOT 게이트들의 배열을 미리 제작하여 입·출력단자와 이들 간의 선로를 프로그래밍에 의해 접속 또는 개방한다면 상당히 효과적으로 원하는 조합논리회로를 구현할 수 있을 것이다. 예를 들어 5~6개의 로직 IC를 사용하는 대신 20핀 PLD 한 개만을 사용해도 원하는 조합논리회로를 구현할 수 있다. 하지만 PLD는 논리 게이트의 배열을 미리 규칙적으로 다 만들어 놓고 특정 응용에 맞게 원하는 배선만 바꾸는 형태이므로, 실제 응용에서는 이미 만들어진 게이트들의 일부분만 사용하는 경우가 많아서 칩 면적의 측면에서 효율적이지는 못하다. 한편 PLD는 초기의 PLA, PAL, GAL에서부터 점점 집적도 및 프로그래밍 자유도가 향상되어 CPLD, FPGA에까지 이르게 되었다. 본 절에서는 가장 기본적인 PLA 및 PAL을 학습하기로 한다.

8.2.1 프로그래밍 방식

논리 게이트들 간의 연결 여부를 스위치의 접속/개방으로 결정하면, 이 스위치를 프로그래밍 접점이라고 볼 수 있다. 프로그래밍 방식은 스위치의 제조 방법에 따라 크게 '마스크 프로그래밍mask programmable' 방식과 '필드(현장) 프로그래밍field programmable' 방식으로 나눌 수 있다.

마스크 프로그래밍

마스크mask [1]는 IC 제조과정에서 사용되는 마지막 금속층의 배선 패턴을 결정한다. 금속층 공정이 끝나면, 게이트 간 연결이 필요한 부분에 칩 내에서 도선 역할을 하는 금속층이 형성되어 있고, 연결이 없는 경우에는 그러한 금속층이 존재하지 않는다. 금속 배선층은 원하는 칩의 기능에 따라 연결되는 방식이 다른데, 이는 반도체 제조과정에서 결정된다. 사용자는 PLD 회로 대신 프로그램 표를 반도체 제조 공장에 제출하여 마스크 제작을 의뢰한다. 이처럼 마스크 프로그래밍 방식은 원하는 동작을 위한 금속 배선층의 마스크를 반도체 제조사에 주문 제작해야 하므로 상당한 비용이 든다. 따라서 동일한 논리회로를 대량생산하는 경우에만 경제성이 있다.

1 반도체 집적회로를 제작할 때, 각 반도체 층(레이어)의 노광 공정 단계에서 패턴이 새겨진 필름 역할을 하는 금속 평면판을 말한다.

필드(현장) 프로그래밍

PLD 소자는 필드 프로그래머블 소자 FPD : Field Programmable Device 라고도 불린다. 여기서 '필드 field'는 '현장'이라는 뜻으로, 사용자가 현장에서 프로그램 소프트웨어를 이용한 직접 프로그래밍이 가능할 경우에 사용된다. 필드 프로그래밍은 반도체 금속층 마스크를 사용하는 대신 퓨즈 fuse 를 사용하는 방식이다. PLD 내 각 프로그래밍 접점은 퓨즈로 되어 있다. 만일 정상적인 전압보다 훨씬 높은 전압을 퓨즈 양단에 가하면, 과도한 전류가 흘러 퓨즈가 녹고 연결이 끊어진다. 이 접점들은 퓨즈가 손상되지 않은 접속 close 상태와 퓨즈가 녹은 개방 open 상태 중 한 상태로 표시된다. 이러한 두 가지 상태는 각각 논리값 1 혹은 0으로 간주된다.

[그림 8-20]은 퓨즈에 대한 회로 심볼을 나타낸 것으로, 각각 연결된 상태와 끊어진 상태를 보인다.

(a) 연결된 상태(접속)　　(b) 끊어진 상태(개방)

[그림 8-20] 퓨즈의 회로 심볼

또 다른 퓨즈 방식으로 반퓨즈 anti-fuse 방식이 있다. 반퓨즈 방식은 용어 그대로 퓨즈 방식의 동작과 반대 개념을 갖는다. 반퓨즈는 두 도선 사이에 저항이 큰 물질이 삽입된 작은 영역으로 구성된다. 반퓨즈는 프로그래밍되기 전에는 저항이 커서 개방회로로 동작한다. 그러나 정상적인 전원 전압보다 조금 더 높은 전압을 두 도선 사이에 가하면, 두 도선을 전기적으로 분리시키고 있는 고저항 물질이 녹아버리거나 낮은 저항 상태가 되어 연결점은 접속 상태가 된다. 따라서 반퓨즈는 프로그래밍 전에는 개방 상태이고, 고전압을 가하는 프로그래밍 이후에는 접속 상태가 되는, 일반적인 퓨즈와는 반대의 동작을 한다.

이러한 마스크 방식이나 퓨즈 방식의 프로그래밍은 영구적이다. 논리 게이트 간의 접속 혹은 개방이 이미 비가역적인 물리적 변화를 일으켰기 때문에 기본적으로 재프로그래밍이 될 수 없으며, 따라서 프로그래밍이 틀렸거나 수정이 필요한 경우에는 이 칩을 더 이상 쓸 수 없게 된다. 이상에서 언급한 스위치의 접속/개방은 공급전원이 끊어져도 그 상태가 그대로 유지되는 비휘발성 nonvolatile 특징을 가진다. 이러한 의미에서 모든 PLD는 비휘발성 메모리로 간주할 수 있다.

기업에서 제품을 대량생산하기 위해서는 성능과 단가 측면을 고려해야 한다. 주문자 제작 방식의 IC ASIC : Application Specific Integrated Circuit는 논리 게이트의 설계 단계에서부터 주문자가 요구하는 동작에 맞게 제작하는 방식이다. [그림 8-21]은 ASIC의 패키지와 칩의 예를 보인 것이다. ASIC은 마이크로 프로세서나 메모리와 같이 그 역할과 동작이 정해져 있어 널리 사용되는 범용 IC와는 달리 특정한 동작만을 수행할 수 있다. ASIC은 주문자의 응용에 꼭 필요한 논리 게이트만 집적할 수 있어 효율과 성능 면에서 PLD보다 훨씬 뛰어나다. 비록 초기 개발 비용이 매우 많이 들지만, 대량생산 시 성능과 단가에서 ASIC은 PLD와 비교가 되지 않을 정도로 탁월하다.

(a) ASIC 패키지 (b) 칩

[그림 8-21] ASIC의 예

ASIC 개발은 원하는 칩의 동작 알고리즘을 설계회사에 의뢰하여 레이아웃 layout[2]을 생성하고, 파운드리 foundry 회사에 위탁생산하는 과정을 거친다. 본 장에서 학습할 PLD 소자들은 ASIC에 비하면 고가인데다 성능은 훨씬 그에 못 미친다. 따라서 PLD 소자는 제품 개발 단계에서의 알고리즘 검증용이나 학교에서의 교육용으로 이용되며, 때로는 소량 생산 제품인 고가의 장비 등에 장착되기도 한다.

8.2.2 PLA

조합논리회로의 일반적인 논리식을 곱의 합인 AND-OR 혹은 AND-OR-NOT의 형태로 구현한다면, 수많은 AND 게이트와 OR 게이트, NOT 게이트가 필요할 것이다. 프로그래머블 로직 어레이 PLA : Programmable Logic Array는 AND 게이트들의 그룹으로 이루어지는 AND 평면과 OR 게이트들의 그룹으로 이루어지는 OR 평면, 그리고 반전 출력을 위한 NOT 게이트와 이들 간의 연결 관계를 프로그래밍하기 위한 스위치들로 이루어진다.

[그림 8-22]는 AND 평면과 OR 평면으로 이루어지는, n개의 입력, k개의 곱항, m개의 출력을 가진 PLA의 일반적인 구성을 보인 것이다. 여기서 ×는 연결된 링크를 나타낸다. PLA는 일반적으로 곱항의 수가 제한되어 있기 때문에, n개의 입력에 대한 2^n개의 최소항을 모두 만들어내지는 못한다. PLA는 기본적으로 조합논리회로이므로, 전원이 연결되고 입력이 가해질 때만 출력이 발생한다.

2 반도체 마스크를 제작하기 위해 회로도와 1:1로 매칭이 되는 물리적인 패턴이 그려진 도면을 말한다. 건축에서의 청사진과 같은 것이라 할 수 있다.

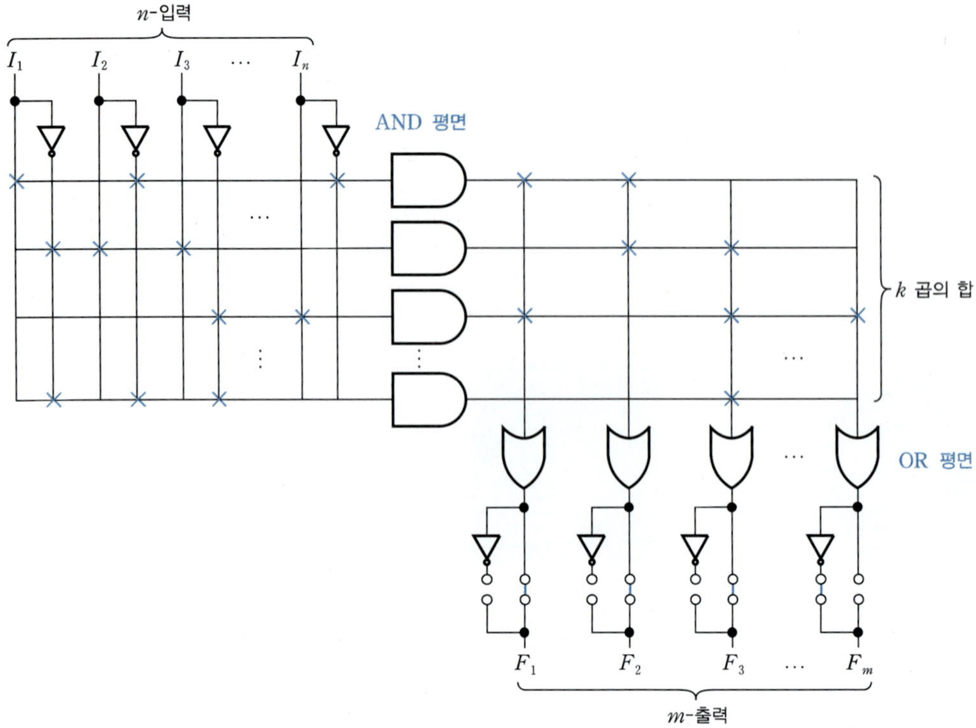

[그림 8-22] PLA의 일반적인 구성

논리 흐름

다음의 예를 통해 PLA의 설계 원리를 학습해보자. [그림 8-23]은 PLA에서 구현되는 조합논리회로의 AND-OR 형태 혹은 AND-OR-NOT 형태의 논리 흐름을 보인 것이다.

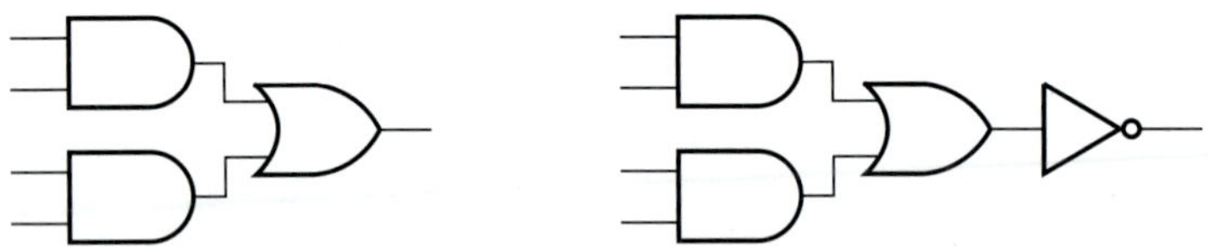

(a) AND-OR 형태 (b) AND-OR-NOT 형태

[그림 8-23] PLA의 논리 흐름

식 (8.1)과 같이 세 개의 입력으로부터 세 개의 최소항 및 두 개의 출력이 발생하는 예에서의 논리 흐름은 [그림 8-23(a)]의 AND-OR 형태를 가정한다.

$$F_1 = A\overline{B}\,\overline{C} + A\overline{B}C + ABC$$
$$F_2 = \overline{A}BC + A\overline{B}C + ABC \tag{8.1}$$

먼저 [그림 8-24]와 같이 카르노 맵을 이용해 두 출력을 간략화한다.

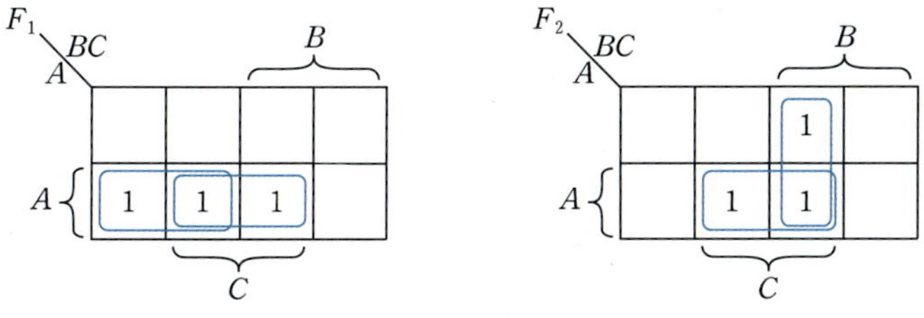

(a) F_1의 카르노 맵　　(b) F_2의 카르노 맵

[그림 8-24] 카르노 맵을 이용한 간략화

간략화된 결과에는 식 (8.2)와 같이 3개의 곱항 $A\overline{B}$, AC, BC가 필요하다.

$$
\begin{aligned}
F_1 &= A\overline{B} + AC \\
F_2 &= AC + BC
\end{aligned}
\tag{8.2}
$$

PLA를 프로그래밍한다는 것은 [표 8-2]와 같이 입력신호와 중간 출력신호의 연결 상태를 나타내는 '프로그램 표'를 작성하는 것을 의미한다.

[표 8-2] PLA 프로그램 표

곱의 항	AND 평면			OR 평면	
	A	B	C	F_1	F_2
$A\overline{B}$	1	0	–	1	–
AC	1	–	1	1	1
BC	–	1	1	–	1
출력 형태				T	T

PLA 프로그램 표의 'AND 평면' 항목에서는 3개의 곱항을 구현하기 위한 입력과 AND 게이트들과의 연결 상태가 나타나 있다. 입력 A, B, C에 대해 정논리 입력은 변수값에 1을 쓰고, 부논리 입력은 0을 쓰며, 연결이 끊어지는 변수는 대시(–)를 쓴다. 예를 들어 곱항 $A\overline{B}$는 입력 A 및 $\overline{B}$와 연결되므로 A에는 1, B에는 0, C에는 '–'를 입력하였다. 같은 방법으로 곱항 AC에는 $A=1$, $B=$ '–', $C=1$을 입력하고, 마지막 곱항 BC에는 $A=$'–', $B=1$, $C=1$을 입력한다.

■ AND 평면의 구현

이 표의 곱항을 발생시키는 AND 평면의 연결 상태를 나타낸 회로도는 [그림 8-25]이다. 각 접점에는 프로그래밍을 위한 퓨즈가 존재하여, [표 8-2]의 프로그램 표에 따라 사용자가 이 퓨즈의 접속/개방 상태를 결정할 수 있다. 이러한 퓨즈는 스위치를 연결한다는 의미로 '링크[link]'라고도 불린다.

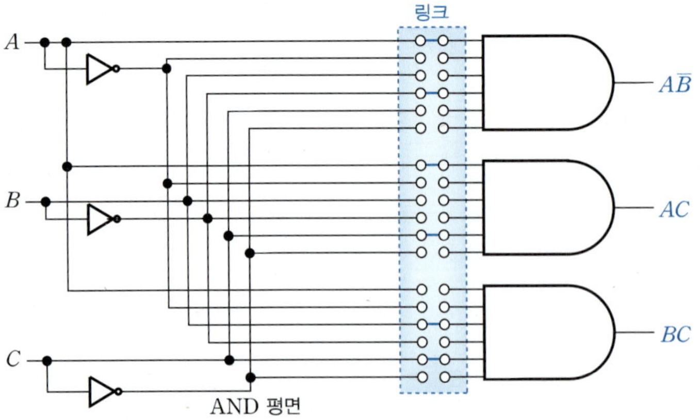

[그림 8-25] 입력 링크가 프로그래밍된 AND 평면

각 AND 게이트에는 A, B, C 및 이들의 반전값인 $\overline{A}$, $\overline{B}$, $\overline{C}$에 대한 여섯 개의 링크가 존재한다. AND 평면 표에 의해 $A\overline{B}$는 A 및 $\overline{B}$와 연결되며, 나머지 링크는 모두 끊어진다. 이렇게 끊어진 링크는 그냥 내버려 두는 게 아니라 회로 내부적으로 큰 저항을 통해 전원과 연결하여 논리값 'H'를 가하므로, AND 게이트의 출력에 영향을 미치지 않는다.

■ OR 평면의 구현

출력은 곱항의 합으로 구성되므로, [표 8-2]의 'OR 평면' 항목에는 AND 평면에서 결정된 곱항과 OR 게이트와의 연결 상태가 나타나 있다. 입력으로 AND 평면의 출력인 $A\overline{B}$, AC, BC가 제공된다. 출력 F_1은 입력 $A\overline{B}$ 및 AC와 연결되므로, 표에서 $A\overline{B}$에는 1, AC에는 1, BC에는 '-'를 입력한다. 이때 1은 입력이 연결됨을 의미하고 대시(-)는 연결이 끊어짐을 의미한다. 각 곱항의 반전 입력은 제공되지 않으므로, 반전 입력과의 연결을 의미하는 0은 존재하지 않는다. 같은 방법으로 출력 F_2에 $A\overline{B}$='-', $AC=1$, $BC=1$을 입력한다. 출력 형태는 정논리인 경우에는 T [true]를 입력하고, 반전된 부논리인 경우에는 C [complementary]를 입력한다. 이 예에서는 F_1, F_2 모두 반전되지 않으므로 T를 입력하였다.

[표 8-2]의 OR 평면의 연결 상태를 나타낸 회로도는 [그림 8-26]과 같이 곱항의 합과 출력의 반전 여부를 나타내는 두 링크를 포함한다.

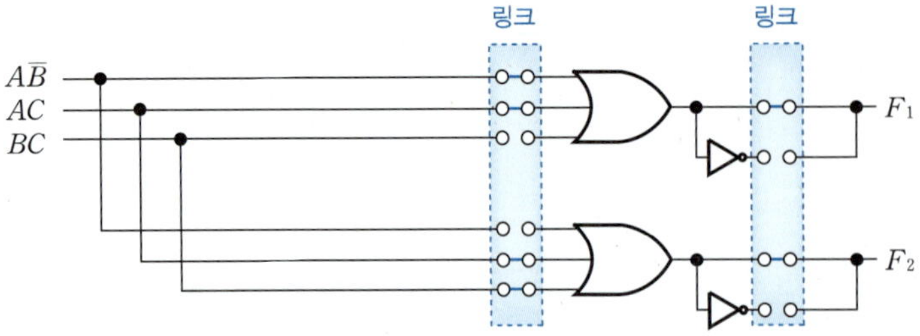

[그림 8-26] 곱항 및 출력 링크가 프로그래밍된 OR 평면

각 OR 게이트에는 $A\overline{B}$, AC, BC에 대한 3개의 링크가 존재한다. [표 8-2]의 OR 평면에 의해 F_1은 $A\overline{B}$ 및 AC와 연결되며, BC와의 링크는 끊어진다. 또한 출력 형태는 T이므로 비반전 링크가 연결된다. 한편 F_2는 AC 및 BC와 연결되며, $A\overline{B}$와의 링크는 끊어진다. 이 또한 출력 형태는 T이므로 비반전 링크가 연결된다. 이렇게 끊긴 링크는 회로 내부적으로 큰 저항을 통해 접지로 연결되어 논리값 'L'를 가하므로 OR 게이트의 출력에 영향을 미치지 않는다.

설계 예

이번에는 세 개의 입력, 네 개의 곱항, 두 개의 출력을 발생하는 다음 논리식의 조합논리회로를 PLA로 설계해보자.

$$F_1 = \overline{A}BC + A\overline{B}C + AB\overline{C} + ABC$$
$$F_2 = \overline{A}\,\overline{B}\,\overline{C} + \overline{A}B\overline{C} + A\overline{B}\,\overline{C} + ABC$$

가장 먼저 할 일은 [그림 8-27]과 같이 카르노 맵을 통해 두 출력을 간략화하는 것으로, 반전 출력까지 포함하여 곱항의 개수가 가장 작은 조합을 찾는다. 이때 곱항의 개수는 네 개를 넘지 않는 것으로 제한해보자. 반전 출력은 출력이 0이 되는 셀들을 축약한다.

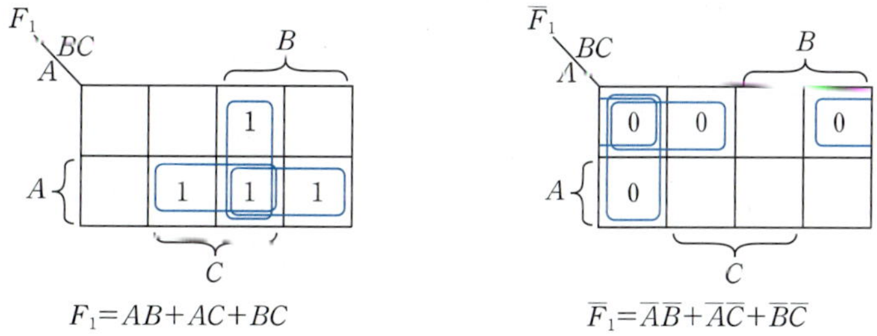

(a) 출력 F_1의 비반전 및 반전 출력

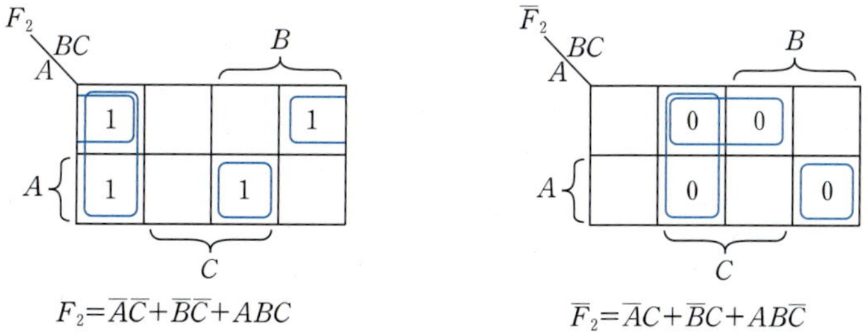

(b) 출력 F_2의 비반전 및 반전 출력

[그림 8-27] 카르노 맵을 이용한 출력 함수의 간략화

[그림 8-27]의 결과에서 곱항의 수가 가장 적은 F_1, $\overline{F_1}$ 및 F_2, $\overline{F_2}$ 조합을 찾는다. 예를 들어 F_1과 F_2를 선택한다면, 전체 곱항은 AB, AC, BC, $\overline{A}\,\overline{C}$, $\overline{B}\,\overline{C}$, ABC의 여섯 개이므로 제한된 네 개를 넘어간다. 만약 $\overline{F_1}$ 및 F_2를 선택하면 전체 곱항은 $\overline{A}\,\overline{B}$, $\overline{A}\,\overline{C}$, $\overline{B}\,\overline{C}$, ABC의 네 개가 되어

문제의 조건을 만족한다. 따라서 간략화된 결과는 다음과 같다.

$$\overline{F_1} = \overline{A}\,\overline{B} + \overline{A}\,\overline{C} + \overline{B}\,\overline{C}$$
$$F_2 = \overline{A}\,\overline{C} + \overline{B}\,\overline{C} + ABC$$

간략화된 논리식을 이용하여 필요한 네 개의 곱항 $\overline{A}\,\overline{B}$, $\overline{A}\,\overline{C}$, $\overline{B}\,\overline{C}$, ABC에 대한 PLA 프로그램 표를 [표 8-3]과 같이 작성한다.

[표 8-3] PLA 프로그래밍 표

곱항	AND 평면			OR 평면	
	A	B	C	F_1	F_2
$\overline{A}\,\overline{B}$	0	0	–	1	1
$\overline{A}\,\overline{C}$	0	–	0	1	1
$\overline{B}\,\overline{C}$	–	0	0	1	–
ABC	1	1	1	–	1
출력 형태				C	T

'AND 평면'에서는 네 개의 곱항을 구현하기 위한 입력변수와 AND 게이트들과의 연결 상태를 나타낸다. 입력으로는 A, B, C 및 이들의 반전값인 $\overline{A}$, $\overline{B}$, $\overline{C}$가 제공된다. 곱항 $\overline{A}\,\overline{B}$는 입력 $\overline{A}$와 $\overline{B}$가 연결되므로, [표 8-3]의 경우와 마찬가지 방법으로 $A=0$, $B=0$, $C=$'–'를 입력하였다. 같은 방법으로 곱항 $\overline{A}\,\overline{C}$에는 $A=0$, $B=$'–', $C=0$을 입력하고, 곱항 $\overline{B}\,\overline{C}$에는 $A=$'–', $B=0$, $C=0$을 입력한다. 마지막 곱항 ABC에는 $A=1$, $B=1$, $C=1$을 입력한다. 이 표와 같은 곱항을 발생시키기 위한 AND 평면의 연결 상태를 나타낸 회로도는 다음과 같다.

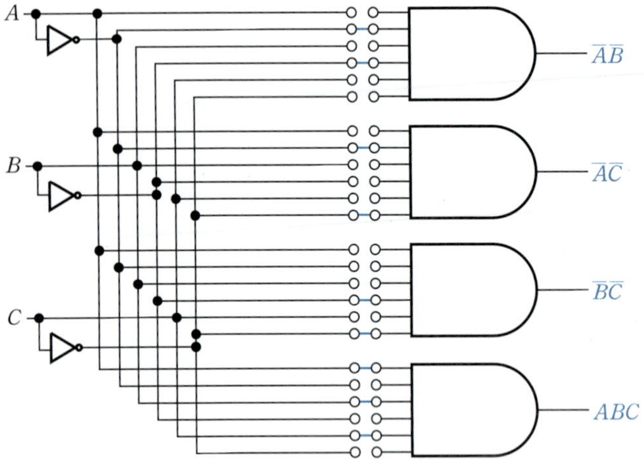

[그림 8-28] 입력 링크가 프로그래밍된 AND 평면

[표 8-3]의 'OR 평면'에서는 곱항들의 합으로 구성되는 2개의 출력을 구현하기 위한 OR 게이트들의 연결 상태를 나타낸다. 입력으로는 AND 평면의 출력인 $\overline{A}\overline{B}$, $\overline{A}\overline{C}$, $\overline{B}\overline{C}$, ABC가 제공된다. 중간 출력 $\overline{F}_1$는 입력 $\overline{A}\overline{B}$, $\overline{A}\overline{C}$, $\overline{B}\overline{C}$와 연결되므로, 표에 $\overline{A}\overline{B}=1$, $\overline{A}\overline{C}=1$, $\overline{B}\overline{C}=1$, $ABC=$ '–'를 입력하였다. 이때 1은 입력이 연결됨을, 대시(–)는 연결이 끊어짐을 의미한다. 각 곱항의 반전 입력은 제공되지 않으므로, 반전 입력과의 연결을 의미하는 0은 존재하지 않는다. 같은 방법으로 출력 F_2에는 $\overline{A}\overline{B}=1$, $\overline{A}\overline{C}=1$, $\overline{B}\overline{C}=$ '–', $ABC=1$을 입력한다. 최종 출력 $\overline{F}_1$는 반전 신호이므로 부논리 출력 형태 C를 입력하고, F_2는 비반전 신호이므로 정논리 출력 형태 T를 입력하였다. [표 8-3]의 곱항의 합과 최종 출력을 발생시키는 OR 평면의 연결 상태는 [그림 8-29]와 같다.

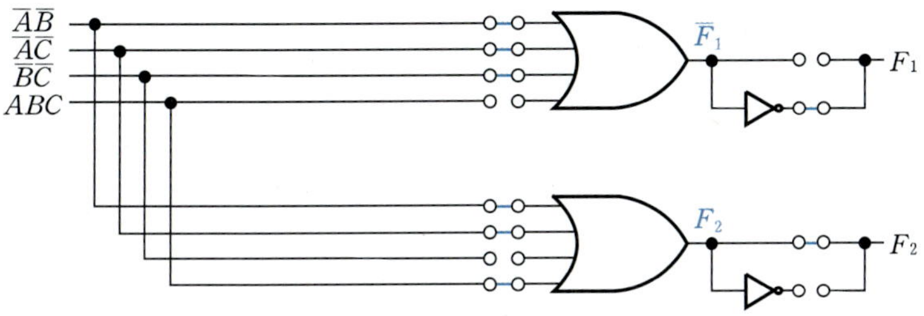

[그림 8-29] 곱항 및 출력 링크가 프로그래밍된 OR 평면

각 OR 게이트에는 $\overline{A}\overline{B}$, $\overline{A}\overline{C}$, $\overline{B}\overline{C}$, ABC에 대한 4개의 링크가 존재한다. [표 8-3]의 OR 평면에 의해 $\overline{F}_1$는 $\overline{A}\overline{B}$, $\overline{A}\overline{C}$, $\overline{B}\overline{C}$와 연결되고 ABC와의 링크는 끊어진다. 또한 출력 형태는 C이므로 반전 링크가 연결된다. F_2는 $\overline{A}\overline{B}$, $\overline{A}\overline{C}$, ABC와 연결되며, $\overline{B}\overline{C}$와의 링크는 끊어진다. 또한 출력 형태는 T이므로 비반전 링크가 연결된다. OR 평면에서의 링크는 곱항의 합과 출력의 반전 여부를 나타낸다.

지금까지의 예시를 통해 PLA의 크기는 입력의 수, 곱항의 수, 출력의 수에 의해 결정됨을 알 수 있다.

예제 8-2 PLA를 이용한 조합논리회로 구현

다음 조합논리식에 대한 PLA 프로그램 표를 작성하라.

$$F_1(A,\ B,\ C) = \Pi(0,\ 2,\ 3,\ 5,\ 6)$$
$$F_2(A,\ B,\ C) = \Pi(0,\ 1,\ 2,\ 4,\ 7)$$

풀이

최대항의 곱을 최소항의 합으로 바꾼다.

$$F_1(A,\ B,\ C) = \Pi(0,\ 2,\ 3,\ 5,\ 6) = \Sigma(1,\ 4,\ 7) = \overline{A}\overline{B}C + A\overline{B}\overline{C} + ABC$$
$$F_2(A,\ B,\ C) = \Pi(0,\ 1,\ 2,\ 4,\ 7) = \Sigma(3,\ 5,\ 6) = \overline{A}BC + A\overline{B}C + AB\overline{C}$$

최소 개수의 곱항을 구하기 위해 F_1, $\overline{F}_1$, F_2, $\overline{F}_2$의 카르노 맵을 그려서 축약한다.

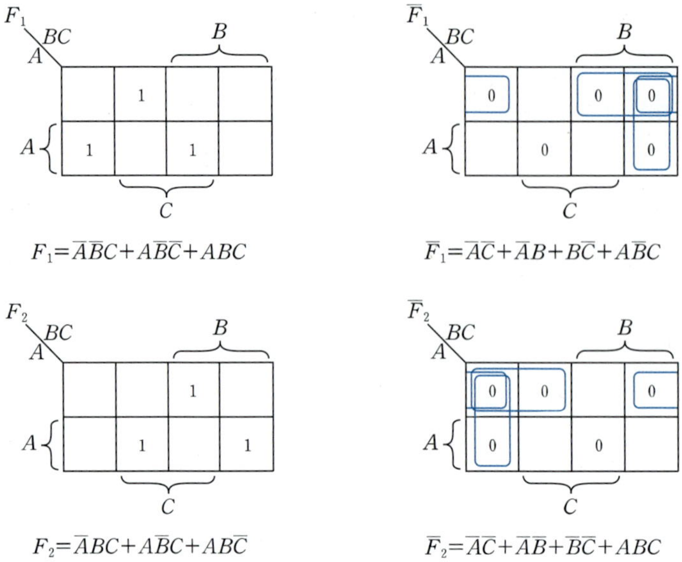

[그림 8-30]

이 결과에서 F_1과 $\overline{F}_2$가 가장 간단한 조합이다. 이에 대한 PLA 프로그램 표는 [표 8-4]와 같다.

[표 8-4]

곱항	AND 평면			OR 평면	
	A	B	C	F_1	F_2
$\overline{A}\overline{B}$	0	0	–	–	1
$\overline{A}\overline{C}$	0	–	0	–	1
$\overline{B}\overline{C}$	–	0	0	–	1
$\overline{A}\overline{B}C$	0	0	1	1	–
$A\overline{B}\overline{C}$	1	0	0	1	–
ABC	1	1	1	1	1
출력 형태				T	C

[표 8-4]를 AND 평면과 OR 평면에 회로로 구현하면 [그림 8-31]과 같다. 여기서 ×는 연결 지점을 나타낸다.

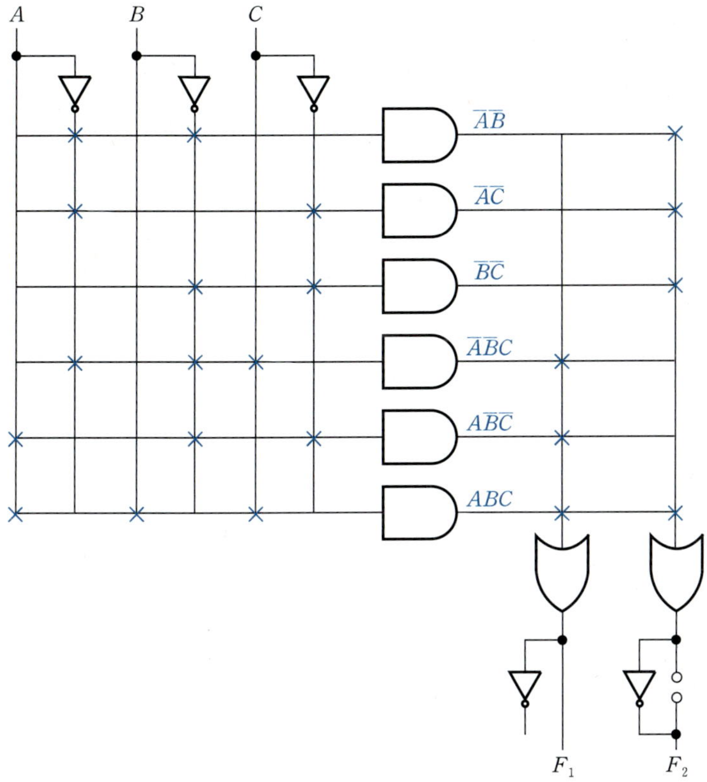

[그림 8-31]

8.2.3 PAL

PLA의 몇 가지 단점을 개선한 버전으로서 프로그래머블 어레이 로직PAL : Programmable Array Logic이 있다. PAL은 OR 평면의 출력에 플립플롭을 달아서 순차논리회로를 구현한다는 점에서 PLA와 크게 구별된다. [그림 8-32]는 PAL의 일반적인 구성 형태를 보인 것이다. 각 출력은 AND 평면의 입력으로 피드백되기 때문에 손쉽게 순차논리회로를 구현할 수 있다.

PAL의 프로그래밍 과정을 보면, 대부분의 논리가 AND 평면에서 프로그래밍되는 경우가 많다. 따라서 PAL에서는 OR 게이트들은 모두 고정시키고, AND 평면만 프로그래밍이 가능하도록 하고 있다. 즉 PAL에서 $AB+CD+EF$ 같은 최소항의 합 논리 연산은 가능하지만, $(A+B)(C+D)(E+F)$ 같은 최대항의 곱 연산 구현은 어려움이 따르므로 이를 최소항의 합의 형태로 변환시켜 적용해야 한다. PAL은 AND 게이트들만 프로그래밍이 가능하기 때문에 OR까지 프로그래밍이 가능한 PLA만큼 논리 구현의 융통성이 많다고는 할 수 없지만, 한편으로는 OR 게이트 프로그래밍 신호를 넣어주지 않아도 되는 편리함이 있다.

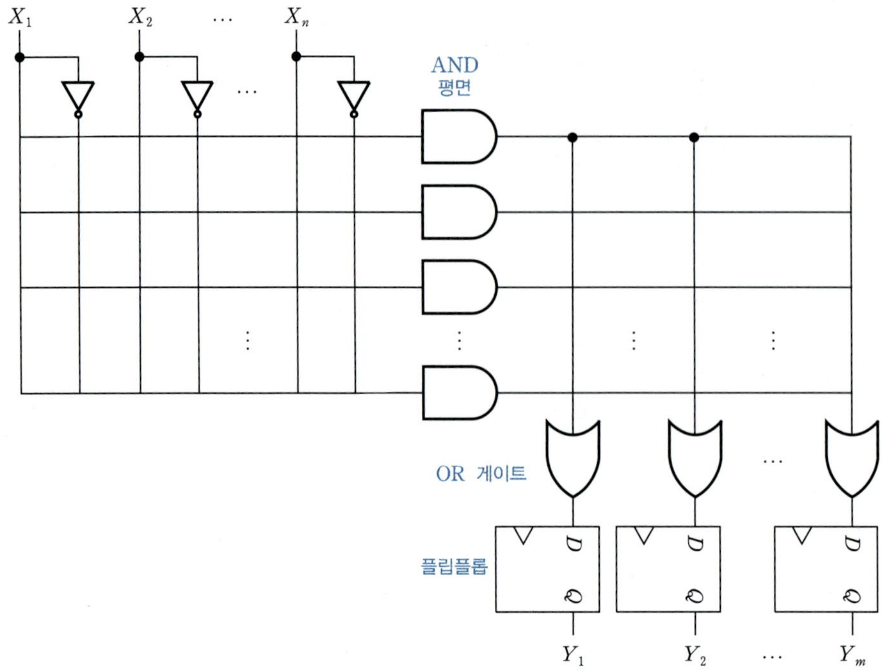

[그림 8-32] PAL의 일반적인 구성 형태

SECTION 8.3

메모리 소자를 이용한 조합논리회로

조합논리회로를 구현할 수 있는 어레이 형태의 기억장치 중 메모리의 일종인 ROM Read-Only Memory 계열도 이러한 PLD의 범주에 포함시킬 수 있다. RAM은 읽기와 쓰기 모두가 가능한 임의 접근 방식인 반면, ROM은 읽기 전용 소자로서 프로그래밍 과정을 통해 조합논리회로를 구현할 수 있다. 이 절에서는 기본적인 ROM의 내부 회로와 동작을 학습하고, 새로운 데이터를 저장할 수 있도록 재프로그래밍이 가능한 다른 유형의 ROM을 살펴볼 것이다. ROM은 입력에 대한 모든 조합의 최소항을 만들어내지 못하는 PLA와는 달리, 2진 디코더를 사용하여 모든 입력의 조합을 발생하므로 n개의 입력에 대한 모든 조합의 개수인 2^n개의 최소항을 생성한다.

[그림 8-33]은 일반적인 메모리 셀 평면에서 데이터 라인의 구성 형태를 보인 것이다.

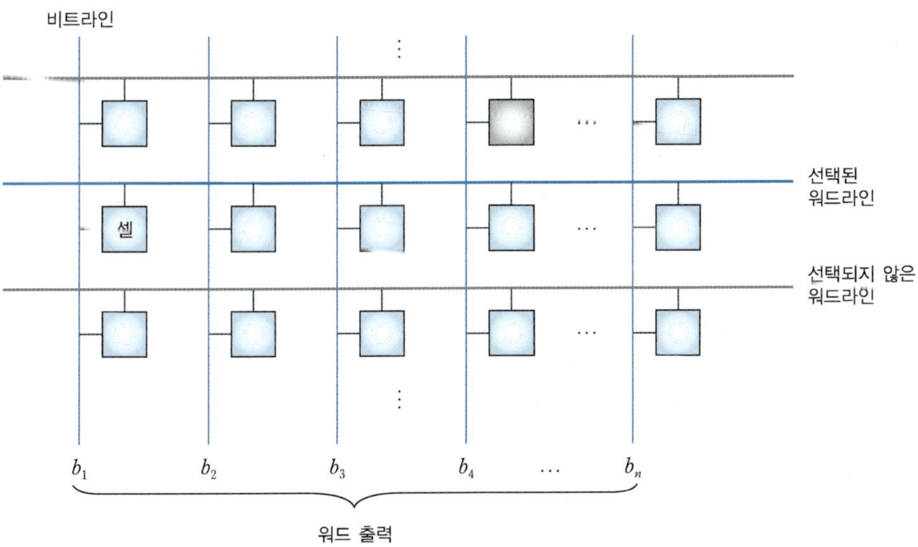

(a) 메모리 셀의 배열 형태

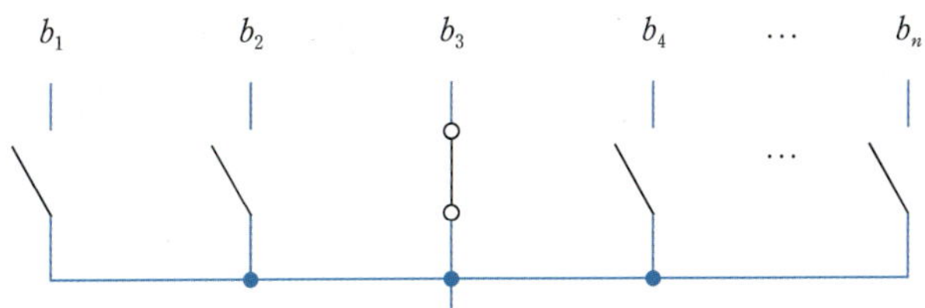

(b) 비트 출력을 위한 비트라인 선택 구조

[그림 8-33] 일반적인 메모리 평면의 데이터 라인 구성

메모리 셀은 0 또는 1의 1비트 정보를 저장하며, x축과 y축상에 2차원 배열 형태로 구성되어 있다. 메모리 평면에는 x축과 y축으로 일정한 간격을 두고 선들이 달리고 있는데, x축과 나란히 달리며 연결된 셀들을 선택하는 선을 워드라인 wordline, y축과 나란히 달리며 셀 데이터가 바깥 세상으로 입·출력되는 선을 비트라인 bitline이라고 한다.

먼저 입력 x의 주소 address 정보에 따라 단 하나의 워드라인이 선택된다. 선택된 워드라인에 연결되어 있는 셀들은 모두 비트라인으로 연결된다. 즉 b_1, b_2, b_3, …, b_n의 n개의 비트라인에는 워드라인에 의해 선택된 워드 word 데이터가 전부 실린다. 결국 워드라인은 원하는 워드를 선택하는 선을 의미한다.

비트라인은 워드라인의 경우처럼 무언가를 '선택'하기 위한 제어선이 아니라 1비트의 데이터가 실려서 들어오고 나가는 데이터 선이다. 입력 y의 주소 정보에 따라 n개의 비트라인 중에 단 하나의 비트라인이 선택되어 출력된다. [그림 8-33(b)]는 b_3가 선택되었음을 나타낸다. 물론 출력비트의 수를 늘려서 한꺼번에 4비트, 8비트, 혹은 16비트를 출력하도록 데이터 라인을 구성할 수도 있다.

8.3.1 ROM

ROM Read-Only Memory 소자는 제조 시에 2진 정보가 사전 프로그래밍되었기 때문에 사용자가 소프트웨어를 사용해도 변경할 수 없는 기억소자로, 전원이 공급되지 않아도 프로그래밍된 데이터가 날아가지 않는 비휘발성 nonvolatile 메모리이다. ROM은 코드 변환, 수학과 관련된 룩업 테이블 lookup table, 컴퓨터에서의 특별한 기능을 제어하는 기능 및 프로그램 명령(펌웨어 firmware) 등의 목적으로 사용된다. 우리가 컴퓨터를 켰을 때, 부팅 화면에서 볼 수 있는 제조사를 포함한 여러 정보나 부팅 제어 동작은 이러한 ROM에 사전 프로그래밍된 대로 움직인 것이다.

[그림 8-34]는 ROM 셀의 기본적인 구조를 보인 것이다. 기억소자에서 셀 cell이란 0 또는 1의 1비트 정보를 저장할 수 있는 최소 기억단위를 구현하는 회로를 말한다.

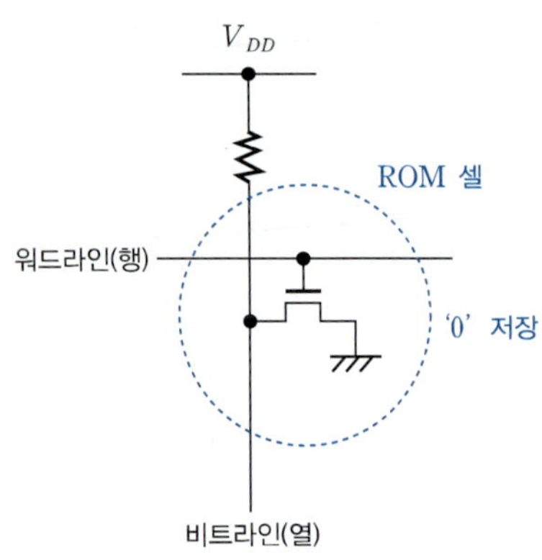

(a) 0이 저장된 경우

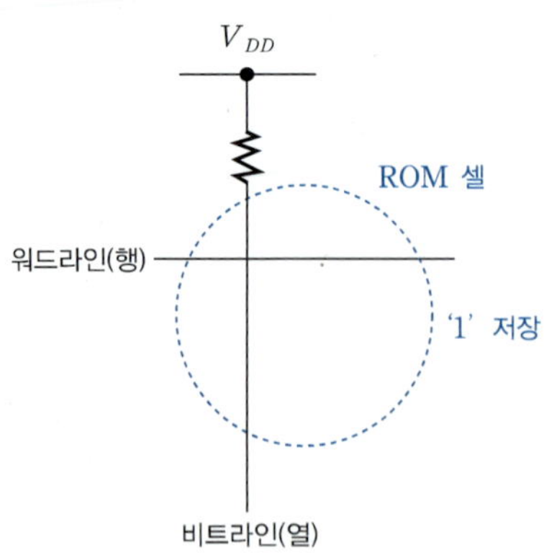

(b) 1이 저장된 경우

[그림 8-34] ROM 셀의 구조

ROM 셀은 1개의 NMOS 트랜지스터로 구성되어 있으며, 트랜지스터의 존재 유무에 따라 '0' 또는 '1'의 데이터가 저장된다. 트랜지스터의 게이트 gate는 행을 이루는 도선인 워드라인에 연결되고, 드레인 drain은 열(칼럼)을 이루는 도선인 비트라인에 연결된다. 소오스 source는 접지에 연결되어 있다. 워드라인은 입력의 조합에 의해 선택적으로 'H'가 되는 선이며, 비트라인은 출력과 연결되는 선이다. [그림 8-34(a)]와 같이 NMOS 트랜지스터가 연결된 셀의 경우에는 워드라인이 'H'로 활성화되면, 출력선 비트라인이 접지와 연결되어 '0'이 출력된다. 이에 반해 트랜지스터가 없는 셀에서는 V_{DD} 전원이 저항을 거쳐 비트라인에 연결된다. 전류가 흐르는 경로가 없으므로 저항에는 전압강하가 없고, V_{DD} 전원 전압이 그대로 '1'로 비트라인에 출력된다.

ROM 평면은 N개의 워드라인과, 출력의 비트 수에 해당하는 M개의 비트라인으로 구성되며, 워드라인과 비트라인의 교차점에 셀이 존재한다. 따라서 셀의 총 개수는 $N \times M$이며, $N \times M$개의 비트가 존재한다. 출력 데이터의 비트 수 M은 워드라인에 교차하는 비트라인의 수를 확장하면 원하는 만큼 늘릴 수 있다.

한 예로 [그림 8-35]는 $N=8$, $M=4$인 32비트 ROM 평면의 구성도를 보인 것으로, 디코더, 셀 트랜지스터, 전원 V_{DD}, 그리고 전원 저항들로 구성되어 있다.

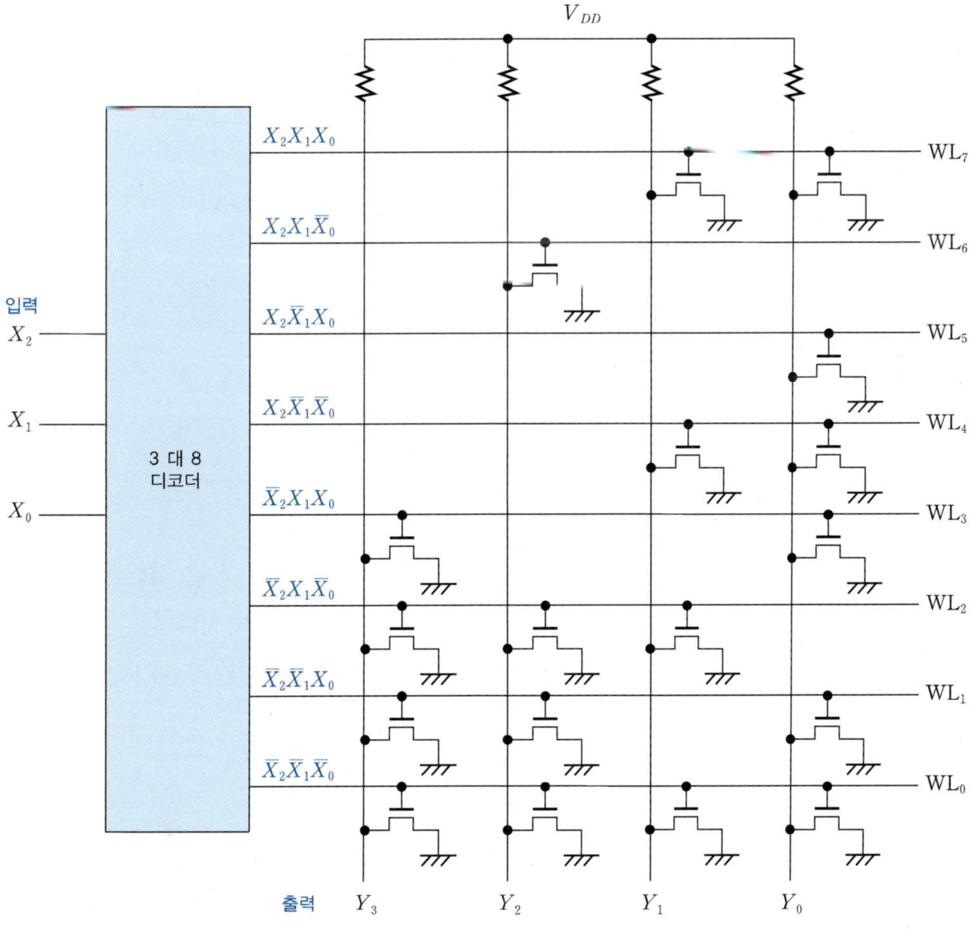

[그림 8-35] 32비트(8×4) ROM의 구조

총 셀의 개수는 $8 \times 4 = 32$(개)이며, 워드라인의 수는 2진 입력 데이터 비트 수에 의해 결정된다. 2진 디코더를 사용하면, 입력 데이터의 비트 수 n에 대해 2^n개의 워드라인이 존재한다. 이 예에서는 $n = 3$이므로 $N = 2^3 = 8$이다.

ROM의 프로그래밍은 워드라인과 비트라인이 교차점에서의 NMOS 트랜지스터의 존재 유무로 결정된다. 특히 반도체 칩의 제작 과정에서 마스크 제작에 의해 트랜지스터의 존재 유무를 결정하는 형태를 '마스크 ROM'이라고 한다.

WL[0:7]까지 8개의 워드라인 중에서 입력의 디코딩 결과에 따라 단 하나의 워드라인만 활성화된다. 예를 들어 $X_2X_1X_0 = 000$인 경우에는 디코딩 결과에 따라 WL_0가 활성화되며, $X_2X_1X_0 = 010$인 경우에는 디코딩 결과에 따라 WL_2가 활성화된다. 따라서 각각의 워드라인은 입력의 최소항을 나타낸다고 할 수 있다.

한편 WL_2가 활성화되는 경우에는 이 워드라인에 연결되어 있는 세 개의 트랜지스터가 온ON이 된다. NMOS가 턴 온되면, 연결된 비트라인들이 0V에 가까운 전압으로 떨어지므로 $Y_3 = Y_2 = Y_1 = 0$이 출력된다. Y_0 비트라인에는 트랜지스터가 존재하지 않으므로 접지 쪽으로 전류가 흐르지 않는다. 따라서 V_{DD} 저항에서의 전압강하 없이 Y_0 비트라인의 전압은 V_{DD}가 된다. 즉, $Y_0 = 1$이다. 이런 방식으로 모든 입력 조합에 대한 출력값의 표를 만들면 [표 8-5]와 같다.

[표 8-5] [그림 8-35]의 ROM 프로그래밍 진리표

입력			출력			
X_2	X_1	X_0	Y_3	Y_2	Y_1	Y_0
0	0	0	0	0	0	0
0	0	1	0	0	1	0
0	1	0	0	0	0	1
0	1	1	0	1	1	0
1	0	0	1	1	0	0
1	0	1	1	1	1	0
1	1	0	1	0	1	1
1	1	1	1	1	0	0

여기서 ROM 출력 Y_3, Y_2, Y_1, Y_0를 조합논리회로의 출력 F_3, F_2, F_1, F_0로 생각할 수 있다. 예를 들어 $F_0 = Y_0 = \overline{X}_2X_1\overline{X}_0 + X_2X_1\overline{X}_0 = \Sigma(2,\ 6)$으로 최소항의 합을 나타낸다. $F_0 = 1$을 구성하는 최소항의 워드라인에는 셀이 존재하지 않음에 유의해야 한다. 마찬가지로 이 ROM은 다음과 같은 F_3, F_2, F_1, F_0의 조합논리회로를 구현한 것이다.

$$F_3 = Y_3 = X_2\overline{X}_1\overline{X}_0 + X_2\overline{X}_1X_0 + X_2X_1\overline{X}_0 + X_2X_1X_0 = \Sigma(4,\ 5,\ 6,\ 7)$$
$$F_2 = Y_2 = \overline{X}_2X_1X_0 + X_2\overline{X}_1\overline{X}_0 + X_2\overline{X}_1X_0 + X_2X_1X_0 = \Sigma(3,\ 4,\ 5,\ 7)$$
$$F_1 = Y_1 = \overline{X}_2\overline{X}_1X_0 + \overline{X}_2X_1X_0 + X_2\overline{X}_1X_0 + X_2X_1\overline{X}_0 = \Sigma(1,\ 3,\ 5,\ 6)$$
$$F_0 = Y_0 = \overline{X}_2X_1\overline{X}_0 + X_2X_1\overline{X}_0 = \Sigma(2,\ 6)$$

예제 8-3 마스크 ROM을 이용한 조합논리회로 구현

다음 조합논리식에 대한 ROM 평면을 설계하라.

$$F_1(A, B, C) = \Pi(0, 2, 3, 5, 6)$$
$$F_2(A, B, C) = \Pi(0, 1, 2, 4, 7)$$

풀이

입력 $n=3$이고 출력 $M=2$이므로, $2^3 \times 2$ ROM 평면을 설계한다. 여기서 워드라인은 여덟 개이고 비트라인은 두 개이다. 먼저 최대항의 곱을 최소항의 합으로 바꾼다.

$$F_1(A, B, C) = \Pi(0, 2, 3, 5, 6) = \Sigma(1, 4, 7) = \overline{A}\overline{B}C + A\overline{B}\overline{C} + ABC$$
$$F_2(A, B, C) = \Pi(0, 1, 2, 4, 7) = \Sigma(3, 5, 6) = \overline{A}BC + A\overline{B}C + AB\overline{C}$$

워드라인과 비트라인이 교차하는 부분에서 셀의 존재 유무를 결정한다. 최소항이 존재하는 워드라인에는 NMOS 트랜지스터가 존재하지 않는다. 예를 들어 F_1의 경우 ABC, $A\overline{B}\overline{C}$, $\overline{A}\overline{B}C$에는 트랜지스터를 배치하지 않는다.

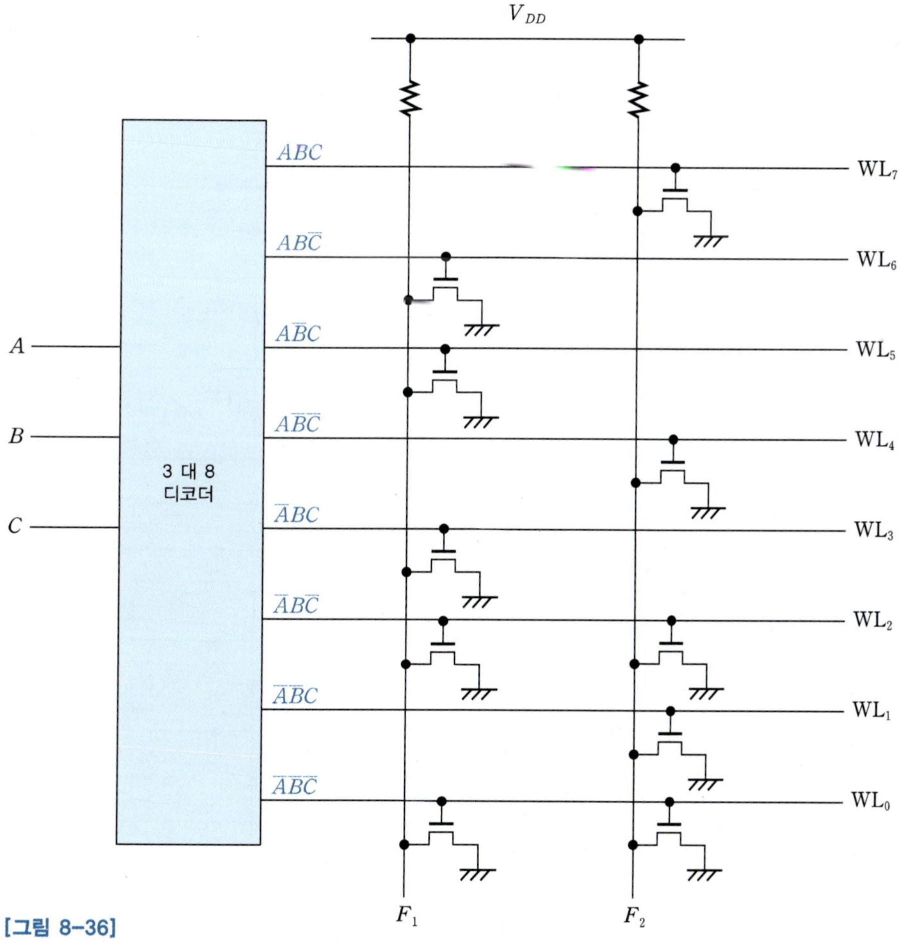

[그림 8-36]

8.3.2 PROM

PROM Programmable Read-Only Memory은 프로그래밍이 가능한 읽기 전용 소자로, 사용자가 소프트웨어를 사용하여 2진 정보를 프로그래밍할 수 있는 ROM을 말한다. [그림 8-37]은 PROM의 한 예를 보인 것이다. [그림 8-35]의 ROM과 비교해보면, PROM의 경우에는 워드라인과 비트라인이 교차하는 모든 지점에 NMOS 트랜지스터가 존재하고, 접지 사이에 퓨즈가 부착되어 있는 점이 다르다. 셀 트랜지스터에 접근하기 위해서는 셀 주소 address를 입력하여 원하는 워드라인과 비트라인을 선택한다. 교차점에 존재하는 셀 단위로 접근하여 비트 단위로 프로그래밍할 수도 있다. 물론 이러한 프로그래밍은 PROM에서 단 한 번만 가능하며, 전원을 끊어도 퓨즈에 프로그래밍된 데이터가 날아가지 않는 비휘발성 nonvolatile이다.

처음 PROM을 사오면, PROM의 모든 퓨즈는 접속 상태에 있으며, 모든 셀은 '0'을 저장하고 있다. 소프트웨어와 연결된 하드웨어 장치를 통해 프로그램 내용에 따라 적정 수준 이상의 과전류를 가하여 퓨즈를 개방 상태로 만들면, 셀의 값은 '1'로 변경된다. [그림 8-37]에는 각 퓨즈가 접속 상태인지 개방 상태인지가 표시되어 있다.

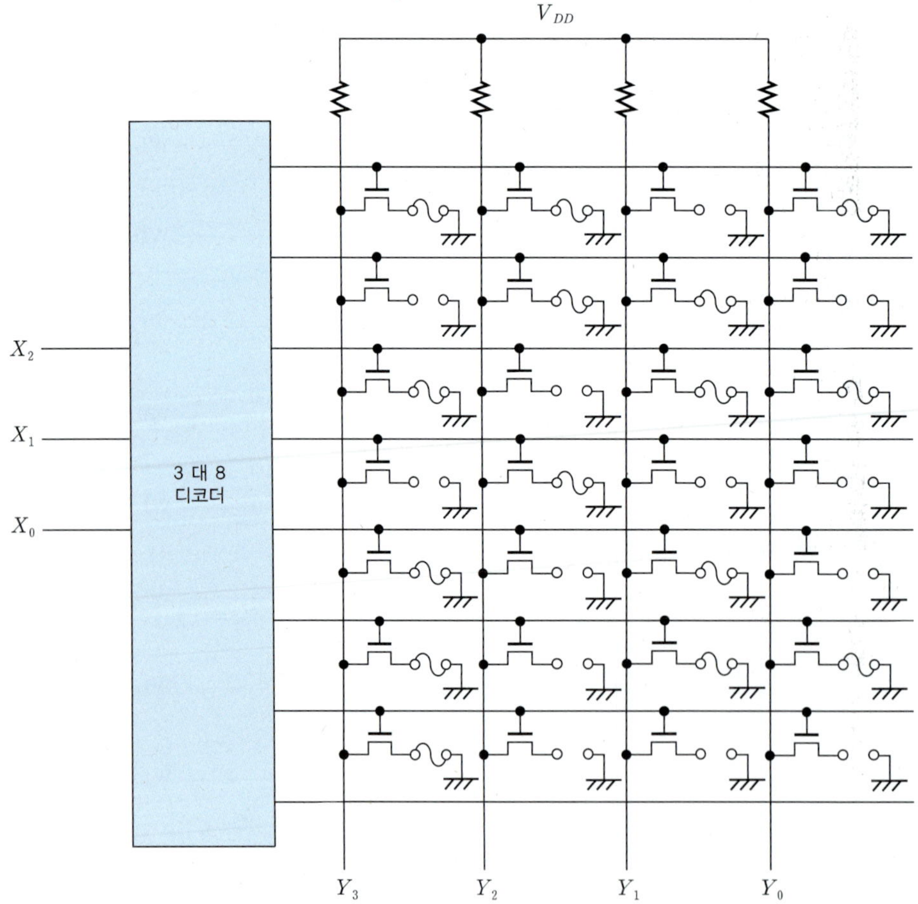

[그림 8-37] 32비트(8×4) PROM의 구조

8.3.3 EPROM

어떤 응용에서는 ROM을 재프로그래밍할 필요가 있다. 이를 위해서는 어떤 방법으로든 메모리 셀을 지우고 다시 쓸 수 있어야 한다. 이렇게 삭제 가능한 ROM 중에서 가장 널리 사용되는 형태는 모든 워드라인과 비트라인의 교차점에 이중 게이트 구조의 특별한 MOSFET를 사용한 것이다. 그러한 예로 EPROM Erasable Programmable Read-Only Memory을 들 수 있다.

[그림 8-38(a)]는 가장 널리 사용되는 이중 게이트 구조의 EPROM 셀을 나타낸다. 폴리실리콘 poly-silicon으로 구현되는 이중 게이트 구조에서 게이트1은 전기적인 접점 없이 가운데에 떠 있는 부동 게이트 floating gate이며, 위쪽의 게이트2는 외부 워드라인 전압을 인가하는 데에 사용되는 제어 게이트이다. 데이터 삭제 시에는 셀에 자외선을 쪼여야 하므로, [그림 8-38(b)]와 같은 투명창이 있는 특수 패키지를 사용해야 한다.

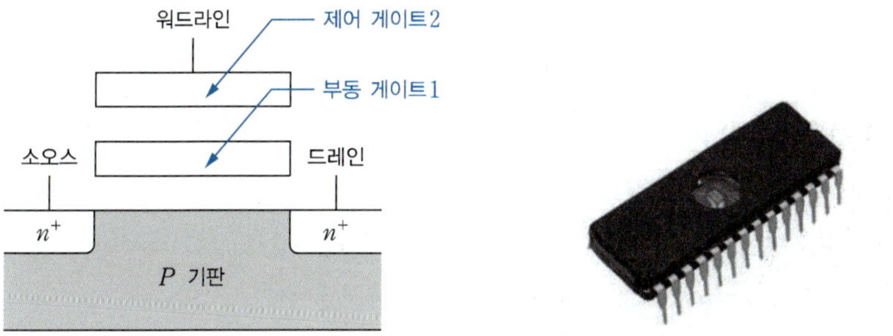

(a) 셀의 구조 (b) 투명창이 있는 EPROM의 패키지 모습

[그림 8-38] EPROM의 구조

PROM에서와 같이 셀에 '1'을 쓰기 위해서는 해당 워드라인이 활성화될 때 트랜지스터가 오프되어야 하며, 셀에 '0'을 쓰기 위해서는 워드라인이 활성화될 때 트랜지스터가 온되어야 한다. EPROM은 트랜지스터를 오프시키는 방법으로 앞에서 나왔던 트랜지스터의 존재 유무(혹은 퓨즈 개발 여부)가 아닌 트랜지스터의 문턱전압을 이용한다. 턴 온 문턱전압을 높이 올려서 정상적인 공급전압 V_{DD}의 워드라인 전압이 게이트에 가해질 때도 트랜지스터가 턴 온되지 않도록 함으로써, 마치 마스크 ROM에서 NMOS가 존재하지 않거나 PROM에서 퓨즈가 개방된 것과 같은 동작을 하게 되는 것이다.

트랜지스터를 온/오프시키는 데이터 '쓰기' 과정을 [그림 8-39(a)]에서 살펴보자. 소오스와 기판이 접지되어 있는 상태에서, 게이트2에 공급전압보다 훨씬 높은 전압 V_{pp}를 가하면서 드레인에는 15~18V에 해당하는 높은 전압을 가한다. 드레인과 기판 사이에 형성된 고전압은 드레인-기판 접합 사이에 애벌런치(눈사태) 항복 avalanche breakdown을 유발하여, 핫 캐리어 hot carrier라 할 수 있을 정도로 빠른 속도의 전자의 움직임을 발생시킨다. 게이트 전압은 고전압이므로 이 핫 캐리어 중 일부는 절연체인 박막 옥사이드를 뚫고 부동 게이트1에 갇힌다. 이렇게 유전체를 뚫고 캐리어가 움직이는 전도현상을 '터널링 tunnelling'이라고 한다. 재미있는 점은 이렇게 갇힌 전자가 (-) 전압을 형성하여 드레인 영역의 전압을 다시 감소시키는 역할을 하면서, 더 이상의 핫 캐리어 주입을 억제한다는 점이다. 즉,

어느 정도 균형점에 이르게 되면 소자가 스스로 핫 캐리어 주입 동작을 제한한다. 한편 부동 게이트1에 갇힌 전자는 주변이 거의 완전한 절연체인 박막 옥사이드에 갇혀 있으므로, 전원이 제거되어도 소멸되지 않으며 수년간 저장될 수 있는 비휘발성 메모리가 된다.

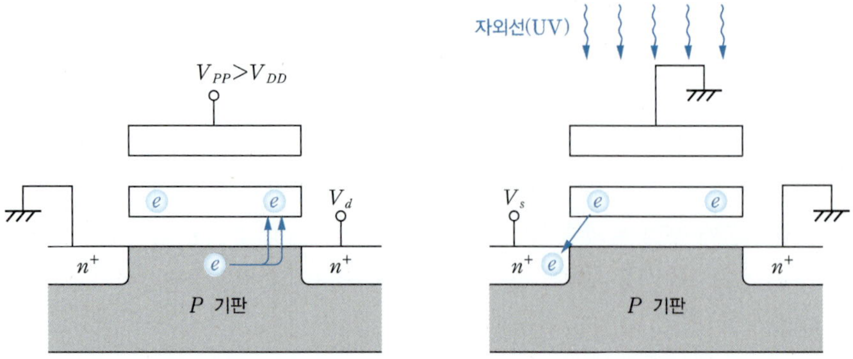

(a) 핫 캐리어 주입을 통한 '쓰기' 과정

(b) 자외선을 쪼이는 '삭제' 과정

[그림 8-39] EPROM의 셀의 쓰기/삭제 과정

프로그래밍이 끝난 후, 워드라인이 선택되어 제어 게이트2에 V_{DD} 공급전압이 가해질 때 부동 게이트에 존재하는 전자들이 문턱전압을 높이는 역할을 한다. 전자들이 제어 게이트2의 (+) 전하를 상쇄시키는 역할을 하므로, 채널 영역에 충분한 (+) 전압이 전달되지 않아서 채널이 형성되지 않기 때문이다. 이제 트랜지스터는 턴 오프된 상태로 존재하므로 PROM에서 트랜지스터의 퓨즈가 개방되었을 때와 같은 역할을 한다. 반면 부동 게이트에 전자가 저장되지 않은 셀은 워드라인 선택 시에 트랜지스터가 턴 온되므로 '0' 데이터를 저장한 상황과 같다. 정리하자면, 부동 게이트에 전자가 쌓여 있는 트랜지스터는 유효 문턱전압이 높아져서 정상적인 게이트 전압에 대해 오프되므로 PROM 셀의 퓨즈가 개방된 것과 같은 효과가 나타난다. 반면에 전자가 쌓여 있지 않은 트랜지스터는 정상적인 문턱전압을 가지며 정상적인 게이트 전압에 대해 온되므로 PROM 셀의 퓨즈가 접속된 것과 같은 효과가 나타난다.

셀을 삭제하는 과정은 모든 셀에 대해 동시에 이루어진다. IC 패키지에 있는 투명창에 [그림 8-39(b)]와 같이 자외선^{UV}을 쬔다. 자외선은 절연체인 박막 옥사이드 내에 전자-홀 결합 쌍을 발생시켜 어느 정도 전류가 흐를 수 있는 상태로 만들어준다. 이때 소오스에 적절한 (+) 전압을 가하면, 부동 게이트 1에 쌓여 있던 전자들이 소오스 쪽으로 모두 빠져나오고 저장되었던 데이터는 삭제된다. 이러한 '쓰기' 및 '삭제' 동작을 EPROM은 여러 번 반복할 수 있으므로, EPROM은 재사용 가능한 PROM이라고 할 수 있다.

8.3.4 EEPROM(E^2PROM)

EPROM은 재사용 가능한 융통성 있는 PROM이지만, 데이터 삭제 시 자외선을 쪼여야 하므로 투명창이 달린 특별한 모습의 패키지를 사용해야 한다. 이러한 구조 때문에 다른 회로 블록과 같이 한 칩 내에 집적되지 못하고 오로지 독립적으로만 사용되어야 한다. 만약 자외선을 쪼이는 대신에 전기적으로 삭제 가능한 구조를 택한다면, EPROM의 투명창이 제거되면서 다른 회로 블록과 함께 집적될 수 있는 가능성이 커진다. 이러한 목적으로 전기적 삭제 가능 프로그래머블 PROM인 EEPROM Electrically Erasable Programmable Read-Only Memory을 활용할 수 있다. [그림 8-40]에 나타낸 EEPROM은 EPROM과 비슷한 모습이지만, 이중 게이트 트랜지스터(FN 트랜지스터)와 정상적인 유전체 두께를 가진 선택 트랜지스터가 직렬로 연결되어 한 개의 셀을 구성한다. 즉 2T(트랜지스터) 셀 구조이므로, 집적도는 EPROM에 비해 떨어진다.

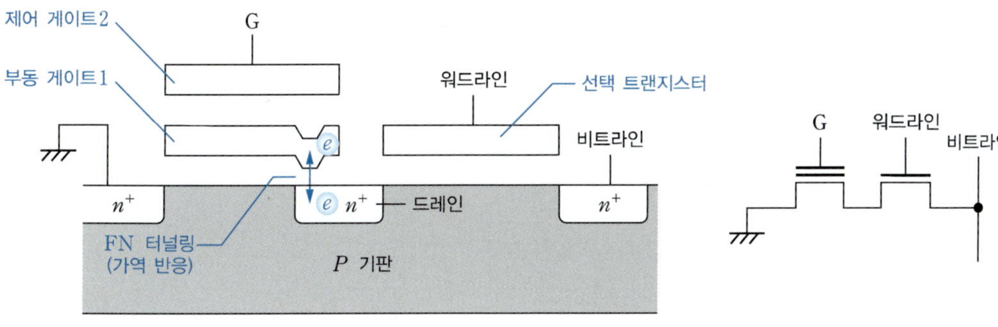

(a) 2T 셀의 구조 (b) 트랜지스터 심볼

[그림 8-40] EEPROM의 2T(트랜지스터) 구조

부동 게이트 트랜지스터를 반도체 영역과 분리시키는 유전체는 드레인 근처에서 그 두께가 10nm 정도로 줄어든다. 이처럼 얇은 유전체에 약 10V의 전압을 가하면, 파울러-노드하임 FN : Fowler-Nordheim 터널링이라는 메커니즘이 발생한다. 이러한 FN 터널링에 의해 전자가 부동 게이트1로 이동하여 갇히는데, 이 부동 게이트1에 갇힌 전자는 앞서 학습한 EPROM의 부동 게이트 전자와 마찬가지로 트랜지스터의 유효 문턱전압을 증가시키는 역할을 한다.

FN 트랜지스터가 EPROM 셀과 다른 점은 부동 게이트에 저장된 전자를 삭제하는 방법에 있다. EPROM의 경우에는 자외선을 쪼여야 하지만, FN 트랜지스터는 10V의 역방향 전압을 유전체에 가함으로써 가역반응을 발생시킨다. 즉, 역방향 전압에 의해 부동 게이트에 갇혀 있던 전자가 FN 터널링에 의해 드레인 쪽으로 빠져나온다. 이렇게 부동 게이트의 전자가 제거되면, 문턱전압은 다시 원래의 값으로 돌아와서 정상적인 게이트 전압으로 턴 온될 수 있다. 이러한 문턱전압의 변화는 EPROM과 마찬가지로, 전원이 차단되어도 그대로 유지된다. 따라서 EEPROM은 비휘발성 메모리이다.

불행히도 FN 터널링은 EPROM 셀의 '핫 캐리어 주입 억제'에 의한 균형점을 스스로 찾지 못한다. 전압을 가해주는 동안 계속해서 FN 터널링이 일어나므로, 부동 게이트에 제한 없이 과도한 전자가 쌓이거나 빠져나갈 수 있는 것이다. 그렇기 때문에 삭제로 너무 많은 양의 전자가 빠져나가서 문턱전압이 0V 보다 더 낮아지는 경우가 발생하기도 한다. 또는 초기 전하의 양이 적절하지 못하다면, 때로는 메모리 셀이 정상적으로 동작하지 못할 수 있다.

FN 트랜지스터의 게이트 전압에 자유도를 주기 위해서는 해당 트랜지스터와 직렬로 선택 트랜지스터를 연결한다. 워드라인과 비트라인은 선택 트랜지스터의 게이트 및 드레인에 각각 연결된다. 이렇게 프로그래밍된 EEPROM의 데이터 '읽기' 동작은 [그림 8-41]에 보인 것처럼 저장 트랜지스터 대신에 선택 트랜지스터를 활성화시킴으로써 수행된다는 점을 제외하면 EPROM과 같은 방식으로 진행된다. 프로그래밍이 끝난 후, 활성화된 워드라인에 연결되어 있는 선택 트랜지스터들이 읽기 동작에서 턴온된다. 상황에 따라 달라질 수도 있지만, FN 트랜지스터들의 게이트에는 일반적으로 V_{DD}를 가한다. 프로그램 단계에서 온되어 있는 FN 트랜지스터들은 접지를 비트라인에 연결시키는 반면, 오프되어 있는 FN 트랜지스터들은 접지와 비트라인의 연결을 끊음으로써 '1'을 출력시킨다.

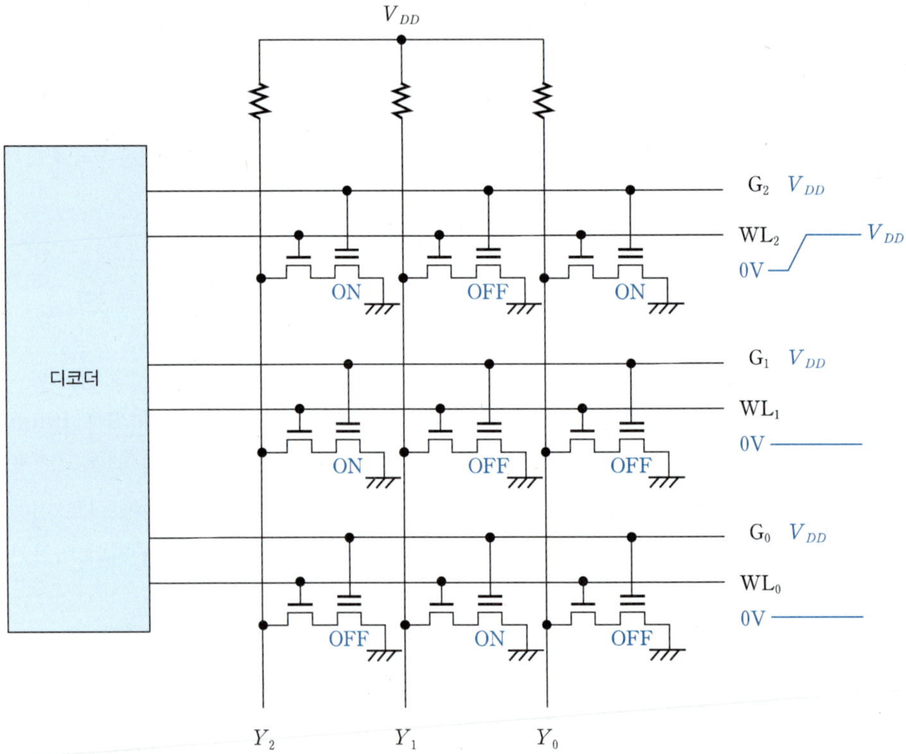

[그림 8-41] EEPROM의 읽기 동작

지금까지 살펴본 내용을 정리해보자.

소규모 정보의 고속 저장장치인 레지스터는 플립플롭들로 구성되며, 입·출력 데이터 제어 방식에 따라 직렬 및 병렬의 다양한 조합이 있다. 시프트 레지스터는 저장된 데이터를 왼쪽 혹은 오른쪽으로 이동시킬 수 있으며, 이러한 이동은 2진수 곱의 효과이므로 곱셈기로 설계할 수 있다. 논리회로를 구현할 수 있는 프로그래머블 어레이 칩으로는 PLD 및 ROM을 들 수 있다. PLD의 한 종류인 PLA는 곱항을 구현하는 AND 평면과 이들의 합을 구현하는 OR 평면으로 구성되며, 구현하고자 하는 조합논리에 해당하는 PLA 프로그래밍 표를 업체에 제출하면 된다. ROM은 비트 단위의 프로그래밍이 가능한 메모리 어레이로서 디코더를 이용하여 모든 경우의 최소항을 포함할 수 있다.

1. 레지스터의 기본 개념

- 레지스터는 워드의 비트 수만큼의 플립플롭들로 구성되어 소규모 데이터의 임시 저장장치로 사용된다. 어레이 형태의 메모리에 비해 고속 동작이 가능하다.
- 데이터의 직렬입력은 플립플롭의 동기식 입력단 D에 가하고, 병렬입력은 플립플롭의 비동기식 입력단인 셋/리셋 단자에 가한다.
- 데이터 입·출력 구조에 따라 4가지 형태가 존재한다.
- 범용 시프트 레지스터는 제어신호에 의해 비트들의 왼쪽 혹은 오른쪽 이동을 자유롭게 진행할 수 있다.

2. 프로그래머블 어레이의 기본 개념

- ROM 평면에서 각각의 워드라인은 입력신호에 대한 최소항을 나타낸다.
- ROM 평면에서 스위치 역할을 하는 트랜지스터의 존재 유무로 비트라인에서 최소항의 합을 구현한다.
- PROM 셀 평면에는 모든 워드라인과 비트라인의 교차점에 트랜지스터와 퓨즈가 존재한다. 퓨즈의 접속/개방 프로그래밍에 의해 원하는 최소항의 합을 구현한다.
- EPROM은 부동게이트가 있는 이중 게이트 트랜지스터를 사용하여 전지적으로 데이터를 쓰고 자외선으로 데이터를 삭제한다.
- EEPROM은 부동게이트가 있는 이중 게이트 트랜지스터 셀에 추가로 선택 트랜지스터가 직렬로 연결되어 전기적으로 데이터를 쓰고 전기적으로 데이터를 삭제한다.

CHAPTER 08_연습문제

- 특별한 언급이 없으면 모든 플립플롭은 상승에지 트리거링 회로임을 가정한다.
- 설계문제의 경우 답이 여러 개 있을 수 있다.

8.1 [그림 8-42]와 같은 도어락 시스템에서 키패드의 키를 누르면 펄스가 발생한다. 비밀번호에 해당하는 키가 네 개의 플립플롭에 왼쪽에서 오른쪽으로 순서대로 연결되어 있다. 이 경우는 비밀번호가 '1234'로 설정된 예이다. 1번 키를 누르면 펄스가 발생하면서 '1' 입력이 오른쪽으로 이동하여 두 번째 플립플롭의 입력단에 가해진다. 2번 키를 누르면 '1'이 3번째 플립플롭의 입력으로 전달된다. 이렇게 4번의 입력이 순서대로 모두 맞으면 출력에 펄스가 발생하여 도어락이 열린다. 만약 중간에 잘못된 키를 하나라도 누르는 경우에는 레지스터를 리셋시키도록 설계하고자 한다.

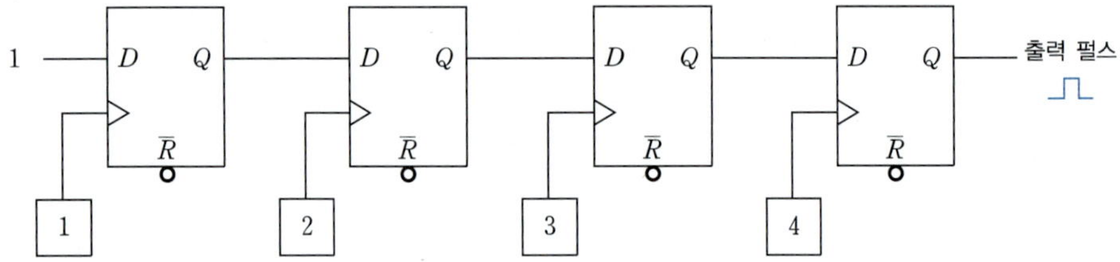

[그림 8-42]

(a) 비동기 단자 $\overline{R}$에 논리 게이트를 추가하여 완성해보라.
(b) '12234'를 입력하는 경우 도어락이 열릴 것인지를 설명하라.

8.2 다음 조합논리식에 대한 PLA 프로그램 표를 작성하라.

$$F_1(A,\ B,\ C) = \Sigma(1,\ 2,\ 4,\ 7)$$
$$F_2(A,\ B,\ C) = \Sigma(3,\ 5,\ 6,\ 7)$$

8.3 다음 조합논리식을 마스크 ROM 평면에 설계하라.

$$F_1(A,\ B,\ C) = \Sigma(3,\ 5,\ 6,\ 7)$$
$$F_2(A,\ B,\ C) = \Sigma(0,\ 2,\ 4,\ 7)$$

8.4 논리식의 전가산기를 [그림 8-36]의 ROM 평면에서 설계하라.

$$C_O = AB + AC_I + BC_I$$
$$S = \overline{A}\,\overline{B}C_I + \overline{A}B\overline{C_I} + A\overline{B}\,\overline{C_I} + ABC_I$$

8.5 [그림 8-17]의 양방향 시프트 레지스터에서 제어입력 A, B에 의해 [표 8-6]과 같은 동작을 하도록 명령 신호 Sl, Sr, Ld, $\overline{R}$를 출력하는 조합논리회로를 설계하라.

[표 8-6]

A	B	동작
0	0	리셋
0	1	오른쪽 이동
1	0	왼쪽 이동
1	1	데이터 병렬 입력

8.6 [그림 8-9]의 4비트 병렬입력-직렬출력 레지스터에 [그림 8-43]과 같은 타이밍의 제어신호 및 입력 데이터를 가할 때, 레지스터의 값과 출력값을 추가하여 타이밍도를 완성하라.

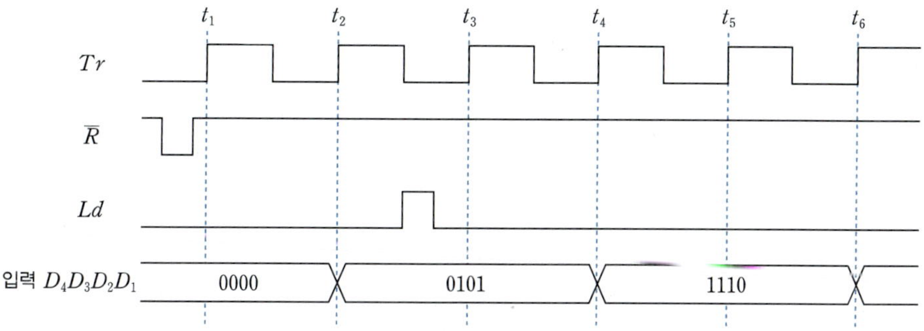

[그림 8-43]

8.7 3 대 8 디코더를 사용하는 ROM 평면에서 다음 식과 같은 전가산기를 설계하라.

$$C_O = AB + AC_I + BC_I$$
$$S = \overline{A}\,\overline{B}C_I + \overline{A}B\overline{C_I} + A\overline{B}\,\overline{C_I} + ABC_I$$

8.8 다음 식과 같은 전가산기를 PLA 평면에서 설계하라.

$$C_O = AB + AC_I + BC_I$$
$$S = \overline{A}\,\overline{B}C_I + \overline{A}B\overline{C_I} + A\overline{B}\,\overline{C_I} + ABC_I$$

8.9 다음의 PLA 평면에서 구현되는 F_1, F_2, F_3를 최소항의 합으로 나타내라.

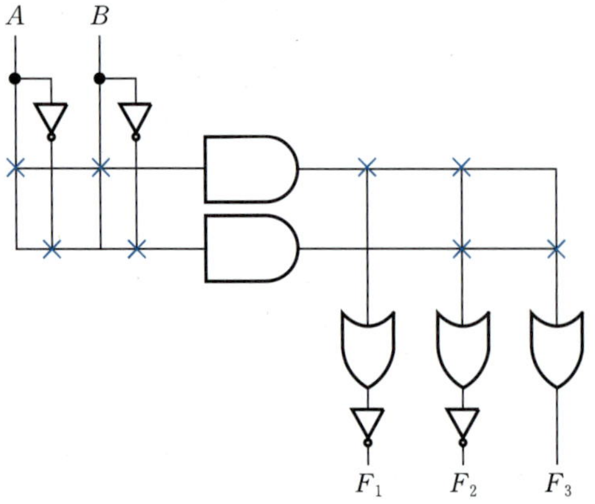

[그림 8-44]

8.10 R(적), G(녹), B(청) LED가 [그림 8-45(a)]와 같이 순차적으로 계속 켜지도록 상태머신을 설계하고자 한다. 여기서 1은 온 상태이고, 0은 오프 상태를 나타낸다. [그림 8-45(b)]와 같은 카운터와 PLA의 조합으로 LED 제어회로를 설계할 때, D 플립플롭으로 구성되는 2비트 카운터의 논리도를 구하라.

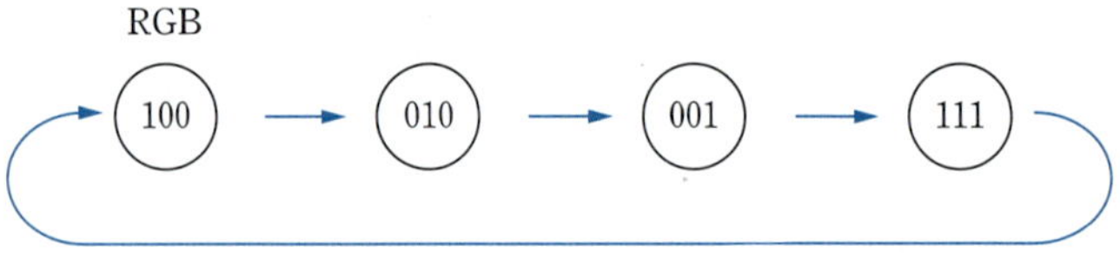

(a)

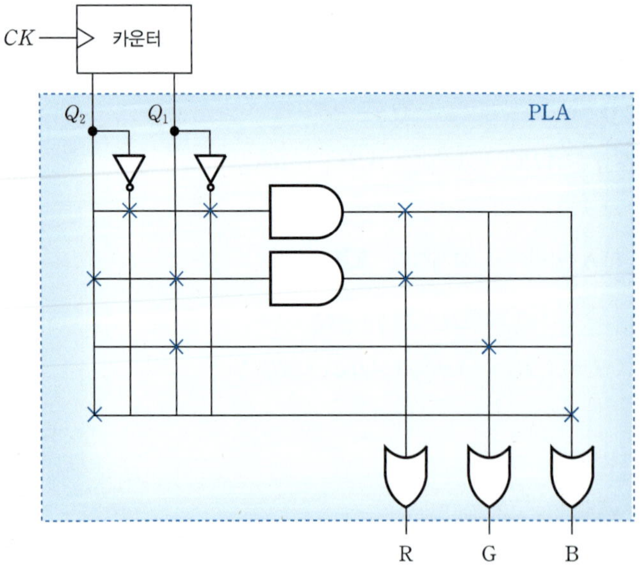

(b)

[그림 8-45]

8.11 입력 x의 값에 따라 $x=1$일 때는 업 카운팅, $x=0$일 때는 다운 카운팅을 하는 3비트 업/다운 카운터를 [그림 8-46]과 같이 3개의 T 플립플롭과 PLA로 구현하고자 한다. 이 PLA의 내부 논리도를 설계하라.

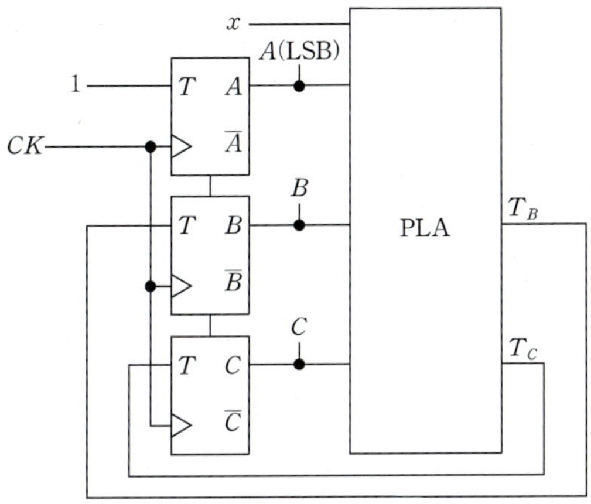

[그림 8-46]

8.12 [그림 8-47(a)]의 병렬입력-직렬출력 레지스터에 입력 $D_4D_3D_2D_1$이 가해지고 있다. [그림 8-47(b)]와 같은 타이밍을 가할 때, 레지스터 값 $Q_4Q_3Q_2Q_1$과 출력 y의 파형을 그려라.

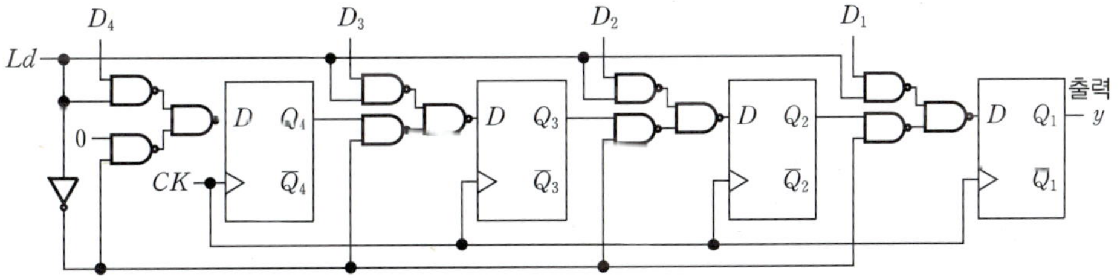

(a)

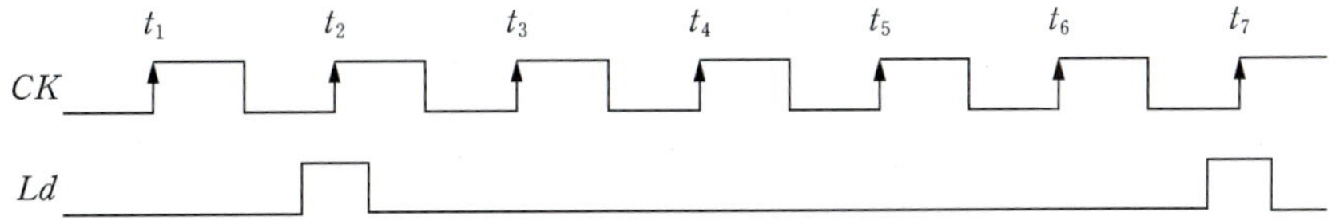

(b)

[그림 8-47]

8.13 [그림 8-48(a)]의 양방향 시프트 레지스터에 입력 $D_4D_3D_2D_1$이 가해지고 있다. [그림 8-48(b)]와 같은 타이밍을 가할 때, 레지스터 값 $Q_4Q_3Q_2Q_1$의 파형을 그려라.

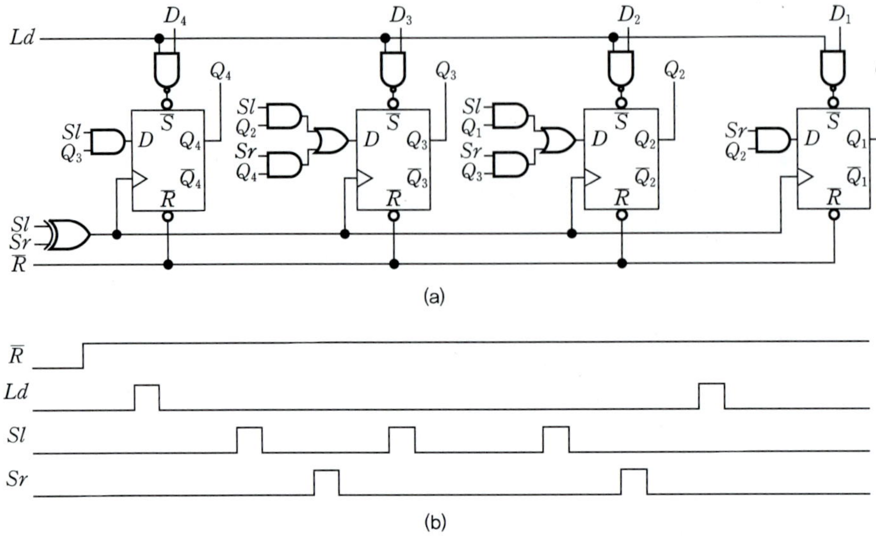

[그림 8-48]

8.14 [그림 8-49]와 같이 카운터 및 디코더, ROM으로 구성되는 상태머신의 출력 R, G, B는 각각 적색, 녹색, 청색 LED에 연결되어 있다. LED는 출력값이 1일 때 켜지고, 0일 때 꺼진다. 클록의 진행에 따라 변화되는 빛의 색깔을 구하라.

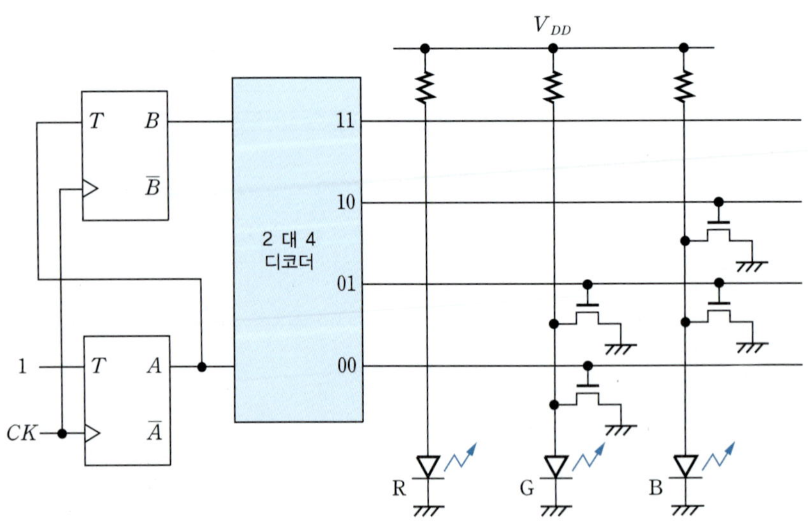

[그림 8-49]

8.15 [연습문제 8.14]에서의 카운터, 디코더, ROM을 확장하여 빛의 색깔이 백색→적색→청색→녹색→보라→노랑→청록→검정을 반복하도록 시스템을 재설계하라.

8.16 [그림 8-50]의 병렬 레지스터 시스템에서 입력 x와 명령 신호 T에 따른 동작을 설명하라.

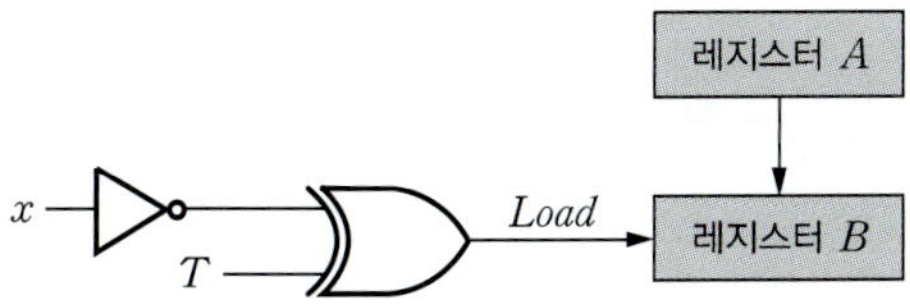

[그림 8-50]

8.17 [그림 8-51]의 병렬 레지스터 시스템에서 명령 신호 T_1, T_2에 따른 동작을 설명하라.

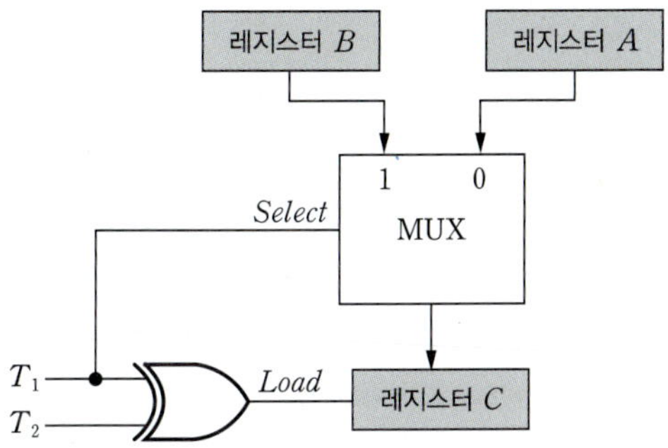

[그림 8-51]

8.18 PLA 및 ROM에서 구현할 수 있는 조합논리회로의 차이에 대해 설명하라.

8.19 로직 어레이 평면을 사용하여 구현하는 조합논리회로와, 논리 게이트를 사용하여 구현하는 조합논리회로의 장·단점을 말하라.

8.20 시프트 레지스터, 덧셈기, 누산기 등을 이용하여 2진 곱셈기의 논리도를 설계하라.

8.21 [그림 8-52]는 시프트 레지스터와 XOR 게이트를 사용하여 어떤 구간에서 반복되는 데이터를 발생시키는 '의사(擬似) 난수 발생기 pseudo-random generator'의 논리도이다. 이 회로의 상태도를 그리고, 이때 발생하는 난수를 구하라. 단, 프리셋($\overline{PRS}$)을 이용하여 초기 조건은 1111로 가정한다.

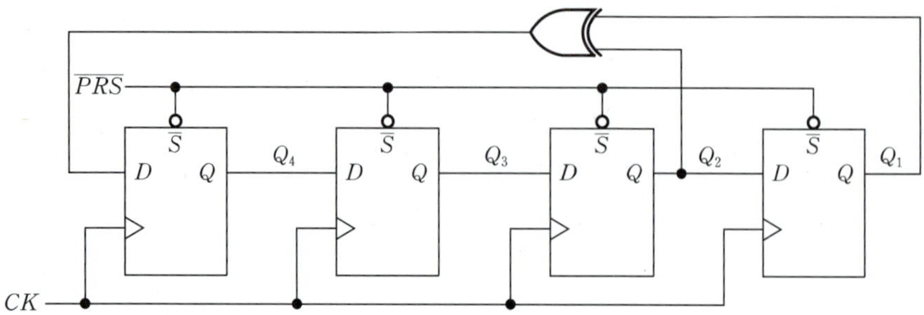

[그림 8-52]

실습

MATLAB Simulink를 이용한 시뮬레이션

논리회로를 검증할 때는 모든 입력의 조합에 대해 출력 논리가 적절한지 증명해야 하는데, 회로가 조금만 복잡해져도 이를 직접 사람 손으로 증명하기에는 너무나 많은 시간과 노력이 소모된다. 그렇기 때문에 컴퓨터 소프트웨어를 이용한 시뮬레이션을 활용하며, 이를 통해 스스로 설계한 디지털 논리회로가 모든 입력 조합에 대해 오류 없이 잘 동작하는지를 검증할 수 있다.

회로 동작이나 검증 시뮬레이션 툴은 많지만, 그중 MATLAB은 분석하고자 하는 데이터를 모두 가지고 있는 상태에서 한꺼번에 연산을 수행하여 결과를 보는 방식이고, Simulink는 **일정한 시간 간격**으로 시간의 진행에 따라 동적으로 데이터를 분석하기 위한 도구이다. 디지털 논리회로에서는 시간의 진행과는 관계없이 입력신호의 논리 조합에 따른 출력 결과를 보는 **논리 검증**뿐만 아니라, 입력신호가 시간에 따라 변할 때 출력신호의 변화를 분석하고자 하는 **동적 분석**도 필요하다. Simulink는 이러한 두 가지 분석을 모두 지원하기 때문에 디지털 논리회로의 검증에 매우 적합하며, 툴 박스에 있는 블록들을 이용하여 설계하므로 설계 초보자도 쉽게 접근할 수 있다는 장점이 있다.

비록 컴퓨터의 도움을 받아 검증을 수행하지만, 설계는 엔지니어인 여러분 자신이 스스로 수행해야 한다는 사실을 언제나 잊지 말기 바란다.

실습

실습 A Simulink의 기본

설계된 디지털 회로의 논리를 검증하기 위해서는 일반적으로 공학용 시뮬레이션 툴인 Simulink를 사용한다. Simulink를 처음 접하는 독자를 위해 기본적인 사용법을 소개한다. 이는 [실습 B]에 수록한 장별 예제를 수행하기 위해서는 필요한 사항이니 꼭 숙지하기 바란다.

A.1 Simulink 시작하기

■ 버전 정보 확인하기

MATLAB 명령창 Command Window 에 'ver'을 입력해보면, 사용하는 MATLAB 및 Simulink의 버전 정보를 확인할 수 있다.

```
>> ver
-----------------------------------------------------------------------------------------------
MATLAB 버전: 9.12.0.2009381 (R2022a) Update 4
MATLAB 라이선스 번호: 561273
운영 체제: Microsoft Windows 10 Enterprise Version 10.0 (Build 19045)
Java 버전: Java 1.8.0_202-b08 with Oracle Corporation Java HotSpot(TM) 64-Bit Server VM mixed mode
-----------------------------------------------------------------------------------------------
MATLAB                                                  버전 9.12           (R2022a)
Simulink                                                버전 10.5           (R2022a)
```

[그림 A-1] MATLAB 및 Simulink의 버전 정보

이 책에서 사용하는 Simulink 버전은 10.5이며, 버전에 따라 조금씩 다른 부분은 있을 수 있다.

■ Simulink 활성화하기

Simulink를 시작하려면, MATLAB을 띄운 상태에서 MATLAB 명령창에 'simulink'를 입력하거나, 상단 메뉴에서 'Simulink' 아이콘 을 클릭한다. 그러면 Simulink 라이브러리 브라우저 Library Browser 가 활성화된다.

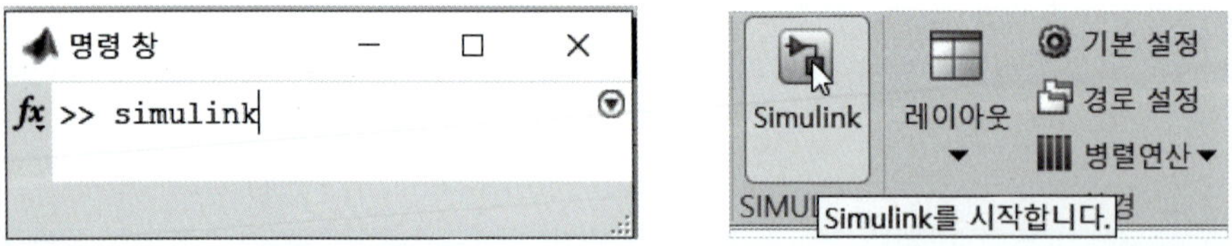

(a) Command 창에서 띄우기　　(b) Simulink 아이콘으로 띄우기

[그림 A-2] Simulink 활성화 방법

Tip Simulink 라이브러리 브라우저에 있는 라이브러리들은 사용자가 얼마나 많은 블록 셋 block set 을 인스톨했는지에 따라 라이브러리의 개수가 다르다. 따라서 개개인마다 라이브러리 브라우저의 모습이 다를 수 있다.

■ 새로운 모델창 띄우기

새로운 작업을 시작하기 위해 Simulink 시작 페이지에서 '빈 모델'을 클릭한다.

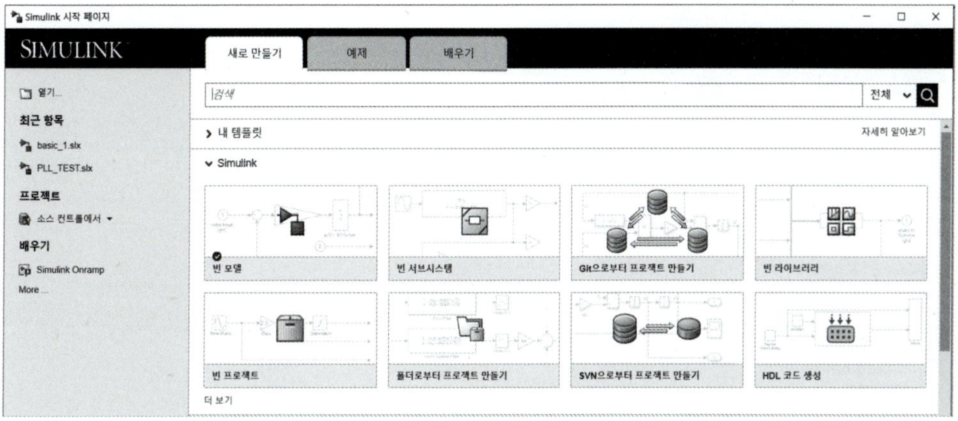

[그림 A-3] Simulink 시작 페이지

그러면 [그림 A-4]와 같은 모델창(작업창)이 활성화된다. 창 상단의 'untitled'는 '작업이 시작되어 저장하기 전'이라는 뜻으로, 현재는 수행하는 작업의 이름이 없는 상태이다. 작업을 실행하고 저장할 때 사용자가 지정한 이름으로 바뀌며, 이때 .slx의 확장자를 가진 파일로 저장된다.

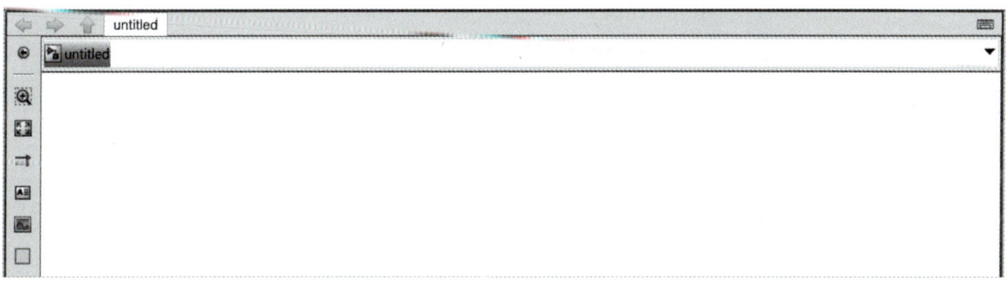

[그림 A-4] 활성화 된 모델창(작업창)

■ 시뮬레이션 모델 만들기

이제 시뮬레이션 모델을 만들어보자. 먼저 간단한 XOR 게이트에 대한 모델 파일을 만드는 방법을 알아보고 이를 검증해볼 것이다.

먼저 'Simulink 라이브러리 브라우저'를 실행한다. 그다음에는 Simulink / Logic and Bit Operations를 클릭한 후, 오른쪽 블록들이 있는 셀 부분에서 [그림 A-5(c)]와 같은 AND 블록을 작업창으로 끌어다[drag] 놓는다. 블록이 포함되어 있는 라이브러리를 잘 모를 때는 [그림 A-5(d)]와 같이 탐색창에 블록 명칭을 입력하고, 돋보기 모양의 '탐색' 아이콘 을 클릭하여 원하는 블록을 찾는다.

실습

Tip Simulink 라이브러리에는 논리 게이트로 AND 게이트가 대표적으로 포함되어 있어, 사용자는 이 AND 게이트의 파라미터를 변화시켜 원하는 논리 게이트 및 입력 수를 설정할 수 있다.

(a) 라이브러리 브라우저 열기

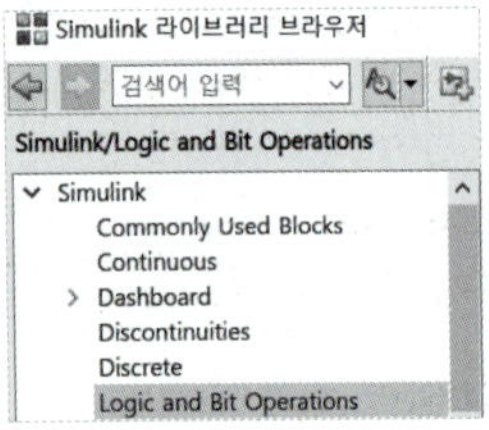

(b) 라이브러리 브라우저 창

(c) AND 블록

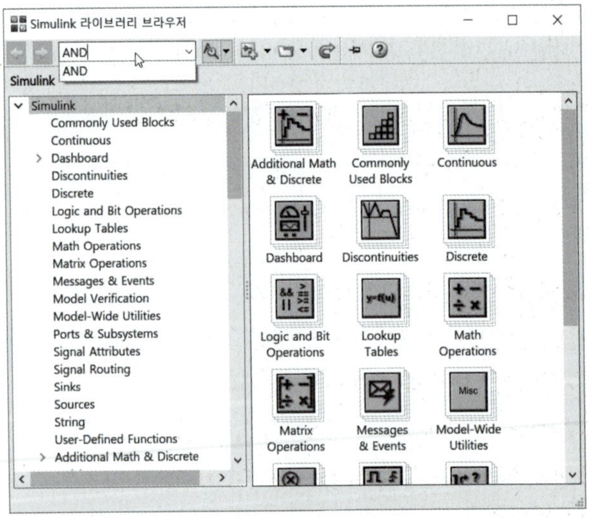

(d) 검색창에서 찾기

[그림 A-5] 블록 찾기

이제 AND 게이트를 XOR 게이트로 바꾸는 방법을 알아보자. 작업창의 AND 객체를 선택한 후 마우스 오른쪽 키를 눌러 '블록 파라미터(Logic)(P)'를 선택한다. [그림 A-6]과 같은 〈블록 파라미터 : Logical Operator〉 창이 열리면, 연산자는 'XOR'로, 입력 포트 개수는 '2'로, 아이콘 형태는 '고유 기호'로 설정한다.

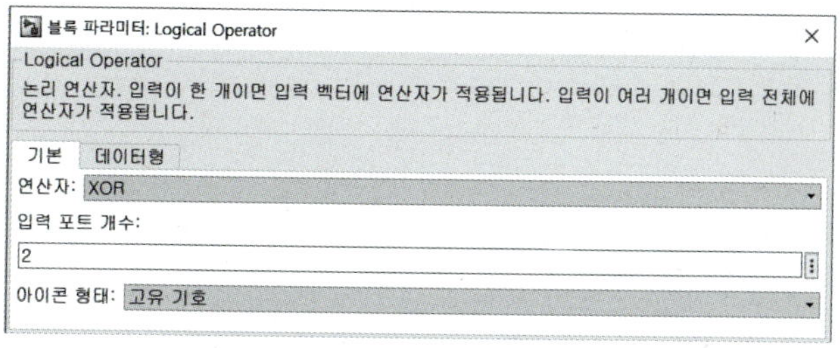

[그림 A-6] 게이트 종류 찾기

다시 Simulink 라이브러리 브라우저에서 Simulink / Commonly Used Blocks (혹은 Simulink / Sources)에서 'Constant'를 모델창으로 끌어다 놓는다([그림 A-7]).

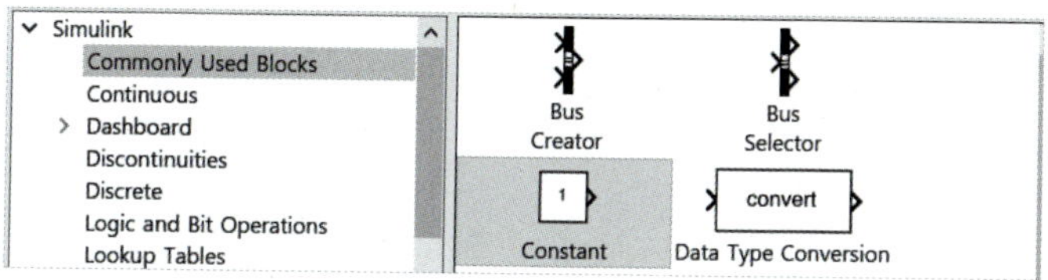

[그림 A-7] Constant 소오스

> **Tip** 사용자가 자주 쓰는 블록들은 Simulink/Commonly Used Blocks에 모여 있다.

같은 블록이 더 필요할 때 사용하는 몇 가지 방법이 있다. 그중 가장 익숙한 방법은 Ctrl+C / Ctrl+V 키를 사용하여 모델창에서 바로 복사하는 것이다. 그 외에 라이브러리에서 동일한 블록을 다시 가져오는 방법과, 모델창에 이미 있는 블록을 선택하여 Ctrl 키를 누른 상태에서 복사하는 방법이 있다. [그림 A-8]은 Constant를 복사한 이후의 배열이다.

이제 Display를 연결할 것이다. Display는 시뮬레이션 결과를 보여주는 블록으로, 주로 실제 계산 결과나 2진 비트로 나타난다. 탐색창에 'Display'를 입력하여 찾거나 Simulink / Sinks에서 Display를 끌어다 놓는 방법이 있다. 이제 [그림 A-9]와 같이 각 블록을 선으로 연결한다. 시작 블록을 선택한 후, Ctrl 키를 누른 채로 연결할 블록을 선택하면 선이 자동으로 연결된다. 그리고 Constant 객체를 더블클릭하여 Constant 값을 각각 'A'와 'B'로 변경한다.

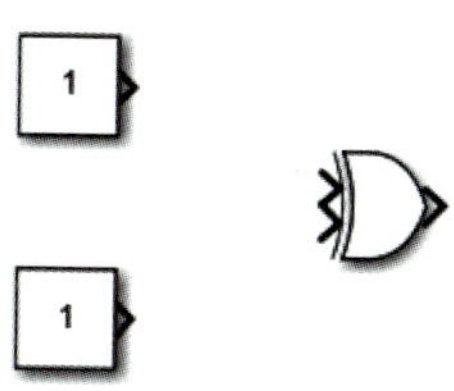

[그림 A-8] 작업창 내의 블록들 배열

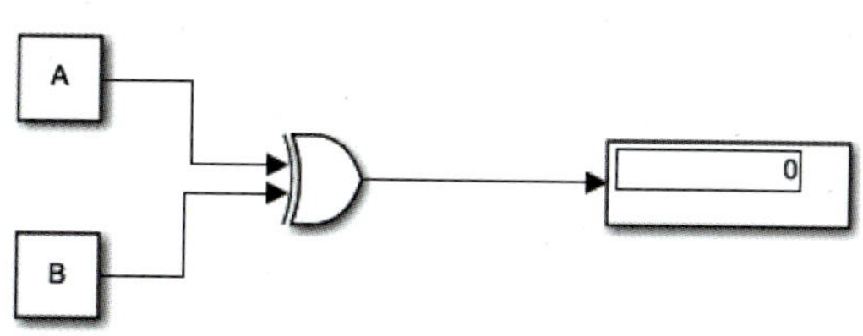

[그림 A-9] 작업창 내의 블록들 연결 및 입력변수 설정

마우스 휠을 위아래로 스크롤하면 모델창에서 작업 범위가 확대/축소된다. [그림 A-10]과 같이 모델창의 '화면에 맞춤' 아이콘 을 클릭하면 전체 화면에 맞춘다. 스페이스 바를 누른 상태로 마우스를 이동하면 화면이 패닝된다.

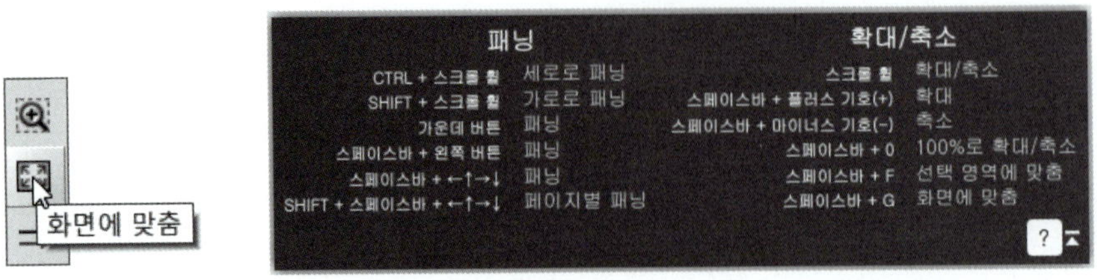

[그림 A-10] 화면에 맞춤 버튼 및 스페이스 바를 사용한 패닝

Tip 블록들끼리 서로 수동으로 연결하고자 할 때는 블록의 인터페이스 부분인 꺾쇠로부터 마우스를 끌면서 목표 지점의 꺾쇠 혹은 선의 중간 부분에 놓는다. 즉, 다음 단의 입력으로부터 이전 단의 출력까지 연결한다. 연결한 선을 삭제하려면 선을 선택한 상태에서 Del 키를 누른다.

■ 시뮬레이션 실행하기

이제 앞에서 만든 모델 파일로 시뮬레이션을 시작해보자.

MATLAB 명령창에 [그림 A-11]과 같이 A, B 각각의 입력 데이터를 입력한다.

명령 창

```
>> A=1;
>> B=1;
```

[그림 A-11] Matlab 명령창 내에서의 입력변수 설정

Tip 또는 Constant 객체를 더블클릭하여 A, B의 값을 직접 지정해줄 수도 있다.

그리고 메뉴 표시줄의 '실행' 아이콘 을 클릭하여 시뮬레이션을 수행한다. 시뮬레이션 수행 후, 디스플레이 창에 [그림 A-12]와 같이 XOR 연산된 결과('0')가 출력된 것을 확인한 다음 적절한 도큐멘테이션을 남기고 저장한다.

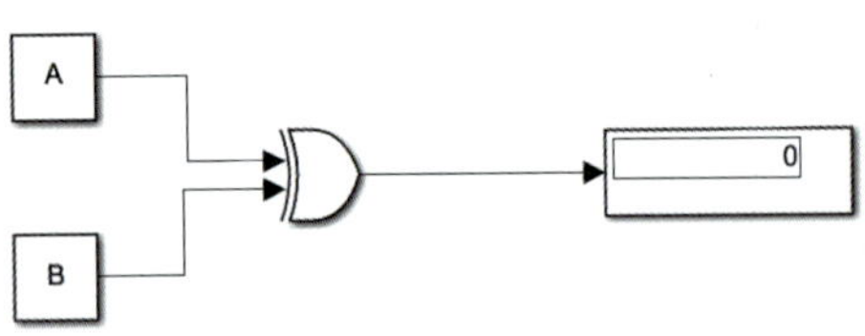

[그림 A-12] XOR 게이트의 논리 검증

A.2 시뮬레이션 수행하기

동적 분석

간단한 시뮬레이션을 수행하기 위해 NOT 게이트를 삽입한 논리도를 구현해보고, Scope의 역할에 대해 알아보겠다. 우선 논리회로의 시간 영역 시뮬레이션에서 가장 기본적인 신호원인 클록 블록을 선택해보자. 탐색창에 'Clock'을 입력하여 찾거나 Simulink Extras / Flip Flops에서 Clock을 찾아 명령창으로 끌어다 놓는다.

Clock은 시간에 따른 입력이므로 출력 역시 같은 단위인 Scope를 사용한다. Simulink / Commonly Used Blocks에서 Scope를 찾아 명령창으로 끌어다 놓은 다음, 회로도의 연결선을 더블클릭하여 원하는 이름을 붙인다. 이때 이름은 영문으로 설정한다. 블록을 마우스 왼쪽 버튼을 클릭하여 블록 이름을 표시할 수 있다([그림 A-13]).

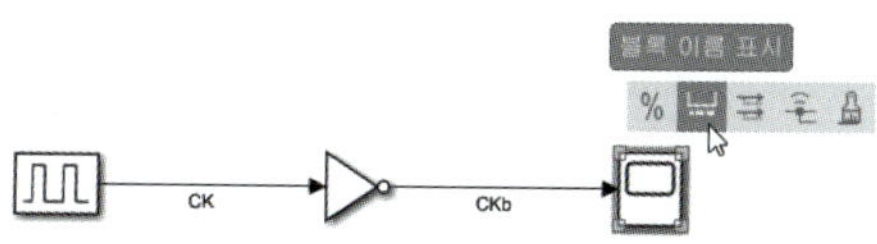

[그림 A-13] NOT 게이트 회로도

이제 시뮬레이션 시간을 설정한다. 본 시뮬레이션은 시간 지연을 포함하는 타이밍 시뮬레이션이 아니라 단지 논리만 검증하는 용도이므로 시간 단위는 의미를 지니지 않는다. 이 예제의 경우, 중지 시간(시뮬레이션 시간)을 '10.0'으로 세팅하였다([그림 A-14]). 시뮬레이션 조건을 모두 입력했으면 이제 회로에 조건을 주자. 입력신호원인 Clock 블록을 더블클릭하여 주기를 설정한다. 중지 시간을 10으로 설정하였으므로, 5주기를 보기 위해서는 입력 클록의 주기를 '2'로 세팅한다. 이때 기본 주기 default는 '2'로 설정되어 있다([그림 A-15]).

[그림 A-14] 중지 시간 설정

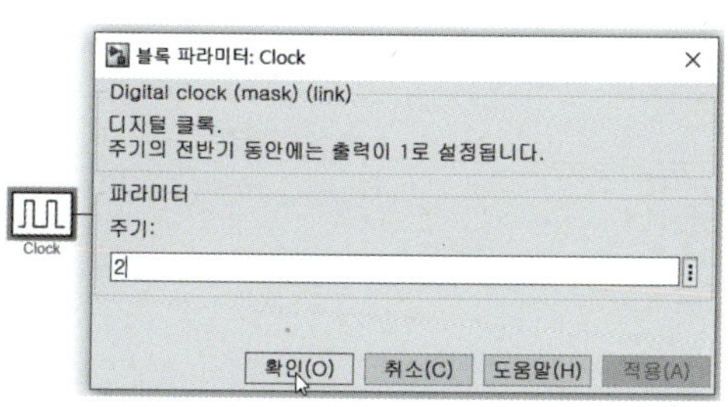

[그림 A-15] 입력 클록의 주기 설정

실습

시뮬레이션을 수행하고 Scope를 더블클릭하면 [그림 A-16]과 같은 출력 파형을 볼 수 있다.

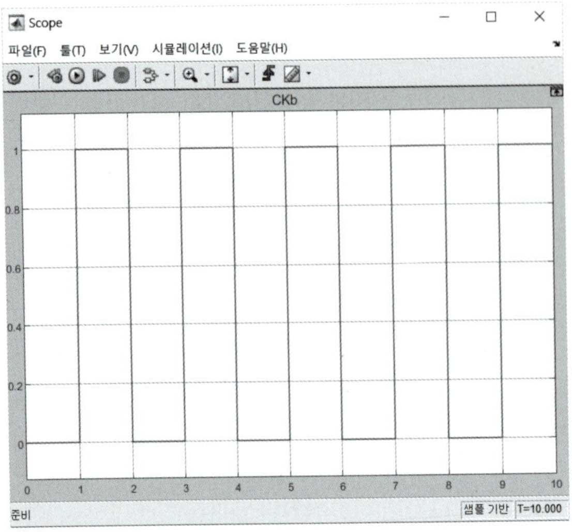

[그림 A-16] NOT 게이트 시뮬레이션 출력 파형

시뮬레이션 파형을 보는 또 다른 방법을 알아보자. 원하는 노드를 선택한 후, 마우스 오른쪽 버튼을 클릭하여 [그림 A-17]과 같은 경로로 Scope를 선택하면, 스코프 모양의 뷰어viewer가 노드 위에 생긴다. 또는 원하는 노드를 선택한 후 상단 메뉴에서 '뷰어 추가' 아이콘 을 클릭해도 된다.

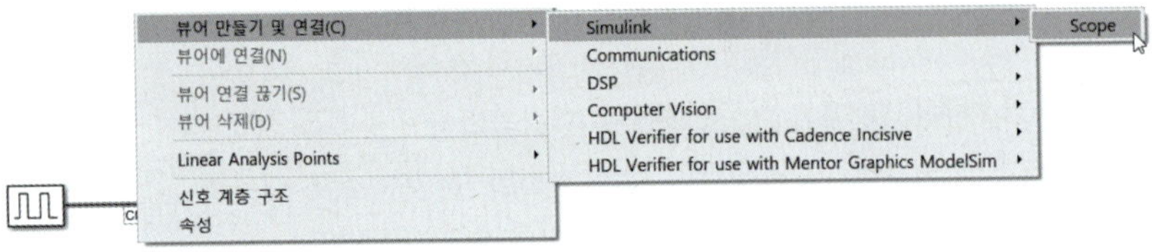

[그림 A-17] 노드에 뷰어 설정

시뮬레이션 설정 후 스코프 뷰어 아이콘 을 클릭하면 새 창이 활성화되면서 노드 파형을 볼 수 있다. 이때 시뮬레이션 결과가 안 나오면 〈Viewer :Scope1(CK)〉 창에서 '실행' 아이콘 을 클릭한다([그림 A-18]).

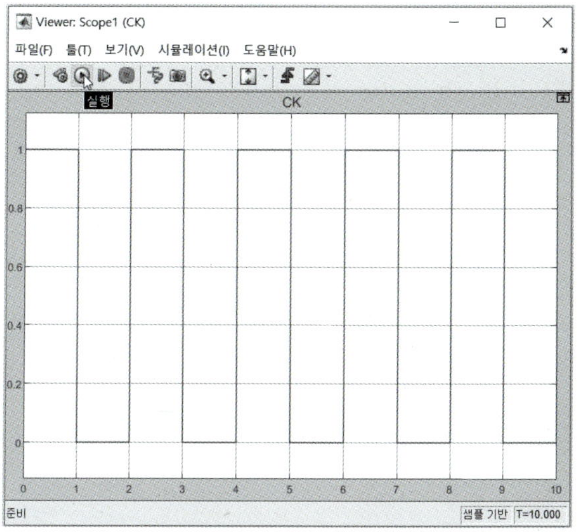

[그림 A-18] 뷰어를 통한 시뮬레이션 수행

뷰어를 삭제하고 싶을 때는 해당 노드에서 마우스 오른쪽 버튼을 클릭하고 '뷰어 연결 끊기'를 선택한다.

복수 데이터를 보는 방법

이번에는 Scope에서 입·출력 파형을 모두 볼 수 있는 방안을 살펴보자.

■ Scope 파라미터 설정

[그림 A-19]와 같은 경로로 **입력 포트 개수**를 원하는 수만큼 입력한다. 여기서는 '2'를 입력한다. 그러면 모델창에 있는 Scope에는 입력이 두 개가 되어 또 하나의 신호를 연결할 수 있다. Scope 객체를 적당히 키운 후, 입·출력 선을 연결해보자.

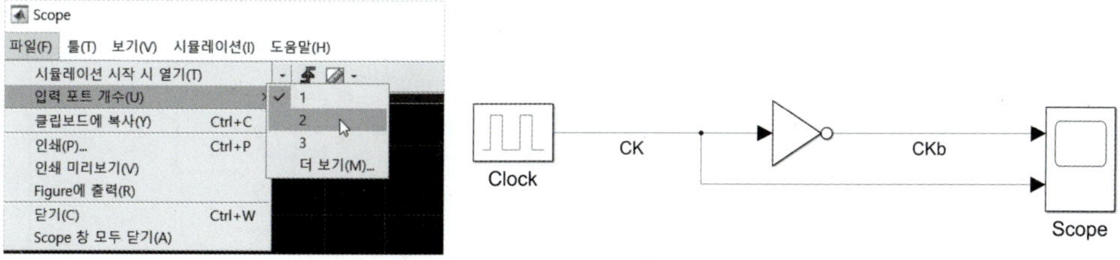

[그림 A-19] Scope에서 입력 포트 설정 방법

실행 후 〈Scope〉 창에서 '보기/레이아웃'을 클릭하여 원하는 창 어레이를 잡는다. 여기서는 세로로 두 개를 선택하였다([그림 A-20]).

실습

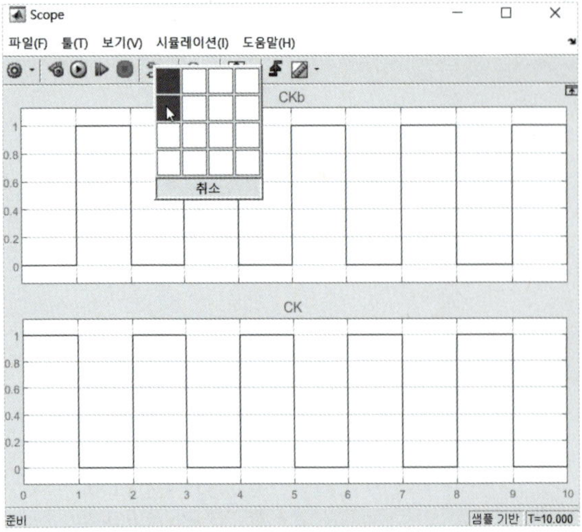

[그림 A-20] Scope에서 복수 축 설정 방법

또한 각 연결선을 더블클릭하여 노드의 명칭을 써 넣으면, Scope에서 자동으로 명칭을 읽어 들인다.

■ Mux 블록 이용

복수 개의 파형을 볼 수 있는 또 다른 방법으로 Mux 블록을 이용할 수 있다. Simulink / Commonly Used Blocks의 Mux를 불러온다. Mux를 더블클릭하여 입력 개수를 원하는 만큼 발생시킨다. 여기서는 '입력 개수'를 '2'로 설정한다.

이제 시뮬레이션을 수행해보자. 이때 [그림 A-21]과 같은 오류가 발생할 것이다. 이는 Clock과 NOT 게이트 간의 데이터 타입 data type 이 다르기 때문이다. Mux를 사용할 때의 불편한 점은 Mux의 모든 입력이 같은 타입이어야 한다는 사실이다. Clock의 출력은 'double' 타입이며, 논리 게이트를 통과하면 'boolean' 타입으로 바뀐다. Scope는 하나의 신호에 대해서 출력하므로 모든 타입의 파형을 디스플레이할 수 있으나, Mux는 복수 개의 입력 데이터를 선택적으로 출력하므로 다수 개의 입력 데이터의 type이 같아야 한다. 즉, Clock의 출력 타입을 'boolean'으로 바꿔야 한다.

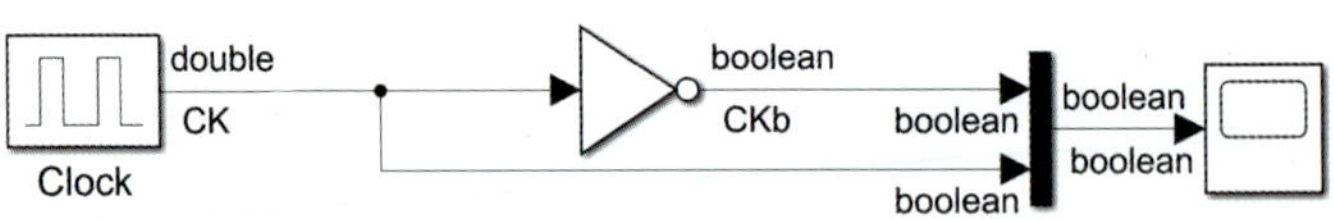

(a) 데이터 타입의 오류 표시

진단 뷰어

Data type mismatch. '1번 출력 포트' of 'sim_A_2/Clock' is a signal of 데이터형 'double'. However, it is driving a signal of 데이터형 'boolean'.

구성요소: Simulink | 범주: Model 오류

Data type mismatch. '2번 입력 포트' of 'sim_A_2/Mux' expects a signal of 데이터형 'boolean'. However, it is driven by a signal of 데이터형 'double'.

구성요소: Simulink | 범주: Model 오류

(b) 오류 메시지

[그림 A-21] 데이터 타입의 오류 예

Clock의 출력 타입을 바꾸기 위해 Simulink / Commonly Used Blocks에서 Data Type Conversion 블록을 불러와서 Clock 다음에 갖다 놓은 후 Convert 블록을 더블클릭한다. [그림 A-22]와 같이 〈블록 파라미터: Data Type Conversion〉 창이 나타나면 출력 데이터형을 'boolean'으로 변경해준다.

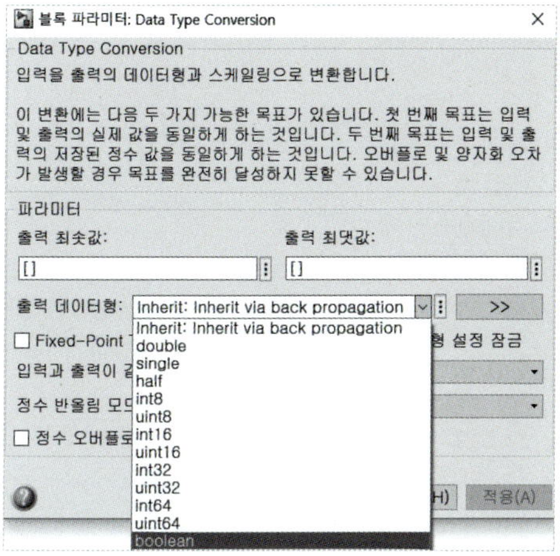

[그림 A-22] 데이터 타입 변경을 위한 데이터 설정

그러면 [그림 A-23]과 같이 Convert 블록 안에 타입이 'boolean'이라 표시된다.

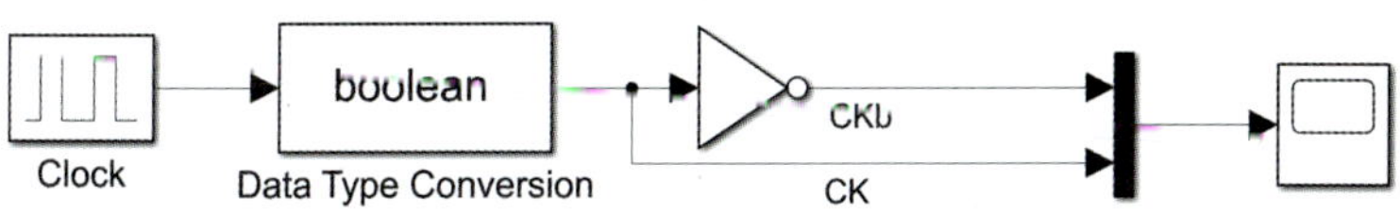

[그림 A-23] 데이터 타입 변경을 적용한 회로도 : Convert 블록 사용

이제 입력과 출력은 [그림 A-24]와 같이 한 축상에 동시에 디스플레이된다.

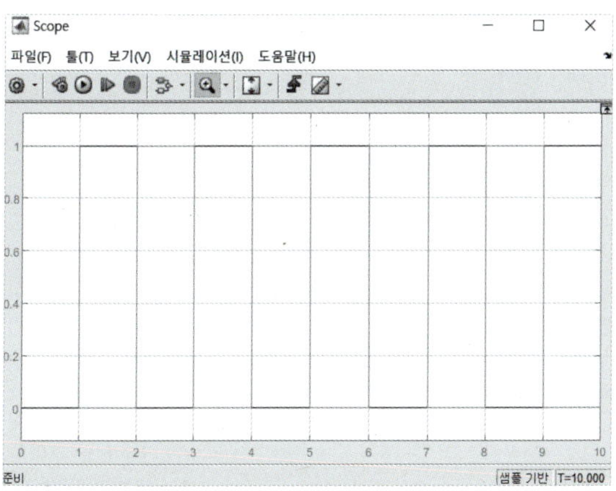

[그림 A-24] Mux를 사용한 출력 파형

실습

Signal Builder 블록을 사용하여 신호를 발생시키는 방법

Signal Builder는 Clock과 달리 임의의 펄스를 신호로 가할 수 있는 블록이다. 흔히 PWL piecewise linear 신호라 한다. Simulink / Sources에서 Signal Builder를 불러오면 [그림 A-25]와 같이 Scope에 연결된다.

[그림 A-25] Signal Builder 블록

Signal Builder를 더블클릭하면 신호 파형을 볼 수 있다. Y축과 T축의 범위는 [그림 A-26(a)]와 같이 상단 메뉴의 '좌표축' 아이콘 ▦ 을 클릭하여 설정한다.

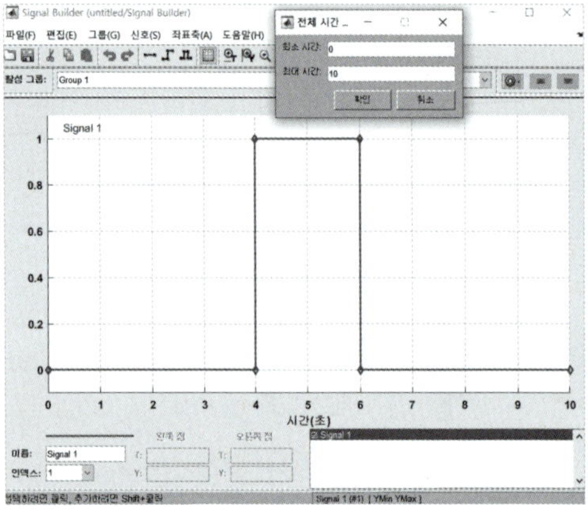

(a) 활성화된 Signal Builder 파형

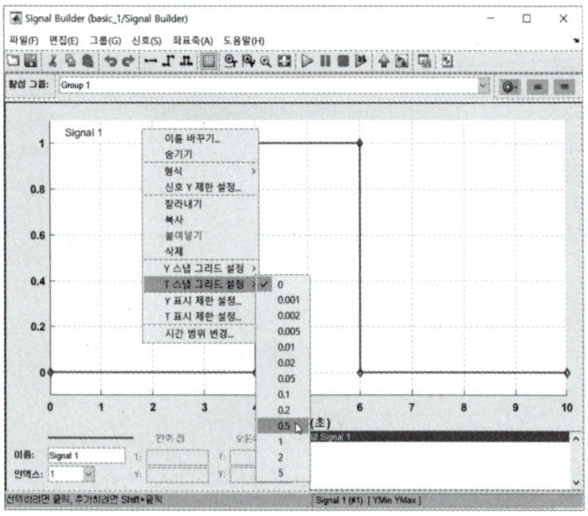

(b) 시간 이동 스냅 설정

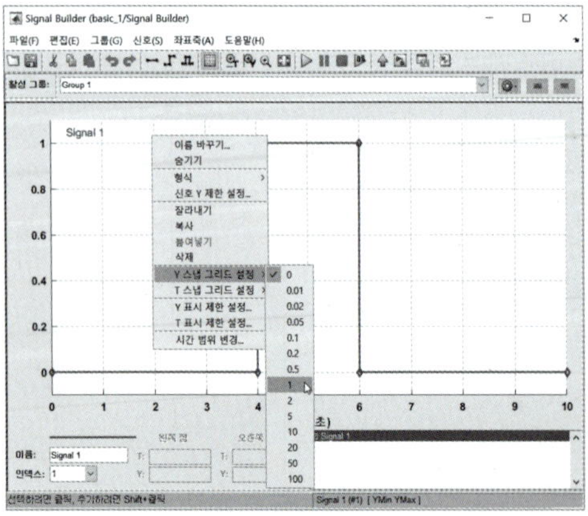

(c) 파형 높이 스냅 설정

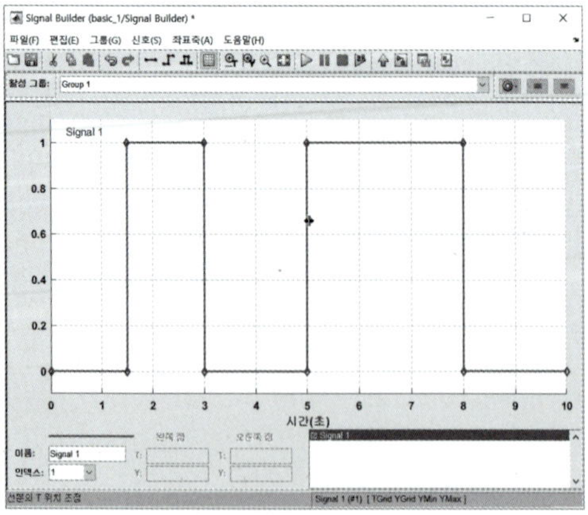

(d) 점 만들기, 끌어올리기, 펄스 만들기

[그림 A-26] Signal Builder에서 완성된 파형

이제 신호에 Point를 추가하는 방법을 알아보자. 우선 파형을 선택한 후, Shift 키를 누르면서 [그림 A-26(b)]와 같이 원하는 부분에 마우스 왼쪽 버튼으로 점을 찍는다. 이제는 Shift 키를 뗀 후에, 점을 찍은 파형의 중간을 마우스를 이용해 원하는 만큼 끌어올리면 된다.

Signal 1 외에 추가 신호를 만들려면, [그림 A-27]과 같이 상단 메뉴에서 **신호/새로 만들기/펄스**를 선택하여 원하는 신호를 추가할 수 있다.

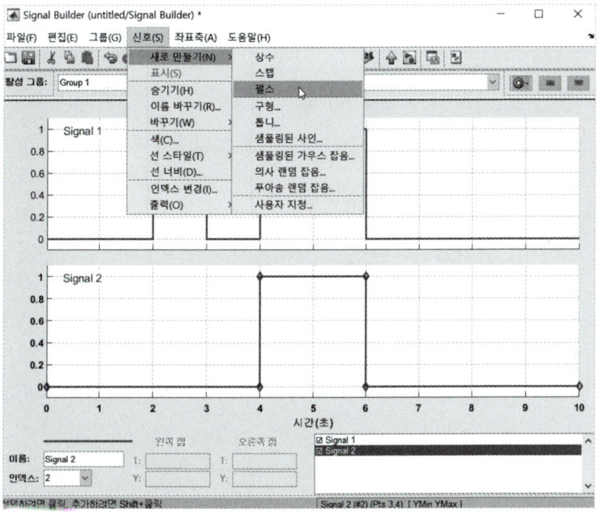

[그림 A-27] 두 개의 신호를 가진 Signal Builder

지금까지는 Simulink의 간단한 사용법을 알아보았다. [A. Simulink의 기본]에서 학습한 사전 지식을 다음 [B. 시뮬레이션 예제]에서 응용해보자.

실습 B 시뮬레이션 예제

여기에서는 각 장의 내용과 연관된 시뮬레이션 예제와 Simulink 실습을 다룬다.

2장 부울함수

시뮬레이션 예제 2-1 비트 단위 부울 연산

Simulink 라이브러리는 비트 단위의 연산자인 Bitwise Operator를 제공한다. 이를 이용하여 부울함수 $F=(A+B)(B+\overline{C})$에 대한 4비트 연산을 시뮬레이션하고자 한다.

(a) $A=0110$, $B=1010$, $C=0001$일 때 출력 F를 구하라.
(b) A, B, C의 값을 변화시키면서 출력의 변화를 확인하라.

풀이

비트 단위의 연산을 수행하기 위해 [그림 B-1]과 같은 시뮬레이션 논리회로를 구성한다.

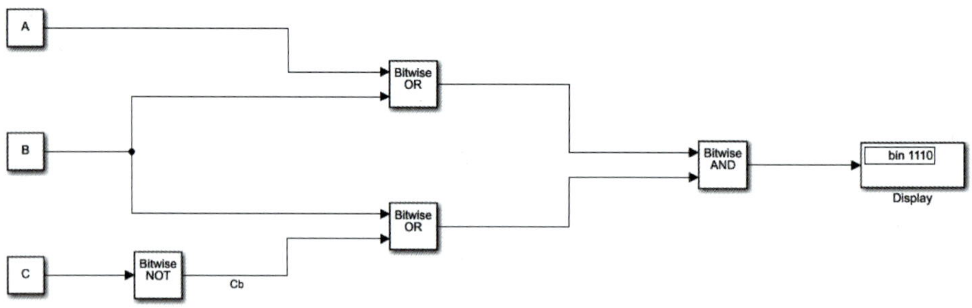

[그림 B-1] 비트 단위의 연산자 동작 확인을 위한 시뮬레이션 회로

■ Bitwise 연산자 설정

Simulink / Logic and Bit Operations에서 〈블록 파라미터: Bitwise Operator〉 창을 실행한다. 그리고 [그림 B-2]와 같이 연산자를 선택한 후 **비트 마스크 사용**을 해제하고, **입력 포트 개수**를 '2'로 설정한다.

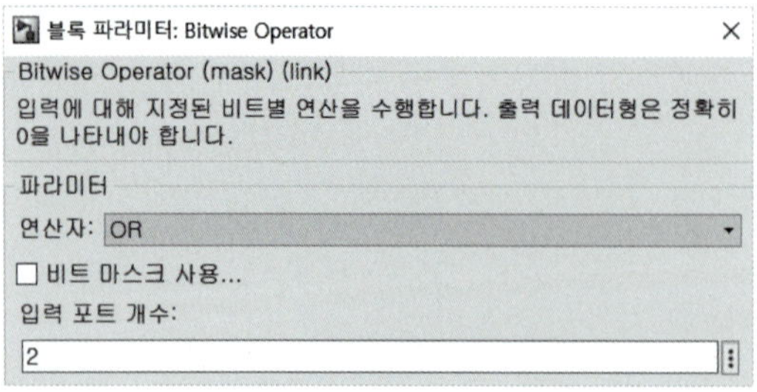

[그림 B-2] 비트 단위 연산 블록의 파라미터 설정

■ Constant 설정

신호 설정은 Constant 블록을 사용한다. 모델창에서 Constant 블록을 더블클릭하여 입력신호 값[Constant value]을 문자로 입력한다.

신호 A가 1비트 2진수라면 **신호형**을 'boolean'으로 설정해도 되지만, 본 예제는 멀티비트의 경우이므로 [그림 B-3]과 같이 **신호 특성**에서 출력 데이터형을 'fixdt(0, 4, 0)'으로 선택한다. 그리고 << 를 눌러 모드는 '고정소수점', 부호의 유무는 '부호 없음', 스케일링은 '이진 소수점', 워드 길이는 '4'로 설정한다. 이 작업을 Constant A, B, C 각각에 대해 동일하게 수행한다.

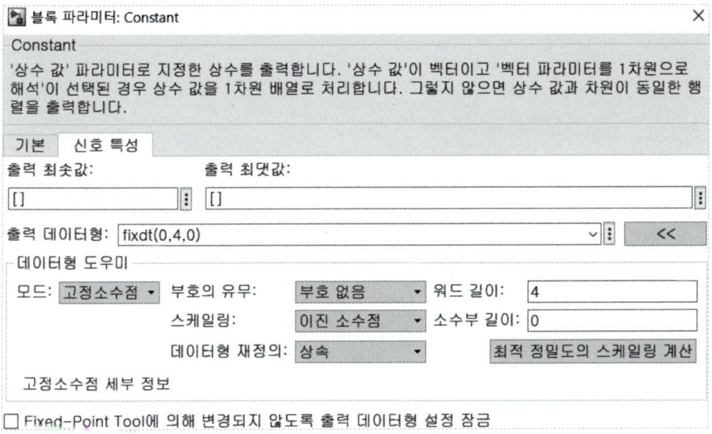

[그림 B-3] 데이터 타입 설정

■ Display 설정

Simulink/Sinks/Display를 가져온다. 디스플레이 창에서 2진수 출력을 보려면, Display 블록을 더블클릭하여 **수치 표시 형식**을 '이진(저장된 정수)'으로 설정한다.

MATLAB 명령창에 A, B, C의 입력값을 10진수로 입력한다.

```
>> A=6 ; B=10 ; C=1 ;
```

시뮬레이션을 수행하여 Display에 찍힌 2진수 값 '1110'을 확인한다. MATLAB 명령창에서 A, B, C 값을 여러 가지로 변화시켜가며 출력값을 확인한다.

원리

$(0110)_2$ OR $(1010)_2$ = $(1110)_2$

$(1110)_2$ AND $(1010)_2$ = $(1010)_2$

시뮬레이션 예제 2-2 부울함수의 진리표 시뮬레이션

어떤 부울함수의 진리표는 [표 B-1]과 같다. Simulink 툴 박스의 Combinatorial Logic 블록을 이용하여 진리표를 설정하고, A, B, C 값을 변화시켜가며 시뮬레이션하라.

[표 B-1]

입력			출력
A	B	C	F
0	0	0	1
0	0	1	1
0	1	0	0
0	1	1	1
1	0	0	0
1	0	1	1
1	1	0	1
1	1	1	0

풀이

진리표의 동작을 수행하기 위해 [그림 B-4]와 같은 회로를 구성한다.

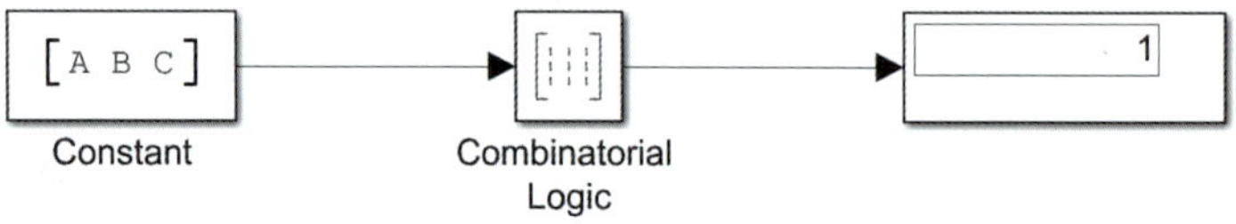

[그림 B-4] Combination Logic 시뮬레이션 회로도

■ Constant 설정

Constant value에 벡터 형태로 '[A B C]'를 입력하여 입력신호 A, B, C를 벡터로 설정한다. 이때 '벡터 파라미터를 1차원으로 해석'에 체크가 되어 있어야 상수 값을 1차원 배열로 처리한다. 이 값들은 1비트이므로 **출력 데이터형**을 'boolean'으로 설정한다.

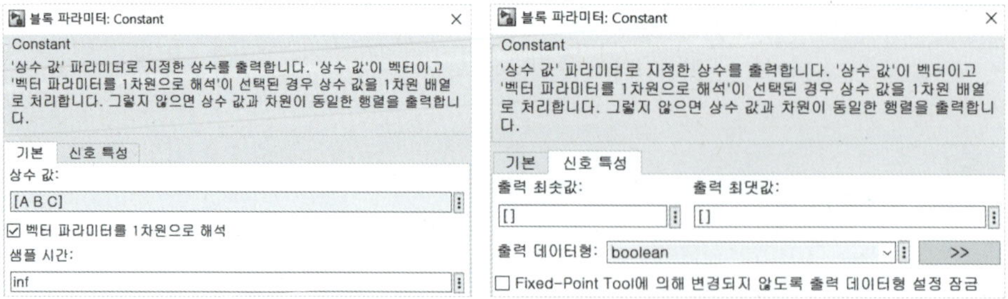

(a) 상수 값에 벡터 설정　　(b) 출력 데이터형에 'boolean' 설정

[그림 B-5] Constant 설정

■ **Combinatorial Logic 설정**

Simulink / Logic and Bit Operations에서 〈블록 파라미터: Combinatorial Logic〉 창을 실행한다. [그림 B-6]과 같이 진리표의 출력 F의 값을 위에서부터 아래로 순서대로 벡터 기호 [ ] 내에 구분자 ;을 포함하여 설정한다.

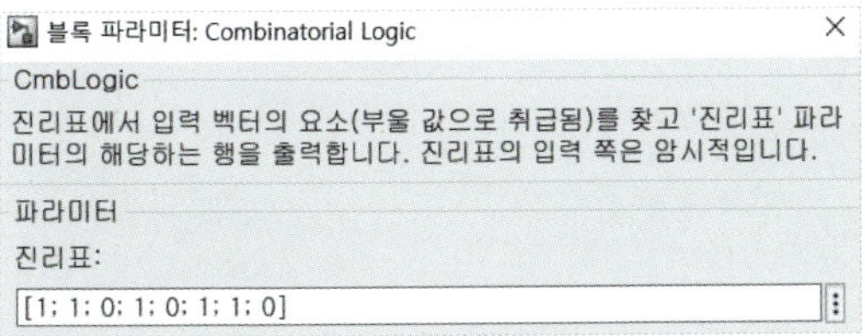

[그림 B-6] Combination Logic 진리표 설정

■ **Display 설정**

Display 블록의 수치 표시 형식은 출력신호의 형태를 설정해주는 부분으로, 2진수 형태로 출력하고 싶다면 '이진(저장된 정수)'을 선택하고, 10진수 형태로 보고 싶다면 'short'를 선택한다. 본 예제에서는 'short'로 설정하였다.

시뮬레이션 수행 전에 입력 데이터 값을 설정한다. MATLAB 명령창에 다음과 같이 입력값을 써 넣는다.

```
>> A=1 ; B=1 ; C=0 ;
```

시뮬레이션을 수행하여 디스플레이 내의 출력값을 확인한다. 이 경우의 출력값은 '1'이다. 출력된 값이 진리표와 맞는지 확인한다. A, B, C의 모든 경우에 대해 출력값을 확인한다.

시뮬레이션 예제 2-3 비트 단위 부울 연산을 이용한 진리표 시뮬레이션

[시뮬레이션 예제 2-1]의 부울함수 $F=(A+B)(B+\overline{C})$에 대한 비트 단위의 연산 시뮬레이션을 이용하여 진리표의 출력 F를 구하라.

풀이

[그림 B-7]과 같이 회로도를 작성한다. A, B, C 변수에는 진리표에서의 각 변수열에 해당하는 10진수 값을 각각 입력한다. 예를 들어 A열은 '00001111'이므로 이에 해당하는 10진수 '15'를 입력하고, B열은 '00110011'이므로 이에 해당하는 10진수 '51'를 입력하고, C열은 '01010101'이므로 이에 해당하는 10진수 '85'를 입력한다.

실습

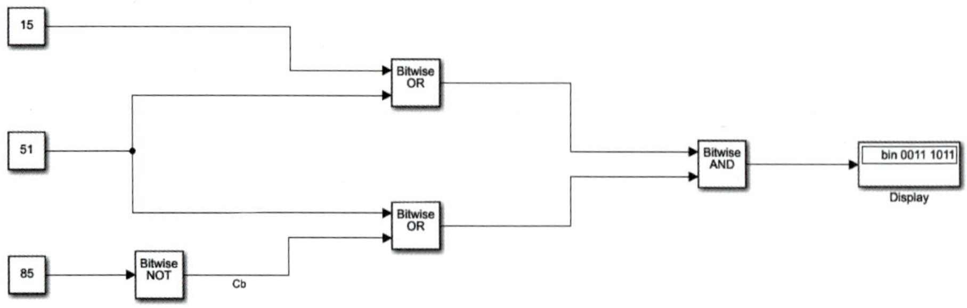

[그림 B-7] 비트 단위 부울 연산 시뮬레이션 회로도

다중 비트이므로 [그림 B-8]과 같이 **워드 길이**는 '8'로 설정한다.

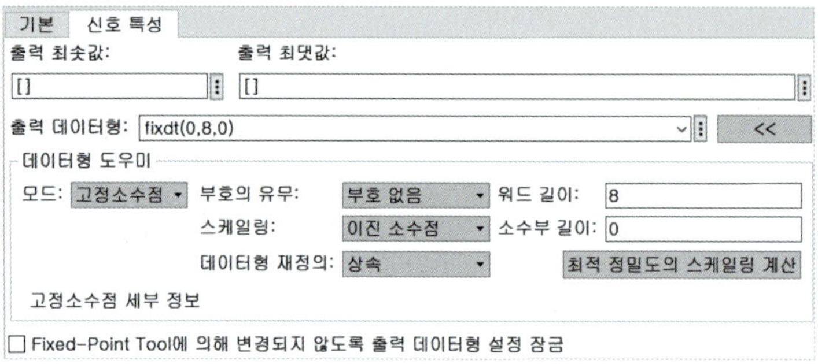

[그림 B-8] 8비트로 데이터 타입 설정

시뮬레이션 수행 후 출력값을 확인하면, 진리표의 출력 열 '00111011'을 얻을 수 있다.

시뮬레이션 예제 2-4 다중 출력 진리표

[표 B-2]의 다중 출력 진리표를 시뮬레이션하라.

[표 B-2]

입력		출력	
A	*B*	*F*	*G*
0	0	0	1
0	1	1	0
1	0	0	0
1	1	0	1

(a) 부울함수를 구하여 비트별 연산을 위한 논리도를 작성하라.

(b) Combinatorial Logic 블록의 진리표를 이용하라.

풀이

(a) 부울함수 이용

먼저 진리표로부터 $F = \overline{A}B$, $G = \overline{A}\,\overline{B} + AB$를 구한다. Simulink에서 비트별 연산 동작을 수행하기 위해 [그림 B-9]와 같은 시뮬레이션 회로를 구성한다.

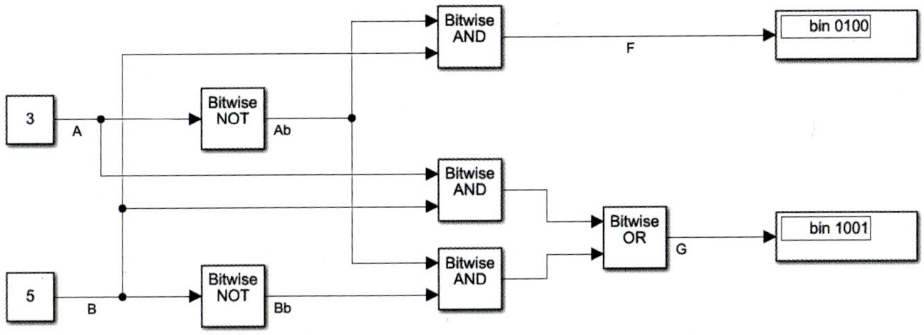

[그림 B-9] 비트 단위 연산을 이용한 시뮬레이션 회로도

Constant 블록의 신호 특성은 '부호 없음', 워드 길이는 '4'로 설정한다. 그리고 A의 상수 값은 '3'으로 입력하여 A열의 디지털 패턴 '0011'을 설정하고, B의 상수 값은 '5'를 입력하여 B열의 디지털 패턴 '0101'을 설정한다. Display의 수치 표시 형식은 '이진(저장된 정수)'으로 설정한다. 시뮬레이션 수행 후, F와 G 출력이 진리표상의 출력열 데이터와 같음을 확인한다.

(b) Combinatorial Logic 블록 이용

Constant 블록에서 [그림 B-10]과 같이 입력 A, B를 벡터로 입력하고, 1비트 디지털 데이터이므로 출력 데이터형을 'boolean'으로 선택한다.

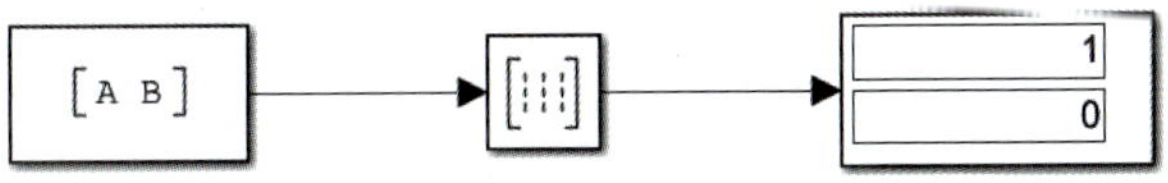

[그림 B-10] Combinatorial Logic을 이용한 진리표의 시뮬레이션 설정

Combinatorial Logic은 [그림 B-11]과 같이 진리표의 출력을 벡터 형태로 입력한다.

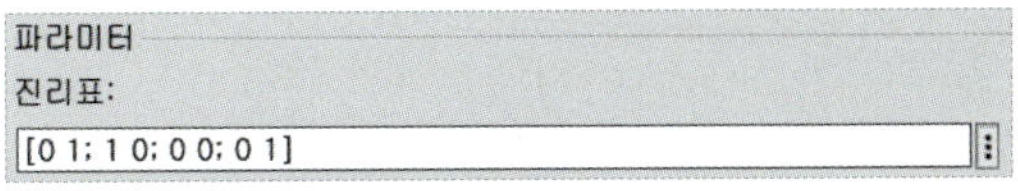

[그림 B-11] 진리표의 출력 벡터

Display의 Format 설정은 'short'로 한다. MATLAB 명령창에서 A, B 값을 입력하고 시뮬레이션을 수행한다. 시뮬레이션을 수행한 후, 마우스를 이용하여 디스플레이 창을 키우면 [그림 B-10]처럼 두 개의 창으로 볼 수 있다. 예를 들어, 'A=0; B=1;'을 입력하여 시뮬레이션을 수행하고 Display 내의 값을 확인한다. A, B의 값을 바꾸어 가며 진리표의 모든 행을 확인한다.

실습

시뮬레이션 예제 2-5 진리표와 조합논리의 혼성 시뮬레이션

부울함수 $G = ABC + D$에 대해 Combinatorial Logic 블록 및 비트별 연산을 혼성 시뮬레이션하여 진리표의 출력을 구하고자 한다. 중간 출력 $F = ABC$는 Combinatorial Logic 블록을 이용하여 연산하고, 입력 D와 F는 비트 단위 OR 논리 연산으로 최종 출력하는 Simulink 회로를 작성하고 시뮬레이션하라.

풀이

혼성 블록의 동작을 수행하기 위해 [그림 B-12]와 같은 시뮬레이션 회로를 구성한다.

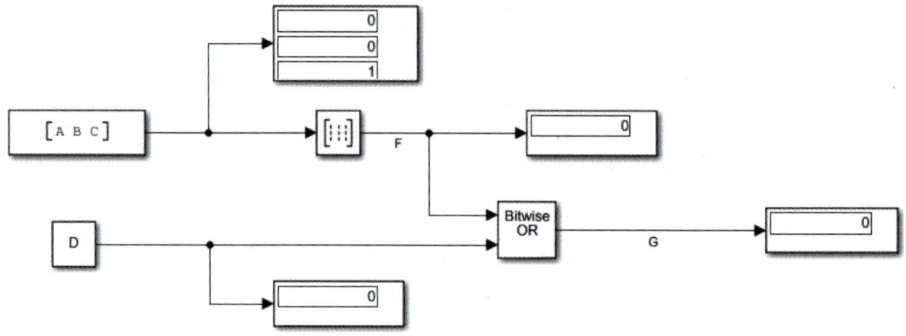

[그림 B-12] 진리표와 비트 단위 연산의 혼성 시뮬레이션 설정

입력 [A B C] 및 D는 1비트이므로 **출력 데이터형**을 워드 길이 설정 없이 'boolean' 설정하는 것으로 충분하다. Display는 **수치 표시 형식** 'short'를 설정한다.

MATLAB 명령창에 $A \sim D$의 값을 입력한다.

```
>> A=0 ; B=0 ; C=1 ; D=0 ;
```

시뮬레이션을 수행한 후, 디스플레이 내의 출력값을 확인한다. 입력의 모든 조합에 대해 출력을 확인하고 진리표를 작성한다.

3장 조합논리회로의 기초

시뮬레이션 예제 3-1 NAND형 XOR 회로의 진리표

Simulink Bitwise NAND만을 사용하여 $F=\overline{A}B+A\overline{B}$ 회로를 작성하고 시뮬레이션하여 진리표를 구하라.

풀이

Simulink를 사용하여 [그림 B-13]과 같은 NAND형 회로를 구성하고 출력에는 Display를 연결한다. Constant는 진리표 A열의 데이터 '0011'에 해당하는 10진수 '3'을 입력하고, B열의 데이터 '0101'에 해당하는 10진수 '5'를 입력한다.

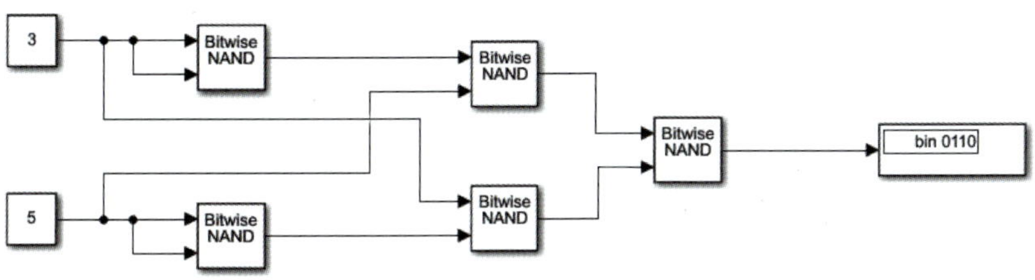

[그림 B-13] NAND 게이트를 이용한 XOR의 진리표 시뮬레이션 회로

〈블록 파라미터: Constant〉 창에서 **신호 특성**은 '부호 없음'으로, **워드 길이**는 '4'로 설정한다.

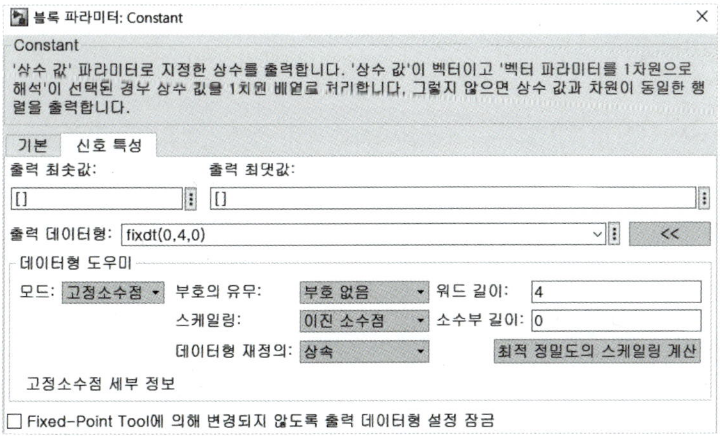

[그림 B-14] Constant의 신호 특성 설정

Display에서 **수치 표시 형식**은 '이진(저장된 정수)'으로 설정한다. 출력 F의 열 데이터 '0110'을 확인한다.

실습

시뮬레이션 예제 3-2 NAND형 XOR 회로의 동적 시뮬레이션

NAND 게이트만을 사용하여 $F=\overline{A}B+A\overline{B}$ 회로를 Simulink 모델 작업창에서 작성하라. 동적 동작을 통해 논리 동작을 모두 확인할 수 있도록 시간축상에서 두 입력을 설정하고 시뮬레이션하여 진리표의 동작을 확인하라.

풀이

[그림 B-15]와 같이 회로도를 작성한다. Clock A의 주기는 '2', Clock B의 주기는 '4'로 설정하여 입력 디지털 논리의 모든 경우의 수가 포함되도록 한다.

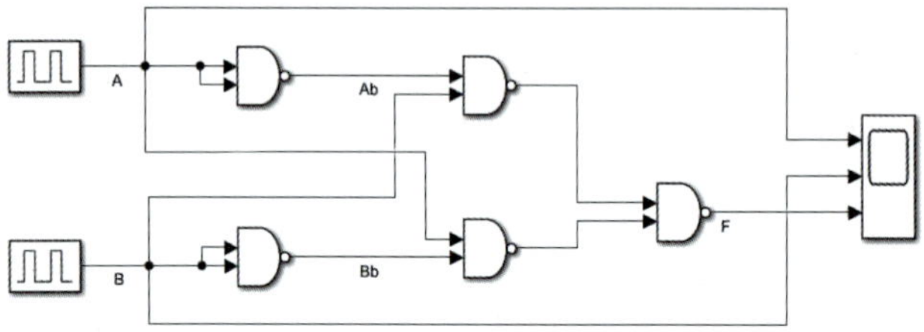

[그림 B-15] NAND형 XOR 동작의 동적 시뮬레이션 회로

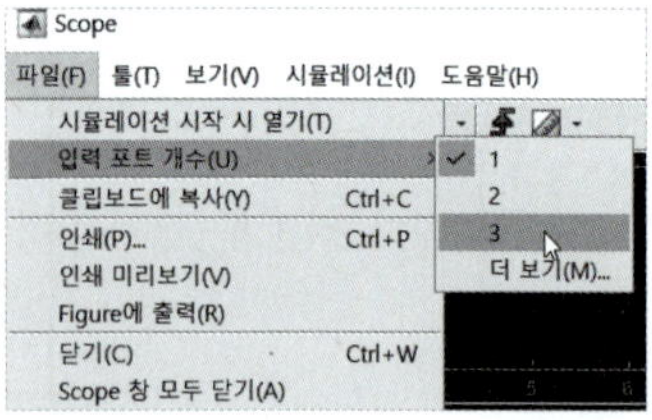

[그림 B-16] Scope의 입력 포트 개수 설정

시뮬레이션을 수행하고 Scope를 더블클릭하여 [그림 B-17]과 같이 출력 파형을 확인한다. 이때 입력의 모든 논리 조합에 대해 출력을 확인한다.

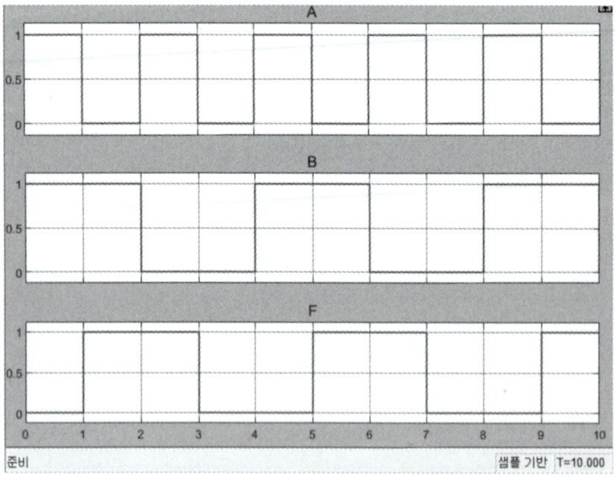

[그림 B-17] 동적 시뮬레이션 결과 파형(위에서부터 차례로 A, B, F)

Tip 연결선을 더블클릭하여 노드 명칭을 A, B, F로 입력하면, 노드 명칭을 읽어 들여 Scope의 결과 파형의 타이틀로 그대로 들어온다.

시뮬레이션 예제 3-3 MUX의 시뮬레이션

Simulink를 이용하여 [표 B-3]의 MUX를 구현하고 시뮬레이션하라.

[표 B-3]

S	F
0	B
1	A

풀이

[표 B-3]으로부터 부울함수 $F = AS + B\overline{S}$를 얻는다. Simulink 모델 작업창에 다음과 같이 작성한다.

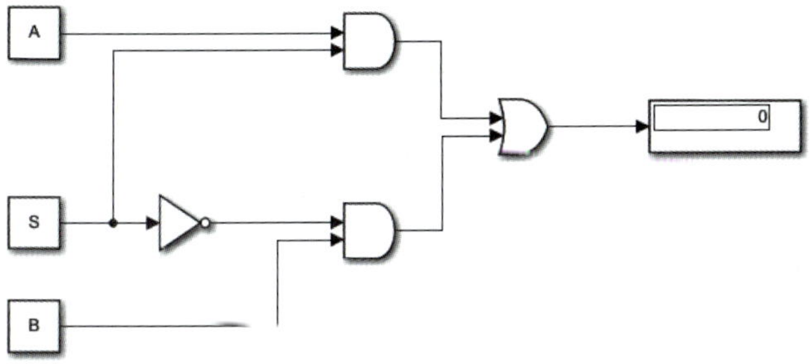

[그림 B-18] MUX의 시뮬레이션 회로

MATLAB 명령창에 다음을 입력하여 출력 $F = 0$임을 Display 화면에서 확인한다.

```
>> A=0 ; B=0 ; S=0 ;
```

A, B, S의 모든 조합에 대해 출력 F의 값을 확인한다.

실습

시뮬레이션 예제 3-4 지연시간 기반의 글리치 발생 회로 시뮬레이션

[예제 3-13]을 참조하여 지연시간 기반의 글리치 발생 회로를 시뮬레이션하라. 단, 발생되는 펄스의 폭은 0.5로 한다.

풀이

게이트의 지연시간만큼의 펄스폭을 갖는 논리도를 [그림 B-19]와 같이 작성한다. 게이트의 지연시간은 Simulink / Discrete 라이브러리에서 Memory 블록을 호출하여 설정한다. 게이트와 직렬로 Memory 블록을 연결하여 게이트의 지연시간을 구현한다.

Memory 블록은 시뮬레이션 과정에서 내부적인 시뮬레이션 스텝에 해당하는 지연을 구현하므로 가변 스텝인 경우 회로 및 시뮬레이션 과정에서 지연의 크기가 변한다. 따라서 지연시간을 고정시키기 위해서는 **솔버 선택**은 '고정 스텝'으로, **고정 스텝 크기**(기본 샘플 시간)는 '0.5'로 설정한다. 고정 스텝 크기를 바꾸면 원하는 지연시간을 설정할 수 있다.

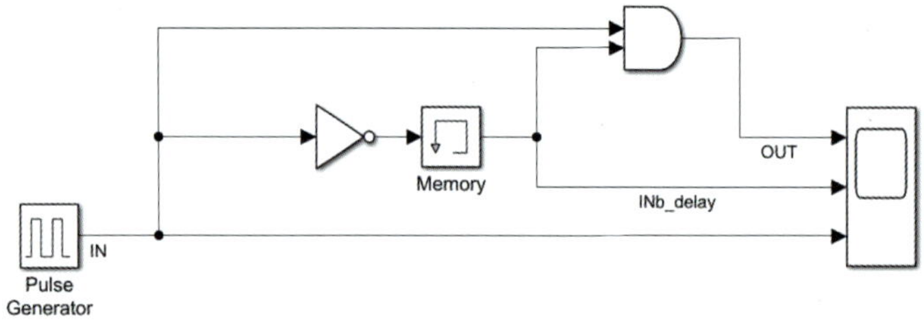

[그림 B-19] 지연시간을 이용한 펄스 발생 회로의 시뮬레이션 설정

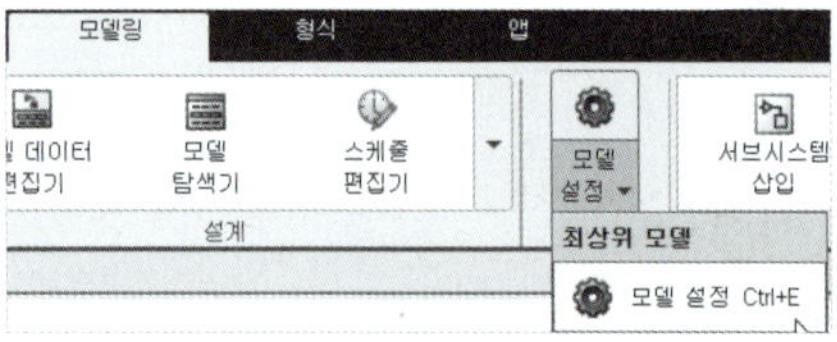

[그림 B-20] 지연시간 설정을 위한 모델링 메뉴

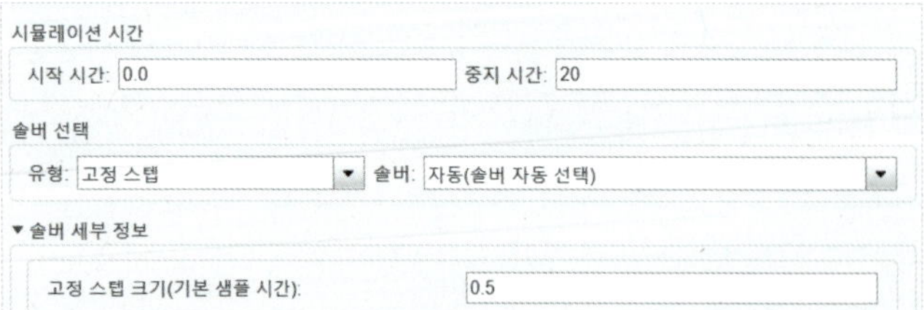

[그림 B-21] 솔버의 고정 스텝 선택 및 고정 스텝 크기 설정

본 예제에서는 Clock 블록 대신 Pulse Generator 블록을 사용하였는데, Pulse Generator는 Clock과 달리 파형의 지연, 듀티 비(주기에 대한 'H' 구간의 비) 등 시간축상에서 좀 더 유연한 파형 설정이 가능하다.

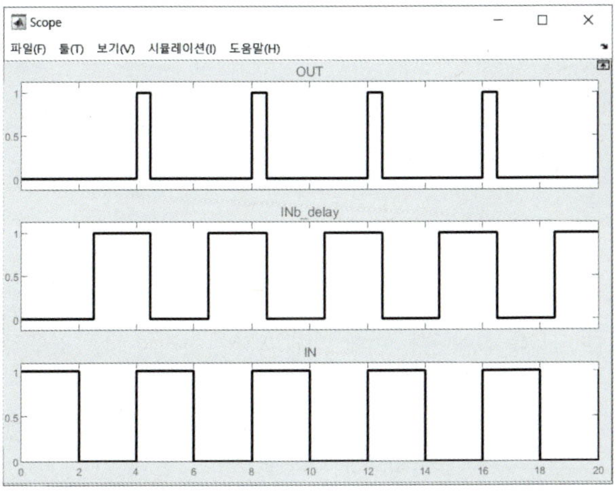

[그림 B-22] Memory 블록의 고정 스텝에 해당하는 펄스폭 발생

실습

4장 조합논리회로의 응용

시뮬레이션 예제 4-1 3×8 디코더

[그림 4-17]의 3×8 디코더를 설계하고, 입력변수의 모든 경우의 수에 대해 시뮬레이션으로 출력을 확인하라.

풀이

[그림 4-17]의 논리회로를 Simulink를 이용해 설계한다. 이때 입력 디지털 논리의 모든 경우의 수가 포함되어야 한다.

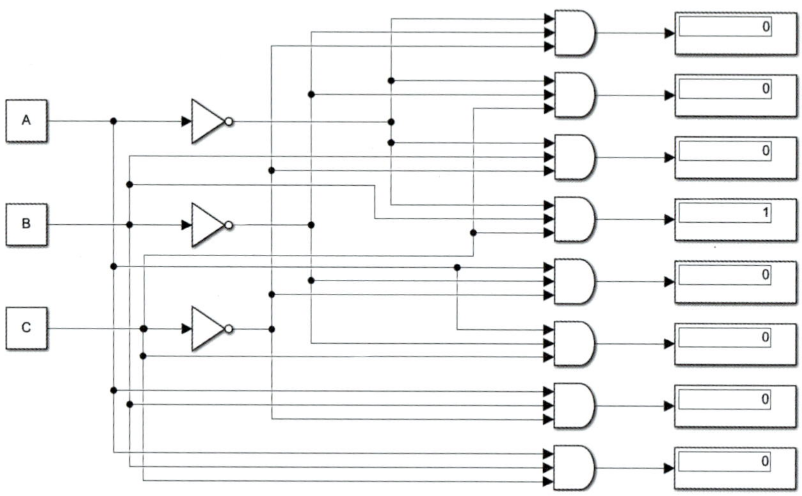

[그림 B-23] 3 대 8 디코더의 시뮬레이션 회로($A=0$, $B=1$, $C=1$ 입력)

$A=0$, $B=1$, $C=1$일 때의 결과를 보기 위해 MATLAB 명령창에 변수값을 주면, 시뮬레이션을 수행한 출력 결과를 [그림 B-23]에서와 같이 확인할 수 있다.

시뮬레이션 예제 4-2 반가산기 서브시스템

[그림 4-26]의 반가산기를 설계하고, 서브시스템을 제작하라.

풀이

Simulink는 계층적인 설계를 제공한다. 공통적으로 많이 쓰이는 회로 블록을 서브시스템으로 정의한 후 독립적으로 생성한 사용자 라이브러리에 등록하여 필요할 때마다 꺼내 쓰는 개념이다.

먼저 〈Simulink 라이브러리 브라우저〉 창에서 '빈 서브시스템'을 선택하여 서브시스템을 제작한 후 저장한다. 서브시스템 창을 띄우고 입·출력 핀을 연결하여 회로를 완성하고 마우스 오른쪽 버튼을 눌러 선택 항목에 '서브시스템 만들기' 메뉴를 선택하여 서브시스템 심볼과 내부 회로가 생성된 것을 확인한다.

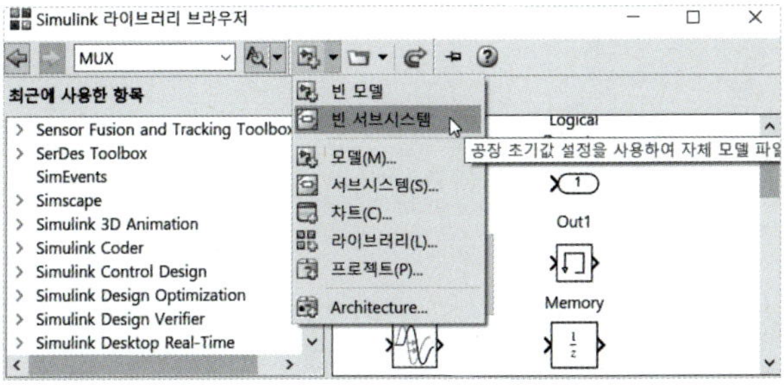

[그림 B-24] Simulink 라이브러리 브라우저에서 빈 서브시스템을 선택

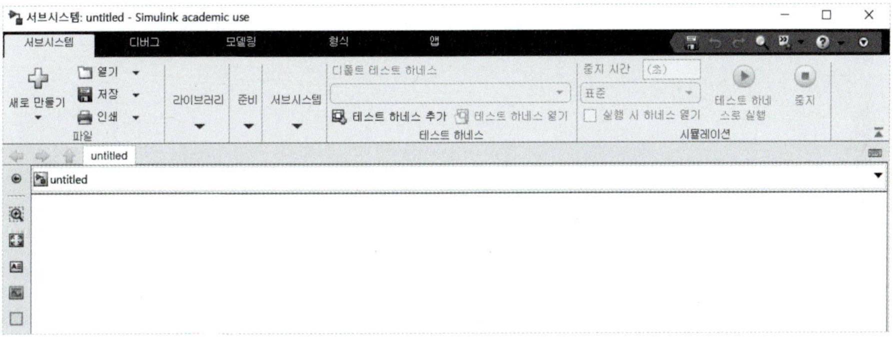

[그림 B-25] 서브시스템 작업창을 띄운 모습

[그림 B-26]과 같이 반가산기의 논리도를 입력 및 출력 핀과 함께 그린다. 입·출력 핀은 Simulink / Commonly Used Blocks 에서 In1 혹은 Out1을 끌어온다. 서브시스템으로 정의하려는 부분을 선택한 후, 마우스 오른쪽 버튼을 눌러 '선택 항목을 서브시스템으로 만들기'를 클릭한다. 선택된 논리도 부분이 [그림 B-27]과 같이 서브시스템 블록으로 변환된다. 서브시스템 블록명은 Half Adder로 변경하였다.

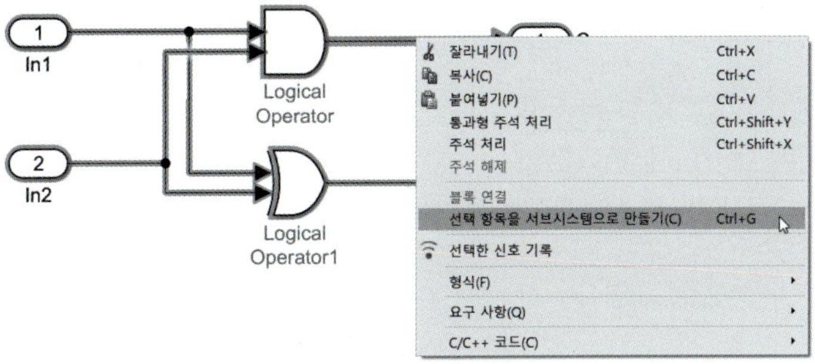

[그림 B-26] 입·출력 핀과 완성된 회로를 선택하여 서브시스템 만들기

실습

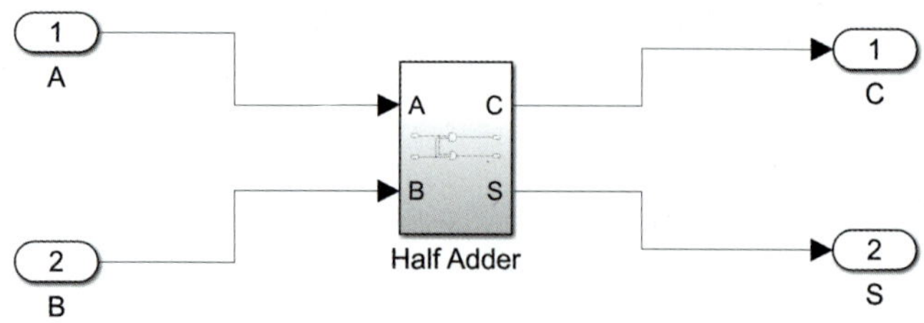

[그림 B-27] 제작된 반가산기의 서브시스템

[그림 B-27]의 반가산기 서브시스템 블록을 클릭하면 [그림 B-28]과 같이 서브시스템 내부로 들어간다.

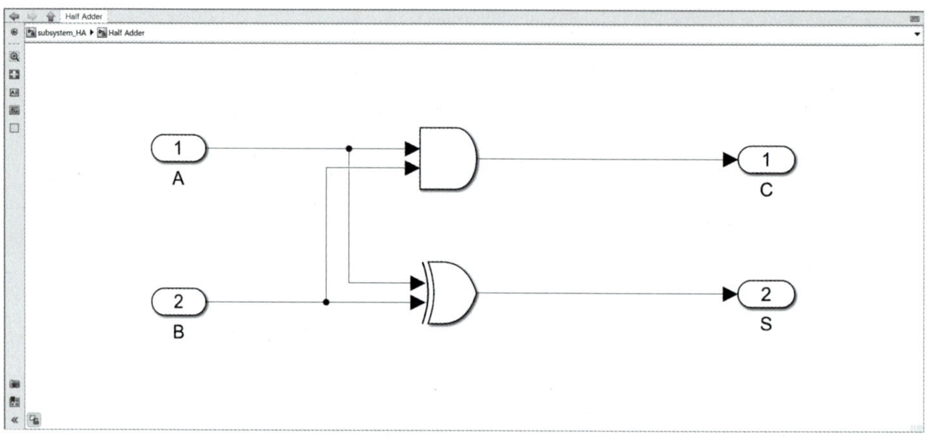

[그림 B-28] 반가산기의 서브시스템의 내부 모습

제작한 서브시스템을 계속해서 재활용하기 위해서는 사용자 라이브러리를 생성한다. 〈Simulink 라이브러리 브라우저〉 창의 상단 메뉴에서 **'라이브러리(L)'**를 선택하고 라이브러리 명을 'Library_example'로 저장하면 'Library_example.slx'가 생성된다.

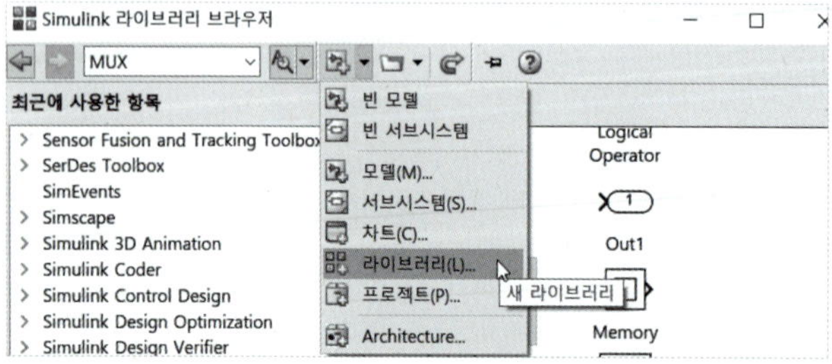

[그림 B-29] 라이브러리 브라우저에서 새 라이브러리를 생성하는 단계

[그림 B-30] 사용자 라이브러리를 제작하는 과정

생성된 라이브러리 작업창과 미리 제작한 Half Adder 서브시스템 작업창을 동시에 열어놓고, Half Adder 블록을 선택한 채로 끌어다가 사용자 라이브러리 작업창에 떨어뜨리면 [그림 B-31]과 같이 등록된다.

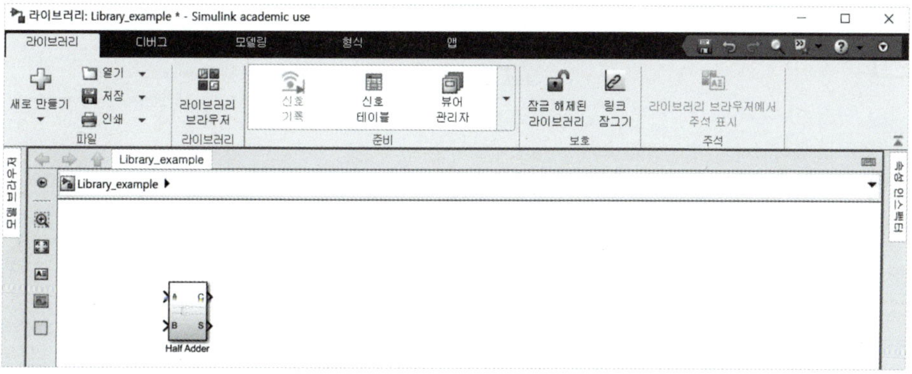

[그림 B-31] 사용자 라이브러리에 서브시스템을 등록한 모습

이제 〈Simulink 라이브러리 브라우저〉에서 블록을 끌어다 쓰는 것처럼 Libray_example을 열기만 하면 언제든지 Half Adder 블록을 끌어다 사용할 수 있다.

Tip 복잡한 회로를 설계할 때 모든 회로를 다 펼쳐놓고 작업하면 비효율적이므로, 공통적으로 자주 사용되는 부분은 하위 레벨에서 서브블록으로 지정해 놓고 상위 레벨에서 여러 번 불러다 쓸 수 있다. 이러한 복수의 설계 레벨을 형성하는 것을 계층설계(hierarchical design)라고 하며, Simulink에서 계층설계를 위해 반복해서 사용하는 회로 부분을 서브시스템(sub-system)이라 한다.

실습

시뮬레이션 예제 4-3 전가산기 계층설계

4.3.1절에서 학습한 AND-OR-NOT 게이트를 사용하는 전가산기 및 XOR 게이트를 사용하는 전가산기를 각각 설계하고, 입력값의 모든 경우에 대한 출력을 시뮬레이션으로 확인하라.

풀이

사용자 라이브러리를 열어서 [시뮬레이션 예제 4-2]에서 제작하여 등록한 반가산기 블록을 끌어다 작업창에 놓는다. 입력 및 디스플레이 블록을 연결하여 시뮬레이션 회로를 완성한다. 입력의 모든 조합에 대해 출력을 확인한다.

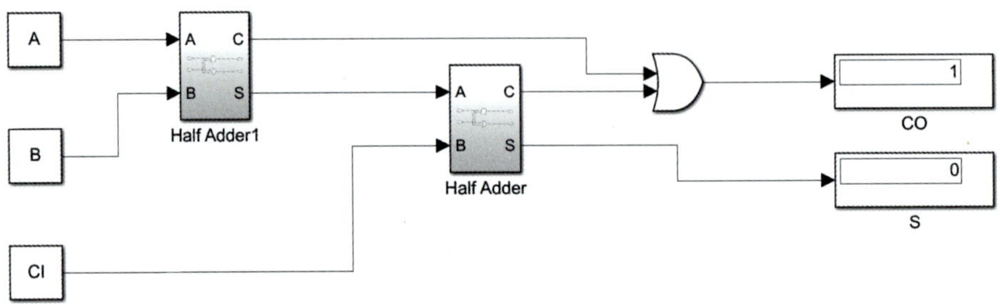

[그림 B-32] 반가산기 서브시스템을 불러온 전가산기의 시뮬레이션 회로($A=0$, $B=1$, $CI=1$ 입력)

시뮬레이션 예제 4-4 전가산기 서브시스템

[그림 4-27]의 반가산기(HA)를 사용하는 전가산기(Type1)와 [그림 4-29]의 AND-OR-NOT을 사용하는 전가산기(Type2)의 서브시스템을 제작하고 라이브러리에 등록하라.

풀이

■ **HA를 사용한 계층적 구조(Type1)**

HA를 이용한 Type1 전가산기를 [그림 B-34]와 같이 설계한 후, FA(Type1) 서브시스템으로 제작한다.

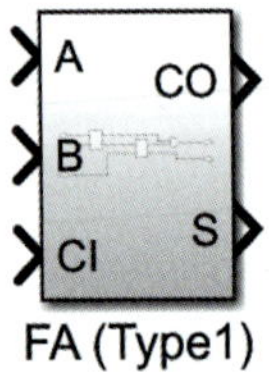

[그림 B-33] FA(Type1) 심볼

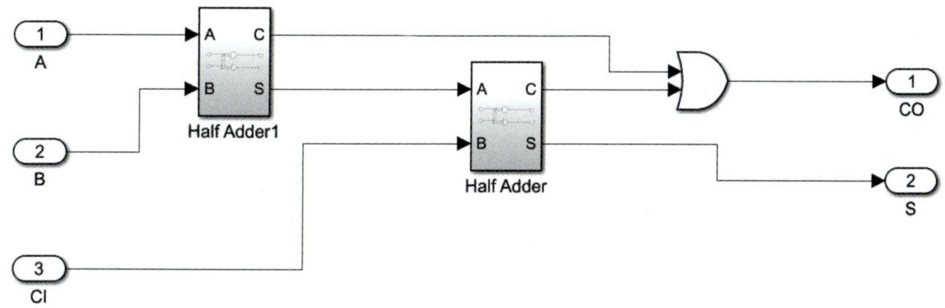

[그림 B-34] FA(Type1) 서브시스템의 내부 회로

■ AND-OR-NOT 구조(Type2)

AND-OR-NOT 게이트를 이용한 Type2 전가산기를 [그림 B-36]과 같이 설계한 후, 서브시스템으로 제작한다.

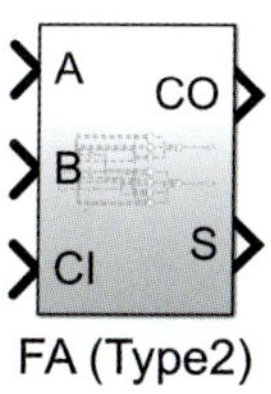

[그림 B-35] FA(Type2) 심볼

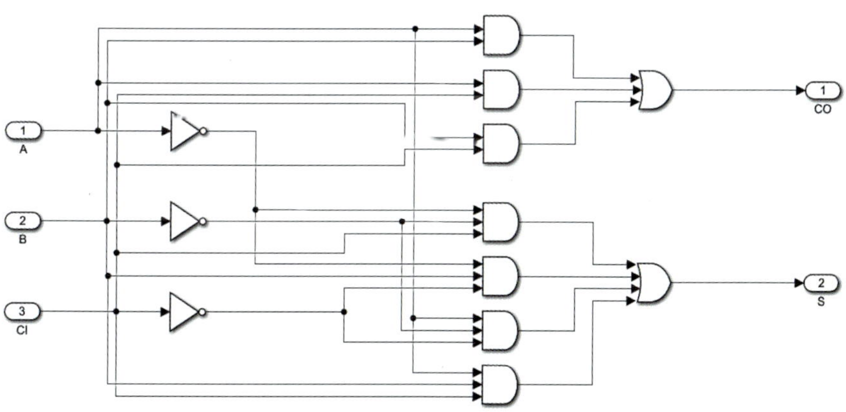

[그림 B-36] FA(Type 2) 서브시스템의 내부 회로

실습

시뮬레이션 예제 4-5 설정 가능 4비트 가산기

[시뮬레이션 예제 4-4]에서 제작한 Type1 및 Type2의 전가산기를 사용하여 설정 가능 4비트 가산기를 설계하라.

풀이

Simulink에서는 같은 동작을 수행하는 두 종류의 다른 회로도를 모두 포함하여 선택적으로 사용할 수 있는 서브시스템을 만들 수 있다. 이를 설정 가능 서브시스템Configurable Subsystem이라고 한다. Configurable Subsystem을 구성하기 위해서는 먼저 이 작업을 위한 라이브러리를 독립적으로 만들어야 한다. 본 예제의 경우 기존에 생성한 'Library_example'을 활용한다.

Library_example의 편집창을 열어서 미리 제작해두었던 Type1과 Type2의 서브시스템을 이 라이브러리 안에 끌어다 놓는다. 다음으로 라이브러리 브라우저의 `Simulink / Ports & Subsystems`에서 Configurable Subsystem을 끌어다가 내 라이브러리에 갖다 놓는다. 이제 내 라이브러리 내에는 다음과 같은 세 개의 서브시스템이 존재한다.

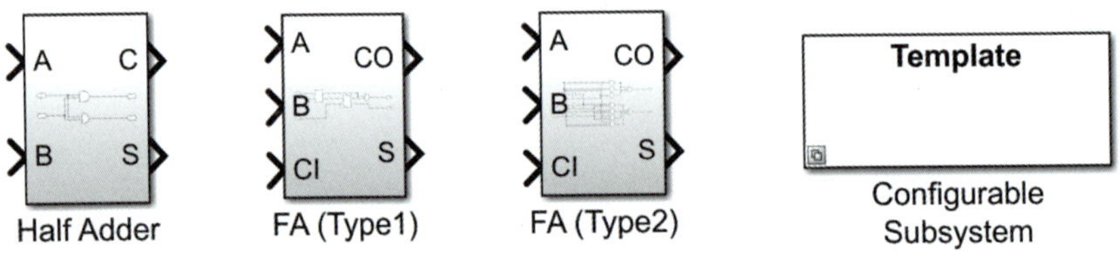

[그림 B-37] 내 라이브러리에 저장된 서브시스템 및 설정 가능 서브시스템

Configurable Subsystem을 더블클릭하면 [그림 B-38]과 같은 대화상자가 뜨며, 블록 선택에서 원하는 서브시스템으로 설정할 수 있다. 그림과 같이 Type1을 체크하면, Configurable Subsystem은 Type1 전가산기가 된다. 마찬가지로 Type2를 체크하면 Type2 전가산기로 바뀐다. 생성된 블록의 끝부분을 끌어서 원하는 형태의 블록 크기를 만든다.

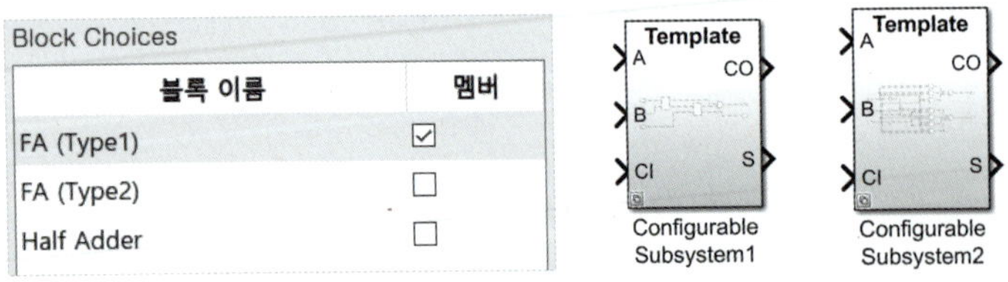

[그림 B-38] 설정 가능 서브시스템으로 완성된 FA (Type1) 및 FA (Type2)

Library_example에 있는 Configurable Subsystem을 설계하고자 하는 4비트 가산기 모델의 작업창에 끌어놓으면 객체가 생성되고, 이를 더블클릭하여 내부를 살펴보면 [그림 B-39]와 같이 Type1 전가산기의 회로도가 연결되어 있는 것을 확인할 수 있다. [그림 B-39]와 같이 시뮬레이션 회로를 완성한 후, 4비트 데이터 및 CI의 모든 조합에 대해 시뮬레이션을 수행하여 CO 및 S3 S2 S1 S0의 출력을 확인한다.

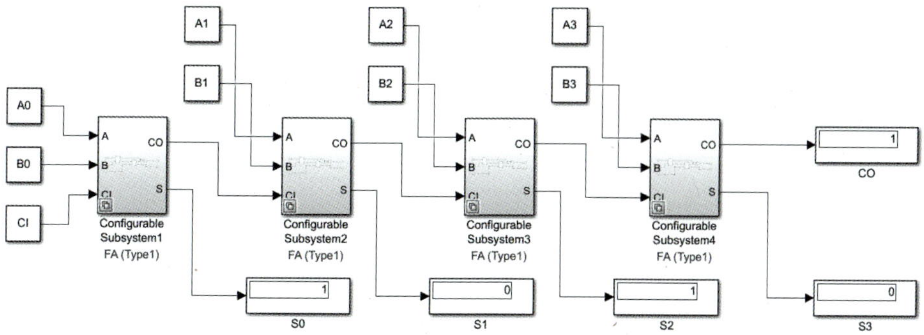

[그림 B-39] Type1 전가산기를 사용한 4비트 가산기 회로 및 시뮬레이션 설정($A_3A_2A_1A_0 = 1101$, $B_3B_2B_1B_0 = 0111$, $C_I = 1$인 경우)

실습

5장 상태 저장회로

시뮬레이션 예제 5-1 *SR* 래치

[예제 5-1]에 주어진 NAND형 *SR* 래치의 동작을 [그림 5-11]의 타이밍도에 대해 시뮬레이션하라.

풀이

NAND형 *SR* 래치의 경우 NAND 게이트의 출력이 다시 다른 NAND 게이트의 입력으로 피드백되는데, NAND 출력의 초기값이 설정되지 않은 상태이므로 이런 상태에서는 출력값을 결정할 수가 없다. 따라서 이 경우에는 시뮬레이션 솔버solver가 '회로를 해석할 수 없다'는 오류가 발생한다. 이 문제를 해결하기 위해, 출력의 현재 상태값과 다음 상태값을 분리할 수 있도록 Memory 블록을 활용한다.

Memory 블록은 실제 회로에 존재하지 않고 시뮬레이션 목적으로만 사용된다. 이는 `Simulink / Discrete` 라이브러리에서 불러올 수 있다. 입력값을 그대로 출력하는 동작을 수행하는데, 시뮬레이션상의 내부 시간 간격만큼의 지연을 발생시킨다.

Signal Builder 출력의 데이터를 게이트에 인가하기 위해서는 2진값으로 데이터형을 변환해야 한다. 이를 위해 `Simulink/Commonly Used Blocks`에서 Data Type Conversion 블록을 가져와서 'boolean'으로 설정한다. 완성된 전체 Simulink 모델은 [그림 B-40]과 같다.

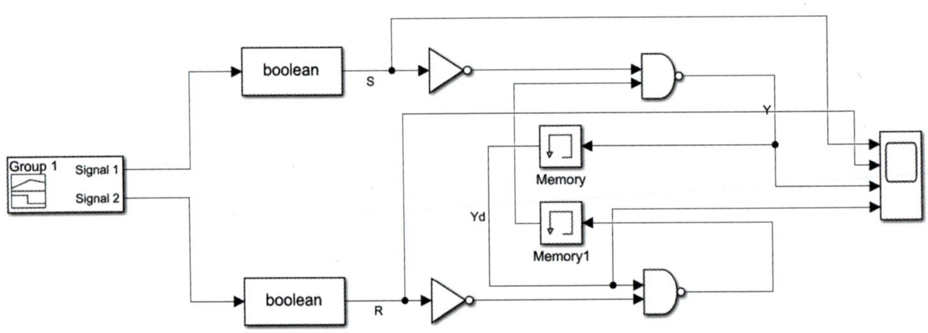

[그림 B-40] *SR* 래치 시뮬레이션을 위한 Memory 블록의 활용

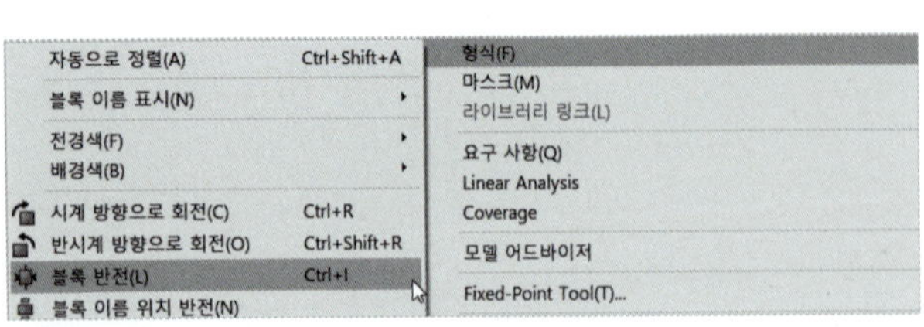

[그림 B-41] Memory 블록의 블록 반전 편집

Simulink / Sources에서 Signal Builder를 끌어온 다음, 상단 메뉴에서 **신호/새로 만들기/펄스**를 선택하여 signal1 및 signal2의 두 개의 신호를 만든다([그림 B-42]). 그다음에는 Signal Builder를 편집하여 [그림 B-43]과 같은 타이밍도를 작성한다.

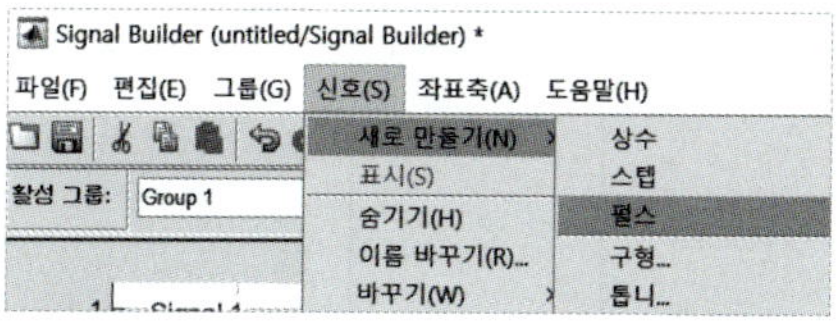

[그림 B-42] Signal Builder의 신호 새로 만들기

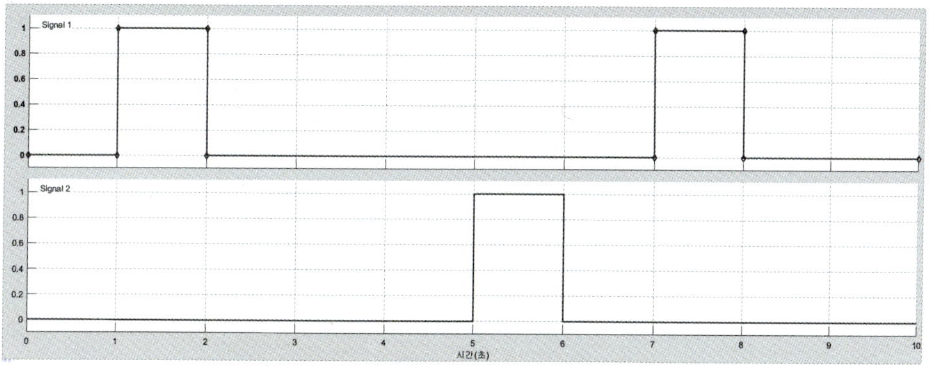

[그림 B-43] Signal Builder를 이용하여 편집한 타이밍도

■ Memory 블록의 지연시간 설정

[그림 B-40]의 Memory 블록은 솔버의 시뮬레이션 스텝만큼의 내부 지연시간을 가진다. 가변 스텝의 경우 시뮬레이션 중에 스텝에 의한 지연시간이 변하므로 Memory 블록을 지연단으로 사용하기에는 어려움이 따른다.

[그림 B-44]와 같이 상단 메뉴에서 '모델 설정'을 선택한 후 솔버에서 '고정 스텝'과 '자동(솔버 자동 선택)'으로 설정하고, 고정 스텝 크기(기본 샘플 시간)은 '0.1'로 설정함으로써 Memory의 지연시간은 0.1로 고정된다.

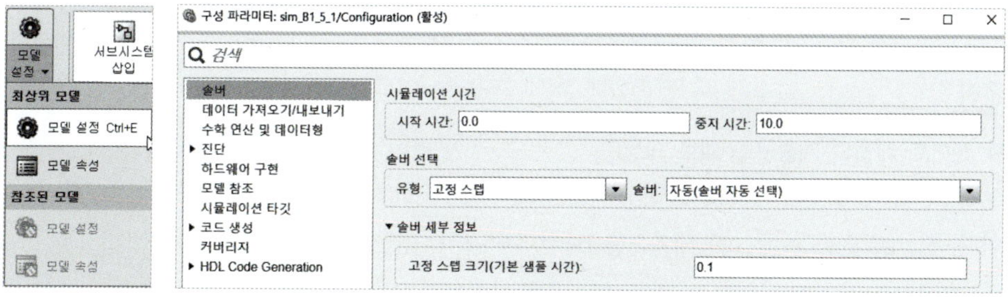

[그림 B-44] Memory 블록을 지연을 0.1로 고정시키기 위한 솔버 설정

실습

[그림 B-45]는 Memory 블록의 초기화 방법을 적용한 시뮬레이션 결과를 보인 것이다. (0, 1) 구간에서는 $S=R=0$이므로 출력 Y는 정의되지 않는다. 따라서 이 구간에서는 Memory 블록의 '0' 초기 조건에 의해 출력 Y가 지연시간 0.1을 단위로 토글링하는 것처럼 보인다. 출력 Y는 $t=1$에서 S 신호에 의해 셋되고, $t=5$에서 R이 입력될 때 리셋되었다가 $t=7$에서 다시 S 신호에 의해 셋된다. Y가 셋되는 경로에는 Memory 블록이 포함되지 않으므로 S의 상승에지에서 지연 없이 Y가 셋되지만, 리셋 경로에는 Memory 블록을 통과하므로 R의 상승에지에서 Memory 블록의 내부 지연시간 0.1만큼 지연된 후 Y가 리셋됨을 볼 수 있다.

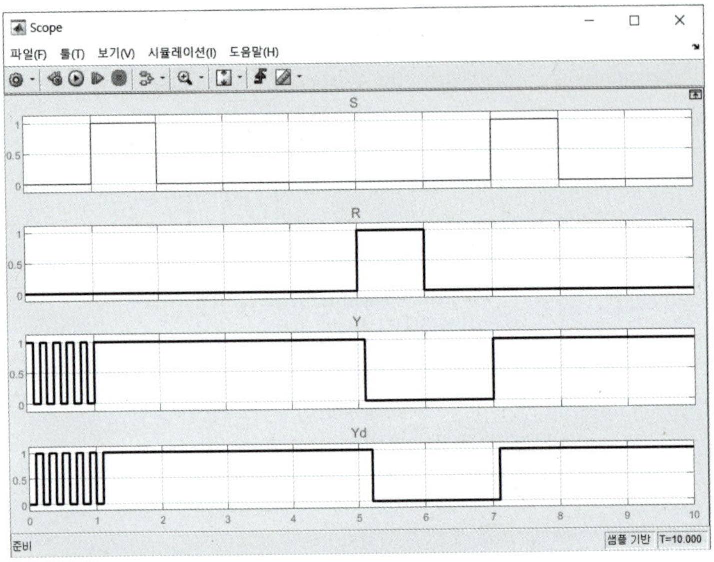

[그림 B-45] Memory 블록의 초기값에 따른 시뮬레이션 결과 파형

이 모델에서 출력 Y는 다음 상태의 값이고, Memory 블록의 출력은 현재 상태의 값이 됨을 확인할 수 있다.

시뮬레이션 예제 5-2 클록형 D 래치

[그림 5-14]의 클록형 D 래치를 서브시스템으로 제작하고 시뮬레이션하라.

풀이

■ **게이트 레벨의 계층구조 회로 모델**

논리도는 전체 회로를 펼쳐서 구성할 수도 있고, 서브시스템을 만들어 계층 구조로 작성할 수도 있다. Signal Builder를 이용해 [그림 B-46]과 같이 입력신호 D를 설정한다.

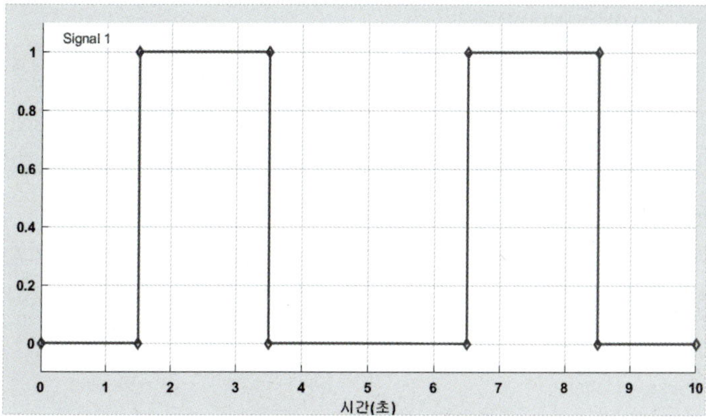

[그림 B-46] Signal Builder를 이용하여 편집한 D의 타이밍도

[그림 B-47]은 전체 시뮬레이션 회로 및 서브시스템의 제작을 보여준다. 클록 CK의 주기는 2로, Memory 블록은 가변 스텝으로 설정한다.

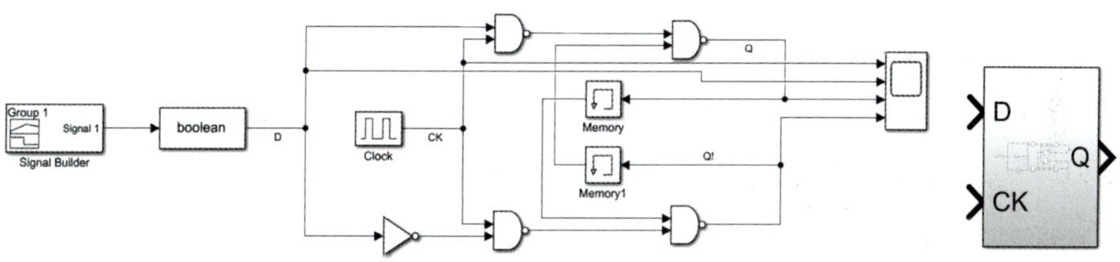

[그림 B-47] 하나의 층에 펼친 D 래치 회로 및 시뮬레이션 설정, D 래치 서브시스템 설정

CK='H'인 구간은 입력 D가 그대로 래치 안으로 들어오며, CK='L'인 구간은 입력 D가 막히고 그 전 상태의 Q 값을 그대로 유지한다. 또한 셋 동작에서는 Memory를 통과하지 않으므로 Q의 지연이 없지만 리셋 동작은 Memory를 통과하는 경로를 거치므로 [그림 B-49]와 같이 고정 스텝의 크기 0.1만큼의 하강에지의 지연이 있음을 유심히 살펴본다.

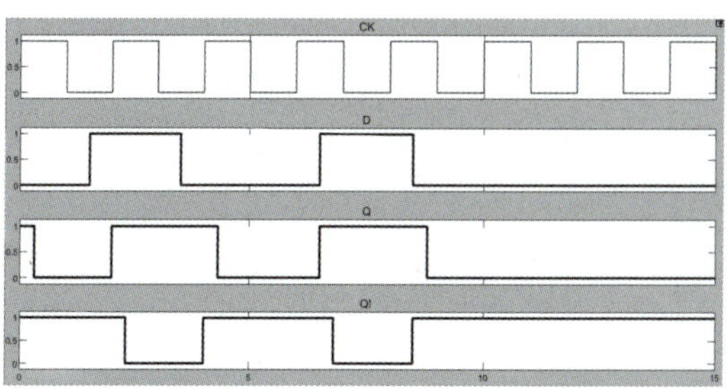

[그림 B-48] 클록형 D 래치의 시뮬레이션 결과

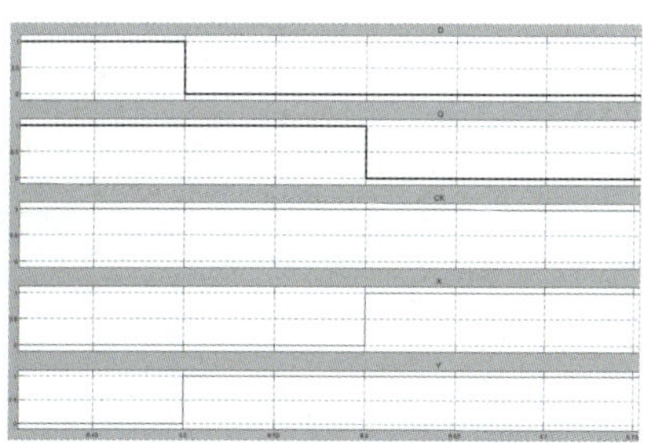

[그림 B-49] Q의 하강 에지에서 Memory에 의한 0.1 지연(위에서부터 D, Q, CK, X, Y)

실습

■ 특성식 및 인에이블 핀을 이용한 모델

또 다른 구현 방법으로 D 래치의 특성식 $Q_{n+1} = D$를 이용하여 조합논리회로의 서브시스템을 만든다. 이 예제에서는 [그림 B-51]과 같이 두 개의 NOT 게이트 및 인에이블 신호를 활용한다. 〈Simulink 라이브러리 브라우저〉 창에서 Simulink / Ports&Subsystems를 선택한 후, Enable을 불러들여 인에이블 핀을 추가한다. Enable 블록은 가해지는 클록이 'H'인 구간에서 회로가 동작할 수 있게 해준다. 즉, 'H' 레벨 트리거링의 동작을 가능하게 한다. 이때 주의할 점은 Enable은 서브시스템에서만 사용 가능하다는 점이다. 상위 레벨에서는 D 래치의 심볼에 ⎍ 핀이 생겨 Clock을 연결할 수 있다.

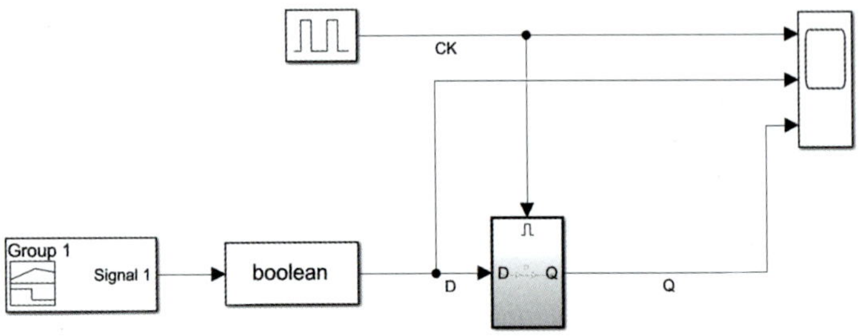

[그림 B-50] 레벨 트리거링 D 래치의 시뮬레이션 환경 설정

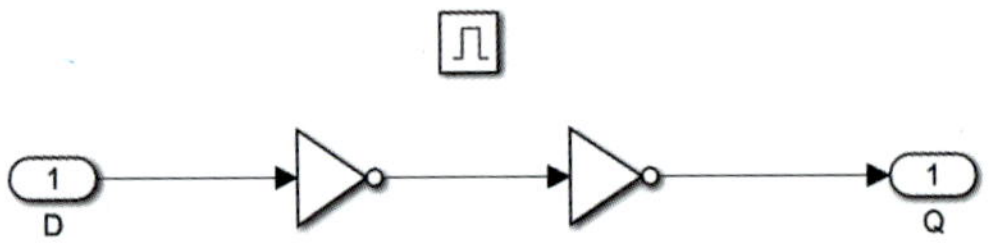

[그림 B-51] 특성식과 인에이블 핀을 이용한 서브시스템

시뮬레이션 결과를 확인해보면, 클록이 'H'인 구간에서는 입력 D의 데이터가 투명하게 출력에 그대로 반영되고, 클록이 'L'인 구간에서는 'H' 구간의 마지막 데이터를 그대로 유지하고 있는 것을 확인할 수 있다.

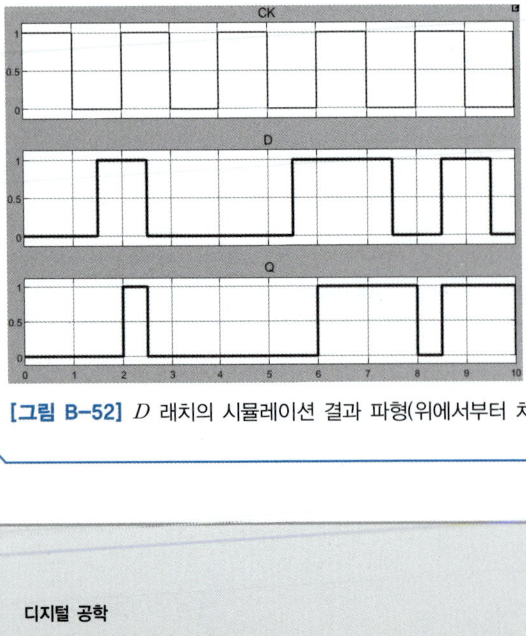

[그림 B-52] D 래치의 시뮬레이션 결과 파형(위에서부터 차례로 CK, D, Q)

시뮬레이션 예제 5-3 마스터-슬레이브 에지 트리거 D 플립플롭

두 개의 클록형 D 래치를 사용하는 마스터-슬레이브 D 플립플롭의 상승에지 및 하강에지 트리거 회로를 각각 구현하고, Signal Builder를 이용하여 작성한 다음의 입력 파형에 대한 출력 결과를 시뮬레이션으로 확인하라.

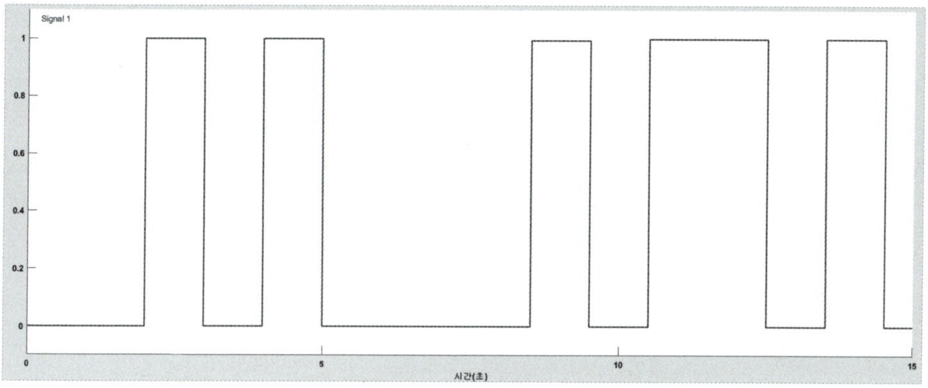

[그림 B-53] Signal Builder를 이용하여 작성한 D 플립플롭의 입력 파형

풀이

Signal Builder를 사용하여 D 입력을 설정하고, 클록은 Clock 블록을 사용한다. 다음과 같은 세 가지 방법으로 마스터-슬레이브 상승에지 및 하강에지 트리거 D 플립플롭을 구현할 수 있다.

■ 상승에지 트리거

[시뮬레이션 예제 5-2]에서 만든 D 래치의 서브시스템을 활용한다. 두 개의 D 래치 서브시스템을 이용하여 상승에지 트리거 D 플립플롭인 (+) edge D-FF로 구현한다. 구현한 서브시스템을 [그림 B-54]와 같이 연결하여 시뮬레이션을 수행한다.

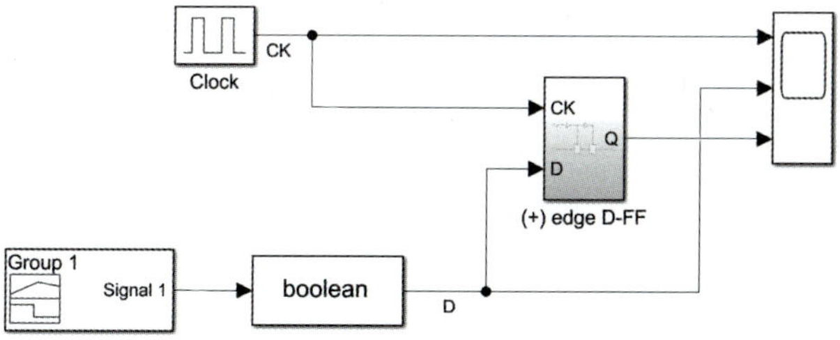

[그림 B-54] 상승에지 트리거 D 플립플롭의 시뮬레이션 설정

실습

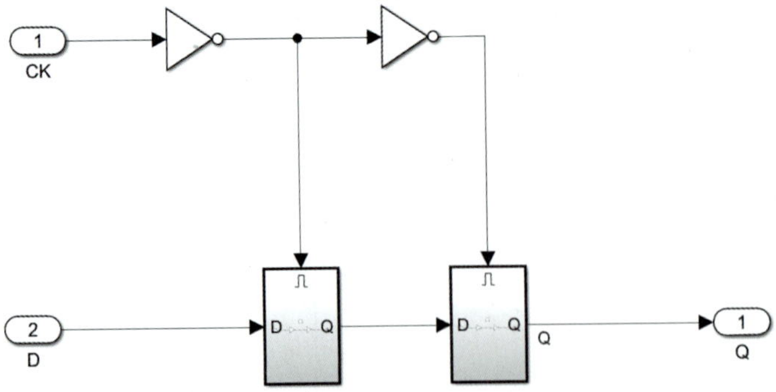

[그림 B-55] 상승에지 트리거 D 플립플롭의 서브시스템

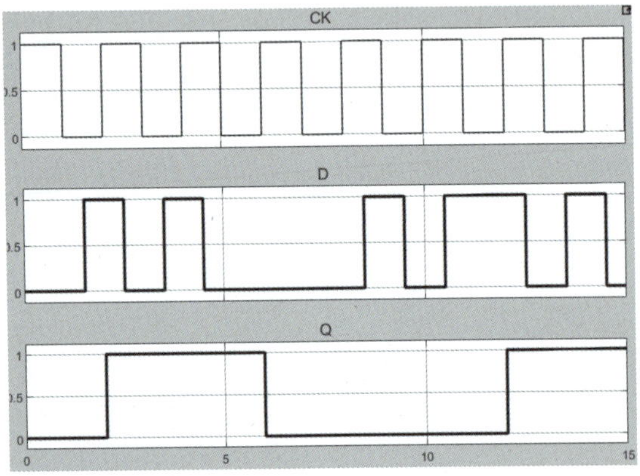

[그림 B-56] 상승에지 트리거 D 플립플롭의 시뮬레이션 결과(위에서부터 차례로 CK, D, Q)

■ 하강에지 트리거

[시뮬레이션 예제 5-2]에서 만든 D 래치의 서브시스템을 활용한다. 두 개의 D 래치 서브시스템을 이용하여 하강에지 트리거 D 플립플롭인 (−) edge D−FF로 구현한다. 구현한 서브시스템을 [그림 B−57]과 같이 연결하여 시뮬레이션을 수행한다.

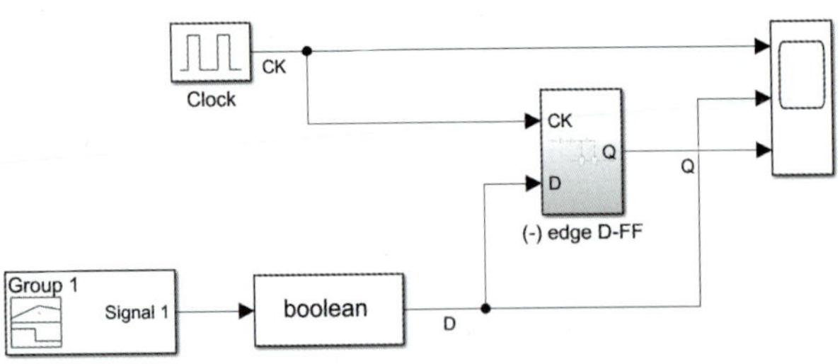

[그림 B-57] 하강에지 트리거 D 플립플롭의 시뮬레이션 설정

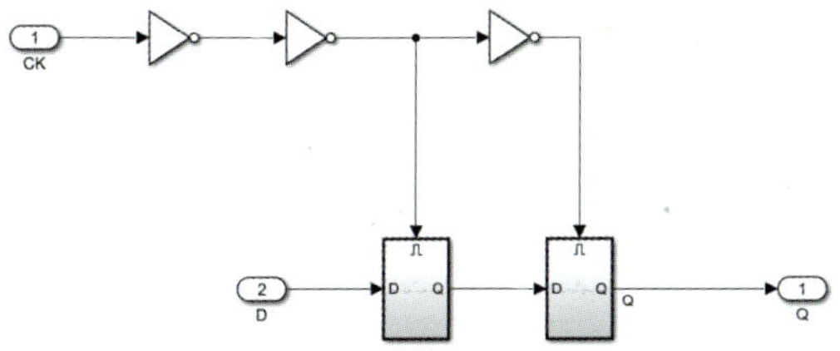

[그림 B-58] 하강에지 트리거 D 플립플롭의 서브시스템

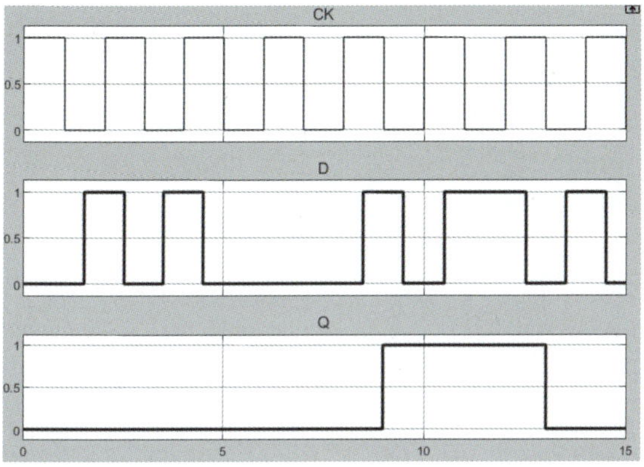

[그림 B-59] 하강에지 트리거 D 플립플롭의 시뮬레이션 결과(위에서부터 차례로 CK, D, Q)

시뮬레이션 예제 5-4 특성식을 사용하는 에지 트리거 D 플립플롭

D 플립플롭의 특성식을 조합논리회로로 구현하고, Simulink / Ports & Subsystems에서 Trigger 블록을 추가하여 에지 트리거 동작이 되도록 한다. 상승에지 및 하강에지에 대해 각각 D 플립플롭을 구현하고 시뮬레이션하라. 입력 파형은 [시뮬레이션 예제 5-3]을 활용하라.

풀이

■ 상승에지 트리거 블록 사용

[그림 B-61]과 같은 상승에지 트리거 회로는 Trigger 블록의 **트리거 유형**을 '상승'으로 설정하여 구현한다. 시뮬레이션 결과는 [그림 B-56]과 같다.

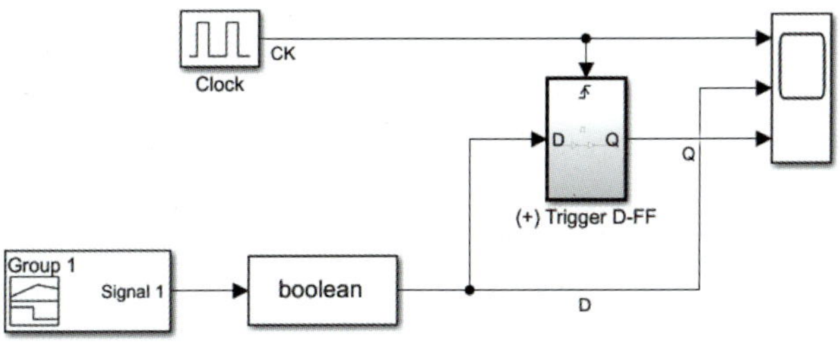

[그림 B-60] 상승에지 Trigger D-FF의 시뮬레이션 설정

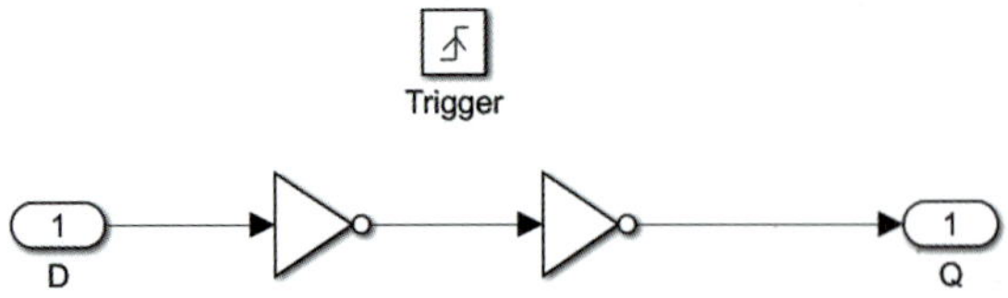

[그림 B-61] 상승에지 트리거 핀을 이용한 서브시스템 회로 설정

■ 하강에지 트리거 블록 사용

[그림 B-63]과 같은 하강에지 트리거 회로는 Trigger 블록의 **트리거 유형**을 '하강'으로 설정하여 구현한다. 시뮬레이션 결과는 [그림 B-59]와 같다.

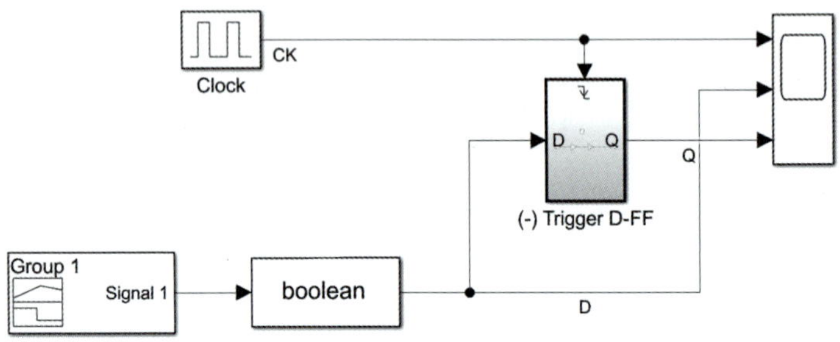

[그림 B-62] 하강에지 Trigger D-FF의 시뮬레이션 설정

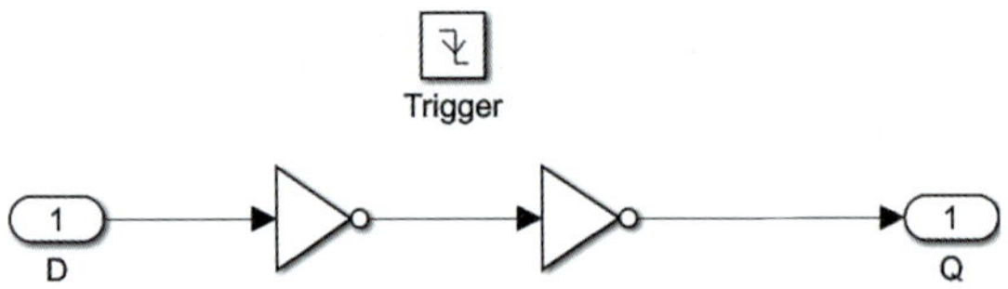

[그림 B-63] 하강에지 트리거 핀을 이용한 서브시스템 회로 설정

시뮬레이션 예제 5-5 리셋 단자가 있는 에지 트리거 D 플립플롭

[시뮬레이션 예제 5-4]에서 구현한 Trigger 블록을 사용한 D 플립플롭에서 리셋 단자를 추가하여 상승에지 트리거 D 플립플롭을 구현하고 시뮬레이션하라. 입력 파형은 [시뮬레이션 예제 5-3]을 활용하라.

풀이

앞에서 구현한 Trigger D 플립플롭 서브시스템에 / Enable을 가져와서 리셋 단자($CLR!$)로 활용한다. 즉, $CLR!$='L'일 때는 회로가 불활성화되므로 $Q=Q!=0$으로 리셋된다. $CLR!$='H'일 때는 회로가 활성화되어 상승에지 트리거 D 플립플롭으로 동작한다. 시뮬레이션 결과는 [그림 B-56]과 같다.

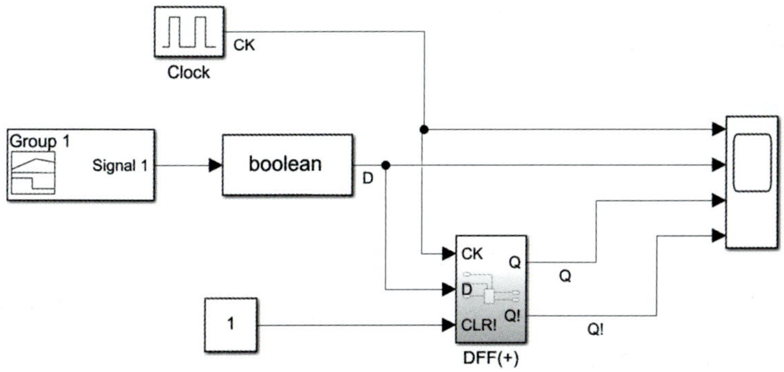

[그림 B-64] 리셋단자가 탑재된 상승에지 트리거 D 플립플롭의 시뮬레이션 설정

서브시스템에서 입·출력 핀 번호 순서로 블록 심볼의 입·출력 단자가 위에서부터 아래로 순서대로 배치됨을 유의한다.

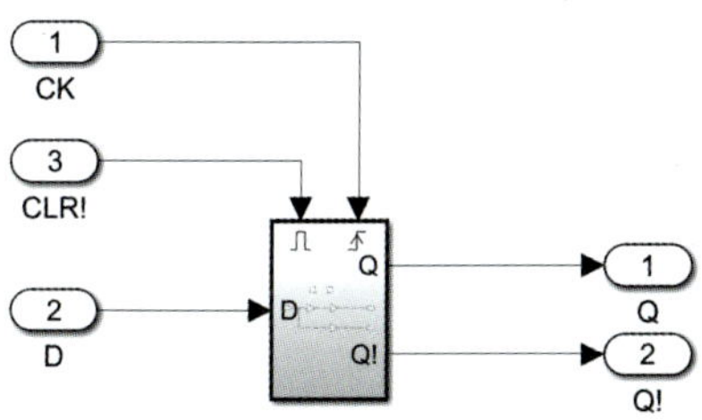

[그림 B-65] Enable 블록을 CLR! 단자로 설정

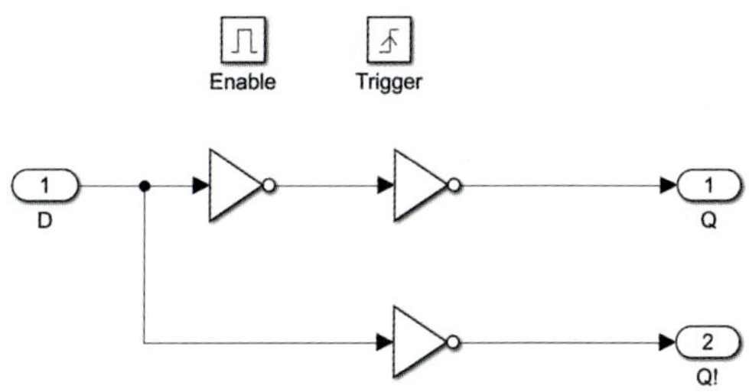

[그림 B-66] Enable 및 Trigger 블록을 활용한 D 플립플롭 서브시스템

6장 순차논리회로의 이해

시뮬레이션 예제 6-1 무어머신

[예제 6-1]의 무어머신의 동작을 입력 $x=0$ 및 $x=1$에 대해 각각 시뮬레이션하라.

풀이

사용자 라이브러리에 저장한 상승에지 트리거 D 플립플롭인 D-FF를 불러와 모델 작업창에서 [그림 B-67]과 같은 시뮬레이션 논리회로를 완성한다. 입력 x의 값은 MATLAB 명령창에서 [그림 B-68]과 같이 입력한다.

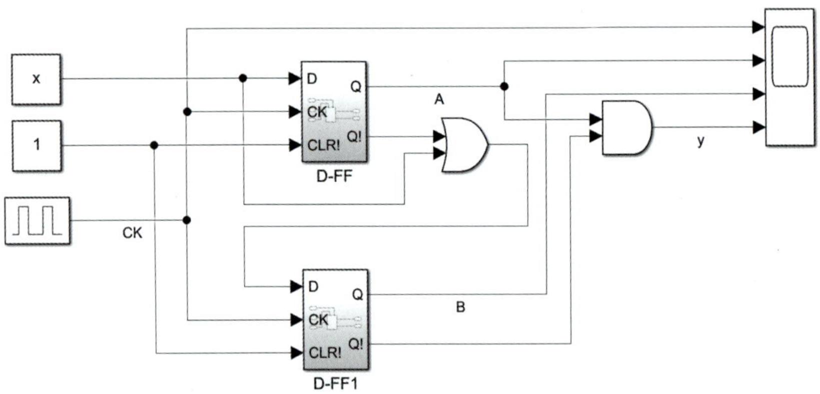

[그림 B-67] 무어머신의 회로도([예제 6-1])

[그림 B-68] MATLAB 명령창에서 x를 입력한 모습

[그림 6-10]의 상태표를 참조하면 입력 $x=0$일 때 $AB=00$에서 01로 천이되며 $AB=01$에서는 다른 상태로 천이되지 못하고 그대로 유지된다. 출력 y는 $AB=10$의 상태에서 $y=1$이 되는데, [그림 B-69]에서처럼 본 시뮬레이션에서는 $00 \rightarrow 01$만 존재하므로 $y=0$이다.

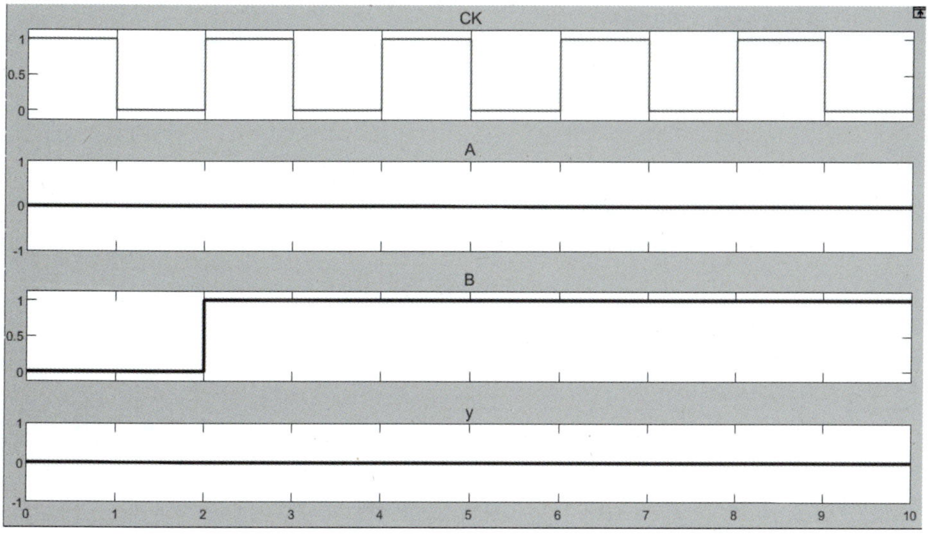

[그림 B-69] $x = 0$일 때의 시뮬레이션 결과(위에서부터 차례로 CK, A, B, y)

입력 $x = 1$일 때 $AB = 00$에서 11로 천이되며 $AB = 11$에서는 다른 상태로 천이되지 못하고 그대로 유지된다. 출력 y는 $AB = 10$의 상태에서 $y = 1$이 되는데 본 시뮬레이션에서는 00 → 11만 존재하므로 $y = 0$이다.

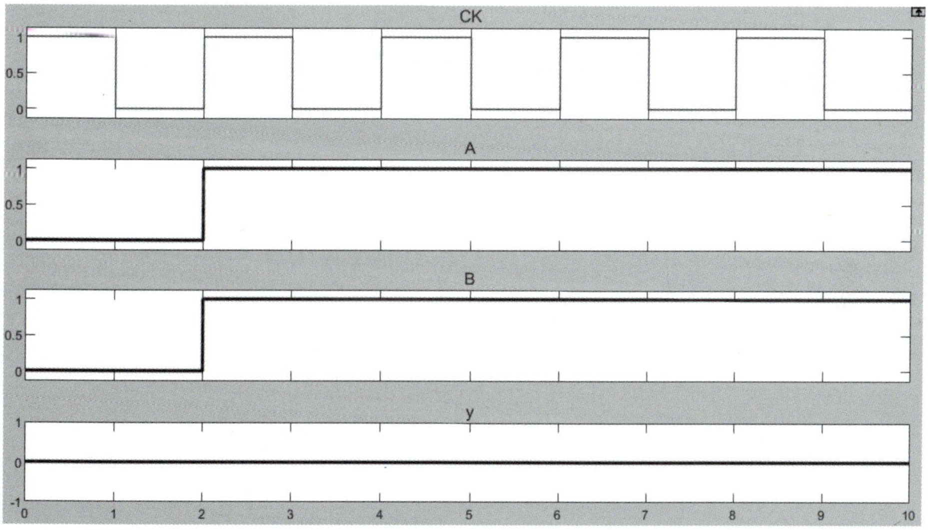

[그림 B-70] $x = 1$일 때의 시뮬레이션 결과(위에서부터 차례로 CK, A, B, y)

실습

시뮬레이션 예제 6-2 밀리머신

[예제 6-2]의 밀리머신의 동작을 입력 $x=0$ 및 $x=1$에 대해 각각 시뮬레이션하라.

풀이

사용자 라이브러리에 저장한 상승에지 트리거 D 플립플롭인 D-FF를 불러와서 모델 작업창에서 [그림 B-71]과 같은 시뮬레이션 논리회로를 완성한다. 입력 x의 값은 MATLAB 명령창에서 입력한다.

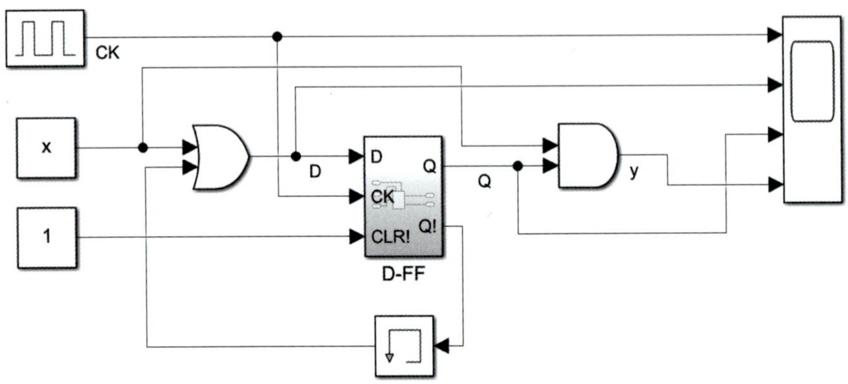

[그림 B-71] 밀리머신의 회로도([예제 6-2])

순차논리회로의 시뮬레이션에서 플립플롭의 출력이 다시 입력으로 피드백 되는 경우 게이트의 지연이 없으면 현재 상태와 다음 상태가 같은 시점에서 영향을 미치므로 시뮬레이션 오류가 발생한다. 이 경우에는 [그림 B-71]과 같이 (실제 회로에는 존재하지 않지만 시뮬레이션 목적으로) Memory 블록을 사용하여 피드백 지연을 의도적으로 삽입한다.

지연시간의 설정은 [그림 B-72]와 같이 상단 메뉴에서 **모델링/모델 설정**을 선택한 후, 솔버에서 '고정 스텝'과 '자동(솔버 자동 선택)'으로 설정하고, **고정 스텝 크기**(기본 샘플 시간)는 '0.1'로 설정한다. 설정값은 클록의 주기 2보다 충분히 작은 값으로 정하였다.

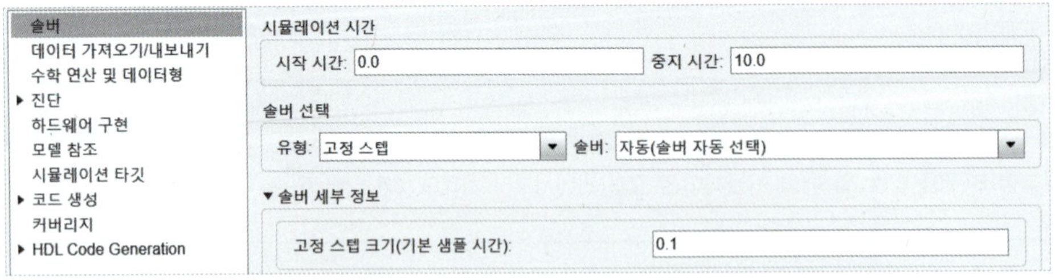

[그림 B-72] 피드백 회로에서 현재 상태와 다음 상태를 분리하기 위해 시뮬레이션 목적으로 Memory 블록의 스텝 간격을 설정한 모습

[그림 6-13]의 상태표를 참조하면, 입력 $x=0$일 때 $Q=0$에서 1로 천이되며 $Q=1$에서는 0으로 천이한다. 따라서 정상 동작의 범주에서는 Q는 계속 토글링한다. [그림 B-73]의 시뮬레이션 결과를 살펴보면, CK의 첫 번째 상승에지가 들어오는 $t=2$에서부터 정상 동작한다. Memory 블록의 지연시간 때문에 입력 D가 0.1 지연되어서 CK의 두 번째 상승에지에서 $Q=1$로 셋 됨을 확인한다.

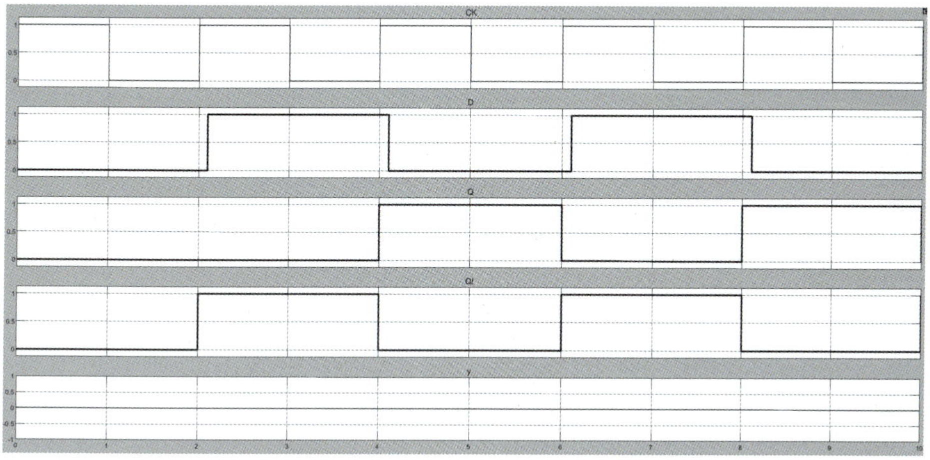

[그림 B-73] $x=0$일 때의 시뮬레이션 결과(위에서부터 차례로 CK, D, Q, $Q!$, y)

[그림 6-13]의 상태표를 참조하면, 입력 $x=1$일 때 $Q=0$에서 1로 천이되며 $Q=1$에서는 1로 유지한다. 따라서 정상 동작의 범주에서는 Q='H'로 유지된다. [그림 B-74]의 시뮬레이션 결과를 살펴보면, CK의 첫 번째 상승에지가 들어오는 $t=2$에서부터 $Q=1$로 셋됨을 확인한다. y는 $Q=1$에서 'H'가 됨을 확인한다.

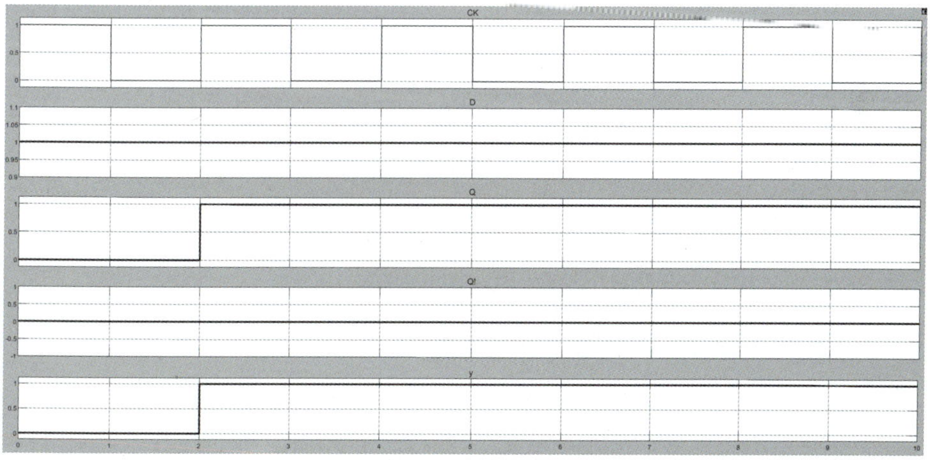

[그림 B-74] $x=1$일 때의 시뮬레이션 결과(위에서부터 차례로 CK, D, Q, $Q!$, y)

실습

시뮬레이션 예제 6-3 패턴 검출기의 무어머신 구현

[예제 6-6]의 JK 플립플롭을 이용한 패턴 검출기의 부울식은 $J_A = xB$, $K_A = \bar{x}A$, $J_B = x\bar{A}$, $K_B = 1$, $y = \bar{A}B$이다. 사용자 라이브러리에 등록한 JK-FF(+)를 호출하여 논리도를 작성하고, Signal Builder를 이용한 [그림 B-75]의 입력 파형을 인가하여 시뮬레이션하라.

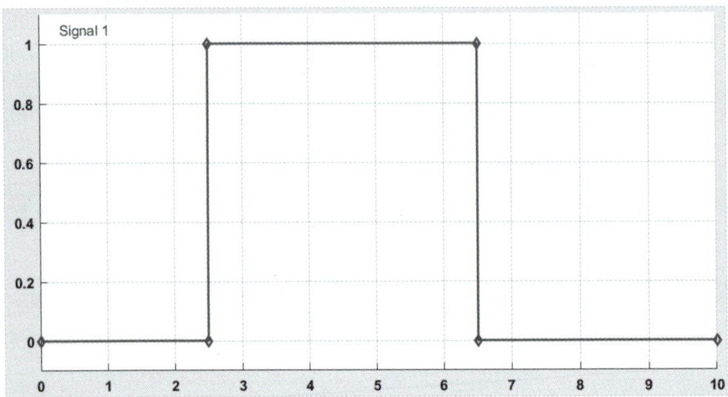

[그림 B-75] 패턴 검출기 무어머신의 입력 파형

풀이

[그림 B-76]의 순차논리회로의 피드백 부분에서 입력상태와 출력상태를 분리하기 위해 Memory 블록을 추가하였다. 두 번째 플립플롭의 출력 $Q!$ 노드는 그 어디에도 연결되지 않는다. 이럴 때 그냥 시뮬레이션을 하면 비연결 경고 메시지가 나타난다. 이를 제거하기 위해 Simulink / Commonly Used Blocks에서 Terminator를 선택하여 플립플롭의 출력 $Q!$에 종단 블록을 추가한다.

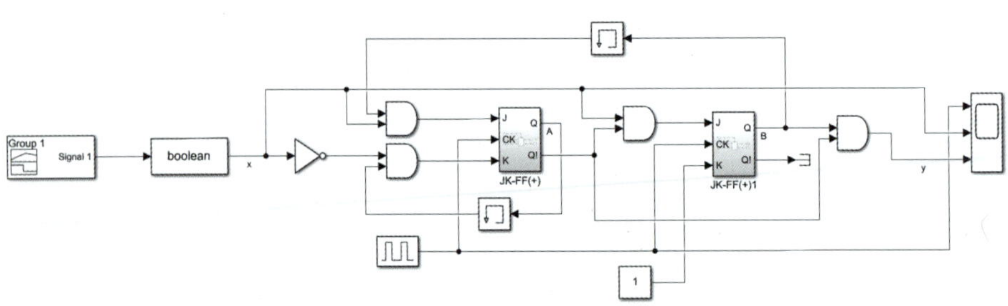

[그림 B-76] JK-FF(+)를 사용한 패턴 검출기 무어머신의 시뮬레이션 회로

Memory 블록 및 솔버는 각각 다음과 같이 설정할 수 있다.

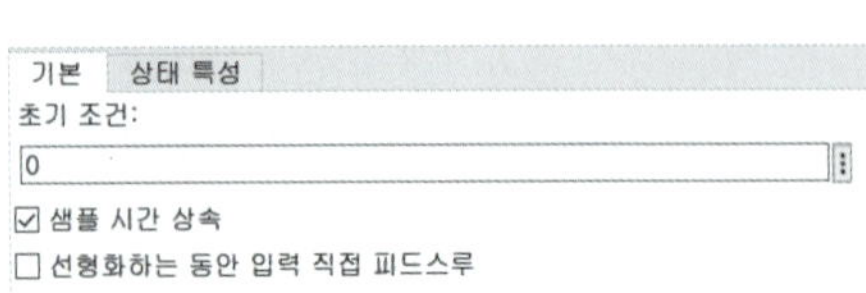

[그림 B-77] Memory 블록의 설정

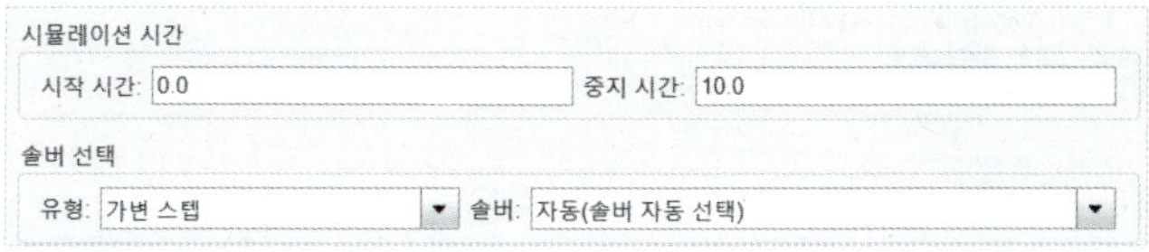

[그림 B-78] 솔버 설정

시뮬레이션 결과는 [그림 B-79]와 같으며, 이는 패턴 검출기의 부울식과 일치한다.

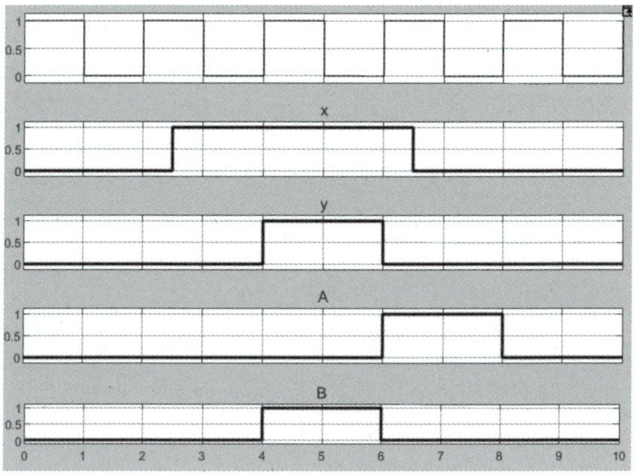

[그림 B-79] [그림 B-75]의 입력 파형을 인가한 시뮬레이션 결과(위에서부터 차례로 CK, x, y, A, B)

실습

7장 순차논리회로의 해석 및 합성

시뮬레이션 예제 7-1 *D* 플립플롭을 이용한 2비트 업/다운 카운터

D 플립플롭과 NAND 게이트를 이용하여, 제어신호 $x=0$일 때는 업 카운터, $x=1$일 때는 다운 카운터로 동작하는 회로를 설계하라. 시간 영역에서의 시뮬레이션을 수행하여 모든 카운팅 동작을 확인하라.

풀이

■ 설계 과정

7장의 설계 과정을 적용하여 NAND 게이트만을 사용할 수 있도록 다음과 같은 *D* 플립플롭의 입력방정식을 구한다(B=MSB, A=LSB, x는 제어신호).

$$D_B=\overline{x}\,\overline{B}A+\overline{x}B\overline{A}+x\overline{B}\,\overline{A}+xAB \qquad (D_A=\overline{A})$$
$$=\overline{(\overline{\overline{x}\,\overline{B}A})\cdot(\overline{\overline{x}B\overline{A}})\cdot(\overline{x\overline{B}\,\overline{A}})\cdot(\overline{xAB})}$$

■ 시뮬레이션

앞의 식을 보면 D_B를 위해 네 개의 3입력 NAND와 한 개의 4입력 NAND가 필요함을 알 수 있다. 또한 $\overline{x}$를 위해 한 개의 NAND형 인버터가 필요하다. 사용자 라이브러리에 등록된 D-FF를 호출하여 시뮬레이션 회로도를 완성하면 [그림 B-80]과 같다. 플립플롭 출력의 현재 상태와 다음 상태를 분리하기 위해 피드백 루프에 Memory 블록을 첨부했음을 유의한다.

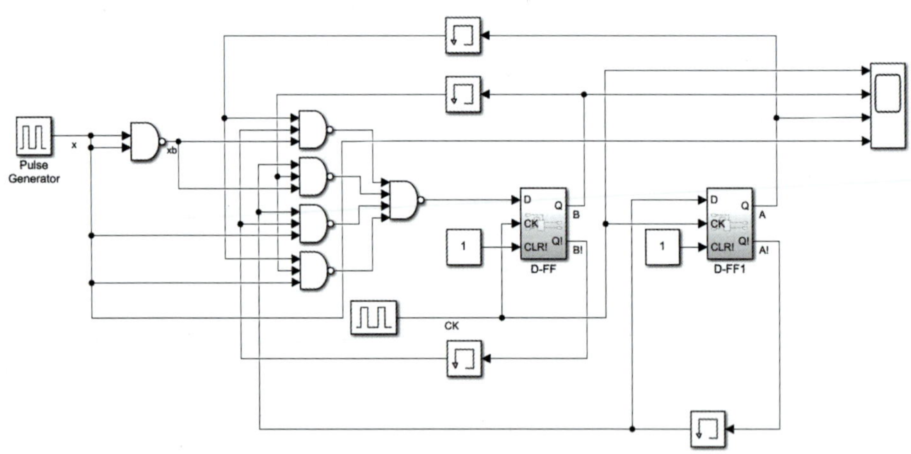

[그림 B-80] 제어신호를 포함하는 업/다운 카운터 회로

Simulink / Sources에서 Pulse Generator 블록을 불러낸다. Pulse Generator는 펄스 유형, 진폭, 기간 및 듀티 비(주기에 대한 'H'구간의 비)를 설정할 수 있으므로, Clock 블록보다 유연하게 펄스를 정의할 수 있다. 솔버를 가변스텝으로 동작시킨다면 펄스 유형을 '시간 기반'으로 선택한다. 만약 고정 스텝이나 이산 부분에 사용한다면 '샘플 기반'을 선택하는 것이 좋다.

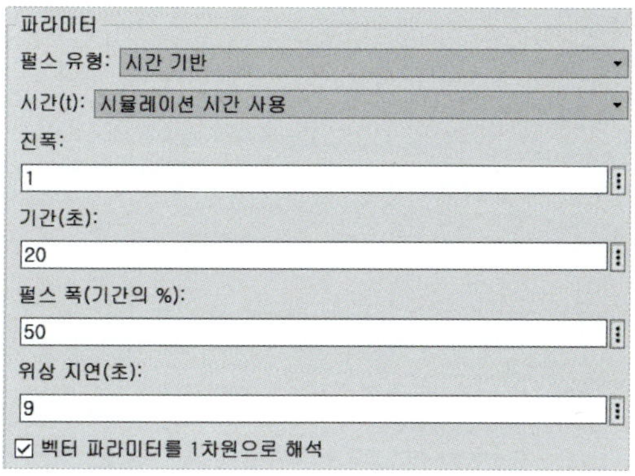

[그림 B-81] Pulse Generator를 이용한 제어신호 설정

Simulink를 사용하여 20초 동안 시뮬레이션한다. [그림 B-82]의 시뮬레이션 결과를 보면, $x = 0$인 구간에서는 업 카운팅 Up counting을 하고, $x = 1$인 구간에서는 다운 카운팅 Down counting을 하는 것을 볼 수 있다.

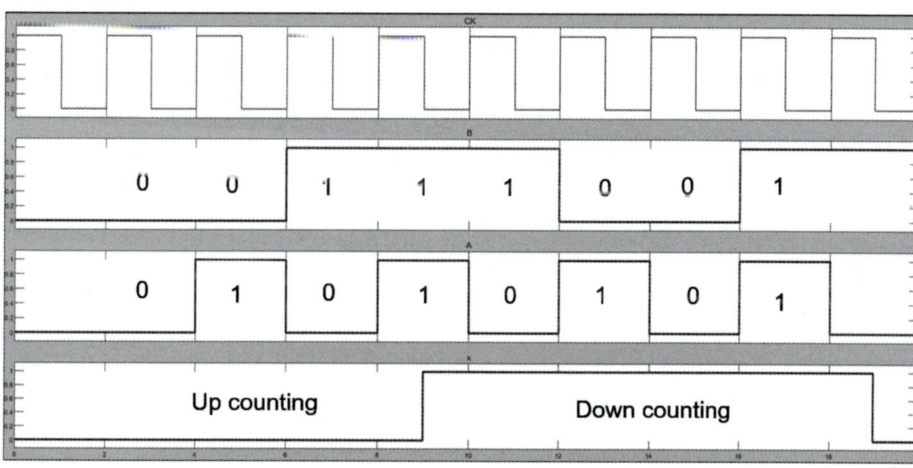

[그림 B-82] 제어신호에 의한 업/다운 카운터 시뮬레이션 결과 파형(위부터 차례로 CK, B, A, x)

실습

시뮬레이션 예제 7-2 특성식을 이용한 상승에지 T 플립플롭

T 플립플롭의 특성식 $Q_{n+1} = T\overline{Q_n} + \overline{T}Q_n$ 및 Trigger를 이용하여 상승에지 트리거 T-FF를 서브시스템으로 제작하고 사용자 라이브러리에 등록하라.

풀이

서브시스템을 새로 열어서 [그림 B-83]과 같은 서브시스템을 제작한다. 출력의 현재 상태 Q_n과 다음 상태 Q_{n+1}을 분리하기 위해 Memory 블록을 사용하고 [그림 B-84]와 같이 '샘플 시간 상속'을 체크한다. 그리고 Trigger 블록에서 트리거 유형은 '상승'으로 설정한다.

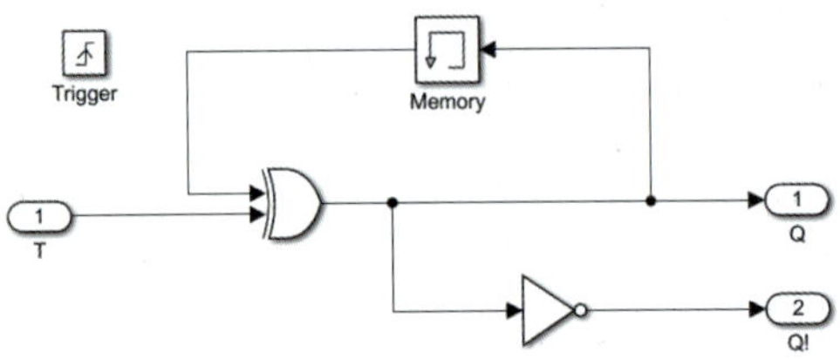

[그림 B-83] 특성식을 이용한 상승에지 T 플립플롭 서브시스템 내부 모습

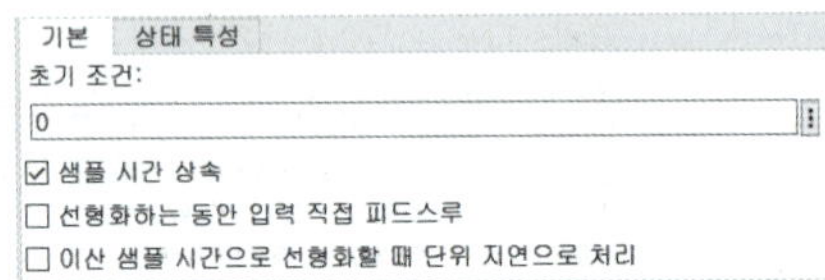

[그림 B-84] Memory 블록의 설정 조건

[그림 B-85]와 같이 서브시스템으로 제작한 심볼을 끌어서 이동시키면, [그림 B-86]과 같이 사용자 라이브러리에 등록된 것을 볼 수 있다.

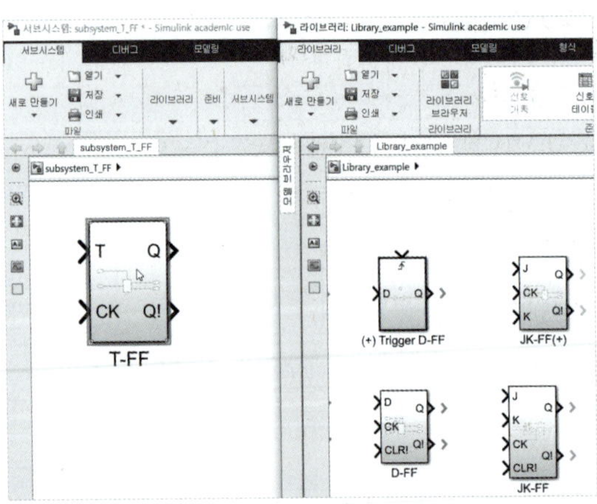

[그림 B-85] T-FF 서브시스템을 사용자 라이브러리에 옮기는 모습

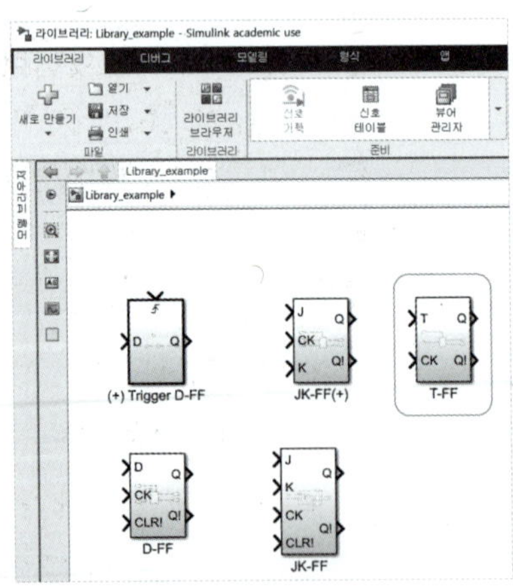

[그림 B-86] 사용자 라이브러리에 등록된 모습

시뮬레이션 예제 7-3 T 플립플롭을 이용한 2비트 업/다운 카운터

제어신호 $x=0$일 때는 업 카운터, $x=1$일 때는 다운 카운터 동작을 하는 2비트 업/다운 카운터를 T 플립플롭을 이용하여 설계하라. 시간 영역에서의 시뮬레이션을 수행하여 모든 카운팅 동작을 확인하라.

풀이

■ **설계 과정**

7장의 순차논리회로 설계의 과정을 거쳐 다음과 같은 플립플롭 입력방정식을 구한다(B=MSB, A=LSB, x는 제어신호).

$$T_B=\bar{x}A+x\bar{A}=x\oplus A \qquad T_A=1$$

위 식을 [그림 B-87]과 같은 시뮬레이션 회로도로 완성한다.

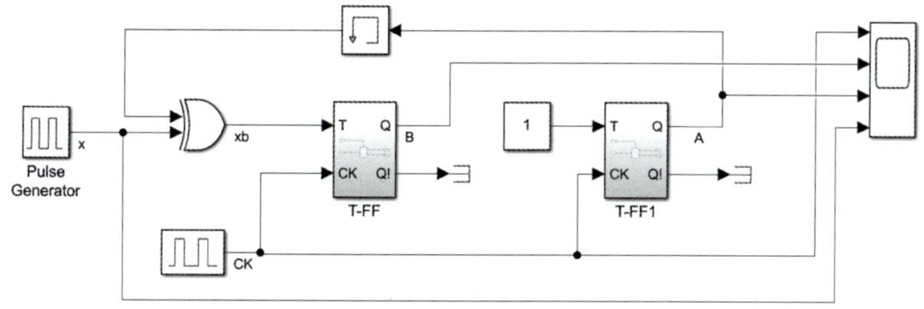

[그림 B-87] T 플립플롭을 이용한 2비트 업/다운 카운터 시뮬레이션 회로도

■ **시뮬레이션**

Simulink 시뮬레이션을 20초 동안 수행하여, [그림 B-88]과 같이 제어신호에 따른 업·다운 카운팅이 완전하게 동작함을 확인한다.

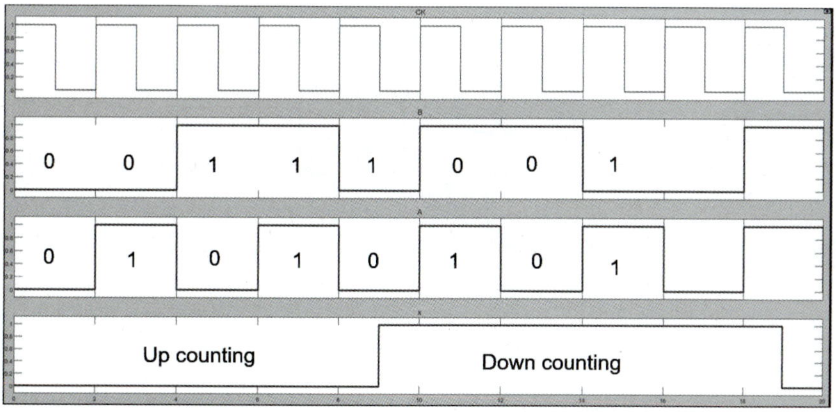

[그림 B-88] 제어신호에 의한 업/다운 카운터 시뮬레이션 결과 파형(위부터 차례로 CK, B, A, x)

실습

시뮬레이션 예제 7-4 T 플립플롭을 이용한 3비트 그레이 카운터

3×8 디코더와 T 플립플롭을 이용하여 3비트 그레이 카운터를 설계하라.

풀이

■ 설계 과정

7장의 순차논리회로 설계의 과정을 거쳐 최소항 $m_0 \sim m_7$을 이용한 플립플롭 입력방정식을 다음과 같이 구한다.

$$T_A = m_2 + m_4$$
$$T_B = m_1 + m_7$$
$$T_C = m_0 + m_3 + m_5 + m_6$$

■ 시뮬레이션

최소항의 합을 참고하여 [그림 B-89]와 같은 시뮬레이션 회로를 설계한다.

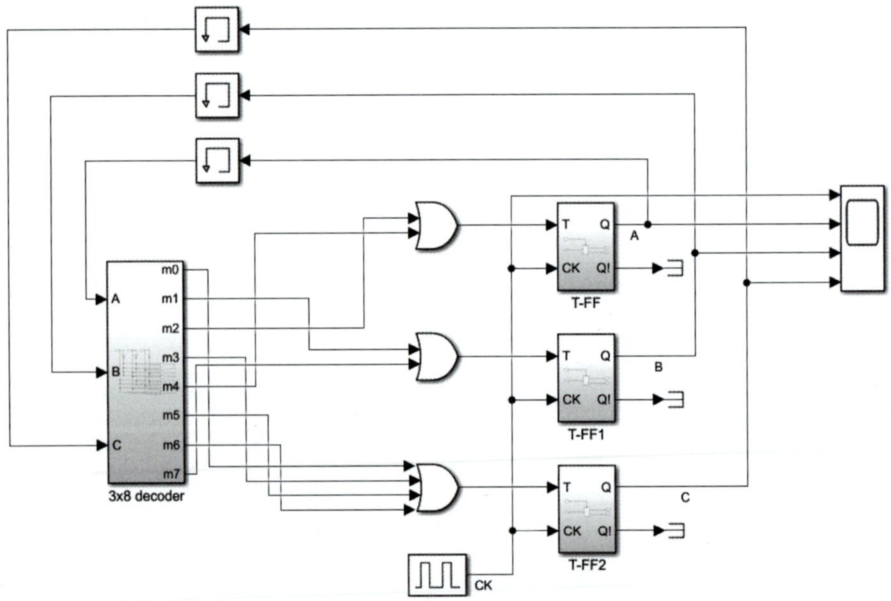

[그림 B-89] 3×8 디코더 및 T 플립플롭을 사용하는 3비트 그레이 카운터의 시뮬레이션 회로

디코더는 조합논리회로로 설계하여 subsystem으로 정의한다. [그림 B-90]은 전체 회로도에서 subsystem을 클릭하여 서브시스템 내부를 보인 것이다.

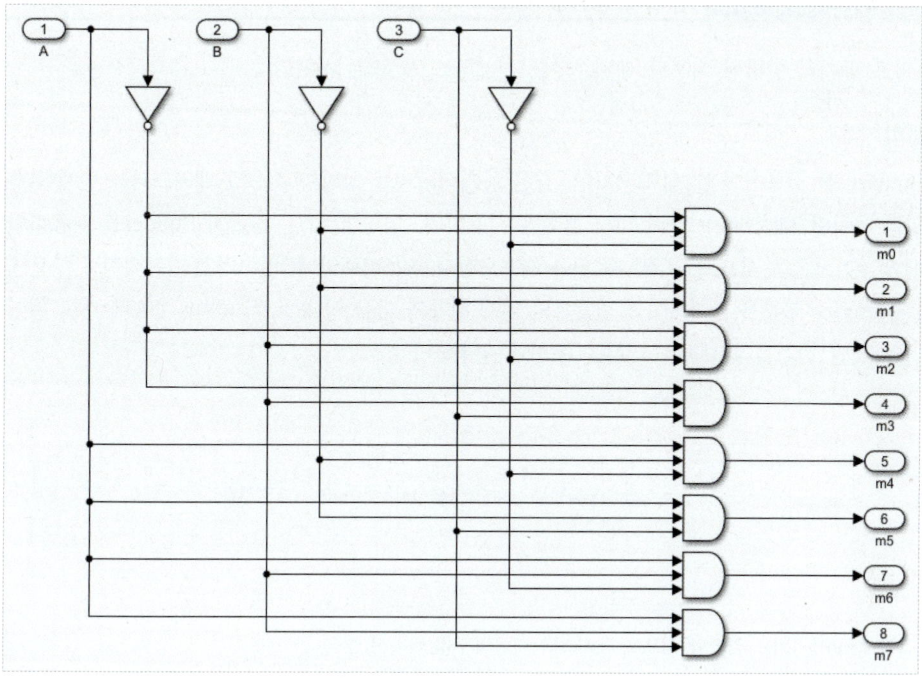

[그림 B-90] 3×8 디코더의 서브시스템의 내부 회로

[그림 B-91]은 Simulink 시뮬레이션을 20초 동안 수행한 결과로, [그림 7-60]의 상태도와 일치한다.

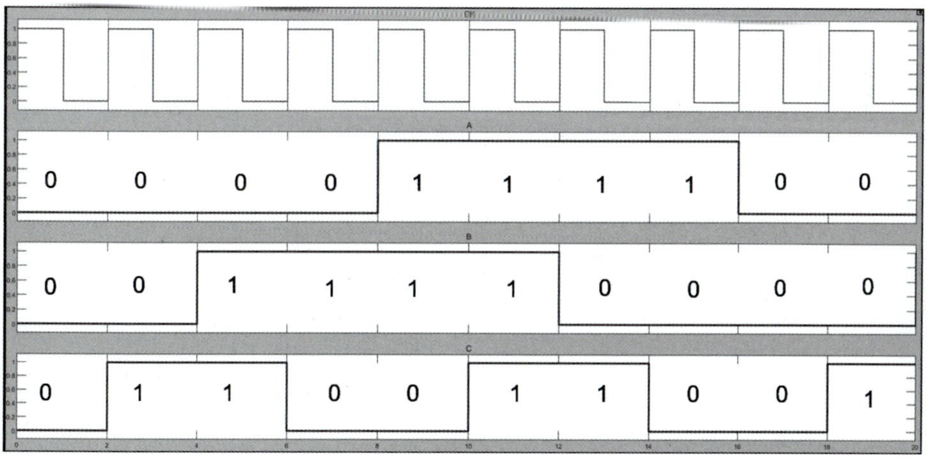

[그림 B-91] 3비트 그레이 카운터의 Simulink 시뮬레이션 결과(위부터 차례로 *CK*, *A*, *B*, *C*)

실습

8장 레지스터 및 프래그래머블 어레이

시뮬레이션 예제 8-1 동기식 양방향 시프트 레지스터

4비트 동기식 양방향 시프트 레지스터를 설계하고 시뮬레이션하라.

풀이

Simulink를 사용하여 [그림 B-92]와 같은 동기식 4비트 양방향 시프트 레지스터를 설계한다. 입력 데이터 D는 Pulse generator 블록을 사용하며, 명령어 SH는 Signal Builder를 사용하여 'H'일 때 오른쪽 시프트, 'L'일 때 왼쪽 시프트한다. 각 비트의 D 입력의 조합논리회로 부분에는 Memory 블록을 추가하여 플립플롭의 현재 상태와 다음 상태를 분리하며, CK에 대한 데이터의 셋업 시간을 확보하는 역할을 동시에 수행한다.

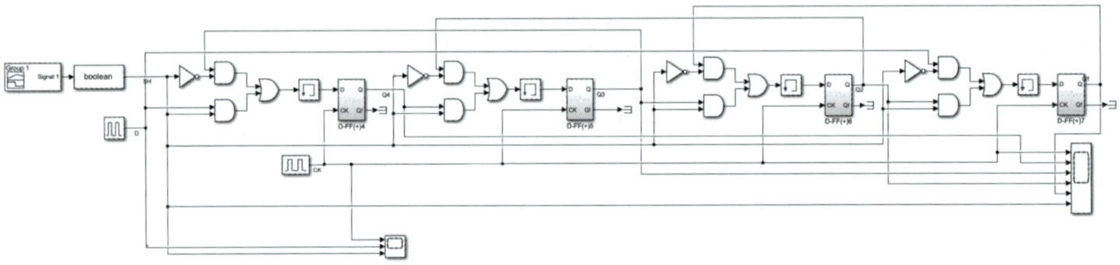

[그림 B-92] 4비트 양방향 시프트 레지스터 회로의 시뮬레이션 설정

[그림 B-93]과 같이 명령어 SH는 (0~15) 구간은 오른쪽 시프트, (15~30) 구간은 왼쪽 시프트를 설정하였다. 그리고 입력 데이터 D는 각각의 명령어 구간에서 CK 3주기 동안 'H'로 설정하였다.

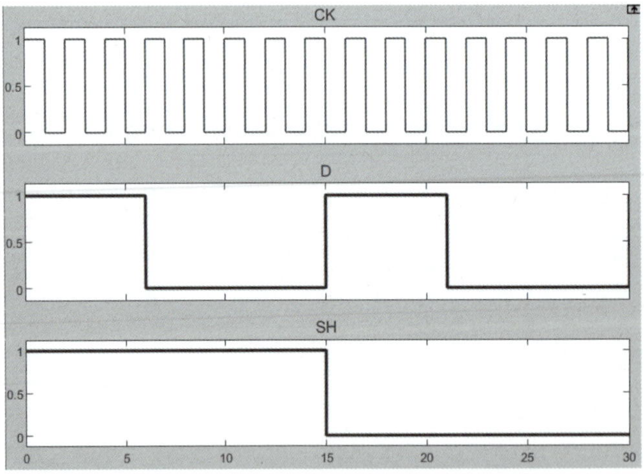

[그림 B-93] 4비트 시프트 레지스터 회로 시뮬레이션 결과 파형

30초간의 시뮬레이션 결과는 [그림 B-94]와 같다. (0~15) 동안은 3주기의 'H' 데이터가 CK에 동기되어 한 비트씩 오른쪽으로 이동하고, (15~30) 동안은 3주기의 'H' 데이터가 CK에 동기되어 한 비트씩 왼쪽으로 이동한다.

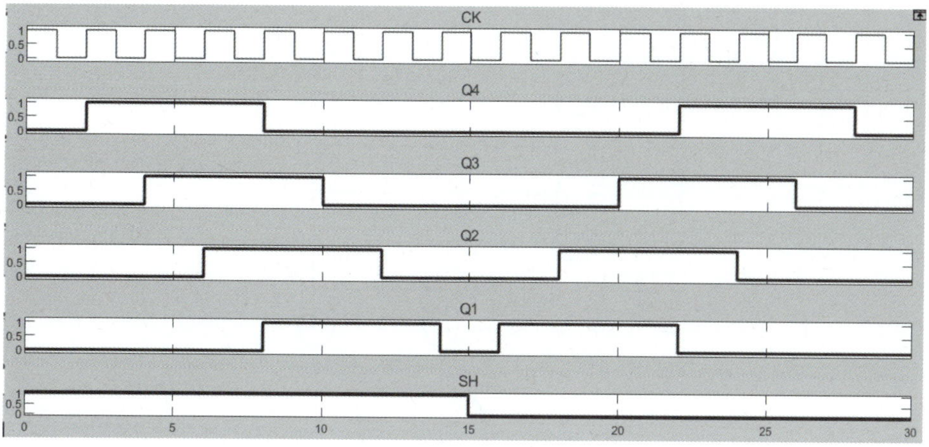

[그림 B-94] 4비트 시프트 레지스터 회로 시뮬레이션 결과 파형

시뮬레이션 예제 8-2 PLA 평면의 구현

최소항의 합으로 구현되는 $F_1 = m_0 + m_1 + m_2 + m_4 + m_5$, $F_2 = m_0 + m_2 + m_3 + m_4 + m_5 + m_7$의 조합논리회로를 PLA를 이용하여 구현하고자 한다. 이 논리식을 PLA 평면으로 설계하고, 입력 A, B, C에 대한 출력 $\overline{F_1}$, F_2를 시뮬레이션을 통해 확인하라.

풀이

$\overline{F_1} = m_3 + m_6 + m_7$와 $F_2 = m_0 + m_2 + m_3 + m_4 + m_5 + m_7$를 이용하여 축약식을 구하면, 유일한 해는 아니지만 $F_1 = BC + AB$, $F_2 = A\overline{B} + BC + \overline{A}\,\overline{C}$의 SOP로 구현이 가능하다. 이를 이용하여 PLA의 AND 평면과 OR 평면을 각각 구성하면 [그림 B-95]와 같다.

실습

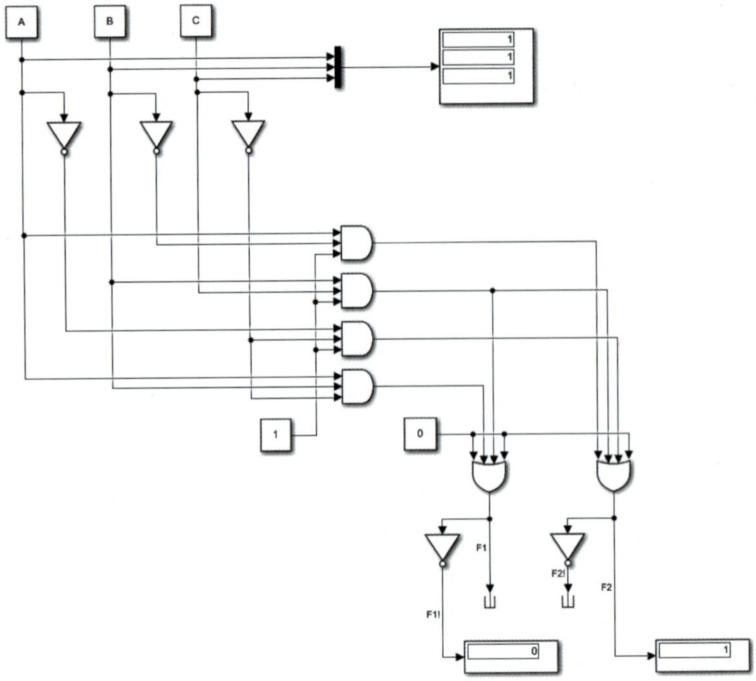

[그림 B-95] PLA 평면의 시뮬레이션 회로

완성된 시뮬레이션 회로도에서 A, B, C 값을 변화시키면서 $\overline{F_1}$ F_2 값을 출력하여 문제에서 주어진 최소항의 합과 일치함을 확인한다.

시뮬레이션 예제 8-3 LED 컬러 전등

R(적), G(녹), B(청) LED를 제어하면서, RGB(백색) →R(적) →B(청) →G(녹)을 반복하여 순차적으로 계속 켜지도록 제어하는 상태머신을 카운터, PLA의 조합으로 설계하고자 한다. T 플립플롭으로 구성되는 2비트 카운터 및 PLA 평면을 설계하고, 시뮬레이션으로 그 동작을 확인하라.

풀이

■ 설계 과정

백색은 R, G, B가 모두 켜지는 것이고 여기서부터 시작한다고 가정하면 다운 카운팅을 염두에 둔다.

❶ 반복해야 할 상태의 개수가 4이므로 T 플립플롭을 사용한 2비트 다운 카운터를 활용한다.

❷ 2비트 카운터의 출력을 입력으로 받고 R, G, B 3비트를 출력하는 PLA 조합논리회로를 설계한다. 논리를 축약하면 R= Q_2, G= $Q_2Q_1 + \overline{Q_2}\,\overline{Q_1}$, B= Q_1을 얻는다.

■ 시뮬레이션

[그림 B-96]과 같이 T 플립플롭을 사용하는 다운 카운터를 설계한다. 설계된 카운터 출력 Q_2, Q_1을 PLA에 연결한다. 클록과 카운터 출력 및 R, G, B 출력을 Scope에 연결하여 시뮬레이션 결과를 관찰한다.

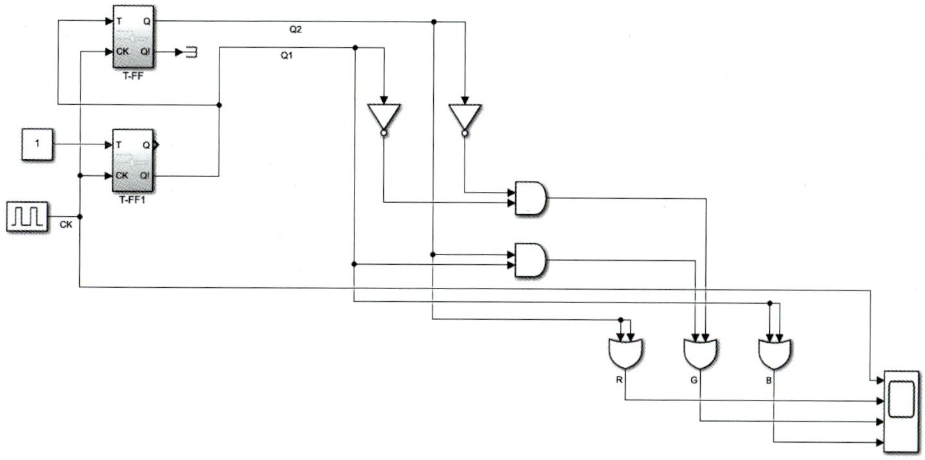

[그림 B-96] LED 컬러 전등 회로 및 시뮬레이션 설정

클록이 진행됨에 따라 카운터 출력 Q_2Q_1은 11 →10 →01 →00을 반복하는 다운 카운팅을 수행하며, RGB(백색) →R(적)→B(청) →G(녹)를 반복하여 LED가 켜지는 것을 볼 수 있다.

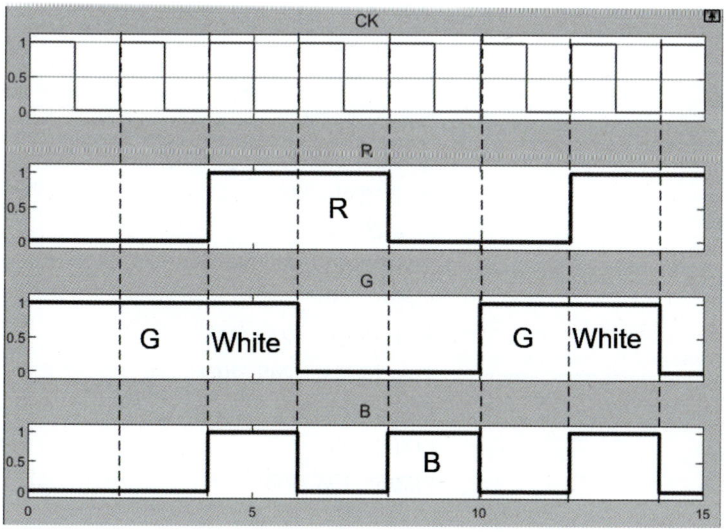

[그림 B-97] LED 컬러 전등 회로의 시뮬레이션 결과 파형

찾아보기